人际传播学概论

第四版

薛 可 余明阳 主编

复旦大学出版社

序

　　学术界把"衣食住行传"理解为人类最基本的活动是非常有道理的,因为没有传播,人类便无法群居与生存,无法组织生产、繁衍后代、建立秩序,无法构建社会、形成社会制度。可以说,人类是伴随传播而成长起来的,人类的发展与传播的发展互为因果、相辅相成。

　　然而,在整个传播学大家庭中,人际传播这一最基础、最普遍、最悠久的传播现象却研究得非常不够,大凡高校传播学院总是格外重视大众传播而忽视人际传播。个中原因,主要是许多传播学院的毕业生从就业的角度讲,大多去了大众传播媒体和企业事业单位的新闻、广告、宣传、公关部门,大众传播的方法与技巧能成为谋生手段,而人与人之间的传播仿佛无师自通,不需要学习。

　　事实上,当今大学生比较缺乏人际传播能力,有沟通障碍者、自闭症者不在少数。口才差、演讲水平低、谈判能力弱、融群障碍多,这些给他们的择业就业、恋爱婚姻、职场升迁、商务谈判等带来太多的困扰,严重影响他们的发展与职业目标的达成。

　　人际传播理论中信息、编码、解码、干扰、通道等理论本身就是整个传播学的学科基础,许多大众传播理论都是在这一基础上发展起来的。中国台湾地区著名传播学家祝振华教授(笔名老康)与我们有近30年的交往,1992年我们在台北交流时,他告诉我们,他在美国就学人际传播,回国后一直致力于口头传播研究,并将这一志向作为其终身学术方向。这样的学者在中国大陆的确很少,他们令人敬佩。

　　新世纪互联网的兴起为人际传播理论的研究带来全新的机会。人际传播一旦借助于网络,就显得格外强大与迅速,尤其是博客和微博的勃兴,使人际传播的影响力迅速放大,不但受众已超越大众传播的受众,更由于其具有良好便利的互动效果,深受年轻人的喜爱。在"90后"、"00后"中,每天不看报、不听广播、不看杂志、不看电视的大有人在,但一天不上网、不发微博的人却越来越少。人际传播的方式在改变,作用在放大,影响在升级。在大学里无论是传播学院还是其他专业,对人际传播的重视前所未有。

　　我们从20世纪80年代中期开始关注人际传播研究。80年代末90年代初先后出版了《交际成功的奥秘》(译著,延边大学出版社,1988年)、《实用交际技法》(安徽人民出版社,1988年)、《幽默艺术》(吉林大学出版社,1989年)、《交际学基础》(吉林大学出版社,1993年)、《谈判艺术》(吉林大学出版社,1993年)等专著、译著与教材。1991年9月在中山大学出版社出版的教材《人际传播学》,成为中国最早的人际传播学教材之一。

2007年1月,我们在同济大学出版社出版的45万字的教材《人际传播学》,成为国内容量最大、体系最完整的专业教材之一。出版后被诸多高校选为本科生、研究生教材,并被一些高校确定为研究生入学考试指定教材,持续成为当当网、亚马逊人际传播学学科销量排名第一的由中国学者撰写的人际传播学教材,经常卖脱销,是中国最具影响力的人际传播学教材之一。考虑到学科的发展和人际传播环境的最新且深刻的变化,在征得同济大学出版社责任编辑林武军教授的同意并得到明确答复的前提下,我们将修改幅度超过三分之一的新版教材《人际传播学》交由上海人民出版社重新出版。

《人际传播学》(新版)包括传播与人际传播、人际传播学的基本问题、人际传播学基本理论与模式、人际传播过程、人际传播心理、人际传播的文化差异、人际传播的语言、非语言传播、新媒体人际传播、人际传播的礼仪、人际传播的技巧、人际传播场景差异、人际传播的发展趋势共13章,比原版书增加了4章,总文字容量超过103万字,全面更新了原来的案例。在形式上配有学习目标、基本概念、研读专栏、研读小结、思考题等内容,更有利于学习和对核心内容的掌握。

在上海交通大学,"人际传播学"被评为上海市精品课程与重点课程,有专门的网页、PPT、视频资料、延伸阅读等辅助手段。原版《人际传播学》还被评为上海交通大学优秀教材特等奖和上海市优秀教材。

本教材是集体劳动的结晶,主编负责设计全书框架、确定核心理论、界定学术边界、取舍学科内容、协调编写进度。参与写作的人员包括薛可、余明阳、仪丽君、衷雅璇、黄林霞、谢满红、高昉、邵帅、陈慧谦、董啸、梁熹、孙茜婧、王舒瑶、卢晰义、黄炜琳、赵诗琪等。本教材的此次出版特别感谢原书编辑上海人民出版社郭立群老师和同济大学出版社林武军老师的理解与支持。

2020年年初,经与上海人民出版社责任编辑郭立群老师和复旦大学出版社方毅超老师商议,决定对本教材做第四版修订,由主编确定修改要求与标准,由薛可、余明阳、顾昭玮、梁巧稚、谢应杰、金涵青、黄梓楠、李亦飞8位同仁组成修订小组,重新设计内容体例。考虑到原来篇幅过大,决定全面压缩梳理,由原来13章100多万字,调整至10章70多万字。更新案例,修订文字,补写部分新媒体时代人际传播的新内容,吸收近年来人际传播学的最新研究成果。经过分工修订、集中讨论等程序,完成相应工作,由主编完成统稿与定稿。谢应杰协助主编参与了统稿和定稿工作。本教材考虑到是1991年、2007年、2012年前三版的延续,以及新版篇幅的特点,决定以《人际传播学概论》(第四版)作为书名,在复旦大学出版社出版。在此,向方毅超老师、郭立群老师、林武军老师致谢。

  本教材在编写过程中吸收了大量人际传播学学者的研究成果,在此特向他们表示感激与敬意。我们深知自己才疏学浅、能力有限,书中错误、缺点在所难免,我们诚挚欢迎各位读者提出宝贵的意见。我们希望通过不断的修订,使本教材日臻完美。

2020年5月31日于上海交通大学

目　录

图片目录 / 1
表格目录 / 1

第一章　人际传播基本问题 / 1

第一节　传播与人际传播 / 1
一、传播概述 / 1
二、人际传播的含义与功能 / 6

第二节　人际传播的类型与特点 / 16
一、人际传播的类型 / 16
二、人际传播的特点 / 19

第三节　人际传播学的研究对象和学科性质 / 25
一、人际传播学的研究对象 / 25
二、人际传播学的学科性质 / 27

第四节　人际传播学的发展轨迹 / 31
一、人际传播学的沿革 / 31
二、人际传播学研究方法 / 37
三、中国人际传播学研究 / 39

第二章　人际传播学的理论模式与趋势 / 47

第一节　人际传播学的基本理论 / 47
一、符号互动论 / 48
二、与群体因素相关的理论 / 55
三、两级传播与意见领袖 / 57
四、创新–扩散理论 / 57
五、约哈里窗口 / 58
六、认知一致性理论 / 59
七、人际需要的三维理论 / 63
八、社会交换理论 / 64
九、奥斯古德的调和理论 / 67
十、关于判断的理论 / 68
十一、人际关系的管理理论 / 73
十二、归因理论 / 80
十三、信息生产的目标–计划–行动理论 / 81
十四、六度分割理论与"150法则" / 82
十五、以计算机为中介的传播与人际关系理论 / 82

第二节　人际传播学的基本模式 / 86
一、亚里士多德的传播模式 / 87
二、拉斯韦尔模式 / 87
三、格伯纳的口语模式和图解模式 / 89
四、贝罗传播模式 / 90
五、香农和韦弗的数学传播模式 / 92
六、德弗勒传播模式 / 93
七、奥斯古德的传播模式 / 94
八、奥斯古德–施拉姆传播模式 / 96
九、丹斯模式 / 98
十、纽科姆模式 / 98
十一、韦斯特利–麦克莱恩的人际传播模式 / 100
十二、克劳佩弗人际传播模式 / 101
十三、詹森的传播模式 / 102
十四、巴恩隆德的传播模式 / 103
十五、约瑟夫·A.德维托的人际传播模式 / 104

第三节　人际传播的发展趋势 / 107
　　一、人际传播的新变化 / 107
　　二、人际传播的发展趋势 / 114
　　三、互联网对人际传播的影响 / 118

第三章　人际传播过程 / 123
　第一节　自我表露与自我呈现 / 123
　　一、自我表露 / 123
　　二、自我呈现 / 131
　第二节　人际认知 / 133
　　一、人际认知的概念与类型 / 133
　　二、人际认知的差异、特性和归因 / 136
　　三、对自我的认知与评价 / 139
　　四、对他人的了解和判断 / 143
　　五、主体的角色认知 / 148
　第三节　人际印象 / 157
　　一、印象形成的要素 / 157
　　二、印象形成的过程 / 159
　　三、印象形成的特点 / 161
　　四、印象形成时的心理效应——印象偏差 / 163
　第四节　人际传播的态度分析 / 169
　　一、态度的内涵、形成和测量 / 169
　　二、态度的特性 / 173
　　三、态度的功能 / 174
　　四、态度变化的类别和内因、外因 / 175
　　五、调节态度的方法 / 178
　第五节　人际吸引与人际关系 / 181
　　一、人际吸引 / 181
　　二、人际关系 / 191

第四章　人际传播心理 / 196
　第一节　人际传播与人格 / 196
　　一、人格的概述 / 197
　　二、人格的类型 / 198
　　三、人格的特质 / 212
　　四、人格障碍 / 216
　　五、人格发展与人际传播 / 223
　第二节　人际传播与情绪 / 230
　　一、情绪的概述 / 230
　　二、愤怒 / 233
　　三、恐惧与焦虑 / 237
　　四、孤独 / 243
　　五、幸福 / 248
　　六、积极情绪与利他行为 / 256
　　七、情商 / 258

第五章　人际传播的文化差异 / 264
　第一节　人际传播与文化概述 / 264
　　一、文化的定义 / 264
　　二、文化的内涵 / 268
　　三、文化的特征 / 275
　　四、文化的功能 / 277
　　五、互联网语境下的文化 / 278
　第二节　人际传播与文化理论 / 279
　　一、文化冰山模式 / 280
　　二、焦虑/不确定性管理理论 / 281
　　三、跨文化调适理论 / 283
　　四、文化身份理论 / 287
　　五、身份管理理论 / 290
　　六、共文化理论 / 294
　第三节　跨文化人际传播能力 / 298
　　一、跨文化人际传播概述 / 298
　　二、跨文化人际传播的常见问题 / 299
　　三、跨文化人际传播的应对策略 / 301
　　四、与不同国家的人交往 / 305

第六章　人际传播的语言 / 317

第一节　语言 / 317
一、信号、符号和语言 / 318
二、语言符号的特征 / 320
三、语言的结构 / 323
四、语言的意义 / 326
五、语言的功能和局限性 / 334
六、网络语言 / 341

第二节　口语语言概述 / 345
一、口语语言的概念 / 345
二、口语语言的特点 / 346
三、口语表达的原则 / 349

第三节　演讲与辩论 / 354
一、演讲的含义和类型 / 354
二、演讲口语表达的技巧 / 357
三、辩论的含义和类型 / 362
四、辩论的口语表达技巧 / 364

第七章　人际传播的副语言 / 374

第一节　副语言传播的概述 / 374
一、副语言传播的概念 / 374
二、副语言的传播功能 / 376
三、副语言传播的基本特点 / 380

第二节　副语言传播的类型 / 383
一、体态语 / 383
二、客体语 / 401
三、类语言 / 405
四、环境语 / 410

第三节　副语言传播的注意点 / 415
一、不要"读错别字" / 415
二、关注可能影响沟通进程的信号 / 418

第八章　新媒体人际传播 / 420

第一节　新媒体人际传播概述 / 420

一、新媒体的定义 / 421
二、新媒体人际传播的特点 / 421
三、新媒体人际传播的功能 / 422

第二节　新媒体人际传播的理论研究 / 423
一、使用动机研究 / 423
二、说服效果研究 / 425
三、场景视域研究 / 425

第三节　网络人际传播 / 426
一、网络人际传播的定义 / 426
二、网络人际传播的特征 / 427
三、网络人际传播产生的背景 / 430
四、网络人际传播的表现方式 / 430
五、网络人际传播的功能 / 437
六、网络人际传播的演变趋势 / 438

第四节　手机人际传播 / 441
一、手机人际传播的概念 / 441
二、手机人际传播的特点 / 441
三、手机人际传播的发展轨迹 / 442
四、手机人际传播的动机 / 443
五、手机人际传播的表现方式 / 444

第九章　人际传播场景差异 / 460

第一节　公共及公务场合的人际传播 / 460
一、宴会 / 461
二、茶话会 / 461
三、公司内的人际传播 / 462
四、访谈及面试中的人际传播 / 468

第二节　私密场合的人际传播 / 471
一、家庭中的人际传播 / 471
二、朋友间的人际传播 / 478
三、拜访时的人际交往 / 480

第十章　人际传播的技巧 / 482

第一节　说的技巧 / 482

一、如何说（How）/ 483
　　二、何时说（When）/ 488
　　三、说什么（What）/ 490
　　四、对谁说（Whom）/ 491
　　五、在哪说（Where）/ 494
第二节　写的技巧 / 498
　　一、写的特点 / 498
　　二、写的类型 / 498
　　三、写的技巧 / 500
第三节　倾听的技巧 / 501
　　一、倾听的重要性与程序 / 502
　　二、影响倾听的因素 / 504
　　三、不能入神倾听的原因 / 505
　　四、有效倾听的结果 / 505
　　五、提高倾听的技巧 / 507
第四节　反馈的技巧 / 509
　　一、反馈的重要性 / 509
　　二、反馈的过程 / 510
　　三、提高反馈的技巧 / 514

参考文献 / 517

图片目录

图1-1　传播的外延分类图 / 5
图1-2　通过交流认知自我 / 13
图1-3　通过人际传播建立和谐关系 / 13
图1-4　演讲家尼克·胡哲：通过人际传播交流人生经验 / 14
图1-5　人际传播满足情感需求 / 14
图1-6　郎平鼓励中国女排队员 / 18
图1-7　网络身份标识符号化 / 23
图1-8　网络符号人性化 / 24

图2-1　传播双方的意义空间 / 49
图2-2　米德的象征性互动理论模式图 / 52
图2-3　约哈里窗口 / 59
图2-4　海德的平衡模式 / 60
图2-5　人际关系的一般模式 / 65
图2-6　囚徒困境 / 66
图2-7　奥斯古德的调和理论模型 / 67
图2-8　深思概率理论模型 / 70
图2-9　副语言性的期望破坏价值 / 71
图2-10　社会渗透理论 / 76
图2-11　信息生产的目标—计划—行动理论 / 81
图2-12　亚里士多德传播模式 / 87
图2-13　拉斯韦尔传播模式 / 88
图2-14　布雷多克的模式 / 89
图2-15　伯格纳图解模式 / 90
图2-16　贝罗模式 / 91
图2-17　香农-韦弗传播模式 / 92
图2-18　德弗勒传播模式 / 94

图 2-19　奥斯古德的传播单位 / 95
图 2-20　学科角度的传播过程 / 95
图 2-21　传播过程模式之一 / 96
图 2-22　传播过程模式之二 / 96
图 2-23　传播过程模式之三 / 97
图 2-24　传播过程模式之四 / 97
图 2-25　传播过程模式之五 / 97
图 2-26　丹斯螺旋形模式示意图 / 98
图 2-27　纽科姆传播模式 / 99
图 2-28　韦斯特利-麦克莱恩的人际传播模式 / 100
图 2-29　克劳佩弗人际传播模式 / 101
图 2-30　詹森的传播模式 / 102
图 2-31　传播交互关系模式 / 103
图 2-32　巴恩隆德的传播模式 / 104
图 2-33　德维托人际传播模式 / 105
图 2-34　德维托对几种交流方式的图解 / 107

图 3-1　自我表露和人与人之间的关系 / 126
图 3-2　自我表露遭拒绝 / 130
图 3-3　自我表露被厌恶 / 130
图 3-4　三人群体交错关系 / 135
图 3-5　归因立方体模型 / 138
图 3-6　自我概念的形成 / 141
图 3-7　工作的年轻人承担的社会角色 / 148
图 3-8　社会网络示意图 / 151
图 3-9　个体结构洞示意图 / 152
图 3-10　品牌危机情境下整体网结构洞示意图 / 153
图 3-11　"砖家" / 157
图 3-12　网络盗号与诈骗 / 157
图 3-13　网络人际传播印象形成的模型 / 161
图 3-14　印象形成与自我实现 / 163
图 3-15　一种定势效应 / 167
图 3-16　心理投射——老妇人是什么表情？ / 168

图 3-17　对北京人、上海人和广东人的刻板印象 / 169
图 3-18　社会距离尺度 / 171
图 3-19　关系金字塔 / 182
图 3-20　放射式网络与交结式网络 / 192

图 4-1　艾森克人格环 / 215
图 4-2　情绪模型：基本情绪和混合情绪 / 231
图 4-3　孤独症患者的主要特征 / 244
图 4-4　英国自闭症患者斯蒂芬·威尔夏通过记忆画的《伦敦球》/ 245
图 4-5　电影《雨人》海报 / 246
图 4-6　哈佛大学《幸福课》教授泰勒·本-沙哈尔 / 248

图 5-1　没有讲台与课桌"高下"之分的课堂，体现的是一种低等级文化 / 270
图 5-2　对团队协作要求很高的美式橄榄球 / 271
图 5-3　《家有儿女》海报 / 274
图 5-4　5G即将改变我们的生活和交往方式 / 276
图 5-5　文化冰山模式 / 280

图 6-1　语义三角关系 / 328
图 6-2　符号学分类 / 329
图 6-3　语境分类图（一）/ 333
图 6-4　语域分类图 / 333
图 6-5　语境分类图（二）/ 333
图 6-6　抽象阶梯 / 340
图 6-7　口语和书面语的符号系统 / 346

图 7-1　双臂交叉的不同副语言含义 / 391
图 7-2　指示姿势 / 414
图 7-3　同构异形 / 416

图 10-1　听话者的"需求黑箱" / 492
图 10-2　倾听的重要性 / 502
图 10-3　通过有效的倾听而得到加强的传播的循环 / 506
图 10-4　"接受·共鸣"模式和"探讨·验证"模式 / 511

表格目录

表 1–1　自我的构成 / 12

表 2–1　人际关系行为模式 / 64
表 2–2　人对来源和客体的态度的改变 / 68
表 2–3　矛盾冲突控制规则表 / 78
表 2–4　格伯纳的传播模式 / 89

表 3–1　首因效应实验分组 / 165
表 3–2　群体意见倾向调查 / 171
表 3–3　人的价值系统 / 190
表 3–4　人际关系的发展过程 / 193
表 3–5　人际关系的恶化过程 / 194

表 4–1　体液与人格气质对应关系 / 199
表 4–2　威廉姆斯·谢尔登的体型三种类型和气质三种类型对应表 / 200
表 4–3　特质使刺激—反应趋向一致的模型 / 212
表 4–4　卡特尔的 16PF 根源特质 / 213
表 4–5　人格特质的五因素模型 / 215
表 4–6　DSM–IV–TR 对人格障碍的五个诊断标准 / 218
表 4–7　CCMD–3 对人格障碍的诊断标准 / 218
表 4–8　人际吸引效应品质 / 229
表 4–9　独处的七点好处 / 247

表 6–1　语调特征 / 360
表 6–2　语速特征 / 361
表 6–3　节奏特征 / 361

表 7–1　10 种有助于增加魅力的行为和 10 种可能损害形象的行为 / 377
表 7–2　服饰传递的含义及导致的相互作用方式 / 401
表 7–3　颜色与情绪的关系 / 402
表 7–4　声音与性格、能力的对应关系 / 406
表 7–5　空间距离列表 / 411

表 8–1　网民上网经常使用的网络服务 / 427
表 8–2　七种网络人际传播技术形态的传播模式特点 / 439
表 8–3　2018—2019 年我国手机网民的网络应用分布情况 / 443

第一章
人际传播基本问题

学习目标

学习完本章,你应该能够:
1. 了解人际传播的概念、内涵、分类、特点和功能;
2. 了解人际传播的类型与要素;
3. 对人际传播的特点及其在当下的变化有初步了解;
4. 了解人际传播学科的特点;
5. 对人际传播的发展有初步印象。

基本概念

人际传播的概念　人际传播的功能　人际传播的类型　人际传播的特点　人际传播的研究对象　人际传播学科性质　人际传播发展轨迹　人际传播研究方法

第一节　传播与人际传播

一、传播概述

（一）传播与人类社会的发展

自从宇宙出现了生物,就开始有了传播。传播是生物链中最高级的动物——人类的基本生存需求。正常的人是不可能一生独立于世的,就连漂泊至荒岛的鲁滨孙都需要与"星期五"相处交流,否则难以支撑。可以说,交流信息是人类生存发展的基础,没有信息的交流就难以表达情感、沟通心灵、传承思想。古人甚至说：立言可让人死而不朽[①]。可见，传播不是一种暂时的社会现象，而是长久的、永恒的人类活动，与人类的发展同节奏。

传播既是空间的连接体，使信息不受高山大川的阻隔而传之万里；也是时间的传导体，使信息不受沧桑岁月的磨损而留之千年；更是人类的连接体，使人类的文化遗产得以传承和发扬光大。美国传播学集大成者施拉姆在总结传播理论时，对传播学的意义进行了多维深层的反思。他认为，传播是社会形成的一种重要工具。传播（communication）一词与社会（community）一词有着共同的词根，这一现象绝非偶然。没有传播，就不会有人类生活的社区。马克思指出，人是自然人，也是社会人。所谓社会人，即自然人在社会交流和社会传播中得到塑造和发展，受到进一步的规范和组织。通过与别人的交流和合作，人们内心的经验得到拓展，精神世界得以丰富，社会知识结构得以巩固和强化，最终成就了纷繁复杂的人类社会，促使社会沿着活跃积极的方向发展、完善。信息需要的永恒性导致信息传播的永恒性，而信息传播的永恒性又伴随着人类社会的繁衍与发展不断地持续下去。因此，传播对于人类社会的发展是不可或缺、休戚与共的。

追溯人类的传播历史，我们不难发现，在语言文字产生之前，人类就已经用眼神、表情、手势、动作等体态语言来表达自己的思想感情，但是这样的交流方式有严格的限制，需要在同一时空才能适时地进行。人类在语言文字产生之后，就用语言文字来进行交流。这样的交流方式比体态语言的限制低，不需要在同一时空中发生，典型的例子有书信的传递、文化的流传等。随着社会经济的发展进步，传播技术也有了突飞猛进的发展，出现了如报纸、广播、电视、电话等新型传播媒介。这些媒介独特的特点与功能，极大地丰富了传播的方式。20世纪90年代后，计算机与网络技术的飞速发展大大改变了人们的日常生活，新媒体作为一种更快、更新的传播方式呈现在人们眼前。网络就是一个虚拟的社会，它包含各种各样的传播方式，例如，发送电子邮件属于个人与个人之间的传播，在网站上发布消息属于多向传播，在网络的BBS、博客、电子讨论广场等上的交流可以归结为多人多向网状交流模式。近年来出现的Facebook、Twitter、微博、人人网等社交网络，以及飞信、飞聊、微信等社交软件，使得人们随时随地与他人进行双向传播和信息分享成为可能。可见，传播方式的更新是随着人类社会的不断进步而深化的，传播活动与人类是共同发展的，人类文明需要依靠传播活动来继承与发扬，而人类文明的每一次推进反过来又推动了传播活动由低级向高级不断提升。人类文明的发展与传播活动的进步是一个互动的过程。

（二）传播的内涵

"传播"是一个有着较长历史积淀的概念。中国最早具有传播意义的词汇可以追溯至先秦。在中文中，"传播"的含义为长久而广泛地散布、传扬。"传播"也是一个与时俱进的概念，需要随着实践的发展而不断完善。我们所说的传播学中的"传播"概念对应于英语中

---

① 出自《左传·襄公二十四年》："太上有立德，其次有立功，其次有立言，虽久不废，此之谓不朽。"

的"communication"。在英语中，"communication"的含义主要有：传递、交流、通信、传达、交往、沟通、传染等。与"传播"相比，"communication"除了具有单向的精神内容的传布和扩散，以及物质实体的传染（病菌）和撒扬（花粉）的内涵外，还具有双向的人际交往、信息交流、思想沟通、意义共享、物质交换等意蕴。与古老的"传播"概念相比，它显得含义丰富而又具有弹性，意蕴深厚而又不乏灵动，更加能够描绘出传播的深刻内涵。

传播学者施拉姆认为，传播理论的研究吸引了社会心理学家、社会学家、人类学家、政治学家、经济学家、数学家、历史学家和语言学家。这些具有不同学科背景的专家对传播有着各自不同的理解与界定。这不仅使"传播"的概念有了百家之言，也给我们提供了多种认识问题的角度和方法。1976年，美国学者弗兰克·丹斯（Frank Dance）在《人类传播功能》一书中统计出关于传播的定义达到126种之多。自那以后，每年仍有一些新的定义相继问世。每一位传播学者都会根据自己的研究所得给"传播"下定义，这充分反映了研究者在具体研究中因时因地而异、因事因文而异的特点。而今"传播"的定义多达上百种，将各种传播的概念进行梳理和总结，可以归为五个角度[①]。

1. 共享性

从词源学来说，"communication"一词源于拉丁文中的"communicare"，原来的意义是"使共同"。持有这种定义的很多学者强调"使共同"或者"共享"的概念。代表学者有：若热·舍蒙特（Jorge Schement）和布伦特·鲁宾（Brent Ruben）、霍本、亚历山大·戈德、施拉姆等。

这类定义强调传播者与接受者对符号的共有性和共享性，重视传播双方的积极互动，但是没有明确地指出传受两者要分享的到底是什么。是符号？是意义？还是二者兼有？按照W. 塞弗芬德（W. Sevefinand）和W. 坦卡德（W. Tankard）的观点，同样的事情或者符号对两个不同的人来说可能是完全不同的意义，一个人认为是非常有价值的，另一个人可能认为是一文不值的。由此可见，共享是需要一定条件的，在一些特定的环境和条件下，传播双方很难实现共享。

2. 影响性

持有这种观点的学者认为，传播是影响他人的过程。代表学者有：美国著名传播学者霍夫兰、贾尼斯和凯利（C. Hovland, I. Janis & H. Kelly, 1953），米勒，奥斯古德等。

这个角度的定义强调传播过程中传播者的主动性，侧重于传播的实际效果，有一定的实际应用价值，现今不少传播活动在某种程度上都强调这种影响力。但这一角度缺乏对受者反应的考虑。

3. 反应性

这一角度吸收了心理学中的刺激-反应等理论，强调客观事物对某种刺激所做出的反应。无论何种事物遇到外界的刺激，总是会做出一定的反应，即为传播。代表学者是史蒂文

---

① 根据以下文献改编。段京肃、罗锐：《基础传播学》，兰州大学出版社1996年版，第43—48页；董天策：《传播学导论》，四川大学出版社1995年版，第17—20页；石庆生：《传播学原理》，安徽大学出版社2001年版，第53—56页；邵培仁：《传播学导论》，浙江大学出版社1997年版，第1—5页。

斯(S. Stevens,1966)和理兹(L.Rich,1974)。

相比之前的"共享"和"影响",这类定义注意到受传者的反馈,但是它夸大了反馈而忽视了传播的社会性和受者的能动性。同时,它扩大了传播的外延,甚至有点混淆人类传播与动物传播、传播学与心理学、生物学之间的界限和区别,使传播学成为一门无所不包的百科全书,反而丧失了现代传播学的专业个性。

4. 互动性

持有这种定义的代表学者是鲁士奇、米德(C. H. Mead, 1963)、G. 格伯纳(G. Gerbner, 1967)和瓦茨罗维克(1967)等。

他们借用社会学术语和研究方法,强调传播者与受传者之间通过信息传播相互作用、相互影响的双向性和互动性。但是,这一定义忽略了人类传播毕竟不是一种简单意义上的一来一往的信息互动,而是一种复杂的、多向的、有目的和需求的信息交流与沟通。同时,随着信息传播的持续进行,每个参与交流的人所拥有的信息不会对等地增加和累积,因而交换也不会完全对等,使得互动成为一个复杂的过程。

5. 过程性

这一角度强调把整个传播看作是一个连续的过程。代表学者是P. 希伯特(P. Siebert, 1974)、彼德、L. 德弗勒和D. 丹尼斯(L. Defleur & D. Dennis, 1989)。这种定义既标明了信息传播的轨迹,也指定了传播研究的要素,已被不少国内外传播学者所采用,但它仍有模糊、宽泛和难以把握的缺陷。

上述几种定义从不同的角度出发,阐述了各自对"传播"的界定。由于学者们受各自所处的时代和个人经验、知识背景所限,往往只看到问题的一个方面而忽视其他方面,不够全面。目前传播学界还没有一个公认的统一的对于"传播"的定义,这也反映了传播学科的不成熟性。本书为了讨论方便,在综合考虑多家之言的基础上,给传播下一个简单的定义:传播是人们通过符号和媒介交流信息的互动过程。

这个定义首先指出,传播是人类的活动,以与气象学家所指的自然的传播和动物学家所指的动物的传播相区别。其次,定义表明,传播是一种信息的双向交流过程。信息是传播的内容。在传播者与受传者之间,信息交流是双向的、互动的,传播者并非只是把信息发布出去,还要接收对方的反馈,受传者也并非被动地接收信息,还要积极反馈,并且这是一个多次的循环过程。最后,定义还指出,传播离不开符号和媒介。媒介负载符号,符号负载信息。换言之,语言、副语言等符号是信息的表现形式,而报纸、电话、网络等媒介则是符号赖以传播的载体。

(三)传播的分类

从外延来看,传播的分类方法很多,常见的有四种分类(见图1-1)。

第一种:根据信息的不同特质,我们可以把传播分为政治传播、文化传播、教育传播、经济传播等。实际上这样一种分类方式是不能穷尽的,我们可以根据环境的变化对它进行不断补充。

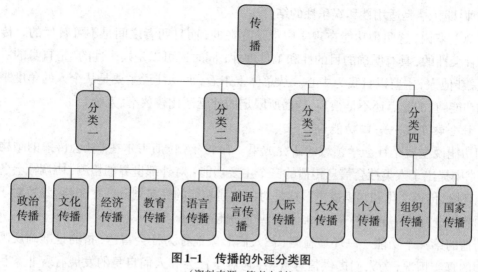

图1-1 传播的外延分类图
（资料来源：笔者自制）

第二种：根据信息的表达形式——符号来进行分类。人类的符号系统主要分为语言符号和副语言符号，因此，传播可以分为语言传播和副语言传播。

第三种：人类传播过程必须依赖一定的媒介，根据传播过程中各种媒介特征的不同，可以分为人际传播和大众传播。人际传播指两人及以上面对面的交流，以及运用个人性技术媒介所进行的人与人之间的交流。大众传播主要依赖广播、报纸、电视等大众媒介进行交流。

第四种：传播主体从总体上可以分为个人、组织和国家这样几种有本质区别的形式，因此，传播可以分为个人传播、组织传播和国家传播。其中，个人传播和人际传播的含义基本重合。

（四）传播的功能

传播最基本的功能就是传递和接受信息。关于传播的功能，目前传播学界有多种看法，我们在此介绍两种学说[①]。

1. 心理学角度——两功能说

两功能说主要来自心理学家E. 托尔曼和W. 斯蒂芬森，他们是从心理学的角度来阐述传播功能的。E. 托尔曼认为，传播是一种工具行为，人讲话所起的作用与绳子、盒子和棍子等工具所起的作用没有本质的差别，主张传播的工具理性。W. 斯蒂芬森关注的问题与E. 托尔曼几乎是相反的，他虽然也论及传播的工具性，但是更为关注作为一种自我满足和寻求快乐的自给自足的传播，主张传播的消遣性。因此，传播的功能主要分为适用性传播和娱乐性

[①] 根据以下文献改编。张迈曾主编：《传播学引论》，西安交通大学出版社2002年版，第271—273页；石庆生：《传播学原理》，安徽大学出版社2001年版，第101—114页；董天策：《传播学导论》，四川大学出版社1995年版，第21—26页。

传播两种,即传播是适用性和娱乐性的结合。

客观上来说,这两种功能在现实中都是存在的,而且两者之间是不可替代的。传播既可能是社会性的,具有明确的目的性和工具理性;同时还可以是娱乐性的,是自身的一种传播,不关涉他人,主要以自我为中心。从总体上来看,两功能说主要是从个人的角度来看待传播的功能,它的起点还不是很高,传播所限定的外延还比较狭窄、笼统。

2. 社会学角度——四功能说

四功能说主要是社会学领域的研究成果。1948年,拉斯韦尔在《社会传播的结构与功能》一书中提出了人类社会信息传播的三个主要功能:对外部世界的检测,协调社会各部分以适应环境,传递文化和知识遗产。这是对于传播功能的经典划分。1960年,赖特对于拉斯韦尔的功能进行了一定的补充,增加了第四个功能:娱乐。

传播的第一个功能——环境检测,被人们形象地称为社会雷达,指的是准确反映现实生活中的真实情况,为人们提供信息资料,它对于社会和人们自身的发展有着非常积极的作用。传播的第二个功能——协调社会各部门,是指对社会的各个部分、各个环节、各个阶层进行协调,使其产生接触、联系,从而形成一个整体以适应环境的变化发展。传播的第三个功能——传播社会的文化遗产和规范,能够加大社会不同层次共同的意义空间,保护社会基本的礼节、礼仪、习俗,包括先人的经验、知识、法律规则等,从而增强社会凝聚力,拓宽社会的公共规范和经验基础。传播的第四个功能——娱乐可以调节身心,使人放松舒适。娱乐的内容除了有助于解决公众日常生活中遇到的困难以外,还有助于受众打发闲暇时光。

从总体上来说,四功能说是传播学史上在总结前人理论的基础上提出的比较成功的界定,对于之后更详尽、更准确的功能划分是很好的启示。

二、人际传播的含义与功能

(一)人际传播是最基本的传播形式

人际传播行为是人类的一种基本行为,它与人俱在。因为人是一种群体的、社会化的动物,所以从原始社会到现代社会,作为人,要想在这个世界生存发展下去,就必须学会与别人交流和合作。由此,每一个人都生活在各种各样的、现实的关系网络中。正如施拉姆所言:"我们是传播的动物,传播渗透到我们所做的一切事情中。传播是一种自然而然的、必需的、无所不在的活动。我们建立传播关系是因为我们要同环境,特别是我们周围的人类环境相联系。"当代哲学家马丁·布伯(Martin Buber, 1878—1965)也曾经写过:"人生存的基本事实是彼此关联着的人。人无法逃避与他人发生关系。我与你相遇,我和你彼此关联,即使我们的交往是一场相互斗争。即使在彼此的关联中,我已不完全是我,你也不完全是你。但只有在生动的关联中,才能直接认识人所特有的本性。"

"人产生于人的接触","传播是界定我们是谁的一个过程"。换言之,人需要经历与他人的关系才能存在,才能成为一个完整的人,一个有自我属性的人。爱默生说过:"一个人只有一半是他自己,另一半则是表达。"表达和交流是人不可分离的一部分。"一个人要成为一个人,必须要通过某种表达;若脱离表达,就不可能有更高形式的存在。"①人本能的传播是人际传播。人际传播是人类社会关系的基础,是最基础的社会传播活动,对个人形成自我认知具有重要意义。人际传播体现了个人在社会化过程中的作用,体现了人类社会传播的本质属性,对群体或组织传播,乃至大众传播都产生了影响,是传播学研究的基础领域。从这个意义上讲,人际传播可以看作是人类传播的基本形式,是构成其他传播形式的基本单位。人际传播是人类最广泛、最重要和最复杂的社会行为之一,它在形成和维系人类社会、孕育和延续文化方面起着举足轻重的作用。

(二)国内外学者对人际传播的界定

因为人际传播的形式复杂,所以对人际传播的界定也就众说纷纭。我们拟从国内外学者的论述中归纳出几种具有代表性的学说。

1. 国外学者对人际传播的界定②

传播学在西方发展得相对比较成熟,西方研究人际传播的著作也比较多,其论述主要分为五个方面。

(1)从人际传播意义的角度论述

20世纪80年代中期,美国学者詹姆斯·麦克罗斯基(James McCroskey)等联合出版了人际传播学著作《一对一,人际传播的基础》,对"人际传播"这一概念及其界定有了新的理解。他们重新梳理了人际传播概念的要素,将人际传播置于双人的、一对一的传播情境中,确立了人际传播是人与人意见交流的观点。他们认为,交换信息和激发意义是传播的两种不同的功用。通常,人们也是在这两种不同的情况下使用"传播"这一词语的。但是,人们并未意识到,当传播服务于交换信息时,这一词语(communications)是用复数形式表达的,此时,传播具有工具的性质。然而,当传播被用作强调意义的创造时,这一词语所指称的是事物在人心中被引发出来的过程,传播如同刺激物一样。基于这样的认识,他们将"传播"定义为"一个人运用语言或副语言信息在另一个人心中引发意义的过程"。王怡红认为,他们"对人际传播有自己选择性的理解",突出传播中意义的存在,即"人际传播关心的不是信息的传递,而是意义的生发"。这也是这一概念最有特色的地方。

(2)从人际传播情境的角度论述

特伦赫姆、米勒和威尔莫特等把人际传播放到人的传播这一更大的历史背景下,从他们自己提出的传播语境的四条边界规定范围(交往者的人数、相互间身体的距离及亲密程度、交往者所能使用的感官渠道的数量、反馈的直接性与及时性)出发对人际传播下定义,

---

① [美]查尔斯·霍顿·库利:《人类本性与社会秩序》,包凡一等译,华夏出版社1999年版。
② 根据以下文献改编。王怡红:《西方人际传播定义辨析》,《新闻与传播研究》1996年第4期;石庆生:《传播学原理》,安徽大学出版社2001年版,第118—121页。

批评了在对人际传播的探讨中将四条边界里交往者人数看得最为重要的观点（这种观点认为，人际传播应该被限制为双人交流［in a dyad］，因为只要有第三人加入进来就会发生重要的质变）。特伦赫姆认为，从传播的语境角度界定，人际传播可以超越人数的界限，交往者可以是两个人、三个人或更多的人。在后两种情况中，人际传播与其他传播的差别在于，人际传播的交往者可以最大限度地使用感官渠道，可以最大限度地互相观看、倾听、言说、触摸、品味。

这一类概念主要的落脚点在传播情境，特伦赫姆等强调的是人际传播的直接性。他认为，从传播的情境入手界定，人际传播可以超越人数的限制，转向对传播渠道的关注。人际传播与其他传播模式最大的不同之处在于，人际传播的交往者可以最大限度地使用感官渠道；人际传播最大的特点是语言与副语言传播全部在场；人际传播通常是非结构的、没有目的，传播是即兴发生的。美国人际传播学者泰勒·罗斯格兰特、迈耶·桑普莱斯也在他们的著作中表达了同样的思想，指出"'人际'一词的'inter'和'personal'两个部分意味着人际沟通是指两个人之间的沟通，但它也包括整个人类的沟通。我们认为，把人际沟通定义为参与者拥有一对一关系的沟通是较为合理的。实际上，这些情境通常包括两到八个人。人际沟通的本质特征是参与者在一对一基础上的直接沟通"[①]。

（3）从人际传播社会性的角度论述

英国谢菲尔德·哈勒姆大学的哈特利从揭示人际传播的应用范围及含义方面入手，研究人际传播。他规定了人际传播的三个基本评判标准：一是人际传播是一个个体向另一个个体的传播；二是传播是面对面的；三是传播的方式与内容反映个体的个性特征、社会角色及其关系。哈特利进而对人际传播的现象进行了分层：

① 人际传播是两个交往者面对面的相遇；

② 人际传播包括两个角色不同的人及其相互间的关系，角色包括正式的和非正式的；

③ 人际传播永远是双向的、互动的、有来有往的，交往者既是信息源又是信息的接受者；

④ 人际传播不仅包括交换信息，还包括创造和交换意义；

⑤ 交往者大都具有交往的目标和意旨；

⑥ 人际传播是一个持续展开的过程，而不是一个事件或一系列相关事件；

⑦ 人际传播是跨越时间的一种积累，人与人当下的交往是建立在以往的经验之上的。

哈特利定义的特点主要是强调人际传播的社会性特征。在他看来，人是社会性的动物，人际传播同样是一个社会过程，会受到各种社会因素的制约。他通过建造自己的传播模式，着重说明人际传播是在社会情境中发生的。交往者围绕社会身份、社会观念、编码，完成这样一个叙述与再叙述的双向传播过程。

（4）从人际传播特性的角度论述

美国学者约翰·斯图尔特（John Stewart）在20世纪70年代编辑了人际传播学著作

---

① ［美］泰勒等：《人际传播新论》，朱进东等译，南京大学出版社1992年版，第16页。

《桥,不是墙——人际传播论》。他借用当时著名的德国思想家伽达默尔的"语言既是桥又是墙"的观点,将其改动成为"人际传播是桥,不是墙",突出唯有通过传播才能获得人与人之间理解的观点。他在书的序言中写道:"虽然我并非想让你们在能与他或她交往之前,先得打探一下某个人人生的全部细节。我是说,人际传播发生在人与人之间,而非角色之间、面具之间或者条条框框之间。只有当我们每个人能够发现使我们生性成为一个人,同时也意识到使他人成为人的事物时,人际传播才能在你我之间发生。"斯图尔特在论述中坚持一个重要的观点,即人际传播是人与人之间的交往(contact),而要理清人际传播与其他类型的差别,就必须关注两个描述我们与他人关系类型的关键词的含义——"人际的"和"事际的"。

斯图尔特对于人际传播的研究发展了马丁·布伯的观点。布伯认为,人在两种情形中与世界发生关系,换言之,人置身于二重世界中:"其一是'我与你';其二是'我与它'。""我与你"是"心灵对话的世界,是沐浴精神关系的世界","我与它"是指"我"在社会生活中与社会事务及人发生关系,"它"是满足"我"的利益需要和欲求的工具,这是一个由"我与你"和"我与它"组成的相互对立、相互依存的关系世界。布伯指出,虽然人总是生存在"我与它"的关系世界中,没有这个世界,人便不能生存,但只依赖于"它"的世界生活的人,并非真正意义上的人。

斯图尔特站在布伯的这一思想高度上,将传播分为"人际的"和"事际的"。他认为,人际传播只能与最大限度展示人性的特点有关。他将人性的特点分为五个方面:

① 人是独特的,是不能相互置换的;
② 人是不可测量的,因为人有"情感"、"感觉"和"精神";
③ 人具有选择的能力,不仅能反映现实,而且能回应问题、把握未来;
④ 人能够反思,即不仅思考周围的现实,还能反思自己的思维;
⑤ 人具有言说的能力,能与人交谈,能互相回应。

斯图尔特对人际传播的定义为:人际传播是两个或者更多的人愿意,并能够作为人相遇,发挥他们那些独一无二的、不可测量的特性及选择、反思和言说的能力,同时,意识到其他的在场者,并与人发生共鸣时所出现的那种交往方式、交往类型或交往质量。

(5)从人际传播动机的角度论述

美国心理学家疏兹(W.C.Schuts)提出人际传播的"需求论",认为人际传播来源于人的三种人际需求:一是包容性人际需求(the interpersonal need for inclusion),二是控制性人际需求(the interpersonal need for control),三是情感性人际需求(the interpersonal need for affection)。每种需求又分为主动和被动两个方面:包容性需求可分为交往、沟通、融合、相属、参与的需求,以及期待被别人邀请并被接纳的需求;控制性需求可分为支配、领导、控制、超越、管理的需求,以及希望彼此制衡、社会受到控制,宁可听人指挥、接受指导的需求;情感性需求可分为喜爱、同情、照顾的需求,以及期待别人对他进行亲密性传播的需求。

托马斯·哈瑞斯(Thomas Harris)认为,人际传播的效果与"生活见解"(life positions)

密切相关。他认为,有四种基本的生活见解,不同的生活见解对传播的影响截然不同。这四种不同的生活见解分别是:"我不好,你好";"我好,你不好";"我不好,你不好";"我好,你好"。还有学者从人际传播的抚慰性角度进行研究,认为人际传播有其抚慰性的一面,人际传播的抚慰性大小不一样,效果也不同。这提示我们在人际传播中要加大正面的抚慰性,减少负面的抚慰性。

2. 国内学者对人际传播的界定

学者段京肃和罗锐认为:"人际传播是指个体与个体之间的信息传播,其中包括了面对面的交流和非面对面的交流(如通过书信、电话等媒介进行的交流)。人际传播是建立人际关系和其他社会关系的必要手段与过程。"①

学者周庆山认为:"人际传播在广义上使用,就是人与人之间的信息交流。大凡个人与个人、个人与群体、群体与群体之间通过个人性媒介(面对面传播时所使用的自身感知器官与非面对面时使用的个人性通信媒介)进行的信息交流,都是人际传播的范畴。"②

学者张迈曾认为:"如果要对人际传播下一个定义,就是:人际传播是确定的个人之间的符号相互作用。这样的定义,可以使人际传播同组织传播、大众传播等区别开来。"③

学者李彬认为:"所谓人际传播,一般是指人们相互之间面对面的亲身传播,所以又称面对面传播、人对人传播。人际传播的实质在于人们经由符号而结成的一种关系……人际传播……是经由符号建立起来的。用施拉姆的话说是'两个人(或两个人以上)由于一些他们共同感兴趣的信息符号聚集在一起'就叫人际传播。"④

学者黄晓钟等认为:"人际传播通常指个人与个人之间的双向互动传播。它可能在两个或两个以上的人之间进行,但是该领域研究的关注点通常是放在一个基本的传播结构,即两个个体之间的传播上的。"⑤

学者胡春阳认为,研究者用两种方式来定义人际传播,"一种是从量的角度,一种是从质的角度"。一种是从人际传播的理论和理想状态出发的"量的定义","是发生在两个人之间的以建立一种关系为目标的有意义的互动过程"。另一种是从传播的现实层面出发的"质的定义",即"人际传播是这样一种传播,它发生于人们以个人到场最大化方式来谈论和倾听,当人际传播强调参与其中的个人而不是其角色或者刻板印象时,人际传播就得以发生,它不是基于牵涉的人的数量或者是否在同一场所,它强调关系的内在回报性而不是追求外在现实利益回报。"⑥

以上学者的观点主要集中在从人与人之间的关系上来阐述和理解人际传播,这是因为

---

① 段京肃、罗锐:《基础传播学》,兰州大学出版社1996年版,第91页。
② 周庆山:《传播学概论》,北京大学出版社2004年版,第59页。
③ 张迈曾主编:《传播学引论》,西安交通大学出版社2002年版,第95页。
④ 李彬:《传播学引论》,新华出版社2003年版,第147页。
⑤ 黄晓钟、杨效宏、冯钢主编:《传播学关键术语释读》,四川大学出版社2005年版,第3页。
⑥ 胡春阳:《人际传播:学科与概念》,《国际新闻界》2009年第7期。

人际传播的本质应该是深至精神的，即人与人之间意义的创造和交往。人际传播强调的就是人际传播为人与人交流提供了直接的知觉环境，能带来直接的意义创造和即时的反馈、心灵与心灵的碰撞和人性的沟通。只有意义的直接交流，才能使个人间的交往关系得到充分的发展。这也是人际传播与其他人类传播样式的本质区别。正因为如此，德国哲学家卡西尔（Cassier）在《人论》中认为："只有在我们与人类的直接交往中，我们才能洞察人的特性。要理解人，就必须在实际上面对着人，必须面对面地与人来往。"[1]

在综合众多学者研究的基础上，我们认为，人际传播从广义上来讲，是个体与个体、个体与群体、群体与群体之间通过个人性媒介（面对面传播时所使用的自身感知器官与非面对面时使用的个人性通信媒介）进行的信息交流，目的是实现良好的信息传递和彼此相互理解或共鸣。它是其他传播形式顺利进行的前提和基础。

（三）人际传播的功能

从个人的角度来说，人际传播的每一个参与者总是怀着不同的目的介入各式各样的人际传播活动，人际传播活动对参与主体有着不同的作用。从社会的角度来说，人际传播是社会传播的一个重要的组成部分，是社会成员进行信息交流的渠道，是实现社会协作的纽带，也是传承社会文化的工具，人际传播的状态如何，是社会物质文明和精神文明的重要体现。因此，人际传播的功能具有对于个体和对于社会的不同作用。

1. 从个体的角度论述[2]

（1）实现自我认知

古人云："人，贵有自知之明。"正确的自我评价对个人的心理生活、行为表现及其协调社会生活中的人际关系有较大影响。20世纪初期，心理学家柯里就指出：在人们的心理活动中，自尊和自卑的自我评价意识有很大作用。人们经常会把自己看作是有价值的、令人喜欢的、优越的、能干的人。如果一个人看不到自己的价值，只能看到自己的不足，认为自己什么都不如别人，处处低人一等，就会丧失信心，产生厌恶自己并否定自己的自卑感，这样的人就会缺乏朝气，缺乏积极性。正确的自我认知对于个人的生存和发展有着重要的作用，人际传播帮助人们实现了这一目的。

所谓自我认知，指的是主观自我对客观自我的评价与认知，是对自己存在的察觉，即认识自己的一切，包括认识自己的生理状况（身高、体重、体型等）、心理特征（兴趣、爱好、能力、性格、气质等）以及自己与他人的关系（自己与周围人们的关系、自己在集体中的位置与作用等）。自我认知的范畴是比较丰富的，包括对自己的认识、体验与控制，可以分为三个方面的内容：物质的自我、社会的自我和精神的自我（见表1-1）。

---

[1] ［德］卡西尔：《人论》，甘阳译，上海译文出版社1985年版。
[2] 根据以下文献改编。董天策：《传播学导论》，四川大学出版社1995年版，第138—142页；周庆山：《传播学概论》，北京大学出版社2004年版，第67页；张迈曾主编：《传播学引论》，西安交通大学出版社2002年版，第96—97页；郭庆光：《传播学教程》，中国人民大学出版社2011年版，第83—84页。

表1-1 自我的构成

自　我	自我认识	自我感情	自我控制
物质的自我	对自己的生活状况以及服饰、家属、财产等的认识	自豪感或自卑感	追求生理、外表的物质欲望的满足，维护家庭利益等
社会的自我	对自己的社会关系，人际关系，公共团体中的地位、作用、名望的认识	自豪感或自卑感	追求名誉地位，与他人协作或竞争，取得他人的好感等
精神的自我	对自己的智力、性格、兴趣、气质等特点的认识	自豪感或自卑感	追求信仰，注意行为符合社会规范，要求自己智慧才能的发挥等

资料来源：董天策，《传播学导论》，四川大学出版社1995年版，第138页。

关于生理状况方面的认识可以通过自我观察和体格检查来加以认识，而对心理特征和与他人的关系方面的认识，往往要通过与他人进行沟通比较才能认识到。简单来说，自我认识必须通过社会比较来实现。

正如美国社会心理学家费斯汀格的"社会比较理论"所说，个体对自己的价值的认识是通过与他人的能力和条件的比较而实现的，这是一个社会比较过程。费斯汀格指出，个人为了更好地适应环境，必须十分清楚地了解到自己及其周围的环境；假如对于自己的环境不了解，就会产生不安与焦虑，甚至会神经紧张，不知道自己的定位，尤其是当处于一个新的环境时，个人将很想了解自己的能力与观点在群体中所处的位置，以及自己对于群体起着什么样的作用。这时就需要运用社会比较对自己进行定位，而社会比较过程所获得的信息很大程度上需要依赖人际传播来获得。

达赖尔·贝姆也指出："个人部分是通过观察自己公开的行为以及自己行为发生的环境来了解自己的态度、情感和其他内在性格的。"[1]有时两人聊天看似没有什么收获，但是可以通过产生感情共鸣而得到精神上的安慰和愉悦。如果剥夺了人的这种正常交往的权利，就会造成严重的心理疾病。社会心理学家所说的娱乐和保健的功能正涵盖了这样一种认识自我的功能。由此可见，与周围的人接触并同他们进行信息交流正是自我认知的基本途径。关于这个方面的传播理论证实可以参见第二章我们对于"约哈里窗口"的相关介绍，它证明了人际传播的自我认知功能。

综合各家所言，不难看出，人际传播在个人实现自我认知方面有非常重要的作用。

（2）建立和谐关系

人类是群居的动物，几乎所有人都是在与他人的交往中过完自己的一生，一个人长时间与世隔绝，甚至与他人老死不相往来是不可想象的。历史上曾经出现的"狼孩"、"熊孩"等说明了这样一个问题：如果没有人际交往，人只能变成动物，渐渐失去人的一些特征。社会

---

[1] ［美］加克斯·赖茨曼等：《八十年代社会心理学》，矫佩民等译，生活·读书·新知三联书店1988年版，第73页。

图1-2 通过交流认知自我

注：此图为多芬（Dove）2013年的广告，左边为根据自己的描述画像，右边为根据陌生人的描述画像

（资料来源：https://site.douban.com/107864/widget/notes/255436/note/349469239/）

以隔离和囚禁惩罚背离社会规范的人，正是说明人类害怕孤独，害怕与人隔绝。人际关系建立之后，如果缺乏必要的正常沟通，关系就会停滞，有时还会因某种原因而产生障碍。这时如果停止沟通，还可能使得关系中断或者恶化。因此，我们需要不断努力与共处的人建立和谐的人际关系，并不断地维护改善，使之朝着健康、积极的方向发展。

对于怎样建立和谐的人际关系，美国学者西奥多·纽科姆于1953年在《对传播行为的研究》一文中提出了一个均衡模式

图1-3 通过人际传播建立和谐关系

（资料来源：https://www.duitang.com/blog/?id=37947785）

来阐述人们是如何通过寻求一致，从而协调关系的。关于这一模式的详细内容，我们将在第二章中进行介绍。总而言之，人际传播的过程就是促使双方关系更加协调的过程，它的确起到了建立和谐关系的作用。

（3）认识与控制环境

哲学家哈贝马斯曾经说过，人类最终的问题可归因于缺少理想的沟通（communication）情境。一个人不能独立地存在于这个世界，必须同周围的环境打交道才能生存和发展下去，所以我们就必须认识和学会控制我们的环境。在人际传播过程中，通过与他人多方面的交往接触和信息交流，我们可以广泛地接收来自四面八方的信息，有效地扩大信息拥有

量,使自己能够清醒地意识到所处环境的状态,从而及时审时度势,预测和应付各种变化,便于防患于未然,或是在不顺当的时候,找出症结所在,确定摆脱逆境的对策,使得事态向着有利于自己的方向发展。

(4) 交流人生经验,实现信息沟通

人的生命有限、精力有限、交往范围有限,但是宇宙之大、世界之广、事物之博却是无限的,我们显然没有足够的精力与时间事必躬亲,去一点一滴地积累经验和教训。所以,人们总是乐于从他人的发展中吸取有益的启示,"择其善者而从之,其不善者而改之",所谓"听君一席话,胜读十年书"就是这个道理。不仅如此,人们也非常乐于把自己的知识、经验、意见传递给他人,帮助他人提高的同时也提高自己,"教学相长"就是很好的例子。

随着科技的发展,网络使我们可以更方便地与朋友、父母、师长进行交流,也能够分享陌生人的人生经历。一个人的故事可以带给很多人思考和启发,例如天生无四肢的澳大利亚演讲家尼克·胡哲(见图1-4)以其积极乐观的态度和永不放弃的精神向人

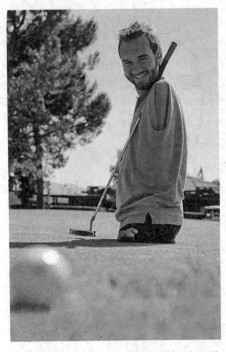

图1-4 演讲家尼克·胡哲:通过人际传播交流人生经验

(资料来源: https://www.sohu.com/a/207537982_100014451)

们证明:世上没有无法达成的目标,没有遥不可及的梦想。他生命的奇迹激励世界各地的人走出生活的阴霾。

综上所述,人际关系作为双向的交流,能够使传播参与者博采众长,取长补短,不断提高和完善自身。

(5) 满足情感需要

人的需要是个丰富而多变的动态系统,人们通过各种方式和手段使自身的需要得到满足,人际传播就是满足人情感需求的重要手段之一。例如,一个人遇到不顺心的事情,心里闷得发慌,找个好朋友倾诉一番,就会觉得如释重负。这种一吐为快的人际传播给人带来的主要是情感的宣泄和由此产生的情感满足。当然,情感满足的内涵在现实中各有差异。老年人同儿孙辈絮絮叨叨、谈论往事,是为了赢得尊敬、避免寂寞;儿童和父母说起这事那事,是为

图1-5 人际传播满足情感需求

(资料来源: https://www.sohu.com/a/244274251_226794)

了表现对父母的依赖(见图1-5);恋人之间轻声细语,是为了情爱的满足。总之,人们正是通过人际传播获得各式各样的情感满足来调节自己的情绪状态,形成积极的心理氛围,从而使自己更加积极地面对人生。

2. 从社会的角度论述[①]

从社会的角度来说,人际传播具有多种多样的社会功能。社会功能指的是人们通过沟通形成一定的社会关系,并且在沟通中互相影响,促进健康的社会思想传播,以及人们良好的社会行为规范与习惯的形成。良好的、健康的人际传播对于社会的发展有着重要的作用。

(1) 传递社会文化遗产

一个社会的文化,不论是物质的还是精神的,只有一代一代地传递下去,人类文明的结晶才能继承和发扬光大,社会才能前进。正如马克思所言:"某一个地方创造出来的生产力,特别是发明,在往后的发展中是否失传,取决于交往扩展的情况。当交往只限于毗邻地区的时候,每一种发明在每一个地方都必须重新开始……只有在交往具有世界性质,并以大工业为基础的时候,只有在一切民族都卷入竞争的时候,保存已经创造出来的生产力才能有了保障。"[②] 世界各国各民族的文化发展离不开国际、民族之间的文化交流。历史证明,交往的扩大是社会文化发展必不可少的条件。一个民族如果长时间处于对外隔绝的状态,是不可能进入世界前进民族行列的。横向的交往如此,纵向的交往也是如此。人类文化要发展,就需要世世代代不断积累、继承、创新,实现协作,共同发展,传承社会文化,而这样宏大的历史任务正是经由不可计数的人际传播实践完成的。

(2) 推动国家建设事业发展

一个国家在封闭的状态下是不能有所发展和创新的,要想发展,就必须加快跨文化之间的传播交流,同世界各国建立广泛的联系,实行对外开放,学习各国的先进经验,才能以开放、创新、宽广的胸怀容纳各国。在国内,要加强不同领域、团体的信息沟通和交往联系,使得整个社会生活充满生机和活力,增强团体乃至社会的安定团结,消除社会上的不良风气,建立与发展新型人际关系,推动国家建设事业发展,从而加快国家发展的步伐,保持和谐、有序、稳定、健康的社会关系。

当下,随着改革开放的逐步深入,政治改革成为重要的内容。要进行政治改革,其中重要的一点是增加公民对社会问题的参与,提高公民参与的能力。人际传播的发展有利于增强公民参与社会公共议题的积极性和能力,既自上而下,又自下而上地双向推动政治改革的进行。

[①] 根据以下文献改编。郭庆光:《传播学教程》,中国人民大学出版社2011年版,第84—85页;奚洁人等编著:《简明人际关系学》,华东师范大学出版社1991年版,第206—207页;沙莲仪:《实用社交学》,科学技术文献出版社1992年版,第7—12页。
[②] 《马克思恩格斯全集》(第三卷),人民出版社1960年版,第61—62页。

第二节　人际传播的类型与特点

一、人际传播的类型

在学界，人际传播有很多不同的分类方式，我们这里主要介绍三类不同的分法，旨在让大家开阔视野，了解不同的学术观点①。

（一）人际传播类型的三分法

从广义上来说，个人与个人、个人与群体、群体与群体之间通过个人性的媒介（面对面传播时使用的自身感知器官与非面对面时使用的个人性的通信媒介，如电话、手机、信函等）所进行的信息交流，都属于人际传播的范畴。从这个意义上来说，可以把人际传播分为三种类型，即两人之间的传播、小群体传播和公众传播。

1. 两人之间的传播

顾名思义，两个人之间的信息交流就是两人之间的传播，它构成了人际传播的基本单位，其他形式的传播也就是由这样一个个不同的单位进行不同的组合而成的。

人类早期进行的人际传播都是直接的面对面的信息交流，不借助任何媒介，如交谈、交往、约谈、讨论、对话等。在面对面的情况下，由于我们能确切地感觉到对方的情绪，更易于捕捉交流对象的微妙特点、特殊音调和强调的重点，因此，我们会接收更多的信息，可以更多地了解对方，换言之，此时的传播是卓有成效的。

两人面对面的传播可以采用语言符号系统进行沟通，也可以采用副语言符号系统。语言符号系统主要包括口语和书面语，副语言符号系统可以是眼神、动作、穿着打扮、时空距离等。副语言符号系统往往最能传达一些隐秘的信息。

两人之间的传播也可以经由一定的个人性技术媒介发生，如书信、电话、网络等。在网络人际传播中，仅仅有文字交流显然不够，因此，各种形式的表情、特殊符号、图片和视频应运而生，部分实现了面对面交流中副语言符号系统所具有的功能。

2. 小群体传播

小群体内部成员之间的信息交流被称为小群体传播。小群体传播的途径与面对面传播的途径差不多，主要也是使用语言符号系统和副语言符号系统。传播学者对于小群体的关注主要集中在信息交流在小群体形成和维持过程中所起的作用、信息在小群体内传播的途径与网络结构、信息交流在小群体内展开与实施的过程，以及影响信息交流的相关因素等一系列问题。小群体传播是一种两人之间传播的扩大形式，虽然已经突破两人的范围，具有一

---

① 根据以下文献改编。周庆山：《传播学概论》，北京大学出版社2004年版，第59—60、63—65页。

定的公开性,但是它的传播范围还是局限在小群体内,具有一定的"私下性质"。在组织中往往会形成一定的小群体,他们有时会稀释群体的约束力,所以处理好小群体与整个组织的关系就变得十分重要。

3. 公众传播

公众传播是发生在诸如大礼堂、露天广场等公开场合的传播行为,类似于古希腊时期的公众演说,传播的时间、地点一般都事先计划好,传播的过程具有明显的行为标准和进行程序。公众传播是一种"公开的说话",是一个人或几个人在特定的环境中向面临共同问题的社会群众,即公众进行的面对面的交流。在这里,公众是一个开放的整体,既可以是高度组织化的群体,也可以是分散的个体,他们是由于某种问题而临时集合在一起的群体。所以,公众是一个动态的开放系统,公众传播是一种社会性比较强的传播活动。将公众传播纳入人际传播,大大扩展了人际传播的研究范围,具有较强的现实意义。如今,公众传播的传播范围已经不局限于广场和礼堂,还能通过现场直播传递给更广泛的受众,受众也可以通过网络与传播者进行实时互动。例如,很多活动会将网友的反馈通过大屏幕呈现出来,既能实时互动,又能传播受众的反馈。

(二)效果与动机分类法

按照人际传播的效果与动机分类,可以把人际传播分为满足性交流和手段性交流。

1. 满足性交流

满足性交流主要是为了使受众在精神、情感、心理方面得到满足和愉悦,没有什么直接功利性目的。从这个意义上来说,满足性交流主要是为参与者提供精神娱乐。

满足性交流主要着重于交流过程本身和人的社会性需要,尤其是人际感情需要。娱乐性交流是满足性交流的主力,是使交流的参与者得到某种娱乐和愉悦的交流。从宽泛的意义上来讲,任何娱乐性交流都有一定的社会性、功利性目的,但是这种目的并不是刻意做出的。

2. 手段性交流

这里可以把手段性交流理解成传播者出于一定的目的去有意识地影响对象的一种交流形式。它不同于满足性交流,具有明显的目的性。这种交流具有告知、劝服、激励等作用。各个交流实际形态在某一功能方面有所侧重,也就形成了不同的传播类型。

(1)告知性交流

这是一种以告知为主要目的,使得受众接收传者信息的交流形式。当告知、传播信息,提高受众的信息拥有量成为某种交流情境的最主要,甚至是唯一目的的意向时,我们就把这种交流的情境称为告知性交流。例如,发布通知、通告就是典型的告知性交流。

(2)劝服性交流

这种交流方式不仅仅局限于向受众传递信息,而是越发强调这些信息的重要性和正确性,以劝服为重心,使受众在信仰、行为、思想、价值观和态度上朝着传播者所希望的方向发展。一个典型的例子是中国战国时期著名的说客苏秦、张仪通过合纵、连横策略各自去说服其他各诸侯国加入自己的势力,使得战国的局势一度扑朔迷离。

图1-6 郎平鼓励中国女排队员
（资料来源：https://www.sohu.com/a/344733955_795133）

（3）激励性交流

这种交流方式不仅包括告知性交流和劝服性交流，而且力图使受众朝积极向上的方向发展，着力于激励。传播较为关心的是如何强化受众已有的各种信仰、思想、行为和态度，并进一步激起他们的热情。在现代体育竞技中，每个教练都会在赛前给予自己的队员一定的鼓励和刺激，就是激励性交流的集中体现。例如，排球教练郎平不断地鼓励、激励中国女排姑娘们斩获佳绩（见图1-6）。

以上三种交流方式尽管同属于手段性的交流，但由于传播目的主观倾向性不同，其传播的类型也不一样。

（三）符号分类法

按人际传播过程中使用的符号手段进行分类，可将人际传播分为语言符号传播和副语言符号传播两种。

1. 语言符号传播

语言是人类社会约定俗成的比较高级和复杂的符号，是人类区别于其他动物的显著标志，也是人类社会赖以存在和发展的必要条件。人们用语言符号进行信息交流，传递思想、情感、观念和态度，达到沟通的目的。语言符号有一定的线条性、任意性、强生成性、基础性、社会性和变化性。

语言符号传播的参与者在传播的过程中要有一定的目的性，要根据不同的对象调整自己的传播方式，不仅要看到对方的经验范围，还要看到对方的知识水平和心理状态，要把对方同自己的人际关系情形考虑在内；要根据情境，利用时空中的特定情境、气氛来巧妙地组织语言形式和活动；语言符号的传播活动要根据时代的变化而变化；还要坚持本色的原则，使得言语形式能够与自己的身份经历相适应，与自己的思想性格相吻合，这样才能使语言与传播水乳交融，创造良好的沟通氛围。

2. 副语言符号传播

美国口语传播学者雷蒙德·罗斯（1986）认为，在人际传播活动中，人们所获得的信息总量中只有35%是语言符号传播的，其余65%的信息是副语言符号传达的，其中仅面部表情就可以传递65%中的55%的信息。可见，传播并不全是通过语言进行的，副语言符号在传播中也显示了重要的作用。

作为一种符号系统，副语言符号同语言符号一样，使用某一符号来代表其他事物。它涵盖各种各样的语言符号类型，从表情到情感，从政治经济政策到时装、音乐、时尚。从某种意义上来说，一切不经过语言表达的符号都是副语言符号。在传播过程中，副语言符号的功能绝不亚于语言符号。副语言符号传播的外延包括说和写（语言）之外的信息传递，比如手势、身体姿态、音调（副语言）、身体空间和表情等。

总体来说，副语言符号传播能够告诉接受者如何解释其他信息，具有重复、补充、强调、代替语言符号传播的功能，有助于判断或表达传播者的内心状态，形成印象，从而掌控传播活动。但某些时候，副语言符号传播也可能会传达出与传播者的语言符号相矛盾的内容，所以在使用副语言符号时必须谨慎小心。副语言符号传播可以独立存在，但在一些情况下，受到情境与文化等因素的影响，其常常具有模糊性或者多义性。

二、人际传播的特点

（一）双向交流、反馈及时

人际传播是由参与者的传播行为共同构成的。在信息交流中，传播参与者既是信息的发送者又是信息的接受者，双方的信息传受以一来一往的方式进行，传播者与接受者不断变换角色。这就要求每一位活动参与者都有自己的积极性，不要把对方看作是一种客体，而要在传达信息的过程中理解、分析对方的动机、目的、需要等。在这期间，每一方都可以根据对方的反应对自己的传播行为进行相应的修改和及时的调整，或补充传播内容，或改变传播方法，以把握传播效果。施拉姆和奥斯古德的研究都论证了这一点。

施拉姆认为，人际传播的双向性质与参与者的双重角色有关。在一个完整的传播过程中，传播参与者扮演着传播者和接受者的角色。正是由于这种双重角色，信息得以不断进行传播、反馈，从而保证了传播的双向性，无论是我们日常的人际交往活动，还是网络互动，无不体现了这种双向性。

实际上，在施拉姆之前，奥斯古德关于"传播单位"的论述也阐明了传播参与者在传播过程中的双重角色。在奥斯古德看来，参与传播活动的人就是一个传播单位，人在接收信息的过程中进行解释，而后又将解码的结果进行编码，传递与之相关的信息。两者在这方面的思想是一脉相承的。

传播双方的双向性并不是说在实际的传播过程中，参与双方在地位上是完全平等的且能够完全平等地进行交流，实际情况往往是相反的，即传播的信息、能力和时间是不平等的。在我们日常的交往中，总是会有一方比另一方更加积极主动些，但是仍然不能从本质上否定传播双方的双向互动和反馈。即使在网络中有更多的异步传播，也依然是建立在双方互动与反馈的基础上才能进行。例如，你不回复对方在微信上的留言，你们双方之间的对话就难以进行。

（二）信息接收渠道多样化

人际传播可以是面对面的，也可以是非面对面的。在面对面的传播中，不但可以运用语言来交流思想感情，还可以使用副语言符号来表达意义，如眼神、表情、动作等。在一定的情况下，副语言符号系统往往显得更加重要，能传达出语言符号所不能表达的意思。很多时候，关键性的问题的答案需要观察副语言符号系统来获得，副语言符号系统也常常让参与者把本想隐藏的秘密暴露。可以说，人际传播同时运用语言和副语言符号作为交流手段，受传者接收信息的渠道是多样灵活的。

在传播的过程中，作为语言线索的言语交际是一种可以控制的行为，每个人可以对自己交流中的语言进行反复的琢磨和组合。作为副语言线索的非言语行为却既有可以控制的部分，比如人的手势和表情，又有不可控制的部分，即在无意中泄漏了参与者内心秘密的部分。例如，在审讯犯罪嫌疑人的时候，尽管犯罪嫌疑人对于一些罪名矢口否认，但是机智的警察还是能够从犯罪嫌疑人的言语疏漏和神情举止中发现犯罪嫌疑人是否在说假话，因为犯罪嫌疑人在回答问话的过程中无意间传播了他不愿意供认的犯罪事实。在现实生活中，即使一个人沉默不语也是在传递一种信息，我们可以从其穿着打扮、行走姿势、脸色神情等中找到一些蛛丝马迹。这无疑告诉我们，副语言符号传播具有一种无意识性，常常使得人际传播的参与者在不知不觉中传播信息。"明白人们无法不传播这一事实，会使我们每时每刻都更加注意自己的行为举止。我们在他人面前可能会暴露的关于自身的情况，远远超出我们所能意识到的范围。"①

（三）较强的情境传播

不管参与者是否意识到，人际传播总是发生在一定的社会环境中，总是在特定的时间和地点，在一定的物质和时间的背景中进行的。参与者可能站着或坐着，走着或同乘一辆车，可能在人群之中或单独在一起，在朋友中间或在陌生人中间，在房间里、在大教堂里或在街上。所有这些因素虽然不是谈话的内容，但有可能在交谈过程中起作用，限制谈话的内容和方式——对于某些事物来说，有适宜谈论它们的时间和地点，同样也有不适宜谈论它们的时间和地点②。时间、地点、参与者和话题等各种因素构成了我们现在所说的传播情境。"我们进行交际所采用的方式会在各方面受到语言环境的制约：如果环境嘈杂，我们就得大声说话；如果谈话范围过于广泛，我们就得加以紧缩；如果在正式场合，我们就应选用一套与非正式场合下所用的完全不同的词语。"③由此可见，人际传播并没有一个固定的模式，而是需要根据不同的传播环境相应地调整自己的传播措施，采用不同的传播方式以适应外界环境的变化。

这一特点在克劳佩弗于1988年提出的人际传播模式中就有明显的体现。它明确地告诉我们，在人际传播中不能忽视"噪声"的干扰，即传播干扰。传播干扰主要分为外部干扰和内部干扰。外部干扰主要表现在传播环境中的物质性干扰，例如日常生活中流言的产生就是因为在传播的过程中受到其他因素的干扰，使得传播的信息内容发生这样或那样的变化，脱离本貌。内部干扰主要是一种心理干扰，在人际传播中存在的有意无意的偏见即是传

---

① ［美］理查德·威瓦尔：《交际技巧与方法：人际传播入门》，赵微等译，学苑出版社1989年版，第12页。
②③ ［英］皮特·科德：《应用语言学导论》，上海外国语学院外国语言文学研究所译，上海外语教育出版社1983年版，第27页。

播内部干扰的一种重要表现。内部干扰大都是心理干扰,因此常常被我们所忽视。

人际传播情境因素提醒我们,要时刻考虑到外界环境的变化,把外界干扰因素考虑在内,同时也要做好自己的心理准备,防止内部干扰,使得我们能够顺利掌握环境的变动,保证信息畅通顺利地实现传播。

(四) 非制度化的自发性

与组织传播和大众传播相比,人际传播属于一种非制度化的传播。这里的非制度化并非说人际传播不受任何制度的约束和影响。人际传播也是一种社会关系的体现,参与的双方虽然都是拥有独立意志的主体,但他们都是由一定的社会关系,如夫妻关系、父子关系、长幼关系、上下级关系、朋友关系、同僚关系等相连接的。在人际传播内容中,传受双方所使用的词语、语气、态度等,无一例外,都是这些关系的体现。这里所说的非制度化传播,主要是指传播关系的成立具有自发性、自主性和非强制性的特点,人际传播主要是建立在自愿和合意基础上的活动。在人际传播中,双方都没有强制对方的权利,也没有强制接受的义务。在某种程度上,这意味着人际传播是一种相对自由和平等的传播活动[1]。从这个意义上讲,互联网的出现使得传播更加自由平等,趋向于向人际传播回归。

(五) 互动性强、影响力大

无论人们用什么样的方式进行人际传播活动,其结果都将对传播参与者产生较大的影响,从社会学来说就是产生较强的互动。互动是社会上人与人、群体与群体之间通过接近、接触或手势、语言等信息的传播而发生的心理交感和行为交往的过程。传统意义上的互动基本上是通过面对面的人际传播所形成的直接互动,而现代社会的互动已经超越时空的界限,形成了以大众传播为媒介的间接互动。从互动的深度来说,人际传播所形成的直接互动的影响在一般情况下显然远远超过大众传播所形成的间接互动。

人际传播互动性强,因为传播参与者是相对明确的。无论是两人之间的传播还是小群体传播,或者是公众传播、组织传播,传受双方总是明确的、固定的,有一定范围的。人们总是处于比较特定的人际关系中,通过信息的交流、沟通,就能有效地影响或改变对方的心理或行为,进一步影响彼此的人际关系。例如,经过一番耐心的沟通与交流,原本互相有矛盾的朋友能够互相理解、握手言和;经过组织的一次会议,大家能够统一意见、协调行动等。

人际传播互动性较强,还与传播内容的保密性有关系。因为通常情况下人际传播的内容都关系到参与者自身的利益,所以人际传播的内容往往是比较保密的,即使公开也是在一定的传播范围内公开,超过这一范围的人了解到信息的可能性就比较小。因此,参与者在传播过程中都有十分强烈的愿望去心理卷入或者行为卷入,从而使得双方在情绪、态度和行为等方面发生比较明显的互动变化。

---

[1] 郭庆光:《传播学教程》,中国人民大学出版社1999年版,第84页。

传播学研究的一些成果证实了人际传播的互动性较强，比如拉扎斯菲尔德的两级传播理论、罗杰斯和休梅克的创新扩散理论等，它们都充分揭示了人际传播的影响比大众传播的影响更为有效。

（六）受社会性与心理性障碍影响

在人际传播过程中，可能会遇到社会性与心理性的障碍，这些障碍可能与沟通的渠道、编码解码的过程无关，而是由参与者之间不同的历史文化背景、政治态度的差异，以及参与者个性之间的差异、心理特征或双方的某些特殊心理关系造成的。因此，在人际传播过程中，必须考虑到参与者之间的差异，并且对这些差异做好充分的理解，才能在彼此友好的基础上进行传播。例如，跨文化传播就是建立在综合参与者个体之间不同的社会、文化等差异的基础上的传播活动，如果不能充分考虑人际传播背后的因素，那么沟通和交流将很难进行下去。例如，来自不同地域的人交流时容易存在一些障碍，比如对其他地域的偏见，甚至地域歧视，只有当我们暂时撇开这些偏见，客观地去感知对方时，才能够更加自在地与对方沟通。

（七）在网络和移动终端并起时代的新特点

网络和移动终端的出现与演进不仅意味着大众传播翻天覆地的变化，而且革新了人际传播的方式和渠道，赋予其新的特征。其中，移动终端的出现进一步扩大了网络的影响力。麦克卢汉提出的两个理论有助于我们理解这种变革。其一，"媒介是人的延伸"，媒介是由人身体中的各种功能延伸的，例如，书籍是人类视觉的延伸，广播是人类听觉的延伸。如此看来，网络人际传播与现实中的人际传播也有共通之处，例如，网络符号与表情是现实中人的表情的虚拟化，而网络中的讨论与表达是现实中人的思维和观点的延伸。换言之，网络和移动终端的人际传播在一定程度上是现实中人际传播的延伸。其二，"媒介即讯息"，一种媒介的出现并不仅仅是技术的变革，也意味着人类新的传播实践（practice）的出现，对人的传播、交往方式和社会发展有很大的影响。因此，网络媒介和移动终端的革新意味着人际传播新特点的出现。

1. 信息来源的变化：多样化与去中心化

随着web 2.0的发展，各类社交网站的出现使信息不再仅从大众媒介流向大众，还使每个人都能成为传播的一个节点，每个节点都有机会把自己的信息传达给其他人。在当今时代，个人成为非常重要的信息源，人际传播获得的信息、讨论的话题来源变得更加广泛。我们与他人所沟通的信息，可能来源于转发的一条微博、一个视频、某篇公众号文章等，而不仅仅是传统媒体所传递的内容。这也就是为什么有学者认为大众传播与人际传播趋向于融合：大众传播趋向于个性化，为个人定制要传播的信息，并且更加注重管理受众的反馈；网络中人际传播所传递的信息也可能像大众传播一样面向不确定的大众。对于人际传播来说，这种趋势无疑使得人际传播更多元、更复杂，同时公开的人际传播也有可能发挥更大的社会影响力。

需要注意的是，这种去中心化并不意味着人际传播的内容不会受到政府和商业力量的控制。政府依然能够通过对信息发布源头的控制实施对网络的监控,商业力量依然能够通过各种营销与传播活动渗透到人际传播的信息中。但是这种去中心化至少意味着公众有更多的途径获取信息,能够通过更多的方式对信息进行比较和鉴别。

2. 参与者的变化:身份标识与符号化

在网络人际传播中,每一位参与者都通过昵称、头像、签名、介绍等方式赋予自己在网络中的身份一个标识,将自己参与者的身份符号化。这种标识可以是虚拟的,也可以是真实的。网民给自己贴标签也是这种符号化的体现,如吃货、宅男、文艺青年、知名作家、学者等,都是个人在现实中身份的符号化(见图1-7)。这有助于展示自己的身份与个性,也有利于他人迅速地了解自己。

随着网络进一步发展,有学者认为web 2.0代表了一种从匿名化变为假名化(或称真名化)的趋势,即网络人际传播的参与者出于能够更方便、持续地参与网络人际交往的考虑,都有自己较为长期稳定的身份标识。这意味着网络人际传播逐渐接近现实中的人际传播,参与其

图1-7 网络身份标识符号化
(资料来源:https://www.fabiaoqing.com/biaoqing/detail/id/242575.html)

中的身份更加具有真实性,成为现实中人的身份的延伸,而不仅仅是一个虚拟的符号。

3. 传播的超时空性与时间自由选择性

网络的出现使得不同时间和不同空间的人能以网络为媒介进行交流,移动终端的技术变革则使得网络的覆盖能力更强,令每个人都有机会随时随地与其他时间和空间条件下的人进行交流。通过邮件、MSN、微博、微信、Twitter等多种方式,我们能与异国他乡的朋友进行交流,也能在顷刻之间与不同的人分享我们的心情感悟和思想观点。网络使得人际传播所受到的时间和空间的限制变少。

网络和移动终端的存在使得人际传播的参与者能够自由地选择时间上是同步传播还是异步传播。在古代,人们通过信件、字条等书面方式实现了异步的人际传播,但选择还是非常少。在今天,人们可以根据自己的需要选择反馈时间长短不一的媒介。如果需要即时互动,我们除了通过面对面的传播外,还可以通过打电话、视频聊天等方式与他人进行沟通;如果需要一段时间间隔后的反馈,我们可以通过短信、邮件、社交网络上的评论与留言等方式进行沟通。微信、QQ等软件,不但能够快捷地异步传播文字信息,还能够传递语音信息。这使得人际传播参与者能够更加自由地选择反馈和传播时间,避免一时语塞的尴尬,同时也能够传递更加丰富的信息。

4. 信息内容多样化:公共议题与商业信息传播的变化

信息时代的信息量呈现爆炸式增长,每天有无数的信息都可能成为人们谈论的焦点,大大丰富了人际传播所包含的信息内容。同时,公共议题与商业信息的传播也发生了变化。

网络发展的中心化趋势和个人话语权的崛起使每个人都有机会将自己的信息传递给公众,加上网络时代公民参与意识的提高,社会公共议题更有可能成为人际传播的焦点,人际

传播也将发挥更大的社会影响力。

从商业角度来说，网络和移动终端的普及使人际传播更加方便、快捷、多元，这要求企业必须更多地从消费者和社会公众的角度出发去思考问题，尊重消费者的利益。与此同时，企业也能够从公众的人际交流中得到更多的反馈和信息，从而有针对性地进行营销传播，使商业信息进一步渗透到人际传播中。一段病毒视频广告、一个吸引消费者的公关活动，都有可能在社交网站等网络媒介中被广泛讨论与传播。

5. 传播平台多元化与传播符号的人性化

网络和移动终端的发展为人们提供了更多样的人际传播方式，丰富了人们的生活。这并不代表传统的传播方式会被取代，一个礼貌的握手、一个温暖的拥抱或者几个老友相对而坐共度一个下午都有不可取代的价值。但旅行中通过只言片语、几张照片与远方朋友分享心灵感悟，利用闲暇的几分钟与网友进行观点的交锋等会成为更多人的选择。这也意味着更多零散的时间可以用来进行人际传播。

在网络人际传播中，传播符号作为现实中符号的延伸，经历了从简单到复杂、从贫乏到丰富的过程。现在，我们既可以看到像"orz"、"TAT"、"QAQ"这样的简单符号，也能看到视频、动态图片等丰富的符号。近年来，网络社交平台的表情包以其直观、无障碍、轻松搞怪、紧跟时尚热点、个性化十足等特点受到广大网民，特别是年青一代的追捧，成为网络人际传播中不可或缺的符号手段（见图1-8），甚至引发了自制表情包的创作热潮，带动了相关产业的发展。技术的发展使网络人际传播拥有除文字交流外更多的展开方式，如语音、视频聊天等。相信在不久的将来，AR、VR等技术也将应用于日常网络人际传播中，进一步恢复被虚拟空间消除的符号线索。

图1-8　网络符号人性化

（资料来源：https://www.zcool.com.cn/work/ZMTcwMjI1Ng==.html）

总而言之，现实中人际传播的语言与副语言符号在逐渐得到还原，传播符号将不断趋于人性化。

第三节　人际传播学的研究对象和学科性质

传播学是在第二次世界大战之后随着当代电子传播媒介的飞速发展和行为科学的建立而产生与发展起来的一门新兴科学，人际传播学是传播学的一个重要的分支和崭新的研究方向，是一门边缘性、综合应用的社会科学。要想很好地对这门学科进行系统的研究，就必须了解它的研究对象、学科界定及性质。

一、人际传播学的研究对象

人际传播学以人与人之间的交往这一人类社会最古老、最常见、最频繁的社会活动为主要研究对象，有所侧重地吸收各门学科的新成果，系统地探讨人们如何通过相互间的交往建立和维护一定的人际关系，并且着重研究人类社会交往在人际关系中所起作用的学科。简而言之，人际传播学是研究人际传播活动及其规律的科学。要研究这门学科，我们首先必须了解其研究的对象，做到有的放矢。从宏观上来说，人际传播的研究对象主要分成四个部分[①]。

（一）信息交流机制

信息交流是人际传播的重要内容，是传播学研究的五大领域之一。揭示信息交流机制对于人际传播的发展，以及了解其中的规律非常有意义。信息交流机制通常分为信源、信息、渠道、受者，以及信息传播中的反馈与干扰几部分。对于每一部分的说明，我们在第二章有详细的阐述，这里不赘述。

（二）人与人之间的交往

人际传播的过程并不是简单的由某种传播系统发送信息和另一种系统接受信息的机械的"信息运动"，相反，传播双方都是积极的人，双方的交流都伴有主客体的各自复杂的感受和心理活动。信息的发送者都有一定的目的和动机，其发出的信息内容和发送方式都具有自己的个性特点。为了能够有效地影响对方，他们必须分析受者的情况，还要预测将会得到什么样的反馈。信息的接受者也是积极的主体，他们并非机械地接收信息，而是根据自己

---

① 根据以下文献改编。高玉祥等主编：《人际交往心理学》，中国社会科学出版社1990年版，第1—4页；郭庆光：《传播学教程》，中国人民大学出版社2011年版，第84—85页。

的知识经验、价值观、态度的中介等决定自己如何反馈,既在确定如何改变交往伙伴行为的符号交流,也在确定如何组织彼此之间的协同活动。在这方面,有很多关于人际传播的主客体、交往中的礼仪、沟通技巧、人际传播调试等的研究。

(三)人际传播的社会性

人际传播并不是主客体之间封闭式的信息传递,而是必须在社会这样一个大环境下实现的交流活动。人际传播从一开始就是人类祖先在向现代人演化的过程中为了适应群体协作的方式而产生的。

人类祖先生活在一个自然群体里,在获得食物和抵御猛兽的过程中,群体成员在行动上的互相配合越来越完善,最终形成制造和使用工具,进行物质资料的生产劳动。在生产劳动中,人和客观事物发生了更为复杂的联系,尤其是产生了动物界所没有的,也不可能有的在劳动中的人际交往。这从根本上改造了人类祖先的自然群体,以劳动为基础的人类社会取而代之。集体劳动必须有分工协作,彼此要相互协调,因此,个人的活动必须服从集体关系,个人的活动目的必须服从集体活动的目的。这就要求个体清楚地意识到自己与他人、集体的关系,反思自己的行动及其结果,这样才有利于群体的协作。这些都充分表现出人际传播过程中的社会性。

人际传播的社会性还表现在,人们是运用在劳动中发展起来的语言系统进行交流的。在劳动的分工协作中,人们彼此之间需要及时有效地调整自己和他人的行动。劳动的一方必须使对方及时、清晰地知道自己已经做了什么、现在在做什么、将来要做什么,并且希望对方做什么。只有这样,彼此之间才能很好地协作,从而保证集体的协调劳动。这就需要内容丰富的、不受时间限制的、调节行动的特殊信号,语言就是在这种情况下产生的。当然,在人际传播过程中,除了语言这一工具,人们还可以使用面部表情、姿势、声音等来辅助交往。不仅如此,随着人类社会生活和文化生活的发展与丰富,许多原来只有适应意义的表情动作,已获得新的社会功能,成为社会上通行的交际工具。人类的副语言符号已成为独特的情绪语言,使人的语言表达更为生动有力,是辅助语言交往不可缺少的工具。

当前,学界对于人际传播社会功能的研究主要集中在两个领域:一是在个人社会化过程中的作用,二是对大众传播效果的影响。社会化指的是一个人出生以后从一个自然人成长为社会人的过程。从个人的角度来说,它指的是个人学习语言、知识、技能、行为准则等以适应社会环境的过程;从社会角度来说,它指的是社会成员形成大体一致的观念、价值和社会规范体系,从而使社会秩序稳定、持续发展的过程。个人观念的社会化包括两个方面:一是自我观念的形成,二是社会观念的形成(包括对他人和社会的基本看法、社会价值和行为规范的接受等)。无论是对于哪个方面,人际传播,特别是在初级群体中,都起着重要的作用。我们在第二章中讲到的库利的镜中我理论、米德的主我与客我理论、社会心理学家G.塔尔德的社会模仿理论等,都是揭示人际传播在个人社会化过程中的重要作用的研究成果。关于人际传播对大众传播过程与效果的影响,主要研究成果有意见领袖与两级传播理论、创新-扩散理论等。

（四）与其他学科的交叉研究领域

因为人际传播学科具有交叉性和边缘性的特点，所以研究对象与不同学科结合衍生出不同的研究领域。随着市场营销、网络、信息安全等相关学科的发展，它们在与人际传播的结合中产生了整合营销传播、网络人际传播等新兴研究方向。

人际传播在社会各个领域都扮演着重要的角色，市场营销中也表现出越来越重视人际传播的趋势，近20年来兴起的整合营销传播就是人际传播与市场营销结合的产物。历史上市场营销经历了以生产为导向、以产品为导向、以销售为导向和以营销为导向四个发展阶段。市场营销在发展中逐渐倾向于了解并关注消费者的感受与反馈，趋向于与人际传播相结合。"整合营销传播"的概念是唐·舒尔茨于20世纪80年代末提出的，他强调深入地了解消费者并与消费者展开互动，把消费市场看作是由个人和群体组成的，而非模糊的市场概念。他倡导在消费者能够接触到商家的每一个"接触点"上，传递一致、合理的信息，以期达到预期的传播效果和营销价值。整合营销传播关注与个人、群体展开互动，人际传播学的知识对此至关重要。只有通过合理的传播与互动方式，才能引起消费者的兴趣、关注和共鸣，达到传播效果。

网络人际传播是人际传播在网络发展下的新变化。开始的网络传播还仅仅是简单的符号和象征，后来逐渐趋向于向人际传播的方向回归。网络技术的发展使得我们能够在线模拟或还原更多的现实人际传播中的内容，例如通过网络语言和符号模拟人的表情、情感，通过动态图片模拟现实中的动作和肢体语言，通过视频聊天和语音信息还原现实中的对话。这些都是在网络发展中出现的新的研究主题。通过对这些现象的观察与研究，有助于我们加深对人际传播学及其本质的理解，并且思考人际传播未来的发展方向。

随着信息科学、信息安全等学科的发展，人际传播在与其结合后有了更多科学技术的成分，有了更加广阔的视野。结合信息传播的流程，人际传播也有了新的研究内容。

二、人际传播学的学科性质

（一）人际传播学的边缘多学科性

与人际传播学有重要联系的学科包括社会学、伦理学、心理学、社会心理学、传播学、行为科学、管理学、人际关系学、市场营销学等。人际传播学正是从这些学科中吸取精华，为己所用。

1. 人际传播学与社会学

170多年前，法国实证主义学者孔德提出"社会学"的概念及关于建立这门学科的大体设想。社会学是关于社会的学问，主要内容有社会结构、社会关系、社会群体、社会交往、社会分层、社会变迁、社会问题、社会控制、社会舆论、社会行为、社会制度和社会现代化等。社会学研究的社会交往是多层次、多侧面的，侧重于宏观研究。人际传播学主要侧重于人际传播中的主体、客体、传播情境、传播媒介、信息的传播方式等与人类息息相关的部分,其中任何一个部分都离不开社会这个大的历史环境,社会学研究的社会互动、社会交往、社会关系等内容为人际传播的发展提供了理论和基础。人际传播活动具有强烈的社会性,需要在一定的社会关系中进行交往和发展,因此,人际传播学的研究不能脱离社会学的研究。

2. 人际传播学与伦理学

伦理学是人类对自己的日常生活进行道德思考的结晶,主要研究的是社会关系中的道德伦理问题,即处理人与人之间的关系所应遵循的道德准则。人际传播学是研究人与人之间的交往、沟通的学问,当然离不开道德准则的约束。伦理学为人际传播学的研究提供了一定的社会准则、政治准则和道德准则基础。

3. 人际传播学与传播学

传播学是一门新兴的学科,它处于多门学科汇合交叉的地带,其理论基础较多地来自心理学、社会学、政治学、人类学、新闻学等许多学科。它既有多门学科的"遗传因子",又反映了各种知识交叉、融汇、整合的轨迹,饱含后来者居上的超越意识,有一种作为学科所独有的新颖理论体系和框架,是一门非常具有发展潜力的学科。

传播真正被研究是20世纪40年代的事情,经历几十年发展之后,已形成一系列传播门类。传播学的研究内容主要分成五大领域:控制研究(传者)、内容分析(信息)、媒介分析(媒介)、受众分析和效果分析。传播学的研究领域主要涉及信息系统、人际传播、组织传播、大众传播、跨文化与发展传播、政治传播、整合营销传播、教育与发展传播、卫生保健传播、传播哲学、网络传播、传播新技术、公共关系等。其中,公认的最完整和最重要的是人际传播、组织传播和大众传播三大门类。

这三大传播门类之间是什么样的关系呢?

先看人际传播与组织传播的关系。人际传播主要指个人之间的传播,组织传播则偏重于组织之中的个人传播和组织之间的个人传播。由此可见,组织传播是人际传播的一种特殊方式。组织传播完全是以人际传播为基础,人际传播基础理论完全适用于组织传播。难怪有些学者干脆只提人际传播和大众传播两大门类,将组织传播纳入人际传播的范畴之中,这不无道理。

再看人际传播与大众传播的关系。大众传播是指借助于大众媒介的人际传播。换言之,大众传播也发生在人与人之间,只不过借助了大众媒介而已。随着科技发展、社会进步,人与人之间的传播不能光依靠单纯的人际手段,还需要现代大众媒介的介入来扩大人际传播的范围,由此,大众传播应运而生。大众传播是在人际传播的基础上发展起来的,大众传播学是以人际传播理论为基础,但由于大众传播媒介非常复杂独特性强,因而大众传播成了专门的学科,即形成了大众传播与人际传播的并列。随着网络的发展,人际传播进一步渗透到大众传播中,大众传媒中出现了向人际传播回归的趋势,微博、人人网、Facebook、Twitter等社交网站让信息更多地以个人为节点传播,信息的扩散不单单是从一个中心到多个点,也在更广阔、复杂的人际网络中传播,人际传播在信息传播中扮演着越来越重要的角色。

由此不难看出,人际传播是整个传播学科的基石,任意一种传播方式都离不开对人的深入研究。人际传播学是传播学的一个重要的分支,是一种基本的传播方式,为其他传播方式的研究奠定了基础。传播学的研究为人际传播学提供了一定的方法和视角,人际传播学的发展也会对传播学的深化研究有所促进。

4. 人际传播学与社会心理学

社会心理学是社会学和心理学的交叉学科,主要研究个人、组织与社会相互作用时的心理活动规律,包括个体心理学、群体心理学,以及个体和群体相互作用、相互影响的心理学研究。在社会心理学研究的基本问题中,有许多社会心理现象也是人际传播的题中之义,例如人们在人际交往中所产生的感知、模仿、暗示、沟通、理解、冲突等。

个人与个人之间的交往和互动向来是社会心理学关注的重点,有关这些问题的研究成果构成了传播学中关于人际传播的基本内容。例如,社会心理学中的相互作用分析理论常常被看作是对人际传播行为的典型形式的分析。这种理论认为,在与他人的交往中,每个人都可能有三种自我状态,即父母自我状态、成年自我状态、儿童自我状态。在交往中,交往的双方处于不同的自我状态时,就形成了不同的沟通类型。再如,社会心理学互动研究中揭示的相倚现象,也十分透彻地分析了人际传播的各种表现形式。另外,互动研究中的日常生活方法论强调人际沟通必须以某些共同的、不言自明的规则为前提,如果撇开日常互动中的基本规则,人际沟通就没法正常进行下去。所有这些关于人际互动的研究,不仅广泛地分析了人际传播学的具体形式,而且深刻地揭示了人际传播学的基本规律。

人际传播活动不仅受到社会的制约,更重要的是,受到人与人之间相互作用的影响。这种影响正是通过人的心理来展示的。因此,人际传播学研究离不开社会心理学研究。

5. 人际传播学与行为科学

行为科学兴起于20世纪50年代的美国,主要是一种用实验法和观察法来研究在自然环境和社会环境中人的行为的科学。广义的行为科学是研究人类和动物行为的自然科学、社会科学、边缘学科的学科群,包括控制论、信息论、系统论、社会学、经济学、法学,以及与研究行为有关的科学等。狭义的行为科学主要指专门研究人的一门学科。探讨在特定环境中人的行为特征和规律、产生人的行为的原因及影响效率的社会因素,调试人与人之间的关系等,这些都与人际传播的研究内容不谋而合。人际传播学要研究人的行为,很多方面都需要借助行为科学,因此与行为科学的关系也非常密切。

6. 人际传播学与心理学

心理学是研究人的心理发生、发展及其规律的一门科学。心理学研究主要专注于心理过程和个性心理等现象的研究:心理过程包括认识过程、情感过程和意志过程;个性心理包括个性心理特征和个性倾向特征,涉及能力、气质、性格、需要、态度、兴趣、理想、信念和世界观等。在人际传播学研究过程中,这些问题都要被考虑在内,只有注意到传播主客体各自的内在心理因素,才能使得人际传播更加稳固与健康。

7. 人际传播学与人际关系学

20世纪20年代，许多国家开始研究人际关系学并将其应用在各个方面。人类必须通过交往与其他人建立各种各样的关系才能生存和发展下去，人们的交往一方面受到这些关系的制约，另一方面又影响着关系中的其他个体，使得关系不断地变化、发展。换言之，人际关系对于人际传播有一定的依赖，人际传播则需要在人际关系中展开。因此，人际传播学研究离不开人际关系学研究。

8. 人际传播学与市场营销学

如前文所述，市场营销学在发展过程中呈现出更加尊重作为个体或群体的消费者的趋势，越来越重视与每一个消费者个体或群体进行信息的交流与沟通，因此，人际传播与市场营销学关系日趋紧密。人际传播学实际上是传播学的基础，任何信息的传播归根结底都围绕着人展开。在市场营销愈发重视消费者利益的情况下，商家要想传递理想的信息和价值，势必要更加倚重人际传播。

9. 人际传播学与生物生理学[①]

除了是一种历史、文化、宗教、政治、经济和美学的行动外，人际传播也是一种生物行动。因此，理解和探索人际传播的生物学和生理学基底，可以极大地提高对它的理解。早在1994年，耐基、米勒和富奇就在《人际传播手册》中论述道，更加关注生物学的相关物及其影响是人际传播的一个重要走向。该说法得到了美国传播学会的证实。近20年来，在此交叉领域已产生众多研究，例如，比蒂（Beatty）等在他们的双胞胎研究里发现，人际归属、攻击性和社会焦虑这些特质都有58%—70%的遗传力，意味着这些特质58%—70%的变量可以从个人之间的基因变化得到解释；科斯菲尔德（Kosfeld）等发现，给参与者几剂鼻内催产素可以使社交威胁和被拒绝感最小化，从而增加他们在与他人的最初互动中承担社交风险的意愿。采用生物学视角研究人际传播学可以有效避免因人们主观意识、心理、记忆、社会期待效应等产生的误差，准确性较高，同时，也可以为人际传播过程及其重要性提供新的阐释。

（二）人际传播学的综合应用性

人际传播是真正意义上的多媒体传播。人际传播在本质上来说是人与人之间相互交换精神内容的活动。精神内容交换的质量如何，很大程度上取决于交换的媒体。人际传播传递和接收信息的渠道多、方法灵活，这一特性体现在相关学科知识、技能和技巧的整合上，并且结合实际和具体情况在现实中有广泛应用。

在本书后续章节中，我们会详细论述人际传播学在现实社会中的广泛应用，会对人际传播过程进行深入的分析，翔实地分析人际传播中语言和副语言符号的运用，剖析在不同的人际传播场合中所应采取的不同的礼仪和沟通技巧。在阐述的过程中，我们将综合多学科的知识，充分发挥人际传播的多学科优势和实践应用性。

[①] 根据以下文献改编。[美] 马克·L.耐普、[美] 约翰·A.戴利主编：《人际传播研究手册（第四版）》，胡春阳、黄红宇译，复旦大学出版社2015年版，第85—113页。

第四节 人际传播学的发展轨迹

一、人际传播学的沿革

（一）人际传播学的渊源①

西方从理论上探讨人际传播学,最早可以追溯到古希腊和古罗马时代的修辞术,即演说的艺术。公元前5世纪,柏拉图和亚里士多德创立了西方最初的传播理论,这就是以柏拉图的《高尔期亚篇》和《斐德若篇》为代表的论辩术及亚里士多德的《修辞学》。公元300—400年古典时代结束后,专门的传播研究开始出现。早期所谓的传播理论是围绕劝服性的论辩和公共传播两个领域建立的。例如,在雅典的法律系统中,公民受到起诉或者审判时,不能雇请律师为他们辩护,而必须自己辩护。同时,每个公民都要轮流参加法庭的陪审团。因此,他们每个人都要锻炼自己的公共演讲能力和演讲技巧。同样,在实行民主投票决定公共政策时,公共机构的人员也要学会清楚地表达自己的思想,以利于公民在大会上讨论和投票。总之,早期的希腊传播理论就是注重影响他人的技巧,是依照劝服技巧而建立起来的修辞学。亚里士多德给修辞学下的定义是"一种能给任何一个问题找出可能的说服方式的功能"。最早且影响最大的修辞模式之一大约出现于公元前3—1世纪。这个模式将传播过程分为五个部分:"发现"(invention)——讲演者选择信息内容的过程,"风格"(style)——将内容转换成适当的词语,"调整"(arrangement)——适当组织信息的过程,"记忆"(memory)——存储内容,"讲演"(delivery)——信息的制作与传播。后来,修辞学家进一步发展了这个模式。例如,他们利用"发现"探索知识的本质,通过"风格"的研究寻找语言的性质,通过"调整"研究信息的排列和相互关联的过程,通过"记忆"接触信息的存储和可恢复性及信息转换所存在的问题等。这一从修辞学开始的传播研究及其成果被看作是古典传播理论。

然而,经过中世纪和文艺复兴,传播理论非但未取得进展,古典的研究范式还成了断编残简。直到17世纪,传播研究才再次返回修辞学。20世纪前,现代修辞学仍是传播研究的主体,修辞传统并未动摇。道格拉斯·埃宁格(Douglas Ehninger)发现,在现代修辞学统治下,这一时期的传播研究具有三种倾向:其一是"古典的"(classical),现代修辞学重新引进古典方法,并对古典的范式进行详尽说明;其二是"认识论的-心理学的"(epistemological-psychological),这一类研究者注重探讨传播行为中的心理过程,并从认识论上提出人类如何才能了解传播和进行传播的问题;其三是"纯文学的"(elocutionist),即集中研究一个演说家用来美化自己的语言传播与副语言行为的表达及规则。现代修辞学驾驭传播研究的历史

---

① 根据以下文献改编。王怡红:《西方人际传播研究的人文关心》,《国际新闻界》1996年第6期。

一直持续到20世纪,并形成了人文主义的修辞学传统。

纵观传播学研究的历史,修辞学传统源远流长,直到19世纪后,受到科学方法的影响,传播研究发生了根本的转向,进入社会科学研究领域。20世纪以来,社会科学的趋势就是采用科学的方法。例如,霍夫兰等通过控制实验,寻求变量之间精确的功能关系,以获得传播效果的有关理论。社会科学塑造的传播理论开始牢固建立,并占据研究的中心位置。但是,自20世纪60年代以来,具有人文传统的传播研究再次打破了研究的既定秩序。欧洲批判学派的崛起给传播研究注入了人文色彩。正是在这两种传统精神的培育下,人际传播学研究开始了自己的历史。与大众传播研究相比,人际传播学研究起步晚,似乎是站在人文与社科两个传统之上探究自己的问题的。

(二) 真正意义上的人际传播学发展①

20世纪初,欧洲思想家马丁·布伯在自己的经典著作《我与你》(I and Thou)中详细描述了人际传播的属性。他认为,人际传播是人在两种情形中与世界发生联系,即"我与它"和"我与你"。在人际传播中,人是一个独特的存在,是一个充满个性、能进行情思交流和自由选择的交往者。在这个意义上,人际传播得以建立。从某种程度上说,这为人际传播的发展奠定了基础。从20世纪60年代末70年代初起,人际传播学在真正意义上作为西方传播学研究的重要理论体系之一开始建立,并在80年代和90年代逐步走向成熟。这一现象的重要标志是詹姆斯·麦克罗斯基、卡尔·拉森(Carl Larson)和马克·科纳普(Mark Knapp)的《人际传播引论》(An Introduction to Interpersonal Communication)等一批人际传播学著作的问世,以及詹姆斯·麦克罗斯基和约翰·斯图尔特等对人际传播学理论的深入阐述。与大众传播研究发展过程不同的是,人际传播学更多地受到其他学科的影响,并向它们进行了不同程度的借鉴,如哲学、语言学、符号学、解释学、文化人类学、定性社会学、心理学及批判理论等。研究者从不同的角度入手研究传播的基本问题,并从根本上纠正了人们对"传播"概念的错误理解。但是,从当前的研究情况来看,对于人际传播学这一领域的研究要大大地弱于对其他传播方式的研究,人际传播学研究还有待加强。

美国人际传播研究的理论视角和代表性理论②

1. 情境视角下的人际传播理论

情境视角下的人际传播理论着重研究发生在人们之间传播的特定背景,代表性理论有传播适应理论和社会比较理论。

---

① 根据以下文献改编。王怡红:《西方人际传播研究的人文关心》,《国际新闻界》1996年第6期。
② 节选自刘蒙之:《美国的人际传播研究及代表性理论》,《国际新闻界》2009年第3期。

传播适应理论是美国加利福尼亚大学霍华德·吉利斯教授提出来的,研究的是交往中人们彼此影响的方式。传播适应理论认为,在一个给定的情境下,在每一种不同的关系中,我们都必须调整自己的语言。传播适应理论中有几个重要的概念:集中的意思是在不同的交往情境中个体改变他们的言语模式;分歧的情况是强调与自己原来的传播行为不同的交流方式;保持就是保持本色,我行我素,不做太大的改变。传播适应理论承认,人们语言的每一个方面不是都会在不同情境下改变的,在各种谈话中都有一些经常不会改变的方面。保持就是在不同的情境中个体不改变自己的传播行为的现象。

社会比较论理论由费斯汀格在1954年的一篇名为《社会比较过程理论》的学术论文中提出。费斯汀格指出,团体中的个体具有将自己与他人进行比较,以确定自我价值的心理倾向。受到社会情境之影响,个体时而与条件胜于自己者相比较,时而与条件劣于自己者相比较,两者皆旨在追寻自我价值。费斯汀格认为,个体内心有一种依靠外部的形象来评价他们自己的意见和能力的驱动力。这些外部形象可能是一个物理世界的参考框架或者与其他人进行比较。人们认为其他人描述的形象是真实的,因此,人们就在他们自己、他人和理想的形象之间进行比较。

2. 能力视角下的人际传播理论

人际传播理论的能力视角关注优秀的传播者的传播能力何以可能的问题,代表性的理论有传播能力理论和建构主义理论。

传播能力理论的代表人物是斯皮伯格和库帕克,他们在1984年出版的名为《人际传播能力》的学术专著成为该理论的发端之作。传播能力理论认为,沟通能力是在一个特定的情境下人们选择适当和有效的传播行为的能力。经常被用来说明这种能力的是构成模型。这个模型包括三个组成部分:知识、技能和动机。知识就是明白在一个特定的情境中应该采用什么样的传播行为才是正确的。技能就是在一个特定的情境中采用正确的沟通行为的能力。动机是用一种自信的姿态去与别人进行沟通的期望程度。知识-技能-动机理论认为,一个好的沟通需要具备三种能力:认识到什么样的传播行为是恰如其分的,拥有实现恰当的传播行为的能力,怀有用有效和恰当的方式进行沟通的愿望。

创立建构主义理论的学者是杰西·德里亚,他在1982年发表的《传播研究的建构主义路径》一文,开人际传播中建构主义研究视角的先河。建构主义的人际传播理论认为,那些对于认知他人有综合能力的人,他们拥有实现积极的传播效果的复杂能力。他们能采用一种修辞性的信息设计逻辑,生产个人中心的信息,这些信息可以同时追求多重传播效果。作为一种理论,建构主义的人际传播理论涉及认知过程,这个过程在既定的情况下促进了实际的交流过程。测量和观察这个认知过程是困难的事情。但是,我们认为,那些善于在特定情境中操控信息的人比那些不善于这样做的人在人际传播上将会更加成功。另外,从认识论上来讲,建构主义的人际传播理论认为存在着多种多样的真实性,真实性决定于传播者和接受者在创造与理解复杂信息上的能力。古语"话有三说,巧者为妙"就富有建构主义的思想。

3. 关系视角下的人际传播理论

关系视角下的人际传播理论认为，人际传播就是信息的发送者和信息的接受者为了创造共同的意思而同时交流信息的过程。这个理论视角强调，传播是一种人与人之间的信息关系。关系视角下的有代表性的人际传播理论有人际传播的语用理论、期望违背理论、人际欺骗理论等。

人际传播语用理论重要的理论家是瓦兹拉维克和比文，他们在1967年发表了人际传播学的重要文献《人类传播的语用学》。传播语用理论依赖特定的情境，认为错误传播的产生是因为人们没"使用相通的语言"。之所以出现这种语言的差异是因为人们对他们所说的事情有不同的观点。当人们交流的内容和关系不匹配的时候，错误传播就可能发生。

期望违背理论关注的是人们对个体行为的预期及这些预期被违背时人们的反应。每种文化都有一定的行为规范，让人们可以借以预期他人的行为。预期建立在社会准则、规范和个人行为模式的基础上。偏离预期的行为会激怒他人或使他人警觉。至于何为偏离预期的行为则要看传播者的衡量标准。传播者的衡量标准是指个人的个性特征。

人际欺骗理论的主要理论家是布勒和伯贡，他们于1996年提出人际欺骗理论。人际欺骗理论的基本内容是，传播的发送者一方试图操控虚假的信息，这些虚假的信息促使他们忧惧自己错误的信息会被对方发现。同时，传播的接收者总是试图揭露或者察觉那条信息的有效性，会引起对信息发送者是否正在欺骗自己的猜疑。人际欺骗理论有三个假设。第一，欺骗和其他的传播形式没有什么不同，这是因为人类是以目的为导向的。人际传播都是为了达到一些重要目的，比如保持人际关系和谐，使交谈更加顺利，劝说他人接受自己的建议等。第二，人际传播的基础是信息管理。人们可以选择去通过操控讯息的准确度、完全度、正确性、相关性来进行欺骗。第三，在欺骗传播中，信息的接收者是影响欺骗事件进程和最后结果的积极参与者。

4. 过程视角下的人际传播理论

人际传播理论的过程视角是从人际传播理论前期阶段的发展视角逐渐完善和改进而来的。它认为，关系总是处在某种特定的过程中，过程是关系的存在状态。关系有可能是发展进步的，也可能是倒退的。过程视角的人际传播理论代表性的理论有社会渗透理论、关系发展理论和不确定性减少理论。

社会渗透理论认为，随着人际关系的发展，人们之间的传播交流会从一个相对狭窄、非亲密的层面向更深、更个人的层面发展。社会渗透理论的代表学者是奥尔特曼和泰勒，他们在1973年出版了《社会渗透：人际关系的发展》。他们用洋葱来形容自我坦露的发展过程。所有关于个体的信息都存在于"洋葱"里的某个地方。这个洋葱分为四层：表面、次表面、中间和核心层。随着信息的逐渐坦露，这个洋葱的外层被剥开，表示关系的发展。表面的信息包括那些仅仅通过看到就可以了解的事情（如性别、种族和大致年龄）；次表面包括个体与别人分享的任何社会详细信息；中间层包含个体偶尔与别人分享，不是严格隐藏的信息；剥掉中间层上面的表皮就是核心层，这里的信息都是私密的并被小心地坦露。

关系发展理论的主要代表学者是马克·科纳普,论述关系发展理论最早的文章是他在1984年发表的《人际传播和人类关系》一文。关系发展理论根据人们关系亲密层次的变化来识别和理解人们的人际传播和关系发展。科纳普在社会渗透理论的阶段基础上,发展了自己关于关系发展和恶化的理论阶段。他选择的比喻是上楼梯,每一个不同的关系阶段用不同的梯级来表示。关系发展用左手边的向上的楼梯来代表,关系淡化用右手边的向下的楼梯来代表。在两种阶段之间的一个静止的阶段,如果关系状态被双方接受,关系就可以维持。

不确定性减少理论在1975年被伯格和加尔布雷思首次提出。他们把人们的交往分成三个阶段:建立阶段、人际交往阶段和退出阶段。这个理论能够预测和解释两个陌生人之间的关系发展。

5. 规则视角下的人际传播理论

规则视角下的人际传播理论认为,人际传播都是因循一定的规则进行的。规则可能是微观意义的共同协商和确定,也可能是人际交往中的规范和潜规则,总之,它们制约和决定了人们的交往与传播。规则视角的代表性人际传播理论是意义的共同管理理论。

意义的共同管理理论兴起于20世纪80年代,代表性的理论家是皮尔斯和克罗伦,他们1980年的论文《传播、行为与意义:社会现实的建构》是这一理论的发端之作。皮尔斯和克罗伦认为,意义建构的过程取决于特定和具体的情境与背景。意义被创造出来,进而被理解的过程,可能是在不断改变的过程中,这就是对真实的多重性的界定和理解。在讨论建构背景的时候,各个层次上人们的经验、信仰和价值观在每个情境下都发挥着作用。插话、关系和文化等因素也发挥着作用。意义的共同管理理论认为,传播是一种协调和一种对个人行为在规则与规则下的行动意义的协调。按照意义的共同管理理论,有效传播应该包括两个部分的作用:一是共享的规则体系,二是行为意义的协调管理。以规则为基础,人们更重视的是规则的一致性以减少传播过程中的不确定性,争取最大获益和最小损失。

6. 功能视角下的人际传播理论

功能论的视角认为,传播是为了达成某种目的而进行的互动活动,强调传播的目的性。功能视角的代表性人际传播理论有社会交换理论和基本人际关系导向理论。

社会交换理论可以追溯到社会学家霍曼斯,它有着经济学和社会心理学的根源。霍曼斯采用经济学的概念来解释人的社会行为,提出了社会交换理论。他认为,人和动物都有寻求奖赏、快乐并尽少付出代价的倾向。在社会互动过程中,人的社会行为实际上就是一种商品交换。人们付出的行为肯定是为了获得某种收获,或者逃避某种惩罚,希望能够以最小的代价来获得最大的收益。

基本人际关系导向理论认为,人们进行社会交往和传播是为了满足三种基本的人际需要。这个理论代表性的理论家是舒茨,他在1958年发表了一篇名为《人际行为的一个三维理论》的文章中提出基本人际关系导向理论。舒茨认为,每一个个体在人际互动过程中都有三种基本的需要,即包容需要、支配需要和情感需要。这三种基本的人际需要决定了个体在人际交往中采用的行为,以及如何描述、解释和预测他人的行为。

7. 文化视角下的人际传播理论

文化视角的人际传播理论认为,人们的交往过程和交往特征是由人们的文化塑造的,是长期的文化规范塑造和积淀的产物与结果。文化视角的人际传播理论的代表性理论有角色理论和礼貌理论。

角色理论认为,我们大多数的日常活动都是为了实现自己的社会角色或者他人的期望。"角色"一词本是戏剧用的概念,它的原意是指演员根据剧本扮演某一特定人物。20世纪初,美国著名社会学家G.米德把"角色"一词引入社会心理学领域,以此来说明人的社会化行为。美国学者狄鲍特和凯利认为,"角色"这一概念可以从三个方面理解:第一,角色是社会中存在的对个体行为的期望系统,该个体在与其他个体的互动中占有一定的地位;第二,角色是占有一定地位的个体对自身的期望系统;第三,角色是占有一定地位的个体外显的可观察的行为。角色理论还认为,角色是社会地位的外在表现,角色是人们的一整套权利、义务的规范和行为模式,角色是人们对于处在特定地位上的人们行为的期待,角色是社会群体或社会组织的基础。社会角色是一个人在特定的情境下的普遍的权利和义务(如父亲、士兵、教师)。

礼貌是文化的产物。礼貌理论最早是由布朗与莱文森提出的。礼貌理论的核心概念是面子威胁行为。该理论认为,人都有想保持被他人理解、称赞的积极面和不想被他人打扰的消极面的两面性的需求,威胁到这个两面性的行为叫作面子威胁行为。面子威胁行为是说话人与听话人的权力(关系)、说话人与听话人的社会距离及所涉及行为的强迫程度三者的总和。一般认为,强迫程度因文化的不同而不同。根据心理的负担程度受到归属文化的影响这一事实,可以将礼貌作为其归属的社会文化的一个指标。

8. 心理视角下的人际传播理论

心理视角的人际传播理论关注的是人们进行社会交往和传播的内在心理过程,以及从心理过程到外化行动的机制。心理视角的代表性人际传播理论有想象的互动理论和社会判断理论。

想象的互动理论是建立在符号互动主义基础上的一种社会认知和人际交往理论。通过想象的互动行为,人们想象自己为了各种目的同重要的他人进行谈话。想象的互动理论为我们研究人内传播和人际传播提供了一个有益的工具。想象的互动是一种白日梦,它有很多功能,包括预演、自我理解、关系保持、冲突管理、宣泄和补偿。

社会判断理论是由穆扎法·谢里夫和卡尔·霍夫兰提出的一个人际传播理论。社会判断理论起源于社会学和心理学的传统,它关注的是个体对讯息进行判断的内在过程。改变态度是说服传播的基本目标。社会判断理论试图去解释说服性讯息在什么样的情况下最有可能成功,在什么样的情形下会发生态度改变,并且试图预测态度改变的方向和内容。总而言之，社会判断理论的研究者努力发展出一种这样的理论：一个人改变自己立场的可能性，态度可能改变的方向，个体对他人立场的容忍度，对自己立场或是观点坚持的程度等。

研读小结

人际传播学在传入中国前经历了一段时间的发展。由于其多元的学科背景，人际传播学实际上是在不同学科的相互交融中形成自己的理论根基的。

本文提出的理论分类方式值得关注。我们应该在批判吸收这种分类方式的基础上，形成对人际传播学科范围大体的了解和概括。随着人际传播学的发展，会有新的研究涌现出来，形成新的研究分支，我们也可以试想当下哪些新的技术会对现有的研究带来更新或变革。

二、人际传播学研究方法

人际传播学研究方法与传播学研究方法同属一种发展路径，因此，对于人际传播学研究方法变迁的阐述将以传播学研究方法的变迁为主要思路。在传播学发展过程中，由于各国历史发展、社会制度不同，学者们在研究中就会存在不同的学术观点和立场，由此形成了不同的传播学研究学派，这就使得传播学研究方法多种多样。这里我们主要介绍传播学的两大学派及其不同的研究方法，以此作为研究人际传播学的借鉴。

在传播学发展历史上，批判学派和经验学派的研究方法对于传播学的发展有着不可替代的作用。1941年，拉扎斯菲尔德在美国《哲学社会科学研究》上发表了题为《论传播学中的管理研究和批判研究》的文章，首次提出了这两个学派的分歧。一般意义上，学界认为，这一分歧开始于1977年英国批判学派学者J·柯瑞的《大众传播与社会》中的论述[①]。

（一）经验学派的研究方法

所谓的经验学派指的是以美国的传播学派为主要力量的主流传播学，他们主要是从经验事实出发，运用经验性方法考察研究社会现象。"经验"代表了一种方法论、社会观和传播观念。所谓的经验性方法，就是运用可以观察的、可测定的、可量化的经验材料对社会现象或社会行为进行考察研究，是一种实证主义传统。它开始于19世纪后期，传播学中许多经典理论与模式都出自这一派，如两级传播模式、强大的效果模式、有限效果模式、适度效果模式、议程设置模式、最合适效果跨度、沉默的螺旋模式、劝服传播、拉斯韦尔模式、奥斯古德模式、施拉姆大众传播模式、纽科姆模式、香农-韦弗的数学模式、罗杰斯的创新扩散理论、使用

---

① 根据以下文献改编。周庆山：《传播学概论》，北京大学出版社2004年版，第361—372页；黄晓钟、杨效宏、冯钢主编：《传播学关键术语释读》，四川大学出版社2005年版，第156页。

与满足模式等。

经验性的方法和实证主义的方法是联系在一起的,它认为人类社会普遍存在自身的客观规律,并且认为人有能力揭示这些社会现象。

经验性的研究方法主要坚持的原则是:

第一,研究程序应具有客观性和可重复性,用于调查和分析的方法与技术不能随意变更,要为其他学者提供验证的手段;

第二,社会科学家的主要目标是收集和提供关于理论假设的无可争议的科学数据和材料;

第三,通过公开的学术讨论,建构关于社会现象的一般理论模式或定理。

经验性的研究反对从观念到观念对社会现象进行主观抽象说明,比较强调切实可靠的材料和客观的数据,主张从外部的变量来揭示社会现象和人们行为的原因及客观规律。

从总体上来说,经验主义学派的研究方法并非十分完善,本身存在着严重的缺陷。首先,社会现象和人的活动是复杂多变的,实证的、可供测量的、可供量化的材料同纷繁复杂的传播现象相比是非常少的,尤其人的精神世界的活动是极其复杂且难以数据化的。因此,在很多情况下,不能单纯地使用经验性的材料来加以说明。其次,到目前为止,经验性的研究主要依托程序或者技术性比较强的调查研究、内容分析、实验研究、实地考察、个案研究等方法,研究在一定条件下所得到的经验性数据虽然具有一定的代表性,但由于经验性的研究所依赖的主要是个人或者小群体层面的经验性材料,往往具有一定局限性,所以不能用来代表纷繁复杂的社会现实情况,即在考察广泛意义上的历史发展和宏观的社会结构方面还是非常欠缺的。最后,即便经验学派的学者们主张用实证主义的方法来进行分析,但在实际活动的过程中往往也不能完全做到,每一个学者都受到自己意义空间的限制,有自己独特的文化背景、社会价值和意识形态,这就使得学者们自己的研究多少带有一些特定的倾向。所谓的采用纯自然的方法和态度来考察社会现实只是一种美妙的想象而已。

(二)批判学派的研究方法

所谓的批判学派指的是在法兰克福学派的影响下,以欧洲学者为主要阵营形成和发展起来的学派。1923年,几乎在美国开始经验性传播研究的同时,欧洲一部分学者从马克思主义理论出发,对资本主义进行批判性的研究,指出西方马克思主义思索的核心问题主要是文化,而不是经济或政治。他们提出了一些有建设性的方法和观点,如解构主义、批判理论、话语理论、文化期待、视觉文本、女权主义、权力话语、跨文化传播等,主要代表人物是霍克海默、马尔库塞、阿多诺等。

批判学派从一开始就对美国的实用主义和实证主义的研究方法进行了无情的批判和抨击。他们主要从深刻反思资本主义社会制度开始,认为传播制度并不合理,指出大众传播在本质上是少数垄断资本对大多数人进行统治的意识形态工具,因此把资本主义制度作为自己批判的靶心。

批判学派的研究主要有以下几个特点：

第一，对于现行的资本主义制度持否定和批判的态度，认为"促销文化"是现代资本主义社会的一般倾向，着重分析大众传媒对于这一倾向的表现和强化，这也是攻击经验学派的证据之一；

第二，不是孤立地研究传播，而是将很多传播理论与社会理论相结合，着重考察社会结构和意识形态等问题，关注的是资本主义垄断媒介是否剥夺了人的自由和尊严，寻求恢复这些权利的途径和方法，而这些正是实证主义研究者所忽略的；

第三，批判学派从诞生之日起就与经验学派划疆而治，在方法论上以思辨为主，极力反对实证主义。

总体而言，经验学派比较注重传播的小规律，批判学派比较注重传播的大问题；经验学派旨在维持现状，批判学派旨在否定传播现状。换言之，经验学派提出了很多有利于传播学发展的传播理论，但是却不能对传播现象提出根本性的质疑；批判学派虽然对社会现实进行无情的鞭挞，旨在构建新的传播，但是在传播学理论的发展上建树不多，没有提出很多有利于传播学发展的科学学说。两个学派各有侧重，并对传播学的发展有不同程度的作用，这也凸显了人际传播学研究方法的新的方向——经验学派和批判学派的汇流与统合，这也是人际传播学发展的呼唤。

三、中国人际传播学研究

中国传播研究起步较晚，传播学研究本土化提出得更晚。在台湾地区，第一部传播学著作是徐佳士教授在1966年出版的《大众传播理论》。在香港地区，余也鲁教授在1978年首次译述出版了宣伟伯（威尔伯·施拉姆）的《传播学概论：传媒、信息与人》，在1980年出版了《门内门外：与现代青年谈现代传播》。在内地，虽然刘同舜、郑北渭、张隆栋三位先生在1956年和1958年翻译发表了介绍西方传播学的文章，但直到1978年才有研究性文章出现。1978年7月，郑北渭发表了《公共传播学的研究》和《美国资产阶级新闻学：公众传播学》两篇文章，引起了新闻学界的兴趣。随后，第一次全国传播学研讨会论文集《传播学（简介）》于1983年面世。1988年，戴元光、邵培仁、龚炜出版了内地第一部传播学专著《传播学原理与应用》。但是，这些还都不是本土化的传播学研究。本土化研究有一个复杂而艰难的过程[①]。

1982年"传播学之父"威尔伯·施拉姆到中国讲学两年之后，传播学课程开始进入中国大学。当时作为选修课，主要讲授西方传播学理论，核心内容是美国的传播学理论。1986年，部分大学开始把传播学作为必修课对待，当时没有教材，只有部分发表在新闻学术刊物上的资料可用。自1988年开始，全国有十多所新闻院系开设传播学课程，部分学校还将传播学课程列为专业必修课。1988年年底，兰州大学出版社出版了《传播学原理与应用》（戴

---

① 邵培仁：《传播学本土化研究的回顾与前瞻》，载《中国新闻研究中心》，http：//www.cddc.net/。

元光、邵培仁、龚炜著），成为中国人编的第一部传播学教材。教材在介绍西方传播学的同时，已开始注意传播学的本土化问题。20世纪90年代以来，传播学已成为新闻学、传播学、社会学等专业的专业基础课程。许多学校开设了不少与传播学相关的课程，如"西方传播学思潮"、"传播学研究方法"等①。

对于人际传播学的研究起步很晚。1991年，学者熊源伟和余明阳在中山大学出版社出版了《人际传播学》，一定意义上可称为国内第一部研究人际传播学的著作。2003年，人民出版社出版了王怡红的《人与人的相遇——人际传播论》。另外，还有一些论及人际传播主要理论观点的文章得到发表，如人际传播中的对话理论等。这些研究成果初步奠定了我国人际传播研究的基础。2004年，中国传播学界一些杂志开始关注人际传播学研究。一些大众传播学界的学者也开始对人际传播学理论产生兴趣，例如有文章通过对符号互动论的代表人物欧文·戈夫曼（Erving Goffman）的传播思想进行系统阐述，对人际传播的内涵和特点做了独到的论述②。

近年来，国内的人际传播研究主要集中在四个方面。

第一，人际传播历史和基础理论的梳理与引介。有学者梳理了国内外人际传播的发展历程，并对符号互动论、约哈里窗口等经典理论做了介绍与讨论，还有学者试图从中国传统文化中寻找中国人际传播思想的渊源。例如，胡春阳在《人际传播：学科与概念》中梳理了人际传播的发展历程，结合儒家文化分析为什么中国无法首先形成人际传播学科，并将人际传播的定义划分为"质"和"量"两种定义。陈力丹在《试论人际传播》和《试论人际传播与人际关系》中也对一些基本的概念与人际传播包含的因素做出了界定。在对国外研究的梳理上，刘蒙之在《美国的人际传播研究及代表性理论》一文中回顾了美国人际传播的基本理论和发展历程，将其分为情境视角、能力视角、关系视角、过程视角、规则视角、功能视角、文化视角和心理视角八个部分。胡春阳在《经由社交媒体的人际传播研究述评——以EBSCO传播学全文数据库相关文献为样本》一文中，通过聚焦EBSCO数据库2010年至2015年有关社交媒体与人际传播交叉领域的文章，梳理了当时英文世界人际传播学的研究议题和发展动向。在对国内研究的总结上，王怡红在《中国大陆人际传播研究与问题探讨（1978—2008）》一文中回顾了中国30年的人际传播研究的发展过程，并提出了自己的建议。胡春阳在《中国人际传播研究发展动态》一文中，通过评述2016年和2017年相关期刊文章，对国内人际传播学研究动向进行了反思，提出了建议。

第二，人际传播与大众传播、组织传播相结合的研究。胡河宁将人际传播与组织传播相结合，在《组织中的人际传播：权力游戏与政治知觉》一文中探究了在组织的权力争夺中人际传播所扮演的角色。在与大众传播相结合的研究中，谢越在《谣言中的人际传播与大众传播——以谣盐事件实证研究为例》一文中，通过抢盐事件分析了人际传播与大众

---

① 根据以下文献改编。《课程概况》，http://etsc.hnu.cn/jxzy/xxjp/2005/cbxgl/cn/index1.htm。
② 明安香、姜飞：《2004年中国传播学研究综述》，http://www.mediaresearch.cn/user/erjiview.php?TxtID=1875&list=。

传播在信息传播中所扮演的不同角色。梅琼林、陈蕾、邹鸣在《大众传播向人际传播的复归——哈贝马斯交往行为理论的重新发现》一文中指出大众传播存在独白式叙述的局限，并以哈贝马斯交往行为理论为基础，提出大众传播应建立类似辩证法基础上的传播意识的转向，向人际传播回归。另外，也有业界人士将电视、网络等媒介与人际传播相结合做出了实践性的探讨。李岩和林丽在《人际传播的媒介化研究——基于一个新类型框架的探索》一文中探究了媒介技术、媒介形式对人际传播的形塑作用，重点考察媒介化社会中人际传播类型和模式的变化，并进一步探究这些变化如何在个体、家庭、社会层面引发结构性改变。

第三，与新媒体相关的人际传播正逐步增多。网络与移动终端等新媒体的发展使得人际传播的边界得以延伸，与此相关的研究也大量涌现，其中包括宏观的网络人际传播研究。例如，张放在《网络人际传播效果研究的基本框架、主导范式与多学科传统》一文中对网络人际传播中体现的经验主义为主导的范式和多学科融合的传统进行了论述。胡春阳在《超人际传播：人际关系发展的未来形态》一文中将以计算机为媒介的人际传播方式作为研究对象，探究了其与面对面人际传播的差异、特点和得失。微观方面的研究主要集中于手机与人际传播的研究、微博等社交网络与人际传播的研究。例如，薛可、陈晞、梁海在《微博VS. 茶馆：对人际传播的回归与延伸》一文中对微博与传统茶馆中的信息传播模式进行了比较，体现了网络环境下人际传播更加渗透进大众媒介的趋势，也体现了人际传播的不断扩展。岳山和李梦婷在《表演与互动：网络运动场上的人际传播——以微信朋友圈"运动打卡"实践为例》一文中研究了微信朋友圈"运动打卡"的现象，分析了这一现象中人际传播的特点及其产生的动力机制。另外，还有针对网络人际传播的特点和由此产生的社会影响的研究。例如，王依玲在文章《网络人际交往与网络社区归属感——对沿海发达城市网民的实证研究》中，对网络给人际传播和人际关系带来的冲击进行了探索。

第四，针对特定群体的研究和针对特定情境下的研究。外来人口和大学生成为关注的焦点。例如，周葆华在《城市新移民的媒体使用与人际交往——以"新上海人"抽样调查为例》一文中，关注到上海的外来人口对媒介的使用与人际交往、融入当地社会之间的相互关系。陶建杰在《农民工人际传播网络的微观结构研究——以整体网为视角》一文中用社会网络分析法探究了农民工人际网络的微观结构。刘肖岑、桑标、张文新关注到大学生群体的人际交往。在文章《自利和自谦归因影响大学生人际交往的实验研究》中，他们通过实验的方法，对自利和自谦两种归因导致的人际交往的不同进行了研究。总体而言，由于传播学是一个舶来品，我们在进行研究时受到很多国外研究的影响，将大众传播作为传播学研究的重镇，而忽略了对人际传播这一基础学科的研究。近代科学反复证明了这样的事实：一门学科成熟与否，在于其基础理论的成熟与否，而不在于其表象形态是否丰富。人际传播学现在虽然可以被冠以"学"字，但是它的理论基础还非常薄弱，需要我们加强对人际传播的研究和探索，使得它更好地为其他传播学科奠定基础，促进传播学的飞速发展。

人际信任的代际差异：基于媒介效果视角[①]

随着媒介技术的快速发展和普及，媒介日益成为人们获取外界社会信息的重要渠道，而人们在使用媒介的过程中，其态度、认识和行为都会受到媒介的影响。媒介效果研究关注媒介使用对受众人际信任的影响，例如，涵化效果研究最早证实电视暴力内容接触会促使受众对社会信任水平的下降。随后，一大批研究者对媒介使用与人际信任的关系进行了更加广泛的探讨，其研究结论却莫衷一是，甚至互相矛盾，例如媒介使用对人际信任的效果研究，其结论就出现了"积极效果论"、"消极效果论"和"无效果论"。媒介使用与人际信任关系研究的这一困境，也是所有媒介效果研究面临的共同难题。为了进一步厘清具体的媒介效果，媒介效果研究开始注重从微观层面入手，从更加细分的变量考察更具针对性的媒介效果，日益呈现微观层面的深化、精细化的发展态势。本文正是在这一研究背景下，从更加细分的变量，考察媒介使用对人际信任影响的代际差异。

一、文献回顾与研究问题

……

（三）媒介使用与人际信任

社会习得观强调个体后天经验对人际信任的影响，人际信任是个体经验的主观建构。在媒介化社会（mediated social）的背景下，媒介日益成为受众获取外界社会信息的重要渠道，同时也成为个体建构对社会态度的重要依据。媒介使用与人际信任的关系引起媒介效果研究者的关注。梳理相关文献，可以发现，媒介使用与人际信任关系大体有两种理论解释路径。一是从媒介内容层面关注媒介使用行为对人际信任的影响，民众接触的媒介内容是否及如何影响其对外部世界的认知，进而影响其对他人的信任水平。例如，涵化理论发现，接触电视暴力内容越多，越容易形成对现实世界暴力和恐惧的观念，进而影响其对社会信任水平的下降。二是从媒介技术层面关注媒介使用行为对人际信任的影响，最初的"时间替代效果理论"，以及延伸"功能等价假设"，是这一理论解释路径的代表性理论。其核心观点认为，媒介使用行为本身需要占据大量的时间，这样势必会影响受众参与社会交往等其他社会活动的时间，从而会降低民众对他人的信任水平。例如，有研究表明，受众收看电视越多，越容易感到疏离、孤独、没有生气，从而导致对他人信任的下降。胡百精和李由君认为，互联网会带来"不交往"、"浅交往"和"脱域交往"，从而放大人际信任和系统信任危机。由此可见，无论是基于媒介内容视角，还是媒介技术视角，已有媒介使用与人际信任的关系研究，并未形成普遍性的定论，因此，有必要从更加深入的层面、更细分的变量，考察不同层面的媒

[①] 节选自薛可、余来辉、余明阳：《人际信任的代际差异：基于媒介效果的视角》，《新闻与传播研究》2018年第6期。

介使用对不同类型的人际信任的影响。

（四）代际差异

代际差异，是指出生年代与成长背景不同导致各代群之间在价值、偏好、态度和行为等方面呈现出明显差异性的群体特征。代际差异引起不同学科研究的关注，传播学关注的是在新旧媒介变迁过程中，不同代际的民众采纳新媒介的速度不同，是否会因此形成对外在世界的不同认知。研究表明，媒介使用具有明显的代际差异，在媒介类型选择上，老年人更喜欢通过报纸、电视获取信息，年轻人则较多使用互联网等电子媒介。在媒介内容选择上，有研究表明，相较于之前的群体，中国新一代的消费群体更关注电视剧等娱乐性节目，而更少接触新闻、经济新闻等资讯类节目。有学者指出，随着电子媒介，尤其是互联网快速发展和日益普及，可以把民众划分为具有清晰区隔的两代人——数字化原住民和数字化移民，他们在信息的接受方式和时间上完全不同，思维方式、行事风格等也迥然相异。此外，研究者还关注媒介使用行为，对不同代际民众的外在世界认知、态度和行为影响的差异性效应。研究发现，年轻的美国互联网重度使用者较疏离大众生活，较少参与社群活动，也不太相信同伴。李双龙等人发现，在信息社会的时代背景下，大学生及其家长的媒介使用均存在差异。

不难发现，关于媒介使用对人际信任的效应，尽管尚未达成一致结论，大多数研究仍表明媒介在民众人际信任形成过程中具有重要作用，但媒介使用与人际信任关系研究存在一些不足。一是忽视了不同人群的差异性效应。过去的研究大多将受访者样本视为一个整体，只分析媒介使用变量对人际信任的总体影响，这种分析的基本假说是媒介使用对人际信任的效应对于所有人群都是均质的。然而，事实上，由于受到成长经历、生活环境等因素的影响，居民在媒介使用类型和程度上会存在极大的代际差异。对于不同代际的居民群体，媒介使用影响人际信任的作用可能是不同的。因此，在厘清媒介使用对人际信任的总体效应的基础上，还应该对其不同代际群体中的差异性效应加以考察。二是忽视了媒介使用对不同类型的人际信任的影响。过去的研究大多将人际信任视为一个整体概念，这种简单化的概念操作有可能会遮蔽媒介使用与人际信任丰富的关系。实际上，由于信任的对象不同，人际信任水平会表现出巨大的差异。媒介使用对不同类型的人际信任影响可能也有所不同。因此，要了解媒介使用与人际信任的关系，需要考察媒介使用对不同类型的人际信任的影响，例如比较分析媒介使用对基于熟人关系的个人化信任和基于陌生人关系的社会化信任的影响差异。

……

四、结论与讨论

本研究综合运用媒介效果研究和代际差异理论，基于CGSS2012数据，在对受访者的人口统计特征、心理和行为变量加以控制的基础上，重点考察报纸、电视和互联网使用对不同类型的人际信任的影响，并且检验这一影响在不同代际居民群体之间的差异性效应，得出如下几点结论。

第一，人际信任和媒介使用均存在显著的"代际鸿沟"。在人际信任方面，研究发现，无论是个人化信任还是社会化信任,均存在显著的代际差异,人际信任水平从新生代到老一代呈现依次递增的特点。有学者对此的解释是,中生代和老一代接受集体主义观念教育,社会交往方式较为单纯,切身感受到国家改革开放的成就和社会现实生活的变化,对他人的信任水平更高;而年青一代的成长可能受功利的社会风气和不良的社会环境,尤其是网络环境的不良影响,对待社会现象更现实和功利,对他人的信任水平更低。此外,相较于个人化信任,居民社会化信任水平的代际差异更大,这表明相对于基于熟人关系的个人化信任,基于生人关系的社会化信任更容易受到社会环境、时代变迁等外界因素的影响。在媒介使用方面,研究发现,无论是作为传统媒体的报纸和电视,还是作为新兴媒体的互联网,不同代际的居民使用行为均存在显著差异,从而在经验层面上检验了媒介使用的"代际鸿沟"假设。事实上,媒介使用的代际差异并非表现为简单线性关系,不同类型媒介使用的"代际鸿沟"的具体表现有所不同。具体而言,报纸和电视使用的代际差异呈现为倒"U"型结构,即处于中间层的中生代居民使用报纸和电视的频率最高,而新生代与老一代居民使用报纸和电视的频率相对更低。此外,新生代与老一代居民在使用报纸和电视上又表现出正好相反的结果,即新生代居民的报纸使用频率高于老一代居民,而老一代居民的电视使用频率高于新生代居民。这是因为阅读报纸需要一定的文化知识基础,电视传播对文化知识要求更低,所以,文化程度更低的老一代居民更多选择电视媒介,而文化程度较高的新生代居民的报纸使用水平更高。互联网使用的代际差异则遵循显著线性差序格局,即互联网使用频率与年龄代际顺序呈显著负相关。这一结论与已有研究一致,例如有学者曾分别将青年、中年和老年网民,形象地描述为数字化原住民、数字化移民和数字化难民。此外,相较于报纸和电视使用,互联网使用的"代际鸿沟"更大,即不同代际的互联网使用差距更加明显。不同于通过互联网技术普及进而达到快速缩小城乡数字鸿沟的是,需要在家庭、社区乃至国家等各层面建立灵活有效的反哺机制,进而实现缩小不同代际人群的数字鸿沟。

第二,从总体效应来看,媒介使用对不同类型的人际信任产生了多重效果。研究发现,报纸使用行为同时弱化了居民个人化信任和社会化信任水平,这就验证了报纸对人际信任影响的"负效果论"。对此的解释可从媒介效果的不同层面来看。一是媒介技术层面。读报是一种个人化、非社交的行为,主要依赖文字传播的报纸营造的社会互动感低,进而降低人际信任水平。这是因为读报可能会使得读者参与社会交往活动起到"时间替代效果",即媒介使用时间替代某些日常活动时间,个体用于读报的时间越多,就相应地减少了他与家人、亲戚、朋友等的交往时间,而社会交往的减少又造成报纸降低个人化信任水平。二是媒介内容层面。新闻功能是受众选择报纸媒介的首要因素,然而,由于报纸社会新闻存在负面化倾向,读者大多喜欢看抨击时弊的新闻,因此,报纸会诱发读者的负面道德情绪,最终导致其社会化信任水平下降。电视使用与人际信任关系并不显著,即收看电视行为对居民个人化信任和社会化信任的影响均不显著,这与普特南(Putnam)的研究结论并不一致。这可能是因为不同于西方电视媒体倾向报道社会负面消息,中国电视媒体担负政策宣传、传播社会正能量等社会职责,新闻内容相对更加多元,所以,受众不太容易受到明显负面信息倾向的影响,从而形成对他人的不可信的感知。互联网使用负向影响居民社会化信任,这一结论与已有研究基本一致。这可能是因为当代中国正处于社会急剧转型期,加之网络传播缺乏严格的信息把关,网络污名化成为虚拟空间社会互动中的常态化现象,网络空间有太多的歧视现象和过激言论,造成网络用户更加倾向于不信任他人。互联网使用对个人化信任的影响并不显著,这是因为互联网使用对用户社交活动影响不大,并未表现出显著的时间替代效果。随着互联网,尤其是社交媒体的发展和普及,互联网使用正在成为一项全民性行为,熟人之间的社会交往在现实空间与网络空间中交织在一起,使用互联网并不会减少人们与熟人的交往,并不会造成由于社会交往减少而导致的个人化信任水平的下降。

第三,从差异性效应来看,媒介使用对人际信任的影响存在显著代际差异。在个人化信任方面,研究发现,报纸对中生代个人化信任具有显著负向影响,对新生代和老一代居民个人化信任的影响并不显著,即报纸使用对个人化信任的影响存在显著代际差异。这可能是因为相对于新生代和老一代居民,中生代居民的报纸使用频率更高,报纸使用行为对其与熟人的人际交往产生事件替代效果,进而负向影响其个人化信任。电视和互联网使用对不同代际的居民个人化信任的影响均不显著,并未表现出代际差异性效应,从而在更细分的维度验证了电视和互联网使用对居民基于熟人关系的个人化信任的影响有限。在社会化信任方面,报纸、电视和互联网使用对不同代际的居民社会化信任均存在显著差异性效应。具体而言,报纸使用对中生代和老一代居民的社会化信任具有显著负向影响,对新生代的社会化信任影响不显著。造成报纸使用与社会化信任关系不一致的原因,可能是不同代际群体的报纸使用行为内容的不同,中生代和老一代居民更多关注报纸的社会与时政新闻,而社会新闻负向化会直接影响读者对当前社会的态度,进而降低对他人的信任度;年轻人则对报纸娱乐和新闻更感兴趣,这类内容的使用与其对社会一般人的信任并不存在显著关系。电视使用对新生代居民的社会化信任具有显著正向影响,对中生代和老一代居民社会化信任的影响不显著,这说明电视在形塑新生代居民对社会一般人的信任方面起到积极作用。这一结论与西方研究不一致,因为西方商业化电视媒体往往通过揭露社会和政治问题、精英人物的缺点、缺陷等来赢得公众对自身的认可,其结果必然导致公众信任的下降;国内电视媒体具有鲜明的官方背景,注重传播社会正能量,所以整体上能够促进观众,尤其是新生代观众对他人的信任水平的提升。同时,研究发现,电视使用对中生代和老一代居民社会化信任具有正向影响,但没有统计学的显著性,这表明电视在提升中生代和老一代居民对他人信任的影响力度还不够,因此,如何通过调整电视节目内容、传播方式等途径,进一步发挥电视媒体在提升中生代和老一代居民的社会化信任水平上的作用,是未来国内电视业界需要思考的课题。互联网使用对新生代居民社会化信任具有显著负向影响,对中生代和老一代居民社会化信任的影响不显著。与互联网使用与社会化信任关系的总体效应相比,我们可以发现,互联网对社会化信任的负向影响集中体现在新生代群体。这表明,作为数字化原住民的新生代居民,互联网在其社会化信任形塑过程中具有明显的消极作用。如何加强网络内容管理和对新生代网民网络行为引导,进而减轻互联网对新生代居民社会化信任的负向影响,是未来网络社会治理的重要内容。

研读小结

信任的相关研究是学界非常重视的课题。信任是人们社会生活中不可或缺的内容，既能反映人们对人类本性的基本信念，又会影响其在人际交往中的预期和决策。具体到传播学研究领域，媒介使用与人际信任的关系虽然已经引起学者的较多关注，但其研究结论莫衷一是，甚至互相矛盾。在这样的背景下，从更加细分的变量来考察媒介使用对人际信任的影响就变得十分重要。

文章基于中国社会综合调查数据（CGSS2012），从代际差异和媒介效果理论视角出发，重点探讨不同代际的居民媒介使用与人际信任的关系。研究发现，居民人际信任和媒介使用均存在显著代际差异。在总体效应上，媒介使用对不同类型人际信任具有多重效应，报纸使用对个人化和社会化信任均具有显著负向影响，互联网使用对社会化信任具有显著负向影响。在差别效应上，报纸使用对个人化信任的影响存在显著代际差异，而报纸、电视和互联网使用对社会化信任的影响均存在显著代际差异。

这篇典型的量化分析文章，探讨了媒介使用与人际信任之间的关系，对于同学们之后的学术写作具有很强的借鉴意义。

思考题

1. 人际传播的特点是什么？
2. 如何理解"媒介即讯息"？试从媒介演进带来的人际传播变革角度分析。
3. 为什么说人际传播学是一门边缘多学科性质的新兴学科？
4. 你认为人际传播学应当采用什么样的研究方法？
5. 你在平时观察到哪些学科与人际传播学存在交集？试举一个实例说明。
6. 试着提出一个有关人际传播学的话题或研究问题，并思考：它属于人际传播学的哪种研究对象？它会用到哪些学科的知识？它适合用什么样的研究方法？

第二章
人际传播学的理论模式与趋势

◇◇◇◇◇◇◇◇◇◇◇◇◇◇◇◇◇◇◇◇◇◇ **学习目标** ◇◇◇◇◇◇◇◇◇◇◇◇◇◇◇◇◇◇◇◇◇◇

学习完本章,你应该能够:
1. 对人际传播的基础理论有所了解;
2. 了解人际传播的模式;
3. 对人际传播的大致构架与轮廓有初步印象;
4. 了解人际传播的发展趋势;
5. 了解新媒体时代人际传播的特点。

◇◇◇◇◇◇◇◇◇◇◇◇◇◇◇◇◇◇◇◇◇◇ **基本概念** ◇◇◇◇◇◇◇◇◇◇◇◇◇◇◇◇◇◇◇◇◇◇

人际传播理论　人际传播模式　人际传播趋势

第一节　人际传播学的基本理论

任何一个门类的学科都有自己的理论体系。理论架构是一门学科的学术基础,是人们对于这门学科学习的一种知识总结和整理,是学科知识积累的一种形式。任何一门学科的发展进步都离不开理论的充实和完善,学者只有在各种各样的理论中得到启示,不断做出创新,才能促使学科向前发展。

人际传播研究的历史中曾出现许多富有启发性的思想、理论。传播学是一门年轻的学科,需要借助其他学科的支持与帮助,因此,我们在这里介绍的人际传播理论不拘泥于传播学本身,它们很多是来自社会学、心理学等其他基础性学科的理论与知识,同样促进了人际传播的发展与进步,给人际传播的研究提供了启示。

一、符号互动论[①]

符号互动论又称象征相互作用论或符号互动主义,是一种主要从互动个体的日常自然环境中去研究人类群体生活的社会学和社会心理学理论流派。符号互动论起源于美国实用主义哲学家詹姆斯和米德的著作。美国社会学家布鲁默最早使用"符号互动论"这一术语。1937年,他用这一术语指称美国许多学者,如库利、米德、杜威、托马斯、詹姆斯、帕克、兹纳尼茨基等人的著作中所隐含的社会心理状态。

在这些学者中,詹姆斯的主我与客我的理论、库利的"镜中我"理论、托马斯的"情境定义"和杜威的实用主义都对这一理论的创建有较大影响。因此,在某种程度上,符号互动理论不专属于某一个人,而是属于一个团体。西方学术界曾有人把符号互动论分为两派——以布鲁默为代表的芝加哥学派和以M·库恩为首的艾奥瓦学派。1930—1950年,布鲁默及其同事、学生们出版的一系列著作确定了该理论的主要观点。

符号互动论的基本假定是:人对事物所采取的行动是以这些事物对人的意义为基础的;这些事物的意义来源于个体与其同伴的互动,而不存在于这些事物本身之中;当个体在应付他所遇到的事物时,他通过自己的解释去运用和修改这些意义[②]。

米德认为,语言是一种表意符号或表意姿态,有声姿态特别适合成为表意符号。他说:"有声姿态具有特殊的重要性:它是一种社会性刺激,它对做出该姿态的那一有机体产生影响的方式同另一有机体做出该姿态时产生影响的方式是一样的。也就是说,我们可以听见我们自己讲话,而我们讲的话的含义对我们自己和对其他人都是一样的。"[③]他认为,语言作为一个表意姿态(互动过程中的一个刺激)可以激活态度。要在互动双方之间激活相同或类似的态度有两种可能:第一,假如互动双方具有相同的本能(如同一物种),那么对一个刺激做出的本能的反应应当是相同的或相似的;第二,双方具有相同的文化习惯。例如,当别人对你说:"你好!"你应该同样以"你好!"应答,但是如果别人对你说:"谢谢!"你却不能同样以"谢谢!"应答,而只能说:"不客气!"

这就是说,意义的交换有一个前提,即交换的双方必须有共通的意义空间。共通的意义空间有两层含义:一是对传播中使用的语言、文字等符号含义有共通的理解;二是有大体一致或接近的生活经验和文化背景。由于社会生活的多样性,每个社会成员的意义空间不可能完全重合,但意义的交换或互动只能是通过共通的部分来进行。这个关系可以用图2-1表示。

在图2-1中,A表示传播者的意义空间,B表示受传者的意义空间,AB表示双方共有的

[①] 根据以下文献改编。侯均生编著:《西方社会学理论教程(第二版)》,南开大学出版社2006年版,第216—226页。
[②] 郭庆光:《传播学教程》,中国人民大学出版社1999年版,第52页。
[③] [美]米德:《心灵、自我与社会》,赵月瑟译,上海译文出版社1992年版,第41页。

意义空间。A 和 B 不可能重合,双方的意义交换只能通过 AB 进行。随着意义交换的活跃化和持续进行,AB 呈现不断扩大的趋势①。熟人之间好说话,就是因为熟人之间共通的意义空间大,这已经成为人际交往的经验之谈。随着互联网等新媒体的崛起和全球化的加剧,个人知识结构在各个国家和民族的交互

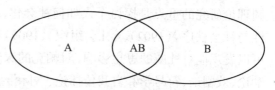

图 2-1　传播双方的意义空间
（资料来源：郭庆光,《传播学教程》,中国人民大学出版社 1999 年版,第 53 页）

传播中日趋重要,民族情感、社区习惯等非理性因素在传播中的作用日益减弱。可以预见的是,个人知识结构最终将打破国家、民族和社区的藩篱,成为社会公民的"个人身份证"。个人知识结构相近的人在相互传播中互动性将愈强,这种互动性的活跃反过来促进自我传播的发展,从而协调个人的内心活动。因此,实行大众化的教育,增加人与人之间共通的意义空间,避免知识鸿沟的扩大,使社会公民的知识结构在一定程度上一致,是保持社会稳定、协调个人内心矛盾的重要举措。

符号互动论的方法论特征是：倾向于自然主义的、描述性的和解释性的方法论,偏爱参与观察、生活史研究、人种史、不透明的被脉络化的互动片段或行为标本等方法,强调研究过程,而不是研究固定的、静止的、结构的属性；必须研究真实的社会情境,而不是通过运用实验设计或调查研究来构成人造情境。符号互动论不运用正式的数据搜集法和数据分析法,代之以概括性的和一般的方法论的指令,这些指令要求对被调查对象采取尊重态度。这一系列理论对于人际传播的解释力量非常大。它们借助于语言、副语言等符号进行的人际传播是构成社会、形成自我意识、获得社会角色和调整社会关系的基础,即它们在形成思想、自我和社会中具有不可取代的作用。这一理论还强调,符号讯息超越了时间和空间的限制,使传播双方产生相互作用。

人际传播本身就不是单纯地由讯息、通道、主体、噪声、反馈等因素组成而外在于人的机械过程,而是人与人之间的直接相遇,是主体与主体之间的"符号互动"。下面将介绍这个学派中有代表性的学者的观点。

（一）库利的"镜中我"理论②

查尔斯·霍顿·库利（Charles Horton Cooley,1864—1929）是美国著名的社会学家和社会心理学家,也是美国传播学研究的鼻祖。1890 年,他进入密歇根大学主修政治经济学和社会学,1894 年以论文《交通理论》完成经济学和社会学博士学位,并在密歇根大学度过其学术生涯。1892 年在密歇根大学任政治经济学讲师,1899 年成为社会学助理教授,1907 年获得教授职位,1918 年被选为美国社会学会主席（该学会是他在 1905 年帮助建立的）。库

---

① 郭庆光：《传播学教程》,中国人民大学出版社 1999 年版,第 53 页。
② 根据以下文献改编。邵培仁：《论库利在传播研究史上的学术地位》,《杭州师范学院学报（人文社会科学版）》2001 年第 3 期。

利理论研究的重点是探讨个人如何社会化，贯穿于他的三部极具分量的著作——《人类本性与社会秩序》(1902)、《社会组织》(1909)和《社会过程》(1918)。在库利的作品中，我们可以发现他对杜威的思想影响，对帕克的深刻启迪，对米德的学术帮助，也找到了后来的互动论、戏剧论、符号学和自我传播论、人际传播论的直接源头。他的"镜中我"理论在传播学发展初期作出了巨大的贡献，揭示了人际传播的主要动机和源头。

库利认为，人分为"镜中我"和"社会我"。我们通过想象别人对我们的行为和外貌的感觉来理解我们自己，"人们彼此都是一面镜子，映照着对方"，这里的自我反映了别人的意见，即为"镜中我"。自我是社会的产物，库利把它分为三个阶段：第一是对自己的行为给别人造成的印象的知觉，第二是对别人对我们行为的评价的知觉，第三是对他人评价的感觉。我们在人际传播中通过别人的反应来评价自己，同别人的交流帮助我们形成自我的概念，就像是一面镜子。人正是在人与人之间的相遇中，在彼此生动的关联中认识到人所具有的本性。

按照库利的观点，要形成"镜中我"就需要通过传播，这是唯一的关键要素，传播也是个人与社会互相融合的一种方法。他认为，一个人不能完全脱离传播，完全与他人相区别的自我是不存在的。无论是"社会我"还是"镜中我"，都离不开自我的社会交流。库利认为，传播是个人社会化的一个方法和途径，在首属群体中，人际传播能够使自我得到充分发展。家庭就是首属群体中典型的代表，友谊、服从、忠诚、崇敬和个人自由这些品质都来自家庭。

可以说，库利的思想给人际传播研究做了很好的铺垫，是人际传播的理论源头。

第一，库利的"镜中我"理论对人际传播和内向传播的产生作出了贡献。"在人际传播过程中，(库利的)自我概念是非常重要的。它影响接受的内容、怎样理解接受的内容和如何反应……对我们如何传播产生的影响最大。"[1]自我概念是我们所拥有的思想、情感及态度的全部情节，是人的重要组成部分。同时，它也启发了米德对于"主我"和"客我"各自特征与互动情况的精细辨析，丰富和深化了自我传播的研究内涵，并且引发了芝加哥学派符号互动论的研究。美国传播学者小约翰曾指出，米德等芝加哥学派的观点"并非呈现在某一孤独思想者的脑海中，追本溯源，最先出力的当属心理学家詹姆斯和库利"等人[2]。

第二，库利的思想对于欧文·戈夫曼的研究也有一定的影响。戈夫曼一生最关心的是对短暂的人际传播中人们制造印象，以及别人根据自己的印象做出反应过程的研究。他认为，人际传播犹如演戏，而演出必须依赖"符号载体"来理解和把握不熟悉的人。"日常生活中每个人都在演戏，通过参与'演出'来创造某种印象，从而达到'控制他人'的目的。"这让我们很自然地想到库利相应的一些观点。戈夫曼的一些观点实际上与库利的观点是一脉相承的。

第三，库利从传播的角度分析了自然生命与社会生命、肉体我与社会我的联系和区别。

---

[1] [美]泰勒等：《人际传播新论》，朱进东等译，南京大学出版社1992年版。
[2] S.W.Littlejohn：《传播理论》，程之行译，远流出版事业股份有限公司1993年版。

他认为,人类的语言及其应用于信息交流是人类的重要特征,这样传播不仅成了人类进化的利器,也是人类自身的特征。

第四,库利揭示了人类传播活动的连续性规律和传播内容的相似性。他认为,我们今天的任何一种传播活动都是人类历史过程的一部分,人类无法摆脱祖先所预设的"话语空间"而生活。

第五,库利认为人际传播才是个人社会化的主要基石,反对遗传和个性是形成人格的主要因素的说法。丹尼尔·杰·切特罗姆(Daniel J.Czitrom)说库利是第一个为揭示传播媒介如何改变行为和文化做出成功尝试的人,也是第一个为探索复杂的人际关系而付出辛勤努力的人。

（二）米德的象征性互动理论[①]

象征行为是指用具体事物来表示某种抽象概念或思想感情的行为。象征行为具有智慧性、社会性、约定性,同时在许多场合还具有价值性、动机性和行为取向性。人类这种象征性的活动是推动社会进步、发展和变革的重要机制。

象征性互动理论的创始人是美国社会心理学家乔治·赫伯特·米德(George Herbert Mead,1863—1931)。米德曾是美国实用主义的带头人之一,也是当代社会心理学的创始人之一。他1879年考入奥伯林学院,1887年进入哈佛大学开始研究生学习,1888—1889年在莱比锡大学学习冯特的实验心理学。1891年受聘于密歇根大学,开设"生理心理学"、"哲学史"、"康德与进化论"等课程。1894年成为芝加哥大学哲学和心理学系助理教授,从此开始了在那里长达近40年的执教生涯。他在芝加哥大学最后十年对社会学系的影响使该系享有"米德的前哨"之名。米德生前从未出版过著作,他去世后,由其学生整理编辑出版的《心灵、自我与社会》对于这一理论的发展有着比较积极的影响。20世纪60年代以后,美国学者布鲁默、西布塔尼和特纳等对这一理论进行了发展和论述。

米德对象征性互动理论做了比较系统的阐述。该理论把人看作是具有具体象征行为的社会动物,把人类的象征活动看作是一个积极的、创造性的过程,是人类创造出广泛文化的一种活力,认为研究象征行为对揭示人的本质和对理解现实的社会生活都有重要的意义。象征性互动理论的核心问题是考察以象征符号为媒介的人与人之间的互动关系,它有三个基本前提:人是根据意义来行动的;意义是在互动的过程中产生的;意义是由人来解释的。由此来讲,意义、社会互动、解释是这一理论的三个关键词。

在实际的人际交往过程中,象征性互动是怎么完成的呢？在米德看来,符号是完成象征性互动的重要媒介。语言是一组符号,是社会所共有的。语言中包含社会背景和文化背景,是思想交流、影响人际关系的重要因素。人们的自我认识也是通过符号来完成的。我们用图2-2阐述这一理论的具体应用。

[①] 根据以下文献改编。林秉贤:《社会心理学》,群众出版社1985年版,第264—265页;郭庆光:《传播学教程》,中国人民大学出版社1999年版,第51—53页。

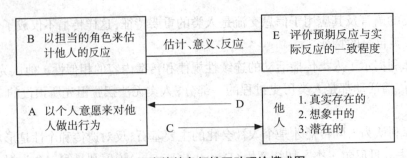

图 2-2 米德的象征性互动理论模式图
(资料来源：林秉贤，《社会心理学》，群众出版社1985年版，第265页)

一般人认为，似乎可以直接从A到C，但是米德认为，必须从A到B，然后再到C。他认为，在一个人做出某种行动时，必须估计他人的反应。可以通过担当的（或想象中的）角色来估计他人的反应，即从A到B到C。这里的"他人"可以是实际存在的人，也可以是想象中的他人或潜在的人。这也就是社会学家奥尔波特所说的：社会心理学家把他们的学科视为试图理解个体的思想、感情和行为如何受到他人的实际的、想象的或潜在的存在的影响。

我们在人与人的交往中，首先要估计可能会发生的事情，才能做出对人的行为，同时也做出对别人的反应（D），然后就可以评价预期反应与实际反应的一致程度（E）。在这个过程中，B是最主要的，也是最关键的，是象征性相互作用的第一步，是靠语言或其他符号起作用的。对于个人（自我）而言，他人可以分为重要性的他人和非重要性的他人。

（三）布鲁默的符号互动论

美国社会学家赫伯特·乔治·布鲁默（Herbert George Blumer, 1900—1987）是符号互动论的主要倡导者和定名人。他于1900年3月7日出生于美国密苏里州圣路易斯。1922年在密苏里大学获硕士学位。1922—1925年在密苏里大学讲授社会学，任讲师。1927年获芝加哥大学博士学位，并受到G. H. 米德、R. E. 帕克和W. I. 托马斯等人的影响。主要著作有：《电影和品行》(1933)、《劳资关系中的社会理论》(1947)、《工业化与传统秩序》(1964)、《符号互动论：观点和方法》(1969)。

1937年，布鲁默在一篇文章中偶然提到"符号互动论"这一术语，后来经过30多年的努力，直至在1969年出版的《符号互动论：观点和方法》一书里，对这一术语进行系统的解释和论述，并将其上升为一种社会理论。他的主要观点有：第一，人类社会是由具有自我的个人组成的。人类创造并使用符号来表示周围的世界，他们既能视自己为客体，又能将任何客体置于互动情境中。第二，互动是个人与他人和群体之间意义理解和角色扮演的持续过程。在互动作用中，个人的行动具有创造性、建构性和可变性。第三，符号互动创造、维持和改变社会结构。社会结构也是行动者置入情境定义的客体之一，是一个动态的、不断展开的过程。第四，社会学方法必须着重于研究人们做出情境定义和选择行动路线的过程。研究活动本身应被视为一种符号互动过程，研究者应通过探索和检验过程使概念与经验世界结合起来。第五,理论应能解释互动过程,并指出一般行动和互动发生的条件。社会学家主要依靠敏感性概念来建构理论。演绎推理方法不适用于社会学,只有持续的参与观察—检验方法才适合于互动分析①。

在布鲁默看来,人的任何行动不但有目的,而且是一种对于他人的回应。在解释中,他特别强调在人际交往中有两种互动,一种是非符号的互动,另一种是符号的互动。这两者最明显的区别在于是否完成了在互动过程中的必要的"解释"这一过程。解释的第一个阶段是互动的一方自己本身的对话,即传播中的内向传播,包括自身的愿望、目的、动机和计划等。这是一种自我互动,从本质上来说是一种与他人互动的内在化,即与他人的社会联系或社会关系在个人头脑中的反映。内向传播对个人具有重要的意义,通过自我传播,人能够在与社会他人的联系上认识自己,改造自己,不断实现自我的发展和完善,从而使得自己能够更好地适应社会的需要,处理好各个方面的关系。解释的第二个阶段是对自己现实化的行动进行选择、决定。从本质上来说,这是人的一种社会化互动,要将自己的内在通过人与人之间的互动进行传达。

布鲁默认为,符号互动的产物可以分成三种:一种是物理性的东西;一种是社会性的东西,如人的社会身份、关系、地位等;最后一种是抽象性的东西,如人际交往的规范、约定俗成的道德准则等。布鲁默自己并没有讲明这三种产物之间的关系,只是认为都是社会化的产物。象征性社会互动理论的核心问题是考察以象征符(尤其是语言)为媒介的人与人之间的互动关系。由于象征符与意义是一个统一体,所以象征性社会互动又称为符号互动或意义互动。象征性社会互动首先是一个互动双方通过象征符来交流或交换意义的活动。布鲁默对于人际传播最为重要的贡献之一,莫过于提出同一事物对于不同的人具有不同的社会意义。产生这种现象是因为互动的对象是不同的,而且各自生活教育背景等是不一样的。如果加入互动的参与者对于同一客体存在不同的意见,那么要进行互动就是非常困难的,人与人之间就会产生隔阂。布鲁默认为,通过移情,即从他人的角度去理解同一个客体的意义,人与人就可以顺利地进行交往。这首先要求在传播中双方要具有共同的意义空间,具有对传播中所使用的语言、文字等符号的共同理解,拥有大体一致或接近的生活经验和文化背景,来作为传播顺利进行的前提条件。其次要求在传播过程中的控制要得当,如果控制得不好,传者、受者和情境都会有不同的意义。从总体上来说,这个理论对于传播学的贡献还是很大的,社会科学家依着这样的思路展开研究,能够揭示人类社会和人类团体生活的本质。

(四)戈夫曼的戏剧理论②

美国社会学家欧文·戈夫曼(Erving Goffman, 1922—1982)是符号互动论的代表人物,也是拟剧论的倡导人。1945年毕业于多伦多大学,1953年在芝加哥大学获博士学位。

---

① 《布鲁默,H.G》,http://www.xuas.com/bkview.asp?id=805&lm=28&page=6。
② 根据以下文献改编。《戈夫曼对梅氏的影响》,http://student.zjzk.cn/;芮必峰:《人际传播:表演的艺术——欧文·戈夫曼的传播思想》,《安徽大学学报(哲学社会科学版)》2004年第4期;乐国安主编:《社会心理学理论》,兰州大学出版社1997年版,第250—256页。

1945—1951年间在设得兰群岛进行实地调查,并据此写出他的第一部重要著作《日常生活中的自我呈现》,此书成为学界最为推崇的一部著作。戈夫曼在这部著作中出色地介绍了拟剧论(或编剧论)在社会相互作用中的应用。

戈夫曼深受布鲁默等符号互动论学者的影响。他以个人经验观察的结果为主要资料来源,对社会互动、邂逅、聚集、小群体和异常行为进行了大量研究。其理论观点主要有:第一,在人际交往形式的研究中首创"拟剧论",认为社会行为就是社会表演,人们在互动过程中小心翼翼地扮演自己的多种角色,从而使自身的形象能为自己的目的服务;第二,在对异常行为的研究中提出"污记说",即对能够损害某人(群体)声誉的社会标记的研究,由此提出"越轨生涯"概念。

戈夫曼在社会研究的许多方面都有自己的重要见解,但他一生中最关心的还是关于在短暂的人际交往中,人们制造印象及别人根据自己的印象做出反应过程的研究。他认为,交往是一种社会互动的过程,任何社会互动的关键都在于参加者借助自己的言行向他人呈现自己的属性,通过呈现自我,对他人施加影响,控制他人的行为,尤其是控制他人对自己的方式。实际上,这是对他人施加压力,为自身树立某种形象,从而达到控制他人的目的,并以此作为交往的动机。戈夫曼把人际交往比作演戏,把"场所"(社会)比作剧场,社会成员在这里按照社会剧本的需要扮演角色,以取得别人的赞许,而演出又受到十分警觉的观众的鉴定。在日常生活中,每个人都在做戏,小心翼翼地表现自己,以把握自己给他人留下的印象,从而使自身形象能最好地为自己欲达到的目的服务。戈夫曼认为,一场演出要包括三种人:演员、观众和观察者。演员或集体表演,或演独角戏。他们使用"道具",对照"剧本",登上"舞台",并活动于"前台"与"幕后"之间。戈夫曼把专门为陌生人或偶然结识的朋友所做的动作称为前台行为,把只有关系更为密切的人才能看到的暴露演员真实感情的动作称为幕后行为。例如,饭店的服务员在"前台"接待顾客时扮演的可能是一种恭维的角色,但回到"幕后"——厨房以后扮演的也许是一种批评的角色:"你看他那副傻样!"人类的演出一般都具有欺骗性,人不会在"前台"暴露自己的真实感情。

但是,有时演员在表现一种(前台)印象时,会由于他无意识的或不恰当的表现使观众觉察或观看到另一种(幕后)印象。例如,一个正在被面试的人可能会因表现得过分从容自如而暴露出他内心十分紧张的一面。戈夫曼接着说,尽管人们常常知道人仅仅是在扮演各自的角色,他们还是要保护演员的角色。因为,如果印象受到挑战,演员"丢了脸",就会使观众和演员都感到窘迫。因此,人们会有礼貌地装作没看见一个本来衣冠楚楚的绅士那半开的裤门,学生会有礼貌地不去指正教授在授课时的错别字和语病。

戈夫曼的理论遭到杰克·道格拉斯等(1980)的批评。他们认为,戈夫曼所说的一切无非是怎样为了自己的利益来控制"社会形势";他所强调的只是自我表现的非常静止的一面,而忽略了动态的一面。情境论学者梅罗维茨虽然接受拟剧论,认为这是一种观察社会角色及规则的既有用又有趣的意见,但也批评戈夫曼以静态的观点而不是动态的观点来分析问题,同时指责他局限于短暂的面对面的人际交往范式的研究,忽视了通过媒介所进行的大规模的符号互动现象的研究。梅罗维茨认为,必须把英尼斯、麦克卢汉的媒介理论同戈夫曼学说中的情境论融合起来,从而将戈夫曼的静态场所研究结合麦克卢汉的媒介环境观点延伸为动态的情境分析,将自然环境和场所研究延伸到传播媒介所造成的社会环境研究上,以更全面地揭示社会现实。

二、与群体因素相关的理论

人际传播的发生往往受到一定的群体因素的影响,即使是两个人之间的互动也会受到其他人的看法和观点的影响,或者受到群体规范的影响。所以,当我们考察人际传播的时候要考察多种群体因素,以避免过分孤立地看待传播状况。我们选取其中几个具有代表性的理论进行介绍。

(一) 社会模仿理论[①]

法国社会心理学家加布里埃尔·塔尔德(Gabriel Tarde, 1843—1904)提出"群体模仿"的概念。他在1890年出版的《模仿的法则》一书中指出,社会上的一切事物不是发明就是模仿,模仿是最基本的社会现象。这一理论充分指出了人际传播对于人格形成的重要作用。塔尔德认为,模仿分为无意模仿和有意模仿,前者是个人在不自觉状态下对他人行为的反射性效仿,后者则是基于一定的动机或目的的自觉效仿。人在社会化过程中的各种学习,也可以说是一种自觉的模仿或有意识的模仿。

在集合行为,特别是高度密集的人群中的模仿与作为学习过程的模仿是完全不同的。集合行为中的模仿更多地表现为无意识的、条件反射性的模仿。人们在面临突然或灾难性事件时,用常规方法很难应付局面,最简单的方法就是直接模仿周围人的行为,由此产生了模仿行为。心理学认为,模仿与人的安全本能有着密切的关系,在具有高度不确定性的突发事件中,每个人都希望与在场的多数人保持一致,把它作为最有效的安全选择。但是,这种失去理性的相互模仿所带来的结果又可能是最不安全的。

在其他类型的集合行为中,这种非理性模仿的发生则基于一些其他的原理,其一就是匿名性原理。研究人员在对一些街头破坏性骚乱中的越轨者进行调查时发现,他们并不都是劣迹斑斑的坏人,相反,很多人平时都是循规蹈矩的人。由于在集合行为中没有人知道他们的确切信息,他们处于一种没有社会约束力的情况下,失去了社会责任感和约束力,做出了种种本能冲动的行为。

与模仿行为的本能论相对立的是社会学习理论的观点。这一观点最初以米勒(Miller)和多拉德(Dollard)为代表,他们以强化理论来说明人类模仿行为的产生。20世纪60年代后,学者班杜拉(Bandura)结合人类的认知过程来研究人类的模仿行为,认为和人类的许多其他行为一样,模仿不是先天的、本能性的,而是在后天的社会化过程中逐渐习得的。他发

[①] 根据以下文献改编。郭庆光:《传播学教程》,中国人民大学出版社1999年版,第97—98页;孔汪周等:《社会心理学新编》,辽宁大学出版社1987年版,第438—439页。

现,先前理论的许多缺失之处在于忽略了重要的社会性因素,即人与人之间的相互影响过程。据此,班杜拉对攻击行为、性别角色差异、亲社会行为进行了深入研究,对模仿领域的研究作出了自己的贡献。

（二）群体思维理论

学者理查德·韦斯特（Richard West）和林恩·H.特纳（Lynn H.Turner）对"群体思维"的定义是:"在群体成员想保持一致的愿望超过了评估所有可能的行动计划的动机时所采取的谨慎的思维方式。"①

"群体思维"的概念最初是由欧文·贾尼斯（Irving Janis）在1972年出版的《群体思维的牺牲品》（Victims of Groupthink）一书中提出的。他认为,当群体面临共同的目标时,大家就会服从于群体压力。这是他最初在研究政府外交行为时发现的。

贾尼斯认为,有三种因素导致群体思维。一是决策群体的凝聚力。凝聚力越高,就会形成越大的服从压力,让个体的观点趋于与群体一致。二是群体所在的环境具备特定的结构。群体受外界影响越小,越容易形成一致。如果决策的机制和程序不合理,就更容易使人们趋于达成一致的不合理的结论。三是群体内外所产生的压力。压力越大,个体就越容易屈从于群体的结论②。

群体思维可能表现为多种症状,贾尼斯总结了其中几种,包括:寻求一致（而非坚持自己的观点）;对群体评估过高,可能会认为自己所属的群体是完全正确的、道德完全崇高的,或出现不可战胜的幻觉;思考方式趋于封闭,群体外界的影响被选择性忽视;寻求一致的压力,认为大家都同意集体的观点,以此为基础来审视、否定自己原来的观点。

对于如何避免群体思维,学者哈特（Hardt）给出了自己的建议:对群体进行监督和制约,鼓励成员提出反对意见,容忍反对的声音,在多数意见与少数意见之间寻找平衡。

从群体思维理论和社会模仿理论中我们可以看出,我们每个人都生活在几个或者更多的群体中,我们的人际传播极易受到群体的影响。尤其在互联网时代,海量信息迅速传播,网络去中心化给每个人相对平等的发言机会,人们对公共话题有了更高的参与度,能够更好地行使公民权。有人称2008年为"中国公民社会元年",因为在这一年的汶川地震中,非政府组织（NGO）、普通公民都参与到救灾中,贡献了自己的力量。在之后诸如强制拆迁、郭美美事件、小悦悦事件等诸多公共议题中,公民也有更广泛积极的关注。但是在积极参与的同时,由于我国网络环境中网民还不够理性,容易导致群体极化的发生。群体极化指的是在群体中,最终形成的意见往往趋于一致和极端,因而当最终的结论不合理时,就会产生很大的破坏力。由此可见,社会模仿的存在,既可以促使人人遵守的合理社会规范形成,也可能导致一些非理性的群体行为。因此,在人际传播中,人们应当保持独立的理性和判断能力。

---

① ［美］理查德·韦斯特、［美］林恩·H.特纳:《传播理论导引:分析与应用（第二版）》,刘海龙译,中国人民大学出版社2007年版,第262页。
② 同上书,第267—269页。

三、两级传播与意见领袖[1]

两级传播理论属于有限效果理论的范畴,美国社会学家保罗·拉扎斯菲尔德(Paul Lazarsfeld)在1944年的《人民的选择》中提出了这一理论。他认为,"观念常常是从广播与报刊流向舆论领袖,然后由舆论领袖流向不太活跃的部分"。舆论领袖指的是群众中有一定权威性与代表性的人物,他们首先接触大众传播媒介,再将从媒介上获得的信息进行加工获得自己的理解,然后传播给周围的人,从而对周围的人施加一定的意向。虽然这一理论常常被用来研究大众传播效果,但是在某种意义上,这一理论表现了人际传播对大众传播的重要影响。按照拉扎斯菲尔德的观点,传播的效果伴随着讯息的两级传播(大众媒介-舆论领袖-一般受众)过程而产生。在这一传播过程中有很多人际传播的成分,如果把人际传播的效果减去,那么作为大众传播的效果是会大打折扣的。

1960年,学者约瑟夫·克拉珀(Joseph Klapper)对有限效果理论进行了总结,指出受众在接受大众传播的过程中,会对人际传播的内容进行选择性注意、选择性理解、选择性记忆,并且倾向于那些与自己的观念相吻合的内容,另外还受团体规范的制约、群体过程、意见领袖的影响。剔除大众传播在最初对舆论领袖的传播之外,剩下更多的是需要人际传播的力量。但是意见领袖除了具有人际传播的能力、在人际关系网中具有威望外,同样重要的是要有更高的通过非人际传播获取信息与吸收信息的能力。一个普通人在互联网时代短时期成为意见领袖的可能性更大,但是依然需要意见领袖能够更多地通过非人际传播的方式迅速地、大量地了解信息,才能够在与其他人的沟通中掌握更大的话语权,取得更高的威信。

四、创新-扩散理论

美国著名的传播学家埃弗雷特·罗杰斯(Everett Rogers)在1962年出版的《创新的扩散》一书中提出了曾经一度主导传播研究范式的创新-扩散理论。这一理论把新事物的传播过程分成几个重要的因素[2]。

(1)新事物

新事物指的是一种新的创新,即一种被个人或其他采用单位视为新颖的观念、实践或事物。新事物是否被接受要受到一些因素的制约。罗杰斯认为,这些因素主要是一项创新优越于它所取代的旧观念的程度,与现有价值观、以往经验、预期采用者的需求共存的程度,创新理解和运用的难度,在有限基础上被试验的程度,创新结果能为他人所见的程度。罗杰斯指出,一般而言,接受者认为有较多的相对优越性、兼容性、可试验性、可观察性及更少复杂

---

[1] 根据以下文献改编。[英]丹尼斯·麦奎尔等:《大众传播模式论(第2版)》,祝建华译,上海译文出版社2008年版,第69页;董天策:《传播学导论》,四川大学出版社1995年版,第312—314页。

[2] 根据以下文献改编。申凡等主编:《当代传播学》,华中科技大学出版社2000年版,第53—54页;黄晓钟、杨效宏、冯钢主编:《传播学关键术语释读》,四川大学出版社2005年版,第102—103页。

性的创新比其他创新将更快被人们所采用。

（2）发展阶段

罗杰斯认为，对于创新事物的接受需要一定的传播阶段，主要分为五个阶段：获知—说服—决定—实施—确认。获知指的是接触创新并略知其如何运作的阶段；说服指的是有关创新态度的形成阶段；决定指的是确定采用或拒绝一项创新活动的阶段；实施指的是投入创新并运用的阶段；确认指的是强化或撤回关于创新的决定的阶段。

（3）人的因素

罗杰斯把创新的采用者分成五类，以区别创新采用率不同的个人或其他决策单位，分别是：创新者、早期采用者、早期众多跟进者、后期众多跟进者、滞后者。不同的采用者有各自不同的特点：创新者，他们大胆，热衷于尝试新观念，比其他人拥有更多更广的社会关系；早期采用者，他们的地位受人尊敬，通常是社会系统内部最高层次的意见领袖；早期众多跟进者，他们深思熟虑，经常与同事进行沟通，但很少居于意见领袖的地位；后期众多跟进者，他们疑虑较多，采用创新常常是出于经济必要或者是社会关系的压力；滞后者，他们因循守旧，局限于地方观念，比较闭塞，往往参考的是以往的经验。

（4）传播的媒介

主要以大众媒介和人际传播为主，大众媒介在改变人的认知方面比较好，而人际传播在改变人的态度和行为上的效果比较好。

罗杰斯指出，对于采用或拒绝一项创新后给个人或社会系统带来的变化主要有三点：第一，满意或不满意的后果取决于创新效果在社会系统内是建设性的还是破坏性的；第二，直接或间接的后果取决于个人或社会系统的变迁是对创新的一种直接回应还是创新直接后果产生的二级结果；第三，是预料之中的后果还是预料之外的后果取决于变迁能否得到社会系统成员的公认，以及是否符合众人的期望。罗杰斯的创新-扩散理论同样也是人际传播对于大众传播影响的一个重要理论。

当一种新的传播媒介或传播技术产生后，也会有一个逐渐扩散的过程。例如，经过十几年的发展，根据中国互联网络信息中心（CNNIC）的统计，截至2020年6月，中国网民的数量已经从寥寥无几达到9.4亿，具有相当的规模，网络在逐渐地改变我们的人际传播习惯。

五、约哈里窗口

1955年，美国心理学者约瑟夫·勒夫特（Joseph Luft）和哈里·英厄姆（Harry Ingham）提出了分析人际关系和传播的约哈里窗口（Johari's window，两个人的名字各取一部分而成）理论[①]，说明了人际传播的自我认知功能。他们用四个方格说明人际传播中信息流动的地带

---

① 根据以下文献改编。http://www.chimaeraconsulting.com/johari.htm, Mallan Group Training and ManagewentInc,1999；周庆山：《传播学概论》，北京大学出版社2004年版，第66页；陈力丹：《试论人际关系与人际传播》，《国际新闻界》2005年第3期。

和状况(见图2-3)。

第一个方格为开放区,传播各方的"我"均认为可以公开的信息都集中在这个方格内,包含自己知道、别人也知道的有关自我的信息,如性别、职业、年龄、家庭、行为等。

第二个方格为盲目区,传播各方的"我"不知道的他人评价"我"的信息置于这个方格内,即别人感受得到而自己却不知道的有关自我的信息,例如我们平常在事件中经常说的"旁观者清"就是这样一个道理。这些信息"我"不知道,但是别人都知道,看得很清楚。

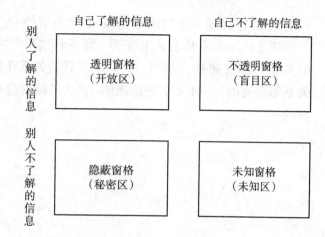

图2-3 约哈里窗口

(资料来源:周庆山,《传播学概论》,北京大学出版社2004年版,第66页)

第三个方格为秘密区,是传播各方的"我"均认为不能公开的纯私人信息,除了隐私,还包括不愿意暴露的"我"的弱点。有些信息甚至对至爱亲朋也不能说。那些只能为己知而不能为外人知的个人隐私,例如个人不愿意被他人知晓的一些行为、情感、态度和收入等秘密,我们将之置于私密区。

第四个方格为未知区,传播各方都不知晓的信息置于这个方格中,即自己不知道、别人也不知道的区域。每个人身上尚未开发出来的信息或潜能,遇到新情况或新问题时,这类信息会生成和表现出来,为传播各方的"我"和他人察觉。

在人际互动中,与他人进行交流时都可以画出这样一个窗口,窗口中每个部分的大小因人而异,每个人同他人进行情感交流的成分和领域是各不相同的。每个人都可能会获知部分盲目区的信息,也会暴露部分秘密区的信息,同时从未知区生成新的信息。人际传播就是这样处于永恒的流动中,人们总是希望探求到更多对方的信息,但总是无法完全达到目的。

六、认知一致性理论

(一)海德的平衡理论[①]

心理学家弗里茨·海德(Fritz Heider)于1958年提出了改变态度的平衡理论,他关心的是自己在认知结构中对彼此相关的人和事物形成态度时采用的方式。海德假定,不平衡的状态产生紧张,并且产生恢复平衡的力量。他指出,平衡的状态的概念是这样的:在这种状态中,被感知的个体与所感觉的情绪无压力地共存。

海德的平衡模式(见图2-4)集中于两个人和一个物体:一个人是P,是分析的对象;另

---

① [美]沃纳·塞佛林、小詹姆斯·坦卡德:《传播理论:起源、方法与应用》,郭镇之等译,华夏出版社2000年版,第156—157页。

一个人是O；以及一个物质的客体、观念或事件（X）。海德关心的是，在P的心目中，这三个实体之间的关系是怎么组成的。海德将这三者之间的关系分成两种情况：喜欢和联合的关系（因果、拥有、相似等）。如果三者的关系在所有的方面都是正面的，或者如果两种关系是负面的、一种关系是正面的，那么平衡就会存在。除此之外，其他的组合都是不平衡的。

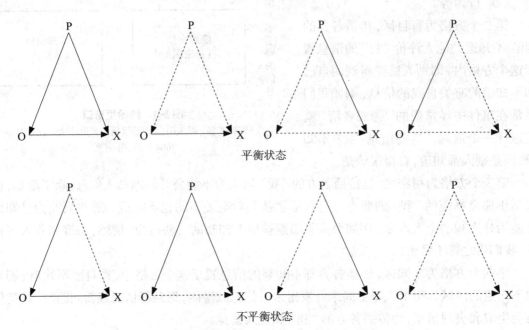

图2-4　海德的平衡模式

（资料来源：[美]沃纳·塞佛林、小詹姆斯·坦卡德，《传播理论：起源、方法与应用》，郭镇之等译，华夏出版社2000年版，第157页）

在海德的理解中，喜欢的程度无法区分，其中的关系不是正面的即是负面的。他还假设，平衡状态是稳定的，不受外界影响；而不平衡状态被假设为不稳定的，个人会产生心理紧张。这种紧张"只有在状态发生变化、达到平衡时才能缓解"。这个论点便是传播者对该理论感兴趣之焦点所在，因为它包含着一个态度改变和抗拒态度改变的模式。由于不稳定，不平衡状态便容易向平衡状态改变；由于稳定，平衡状态便抵制改变。虽然海德的平衡理论还是粗糙的、不完善的，但它非常切合人际传播中人与人之间的关系，在当时的人际传播发展中给了学者们很大的启示。

（二）认知失调理论

认知失调理论最早是由社会学家费斯汀格（Festinger）提出的，他深受心理学家勒温（Lewin）的影响。勒温认为，心理环境是相对独立于物理环境的心理场，人的行为是人与心理环境交互作用的产物,人的心理环境构成特定的力场,场中力的分布受人的需求的制约。勒温的思想实际已蕴含了认知矛盾的思想,因为心理环境依赖于特定的个人、特定的时间和空间、特定的主观状态,这使认知矛盾难以避免。费斯汀格在继承勒温的思想的同时,将理论的参照点转移到认知水平上,以主体内部认知要素之间的不一致来解释行为的动因,创立了认知失调理论。尽管费斯汀格的理论是作为强化理论的对立面出现的,理论的观点具有独创性,但是他的观点的萌芽却深植于勒温的思想土壤中,正如阿隆森指出的那样,失调论是从勒温思想方法的观点中产生出来的,并且成为以后许多理论的基础。

1. 何谓认知失调[①]

费斯汀格假定,人有一种保持认知一致性的趋向。所谓认知是指任何一种知识,包括思想、态度、信念和对行为的知觉等。这些思想、态度、信念和对行为的知觉亦称作认知元素。人的认知元素是无穷无尽的。在现实社会中,由于受各种因素的制约,人们常常不能达到心理上或者认知上的一致,这样就会产生心理上的痛苦。这种一个认知与另一个认知相对立的关系就叫作失调。认知失调指的是假如两个认知要素是相关且互相独立的,如果我们可以由一个要素推出另一个要素,这两个要素就是失调关系。外部的不一致不一定表示内部的不一致,因为人们可以将外部行为的不一致理性化,达到内部心理上或认知上的一致。认知失调理论认为,一般情况下,个体的态度与行为是相协调的,因此不需要改变态度与行为。假如两者出现了不一致,例如做了一些与态度相违背的事,或没做想做的事,这时就产生了认知失调。认知失调会产生一种心理紧张,个体会力图解除这种紧张,以重新恢复平衡。人们都力求认知的一致性,即人们试图将其认知彼此同一和协调起来。例如,A从来不拿别人的东西,但他经常从办公室带些物品回家,他认为这是"公私有别"。在这种情况下,认知元素发生矛盾,不协调就产生了。这时候人们会试图寻找方法来减少认知不协调所带来的不舒适的感觉。认知失调最简单的方式有两种:一是逻辑上的不一致,二是态度与行为的不一致。

2. 认知失调的程度

失调的程度取决于两个因素。第一,认知对于个人的重要性。当有关的认知同本人的关系不大时,即使两者处于不协调之中,程度也是较浅的。而当有关的认知同本人关系密切时,则可能产生程度较大的不协调。换言之,对于个体而言,要素的重要性或价值越大,由此引发的失调程度也就越高。第二,不协调认知的数目与协调认知的数目的相对比例。在决定认知失调的程度时,必须考虑到认知结构中所有与失调有关的认知要素。在实际中,每一种失调都牵涉两个以上认知,除了主要的认知外,其他的认知也会对失调的程度产生或多或少的影响。可以用公式来表示:

$$不协调的程度 = \frac{不协调认知项目的数量 \times 认知项目的重要性}{协调认知项目的数量 \times 认知项目的重要性}$$

[①] 根据以下文献改编。孔汪周等:《社会心理学新编》,辽宁人民出版社1987年版,第181页;乐国安主编:《社会心理学理论》,兰州大学出版社1997年版,第154—156页。

失调的最高程度没有上限,存在于两个认知要素之间的最大失调对较少抵抗元素变化的总体抵抗力量是等值的,假如失调程度超出这一最大极限,那么较少抵抗元素的变化就会发生困难,失调也就不能解决。通常情况下,由于各种因素的限制,失调无法最大限度地发挥,并不能达到它的最大值。个体往往会通过增加新的认知元素以减轻失调的强度。认知不协调是一种不愉快的心理感觉经验,具有动机的作用,会驱使个体设法减轻或消除失调的状态,使关联着态度与行为的认知变成比较协调[①]。

有学者认为,不协调的程度还包含第三个量,即理性化(rational)程度。理性化指的是运用什么样的推理逻辑去解释存在认知不协调的原因。如果能够采取更加理性的方式去认知不协调,那么不协调的程度就会降低。这跟归因也有很大的关系,如果人们更愿意认为这种不协调是由于客观的,甚至不可抗的因素导致的(原理参见我们对归因理论的解释),就会降低不协调的程度。

3. 改变认知失调的方法

费斯汀格认为,减少认知失调的方法通常有四种。

(1) 改变认知

如果两个认知相互矛盾,我们可以改变其中一个认知,使它与另一个相一致。例如,设法改变自己的意见或者他人的意见。

(2) 增加新的认知

如果两个不一致的认知导致失调,那么失调程度可由增加更多的协调认知来减少。例如,引进新的认知元素来改变不协调的状况。

(3) 改变认知的相对重要性

因为一致和不一致的认知必须根据其重要性来加权,所以可以通过改变认知的重要性或最终选择的评估来减少失调。例如,增加对我们所选择的事物的正向评估,或贬低对所放弃的事物的评估都能减少失调。人们在决策后常倾向于增加对所选事物的喜爱程度,而减少对未选择事物的喜爱。随着选择与放弃的方案之间主观差距的进一步扩大,失调也随之减少。

(4) 改变态度

改变自己的态度,使其符合行为的要求。后来,费斯汀格和卡尔史密斯(Carlsmith)证实了认知不协调理论的存在。他们将认知失调中态度的转化过程分成四个必要的步骤。态度的矛盾必须产生于人们不愿意的消极影响,被试者必须对这种消极影响怀有责任感。如果对于消极结果作出态度改变的选择,会体验到认知不协调;如果别人强迫你改变,就不会产生对行为的责任感,也就不会产生认知不协调。生理唤醒是认知不协调过程中的重要组成部分。

前三者发生的情况相对较多,而改变态度则并不是那么容易。这是因为存在社会心理学家讲的信念固着(attitude perseverance)现象,即人的信念和态度是可以独立于支撑它的逻辑而存在的,即使支持它的证据被否定,它依然可以存在。实验表明,我们越是竭力证明

---

① 根据以下文献改编。孔汪周等:《社会心理学新编》,辽宁大学出版社1987年版,第184—185页。

自己是正确的，就越对与之相矛盾的信息视而不见。我们可以通过用一种认知去否认另一种，或者认为被我们抛弃的认知不重要而来改变不协调；另外，人可能会把不协调的部分单独归类，以创造新认知来改变这种情况。例如，微博热议的"济南城管与商贩互相下跪"事件，假若有人认为所有的城管都是暴力执法的，就会认为这种温和执法是一种例外，以此把这个事件单独分类来改变认知不协调。

假若一个人的态度过于顽固，不能够改正自己某些不合理的态度，就容易在这件事的认知上走向极端。在网民、公民参与公共讨论的态度有待理性化的今天，我们应该如何让自己不过于顽固、极端，以至于走向非理性呢？心理学家给我们指出一条途径：解释与我们相反的观点。假若我们能够移情，从他人的视角、从另一种观点的视角出发来作出思考，就能够更加理性、全面、客观地看待问题，避免自己走向极端。

七、人际需要的三维理论[①]

人际需要的三维理论是由舒茨（Schutz，1958）提出的。他认为，人际关系的模式大致可以通过三种人际需要来表示，即包容的需要、支配的需要和情感的需要。舒茨认为，人际需要就是个体要求在自己与他人之间建立一种满意的关系，具体来说，这种关系就是自己与他人之间相互交换的总量，以及发送行为和接受行为信息的程度为自己所满意。

（1）包容的需要

包容的需要指的是个体想要与别人建立并维持一种满意的相互关系的需要。包容主要是关于群体情境个体的隶属问题。人在到一个新的环境中时总是力图使自己融入团体，与他人创造良好和谐的关系。如果他感觉受到冷落，就变得更加孤僻，退到自己的孤独天地，或者是想办法扭转这样的局面。

包容的需要可以转化为动机，同时产生包容的行为。如果人的包容的需要没有得到满足，那么他在人际关系中很容易产生低社会行为或超社会行为。低社会行为表现为内倾，退缩，避免与他人建立关系，拒绝加入群体之中。他们一般会同别人保持一定的距离，不参加、不介入别人的活动。超社会行为则表现为比较外向，经常与他人接触，常常是表现性的，这种行为对于别人有很强的感染力。这种人在人际交往中不会有什么障碍，能够随着环境的变化对自己的行为做相应的改变。

（2）支配的需要

个体在权利关系上与他人建立并维持满意关系的需要。这种需要动机能够产生支配行为。支配行为是人们之间进行决策的过程，可以分为拒绝型、独裁型和民主型。拒绝型倾向于谦虚、服从，在与人交往中比较拒绝权利和责任，在人际关系中比较容易接受别人的领导，不能自作主张，甘愿充当配角。独裁型喜欢支配控制别人，喜欢权力地位，在人际关系中比较倾向于领导地位，喜欢替别人作决定，在人际传播中是一种强权的类型。民主型能够顺利

---

① 根据以下文献改编。时蓉华：《社会心理学》，浙江教育出版社1998年版，第341—344页。

地解决人际关系中的控制与权利的问题,能够根据环境的变化适时调整自己的行为,既能够顺从上级,又能够处理好自己的权利关系,是人际关系中比较美满的类型。

(3) 情感的需要

情感的需要指的是在个体与他人的关系中建立并维持亲密的情绪联系的需要。舒茨将这种需要定义为讨人喜欢、受人爱的需要。情感的需要可以表现为低级的,也可以表现为高级的。舒茨将之分为低个人行为和超个人行为,前者表现为避免亲密的人际关系,表面上表现得很友好,实际上希望与别人保持一定的情绪距离并希望别人也这么做。超个人行为则希望与别人建立亲密的关系,表现为格外具有人情味或对他人表示亲密。个人应根据实际情况调节自己的行为。

舒茨将以上三种行为组合成六种人际关系行为模式(见表2-1)。

表2-1 人际关系行为模式

需要	行为倾向	
	主动性	被动性
包容	主动与他人交往	期待他人接纳自己
支配	支配他人	希望他人引导
情感	主动表示友爱	等待他人对自己亲密

资料来源:时蓉华,《社会心理学》,浙江教育出版社1998年版,第344页。

八、社会交换理论[①]

社会交换理论将人际传播重新概念化为"一种社会交换现象",认为人际传播的推动力量是"自我利益",人们出于交换包括爱情、地位、服务、货品、讯息和金钱等在内的资源的需要进行相互间的传播活动。传播学认为,社会交换理论的提出有其社会学、心理学、社会心理学等多学科根源。

美国社会学家霍曼斯(Homans)受到经济交易理论的启发,于1958年提出社会交换理论,强调社会互动过程中的社会行为是一种商品交换。该理论的基本假设是:人们所付出的行动要么是为了获得报酬或奖赏,要么是为了逃避惩罚,而且人们是按照尽量缩小代价、尽量提高收益的方式行动的。霍曼斯明确指出,交换不仅是物质商品的交换,还包括赞许、荣誉或声望等非物质的交换。在人际交往中得到的是报酬,付出的是代价,精神利润就是报酬减去代价,除非双方得利,否则社会互动无法进行下去。在现代社会中,竞争已不再是拼个鱼死网破,而是强调合作共赢,就是出于这样的道理,霍曼斯社会交换理论最成功的是发

[①] 根据以下文献改编。时蓉华:《社会心理学》,浙江教育出版社1998年版,第344—346页;乐国安主编:《社会心理学理论》,兰州大学出版社1997年版,第269—287页;章志光主编:《社会心理学》,人民教育出版社1996年版,第406—413页;孙晔等主编:《社会心理学》,科学出版社1988年版,第206—212页。

展了分配上的公平原则。社会上存在着一种制约社会交换的普遍规范,人们指望得到的报酬与付出的代价是成比例的。如果违反这一原则且损害个人的既得利益,个人就会感到愤慨;如果得到利益而没有付出代价,就会内疚和不安。

根据一些社会学家和心理学家的观点,社会交换理论从分析人际关系中双方得到的报酬和付出的代价入手,更加清楚地说明了人际关系的本质。该理论认为,人际关系首先且最重要的是建立在自我利益的基础上,即人们要选择最能使自己获利的他人,同时为了得到收益又必须给予他人。

学者蒂鲍特(Thibaut)和凯利(Kelley)在《群体社会心理学》中发展了代价与报酬的关系理论。他们认为,在人际互动模式中,人际关系的付出代价与获得报酬比人的个人特征更为重要。他们指出有三种基本的获得报酬与付出代价的关系,即对称的获利、对称的吃亏和双方代价与报酬的不对称(见图2-5)。

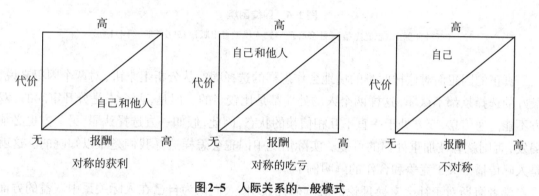

图2-5 人际关系的一般模式

(资料来源:时蓉华,《社会心理学》,浙江教育出版社1998年版,第345页)

在第一种模式里,双方都知道彼此付出的代价都最小且报酬最多。

在第二种模式里,双方都知道付出的代价都极大且双方的报酬根本不存在或几乎没有。

在第三种模式里,一方认为自己付出的代价较大且所获报酬最少,而对方所获报酬最多且付出的代价最小,这样的人际关系不利于自己而有利于对方。

蒂鲍特和凯利认为,在第一种关系中,当一方认为人际关系中自己所获报酬大于付出的代价,同时看到对方也是如此时,双方的关系就会越来越巩固。反之,一旦获得的报酬小于付出的代价,双方的关系就会趋于破裂。

另外一个鲜明的例子就是有名的"囚徒困境"。这是鲁斯(R.Luce)和莱法(H.Raiffa)在1957年提出的,用来说明人际传播中竞争和合作的重要研究典范。实验是根据囚犯的两难境遇提出来的,如果有两个被怀疑协同犯罪的嫌疑犯面临认罪和不认罪两种选择时,他们各自会作出什么样的选择呢?由于检察官认为两个人都有罪,但是证据不足,因此,如果两个人都不认罪,他们就不能被确认为犯了重罪,两人只能被轻判;如果一个人认罪而另一个人不认罪,则认罪者将会因为协助破案有功而被释放,不认罪者则被加重判罚。这种囚徒困境可以从图2-6中清晰地看出。

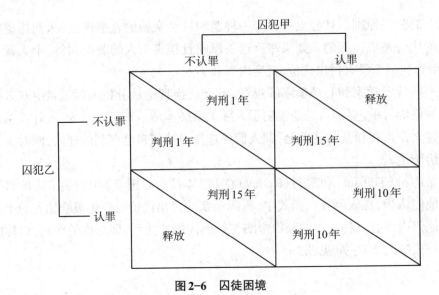

图 2-6　囚徒困境

（资料来源：章志光主编，《社会心理学》，人民教育出版社1996年版，第411页）

真正的囚犯面对这样两难的境地会作怎样的选择呢？从分析上来讲，对两个囚犯来说，最好的选择是都不认罪，这样两个人的处罚都是比较轻的。但是，两个人是分开审问的，双方不能沟通信息，双方处于一直不互相信赖的状态，因此，假如一方选择认罪，另一方也必须揭发，否则就有被加重处罚的可能。实际情况中囚犯会怎样选择我们是难以知晓的。这就是人际传播中关于竞争和合作的鲜明例子。

学者海斯对于社会交换理论的继续研究表明，人们认为自己在人际关系中获益的方面是：陪伴、自信、情感支持、交换信息、物质或任务上的帮助、自尊及获得朋友的价值观；而对方付出的代价是：花费时间、增加责任、影响情绪、失去独立性及对其他人际关系的否定影响。

人际关系发展到现在已经不仅仅局限于计算各自的得失，而是讲求一种竞争与合作，讲求多赢的效果。双方从单纯地关注个人利益发展到关注双方的利益发展，交换法则在人际关系中发展到更高的水平。交换法则在中西方的表现是不一样的，西方学者的研究途径与西方文化中的自我、互惠观念及情感表达方式有关，特别表现了个人主义的文化传统。中国则强调群体和社会的整合，亲密的人际关系也常常表现为"有福同享，有难同当"等。

对于社会交换理论主要有三种批评意见[1]：第一种是有的关系超出社会交换的范畴，例如有人指出真爱、利他行为就是例外；第二种是人未必自私自利，也有可能无偿地关照他人的利益；第三种是人们并非能够那么理性地进行交换，例如心理学家提到人有"自我服务偏见"，即人们认为自己总要比别人强一些，或者做得好一些，最常见的例子莫过于家庭中夫妻双方都认为自己比对方做了更多的家务。这使得人们不能够完全理性地评估自己的所得和付出，因而使社会交换有了非理性的成分。

---

[1] ［美］莱斯莉·A.巴克斯特、唐·O.布雷思韦特：《人际传播：多元视角之下》，殷晓蓉等译，上海译文出版社2010年版，第503页。

九、奥斯古德的调和理论[1]

奥斯古德（Osgood）的调和理论是海德的平衡理论中一个特殊的例子，虽然有些类似于平衡理论，但它特别针对的是人们对于信息的来源及信息来源所主张的事物的态度。调和理论比平衡理论多了几个优点，包括能预测态度改变的方向和程度等。调和模式假设："参考的判断结构倾向于最简化的模式"，因为极端的判断比准确的判断容易得出，因此，价值判断或者趋向两极，或者产生"一种朝向某极的持续压力"。除了最简化的模式，这种理论还假设，与那种将细微差别仔细区分的做法不同，"非此即彼"的思想及其归类方法对事物的确认也是较单纯的。因此，相关的概念可以用相似的方式来判断（见图2-7）。

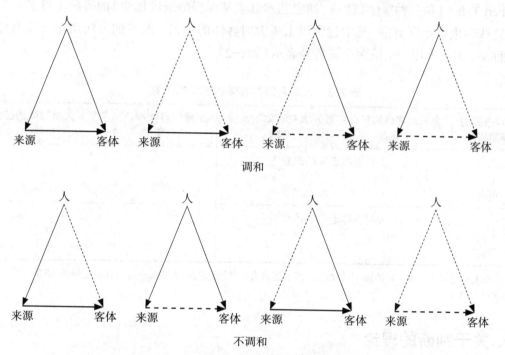

调和与不调和的例子。粗线代表主张，细线代表态度。
粗实线代表对来源表示正向态度的主张，粗虚线代表负向态度的主张，
细实线代表正向态度，细虚线代表负向态度。

图2-7　奥斯古德的调和理论模型

（资料来源：[美]沃纳·塞佛林、小詹姆斯·坦卡德，《传播理论：起源、方法与应用》，郭镇之等译，华夏出版社2000年版，第159页）

在调和理论图示中，一个人（P）接受来源（S）的主张，对这个来源，个体有自己的态度；这个主张是对客体（O）的，对这个客体，个体也有自己的态度。在奥斯古德的模式中，P对S

---

[1] [美]沃纳·塞佛林、小詹姆斯·坦卡德：《传播理论：起源、方法与应用》，郭镇之等译，华夏出版社2000年版，第158—159页。

和 O 是否喜欢及喜欢的程度如何,将决定调和状态存在与否。

根据调和理论,当改变发生时,它通常朝主导参考结构移动并与之较多调和。奥斯古德以语义上的区分来测量一个人喜欢信息的来源及其所主张的客体的程度。

其实,平衡理论与调和理论的定义是一样的。当人对来源和客体的态度相似,而来源对客体的主张否定时,或是当人对来源和客体的态度不同,而来源对客体的主张肯定时,不调和都会存在。一个不平衡的状态要么只有一个否定关系,要么所有关系均是否定的。海德的平衡理论、纽科姆模式和奥斯古德的调和理论其实是一脉相承的,只是大家所关注的角度或者领域有所不同。我们在学习的时候,可以将其相互结合进行理解。

我们从下面这个例子来看奥斯古德的调和理论。珀西·坦南鲍姆(Percy Tannenbaum)让405位大学生评估了三种来源(劳工领袖们、《芝加哥论坛报》和参议员罗伯特·塔夫特[Robert Taft])和三种客体(赌博、抽象艺术和大学课程的进度加快)的得分。过了一段时间,这些学生被示以剪报,其中包含以上来源对客体的主张。改变的方向用正号或负号表示,而改变的程度用一个或两个正负号表示(表2-2)。

表2-2 人对来源和客体的态度的改变

人对来源的最初态度	来源对客体持正向主张时人对客体的态度		来源对客体持负向主张时人对客体的态度	
	正向	负向	正向	负向
	人对来源态度的改变			
正向	+	— —	— —	+
负向	+ +	—	—	+ +
	人对客体态度的改变			
正向	+	+ +	— —	—
负向	— —	—	+	+ +

资料来源:[美]沃纳·塞佛林、小詹姆斯·坦卡德,《传播理论:起源、方法与应用》,郭镇之等译,华夏出版社2000年版,第159页。

十、关于判断的理论[①]

(一)社会判断理论

这个理论由心理学家穆萨弗·谢里夫(Muzafer Sherif)等提出,主要研究人如何对信息作出判断。谢里夫参照早期心理学的研究方法——侧重分析人们对外界刺激的心理反应,对人们判断信息的方式进行研究。

他们的研究理论表明,人们是在支点或者参照物的基础上对事物作出判断的。同样的原理也适用于人们对传播信息作出判断时所起的作用。人们感知社会的基点是内在的,并且是建立在以往经验的基础上的。这些参照点或者支点是无所不在的,影响着人们对于信

---

① 根据以下文献改编。[美]斯蒂芬·李特约翰:《人类传播理论(第七版)》,史安斌译,清华大学出版社2004年版,第154—164页。

息做出回应的方式。例如,某一事物对一个人的自我意识越是重要,支点对于人们认识产生的作用就越大。人们在对事物作出判断的时候,容易因"自我介入"影响我们对于相关主题的信息进行回应。"自我介入"指的是个人与特定事物的相关程度,即一个人对某件事物的态度在多大程度上影响自我概念或者他对该事物重要性的估价。简言之,人们是以自身的支点和自我介入为基础来判断信息是否受到欢迎的。

社会判断有助于我们对于传播的理解,尤其体现在态度的变化上。首先,如果信息在我们接受范围内,就有助于促使我们态度的变化。其次,如果信息在所排斥的范围内,那么态度的变化就比较小,甚至是没有。如果信息与自我本身的立场大相径庭,反而会更加坚定自我的立场,即回力飞镖效应。再次,如果信息在接受或中立的范围内,那么信息越是与自己的立场不一致,态度越容易改变。最后,对于事物的自我介入程度越深,拒斥的范围就比较大,中立的范围就越小,态度变化也就越小。这是信息判断在我们态度改变中所起作用的表现。

从总体上来说,"自我介入"的概念是社会判断理论中一个非常重要的概念,但是这个理论比较多地关注个人内在的因素,而较少考虑到环境及其周围的影响。

(二)深思概率理论

社会心理学家理查德·培蒂(Richard Petty)和约翰·卡西奥普(John Cacioppo)在总结各种态度变化理论精华的基础上发展出深思概率理论。

该理论认为,人是以不同的方式来评估信息的。所谓"深思概率"是指对论点进行批判式评估的可能性。深思概率取决于人们处理信息的方式,大致可以分为两种:中心路线(批判或批判式思考)和边缘路线(一般性的思考或缺乏批判式思考)。当采用中心路线时,如若发生态度改变,则将会较为持久,产生的作用也是深刻的;当采用边缘路线时,任何改变的影响可能是不大的;两种路线也可以同时采用。

批判式思考取决于两个因素:动力和能力。当人的动力较大时,采用的是中心路线来处理信息,反之,则采用边缘路线。动力主要包括三个因素:第一是介入,与主题相关的程度越高,越可能采用中心路线;第二是论点的多样性,人们会对来自不同信源的论点进行深入的思考;第三是个人对批判式思考的偏好程度。但是不管动力如何,人必须具备批判式思考的能力才行。

下面以两位学者(Petty & Cacioppo)的中心路线和边缘路线处理信息的过程来说明问题。

足够的动力、较强的信息处理能力使得人比较容易采用中心路线,反之,则采用边缘路线;倘若在中心路线的过程中发现动力和能力不充分,那么会转向采用边缘路线。在采用中心路线的时候,信息与原有态度的契合程度,以及论点本身所具有的说服力起到重要的作用。较为契合的信息会得到正面的评价,反之,则是负面的评价。在采用边缘路线处理问题的时候,则不会考虑论点是否具有说服力,而是较为注意一些简单的线索或者是多种线索,对于所见所闻匆忙地作出判断。

深思概率理论告诉我们人们在思考问题时的内部过程,表明人们在评估信息的时候要深入而审慎地思考问题。但是实际生活中却不总是如此,人们在处理信息的时候,通常是把中心路线和边缘路线结合起来,即使在动力和能力都不强的情况下,人们仍然会受到那些强势理论的影响,在采用中心路线处理信息时,人们的态度也会受到一些不具有批判色彩的边缘性因素的影响(见图2-8)。

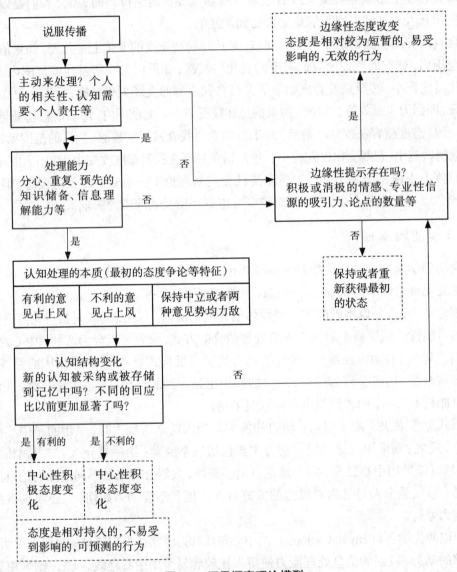

图2-8 深思概率理论模型

(资料来源:[美]斯蒂芬·李特约翰,《人类传播理论(第七版)》,史安斌译,清华大学出版社2004年版,第158页)

(三)期望破坏理论

关于人们对期望被破坏是如何做出回应的,学者朱迪·伯古恩(Byrgoon)给予了充分的关注。从她的理论中我们可以知道,每个人和另外的人进行交往是存在一定期望的。期望破坏理论的基本假设是:如果期望得到满足,那么他人的行为就可以得到正面的评价;反之，如果期望被破坏，那么他人的行为就会被判为是负面的。期望主要取决于三个方面：社会规范、以往对于他人的了解和体验、行为出现的具体情境。

伯古恩在后来的研究中发现，不管评价好坏，期望破坏总是会引起观察者的兴趣。当人的期望得到满足的时候，往往不会去注意这些行为；一旦期望遭到破坏，人的注意力就会转向那些行为，导致人们对那些行为进行评价。另外，在人际交往中有一个重要的因素是"回报价值"，即交流的回报程度有多大，这是一个重要的变量，也是人们对于交流的评价（见图2-9）。

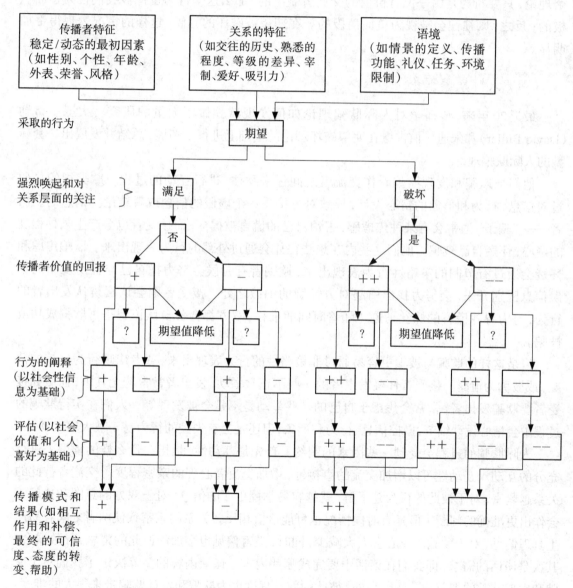

注：为简化起见，传播者的回报价值、行为阐释、行为评估等因素被简化为正面（＋）和负面（－），但实际上，上述因素是一个整体，"＋＋"和"－－"表示效应的加大和加强。

图2-9　副语言性的期望破坏价值

（资料来源：［美］斯蒂芬·李特约翰，《人类传播理论（第七版）》，史安斌译，清华大学出版社2004年版，第161页）

从图中我们可以看出,期望来源于三个因素:人们对双方特征的感知、双方关系的现状和行为出现的具体语境。在交往中,破坏对判断起了强化作用,交流另一方的回报价值也发挥了重要作用。一方的破坏行为引起另一方的某种情绪,反过来又强化对其行为、交流过程和信息意义的评价。如果对交流过程做了正面积极的评价,那么交流行为就具有积极的意义,也就会出现相应的积极成果。

我们从图中还发现了其他的可能性。行为本身的意义或许是模糊不清的,但根据这个理论,只要行为是由一位有价值的交流者做出的,那么这个行为也许被我们视为正面积极的;反之,则往往会被视为负面消极的。在期望被破坏的时候,这样的情况表现得更加明显。

(四)人际欺骗理论

最近20年来,传播学对人际欺骗理论如何发现欺骗做了大量的研究。大卫·布勒(David Buller)和朱迪·伯古恩在期望破坏理论的基础上进行了拓展,总结并发展出一套新型的人际欺骗理论。

他们把欺骗和发现欺骗看作交流者之间你来我往、进行互动的过程。欺骗指的是通过对信息、行为和形象的精心设计,导致对方接受一个虚假的信念或者结论。信息的发出者——"骗子"通常会有某种焦虑感,害怕自己的谎言被揭穿,而接受者也会产生某种程度的疑心,怀疑自己被骗。他们这些内在想法往往会通过外部的行为表现出来。欺骗焦虑和怀疑会通过有节制的策略性行为表现出来,欺骗者有时候会努力把自己与其所发出的错误信息区别开来,会努力找出引起对方怀疑的细微之处。接受者则会认真辨认发出者的行为,努力寻找谎言的蛛丝马迹。随着时间的推移,双方都会各自认识到是否欺骗成功或被骗。

但是这样的欺骗与被骗更容易通过非策略性的行为表现出来,或者出现行为失控的情况,或被称为泄露。接受者怀疑发出者的一些不正常举动,发出者常常若无其事,而假如接受者要欺骗发出者,常常会焦虑于自己的一些举动是不是会被发现等。人们在实行欺骗的过程中会精心设计细节,操控信息、行为和形象,但还是会有失控的行为易于被大家发现。

人际欺骗的过程会受到一些因素的制约。首先是互动性,是指在什么样的程度上进行充分的互动。互动性可以增加交流的直接性,增加交流者心理的亲密程度。交流者彼此的关系越紧密,对于彼此的行为越了解,就越容易掌握更多的信息,对于双方的意图和猜疑就会作出更准确的判断。但是有时候情况也可能恰恰相反。关系的亲密致使两者之间容易产生真理偏见,对于欺骗的戒心会大大减少,同时,谎言偏见也会加深彼此的猜忌,导致误会。其次是谈话的需求,即我们在谈话中要完成哪些内容。谈话内容的多寡决定了我们对于欺骗和发现欺骗的细节的关注。另外,彼此的熟悉程度也为欺骗和发现欺骗带来很大的难度。最后是欺骗动机的强弱,以及进行、发现欺骗的技巧。欺骗的动机和技术都比较高明的时候,欺骗者被戳穿的恐惧就会大大降低,掌握并利用更多相关的技巧;同时,接受者对于欺骗者的疑心也会相应增加,会倾向于转向掌握高超的发现骗术的技巧,防止自己被骗。

十一、人际关系的管理理论[1]

(一) 不确定性和焦虑情绪的管理

总体上来讲,这一理论流派是由查尔斯·伯格(Charles Berger)和威廉·古迪昆斯特(William Gudykunst)等学者发展起来的。他们主要关注的是人们如何有效地搜集他人的信息、这样做的原因及其后果是什么,专注于人们如何来控制其所处的社会环境以增加对自己和外界的了解。伯格专注于不确定性削减理论,古迪昆斯特在伯格思想的基础上总结提出了焦虑情绪-不确定性管理理论。

1. 不确定性削减理论

不确定性削减理论主要关注的是自我意识和对他人的了解。

伯格在社会心理学的基础上提出了"自我意识"的概念,把它分为客观性的自我意识和主观性的自我意识。在客观性的自我意识中,人们更多关注的是自我,而非周围的事物;在主观性的自我意识中,人们更多关注的是把自我融入不同的环境中来体验。研究表明,客观性的自我意识更为常见。持久性的客观性的自我意识被称为自知之明。具有高度自我控制倾向的人会比较注意和当心自己留给别人的印象,反之,则是对自己和他人都不太敏感。

不确定性削减理论关注的焦点是人通过传播来获取对别人的了解。伯格指出,由于不确定性的存在,双方在交流的过程中会经历一个困难的时期。因为我们希望能够预测对方的行动,所以产生了了解别人的动机,这一削减不确定性的过程构成了人际传播发展最为重要的一个层面。伯格认为,我们在交流中制定了如何实现目标的规划,其不仅要以自身的目标为基础,同时还要依赖在交流中获取的对方的信息。吸引力和归属感是削减不确定性的因素。

有学者提出了不确定性削减理论的八个公理[2]:

① 不确定性越少,语言传播数量越多;
② 副语言表达的亲密程度与不确定性呈负相关,同时不确定性减少也会增加副语言表达的亲密程度;
③ 不确定性越高,信息搜寻的行为越多;
④ 不确定性越高,传播内容的亲密性越低;
⑤ 不确定性越高,互惠率越高;
⑥ 相似性越高,不确定性越低;
⑦ 不确定性越高,喜爱程度越低;

---

[1] 根据以下文献改编。[美]斯蒂芬·李特约翰:《人类传播理论(第七版)》,史安斌译,清华大学出版社2004年版,第285—303页;[美]斯蒂文·小约翰:《传播理论》,陈德民、叶晓晖译,中国社会科学出版社1999年版,第478—488页。

[2] [美]莱斯莉·A.巴克斯特、唐·O.布雷思韦特:《人际传播:多元视角之下》,殷晓蓉等译,上海译文出版社2010年版,第169—170页。

⑧ 不确定性与同伴之间共享的传播网络相互影响,二者呈负相关。

伯格坚持认为,不确定性是人际关系发展中一个非常重要的因素。随着人们交流的不断深入,不确定性会慢慢减少。伯格对于获取别人的信息提出了三种方式。

第一,被动性策略。首先是寻找反应,人们会在人际交往的特定条件下做出一定的反应;其次是寻找解除禁忌,例如个人在非正式场合降低自我控制,以更加自然的方式行动等。

第二,主动性策略,主要包括向别人打听对方的情况,或者为对方设计一些情境以使自己更好地了解别人。

第三,互动性策略,主要是问答和自我信息的透露。在交流的过程中,当一方透露一些关于自己的信息时,另一方也会透露一些作为回报。

学者迈克尔·桑那弗兰克(Michael Sunnafrank)指出,我们获取信息并不是为了削减不确定性,而是为了对交流的潜在结果进行评估。

2. 焦虑情绪-不确定性管理理论

威廉·古迪昆斯特在很多方面发展了伯格的理论,最为显著的是把不确定性和焦虑管理放在跨文化的背景下进行研究。研究发现,几乎所有的文化都是在关系的初级阶段进行削减不确定性的工作,但是它们所采取的方式因为文化的不同而有所差别。通常情况下,高语境文化主要依赖总体的情况对事物进行阐释,在削减不确定性时,主要依赖于副语言的提示性信息和有关个人背景的信息;低语境文化主要依赖信息当中明确的语言内容,在削减不确定性时,倾向于直截了当地提出有关体验、态度和信念的问题。

对于来自不同文化背景的人,削减不确定性的过程还受到另外一些因素的制约。对于自我所属群体的认同度越高,交流中会把对方视为与自己不同,较容易产生焦虑情绪和不确定性;如果你对交流充满信心并认为是一种积极的活动,或者有在不同文化背景下生活的体验,抑或掌握对方的语言,那么在面对来自不同群体的交流时,就会大大降低焦虑情绪,削减不确定性,从而进一步增强你的自信。在跨文化交流中,这种不确定性和焦虑情绪是无效交流与缺乏适应性的潜在原因。学者霍夫斯泰德提到一个相关的概念——不确定性回避,指对不确定性的情景的逃避,即人们能够容忍不确定性的程度。不同文化的不确定性回避倾向是不同的,有的文化认为不确定性是有趣的,有的文化则认为不确定性是危险的。

在实际情况中,由于每个人产生焦虑的程度不同,因此对于什么是有困难和有问题的交流,其实并没有一个明确的界限。

后来,古迪昆斯特对这个理论进行了更为详尽的阐述,提出了近50种不同的观点,内容涉及自我概念、动机、对陌生人的反应、社会分类、情境化过程、与陌生人的联系,以及其他一系列与焦虑情绪和交流有效性相关的问题。

(二)面子的管理

学者丝黛拉·丁-图美(Stella Ting-Toomey)在研究的基础上发展出"面子-商议理论",用来预测不同文化背景下,人们如何完成与面子有关的活动。

所谓"面子"指的是在他人在场的情况下一个人的自我形象,包括有关的尊敬、荣誉、地位、联系、忠心和其他类似价值的感受。换言之,面子意味着一个人在自己文化许可的范围内,以任何方式去获得良好的自我感觉。"面子工作"就是人们用来构建和保护自己面子,以及用来保护、构建或者威胁别人面子的交流行为。面子是不同文化的人们所共同意识到的问题,无论是哪一种文化都有办法来完成预防性和修复性的面子工作。预防性面子指的是用来保护个人或者群体面子不受威胁的交流行为。修复性面子指的是在丢面子的事情发生以后,用来重新构建面子的交流行为。学者佩妮洛普·布朗和史蒂芬·莱文森认为,面子可以分为两种:积极的面子,即希望别人喜爱、崇拜自己;消极的面子,指不被他人所约束,保持一定的自主性。有时,人们会面临积极的面子与消极的面子的两难选择①。

影响面子的文化因素主要是个人主义-集体主义和权力距离。不同的文化对于个人和集体或社群的关系是不一样的,因此也就产生了不同的面子工作。把个人置于集体之上,强调个人因素,比较受制于"我的身份/认同",是个人主义的文化;而把个人置于集体之下,强调集体因素,比较受制于"我们的身份/认同",则是集体主义的文化。

从不同的文化形式来说,权力的距离是一个变量,在不同的文化中的影响大小是不一样的。不同的权力距离使得面子工作和人际的冲突处理变得比较复杂。在低权力距离的文化中,咨询和参与是解决矛盾的良方,每个人都愿意参与到冲突的解决中来,人际交流变得更加直接、个人化;在高权力距离的文化中,决策常常是较高社会地位的人做出来、被个人接受的。高社会地位的人常常采用间接的方式,既维持自己的权威,又避免威胁到社会地位较低的人的面子;社会地位低的人则表现出较为明显的尊敬,承认社会地位较高的人拥有权力,避免突出个人。

以上影响面子的因素主要是围绕文化的因素来讲的,但这并不意味着文化是唯一的决定因素,还应把参与主体的个人因素考虑进去。独立意识性较强的个人注重更多的是直接的、能够解决问题的交流,而依赖思想较强的人在处理面子问题时更关注关系。

从以上论述可见,学者丁-图美为我们的跨文化交流提供了很好的方向。随着全球化的发展,当今世界跨文化和跨国际的交流会日益频繁,冲突在所难免。由于文化背景不同,处理起冲突来会比较复杂和困难。因此,我们必须对跨文化交流加以重视,培养自身与来自不同文化的人的交流和沟通的技巧与方法,创造跨文化的和谐氛围。

(三)边界的管理

随着传播学研究的发展,学者们普遍认识到,关系的发展不仅仅是自我信息暴露和相互交换的过程,相反,其极为复杂。他们把关系视为一种管理自我信息的过程,因此,界定公共领域和私人领域的界域就变得十分必要。现在来看几种有代表性的理论。

1. 社会穿透理论

这一理论的基本观点是,随着交流者透露的自身信息不断增多,他们的关系也日益密

---

① [美]理查德·韦斯特、林恩·H.特纳:《传播理论导引:分析与应用(第二版)》,刘海龙译,中国人民大学出版社2007年版,第495页。

切,社交穿透是一个关系中信息透露与亲密增加的过程。这一理论的代表人物是厄文·艾尔特曼(Irwin Altman)和达尔马斯·泰勒(Dalmas Taylor),他们创造了"社会穿透"一说,把人际交流定义为穿透,认为人际传播是一种社会穿透的过程。

他们认为,回报和代价的关系会影响到关系的发展。如果关系相对而言具有较高的回报性,那么就能维持下去;反之,如果代价过高,关系就会慢慢趋于冷淡。这一过程被称为社会交换的过程。交流者不仅会在特定的时空中对回报和代价进行评估,而且会利用自己掌握的资料对二者进行一定的预测。

理论家们针对关系的发展提出四个发展阶段。第一阶段是导向阶段,主要是非个人传播,交流者只需要透露一些公共的信息就可以进入下一个阶段。第二阶段是探索性情感交流,最开始获得的信息得到扩展,信息的交流进入深一层次的发展。第三阶段是情感交流,主要专注于更深层次的评估和批判性的情感,只有两者感到有实质性的回报存在时,才会进入这个阶段。第四阶段是稳定交流,两者具有亲密的关系,能够较为准确地预测出对方的行动和反应。

后来,他们在原来理论的基础上进一步修改,把辩证分析的方法引入其中,指出关系双方是在共享与疏离之间摇来摆去的,两者共同管理着私密性需求和联系需求这一对矛盾问题。而后又指出,在长期的关系中,这些矛盾是通过一种预测性的循环圈得以管理。换言之,双方关系的发展具有一定的规律性,以一种可以预测的节律在开放性与封闭性之间循环运动。在发展较为成熟的关系中,循环圈以一种可以预测的节律在开放性与封闭性之间循环运动。在发展较为成熟的关系中,循环圈的范围要比那些发展还不够成熟的关系大得多。依据社会穿透理论,关系发展越成熟,透露的信息就越多。正如我们在图2-10中所看到的,双方接触的范围逐渐扩大,并且逐渐深入。

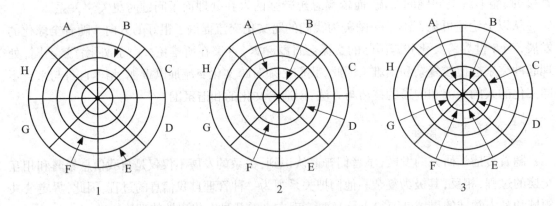

图2-10 社会渗透理论

(资料来源:[美]约瑟夫·A.德维托,《人际传播教程(第十二版)》,余瑞祥等译,中国人民大学出版社2011年版,第258页)

2. 边界管理理论

学者桑德拉·佩特罗尼奥(Sandra Petronio)在自己的研究和其他关于关系发展与信息透露的研究的基础上提出传播边界管理理论(Communication Boundary Management Theory)。

边界是在思想上和感情上愿意与对方分享和不愿意分享之间的划界,或者说是私密性和非私密性的事物之间的界限。

佩特罗尼奥指出,关系中的各方实际是在不断地进行边界管理的工作,主要管理的是公共领域和私人领域的边界。边界的渗透性指的是边界应当开放或关闭的程度。边界的渗透性是会发生变化的,有的时候可以透露信息而有的时候则无法透露,具体的情况会导致边界的开放或者关闭。与人分享信息和保护自己的需求之间通常是矛盾的,这就要求双方在交流中商议和协调两者之间的边界。把信息透露给对方,对方就拥有了共享权,同时也向对方提出回应的要求。

佩特罗尼奥把边界管理看作是一个以规则为基础的过程,一个如何管理信息规则的协商过程。边界管理的规则是在批评或判断的尺度和奉献评估的基础上发展起来的。尺度包括特定的文化期望、性别差异、个人动机和情境要求等。奉献评估指的是考虑透露信息的回报和代价之间的关系。但是作为边界的规则并不是一成不变的,会随着具体情况的变化而变化。

对于如何管理信息,双方需要达成成文或者不成文的协议。首先,双方必须就边界的渗透性规则进行商谈;其次,就有关边界的联系性规则进行商谈,对何人的参与、退出达成一致意见;最后,商谈边界的所有权,即作为共同所有者的权利和责任。

(四)冲突的管理

作为关系的传播在很大程度上是一个管理冲突的过程。对于冲突的界定,学界没有形成统一的标准。学者查尔斯·沃特金斯(Charles Watkins)对于冲突的主要条件,为我们提供了具有操作性的定义[①]。

① 矛盾冲突至少需要能彼此形成制约的两方参加;
② 矛盾冲突双方都渴望却都无法实现的目标的存在而引起;
③ 矛盾冲突双方都有四种可供选择的行动方案:实现彼此都渴望的目标、结束冲突、对对手进行制裁、与对手做一定程度的交流;
④ 冲突双方可能具有不同的价值观或知觉体系;
⑤ 双方均具有由于实施不同的行动方案而引起增加或减少的资源;
⑥ 矛盾冲突只有在双方均已对自己的输赢结果感到满意,并且相信继续冲突的可能代价将超过结束冲突的可能代价时才会结束。

下面,我们对以传播为基础的关系冲突理论中具有代表性的两种理论进行介绍。

1. 博弈论

学者约翰·冯·诺伊曼(John Von Neumann)和奥斯卡·摩根斯顿(Oskar Morgenstern)在研究的基础上提出作为研究经济行为工具的博弈论。博弈论本身并不是一种关系传播理论,但是对于关系传播的研究具有一定的意义,研究的是人与人之间采取行动和应对行动的过程,是一个非常具有潜力的理论。

---

① Charles Watkins, "An Analytic Model of Conflict", *Speech Monographs*, 1974, 41(1), pp.1–5.

博弈指的是由情境造成的,参与者轮流选择导致的不同结局的选择。所有的博弈中都强调理智的决策过程。因此,博弈论包括博弈战略,在这些博弈中,参与者做出基于他人行为会导致奖赏或惩罚的行动,目的是使受益最大损失降到最小。最为常见的例子就是博弈论中的"囚徒困境",这个我们已经在社会交换理论中讲过了。

学者托马斯·斯塔恩法特(Thomas Steinfatt)和杰拉尔德·米勒在研究博弈论被应用于矛盾冲突的传播过程中,提出了三种用来评价对方策略的方法。其一是多次观察对手的行动,通常参与者会根据对方的举动来决定下一步的举动;其二是通观冲突全局,博弈者研究博弈矩阵,试图猜测对手可能采取的策略;其三是直接交流。直接交流有三个好处:一是交流让互相之间传递想法,能够避免做出事后可能会后悔的举动;二是交流可能改变行动,减少冲突双方的争斗态势;三是交流可能导致对对方问题的倾向性看法的改变,直接说服对方改变原先的想法。

博弈之前进行相应的交流能够增进彼此的合作,从冲突发生之时开始进行交流才会取得最佳的效应。学者们后来的"多重动机博弈"也是旨在对于这样的竞争和合作的行为进行研究。

2. 冲突归因理论

冲突归因理论的前提是,人们通常会发展出各自的理论来解释冲突的原因,这些理论在很大程度上是归因的产物。归因是对行为的原因作出推断,人们如何解决冲突取决于如何归咎责任。学者阿兰·塞勒斯(Alan Sillars)就是基于这一前提提出冲突归因理论。这一理论整合了不少主流理论,归纳了冲突行为的各种类型。

塞勒斯指出,在人际关系中解决冲突一般有三种策略,即避免或减少矛盾冲突的策略、以赢为目标的策略和试图使双方都获利的策略,可以把这三种策略归结为规避行为、竞争行为和合作行为。塞勒斯在研究中发现了多种策略(见表2-3)。

表2-3 矛盾冲突控制规则表

规避行为
1. 直接否认。明确否认矛盾的存在。
2. 间接否认。通过阐述否定的观点的原理暗示否认,尽管否认并未直接表示。
3. 规避语言。对方陈述或询问矛盾时拒绝承认或否认矛盾的存在。

话题控制
4. 转移话题。打断自然进行的讨论,将话题从当前正在讨论的问题引向直接当事人。不再过问事后话题转移这一点似乎已达到一个自然高超。
5. 话题回避。在矛盾未加以充分讨论之前明确表示中止谈论的声明。

含糊其词
6. 抽象言论。即抽象的原则、概括或假设。高度抽象地谈论事物,对直接当事人之间的事物的真实情况不作提及。
7. 含糊陈述。对矛盾的存在不置可否,既非规避性的回答,也非转移话题性的陈述。
8. 模糊问题。漫无目标的问题或对研究人员的问题的重新表述。
9. 程序性陈述。对矛盾的讨论取而代之的程序性陈述。

续表

不相干的言论
10. 戏谑之词。打断或取代对问题严肃考虑的无恶意的戏言。

合作行为
分析言论
1. 说明。对问题性质及范围不加褒贬的实事求是的说明。
2. 限制。通过联系具体行为事件明确地限定问题的性质与范围的表述。
3. 揭示。提供"无法观察的"信息,如思想、感情倾向、行为原因或者当事人没有机会看到的问题与问题相关的过去的经验。
4. 恳请提示。询问与他人有关而自己可能没有机会观测到的具体信息,如思想、情感、意向、行为原因、经验等。
5. 恳请批评。恳请批评自己的无恶意的问题。

抚慰言词
6. 移情或者支持。表示理解、支持,对对方的接受或对对方的优秀品质、共同兴趣、目标和相容性的评价。
7. 让步。表示愿意改变、显示灵活性、作出让步或者考虑双方均能接受的方案的表述。
8. 承担责任。表示自己愿意承担问题引起的部分损失责任问题。

竞争行为
对抗性言论
1. 对个人的批评。对对方反面评价的陈述或暗示。
2. 拒绝。以暗示着本人的拒绝或不同意见的方式反对对方的观点。
3. 非友善性命令。暗示谴责对方及希望对方改变的威胁、命令、辩论或其他指令性表述。
4. 敌意的询问。挑剔或谴责对方的问题。
5. 恶意的嬉笑或嘲讽。用以挑剔别人的玩笑或嘲弄。
6. 强行归咎。将对方并不承认的思想、感情、倾向、事由归咎于对方。该规则为"恳请提示"的反面。
7. 责任的拒绝接受。否认或尽量减少个人责任的陈述。

资料来源:[美]斯蒂文·小约翰,《传播理论》,陈德民、叶晓辉译,中国社会科学出版社1999年版,第161页。

塞勒斯最为重要的贡献在于将归因理论应用于对冲突行为的解释上。他认为,至少在某一方面,归因是冲突的定义和结局的重要决定因素。首先,冲突中的个人归因会决定此人将选择何种战略来处理矛盾。归因不仅会影响一个人的反应和情感,而且还会因为过去发生的事情而影响到个人对未来的期望。其次,归因当中的偏见会降低使用整合策略的概率。再次,人们所选择的策略会影响到冲突的结果。合作性策略会加快冲突的解决,并且鼓励双方进行信息的交换;竞争性的策略则会加剧冲突,导致不太满意的冲突解决办法。

(五)关系辩证理论

根据关系辩证理论,处在人际关系中的人会经历一些两两相反的动机和愿望。根据德维托的总结,这些矛盾主要包括:"紧密与开放的矛盾,自主与关系的矛盾、新奇感与预见性的矛盾。"①

---

① [美]约瑟夫·A.德维托:《人际传播教程(第十二版)》,余瑞祥等译,中国人民大学出版社2011年版,第256页。

"紧密与开放的矛盾"指的是人们既想与一部分人拥有尤其紧密的、专有的联系,又想与其他人拥有联系的矛盾,这在紧密联系建立的初期更加突出。例如,一对恋人既希望两个人有更亲密的关系,又想保留时间用来与自己的好朋友相处。"自主与关系的矛盾"指的是在人际关系的发展中,既想保持自己的独立性,又想与他人保持紧密关系所产生的矛盾。例如,一个人既想拥有自己的时间安静休息,又想参加朋友的聚会,二者不总是可以兼得。"新奇感与预见性的矛盾"指的是人们既想追逐新奇、刺激的体验,又想保持稳定和可预见性,以防过分的不确定所带来的不适。就像相拥取暖的刺猬,既怕寒冷,又怕刺痛自己,处于两难之中。

人际关系中这些矛盾的存在,使得我们不得不对人际交往中的得失进行权衡,以作出决定。人们可能采取几种途径来解决这种矛盾:接受矛盾一方,放弃另一方;退出与他人的关系;进行权衡,平衡矛盾双方的关系。

十二、归因理论

归因理论(Attribution Theory)原本是社会心理学的理论,但是由于其基础性,与人际传播同样有莫大的关系。归因理论源自我们日常生活中的一个简单的疑问:为什么?归因实际上就是对自己或他人行为的解释。归因是我们每天都离不开的一件事,如何归因直接影响到我们之后的行为。

弗里茨·海德被公认为是归因理论的创始人。在他看来,人们都积极地去解释生活中所发生的事情,并且通过逻辑思考等工具进行理解。这种解释也体现了人们希望能够了解并控制自己所处的环境。影响归因的因素包括这一事件是否是稳定的,以及这一事件是受自己控制,还是受外部其他因素控制。

一般把归因分为两种:内部归因,即认为事物是由主体的个人特质所导致的,比如"他成绩好是因为他聪明"、"李刚嚣张因为他是富二代";外部归因(或情景归因),即认为事物是由个人意外的环境因素或特殊情境导致的,比如"他没完成任务是因为他生病了"。

并不是所有的归因都是合理的,人有时候会把原因产生于外部的结果,依然归因于内部,这就产生了基本归因谬误(fundamental attribution error)。例如,在炎热的夏天里,你与人交谈时可能会显得很烦躁。这实际上是天气燥热导致的,但你可能因此认为"他是一个粗鲁的、没有教养的人,所以我才感到烦躁"。这样就会改变你对他的看法,你会因此采取行动回应他的行为,比如斥责他没有礼貌。

基本归因谬误是多种因素导致的,由此延伸出几个不同的理论,包括自我服务偏见(self-serving bias)、焦点效应(spotlight effect error)等。自我服务偏见的核心理论是:每个人认为自己比别人强。所以,我们往往对自己做得好的事情和他人做不好的事情进行内部归因:我很强,他们比我差,所以我比他们做得好。而对自己做得不好或他人做得好的事情进行外部归因:我是因为运气太差,他不过是刚好撞上好运罢了。焦点效应指的是:人会错误地认为自己是社会中的焦点,很多事情的发生往往与自己有关。所以,人往往对自己做得好的事情进行内部归因。

归因理论给我们进行人际传播的启示是：对一个人行为原因的解释可能会影响到我们对这个人的认知、态度，以至行为。在与人沟通中，当我们思考"为什么"时，应当避免简单地把原因归结为对方是什么人。这样才能使我们在看待别人或自我与他人的关系时，采取更客观、理性的态度。

十三、信息生产的目标—计划—行动理论

我们在对社会模仿理论、群体思维理论、归因理论等的论述中指出，人们对事物的认知和解释并非完全理性的，但是这并不意味着人际传播行为是完全零散的、漫无目标的行为。信息生产的目标—计划—行动理论恰恰是要来论证：人们对于人际传播有一定的目的性和计划性，人对自己要做什么是有想法的。这一理论具有科学传统，它与大多数科学一样，认为世界上的事物大多遵循一定的模式、规律，即人际交往的过程所具有的一些特征是真实的、客观的。

这一理论认为，人的信息生产分为三个首尾相连的阶段：第一阶段是目标，即人们希望通过自己的传播所达成的目的；第二阶段是计划，即对这一目的的具体表述；第三阶段是行动，即相关的实施行为。安德森等学者认为，最常见的传播目标包括：寻求帮助、给出建议、改变认知与态度、改变双方关系、获得许可等。迪拉德认为，计划的因素包括：所属等级，即计划的宏观—微观层次，如战略计划、战术计划等；复杂程度，即计划中所包含的阶段数量与未知因素的多少；完整性，即所包含的内容是否是充实无缺漏的。

通过研究，迪拉德等发现，有四个因素对理解计划十分关键：一是明确度（explicitness），指的是信息传达的明确程度；二是支配力（dominance），指的是传者相对于受者所拥有的权力；三是争论性（argument），指的是信息内在逻辑的合理性；四是结果控制（control over outcomes），指的是传播者对信息内在理由的控制力。

迪拉德图2-11中的模型综合概括了这一理论的框架。

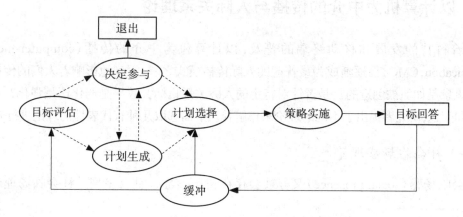

图2-11 信息生产的目标—计划—行动理论

（资料来源：［美］莱斯利·A.巴克斯特、唐·O.布雷思韦特，《人际传播：多元视角之下》，殷晓蓉等译，上海译文出版社2010年版，第93页）

十四、六度分割理论与"150法则"

美国心理学家斯坦利·米尔格拉姆（Stanley Milgran）在1967年提出了六度分割理论（six degree separation），这一理论又被称为小世界理论。这源自米尔格拉姆做的一个实验：50名参与者被要求把一封信送给一个指定地点的股票经纪人，最终经过六次以内的人际传递后，信的送达率达到97%。通过这次实验，米尔格拉姆证明：只需要六个人就可以把两个互不相识的人联系到一起。

六度分割理论并不意味着所有人之间的联系都要通过六个人，其核心思想是：通过一定的方式，必定能够使两个素不相识的人联系到一起。实际上，在商业运作中，商家希望客户能把产品推荐给其他人、企业进行公关活动并希望能够将信息传播得更广，都潜在地实践了这一理论。在米尔格拉姆之后，也有学者或业界进行了相关的研究。例如，微软通过对MSN信息的研究发现，任何MSN使用者平均通过6.6个人就可以与整个数据库中的1 800亿配对产生关联，意味着有将近九成的使用者可以在七次连接以内就与其他人产生联系[①]。

在web 2.0时代，人际交往更加频繁，人际传播的作用也就更加凸显。

与此相关的一个理论叫作"150法则"，是由英国学者罗宾·邓巴（Robin Dunbar）提出的。他认为："一个人不可能与超过150个人维持持续稳定的社会关系，社会交流的必须礼仪使我们友谊的范围限制在150人以内。如果群体变得太大，就会分出新的群体。"他认为，这与人类处理人际关系的能力有关。

邓巴的理论更多地强调"稳定关系"，即人的强关系。强关系需要相当的时间打理和维护。与此相对的是弱关系，其需要的时间和精力则相对较少。网络的发展使得我们能够更快捷、便利地与不同地点的人维持关系，这种作用至少增强了我们维持弱关系的能力。看一下你自己的微博、微信或者QQ的好友，数量是不是有150个的几倍那么多？

十五、以计算机为中介的传播与人际关系理论

随着科技的发展和移动终端的普及，以计算机为中介的传播（computer-mediated communication, CMC）已逐渐成为最普遍的人际传播模式之一，深刻地影响着人们的传播实践活动。讯息是如何被创造的？是否针对特定的人际关系目标？效果是弱化还是强化？针对这些现象和问题，研究者提出了不同的理论来作解释。下面选取几种有代表性的理论进行介绍。

（一）社会临场感理论[②]

社会临场感（social presence）又称社会存在、社会表露、社会呈现。社会临场理论最初

[①] 雷跃捷、辛欣主编：《网络传播概论》，中国传媒大学出版社2010年版，第21页。
[②] 根据以下文献改编。滕艳杨：《社会临场感研究综述》，《现代教育技术》2013年第3期；毛春蕾、袁勤俭：《社会临场感理论及其在信息系统领域的应用与展望》，《情报杂志》2018年第8期。

由肖特(Short)、威廉姆斯(Williams)和克里斯蒂(Christie)三位学者[1]于1976年提出。他们认为，社会临场感是指在利用媒介进行沟通的过程中，一个人被视为"真实的人"的程度及与他人联系的感知程度。肖特等的界定强调，社会临场感是媒介的一种固有属性，不同的媒介具有各自稳定水平的社会临场感，在传达社会情感的言语和非言语线索时具有不同的潜能。传递更多线索的媒介会引发更高水平的社会临场感，能够让沟通者产生更强烈的对他人的感知，从而获得与面对面沟通时相近程度的真实感。根据这个理论，高社会临场感的媒介更适合执行有关人际关系的任务。社会临场感理论通常用来划分通信媒介的等级，如面对面＞视频会议＞音频。肖特等认为，人们会根据沟通任务的特性来选择社会临场感水平与之匹配的媒介，以达到沟通的最好效果。从他们的视角来看，人们可能认为一些媒介的社会临场感高，而另外一些媒介的社会临场感低。社会临场感较高的媒介通常被认为是社交性的、热情的、人性化的，而社会临场感比较低的媒介则被认为是非人性化的。该理论倾向于认为，媒介属性这一技术因素决定了社会临场感的感知，而不考虑存在于媒介两端沟通双方交互过程中的社会因素。

然而，有学者通过实验研究对肖特等的理论观点提出了质疑。古纳瓦德纳(Gunawardena)和齐特尔(Zittle)经实验证实，社会临场感是参与者在基于媒介的交互过程中产生的对他人的心理感知。参与者可以通过使用表情符号来表达缺失的副语言线索，从而增强社会情感体验，提高社会临场感[2]。古纳瓦德纳认为，即使CMC被描述为副语言线索和社会情景线索比较低的媒介，参与的对象可以通过投入他们的身份和构建在线社区来创造社会临场感。她强调，社会临场感不仅是通信交流时对他人产生的心理感知，而且这种感知可以通过人的行为来构建和维持。艾瑟尔斯泰因(Ijsselsteijn)等在一项实验研究中也发现，被试者的社会临场感会随时间发生改变，其原因是被试者感知到的刺激材料信息程度的提升，而不是媒介的变化[3]。沃尔瑟(Walther)则证明，在时间足够的情况下，基于计算机媒介的交互中，沟通双方能够形成与面对面沟通时相同程度的亲密感，而这种亲密感又会影响社会临场感的感知[4]。上述学者的实验结果均证实，除媒介属性这一技术因素外，表情符号、互动、沟通技巧等交互过程中的社会因素也会对社会临场感产生影响，并且社会因素的影响起到更为关键的作用。

加里森(Garrison)等在古纳瓦德纳等关于社会临场感的观点的基础之上，提出另一种界定，即社会临场感是指通过使用通信媒介，社区参与者试图在社交和情感上把自我投射为真实的人的能力[5]。他关注的中心从媒介的潜能发展到媒介承担社会线索传播的能力，从探

---

[1] Short, J., Williams, E., & Christie, B., *The Social Psychology of Telecommunications*, London: Wiley, 1976.
[2] Charlotte N.Gunawardena, Frank J.Zittle, "Social Presence as a Predictor of Satisfaction within a Computer-Mediated Conferencing Environment", *American Journal of Distance Education*, 1997, 11(3).
[3] Ijsselsteijn, W., De Ridder, H., Hamberg, R., et al., "Perceived Depth and the Feeling of Presence in 3DTV", *Displays*, 1998, 18(4).
[4] Walther, J.B., "Relational Aspects of Computer-Mediated Communication: Experimental Observations over Time", *Organization Science*, 1995, 6(2).
[5] Garrison, D.R., Anderson, T., & Archer, W., "Critical Inquiry in a Text-Based Environment: Computer Conferencing in Higher Education", *The Internet and Higher Education*, 1999, 2(2-3).

寻媒介传播中交互活动存在的局限性转向寻找克服这些局限性的方法。

关于社会临场理论的影响因素，肖特、加里森、鲁尔克（Rourke）等认为，影响社会临场感的维度有交互响应、情感响应、凝聚力响应。图（Tu）认为，影响社会临场感的因素有社会情境、在线传播、交互性、系统的私密性和私密性感觉五个因素[①]。

（二）媒介丰富度理论[②]

20世纪80年代初，随着计算机通信技术的发展，沟通媒介开始呈现多样化的趋势。从传统的纸质信件到电话传真，再到以电子通信技术为基础的媒介，人们的沟通获得了极大的便利。同时，在面对不同的工作任务和更多的媒介渠道时，如何使用媒介、什么样的媒介能促进组织沟通、媒介选择在何种程度上影响组织决策等相关问题层出不穷。为了解释这些问题，1983年，美国两位组织理论学家理查德·达夫特（Richard L. Daft）和罗伯特·伦格尔（Robert H. Lengel）首次正式提出媒介丰富度理论（又称信息丰富度理论），将不同传播媒介在组织决策中发挥的降低多义性的相对有效性模式化。该理论也被应用到正式或非正式的人际传播中。

据媒介丰富度理论，判断媒介丰富度有四个维度，即反馈的及时性、线索多样性、语义多样性和个体关注度。反馈的及时性是指提出的问题可以很快得到回应，排序为从单向到异步双向再到同步双向互动。线索多样性指一种媒介所能支持的线索系统数量多少，线索包括语音语调、身体语言、文字及图像等。语义多样性是指一条信息可以有多种理解的程度。个体关注度指个人将注意力集中于信息接收者的程度。当个体感知到沟通信息是根据他的习惯和需要，向其传输的定制化信息时，个体的感受和情绪更容易融入沟通过程中，此时，信息能够被更完整地传达。能满足上述所有标准或多数标准的传播渠道被称为丰富（rich）媒介，而不具备上述标准的传播渠道被称为匮乏（lean）媒介[③]。

该理论认为，沟通任务的特点与沟通媒介的自身特性决定沟通媒介的选择。沟通任务的特点主要表现于沟通的目的，包含两个方面：一是降低由于缺乏信息而产生的不确定性；二是降低由于立场和认知的不同而产生的对于信息理解上的模糊性。不确定性会导致决策者的决策困境，使决策者在面临多个选项时难以抉择。模糊性则会导致不同的决策主体对信息的含义有多种，甚至是相互矛盾的解释。沟通媒介的特性表现于沟通媒介的丰富度。高丰富度的媒介能够克服不同知识背景或将不明确的问题阐述清楚，使得沟通双方能够达成一致或

---

① Tu, C.H., "On-line Learning Migration: From Social Learning Theory to Social Presence Theory in a CMC Environment", *Journal of Network and Computer Applications*, 2000, 23(1).

② 根据以下文献改编。[美]马克·L.耐普、约翰·A.戴利主编：《人际传播研究手册（第四版）》，胡春阳等译，复旦大学出版社2015年版，第446—448页；张琪：《媒介丰富理论研究综述》，《传播力研究》2017年第9期；董滨、庄贵军：《跨组织合作任务与网络交互策略的选择——基于媒介丰富度理论》，《现代财经（天津财经大学学报）》2019年第10期；朱梦茜、颜祥林、袁勤俭：《MIS领域应用媒介丰富度理论研究的文献述评》，《现代情报》2018年第9期。

③ Miller, K., et al., *Organizational Communication: Approaches and Processes. Seventh Edition*, Stanford: Cengage Learning, 2014, pp.235-253.

共识，比如视频沟通和面对面沟通；而低丰富度的媒介能够提供的信息量较少，但它较为客观和精确，需要较长时间的解读和理解，不易达成一致或共识，比如书面沟通和电子邮件。一般而言，高丰富度的媒介更有助于解决高复杂性、高信息需求和高模糊度的任务；低丰富度的媒介更适合完成常规的、易于理解的简单任务。因此，如果目的是减少不确定性，那么更宜使用低丰富度的沟通媒介；如果目的是降低模糊性，那么更宜使用高丰富度的沟通媒介。

（三）渠道拓展理论[1]

渠道拓展理论由卡尔森（Carlson）和兹马德（Zmud）于1994年首次提出，对媒介丰富度理论关于媒介固定属性的归结发起了挑战。该理论最初的中心论点为，人们使用某种传播媒介的熟练程度越高，这种媒介对他们而言丰富度就越高。换言之，这种媒介理论上更可能被用于多义和人际导向的传播任务。研究者认为，通过熟练使用某种媒介，使用者学会了如何用这种渠道编码和解码情感讯息。

渠道拓展理论逐步增加考虑因素，认为与互动对象日益增加的熟悉度是影响所使用的媒介的丰富度和表达性的第二个主要因素。其他可能的影响因素还有使用者对会话主题的熟悉程度及其组织经验。该理论认为，来自其他传播者的社会影响还可能会影响丰富度感知。研究者分别使用横断式调查和纵向面研究方法，以电子邮件为研究对象进行了检验。在横断式调查中，研究者发现，电子邮件使用熟练程度与电子邮件丰富度感知之间有一定的相关性，与会话对象的熟悉度和电子邮件丰富度之间也有相关性。在纵向面研究中，研究者发现，随着人们对电子邮件使用熟练度的提高，他们感知到的电子邮件的丰富度也会提高。因此，社会影响对丰富度感知并不起作用。

此后，这一理论一直没有进展，直到迪乌尔索（D'Urso）和雷恩斯（Rains）重新研究并扩充了考虑因素。研究者在一项组织使用者调查中研究了传统媒介（面对面和电话）、基于文本的聊天和电子邮件。在新媒介方面得到的结果与卡尔森和兹马德的研究一致。在聊天和电子邮件两种媒介上，只有媒介使用熟练程度这个变量会影响使用者的富媒介评分。在传统媒介上，只有社会影响和与会话对象的熟悉度两项因素会影响丰富度感知，而媒介使用熟练程度不起作用。

从某种意义上说，渠道拓展理论帮助我们解释了富媒介研究中一些相互矛盾的地方。渠道拓展理论提出的这种在使用和学习中感知丰富度的解释直观而又合理。

（四）社会信息处理理论[2]

1992年，任教于美国密歇根州立大学的传播学教授约瑟夫·沃尔瑟提出社会信息处理理论（social information processing, SIP）。这一理论致力于解释随着时间的推移，以计算机

---

[1] 根据以下文献改编。[美]马克·L.耐普、约翰·A.戴利主编：《人际传播研究手册（第四版）》，胡春阳等译，复旦大学出版社2015年版，第454—455页。
[2] 根据以下文献改编。[美]马克·L.耐普、约翰·A.戴利主编：《人际传播研究手册（第四版）》，胡春阳等译，第455—457页；[美]埃姆·格里芬：《初识传播学》，展江译，北京联合出版公司2016年版，第137—148页。

为中介的传播使用者在线上如何形成对他人的印象，建立与他人的关系，并且使这些关系达到通过线下交流所能达到的状态。

这一理论明确提出了一些假设和理论。该理论认为，以计算机为中介的传播缺乏面对面传播所能传递的副语言传播线索。以计算机为中介的传播的部分理论认为，副语言线索的缺失会阻碍印象的形成和关系的建立，或者将使用者的注意力转移到非人的状态上或者群体基础的关系形式上。社会信息处理理论与这些理论不同，其假设是，传播者有形成人际印象和亲密关系的积极性，与媒介无关。该理论进一步指出，当无法获取副语言线索时，传播者会通过他们正在使用的渠道调整人际传播，以适应仅存的可以获取的线索。这样，个人就能够用语言和讯息传送的时机对社会信息（社会情绪和关系信息）进行编码和解码。该理论认为，语言内容和风格特征是人际信息更重要的表现渠道。

社会信息处理理论的第二个主要观点是，在以计算机为中介的传播中，使用者要达到与面对面互动同样的效果，即达到同样的互动印象和关系定义，需要的时间与面对面传播不同。因为在缺乏副语言线索的情况下，语言传播的电子数据流包含的信息量比多模式的面对面传播要少得多。就算在所谓的实时网络传播中，由于参与者无法在对方进行语言表达的同时看到他们的反应，聊天线索的双向传播实际并不充分，因此，要达到同样的传播功能需要更长的时间。另外，以计算机为中介的传播需要更长时间来产生人际影响，这是因为与面对面传播不同，以计算机为中介的传播通常不定时发生。通常，在线传播使用的是异步媒介，传播者在某个时间发送讯息，而接收者可以选择在随后的另外某个时间接收讯息。这就拉长了传播过程的战线。总而言之，以计算机为中介的传播使用者需要更长时间来积累信息，由此形成对会话对象的认知模式并收发讯息，以此来协调关系状态和关系定义。

该理论现已广泛用于解释和预测基于文本的以计算机为中介的传播与线下传播的差别，最近的研究也已将其适用范围拓展到更新的在线传播的多媒体形式。

前人提出的人际传播理论无疑为我们今天的研究提供了广阔的思路和理论基础，但任何理论都会打上时代的烙印，人际传播理论更是如此。因为，人是社会的人，社会是在不断变化发展的。所以，对于人际传播理论的研究和探讨还需要不断地深化，才能真正达到指导人际传播学研究的目的。

第二节 人际传播学的基本模式

模式是对所描述事物的基本架构及关系的一种较为理论化的简约表达。模式表达的主要特征是：最简化、最直观地从某一特定角度显示事物的最基本因素及相互间的关系。它为我们提供了所描述事物的一种基本的结构乃至功能，使我们易于方便地从整体上把握事物，进而认真和深化地考察其中每一个因素及其相关性。

在传播学的研究历史上,不少学者对人际传播的方式、结构、各要素间的联系加以剖析,提出了不同的理论模式。从一种模式到一种理论的飞跃通常非常快,以至于模式和理论经常被混淆,所以必须对传播的模式进行深入的理解和把握。人际传播基本模式有一个从浅入深的,不断积累、深化和发展的过程。这里我们就从最简单的发展过程开始讲起。

一、亚里士多德的传播模式

最早对传播过程进行模式化的描述可以追溯到公元前4世纪的亚里士多德(Aristotle)。亚里士多德在《修辞学》(*Rhetoric*)一书中系统简洁地提出传播的"线型模式"(见图2-12),简单扼要地举出传播中的五个要素:说话者、演讲内容(或讯息)、阅听人、场合和效果。从其结构中可以看出,这个模式适用于公众演说。它建议说话的人为了不同的效果,必须针对不同的场合,分析不同的阅听人来组织构思其演讲的内容,注意到分析传播中的各个要素。但亚里士多德的模式只对传播过程中的静态因素及其关系进行了描述,而没有关注动态因素,对于传播的过程没有明确的说明,而且对于信息传递的渠道及干扰、反馈等因素也未能说清楚。亚里士多德这一传播模式最适合用来描述公众传播的特征。

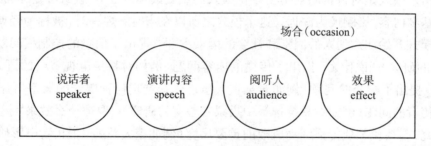

图2-12　亚里士多德传播模式

(资料来源:钟文、余明阳,《大众传播学》,湖南文艺出版社1990年版,第210页)

二、拉斯韦尔模式[①]

美国政治学家拉斯韦尔(Lasswell)在1948年发表的《传播在社会中的结构与功能》一文中,最早以建立模式的方法对人类社会的传播活动进行分析,这便是传播学史上最具有奠基意义的"5W"模式——谁(who)→说什么(says what)→通过什么渠道(in which channel)→对谁(to whom)→取得什么效果(with what effects)(见图2-13)。

---

① 根据以下文献改编。戴元光、金冠军主编:《传播学通论(第二版)》,上海交通大学出版社2000年版,第176页;黄晓钟、杨效宏、冯钢主编:《传播学关键术语释读》,四川大学出版社2005年版,第83—84页。

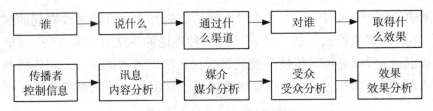

图2-13　拉斯韦尔传播模式

（资料来源：戴元光、金冠军主编，《传播学通论（第二版）》，上海交通大学出版社2000年版，第176页）

"谁"就是传播者，在传播过程中担负着信息的收集、加工和传递的任务。传播者既可以是单个的人，也可以是集体或专门的机构。

"说什么"是指传播的讯息内容。它是由一组有意义的符号组成的信息组合。符号包括语言符号和副语言符号。

"渠道"是信息传递所必须经过的中介或借助的物质载体。它可以是诸如信件、电话等人与人之间的媒介，也可以是报纸、广播、电视、网络等大众传播媒介。

"对谁"就是受传者或受众。受众是所有受传者，如读者、听众、观众等的总称，它是传播的最终对象和目的地。

"效果"是信息到达受众后在其认知、情感、行为各层面所引起的反应。它是检验传播活动是否成功的重要尺度。

拉斯韦尔模式是对古希腊亚里士多德模式的重要改革。"5W"模式界定了传播学的研究范围和基本内容，影响极为深远。这个模式之所以在当时辉煌一时，被称为经典模式，是因为这个模式开始注意到人的因素和社会的因素。"谁"提出了信息的控制权问题（例如对"把关人"的研究）；"说什么"提出了传播的内容问题（例如对特定电视节目的研究）；"通过什么渠道"提出了媒介的问题（例如对某重大事件受众选择何种媒介的概率研究）；"对谁"提出了受传者的问题（例如对总统选举中投票者态度的研究）；"取得什么效果"提出了传播的效果研究，是衡量某项传播活动成败的重要尺度（例如霍夫兰的"士兵看电影研究"为典型的效果研究），以此比较完整地概括了传播的整个过程。这也是我们传播领域的"控制研究"、"内容分析"、"媒介分析"、"受众分析"和"效果分析"分类的一个重要依据。拉斯韦尔第一次把人的传播活动明确表述为由以上五个环节和要素组成，为人类理解传播过程的结构和特性提供了具体的出发点。

米夏艾尔·比勒称赞拉斯韦尔模式第一次准确地描述了构成传播事实的各个元素。赖利夫妇认为，这个简单的模式有多种用途，特别有助于用来组织和规范关于传播问题的讨论。美国著名传播学者塞佛林和坦卡德也赞扬道："它和许多模式一样，已抓住传播的主要方面。"

拉斯韦尔模式显示了早期线性传播模式的典型特性，即多少有点主观地认为传播者具有某种打算影响接受者的意图。他把传播看作是一种影响性行为，具有主观性影响受传者的目的，是一种劝服性过程，以"任何讯息总是有效果的"为前提，因而助长了高估传播，尤其是大众传播效果的倾向。这同当时拉斯韦尔所处的社会环境不无关系。当时美国经济发展迅速,对外扩张加快,急切地需要对外进行政治宣传。同时,拉斯韦尔和亚里士多德一样,把传播看作是一个直线传播过程。他虽然考虑到传播的效果,但依旧忽视了传播的反馈和传播动机的分析,即传播者为何而传,以及受众为何选择媒介、接收信息。这个模式在揭示人类社会传播的双向和互动性质上有所缺失。

后来,布雷多克认识到这个模式过于简单,在《"拉斯韦尔模式"的扩展》(1958)一文中对其进一步做了补充,认为五个问题并不能反映传播过程的全部内容,增加了两个"W",即"在什么情况下"(in what situation)和"为了什么目的"(for what purpose)。换言之,就是传播行为的两个方面,即传递信息的具体环境和传播者发送讯息的意图。布雷多克的模式后来被称作是"7W"模式(见图2-14)。

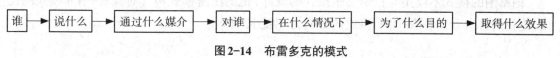

图 2-14　布雷多克的模式

(资料来源:戴元光、金冠军主编,《传播学通论(第二版)》,上海交通大学出版社2000年版,第177页)

三、格伯纳的口语模式和图解模式

美国传播学者格伯纳(Gerbner)把拉斯韦尔的五个要素进一步扩大成表2-4中的模式,其目的是要探索一种在多数情况下都具有广泛适用性的模式。该模式能够根据不同的具体情况以不同的形式对千变万化的传播现象进行描述,包含传播学的十个领域,被称为"口语模式"。

表 2-4　格伯纳的传播模式

传 播 要 素	研 究 范 围
某人(someone)	传播者及阅听人的研究
认知一个事象(perceives an event)	认知研究和认知理论
反应(reacts)	效果测量
在一种情境中(in a situation)	物质情境研究和社会情境研究
通过某种工具(through some means)	媒介研究
提供某些资讯(to make available materials)	资讯处理和资讯扩散研究
以某种形态(in some forms)	内容结构、内容组织、内容形式
在某种情境架构中(context)	可传播的情境
传递讯息内容(convey content)	内容分析、词义研究
产生某种效果(of some consequences)	整个行为改变的研究

资料来源:钟文、余明阳,《大众传播学》,湖南文艺出版社1990年版,第218页。

这是一条由感知到生产再到感知的信息传递链。

该模式的优点是适用广泛。它既可以描述人的传播过程，也能够描述机器，如电脑的传播过程，或者人与机器的混合传播。依照这一模式，整个传播过程中所有的信息都始终与外界保持着密切的联系，可见人类传播是具有开放性的系统，而传播也是对纷繁复杂的事件、信息加以选择和传送的选择性的、多变的过程。

该模式的十个方面表明传播的研究重点的变化，不是对传播学领域的硬性划分。它考虑到传播中的社会背景和社会关系的因素，使得我们的研究带有很强的社会性色彩。但是这个模式只是对单向线性模式的改进，仍然缺乏对传播活动中反馈和双向性的描述，这是其不足之处。

伯格纳的模式不仅是对拉斯韦尔模式的延伸，他的图解模式包含对香农-韦弗模式的比较，使我们再次看到香农-韦弗模式的影响力（见图2-15）。

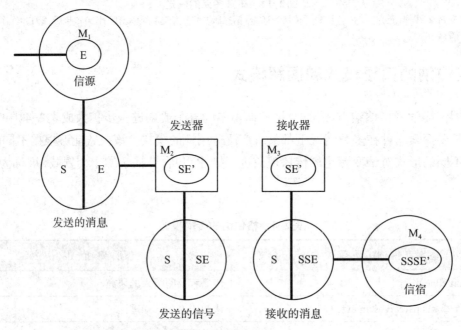

注：M是不同的发送者和接收者，S为传送信号，E为时间内容。

图2-15 伯格纳图解模式

（资料来源：[美] 沃纳·塞佛林、小詹姆斯·坦卡德，《传播理论：起源、方法与应用》，郭镇之等译，华夏出版社2000年版，第62页）

四、贝罗传播模式

在香农-韦弗模式的基础上，贝罗（Berlo）于1960年利用社会学的相关理论发展完善了一个新的线型传播模式——贝罗模式，即 S-M-C-R 模式。该模式分为四个基本要素：信源（source）、信息（message）、通道（channel）和接受者（receiver）（见图2-16）。

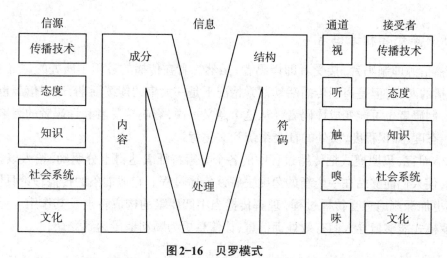

图 2-16 贝罗模式

（资料来源：钟文、余明阳，《大众传播学》，湖南文艺出版社1990年版，第219页）

（一）信源和制码者

对于信源和制码者的研究要考虑到传播技术（信源部分是指说话和写作，接受者部分是受听和阅读）、态度、知识水平、所处的社会系统和文化背景。

① 传播技术。信源和制码者以说话或写作来传播，都必须思考或探究其传播的方式，才能保持信息本身的真实性与趣味性。传播技术包括语言、文字、思想、手势、表情等，也包括如今网络中基于对这些因素的模拟所产生的网络语言、网络表情和动态图片等。信息技术的出现使得人类传播方式发生了翻天覆地的变革，但我们还是能从最基础的传播技术中找到新技术的源头。

② 态度。传播者是否自信？对于传播的主题是否喜欢？对接受者是否了解？

③ 知识。传播者对传播内容是否彻底了解？有无丰富的知识？

④ 社会系统。诸如道德、法律等社会规范和社会其他机制在个人身上的体现。

⑤ 文化。传播者的文化背景、受教育程度等。

（二）信息

在传播过程中影响的信息如下：

① 符码。主要包括语言、文字、音乐等。

② 内容。信息内容是信源为达到其目的而选取的材料，包括信息和信息的结构。

③ 处理。指信源对选择及安排符码和内容所作的种种决定，传播时应注意处理的方式是否得当。

（三）通道

通道是传播信息的各种工具。由于信息的不同，对于通道的选择也会相应地有所区别，二者的关系是非常密切的。换言之，信息的内容、符号及处理，均能影响通道的选择。

（四）接受者和译码者

传播信源即制码者，接受者即译码者，虽然二者在传播的过程中所处的位置不一样，分处于传播的两端，但是由于传播活动通常情况下是一大串的连续活动，所以信源也可能变成接受者，制码者也可能变成译码者。从这个意义上说，影响接受者和译码者的因素可以是传播技术、态度、知识程度、所处的社会系统和文化背景。

总体而言，贝罗模式把传播过程中的各个要素特征表达得十分明确，给人以新颖、独特的感觉，使人们能够站在一个新的角度去解读传播过程。它把抽象的传播理论具体化，使人们能够更加深刻地感受传播过程，理解传播当中四要素的构成特点及其作用。更为重要的是，贝罗模式能够指导人们有效处理信息，让信息更为顺利地传达到受众。

五、香农和韦弗的数学传播模式[①]

1949年，信息论创始人、数学家克劳德·香农（Claude Shannon）与沃伦·韦弗（Warren Weaver）在《传播的数学理论》（*Mathematical Theory of Communication*，1949）一书中提出传播的数学模式，或者说香农-韦弗模式。这可以说是传播模式中的一个经典模式，为后来许多传播过程模式打下了基础，并且引起人们对从技术角度进行传播研究的重视。

香农-韦弗模式是现代电子技术迅速发展，迫使数学家对传播的理论问题进行深入探讨的结果。1949年，美国贝尔电话实验室工程师香农和韦弗在研究获得传播的最好效果时，从信息论角度提出了数学传播模式，运用通信电路的原理探讨人类传播（见图2-17）。

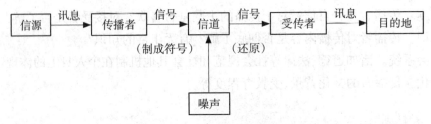

图2-17　香农-韦弗传播模式

（资料来源：戴元光、金冠军主编，《传播学通论（第二版）》，上海交通大学出版社2000年版，第178页）

他们在提出传播模式时提到了传播的三个问题：一是技术层次，即传播的准确性问题；二是受传者对信息的理解和解释，是符号语言的层次；三是外在对传播的影响和传播效果的问题，即受传者的反应层次。实际上来讲，这三个层次都涉及现代语言学的问题。

香农-韦弗模式主要是描述电子通信过程的。根据这个模式，在图2-17中，传播就是从

[①] 根据以下文献改编。戴元光、金冠军主编：《传播学通论（第二版）》，上海交通大学出版社2000年版，第177—178页；黄晓钟、杨效宏、冯钢主编：《传播学关键术语释读》，四川大学出版社2005年版，第97—99页。

左到右的一个简单的过程。资讯来源(信源)发出信息,由传递工具发射器等把讯息转化成要传送的信号,经过传输渠道,由接收器将接收到的信号转变为讯息,从而将之传送到目的地。在传播的过程中,信号可能会受到噪声等的干扰出现失真衰弱的现象。

香农-韦弗的这个数学模式在发展其他模式上一直是最重要、最有影响力的。它包含制成符号和还原符号,特别是提到传播中的噪声。传播并不是在真空的环境中进行的,讯息在传播的过程中会受到噪声的干扰。噪声指的是一切传播者意图以外的、对正常信息传递的干扰,如外界的干扰、机器本身的干扰、人为的干扰等。克服噪声的办法是重复某些重要的信息。因此,传播的信息中就不仅仅包括有效信息,还包括重复的那部分信息,即冗余。冗余信息的出现会使一定时间内所能传递的有效信息有所减少。当传播过程中出现噪声时,要力争处理好有效信息与冗余信息之间的平衡。香农-韦弗模式对一些技术和设备环节进行分析,提高了传播学者对信息科技在传播中的认识,对于现代发达的信息社会中互联网媒体迅速崛起的研究显得尤为重要,也为我们传播考察的文理结合做了很好的铺垫。

但是香农-韦弗模式是应用电路原理的直线性单向过程而提出的,依旧缺少反馈的环节,忽视了信息的内容、传播的社会效果和传播的环境。香农-韦弗模式也没有考虑到人的能动性因素。活生生的人不可能像机器那样没有任何反应能力、为人所控制。人也不可能不受任何条件制约地接收或传播信息。接收或传播信息与人的很多内在因素及其社会环境有很大的关系,如教育水平不同,文化程度高的人和文化程度较低的人,接收信息的层次是不一样的。传播还受到社会环境因素的制约,如社会制度、道德规范、传统观念、法律制度等。

这一模式不仅在信息论的范畴内受到讨论,也一直被行为科学家和语言学家类推于各自的领域。虽然说技术问题不能和人类的传播问题相等同,但是在之后许多人类传播模式中,可以很容易地发现香农-韦弗模式的一些痕迹。

六、德弗勒传播模式[①]

1966年,传播学家德弗勒(Defleur)在论述发出讯息的含义与接受讯息的含义之间的一致性时,对香农-韦弗传播模式进行了修改和补充,在一定意义上发展了香农-韦弗模式,提出了德弗勒传播模式(见图2-18)。

德弗勒指出,在传播过程中,含义被变换成讯息。他利用循环模式图提出了一些重要的问题,例如发射器如何将讯息变成信号,然后通过某一通道传递出去,即通过讯息的还原、转换和反馈等过程,可以检验传播是否实现。如果传播出去的讯息和反馈回来的讯息完全一致,说明传播实现了。德弗勒传播模式相比香农-韦弗模式的进步之处是,他开始注意到反

[①] 根据以下文献改编。戴元光、金冠军主编:《传播学通论(第二版)》,上海交通大学出版社2000年版,第171—172、178页;钟文、余明阳:《大众传播学》,湖南文艺出版社1990年版,第210—211页。

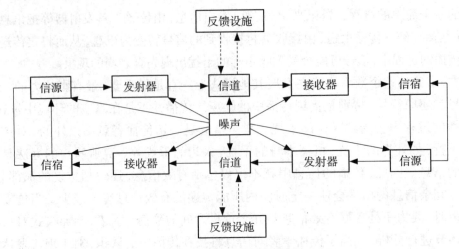

图 2-18　德弗勒传播模式

(资料来源：戴元光、金冠军主编，《传播学通论(第二版)》，上海交通大学出版社2000年版，第171页)

馈的存在,指出噪声对于传播过程各个环节的干扰和影响,使香农-韦弗模式得到根本修改,使传统的直线性模式向循环性模式靠拢。德弗勒的理论在之后的格伯纳那里也得到了佐证,但一些根本的问题依旧没有得到解决。

总体上说,德弗勒模式对香农-韦弗模式作了重要的补充。香农-韦弗模式的直线性与缺乏反馈一直受到人们的批评和质疑。这些特点在德弗勒的模式中均有所补充和说明。另外,德弗勒认为,噪声会影响传播过程中的各个因素,而不仅仅是信道。这无疑让我们对噪声的发生与影响有了更深入的认识。

七、奥斯古德的传播模式[①]

美国心理学家奥斯古德(Osgood)在1954年对香农-韦弗传播模式提出挑战：香农-韦弗模式的技术性传播模式发展应用于工程问题,而未考虑到人的传播行为。奥斯古德基于自己的意义理论和一般的心理语言过程发展出一个模式。

香农-韦弗模式排除了信息的意义,将信源、信宿、发送者和接受者表达为互相独立的因素。奥斯古德的模式强调的是传播的社会本质,提出一个人同时成为信息发送者和接受者的理论,并且把符号的意义列入考虑,而这些恰恰是香农-韦弗传播模式没有涉及的。香农-韦弗模式主要从技术的角度出发,忽视了人和社会等传播中的重要因素,把发送者和接受者截然分开。在机器系统中,这样的模式是没有异议的,但是在人类的传播系统中就显得不那么合适。因为在人类传播中,受传者并不一直是被动的,受传者将接收到的信息翻译成自己的理解之后,再将部分信息反馈给信息发送者,受传者这时就成了传播者,因而也就具有了

[①] 根据以下文献改编。戴元光、金冠军主编：《传播学通论(第二版)》,上海交通大学出版社2000年版,第170、178—180页；钟文、余明阳：《大众传播学》,湖南文艺出版社1990年版,第211—212页。

双重的身份。奥斯古德认为,每个人都是一个传播单位(见图2-19),都有香农-韦弗模式中一套完整的传播系统,同时具有发送者和接受者双重角色。在奥斯古德看来,每一个合适的传播模式至少要包括两个传播单位(见图2-20),一个是来源单位,另一个是接收单位,两个单位之间靠信息来联系,成为一个完整的体系。

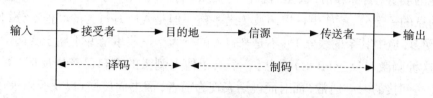

图2-19 奥斯古德的传播单位

(资料来源:钟文、余明阳,《大众传播学》,湖南文艺出版社1990年版,第212页)

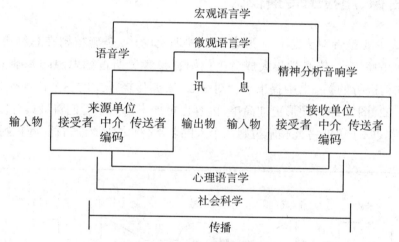

图2-20 学科角度的传播过程

(资料来源:戴元光、金冠军主编,《传播学通论(第二版)》,上海交通大学出版社2000年版,第180页)

在模式中,输入的是物质能量或某种形式的刺激。接受者通过几个心理过程,对这输入或刺激加以处理,使其变成感觉刺激而被接受。奥斯古德把这些过程称作接受和感知,中间的调节器则提供认知功能(对它附上意义或态度)。在刺激-反应连锁中,讯息是信源的输出物和目的地的输入物。输入是由译码处理的,输出是靠制码完成的。换言之,在奥斯古德模式中,接收单位与来源单位是相似的。因此,它可以应用在人的传播行为(尤其是个人传播)上。依照奥斯古德的观点,在同语言群体情境中,每一个人都被视为一个完全的传播系统。总结来说,一个个体同时具有发送和接受的功能,他们通过反馈机制对传输中的信息既编码又解码,使得主体具有双重性。因此,奥斯古德模式又被称作双行为模式。

奥斯古德模式强调的不是香农-韦弗模式的机械化传播,而是人类的传播系统。他不仅仅关注传播渠道的畅通与否、信息能否安全到达等技术细节上的问题,还关注传播行为及其双方的关系转变。这就使得传播模式带有很强的社会学意义,更加接近传播的本质。

奥斯古德还强调传播的社会本质，说道："任何适当的模式至少应包括两个传播单位，一个信源单位（说话者）和一个信宿单位（听话者）。在任何两个这样的单位之间，将两者连接起来成为一个系统的，就是我们所说的消息。我们将消息定义为从信源单位所有输出（反应）的那部分，同时也可能是所有输入（刺激）信宿单位的一部分。例如，当个体A和个体B说话时，他的姿势、面部表情，甚至对物体的操纵（例如，扔下一张纸牌，推开手边的一碗食物）均是消息的一部分，就如事件以声波传送一样。但是A所有行为的其他部分（例如，对B姿势的感受，环境中其余的线索）并不是来自A的行为。这些事情并不属于我们所谓消息的一部分。这种刺激—反应（R-S）消息（一个给予他人刺激的人自己产生反应）可能是直接的，也可能是间接的——通常，面对面说话表现为前者，而书面传播（以及音乐录音、艺术品等）表现为后者。"

八、奥斯古德-施拉姆传播模式

这个模式主要是针对人际传播形态的一种理论论述，是施拉姆在总结奥斯古德模式的基础上进行的创新。传播学集大成者施拉姆在参考奥斯古德思想的基础上，于1954年在《传播是如何进行的》一书中提出了针对香农-韦弗传播模式的三个传播模式的修正（见图2-21、图2-22、图2-23），图形更加简单，内容也更加丰富。学者们将最具有代表性和创新性的第三个模式归于奥斯古德和施拉姆两个人的名下，称之为奥斯古德-施拉姆模式。

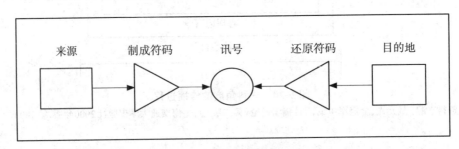

图2-21　传播过程模式之一

（资料来源：钟文、余明阳，《大众传播学》，湖南文艺出版社1990年版，第213页）

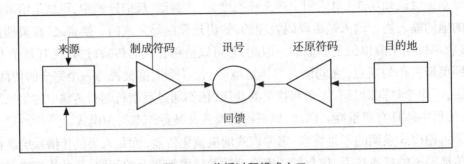

图2-22　传播过程模式之二

（资料来源：钟文、余明阳，《大众传播学》，湖南文艺出版社1990年版，第213页）

施拉姆认为，讯息的传播，首先有传播者（来源），将讯息制成符码，使其成为一种讯号，然后为对方所接受后，再把它还原成原来的符码，赋予意义后，才算达到目的。在制成符码和还原符码两个阶段中，有一个很重要的先决条件，即制码者和还原符码者必须有共同的经验范围（或知识），彼此才能沟通，以产生共识。

就传播活动而言，每个人都生活在一个符码的世界里：制成符码，同时也把符码还原。接收讯号，同时也传出讯号。图2-23用来反映一个人自身的传播模式：自己是符码的还原者、解释者，也是制成符码者。

传播过程中包含回馈（feedback）的现象。我们以两个人交谈作例子来说明。两人交谈时，甲向乙说话，甲想知道音讯是怎样被对方接受或如何被对方加以解释，而乙很自然地会以简单的话语或表情来对甲做出反应，甲对乙反应的了解，就是一种回馈。一个经验丰富的传播者会时刻注意回馈，并且会时常依据回馈来修改他的音讯，因此，回馈在传播过程中非常重要（见图2-24）。

传播者不但可以从阅听人那里得到回馈，而且可以从自己的音讯上得到回馈（见图2-25）。

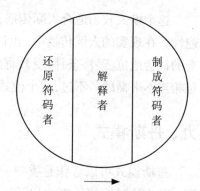

图2-23　传播过程模式之三

（资料来源：钟文、余明阳，《大众传播学》，湖南文艺出版社1990年版，第214页）

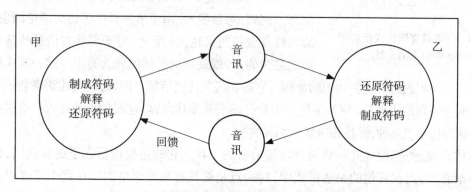

图2-24　传播过程模式之四

（资料来源：钟文、余明阳，《大众传播学》，湖南文艺出版社1990年版，第214页）

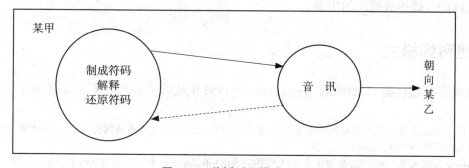

图2-25　传播过程模式之五

（资料来源：钟文、余明阳，《大众传播学》，湖南文艺出版社1990年版，第215页）

这个模式较为适合人际传播，表达了一种传受双方完全对等的传播观念，但是不具有普遍性。在现实的人际传播中，也许会有这样对等的情况存在，但很多时候，传受双方因为自身的社会地位、经济条件、受教育的程度等差别，在交往中实际上是不平等的，传播的过程也是相当不平衡的。不过，这个模式揭示了人际传播中最基本的形态，这是非常有意义的。

九、丹斯模式①

丹斯模式可以看作是香农-韦弗的数学模式和奥斯古德-施拉姆模式的一种有趣的发展。他在论述直线性模式和循环性模式时指出，大多数人可能认为循环模式最适用于描述传播过程，然而循环过程也有一些不足之处。该模式认为，传播经过一个完全的循环，不折不扣地回到它原来的出发点。这种循环类比显然是错误的。

图 2-26　丹斯螺旋形模式示意图
（资料来源：笔者自制）

螺旋线（见图 2-26）为某些用循环无法说明的现象提供了解释。它引导人们注意这样的事实：传播过程是向前发展的，今天的传播内容将影响到以后传播的结构和内容。丹斯强调传播的动态性质，描述传播过程中的各个不同侧面是如何随时间而变动的。

在不同的情境下，对于不同的个人，螺旋形呈现出不同的状态。例如，对某些人，由于事先较熟悉将要谈论的主题，螺旋线往往变得越来越大；反之，对于那些对话题的基本内容知之甚少的人，螺旋线的扩展就较为有限。这一模式可以用来解释一些知识创造出更多知识的命题。它还能说明传播情境。例如，一个主讲者教授了一系列关于同一主题的讲课后，便假定他的听众已逐渐熟悉其内容，这就使得他在每一次讲授新课时能够认为这是当然的，并且相应地组织其讲稿。

总体来说，丹斯模式并不是进行详细分析的工具。它的主要价值在于提醒我们，传播的性质是动态的，而在其他的一些模式中，这一点是极其容易被忽略的。在这个模式中，"传播者"的概念比其他模式中的更为积极。我们从中可以了解到，人在传播中是主动的，富有创造性并能储存信息。人际传播从交流的瞬间开始，就表现出不断变化的时间特点。相反，其他模式则把人描述成被动的生灵。

十、纽科姆模式②

西奥多·纽科姆（Theodore Newcomb）于1953年从社会心理学的角度提出了一种最简

---

① 根据以下文献改编。[英] 丹尼斯·麦奎尔、[瑞典] 斯文·温德尔：《大众传播模式论》，祝建华、武伟译，上海译文出版社1987年版，第24—26页。
② 根据以下文献改编。戴元光、金冠军主编：《传播学通论（第二版）》，上海交通大学出版社2000年版，第182—183页；[美] 沃纳·塞佛林、小詹姆斯·坦卡德：《传播理论：起源、方法和应用》，郭镇之等译，华夏出版社2000年版，第157—158页。

单的模式,作为对两个个体之间动态传播关系的简洁描述。它基本上以社会心理学家海德早期的理论为基础,即涉及第三者或物时,两个个体之间可能存在着一致性和不一致性。此理论可以描述为:当个体A和个体B都互相喜爱且都喜爱X(物品或他人)时,两人关系所表现的某些形态就是平衡的;但当A和B互相喜爱而其中一人不喜爱X时,两人关系所表现的某些形态就会失衡。当两人关系平衡时,他们就会反对变动;当两人关系失衡时,双方就会做出努力来恢复认知平衡。

纽科姆最大的贡献在于他发展了海德的理论,并且将其进一步运用于两人或更多人之间的传播。他设想:传播的基本功能是使两个或更多的个体之间对外部环境的物体同时保持意向。换言之,传播活动是一种对"压力的认识反应",其在不确定或不平衡的状态下会更加频繁地出现。

纽科姆模式是一个三角形,如图2-27。个体分别为A和B,他们面对的事物为X。假设A和B两个个体互有意向,并且对X也各有意向,那么A和B的意向与对X的意向是互相依赖的。这个模式提出了四个有意向的联系:一是A对X的意向,既包含对X的态度,又包含认识属性;二是A对B的意向,完全相同的含义;三是B对X的意向;四是B对A的意向。

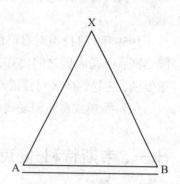

图2-27　纽科姆传播模式
(资料来源:戴元光、金冠军主编,《传播学通论(第二版)》,上海交通大学出版社2000年版,第183页)

纽科姆模式主张,传播是个人对其所处的环境进行定位的最普遍且有效的方式。

根据以上设定,纽科姆作出假设:

① A趋向于B和X的力量愈强烈,一方面,A愈是努力要求与B在对X的态度上保持平衡;另一方面,作为一个或是一个以上传播行为的后果,增加平衡的可能性愈大;

② A与B之间的吸引力愈弱,趋向于平衡的努力就受到X对于因协调所需要的合作态度的限制。

根据纽科姆模式,可以得出:

第一,由于力量的平衡,每个系统都有所区别:传播体系内的每个部分为A对X或B对X的态度发生的变化都会危及A和B的关系,而双方也都会作平衡的努力。

第二,一个人能估计出另一个人的行为,就是由于平衡的作用;平衡还能促使本人对X的态度改变。

第三,A和B之间对X的意向上的差异愈大,愈刺激传播的发生;A和B之间对X的意向上的差异愈小,双方愈要保持原状,即为保持平衡而努力。

第四,人们对于与自己意向或立场一致的信息来源,可能会付出更多的注意力,注意寻求支持,充当意见首领并补充。而对传播来说,有利于加强受传者现存观点、态度和行为的信息,将会得到更好的效果。

纽科姆模式的核心其实是宣扬一种"对称的压力",即任何特定系统都有力量平衡的特征,系统中任何改变都会导致不平衡或缺乏对称,而不平衡或不对称则会造成心理上的不舒服,并且因此产生内在的压力以恢复平衡。这种观点与当时的社会学家费斯汀格的认知不和谐论相似。认知不和谐论认为,个人的决策、选择和获取新信息都会引起不一致的感觉,并且使心理上产生不舒服的感觉,而这种不舒服的感觉会促使有关的个人去寻求对已作出的选择的支持。例如,当周围的朋友说:"你的衣服太贵了,而且也不怎么好看!"负面地评价人们买衣服的行为时,他们就会为自己的购买行为寻找支持,比如表示:"不贵,这是……名牌打折产品,很划得来的,平常那牌子都不打折,现在遇到了,觉得很幸运,而且样子又很不错!"

1959年,纽科姆对自己的模式加上了一些限制条件,提出传播只有在某些条件下才可能活跃:一是人们之间要存在强烈的吸引力;二是物体X至少要对参与者中的一方来说是重要的;三是物体X对传播双方来说都是恰当的。

纽科姆模式在我们现实的生活中存在着广泛的应用,这里就不举例了。

十一、韦斯特利-麦克莱恩的人际传播模式[①]

韦斯特利(Westley)和麦克莱恩(Maclean)是纽科姆的学生,他们的人际传播模式脱胎于纽科姆的ABX模式,但是做了一定的扩充、发展和修正(见图2-28)。

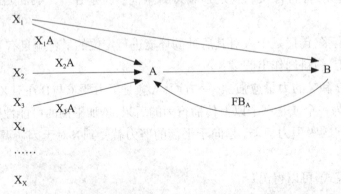

图2-28　韦斯特利-麦克莱恩的人际传播模式
(资料来源:李彬,《传播学引论》,新华出版社1993年版,第269页)

这个模式反映的是人际传播的基本情况。其中,A是传播者,B是接受者,X代表系列的事件、观念、人物等。A从大量的存在物中选出X,再把它们传递给B,而B通过反馈环节FB_A(F=feedback)对此做出反应。接受者B还可以不经过传播者A而直接了解某事件、某个人或某种观念。这就是这一模式反映的人际传播的情况。韦斯特利和麦克莱恩对于纽科姆ABX模式的第二步扩展就是大众传播的模式,这里就不做介绍了。

[①] 李彬:《传播学引论》,新华出版社2003年版,第268—269页。

十二、克劳佩弗人际传播模式[①]

克劳佩弗（Klopf）在1981年提出了新的人际传播模式。这一模式充分地显示了人际传播的特点：总是在特定的情境中展开，又总是受到情境的制约。这一模式从人际传播的情境来研究人际传播（见图2-29）。

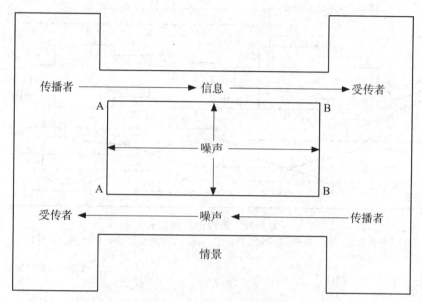

图2-29　克劳佩弗人际传播模式
（资料来源：钟文、余明阳，《大众传播学》，湖南文艺出版社1990年版，第25页）

在克劳佩弗的模式中，A既是传播者，又是受传者；B既是受传者，又是传播者。A和B对对方的信息必须消化、评估、认定后，才能给予反馈。

这个模式清楚地表明了传播情境中不可忽视的一种因素，即噪声——人际传播中的干扰因素。传播中的干扰分为两类：一类是外部的干扰，首先表现为传播环境中物质性的噪声，其次是信息交流的渠道性噪声，主要表现为一些硬性的干扰因素；另一类是内部的干扰，表现为传播主客体的心理干扰，是软性的干扰因素，在人际传播中存在的有意无意的偏见即是传播内部干扰的一种重要表现。在传播中，软性干扰因素常常会被我们忽视。

克劳佩弗模式大体反映了现代沟通理论的发展线索和趋势。但值得注意的是，尽管这个模式中提到了沟通的反馈，但其强调的却是传送。这些被人们引为经典的沟通模式并不能解决沟通中的所有问题，特别是不能解决组织沟通中的问题。

[①] 董天策：《传播学导论》，四川大学出版社1995年版，第134—136页。

十三、詹森的传播模式

詹森的人际传播模式比较清楚明白地解释了人际传播。它把实际复杂的人际传播过程变成了比较简单的图示(见图2-30)。

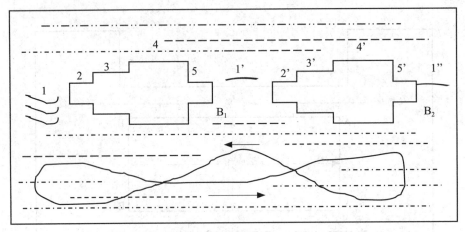

图2-30　詹森的传播模式

(资料来源:钟文、余明阳,《大众传播学》,湖南文艺出版社1990年版,第221页)

(1) 解图

周围的长方形指的是传播行为发生的情境结构,存在于说话者和听话者及传播过程的外部。弯曲的环状物是指实际传播时相互交织及相关联的各个阶段。

(2) 传播过程

真正的传播开始于步骤"1",代表着一个事件的发生和可以感知到的事物。这个事物就是一种刺激。虽然说并不是所有的传播过程都是因为刺激而产生的,但是詹森认为,只有传播以某种方式与外界发生关联时,传播行为才有发生的意义。在阶段"2"开始有意地画得相对小些,目的是强调所有可能的刺激中,只有一小部分实际刺激了观察者。从阶段"3"开始,有个体的评价作用的参与。在这个阶段,神经从感官通到脑部,从而影响身体发生一些变化。阶段"4"把阶段"3"所引起的感觉变成话语,是依照个人特有的习惯而发生的过程。在阶段"5",一个人B_1从所有可以找到的语言符号中,选出一些符号排列成某个形式,使其具有意义。

在阶段"1'",说话者借着声波说出来,或借光波,用书写的字表示出来,成为下一个听众的刺激物。在阶段"3'",有个体评价的作用。阶段"4'"开始把感觉变成话语。阶段"5'"选出某些符号并加以安排输出。照此周而复始,在阶段"1''",这些符号再次以声波或光波的形式,输出到另外一个人B_2的感官去作为另一个刺激。这样的一个传播过程是连续不断循环下去的。

假如我们把注意力集中于传播的特别关系中,以探讨传播行为与资讯符号的相互关系,则可以用图2-31表示。

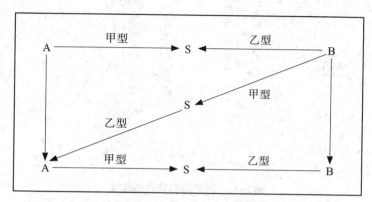

图2-31 传播交互关系模式

(资料来源:钟文、余明阳,《大众传播学》,湖南文艺出版社1990年版,第223页)

A和B是参与传播的双方,S代表由A发出(甲型)且由B加以利用(乙型)的符号。回馈是个人脑中对符号的理解,或是他脑中对另外一方所做反应的认识。A与A的垂线是指其后所得的新认识。A下一个传播行为(甲型)决定于A脑中所得印象和所感到的需要,也决定于他对刚刚处理过的回馈符号的情况。原先B对于A符号主动地接受(乙型),B接受后的回馈反应,对A来讲是发出刺激符号(甲型)。A会主动接受这种回馈(乙型),并且产生新认识。此时,B的另一个接受行为(乙型)决定于早先他接受并回馈A符号后的新认识……如此继续下去。

这个图解与众不同的特点是所有的箭头都指向符号S,而不是指向接受者,即不相信接受者是被动的,可以任由宣传家或媒介摆布。事实上,接受不接受由接受者说了算,讯息不会自动地进入其心中替其决定。接受者自己会选择,也有许多选择机会,要去认识、解释,不一定按照传播者所希望的,而是按照自己脑中已有的印象。这是我们对于传播应有的认识。

十四、巴恩隆德的传播模式

图2-32展示了巴恩隆德的传播模式,具体解释为:

① 模式中教师(P_2)和学生(P_1)是人际传播的两端。

② 个人虚线箭头同时指向公共线索、对方的语文线索、非语文线索和自身的非语文线索,它们都代表着个人感知。

③ 译码代表接受,制码代表发送。巴恩隆德(Barnlund)的模式并不区分说话人与听话人,是两方同时收发讯息。

④ 公共线索代表从现存的情境到参与传播的两方均能认知所有的提示物,并且它们在传播过程之前就已经建立,这些提示物不是参与者在传播的过程中所能操纵与改变的。公

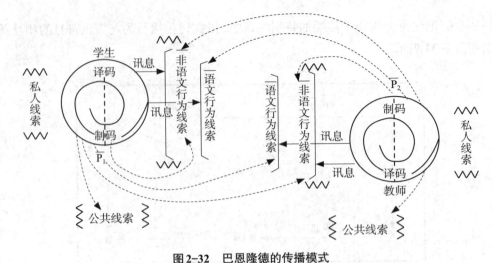

图 2-32 巴恩隆德的传播模式

（资料来源：钟文、余明阳，《大众传播学》，湖南文艺出版社 1990 年版，第 224 页）

共线索可以分为自然提示物和人为提示物。自然提示物指的是自然环境提供的线索，人为提示物指的是在传播发生之前经由人力修饰、控制环境而造成的讯息线索。

⑤ 私人线索存在于个人，它的感知在个人内部，故未用箭头表示。它主要指的是传播当事人自己能进行认知而对方不能进行认知的讯息线索。私人线索不会自动成为公共的线索，但是如果用外在的行为表达出来就成为公共线索了。

⑥ 讯息包括语文行为线索和非语文行为线索。语文行为线索代表所说的话和所写的文字，指的是参与者用语言说出的讯息；非语文行为线索代表有意的副语言行为，指的是语言以外的讯息线索，即运用副语言符号系统进行的讯息交流。但是依照巴恩隆德的观点，讯息这个词界定于恶人为了与他人传播而有意加以控制的一组线索。巴恩隆德的模式能够明确地说明人际传播的流通特性。

十五、约瑟夫·A. 德维托的人际传播模式

约瑟夫·A. 德维托（Joseph A.Devito）根据人际传播的要素整合出人际传播的模型，如图 2-33 所示。

德维托认为，传播并不是简单的线性传播，而是存在一个循环与反馈的过程，这个过程中包含的各个要素都应当被视为人际传播学的一部分。他认为，人际传播应当包含八个方面。

（1）信息源—接收者

单次的人际传播是围绕至少两个不同个体展开的，同时每个个体又承担着两种不同的责任，即信息传播与信息接收，这样才能完成双向的人际互动。例如，当你在观察别人对你的演讲所做出的反应时，也会从别人的表情和动作中得到反馈，成为这种反馈的信息的接收者。每一次沟通会因为个体及其完成的传播和接收活动的不同而不同。

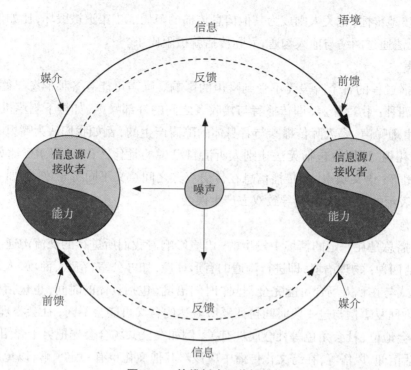

图 2-33　德维托人际传播模式

（资料来源：[美] 约瑟夫·A.德维托，《人际传播教程（第十二版）》，余瑞祥等译，中国人民大学出版社2011年版，第11页）

（2）编码—解码

每一次人际传播的过程都包含编码和解码。信息需要通过一定的方式进行传播，接收一方需要对这种传播方式及其背后所包含的内容进行理解。编码和解码的发生需要信息的传递与接收同时发生。例如，当两个恋人吵架的时候，一方说的话另一方未必接收，编码和解码就不一定发生。

（3）信息

信息会对接收者产生刺激的信号。这种信号可以通过人的语言、肢体动作、表情等基本方式传递，也可以通过网络符号、网络视频等现代化途径传递。德维托尤其指出了两种信息——反馈信息（feedback）和前馈信息（feedforward）。前者指的是信息接收一方所做出的反应，比如听到一个段子后的哈哈大笑，学生听到老师布置作业时的一声叹息。但并非所有的反馈信息都这么容易辨识，例如在公共场合，人们会对一些反应比较克制。后者是值得在传递核心、基本的信息前就已经获得的信息。例如，在宣布一件重要的事情前，人们会告诉听众："请安静，有件事不得不告诉大家。"

（4）渠道

在信息的传递中，需要有媒介的存在，即渠道。渠道可能成为传播的推动力，例如微博的出现使得人们能够更加快速地与更多人进行交流沟通。渠道也可能成为限制，尤其在其被破坏后，往往成为传播的阻碍。根据把关人理论，当信息经过把关人的时候，只有一部分信息被进一步地传播,把关人则成为其他信息传播的障碍。当渠道被毁坏,比如信号中断的时候,人们无法通过网络与他人沟通,人际传播就被阻碍了。

（5）噪声

人际传播过程的各个阶段无不受到噪声的影响。噪声可能有各种形态。德维托认为,噪声可分为四种:物理噪声,即传播者与接收者之间的外部噪声,如楼下割草机的声音、汽车鸣笛声;生理噪声,是人际传播参与者身体的障碍产生的,例如我们认为嘴里嚼东西时与别人讲话不礼貌,原因也包括无法让别人听清自己说的是什么;心理噪声,比如个人的偏见、信息封闭等;语义噪声,是传播信息在传受双方之间意义不同所导致,例如一些词语在不同方言中表示的意义不同,会导致双方产生误会。

（6）语境

人际传播总是在一定的情境中发生的,语境影响着我们所进行的交流沟通。德维托认为,语境包括四种:物理语境,即进行沟通的有形环境,如办公室、宿舍、商场,人们在公共场合的表达方式与在私人场合可能完全不同;时间语境,包括具体的时间,也包括更宏观的历史阶段,立刻回复短信与过一段时间再回复所表达的含义可能会不同;社会心理语境,与传受双方的社会地位、社会角色等社会属性有关,例如在公共场合会先把男士介绍给女士;文化语境,包括信仰、风俗等,在跨文化传播中应该对其他文化也有一定了解,以免产生信息的遗漏或误解。

（7）伦理

传播总是在一定的社会价值与道德规范的条件下进行的,社会对每个人的人际传播都有一定的约束。例如,社会要求我们诚实守信,因而传播真实可靠信息的人从长久来看会更被信任。在网络时代,每个人的信息都有可能被更快、更广泛地传播,因而隐私权更多地被人关注,尊重他人的隐私是我们要遵循的社会规范之一。

（8）能力

要进行有效的沟通就必须具备一定的人际传播能力,这要求我们根据语境和传播对象来调整自己的沟通方式与内容,学会随机应变。例如,在泰坦尼克号船上,杰克在进入罗斯的社交圈后,必须学会一些上流社会的社交技巧,才能与他人进行沟通。但社交能力并不意味着哪一种社交方式是至高无上的,而是要因时、因地、因人进行调整,有效地适应和转换。

德维托对之前不同类别的人际传播模式进行了概括,将其分为线性的观点、互动的观点和交换的观点,并且总结了在线交流的传播方式(见图2-34)。

德维托人际传播模式的特点是涵盖了更多的元素,例如伦理和能力这两个因素是前人很少提到的。他将社会环境的因素拆分为语境、伦理等,使得我们对人际传播受哪些社会因素影响有更多的理解。对能力的强调使得我们更多地了解到人际传播所面临的内部限制。换言之,并非所有人都能够通过合理的方式表达自己的想法,想要提升自己的人际传播能力,就要学会在不同语境中选择恰当的传播方式。当然,德维托的传播模式其实并没有完全跳出他自己所说的交换的观点。他虽然对传播过程中的因素有了更细致的分析,但还没有完全突破前人的模型。

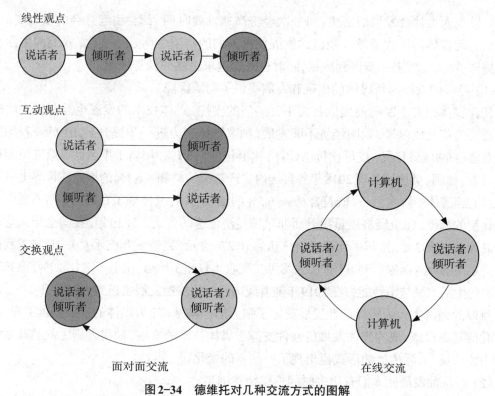

图 2-34　德维托对几种交流方式的图解
（资料来源：[美] 约瑟夫·A.德维托，《人际传播教程（第十二版）》，余瑞祥等译，中国人民大学出版社2011年版，第19页）

第三节　人际传播的发展趋势

一、人际传播的新变化

人际传播是由社会存在，即社会的政治、经济、社会结构等所决定的。社会存在决定了社会意识，决定了人际传播双方的社会地位、价值思想观念，决定了传播的动机和内容，决定了调节和控制人际传播的各种规范。不同的社会存在决定了不同的人际传播。本节我们主要探讨在新的社会环境下，人际传播出现的新变化。

（一）社会环境的变化

人际传播是在一定的社会环境中进行的。随着社会环境的变化，人际传播会产生相应的变化。因此，研究社会环境对于理解人际传播的新变化有着十分重要的意义。

1. 社会经济的快速发展

生产力决定生产关系，经济基础决定上层建筑。经济在社会发展中起着重要的决定性作用。纵观人类社会发展的历史，每一次经济高速发展时期，都会引起社会的重大变革，同时也会引起媒体的巨大变革。经济的发展使得人们的物质生活发生变化，人们的生活水平得到提高，物质需求进一步得到满足，同时也开始追求更高的精神满足。

（1）经济的发展为新媒体的出现和发展提供了物质保障

任何媒体想要不断向前发展都离不开经济的支持，媒体技术的发展也需要强大的经济做后盾。改革开放以来，我国经济不断发展，国家整体实力进一步提升。2019年，我国国内生产总值达990 865亿元，按可比价格计算，比上年增长6.1%，相当于排名世界第三位至第六位的日本、德国、英国和法国2018年各自国内生产总值的总和。6.1%的增速在世界上一万亿美元以上经济体中排名第一，既符合6%—6.5%的预期目标，又体现了在我国经济不断深化改革与转型的当下，注重经济质量提升而非单纯经济增速的要求。2019年，我国全年人均国内生产总值达70 892元，按年平均汇率折算达到10 276美元，突破一万美元大关，意味着我国已经迈进中高等收入国家行列。同时，人均可支配收入首超3万元，比上年增长8.9%，意味着我国居民的生活水平与消费能力在2019年随着我国经济的快速发展也得到大幅提升。

雄厚的经济实力为传媒产业发展奠定了强大的经济基础，为媒体的发展提供了充足的、现代化的基础设施，成为媒体发展的硬件支撑。媒体技术的发展，使得人们之间的联系变得更加方便快捷，人际传播的形式也出现了一些新的变化。

（2）经济的发展使人们有更多时间追求精神满足

随着经济的发展，人们的物质生活水平不断得到提高，物质文化需求得到进一步满足。人们不再仅仅满足于物质生活消费，而开始有更多的闲暇时间和精力去追求精神生活的满足。技术的不断更新迭代带来了生产和消费领域的巨大变化，人们的消费观念、消费方式逐渐由注重物品的实用性转向彰显自己的个性、满足情感需求。换言之，人们手中的金钱不再单纯地为生活必需品买单，更多的是为了满足人们的精神世界。

同时，web 3.0的出现和发展使个性化媒体成为主流。在人们对信息的需求不断增加的今天，网民会通过大众媒体或人际交往的方式主动获取各种信息。技术的发展正顺应了这一潮流，以分众传播的形式通过大数据的精准推送，为每一个网民营造个性化的传播平台。因此，在人们追求精神生活的同时，技术的更迭、网络传播模式的转变必然对人际交往和人际传播有进一步的需求。

（3）人际传播的社会环境更加和谐

随着20世纪90年代互联网的横空出世，到21世纪初移动互联网的异军突起，网络成为各类媒介形态的领导者。网络媒介的迅速发展，使得吉尔默（Gillmor）于2003年在《哥伦比亚新闻评论》上发表了著名文章"News for the Next Generation: Here Comes 'We Media'"，最先提出"we media"，即"自媒体"的概念。自媒体的出现带来了全新的传播特点，传受关系一体化是自媒体同其他媒介形式最大的区别之一，也体现出自媒体作为公共平台的价值。传受一体化的自媒体打破了封闭式的新闻传播格局，大众媒体时代的单向传播模式被打破，信息"传播者"与"受众"的概念逐渐被信息互动的"参与者"取代，所有人都成为新媒体中的传播主体。自媒体凭借其个体属性和媒介特性，将传播速度进行了几何倍的扩增，信息密集度和新闻精简化远胜传统媒体。去中心化和平权化的传播特点又使得人人成为新闻的参与者和制造者。

自媒体平台，如微博、微信、抖音等，使得广大网民可以利用互联网来充分表达自己的观点，建构自己的网络世界，在网络上各抒己见，表现自我。同时，许多政府网站、门户网站等纷纷开办政务公开、嘉宾访谈等栏目，开通党和政府与公众直接对话的渠道——网上对话，加强公众与政府部门的交流沟通，实现公众的广泛参与。一些政府部门还在网站上开办"群众呼声"、"为民服务"等栏目，对民众的问题和意见加以整理，精心组织回复，这也有利于缓解公众的消极情绪，化解潜在矛盾，降低压力，引导社会舆论。互联网时代，舆论环境更加宽松和谐，为人际传播的发展提供了更加和谐稳定的社会环境。

2.人际传播出现的新媒体环境

随着互联网的普及，web 2.0时代的到来改变了人们的生活方式，使得传统大众传播有了一定的变化。新媒体环境下的媒体形态具有新的变化和特点。郑治在《新媒介的新形态》一文中，从使用者的角度出发，对新媒体的形态做了如下划分①。

一对一的"对话媒介"（对等的交流）：就是在新媒体交互中非常典型的新人际交互。具体的发生状况除了过去学者们比较注意的即时通信、短信之外，还有社区私密对话、非开放状态的QQ对话、微信对话、非群发状态的淘宝旺旺聊天等。

一对N的"广播媒介"（演讲模式）：除了传统的广播式媒介，新的媒介降低了广播的门槛，增加了广播媒介的种类。例如，博客、微博、抖音等可以让大众在网络上进行文字、图片和视频等不同形式的广播。技术的发展使得一对N的广播媒介有可能变成N个一对一的个性化对话，例如微博主页、微信朋友圈等就是用户与网站的个性化对话媒介。

N对一的"场式媒介"：场式媒介是多个交流者共同作用于单个个体交流者的媒介。之所以叫"场式媒介"，是因为它非常像物理学中的场，由个体集体形成，反过来又对个体产生影响和约束。例如，点赞数、热搜榜单等，是由多个点击者的点击结果共同形成的，由于人类的从众心理，排行榜、排名等对个体具有很强的引导作用。其他的例子还有"看了本篇推送的还看了如下这几篇推送"等。

N对N的"蛛网式媒介"：N个个体同时对N个个体交流的媒介，相互之间关系错综复杂，有点像N个蜘蛛趴在蜘蛛网的N个主线上。BBS、聊天室、微信群聊天、百度贴吧等就是这样的媒介。还有一些是N个交流者围绕某个内容的，比如评论某篇博客、Tag某篇Blog、Digg某篇博客等。

（二）人际传播观念的变化

1.鲜明的个性特点②

当前，"00后"已进入高校，作为崭新的血液融入社会。被贴着"千禧宝宝"、"网络原

---

① 郑治：《新媒介的新形态》，http://ofblog.com/zhengzhi/2007/03/11/。
② 根据以下文献改编。项久雨：《品读"00后"大学生》，《人民论坛》2019年3月（下）。

住民"标签的"00后"自出生便在经济全球化、网络科技发达的时代背景下成长,形成了独一无二的鲜明代际特点。作为自带网络基因的新一代,"00后"大学生具有独立个性,热爱彰显自我。生活在经济迅猛发展时代的他们,不以物质生活为主要的追求标准,而注重自我情感的体验与价值实现,具有与生俱来的网络社交能力,二次元文化、明星、游戏、网络交友、自拍等都是"00后"大学生们的兴趣所在。具有丰富网络使用经验的他们也拥有独特的个性化表达方式,即"打call"、"我挺你"等网络流行用语。个性十足的"00后"也具有较强的个体意识,因为存在代际差异而暗含着对外部群体的不理解、怀疑与对事物的批判眼光。

"00后"大学生相较于"80后"、"90后"大学生,独立性更强,既具有独立的思想意识,也具有独立的行为举措。如果说"早熟"、"独特"是外界赋予"00后"大学生的标签,那么"独立"、"自信"则是他们对于自我的认定——敢于行动,具有独立的判断,勇于摆脱依附而独立完成。家庭氛围、社会环境及网络社会的特征共同造就了"00"后开阔的眼界视野和他们对自我的独立见解。从社会发展状况来看,"00后"的生长环境是中国基本实现富起来的历史进程,中国经济的不断发展和中国在国际社会中不断增强的社会地位使"00后"拥有与生俱来的自信,激发了他们对自我的独立主见。

思想开放也是时代赋予"00后"大学生的显著特色。随着中国改革开放的步伐越迈越大,世界的开放性通过网络媒介完完整整地展现在"00后"的视野中。近年来,中国的开放开始从"引进来"迈向"走出去"的新阶段,各类国际交流、研讨也变得更为多元丰富,"00后"有着前所未有的走向国际的机会。在网络平台中,"00后"大学生们乐于表达,喜于将自我尽情地展示并接受世界各国的多元文化;在现实生活中,从高中的社团比赛到大学的交流项目,越来越多的"00后"已经在自己即将成年或刚步入成年阶段就踏出国门,投身于国际世界之中。"00后"大学生们以包容开放的心态、宽阔的国际视野和开放的思维迎接属于他们的未来,这种思想的开放性使他们变得更为包容和自信。

2. 新的人际交往需求①

"00后"大学生们的鲜明个性使得他们具有与"80后"、"90后"不同的人际交往需求。习惯于网络化的生存方式、受到世界多元文化熏陶的"00后"大学生们,更为追求小众化的兴趣圈层。他们依托网络阵地,以相似的兴趣和爱好聚集成"圈",形成不同"圈层"偏好的文化。这类兴趣圈层往往人数较为有限,并且不追求大众的认可或吸引更多人的参与,而是在小群体中相互分享娱乐,因而可以称为小众化的兴趣圈层。渴望寻找符合自己兴趣的小众化圈层体现了"00后"彰显个性,拥有独立主见的鲜明个性。这一类群体聚集常见于QQ兴趣群、百度贴吧等场合,那里成为"00后"大学生们的聚集地,由此形成了圈层各异的话语体系和情感依托。

步入21世纪,中国人民生活总体上已经达到小康水平,在此环境下成长的"00后"逐渐表现出对于更高精神生活的追求,他们的需求包括情感、文化等多个维度的精神支撑。从

---

① 根据以下文献改编。项久雨:《品读"00后"大学生》,《人民论坛》2019年3月(下)。

"00后"的特征及生长环境来看,独立性较强的他们在精神上可能因为家人、旁人的不理解而出现孤独和落寞之感,加之部分"00后"大学因为单亲家庭、留守家庭、"保姆"家庭的特殊成长环境,使得他们更渴望情感上的支撑。同时,随着物质生活的不断富足,社会各界和父母都开始对孩子的教育予以极大的重视,从"早教班"到"兴趣班",再到"补课班",各类课外学习让"00后"大学生们从小就浸浴在知识文化的海洋中,因而他们在日常的生活中更需要充实的精神生活。

具有思想开放特性的"00后"大学生们也更向往深层次的国际交流与互动。随着数字技术和移动端的不断发展,"00后"自幼便通过移动网络来了解整个世界,然而碎片化的信息并不能满足他们对于世界知识的渴求,因而他们更迫切地需要深入、持久且多元化的信息输入。知识是世界的,人才也是世界的,立足目前的中国及全球发展,要成长必须具有国际视野,因此,深层次地与国际前沿知识进行互动成为"00后"的渴求。现如今,高校的发展和技术的更迭使"00后"的这一人际交往需求得以实现,网络慕课的开发、零距离实时在线互动等多媒体技术使得"00后"能够在中国高校的课堂中,与世界各国的优秀青年、各领域专家学者进行互动交流,以全方位、深入地了解全球科学知识及不同地域的特色文化艺术。

3. 网络视域下的青少年亚文化[①]

在网络亚文化参与群体中,青少年们是一个庞大而不容忽视的群体。不同于主流文化,亚文化是"存在于社会不同阶层和利益群体中的,不占统治地位的,未被其他阶层和社会集团接受与认可的意识形态"[②]。亚文化通过风格化的和另类的符号对主流文化进行挑战,从而建立认同的附属价值[③],可以被视作是对主流文化的一种抵抗和反叛[④]。"00后"在参与网络平台互动时不可避免地接触并进入亚文化的社交圈层,成为其中的重要参与者。立足新媒体的网络平台,青少年亚文化如今以网络虚拟社区、网络动漫及大型网络游戏为主要表现形式,对青少年的新人际观念解读亦要从他们的网络行为的表象开始解读。

网络虚拟社区是指通过网络进行相互交流的群体,是线下社区的网络版本,群体间通过通信互动,交流和分享具有某一特定主题的信息,形成相互之间的人际关系网络。青少年在网络虚拟社区中匿名聊天、游戏,通过社区独有的语言符号进行交流,在其中寻找归属感和认同感。这一类网络虚拟社区的通常表象为QQ群、微信群、百度贴吧、YY语音群等,在社区中常用的特征符号时常也会因为社区成员在其他网络场合的使用而被传播扩散,形成网络流行语而成为具有代表性的亚文化形式。随着社会多元化的发展,网民数量的急剧增加使得网络虚拟社区的数量亦呈现爆发式的增长,带来网络流行语的不断更替。快速传播的网络流行语,通过一些主流社交网络,在被大量网民使用的过程中,诞生出新的含义。"小鲜

[①] 根据以下文献改编。范苗苗:《网络传播视域下青少年亚文化研究》,湘潭大学新闻传播学专业硕士学位论文,2015年。
[②] 范秋迎:《科学认识、区别对待:对非主流意识形态的理性考量——以社会主义主流意识形态为视角》,《湖北社会科学》2010年第3期。
[③] 陶东风、胡疆锋:《亚文化读本》,北京大学出版社2011年版,第3页。
[④] 邓欣欣:《网络视野下青少年亚文化的解构与重构》,《青年探索》2015年第4期。

肉"、"单身狗"、"高富帅"等网络流行语已经成为日常交流的词汇,这些网络平台的交流符号是亚文化群体被排斥于精英话语之外,通过虚拟社区创建的独立的网络语言,形成对传统话语的挑战。随着网络使用的普及化,网络流行语的不断诞生并开始走出虚拟社区进入大众的日常生活中,丰富了人们日常的语言交流,但同时也在一定程度上对传统汉语言文化造成了影响。

网络动漫是青少年亚文化的又一特征形态。步入网络媒介时代,文字"一家独大"的重要性已经逐步被图片取代,"无图无真相"、"一图胜万语"等流行语言充分表达了在如今的媒介文化中图片占据的重要地位。网络动漫引发出一类全新的媒介符号——表情包,成为青少年群体独有的图像叙事语言符号。随着网络用户的不断增多,表情包已经开始被各类文化群体和不同年龄段的用户接受。"小黄鸭"、"兔斯基"等最早一批网络动漫表情包以其活泼的外形、幽默风趣的动作成了青少年们用以标榜自己的虚拟符号,也符合"00后"鲜明独立、喜欢彰显自我的个性特点。通过网络动漫表情来表达自身情绪的青少年们将此爱好拓展延伸至现实生活中,形成动漫文化中经典的COSPLAY活动,即利用服饰、道具等扮演网络中虚拟的动漫和动画角色。

网络游戏是另一种青少年群体追捧和认同的典型亚文化形态。网络游戏的参与者以青少年为主,年龄主要集中于18—24岁,并且随着近年来手机端网络游戏的盛行而出现向低龄化发展的趋势,更多14—18岁中学生开始进入网络游戏中,成为许多游戏的主要参与人群。在网络游戏中,社会地位的差异、社会角色的歧视、情感沟通的障碍等都不复存在,取而代之的是游戏玩家间彼此相同兴趣的交流沟通。网络游戏为青少年群体提供了一个现实生活的"庇护所",实现了青少年群体对于精神生活的追求和心理层面的满足,也催生了一类独特的亚文化形态。

(三)数字技术的变化

Web 1.0时代始于1994年,大量的静态HTML网页是其主要特征。通过万维网,网络上的资源可以在网页中直观地展示,并且链接技术将资源与资源进行互联,形成了单向的信息传播模式。web 1.0时代的互联网,只是一个能为实体公司提供线上展示服务的平台,面向消费者展示产品,并且吸引消费者前往实体公司进行购买。用户只能搜索信息或点击链接查看、浏览信息。聚合、联合、搜索作为web 1.0的本质,虽然联结了海量的信息且为人们提供了资源检索与聚合的功能,但没能解决网络用户与用户间的沟通和互动。

在web 2.0时代,软件被作为一种服务,因特网从web 1.0时代的一系列展示网站演变成能为用户提供网络服务的较为成熟的服务终端。web 2.0更为注重用户的参与、数据储存的网络化、在线网络写作、社会网络关系的构建与文件分享等功能,成为这一代互联网技术的主要支撑。相比于web 1.0时代用户是网络信息的受众,在web 2.0时代,用户不仅成为网络信息的接受者,还成为信息的发布者。参与、创造、传播信息成为web 2.0时代的本质特征,弥补了web 1.0时代的不足,解决了网络平台中人与人之间交流、沟通、互动的需求。在web 2.0时代,博客(Blog)、百科全书(Wiki)、社交网络(SNS)、即时通信(IM)等应用逐渐涌现,重新定义了信息传播。也正是基于web 2.0时代的技术特性，人际传播开始出现于互联网之中，逐步实现全新的网络人际传播模式。

Web 3.0作为web 2.0的再一次发展与延伸，实质上是将所有杂乱的网络信息以最小单位进行拆分，同时进行语义的标准化和结构化，最终实现信息之间的互动和基于语义的链接。这样的技术使得互联网能够"理解"各类信息，从而实现基于语义的检索与匹配，为用户提供更加个性化、精准化和智能化的搜索。得益于如今新兴数字传播技术的不断发展，web 3.0时代的全新媒介将被重新定义为沉浸式媒介，例如基于虚拟现实技术的新闻报道——"沉浸式新闻"逐渐进入公众视野，同时，虚拟现实技术（VR）、增强现实技术（AR）、混合现实技术（MR）等技术作为全新的媒介形态，给网络用户带来全新的媒介体验。新兴科技的诞生，也在不断催生全新的人际传播特征与模式。在web 3.0时代，线下的传统人际传播已经可以完全转移至线上进行，通过全息投影等技术实现虚拟的面对面人际互动，使体态语言等能够在网络人际传播中得到延伸和进一步发展。

（四）生活方式的变化

网络时代，在科技飞速发展的背景下，人们的生活方式也悄然发生着改变。

1. 购物方式更加多样

衣食住行是人们生活中必不可少的组成部分。现代社会，购物在满足基本民生需求之外，也成为人们娱乐休闲的一种方式。市场越来越细分，商品种类越来越多，人们的购物选择也越来越多样化，从过去的卖方市场转向买方市场，各类商品供过于求，卖方之间竞争激烈，而购买者处于能够主动选择的市场地位。同时，人们开始在闲暇消费中投入更多的资金，并且将追求精神层面的享受作为购买商品的直接目的。人们不会再过于关注商品的实用性，而更在意商品的文化属性及附加值，通过购物来体现自己的个性，满足自己的情感需求。

人们的购物方式变得越来越多样化。从邮寄购物到电视购物，再到已经深入千家万户的网络购物，人们可以足不出户便购买到心仪的商品。如今出现的电视购物与网络购物结合、网络购物与实体商店结合，以及网上以物易物、二手物品集市等多种购物模式，则让这种选择变得更加丰富且透明。

2. 娱乐方式的改变

对于"60后"、"70后"而言，一提到推铁环、打陀螺、打弹弓等，总是会联想起童年的各种美好回忆。而对于"90后"、"00后"而言，大多数人不知道铁环、陀螺为何物。电视、电子游戏、电脑、手机、MP3、MP4，一代又一代，新鲜事物不断出现，孩子的玩具也越来越多。那些自己动手做的简易玩具早已淡出人们的生活。智能机器人成为如今儿童娱乐方式的"新宠"，通过人工智能（AI）助手进行日常问答、表演节目、教学辅导等，寓教于乐。

另外，象棋、纸牌、麻将等休闲活动从现实生活搬到网络上，传统的娱乐方式向着虚拟形态转变。例如QQ游戏、联众平台等操作简易的休闲游戏平台，让人们有了更加便捷的娱乐方式，即使是相隔很远的两个人，也可以通过网络进行隔空对弈。

3. 阅读方式的改变

2019年第十六次全国国民阅读调查结果显示，我国数字化阅读方式的接触率为76.2%。近年来，开机化阅读方式逐渐兴起，借助网络、手机等技术手段的微阅读，已渐成读者阅读的"新宠"。人们的阅读方式已经悄然发生改变，数字化阅读以日新月异的方式和速度在发展。通过网页、手机、电子书、iPad，人们的阅读方式不再局限于阅读纸质书籍，而是有了更加多样、便捷的方式。

此外，人们的阅读也不只是依靠眼睛，听书成为又一种新兴的阅读方式。很多网站提供MP3格式的语音图书下载，对于一些工作压力大或想在通勤途中读书学习的人们来说，朗读版的图书很合他们的胃口。

4. 交友方式的变化

在网络被广泛运用之前，人们的交友方式十分单一。20世纪90年代初期，笔友是当时非常流行的交友模式。各式各样的花式信纸和各种笔友征集信息，曾一度疯狂流行。当互联网流行之后，交友方式变得更趋个性化。各种社交网站或社区论坛等成为人们丰富多元的线上交友平台，颇受广大网民的欢迎。人们通过线上的互动加深对彼此的了解，通过线下的聚会或交友进一步拉近距离。如今，伴随着移动端游戏的火热潮流，"手游"使得天各一方的人们因相同的游戏爱好而形成联系，成为全新的交友方式。

网络也使人们的相亲观念发生了改变。通过相亲类网站认识好友，举办各种交友嘉年华活动，举办宠物论坛联谊会，先让各家的宠物熟悉，然后再各自交流情感……一向耻于与传统相亲为伍的都市新人，把让人尴尬的大眼瞪小眼式的对话，变成了一场集休闲、娱乐、恋爱、交友于一体的嘉年华派对。每一次的活动都是一个从线上发起到线下碰头的过程。网络这种便捷方式的介入，让现代人的相亲变得轻松活泼了许多。随着人工智能和大数据技术的不断发展，许多交友平台逐步拓展出智能配对的功能，使得性格、爱好等相似的人们能够更容易相遇、相见。

二、人际传播的发展趋势

（一）新媒体时代的人际传播特点

1978年，尼古拉斯·尼葛洛庞蒂创新性地提出"媒介融合"的构思，意指计算机、出版印刷和广播电视三者的相互交融。在后续几十年的发展中，随着数字技术和传播学理论的不断更新迭代，"融媒体"概念于2014年由《光明日报》率先提出，指"伴随着传统媒体不断寻求变革的一种新媒体形态，与传统媒体的转型和新媒体的发展有直接关系"。如今，数字技术不断推陈出新，VR、AR等技术的成熟及其在各领域广泛运用，使得信息传播的载体不断丰富，单一媒介开始向多功能的媒介融合转型。这种发展趋势，已经逐渐逼近麦克卢汉提出的"媒介即人的延伸"。媒介使人的感官能力愈发多元化和立体化，也给人际传播带来了深远的影响。

1. 传播内容精细化

相较于传统大众媒介传递信息的冗长和繁复，新媒体时代的到来使得信息以碎片化的形式传递，虽然打破了信息故事的完整性，但也使得信息的重点和要点被突出与强调。碎片化信息传递的方式，越来越符合生活于快节奏都市中的人们的需求。以新闻信息为例，传统的电视新闻通常需要持续半小时或更长时间，包含对新闻的完整介绍。然而，对于很多上班白领而言，每天并不一定能挤出半个小时来仔细收看或收听新闻播报。推送式要闻、短视频新闻等模式显然更能满足诸多上班白领的需求，他们可以在零散的休息时段，迅速通过推送链接或几分钟的短视频获知新闻要点。可见，随着融媒体时代的到来，人们对于信息内容的精细化程度要求更高，需要更为核心、更突出要点的碎片信息以满足视听需求。

2. 传播方式融合交互

在移动互联网时代，社交媒体的影响力日益增大。原因不仅在于手机移动端给人际互动带来的便捷性，更在于社交媒体集文字、图片、视频、音频于一体，通过丰富的信息形式给人们以远超于传统媒体的感官效果。同时，社交媒体还允许人们自由发布信息，与他人产生互动，创造、共享信息价值，实现双向互动性和感官的平衡。传播的社交化特征日益显著，无论是新闻平台、视频平台还是社交媒体，"评论"、"弹幕"、"转发"、"点赞"都会融入其中——只要有信息的地方就存在互动。网络中的人际传播已经深入各个信息传播领域，并且形成相互融合与交互。

3. 临场化趋势不断增强

临场化是指给受众身临其境的感官体验。在过去，视频连线直播的新闻使我们能够通过电视屏幕，看到远在其他城市，甚至其他国家发生的重要事件。通过纪实视频和现场直播的新闻，我们感受到战争的残酷、自然灾害的可怕。随着网络技术的不断发展，网络直播逐渐火爆，各直播平台快速涌现。虽然直播带来了受众与传者通过网络进行面对面交流的人际传播模式，能够直观地展示现场的真实情景，但是，直播对于所有观看的受众而言仍是第三人称的视角，未能形成第一人称的感官。VR技术的运用完全颠覆了网络直播带来的所有感官体验，通过第一视角的全景直播，使用户能够直接"到达"现场。在2017年党的十九大报道中，人民网记者用这一设备进行新闻录制和采访，实时呈现记者在人民大会堂的所见所闻，使所有受众不再受到传统电视直播摄像角度的限制，而能够"亲临"党的十九大现场。这一技术也开始逐渐被运用到网络直播中，成为新兴的直播模式，带来人际传播全新的临场化特征①。

（二）人际传播的新趋势

1. 多元化

经济体制的变革极大地影响了人际传播与交往关系。在现阶段社会主义市场经济体制

---

① 袁映雪、徐阳：《论融媒体视角下人际传播的新特征与新趋势》，《新闻研究导刊》2018年第19期。

下，多种所有制成分并存，经济活动的领域充分扩大，人们可以在一个更为广阔的背景下活动。此时的人际传播与人际交往，无论在交往对象、交往内容与形式，还是交往的纽带、媒介上，都呈现多元化的特征。

(1) 交往对象多元化

首先，随着竞争的激烈，个人在选择职业的时候，是与企业进行双向选择的结果。人的一生中会经历多次职业选择，或出于自己的意愿更换职业，抑或因为客观因素而需要进行职业道路的抉择。在不同的职业中，人们通过考察、咨询、接触，会与不同职业的人和不同地位的人接触，这就会使人际交往的层面越来越多，交往对象越来越广。

其次，人才交流、学术交流和经济交往等社会活动的不断增加，给人们主动参与和自愿组合各种人际关系创造了条件。许多夏令营、高校等都会有交换生项目，让学生前往外国或外地的学校进行学习，以加强学术交流，增进两校学生彼此之间的联系。现代社会上各种自愿组合的群体、协会、社团也为人们提供了更多的社交场合，使人们可以在多层次、多方面实现自己的人际交往动机，在群体中获得多方面的信息，掌握各类知识，以满足自己的社交愿望。

(2) 传播内容与形式多元化

人际沟通与交流内容扩大到社会生活的各个方面，如经济、股市、技术、文化、家庭和爱好等都可以成为人际传播的重要内容，人与人之间的关系也因此变得多元化。从交往的形式来看，过去主要表现为管理、服从、顺应，彼此间的传播是上级下达命令、下级服从命令这种较为单一的形式。随着人们的自主权逐渐被重视，上级对下级不再是颐指气使地命令，而是在下达工作任务的时候会充分考虑到下级的自尊和意见等；被管理者对管理者的命令也不再是单纯的服从，而是可以提出自己的意见或建议，并且可以与管理者平等地讨论，从下而上的和横向的沟通网络已经非常普遍。

(3) 传播纽带多元化

人际交往的纽带由一元向多元转变，从传统的单缘转向多缘。"缘"即纽带或关系。在传统社会，人们的日常交往以"人情"作为维系人际关系的主要纽带，具有"缘"的单一性。经济的迅速发展使人际关系打破了单一的模式，人际关系的交往形式和手段多样化了。更多的人渴望生活丰富多彩，渴望更多的人际交往，努力创造机会进行自我尝试、自我锻炼，实现自我存在的价值，因而形成了以血缘、地缘，特别是以业缘、机缘或网缘为基础的层层相叠、环环相交的错综交叉的人际关系网，使得人际交往也由一元走向多元。

(4) 传播媒介多元化

在网络媒介发达的现代社会，人与人之间更多地借助网络这一媒介进行间接传播。同时，现代信息社会的组织机构也发生了相应的变化，组织内的各种信息不再是上下逐层传递，而是通过电子邮件、数字办公软件、手机端的工作系统等进行统一信息传递，极大地提高了工作效率。尽管间接传播在人们生产生活中的用途越来越广泛，也给人们的日常生活提供了诸多便利，但是人们对直接的人际传播的兴趣依旧十分浓厚。作为情感动物的人类，除了接收传播方的信息外，更希望能够与对方相聚在一起，面对面地进行有温度的直接交往与信息交流。

2. 开放化

随着现代社会的快速发展,现代企业的发展已将人们原有的封闭圈打破,社会分工日趋精细,交通通信迅猛发展,为拓宽人际交往的空间提供了便利条件。人口流动增大,人们为了开拓市场、了解信息,交往面越来越广。在这种情况下,旧有的人际关系发生深刻变化,人们的交往欲大大增强。

人际传播的开放性表现在个人和集体交往的活动半径扩大了,突破了封闭状态和以前固有的某种无形的界限,而且具有进一步开放发展的趋势。现代人在交往中已不再满足"人生得一知己足矣"的状况,而是除了注重感情的需求外,还希望在增加交往的过程中,不断寻找新的朋友,觅得新的发展机会。

就个人而言,个人交往突破了血缘关系的封闭性和男女交往的限制性,增加了基于业缘、公共关系和网缘的交往。人们走南闯北,突破地域限制,从事商品交换,业缘关系迅速发展,横向联系不断扩大,个人交往日趋多样,交往频率明显增加。有的人拥有不同年龄、不同职业、不同地位的外地、外国朋友,形成多层次的人际关系,并且呈现出明显的开放性。可以说,只要具有交往需求和意愿的两个人都可以进行人际传播,成为朋友。

人际关系由封闭型向开放型的转变,也是个人社会化程度逐步提高的表现。人际关系越开放,个人的眼界就越开阔,适应能力和创造能力也就越强。随着经济和社会的不断发展,人们进一步改变了狭隘的封闭观念,扩大了社会交往,建立起更为开放的人际关系[①]。

3. 理想化

传统的人际传播往往受到双方背景的影响,交流时要顾及各自的社会角色,遵从社会角色的行为规范,这些因素始终制约着人际传播的方式和进程。然而,在网络社区中,互联网给所有人提供了一个相对平等自由的发言空间。网民们能够在网络平台中,跨越现实社区中社会地位、经济能力、权力地位的差异和高低,都拥有同等的机会表达心声、发表意见。同时,网络的匿名性特征,也使人们可以在网络中隐匿自己的真实身份,主动塑造一个全新的自我及相应的人际关系,而不需要暴露太多的"真实面貌"。此外,非面对面和非即时的交流方式常被网民们巧妙地用来与他人保持社会距离以获得更大的隐私空间。

同时,网络平台为大众营造了一个同时共享又彼此分离的宽松、自由的生活环境。在这种环境下,人们的心态更接近于"本我",大幅度减少了现实社会带给人们身心的压力。网络社区因其虚拟性而在一定程度上避免了因为相貌、身份、等级、利益等诸多因素导致的交往局限,自由、平等地交流有可能改善现实社区人们虽居住在一起却未必平等的人际关系。网络社区最重要的功能在于它提供了人们自由而全面发展的空间,鼓励人们最大限度地挖掘自身的潜力,展示其才华[②]。

[①] 乐国安主编:《当前中国人际关系研究》,南开大学出版社2002年版,第243页。
[②] 王欢、郭玉锦:《网络社区及其交往特点》,《北京邮电大学学报(社会科学版)》2003年第4期。

三、互联网对人际传播的影响

（一）场域变迁对用户心理的影响

互联网的不断发展，使得人际传播的场域开始发生根本性的变化。传统的人际交往通常以血缘、地缘、业缘为主，并且由内向外逐渐拓展，人际交往往往被局限于一定的地域空间之中。而这一限制因互联网的诞生被打破，社交软件，如微信、QQ等，使人际交往脱离时间和空间的限制，通过视频对话还原线下面对面人际互动的"在场感"。然而，时空局限的打破，虽然便捷了人们的交往方式，却难以拉近人与人之间的交往距离。由于传统的交往礼仪在网络人际互动中不复存在，因而现实人际交往场域向网络虚拟场域的过渡，很容易拉大人际交往中的心理距离。网络人际交往开始逐渐趋于表层化，尽管人们渴望交际，追求友谊，人际传播交往面也依托网络在不断扩大，但由于社会的复杂及人们交往心理的微妙变化，彼此交际的时间缩短，导致人际交往的深度趋于浅显，流于表面化，体现出流动性较大的特征，不如以往牢固、稳定。

身处互联网场域之中，运用社交软件可以迅速通过虚拟社区建立网络人际关系网络，超越了现实人际社交的构成模式。互联网场域被无限细分，以致人际关系呈现出多层级、相互交叉的特征。例如，几乎每一个使用微信的网络用户都拥有十几个，甚至上百个微信群，每一个微信群都构成一个全新的人际传播场域。如此分层为网络社交带来了人际互动行为的几何式增长，但人们真的可以适应如此多场域间的人际互动切换吗？2018年年初，BBC发布报告指出，社交媒体的使用可能导致压力的增大，从而引发焦虑、抑郁等问题。亦有研究指出，情绪失调与社交媒体的使用存在关联。虽然这些结论仍有待进一步的探究和验证，但场域的变迁无疑对所有互联网使用者的心理都产生了深远的影响。

（二）数据收集对个人隐私安全的影响

相比传统人际交往中的隐私权拥有较为完善的法律保护，互联网环境中的个人隐私安全则相对处于较为灰色的地带。虽然随着法律的不断完善，目前保护网络个人隐私的相关法律已经较为完善，但仍然给网络人际传播带来了诸多挑战。早在2009年，瑞星公司就发布了《网民隐私与社交网站（SNS）安全报告》，其中提到："目前国内网民的个人隐私泄露情况已经相当严重，而造成这种情况的主要原因，已经从'木马病毒小规模窃取'逐步转变成商业公司有目的地收集，这些商业公司诱导网民泄露隐私，然后记录用户隐私并牟利，而一些社交网站则表现得尤为突出。"2018年，Facebook被爆出用户隐私信息泄露事件，黑客明码标价地出售用户聊天信息。

网民在使用互联网的过程中会随时留下电子足迹，不仅包括个人互联网使用记录，还可能留下个人身份信息、地理位置数据、密码等涉及隐私、财产安全的诸多保密内容。互联网中的网民，或无意地通过个人主页等公开网页，透露着个人资料；或自认为匿名地在虚拟社区中表露想法的同时，透露着自己的身份信息。通过计算机技术窃取、偷窥、获得他人隐私的门槛，相较传统环境中亦有大幅度降低。因而，在网络时代，人们的隐私保护问题更加值得关注。

（三）交往泛化对信任机制的影响

网络群体的出现使人际关系呈现出前所未有的新形势。在网络上，人们以"符号"身份与"不在场"的对方进行人际互动，导致交往双方都无法感受到对方的各种情感反应，加之网络的虚拟性使得网络无法规范人们言论的真实性，甚至还公开承认或默许交往者的虚假言论。这种人际交往的虚拟性特点，致使很多网民抱着游戏般的心态参与网络人际互动，使之充满怀疑性，最终导致网民之间的信任感远不如现实社会中的人际交往。信任作为人际交往中的核心影响要素，互联网的出现对其产生了负面的影响，而存在于网络中的信任危机，亦会迁移到现实社会中，导致人际关系障碍的发生。由于网民在虚拟的网络人际传播中已经习惯于以虚假的身份和语言进行交往，因而在现实的人际交往中就会缺乏真诚和真挚，进而影响自己与他人良好关系的建立。

（四）网络使用对思想个性的影响

从社交属性来看，网络环境中的虚拟性和匿名性是一种非常有用的机制，为人们在撒谎和说真话的切换中提供了巨大的便利。人们在交往过程中较少承担现实社会中的种种压力和责任，网络平台便成为不少人宣泄感情、抚慰心灵的场所。但是，有人在网络上强调言论自由和不受控制，人们可以伸缩自如地张扬自我，肆无忌惮地挑战社会权威，逃避法律惩罚和舆论谴责，如此错误的想法非常可能导致生活于互联网社会中的青少年，出现责任感淡漠，甚至缺失的严重后果。在虚拟的网络世界里，人们无须囿于物理世界中的条条框框，而更加沉迷于自己的虚拟角色中，因而花费大量时间在网络中。实际上，"网络成瘾症"已经不是少见的个别现象，其主要的病因之一就是人们过分依赖网络中的人际关系，从而失去了对现实生活的兴趣。

从人们的信息鉴别能力来看，对于网络的过度使用会造成人们判断力日益丧失。网络空间浩如烟海的信息在计算机技术的帮助下，变得唾手可得。很多人在"粘贴复制"的环境中，越来越远离理性并逐渐失去判断力，成为"感觉党"和"粘贴族"。尤其在面对网络谣言时，很多人习惯于不加甄别就将网络谣言从自己手中传播开去，使得自己成为网络谣言的"二传手"。在面对一些社会热点事件时，很多人往往不会对信息的真伪、故事的来龙去脉做详细的鉴别和考察，而习惯直接诉诸情绪的宣泄，最终导致网络暴力等情况的发生。

沉迷于网络使用还会导致人们自我意识的丧失。人的自我意识常常是以他人对自己的认识为镜子。但是在网络世界里，由于个人会扮演多种多样的角色，因此，当他以各种不同的面目出现时，别人对他的认识也就难免失真。反过来，这些来自他人的各种评价会使个体对自己的认识更加混沌。当一个人在网络中把自己分成若干个角色时，也会带来角色冲突的迷惑。这些角色可能与他在现实社会中扮演的角色相冲突，严重的甚至可能导致人格分裂。如此，关于自我的认识也就很难正常建立起来①。

研读专栏

微信强关系的消解：交往与情感的"貌合神离"②

1. 标榜"强关系"的微信

微信英文名WeChat，彰显了微信是私人化、熟人圈社交平台的产品定位。微信的产品经理在宣讲时一再确认：微信是一款"强关系"社交工具。

微信与目前同样火爆的社交产品微博相比存在较大的差异，核心在于前者熟人社交平台定位体现的强关系特征，后者媒体属性带来的弱关系特征。从微信的通讯录好友导入、微信名片、朋友圈等功能模块可以印证其主打熟人社交的定位。微信与微博的差异印证了美国社会学家格兰诺维特提出的强弱关系理论。他认为，个人人际关系网络可以分为强关系网络和弱关系网络两种。强关系指个人的社会网络同质性较强，人与人的关系更加紧密，有很强的情感因素维系着人际关系生态。与此不同，弱关系的特点是社会关系的异质性更强，人与人之间更为松散，没有太多的情感维系，可以用泛泛之交来形容。

2. 群聊的喧哗与无奈

微信群给人带来了前所未有的群体交流体验。它无缝连接微信的朋友列表，不设定任何门槛，仅需选择好友，设定一个有特殊意义的名字，一个微信群便得以诞生。正如尼葛洛庞帝在《数字化生存》中的预言："后信息时代将会消除地理的限制。'地址'的概念有了新的含义，距离的意义越来越小。"③如今，微信群的存在已经与地理无关，用户之间构成没有距离概念的数字化连接。

微信群在话题讨论方面具备很多优势：发起话题、参与讨论都非常方便，而且会留下讨论的记录以备查证。其劣势也同样显而易见。群内讨论的话语十分零散，并且无法展现副语言交流，难以对话题进行深入讨论。群内的发言缺乏秩序。面对众多群成员，参与人数越多，讨论越积极，信息超载现象就越明显。其去中心化、高自由度的特性，使其偏离讨论的主题，从而降低讨论的质量与效率。

微信群是一个群体空间，参与群聊的用户同样具备群体的心理特征。"群体的无意识行为倾向于取代个人的有意识行为，个人的才智容易被削弱，异质性容易被同质性吞没。"④例

---

① 彭维：《网络中人际传播的特点》，《北京电力高等专科学校学报》2011年第7期；李桐、罗重一：《互联网社交对传统人际交往秩序的影响及规范》，《学习与实践》2018年第11期。
② 节选自仇乐、罗彬：《微信强关系的消解：交往与情感的"貌合神离"》，《新媒体研究》2017年第6期。
③ ［美］尼葛洛庞帝：《数字化生存》，胡泳等译，海南出版社1996年版。
④ ［法］古斯塔夫·勒庞：《乌合之众》，冯克利译，中央编译出版社2000年版。

如,当群内有多人对一个观点表达肯定时,个人容易跟随这种观点而放弃独立的思考。同时,群内的活跃成员类似于意见领袖,掌握话语权,这会触发"沉默的螺旋"效应:当群内的不活跃者持有不同意见时,可能更倾向于选择沉默,甚至改变观点,依从群内主流意见。

表情包大战与抢红包等狂欢现象体现了群内成员的多重心理需求。斗图与抢红包是活跃群内气氛的利器,往往相辅相成、共同作用,把群内氛围推向高潮。在此过程中,用户得到情感的寄托,现实的压力得以舒缓,满足了个人社交的需求。表情图的虚拟、戏谑与夸张在表达个性化的同时,也巧妙地遮蔽了人与人之间交流的阻碍,造成人人都是社交达人的假象。当群聊告一段落,回归现实之时,才发现群聊的狂欢对于人们的交流障碍并不是灵丹妙药,而是一种暂时性的逃避。同样,抢红包类似于礼物的传递,红包被送出者寄托了潜在的社交愿望,这种愿望又从回收红包中得以满足。符号化、仪式化的互动,只能在群内这种虚拟的共同意义空间中生效。返回现实,人与人之间的不可交流性仍旧。

3. 朋友圈的"自我提升"与"情感弱化"

微信朋友圈是一个熟人网络社区,人们热衷于在此分享自己的照片、心情与观点等,还可以互相点赞与评论。在这个互动过程中,人与人之间形成了一种网络上的亲昵关系,这与现实中的亲密关系非常类似。但是,现实中与人发展朋友关系、进行交流和互动并不会如此直接与迅速,而经常通过朋友圈点赞、评论,就可以迅速获得这种情感的满足,这是人们依赖并痴迷于朋友圈的原因。

正如彼得斯在《交流的无奈》一书中所述:"文化中很大的一部分内容就在于广泛的扩散,幸福的交流——其意义仅限于在两个以上的人之间创造的氛围——它依靠的东西基本上是参与者的想象力、自由和团结。"[1]朋友圈中大多数的内容不是专业生产的,而是来自朋友之间日常的图文、小视频的分享,比如使用"美颜"的自拍照、到一个很美的地方、享用一顿精致的大餐等,传递了对美好生活的共同追求。朋友之间再通过点赞、评论等方式表达价值观的认可、情感的关切。这是朋友圈风靡的重要原因,也是朋友圈文化最富有情感价值的时刻。

随着微信朋友列表的扩张,在一些特定场合添加的"好友",朋友圈中会出现越来越多的"点赞之交"。这本质上是一种数字化的弱连接、弱关系。然而,朋友圈用一种强关系的互动框架来承载并经营着本质、现实的弱关系。最初单纯的美好的情感追求与价值分享被解构,人们出于不同的目的在朋友圈中掺杂虚荣、拜金等噪声。

此外,朋友圈是一款商业产品,这要求其具备成功的商业模式。用户数量的扩张对平台"变现"的要求也愈加强烈:缺乏准入门槛、质量参差不齐的自媒体粉墨登场,以"震惊!"式标题党、"男默女泪"式鸡汤文等低俗内容诱骗点击的现象屡见不鲜,谣言层出不穷;怀有"奔驰"梦想的年轻人纷纷加入"微商"的队伍,打着炙热的"关系营销"旗帜,用大量垃圾广告抢占朋友圈附加的注意力经济……从有序到无序,朋友圈似乎远离以情感价值为核心

---

[1] [美]彼得斯:《交流的无奈》,何道宽译,华夏出版社2003年版,第31页。

的初衷。

经济学中存在"格雷欣定律",基本内涵是揭示劣币驱逐良币的现象。任何网络社区类型的产品都有生命周期的特征,留住用户、保持社区活跃度是难题。微信朋友圈作为网络社区产品,在最初吸引了一批高质量的"先锋"用户,他们的特征是高学识、具备良好的媒介素养,并且渐渐形成一个个小的交往圈。很快,微信不再是一个小众的小清新平台,而是迅速扩张泛化,平台管理者内容导向变得困难,以致朋友圈内容泛滥、信息超载。这违背了最初"先锋"用户的初衷,导致高质量用户率先离开,从而产生了类似于骨牌效应的现象:越来越多的人倾向于减少朋友圈的使用。

研读小结

微信交流一方面带来便利性,另一方面又把复杂的人际关系与交流方式进行简单化、符号化与程式化处理,这使人们背负上数字时代新的社交压力和信息过载的焦虑。由于人与人之间存在难以逾越的沟通壁垒、心灵的屏障,微信对于交往的强化,未必能够带来更多的情感共鸣。在社交网站上,有的人可以玩得开心,广交朋友,左右逢源;有的人却深受其扰,失望退出。社交软件带来的是人脉的广度,日常面对面的长久接触带来的则是人际关系的深度。虚拟空间的人际交往并不能完全替代现实生活中的人际交往,协调好两者才是网络时代的交往之道。

思考题

1. 回忆符号互动理论的内涵,思考在人际传播的过程中,符号互动是如何实现的。
2. 选取一种理论或模式,分析其体现的人际传播学多元性和跨学科性。
3. 当前中国的人际传播观念发生了哪些变化?
4. 谈谈你对中国的人际传播趋势的看法?
5. 在网络时代,人际传播存在哪些问题?
6. "每天家—办公室—家,能不出门就不出门,没有人打扰,也不用看人脸色,打开电脑,一切都有了……"现代人猛然发现,自己的生活似乎越来越向人们说的"宅一族"靠拢。近年来,随着网络的普及和生活压力的增大,许多国家越来越多的青年人更喜欢"宅"在家里,沉迷于自己的兴趣爱好中。

你认为"宅文化"对现代人际传播有什么影响?结合本章所学知识,谈谈你的看法。

第三章 ▶▶▶
人际传播过程

学习目标

学习完本章,你应该能够:
1. 对人际传播的过程有大致了解;
2. 了解在人际传播中如何主动提供信息;
3. 了解人际传播中如何感知他人和感知自己;
4. 明白人际印象的要素与形成;
5. 知道如何对人际传播的态度进行考察;
6. 知道人与人是如何相互吸引进而形成人际关系的。

基本概念

自我表露　自我呈现　人际认知　人际印象　人际传播的态度　人际吸引　人际关系

第一节　自我表露与自我呈现

一、自我表露

（一）自我意识与自我表露

人际传播活动首先是从自我意识与自我表露开始的。自我意识即自己意识到自己有别于他人的存在,是一种潜态的东西,是内在营养的核心。将自己的情况(状态、能力等)传递给他人即构成了表露。外界在多大程度上了解和评价自己,取决于自我表露是否充分和准确,传递的手段和渠道是否合适。

人与人之间的相互了解是建立健康的人际关系和人际传播活动的基础,这在极大的程度上来自人们各自的自我表露程度。因此,自我表露是人际传播的重要基础,是人际传播中信息交换的重要手段。

自我表露是人际传播交流中的一项重要的技能,是一种自觉不自觉进行的自愿和正式的行为。当一个个体将自己的情况、状态、能力等信息传送给他人时,便形成了自我表露。

在交谈中,人们有时会把自己作为谈话的主题,我们把这种交际行为称为自我表露。它的定义是:自我表露是一种人们自愿地、有意地把自己的真实情况告诉他人的行动,它所透露的情况是他人不可能从其他途径获得的。自我表露有低危险性和高危险性两种。低危险性的自我表露有"我不喜欢卷心菜"、"我喜欢这款衣服"等。高危险性的自我表露有"我无法与你结婚"、"我希望我们的关系能进一步发展"等。自我表露包括非言语和言语两方面。当某人询问你的求职是否成功时,你展颜微笑;你在描述自己的"幸福的家庭生活"时带有一种讥讽挖苦的口吻;你热烈地拥抱心上人。这些都是自我表露的非言语行为。

1. 自我表露是自愿的

如果屈于压力之下才把自己的情况告诉别人,那就不属于自我表露。例如,在你双亲的追问下,你才说出外出赴约回家的时间,这就不是自我表露。但是,如果你气呼呼地补充说明三点以后才赶到家是由于车胎漏气,而且没有备用胎,这就可以说是自我表露了。同样的,如果老师要你解释迟到的原因,老板在你求职时要你自我介绍,你一一给以回答,这都不是自我表露。自我表露必须是自愿的。

2. 自我表露是有意的

自我表露不是偶然的心血来潮,人人都有言不由衷的时候。例如,因为一时口误不小心泄露了对某人的厌恶,或是像林宥嘉《说谎》里那样,当自己过去的恋人就要结婚时,用谎言来掩盖自己悲伤,却还是被看穿,这类言不由衷都不能称为自我表露。

自我表露是有意地把经过挑选的信息告诉别人。当你与某人相识一段时间后,你决定向她表白你的爱;为了让老板了解你干活的甘苦,你设法把自己对工作的认识告诉他;你认为某个朋友会理解你的感情,便把自己失恋的经历告诉了她。以上种种,都可以叫作自我表露。

3. 自我表露是真实的

我们并非总是千篇一律地介绍自己。在不同的场合,我们会强调我们的不同性格和特点。例如,你在某人面前也许自称为"风趣的人",对别的人则自称为"有前途的大学生",对另一些人则自称为"成绩中等的学生"。这就是说,你从不同的侧面来介绍自己。

有时,人们在自我介绍时并不说实话。例如,在《非你莫属》节目中,嘉宾文颐在义正词严地指责别人、得意自己的法国经历时,却被拆穿学历造假。这就不属于自我表露,因为自我表露提供的信息必须既真实又准确。

（二）自我表露的评价尺度

研究者已发现自我表露有许多不同的评价尺度，大致可以概括为五个方面：表露的量；表露的积极或消极的性质；表露的程度；表露的时间选择；表露的对象。理解这几个方面很重要，因为它们既揭示了自我表露的复杂性，又提出了自我表露的行为准则。

1. 表露的量

自我表露可以从表露量的总数来加以考察。每个人表露的信息量各不相同。你也许有不少熟人，他们中有的很少言及自己，有的却喜欢敞开胸怀对自己的过去、现在、未来样样都谈，滔滔不绝。在虚拟的互联网世界中，有的人喜欢真实地表露自己，乐意频繁地通过社交平台展示自己的日常生活、所思所想；有的人则常年不更新自己的动态，或者将朋友圈设为"仅三天可见"，即表露的信息量很少。你也许希望你的朋友们能对你更加开诚布公。你也许会发现与百无禁忌什么都谈的人在一起，会感到自在、舒服。

自我表露的媒介会影响表露的量。例如，作为医疗领域的研究内容之一，自我表露在临床心理学等学科起着重要的作用。在现实生活中，个体可能会因为顾虑而不愿表露完整的病症信息，但随着互联网时代的到来，新兴的网络咨询方式逐渐成为潜在心理疾病患者自我表露的平台。许多研究表明，人们在通过网络媒介表露症状时，往往要比面对面自我表露的量更多，而且内容上更多地涉及健康与隐私的关键问题。英国慈善机构撒马利坦会在数据中指出，20%的自杀者会在电话里表露他们欲自杀时的感受，而当改用电子邮件这种沟通手段后，这个比例上升到50%。

有关自我表露的专著并没有对自我表露的最佳量提供现成的答案。研究结果表明，存在一种表露互惠（disclosure reciprocity）效应——一个人的自我表露会引发对方的自我表露。人们之间的自我表露必须是桃李相报、互有往来。如果对方谈起自己时无拘无束，那么你对自己的情况也会畅所欲言；相反，如果对方对自己的情况遮遮掩掩，那么你在谈论自己时也会小心翼翼。在一般情况下，人们之间互相表露的量成正比例。如果有人对我们的自我表露无动于衷，对自己的情况守口如瓶，我们就会觉得找错了表露的对象。人与人之间无拘无束的互相表露看起来是很稳定的，这种关系在交谈的很短时间内就可以建立起来。但是这并不代表面对他人的自我表露时自己立刻也进行相同的行为都是正确的，学会倾听也是面对自我表露的方式之一，尤其当别人准备对你倾诉的时候，你不应该立即给出自己的建议或判断，而应当先听对方在说什么，并给予积极的回应。

2. 表露的积极或消极的性质

自我表露有积极的和消极的两种不同性质。积极的表露是对自己的赞扬，消极的表露是对自己带有批评的评价。"新的节食办法真有效，我这星期体重减了三磅！"——这是积极的表露。"但愿还能再坚持下去，节食太苦了，我快顶不住了。"——这是消极的表露。当然，实际情况并不那么简单，有时很难截然分开。过分消极的自我表露往往会给别人带来麻烦。

自我表露是积极还是消极，与彼此之间的亲密程度有关。例如，对方是生人时，人们的自我表露经常先是积极的,接着是中性的,最后是消极的。当你谈论学历时,你很可能先谈你是高年级学生,然后谈你转了学,最后才说你这学期是在试读。亲密者之间的自我表露往往先是消极的,然后是积极的,最后才是中性的。与异性朋友谈话时,你也许先透露你和过去的朋友分了手,然后说起由于见到正在交谈的你而不再怀念过去的事,最后会谈论你们之间的相好关系。

3. 自我表露的程度

前面我们介绍了社会穿透理论,这一理论告诉我们人际交往中的程度包含广度和深度两部分,而自我表露的程度也包含这两个维度:话题范围的大小和话题的深浅。在自我表露中,尤其重要的是深度。与别人谈起你的独特而容易成为别人话柄的事,包括你具体的奋斗目标和私生活等,这便是深度的自我表露。浅度的自我表露只是谈些表面而不甚隐秘的东西。谈论自己喜爱的食品是一种相当浅的表露,而谈及自己的私房事无疑是相当深的表露了。自我表露到底应该达到何种深度,往往根据所处的情景、表露对象等因素的不同而不同。

在网络媒介兴起后,人们在网络中的自我表露程度受到多种因素的影响。自我表露程度会因网络平台的不同而不同。例如,在一个人的匿名博客中,他会与别人分享自己更私密的感情经历,但在社交网络中,他可能只会与别人分享生活中的感受。此外,网络聊天时双方的互动程度与人际关系的亲密程度都会影响自我表露的程度。双方的互动越多、关系越亲密,自我表露的程度就越深。例如,当我们与现实中熟悉的朋友通过网络进行自我表露时,其程度就显著高于在网络中结识的朋友。

4. 时间的选择

自我表露还可以从交往时间的长短上来考察。大量研究表明,萍水相逢或初次邂逅时,人们较容易表露自己。在中间阶段,人们的自我表露显得比较少。过了这一阶段,随着交往时间的增加,人们的自我表露也增加了。这可以用图3-1来表示。

与人初次邂逅时表露自己是相当有趣的。人们愿意向陌生人表露自己,也许是因为对方不知道你的名字和身份,没法向你的熟人泄露你的话。在飞机上旅游的自我表露机会显然更多。有位叫爱琳·古德曼的社论撰写人幽默地描绘了这种"35 000英尺高度上的坦白":

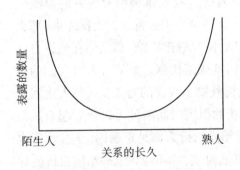

图3-1 自我表露和人与人之间的关系
(资料来源:熊源伟、余明阳编著,
《人际传播学》,中山大学出版社1991年版,
第34页)

大多数人都有暴露灵魂和自卫的冲动,这两种冲动在35 000英尺的高度上碰在一起了。奇妙的情景便发生了,人们因为互不知名而亲切,因为不怕泄密而吐露。这种交谈直到大家在行李房各自取走行李分手为止。在飞机上,人们常常会组织起这种临时的"会议"。

交往时间的长短会影响自我表露的量和自我表露的形式。我们在前面已经说过，人们向陌生人表露自己时通常先是积极的，然后是中性的，最后是消极的。而向亲密的人表露时，其顺序却变成消极、积极和中性的。当你准备向别人表露自己时，别忘了考虑一下时间这个重要因素。

5. 表露的对象

这里指的是自我表露的接受者。你很可能常常在母亲面前谈论自己的事情，而在父亲面前缄口结舌。不少有关自我表露的研究都证明了这一点。你通常还会向配偶、恋人或同性朋友进行自我表露。选择自我表露的对象很重要，同样的自我表露因为对象不同可能会产生不同的结果。

自我表露的对象大致可以分为四种：第一种，对你体贴入微或与你休戚相关的人；第二种，与你关系虽然不深，但仍在发展的，或者因为任务和话题使他或她成为你适宜的表露对象的人；第三种，与你刚刚开始互相熟悉的人；第四种，与你素不相识的人。一般来说，越是后面的那种人，越不适宜成为表露的对象。

一些研究结果表明，人们的表露对象，除了是认为不会再见面的陌生人外，主要是亲近的或挚爱的人。在不太熟悉的人面前表露自己可能是很危险的。有些研究资料建议，尽量少向陌生人谈论自己的偏爱，因为向陌生人过分地表露自己，会被视为情绪控制不佳或不善于与人相处。

网络给了人更多的自我表露空间，一定程度上使得人们避免了这种尴尬。很多话题我们可能一时找不到可谈论的对象，但当网络中的陌生人都可以成为我们的自我表露对象时，我们可以通过社交网络中的社交"标签"和不同的社群分类轻而易举地找到志同道合的人。例如，在微博中我们会用"#"参与到一个话题的讨论中，这时候我们与其他人表达对这一话题的想法时往往是不受拘束的，而且有可能延伸到自己的价值观或者某些隐私层次的表露。在这种情况下，由于交谈双方可能不会再遇到，也就避免了一些压力，便于进行更深入、自由的交谈。

相关研究证明，面对匿名性互联网环境中的表露对象，人们倾向于展现出较高的自我表露水平，并且更容易吐露较为隐私的个人情感与弱点。但是，在网络中进行交谈时，我们依然要注意加强自我保护意识，避免泄露个人信息，特别是在使用会透露个人信息的社交网站时尤其如此。

（三）自我表露的几种理论

在讨论自我表露的评价尺度时，我们已经指出，人们在自我表露时，其行为是各不相同的。有些人刚一见面便透露出许多个人的秘密，有些人则在相互熟悉很久之后谈起自己来仍只是轻描淡写。人们已提出不少用以解释自我表露何以发生的理论。

1. 交换论

交换论认为，为了保持人与人之间的平等，人们觉得有责任来交换自己的情况。平等的实现有赖于信息的公平交往。在布朗多和斯坦因合写的《为了早餐的布朗多》一书中，有一个很有趣的例子：

　　一夜间，马龙与世隔绝的状态被打破了，卡普特在《纽约人》杂志上写的有关他的专访文章被人们广为言传。卡普特只借助一个心理技巧，便捕捉到了他需要的信息。"我编造了一些离奇的家庭故事"，卡普特承认说，"而且编得很动人。他开始为我动起感情来。后来，为了使我好受点，他便说起他的情况来。多么公平的交易啊！"

如果一方表露了自己，另一方却没有任何表露自己的反应，就显得不平等了。这种不平等在人际关系的发展中会产生消极的作用。当然，这种不平等还会造成某种紧张，这种紧张会促使不开口的对方表露自己，从而使双方的关系趋于协调和平衡。

2. 吸引论

吸引论是建立在表露的对象一般是吸引我们的人这个观点之上的。自我表露被看作是对吸引者做出积极的反应和对他们的报答。当我们向对方披露自己的时候，这就意味着我们注意到了他们。对方会因此感到被尊重和被信任，这样，双方就会互相亲近起来，并且谈出各自的心里话。

3. 信息论

这种理论强调自我表露所提供的信息，或者自我表露行动本身所提供的信息的重要性。这种观点认为，先表露的人通过自己的表露行动首先向对方暗示表露的适当时机。换言之，先表露者首先提供了可以自我表露的信息，如果对方接受了这一暗示便会交谈起来。信息论认为，是情境的要求，而不是责任感（交换论），或者别人的吸引力（吸引论）促使对方表露自己。

（四）自我表露的价值与风险

1. 自我表露的价值

（1）进一步了解与认可自己

在自我表露的三个作用中，进一步了解与认可自己是最为突出的。经常与人谈论一些问题，可以加深我们对这些问题的理解。你应该有这种经验：当你向朋友请教一个把握不住的问题时，你会发现，在你向他认真解释这个问题的过程中，一时把握不住的问题忽然清晰起来了。我们经常向别人请教，真正的目的并不在于有求于人，而是为了理清自己的思路。我们常常因此找到正确的答案。自我表露也有类似的情况。当我们表露自己时，必须把复杂的思想译成别人听得懂的语言。在这一过程中，我们常常可以更清楚地看到我们的动机、需要和目的，还可以发现事件、经历和行为之间的种种联系。

当然，必须有自我了解才有自我认可。当我们分析自己复杂的个性，从而了解自己以后，我们就能正确地评价自己。积极和消极的自我表露都有助于自我认可。当我们表露自己积极的一面——成功、胜利、成绩时，我们增强了自己的乐观情绪，别人的赞扬或祝贺也会鼓舞我们做出积极的自我表露。

我们还表露自己消极的一面,如失败、失望、损失。这时,我们承认了谁都难免犯的错误。承认我们的缺点、错误和不足之处,能使我们得到谅解,加深对自己的理解。美国前总统福特的夫人贝蒂·福特在她的《我生活的时代》一书中表达了这种看法。1978年4月,在快写完自传的时候,她来到加利福尼亚州海军医院的戒酒戒毒医疗中心去治疗威胁她健康的瘾癖。她在住院期间与痼疾斗争的过程成了她自传的真实结尾。据说,自传中的自我表露帮助了有同样苦恼的人。当然,她的这种消极表露也帮助了她自己。她在自传中写道:

> 我很了解我自己……我有过种种好的和不好的经历,不过,我还是好好地活下来了……我面向明确的未来,在继续学习和工作,我确信有更多的事物将出现在我的面前,我盼望着那一切……(我)愿意这样去做。

消极的自我表露还能起到发泄内心不快的作用。我们经常通过自我表露把积压在心里的东西发泄出来,消极的东西闷在心里总是很难受。彭尼贝克(Pennebaker)在1988年对大学生的研究中发现,当大学生将自己对创伤性事件的看法和感受书写下来后,他们去医务室门诊的次数会相应减少,并且免疫功能得到一定程度的增强。可见,自我表露可以降低消极情绪和创伤性事件对身体健康的负面影响。

(2) 进一步了解别人

当别人表露自己的时候,我们对他们及他们的行为有了进一步的了解和认识。对于某些我们不熟的人,如果他们不肯表露自己,我们便对他们一无所知,而且我们还会认为他们是那种浅陋乏味的人。自我表露会帮助我们去了解和评价别人复杂的内心世界。当你想深入了解他人时,可以试着先让自己打开心扉,以主动寻找与他人的共同点和心理共鸣。

(3) 加深和丰富我们的人际关系

人际关系建立在相互了解的基础上。如果我们不表露自己,那么我们和别人的关系只能靠运气。我们能和任何人泛泛而谈,但要和他们促膝谈心却不容易,推心置腹的交谈只有密友之间才能实现。对方表露的信息越多,我们越能了解他或她。同样的,如果我们较多地表露自己,别人也就能较全面地了解我们。我们每人都有过关系极为密切的朋友,他或她的一句话便能勾起我们的一段往事。大量研究表明,自我表露对成年人的友谊、恋爱、家庭和婚姻等亲密关系的形成与发展起到重要的作用,从而加深和丰富人际关系。当人们彼此获得的信息达到一定程度时,他们就会觉得彼此是相互了解的,关系也就随之加深了。

自我表露可以用来加强自我的吸引力,向别人推销自己。例如,两个人初次见面,一个人会分享自己的一些经历以引起他人的兴趣,以吸引他人的注意力。同时,这样还能表达自己对他人的信任,增加自己友善和亲近的感觉。

自我表露还可能用来进行对双方关系或他人的控制,用来加强自己在人际关系中的权力。员工可以表明自己正在被挖角来同老板谈判,要求加薪或升职。电影《三傻大闹宝莱坞》中有个滑稽人物,女主角皮亚的未婚夫总是在介绍自己衣服、手表时说出它们的价码,以此来表明自己的富有,表示自己比别人高贵。

2. 自我表露的风险

自我表露是人在交流中主动地袒露自己的内心世界,但这种行为并不总是会得到他人积极的回应,也存在一定的风险①。

(1) 被拒绝

研究表明,艾滋病患者认为自我表露可能会带来消极影响,即个体可能会遇到社会的拒绝、受到大众的歧视、被人们排斥孤立的处境等,这些风险会影响艾滋病患者是否进行自我表露。在生活中,我们自我表露的话题可能会被别人拒绝谈论,或者我们的态度可能会被别人否定,如图3-2所示。

(2) 给人留下负面印象

一个人表达了他的观点后,可能会引起其他人的否定或负面评价。尤其当两个人所持有的态度和价值观完全相反时,双方可能造成相互之间的负面印象。例如,一个人不喜欢小孩,当他把这件事跟喜欢小孩的人说起时可能会招致反感。

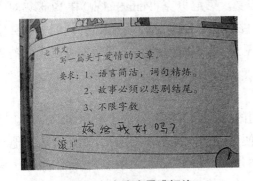

图 3-2　自我表露遭拒绝

(资料来源:https://xw.qq.com/cmsid/20200221A0GFXR00?f=newd)

图 3-3　自我表露被厌恶

(资料来源:http://blog.sina.com.cn/s/blog_02af31360100knr3.html)

(3) 降低双方满意度

一个人表露的心事未必是他人所喜欢的。当自我表露发生时,双方可能因为不喜欢对方的想法而降低两个人之间关系的满意度。例如,恋爱中的一方表达对另一方某一方面的反感时,双方的关系可能陷入僵局。

(4) 降低自己的影响力

一个人如果把自己权力背后所包含的弱点暴露出来,可能会降低自己的权力。例如,一个专家表明自己在某一方面也不是特别懂,可能就会降低他话语的权威性。

(5) 伤害他人

正如有人说"善良比聪明更难",在人际交往中,并非所有的事情都应该直接说出。例

---

① [美]罗纳德·B.阿德勒、拉塞尔·F.普罗科特:《沟通的艺术——看入人里,看出人外》,黄素非译,世界图书出版公司2010年版,第275—276页。

如,一个人直接指出他人在意的某方面的缺点,可能会不礼貌,同时也可能会对他人造成心理伤害。

（五）对于人际传播中自我表露的建议

人际交往专家罗纳德·B. 阿德勒和学者拉塞尔·F. 普罗科特提出了自我表露应当遵循的原则,以帮助我们理解在特定情境下应当怎样进行表露。

① 你在道德上是否有义务表露;
② 表露对象对你而言重要吗;
③ 表露的量与方式是否合适;
④ 表露的风险是否合理;
⑤ 表露对于现在状况是否具有重大意义;
⑥ 表露对现状是否有建设性影响;
⑦ 表露是否是清楚和可以理解的;
⑧ 表露是否是互惠的[①]。

通过众多对自我表露的研究,我们得到一些重要的启示。第一,人们应当把自我表露看成重要的交往媒介。我们应当很好地利用自我表露,以获得精神上的满足,因为自我表露有助于亲密和信任的情感建立,也是增进友谊的途径。反之,假如把自己的思想感情隐藏起来,就可能给人造成你似乎对此不感兴趣的印象,而无法让他人更好地了解你。同时,表露也不能太多,这样会显出不适当的亲密,让对方感觉不是很舒服。第二,女性的自我表露相比男性来说更能得到大家的注意和倾听。第三,与表露比较少的人相比,表露较多的人更愿意倾听别人的表露,更容易结识新朋友。因此,对我们想认识的人,交往的宗旨是表露到足以建立亲密情感,而不要多到使别人感到不安。随着时间的深入,彼此之间的关系越来越亲密,能够使得自我表露的程度很自然地扩大。在自我表露中应当根据情景、时间、对象等因素选择合理的表露方式与程度,同时又要考量风险,避免踩到禁区,从而取得自己想达到的效果。在网络时代,既要利用更多的渠道去进行人际交往,又要学会保护自己以避免受到不必要的损失。

二、自我呈现

自我呈现又叫自我表现,即个体在人际交往中,借助自己的言语、表情、姿态,以自我满意的方式表现自己的过程,是自我意识的外在表现。在交际中,客体(他人)总是通过主体的自我呈现来认识主体,主体也要通过自我呈现观察客体对自己的反应,从而进一步地进行自我认知。在人际传播中,人们为了使他人更多地了解自己以对自己形成一个良好的印象,需要采取各种方式来呈现自己。

---

① [美] 罗纳德·B.阿德勒、拉塞尔·F.普罗科特:《沟通的艺术——看入人里,看出人外》,黄素非译,世界图书出版公司2010年版,第276—278页。

自我呈现的方式主要有五种。

1. 真实呈现

个体将自己的本来面目客观地、如实地表现出来，即前面讲的自我表露。相关研究表明，个体真实呈现自己，尤其是暴露自己内心的秘密，一般遵循对等的原则，即一方以诚相待，另一方也应以诚回应，这样双方才能相互产生好感，并且距离一下子被拉近。如果一方推心置腹，另一方却有所保留，那么推心置腹的一方就会因为对对方产生失信之感而引起知觉防卫，拉远两者的心理距离。但是，如果在关系一般或较生疏的他人面前自我表露得太迅速、太直接，也会让他人觉得你很轻率、唐突。

2. 虚无呈现

个体从反面间接地表现自我的方式，它的内容与表面形式往往是相互矛盾的。有时人们出于某种心态或在特殊情况下，不方便直接表现自己真实的想法，往往会采取一些间接或相反的表现方式。例如青春期的少男少女，有时明明很喜欢对方，却故意装作满不在乎，甚至很冷漠的样子。"醉翁之意不在酒，在乎山水之间也"、"项庄舞剑，意在沛公"、"声东击西"等也是虚无呈现的例子。

3. 夸大呈现

在特定情况下，个体将有关信息刻意夸张放大，以让他人记忆更加深刻。例如有的人很爱吹牛，这就是一种典型的夸大呈现。一般人们取得胜利而被胜利冲昏头脑时，就会容易得意忘形，表现得十分狂妄。还有一种相反的情况，有的人非常失败、十分自卑，为了掩饰自己的失败和内心的自卑，也表现得非常狂妄，像鲁迅笔下的阿Q，明明穷困潦倒，成天挂在嘴边的一句话却是"先前也阔过"。还有的人，受到一个目标的强烈激励，或受到某种困境的苦苦纠缠时，可能会超水平发挥，或以超出自己承受能力的形式去表现自己。这也应归于自我夸大呈现的范畴。

4. 收敛呈现

收敛呈现与夸大呈现正好相反，即有节制地表现自己的行为，不愿或不屑表现自我的长处，缩小信号以减弱对别人的刺激。有三种常见情况。

第一，年轻人在长者面前，下级在上级面前，出于礼貌、洗耳恭听、言听计从、唯唯诺诺、随声附和等。

第二，强者在弱者面前，表示不以强凌弱、谦虚客气、大智若愚、谨言慎行等。

第三，有意收敛呈现，在一定时期内，作为一种策略和手段隐藏自己，如韬光养晦、委曲求全、低三下四、逆来顺受等。例如孙膑被庞涓削去膝盖上的骨头后，为了防止被进一步迫害，孙膑就装疯卖傻，甚至吃屎，终于使庞涓放松了警惕，自己后来才能东山再起。

5. 投好呈现[①]

个体为了获得他人的好感，根据他人的需要与爱好来投其所好地呈现自我。主要方式

[①] 根据以下文献改编。高玉祥、王仁欣、刘玉玲主编：《人际交往心理学》，中国社会科学出版社1990年版，第52—55页。

有称赞、附和与施惠。

称赞是个体给他人以正面肯定评价的一种方式。一般而言,人人都有一种自尊的倾向,都喜欢他人以肯定的态度对待自己。因此,得体适宜的称赞,能够满足或加强他人的自尊,使他人也以肯定的态度对待自己,产生特殊的心理效应。

附和是个体在思想和行为上表示与他人相同。在现实生活中,一般人都喜欢价值观和信念与自己一致的人。因此,在大多数情况下,附和可以增加他人对你的好感。

施惠是个体给他人以物质上的好处。施惠如果恰当,同样会获得受惠者的好感。施惠者必须避免对方产生心理性的抗拒。有效的方法是让受惠者感到无求于他。另外,还必须注意方式,并且应考虑到对方的人格特点。施惠一般不宜在大庭广众之下,最好在两个人之间。

自我呈现的方式受个体的性格、品质、气度以及外界交往情境的制约,同时受交往双方的身份、地位及相互关系的影响。另外,自我呈现还受到一定的社会规范与文化的影响。人生活在社会之中,一般倾向于遵守社会规范,让自己的言行符合社会期望。当我们不小心打破这些规则的时候,就会面临压力,引起对自己行为的审视,心理学家称之为"自我监控"。不同的文化对于自我呈现有不同的要求,所以来自不同文化的人的自我呈现会表现出不同的状况。例如,西方文化更加张扬,东方文化更加内敛,所以,我们可以看到:当夺得一项体育赛事的冠军时,西方人往往会先说"我太棒了",而东方人可能首先会说"感谢我的教练、我的家人"。一个人的自我呈现往往既与宏观的社会、文化环境有关,又与具体的情景、个人的特质有关。

第二节 人际认知

在人际传播的过程中,人际认知占有非常重要的地位。人际认知是了解其他个体的基础,是与其他个体协调行动和建立各种关系的基础,是人际传播行为的前提和基础。人们在传播活动中,首先要了解他人的需要、兴趣与动机,分析、判断其互相之间的关系,以此为根据采取相应的交往态度和措施。只有认知正确,传播的态度和方法才能得体。因此,要不断提高人际传播的有效性,就要研究、掌握人们的认知过程及其规律。

一、人际认知的概念与类型

(一)人际认知的概念

人际认知主要包括个人对他人、对自己,以及对人与人之间关系的认知。人际认知仅限于对人际传播中的人们之间的相互关系、传播双方各自的特性状况、行为特点的认识,而不涉及人们之间更深层次的社会关系和社会本质的认识。它只是从人际传播的角度出发，认识传播对象的个人特征，了解自己的行为环境，从而判断他人的行为，为认知者采取正确的行动提供可靠的信息。至于人与人之间其他的各种关系，如经济关系、法律关系、政治关系、文化关系等，则是经济学、法学和其他社会科学的任务。

（二）人际认知的类型[①]

根据认知的对象划分，人际认知可分为四种类型。

1. 对他人的认知

对他人的认知是指与他人交往时通过对他人的外部特征的知觉，判断他人的需要、动机、兴趣、情感和个性等心理活动的过程。

人的服饰、发型等仪表特征为知觉一个人的年龄、职业、角色与身份提供了信息，并且部分反映出一个人的动机、性格等特征，在初次接触时，给人以鲜明的印象。

人们在最初的交往中，最先引起注意的往往是人的仪表是否吸引人。一个气度潇洒、相貌英俊的人比一个面孔丑陋、身体肥胖的人更能打动他人；一个衣着得体适宜的人总比一个衣衫不整、不修边幅的人给人们的第一印象好。因为一般人觉得仪表端庄、穿戴整齐者比不修边幅的人更有修养，更懂得尊敬别人。行为学家迈克尔·阿盖尔做过实验，他本人以不同的打扮出现在同一地点。当他身穿西服以绅士模样出现时，向他问路或问时间的人，大多彬彬有礼，而且本身看来基本上是绅士阶层的人；当他打扮成无业游民时，接近他的人多半是流浪汉，或是来对火的，或是借钱、借烟的。在交往中，仪表是一种无声的语言。在某种程度上，一个人改变自己的服饰，实际上是在改变自我形象，改变他人对自己的看法。

对他人的认知，除了受仪表的影响外，还可以通过观察他的表现、言语、表情、眼神，了解他的经历等途径获得信息。例如，了解一个人过去的生活经历，有助于对其性格的认识，但是这种认知并不总是准确无误的，有时也会陷入刻板印象等偏见或错误中。人们往往会认为：从小生活在逆境中的人，由于遭受的社会挫折多，不顺心的事情多，他有可能形成孤僻倔强或软弱顺从的性格；生活在温暖安定的家庭里的人，其性格多半是乐观的、友好的；生活在备受宠爱、以自我为中心的家庭里的孩子，由于百依百顺，受到过分的关怀和爱护，有可能会形成自私自利、好逸恶劳的性格。

对他人的知觉还依赖于知觉者的知识经验、态度、价值观和世界观等。例如，待人宽容的人易见他人的优点和长处，待人苛刻的人总是观察他人的不足和毛病。人的观念和经验的改变往往要经历长期的过程，改变这种人际认知就需要长期的努力重建社会道德。

一个人的情绪状态也影响对他人的判断。非常兴奋的情绪易泛化到被评价的对象身

[①] 根据以下文献改编。高玉祥、王仁欣、刘玉玲主编：《人际交往心理学》，中国社会科学出版社1990年版，第36—39页。

上,使评价偏高;在恶劣的情绪状态下,则易把本来好的东西也看得不好。所谓"感时花溅泪,恨别鸟惊心"。

2. 自我认知

自我认知是对自己的需要、兴趣、能力、个性、行为及心理状态的认识。一个人对于"自我"的概念本身就是在与他人的互动中建构的。人是在与他人的交流沟通中明白自己是谁,完成对"自我"的定义。我们可能会被直接定义为某一类人,例如父母对小男孩会说:"不要哭,你是个男孩子。"或者被赋予某种身份,例如"我们要尊重老师,因为我们是学生"。

一个人只有正确认识自己,才能在社交中不卑不亢,恰当自如地协调人际关系。否则,自视甚高,目中无人,必然会引起众人的反感。有研究表明,自大的人比不学无术的人更令人讨厌,因为他直接挫伤了他人的自尊心。但是,如果自视过低,也会在社会活动中处处退缩,不敢抓住机会呈现自己,压抑社交才能的发挥。一个人有自知之明,才能扬长避短,充分发挥自己的潜能,获得社交的成功。

3. 对人与人之间关系的认知

对人与人之间关系的认知,包括对自己与他人的关系和对他人之间关系的认知。人与人之间关系的认知是个相互感知的过程,人们按照自己的动机、价值系统去知觉他人,同时观察他人对自己的看法和态度,以此来修饰自己的行为和反应。此外,人们在交往中还会形成一定的态度,产生各种各样的情绪表现,如愉快、友好、喜欢、厌恶等,同时产生与之相应的行为方式,如相互吸引、相互排斥、相互攻击等。

在一个团体内,甲乙双方的相互关系不仅仅受甲乙双方特点的影响。阿希(S.E.Aash)用图表示三个人所组成的群体中,甲与乙的关系同时受甲与丙、乙与丙的关系影响(见图3-4)。在人数多的团体中,这种环环交错的情形将更加复杂。一个人要得心应手地处理好这种复杂的人际关系,首先要对团体内外的各种复杂关系有一个正确的认识和了解。这是协调人际关系的依据。

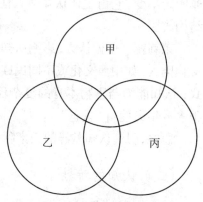

图3-4 三人群体交错关系

(资料来源:熊源伟、余明阳编著,《人际传播学》,中山大学出版社1991年版,第82页)

4. 角色认知

角色认知是指对他人或自己的地位、身份及行为规范的认识与判断,这是占有某一社会位置的人应有的行为模式。每一个人在他所属的社会环境中都占有一定的地位,享有一定的权利,尽有一定的义务,这就是他的社会角色。每一个人在社会上扮演着多重角色,每一种角色都有被周围成员期望的一定的行为标准,这是角色本身的努力目标和行为方式。一旦彼此间的角色关系明确,两者间的人际关系也趋向确定,如父子、夫妻、师生关系等。一个人只有按社会多数人认可的客观人际关系模式行事,即扮演好社会给你安排的角色,才能维持良好的人际关系。当角色模糊或者冲突的时候,人的认知和行为有可能就会混乱。

二、人际认知的差异、特性和归因

(一) 认知的差异

不可否认,认知的反应带有浓厚的主观性,并且深受主体的知识结构和心理结构之健全程度的影响。对同一人、同一事、同一现象的认知,往往因此出现许多差异。不少心理学者就此表述了自己的观察研究结果。

美国心理学者沈普逊(Samp Son)主张,个人如何评价自身、如何评价别人,其认知受三个因素影响:本身的信念、意见和态度,文化传统,经验和性格。

学者海德(Heider)以生理接受的刺激经由心理来解释,并且作为他的理论基础,认为客观和主观条件在认知中都不可缺少。客观条件为:刺激体与个体的距离;刺激体本身的性质;刺激体对个体的重要性。主观条件为:经验、心理状态、态度、期待、信念、假设、人格、需要等。

琼斯(Johns)和戴维斯(Davis)认为,人格结构往往由心理因素支配构成。心理因素并非固定不变,它由主体认知他人他事后提高知识能力引起意图改变—心理因素改变—人格结构改变。

茱莉亚·伍德认为,影响认知差异的因素包括:生理因素,如性别、年龄、身体状况等;文化因素,如中西文化或不同民族的文化;社会角色因素,如医生与患者看待医患关系的方式;认知能力与事物本身的复杂程度,例如婴儿在学会如何辨别自己父亲的时候可能会对很多成年男性叫"爸爸"[①]。

总之,引起认知差异的因素除以上列举之外,还有许多,不一一赘述。

(二) 认知的特性

1. 认知的选择性

世界上有各种人在我们眼前出现过,以致我们根本来不及认识所有的人,甚至来不及做出反应。根据罗宾·邓巴的"150法则",人的强关系(交流较多的人际关系)往往只能维持在150人左右,即使网络给我们提供了便捷地与他人保持关系的方式,但往往只是增加了弱关系(交流较少的人际关系)。我们所能遇到的人远远多于我们所能够保持联系的人,因此不得不根据个人最迫切的需要和兴趣进行选择。在同样的刺激量面前,每个人的选择程度和反应程度总不相等,其原因在于过去经验中不同的报偿和惩罚原则、刺激体的强弱程度等。

2. 认知的偏差性

认知的偏差性是指个人接受刺激时的感情状态、动机状态或个人给刺激体的注意等对

---

① [美]茱莉亚·伍德:《生活中的传播(第四版)》,董璐译,北京大学出版社2009年版,第52—59页。

认知反应的影响。当个人在极需要的渴望中或在恐惧中，都容易曲解刺激。另外，在观察中常有这样的现象：出于好奇或兴趣，只注意到刺激体的某一特性而忽略了其他特性，甚至包括极重要的特性，从而造成认知反应的偏差。

3. 认知的防御性

亦可称为心理的排斥性，即对认知交往对象有不愉快的感觉后，产生提防心理，不愿深入介绍自己或回避认知对方，于是以自欺的方法掩饰个人心理的本意。

4. 认知的习惯性

个人交往中认知习惯的养成，与个人对交往所得正负报偿有直接或间接的关系。一般人具有寻求正报偿、避免负报偿的倾向，并且依据经验容易不究动机而迎合正报偿，这种认知容易被表象迷惑利用。

5. 认知的平衡性

认知本身和认知背景有密切关系。当认知者发现自己对客体的认知与别人不同时，内心可能会紧张，并且努力去缩短这种认知距离，希望自己对客体的认知与众人平衡。可能出现以下几种情况：压抑个人的心理，避免深思深究；企图影响旁人符合自己的看法；改变自己的态度；避免谈两者间的不同意见（海德的平衡理论）。

6. 认知分离

当个人的认知与认知对象间的关系缺乏理论关联和显而易见的客观联系时，就用主观思考添补其间的联系，从而产生误差分歧，产生认知结果与认知对象本身的分离。

7. 常套特性

个人将以往常规的认识运用在判断和思考程序中，影响了对客体判断的正确性。这是人际交往中通常犯的毛病，即忽略了对方的个性特点，把所见的人和事按心理体系类目化，影响人际和群际交往。

8. 理解性和概括性

知觉不仅是感性形象，而且是对客体的一种意识。人们认识交往对象的人品、作用和特性，从而有目的地与对方交往。知觉的理解性是通过人在知觉过程中的思维活动达到的。这时，你不仅力求知道自己在和什么样的人打交道，而且力求把知觉对象列入已知对象的一定类别中去，其概括化程度依赖于你已掌握的知识范围。

9. 投射性

人往往会不自觉地认为认知对象拥有跟自己一样的思想、情感和特质，并且把自己的这些意识强加于客体之上。在心理学中，这称为"共识偏见"，即认为别人都与自己持有相同的观点，但实际上不是这样。这种投射可能会使人陷入盲目之中，但也可能使人采取正确的做法，如"将心比心"。

（三）认知的归因

在人际交往中观察他人的交往行为，寻觅潜伏在他人行为背后的比较稳定的属性，将其归纳分类，综合起来理解，这样一个围绕他人行为的因果关系的认知过程称作归因过程。归因过程是理解人际关系必不可少的,它的结果引导我们对他人采取行动,因为人与人之间的关系显然受到归因判断的明显影响。

前面我们介绍过归因理论的基本原理,这里我们主要论述归因理论在人际关系中的运用,代表学者是海德、琼斯、戴维斯和凯利。

1. 海德的常识心理学

最先对归因过程提出独到见解的是海德。他主张,在归因人际关系的诸概念时,与其系统地归纳心理学和社会科学的概念,倒不如利用日常生活中人们所应用的一般知识。他对普通人在人际关系中表现出的敏锐心理洞察加以研究,并且将这些人理解他人行为时使用的语言加以系统化,创立了常识心理学体系。他对行为的通俗分析和对现象的记述是以因果关系分析为中心的。他是研究归因过程的先驱。他提出的原理是:人们希望通过将自己周围暂时且易变化的行为和现象归因于相对稳定的诸条件(固有属性),来预测并统制自己周围的环境。这里所说的固有属性,就是人类和环境所具有的持续性的特性。

2. 琼斯和戴维斯的对应推论理论

这两位学者在海德理论的基础上设想:在根据他人的行为推断该人性格之类的固有属性时,要具有先确认行为的意图,然后推论属性这样两个步骤。他们提出了"对应度"概念。这一概念依托的对应关系包括:被确认的意图与行为的关系;被推论出的属性与行为意图的关系;固有属性与观察到的行为的关系等。

概而言之,先判断所观察到的行为是否有意图,是否是在自由意志下采取的,与行为者可选择的其他行为相比有多大程度的固有结果,以及产生了具有多大程度的社会性期待的结果,在此基础上,归结出行为者的属性。

3. 凯利的归因立方体模型

凯利对人们行为原因归因时的诸条件进行了广泛的研究,认为某种现象产生的原因是该现象发生时存在而不发生时便不存在的因素。换言之,人际交往的原因可以在交往现象发生的时候而发生,随其变化而变化的诸因素中去寻求。运用这种共变原理,可以较合理地理解现象。例如,一个人想要受到若干人的喜爱和欢迎,至少要具备三个标准:一是辨别性,让人接触后感觉到"这人招人喜欢";二是一贯性,在任何情况下接触他都令人喜欢;三是一致性,许多人和他交往都喜欢他。

如果三个标准都具备,就可判断这个人确实是一位受欢迎的人。如果只具备其一,现象的原因可归因为意见出发者"此时情绪正佳"等情况。如果只具备其二,可认为现象的原因只在于意见发出者的个人喜好。

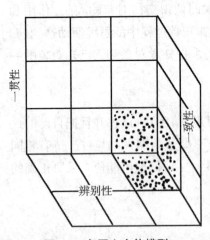

图3—5 归因立方体模型

(资料来源:熊源伟、余明阳编著,《人际传播学》,中山大学出版社1991年版,第87页)

三、对自我的认知与评价

自从人猿揖别后,人类为了自身的生存和发展,义无反顾地踏上了自己构成自己、自己拓展自己、自己丰富自己、自己完善自己的无限征程。作为人际交往过程中的认知主体,人们在进行认知活动中表现出巨大的物质力量和精神力量。

在人际传播中,一个人对他人的态度与行为,以对自己的认知和评价为基础。

(一) 自我认知的结构

自我认知是人的意识的最高阶段,是人们在社会实践活动中对自己的生理、心理、社会活动及与他人关系的认识。按照自我认知的对象来分,可把自我认知的结构划分成物质自我认知、精神自我认知和社会自我认知三部分。

1. 物质自我认知

物质自我认知是指认知主体对自己的外貌、身材、健康等物质机体的认知,又称为生理自我认知。

2. 精神自我认知

精神自我认知是指个体对自己的思想、智慧、能力、道德等内在精神素质的认识,是指从精神方面把握自己的个性,从而形成自我的精神概念。

精神自我认知是个体自我认知的核心。个体通过精神自我认知能够根据主客体的需要,调节、控制自己的心理和行为,不断修正自己的观念,最终确立一定的信念和信仰,支配自己去追求真理和高尚的精神生活。

3. 社会自我认知

社会自我认知是指对自己在社会活动中的身份、地位、名誉、财产及与他人关系的认识,是个体对自己被他人或群体所关注的程度的反映。通过社会自我认知,人们对他人或群体对自己的重视程度有了明确的概念,形成反映自身社会需要的自我意识,构成社会自我的概念。

(二) 自我认知与评价途径

在了解了自我认知的基本概念和结构内容后,我们再来看看如何做到正确地认知、评价自我。

1. 通过与他人比较来认知、评价自我

人对自己的认知与评价,都是以社会上其他人对自己的认知与评价为参照。人不是孤立地生活在世界上,而是通过与别人的交往而生存。人们在相互交往中,不断地互相观察,自己在观察别人,别人也在观察自己。别人会对自己有一个评价,同时,自己通过与他人比较,也会对自己有一个新的认识。自我认知就是在这种多次的互相观察与评价中形成的。例如,在著名的霍桑实验中,认为自己是被选中的优秀工人的小组会比其他工人的小组工作做得更好，尽管这两组在平时并没有被分开，也不存在实质上的差别，但一组通过与另一组比较，得出了对自身的评价。

在生活中普遍存在着与他人比较的行为，我们要警惕比较中潜在的系统性偏差。这种偏差包括两部分，即优于常人效应和差于常人效应。前者指人们在社会比较中认为自己的能力高于一般人的现象，后者则恰好相反。两种效应常常同时出现。例如，克鲁格（Kruger）等在研究中发现，对于拥有自己的轿车、房子，考试位于全班前50%等事件，大多数人通过比较认为自己成功的概率比他人高。然而，在一些更为复杂或者成功率低的事件上，大部分人认为自己成功的概率要比一般人低。这就要求我们在通过与他人比较来认知、评价自我时，尽可能客观地认识自我，避免社会比较偏差的出现。

2. 分析活动的结果，进行自我观察来认知、评价自我

个体的活动都是他内心活动的外化，活动的结果是他本质力量的对象化。因此，要认识自己还可以通过分析自己的活动成果来实现。

相关研究表明，成功的活动经验与自信心的形成成正比。如果一个人在学习、工作、娱乐等各项活动中经常获得成功情感的体验，他就会坚信自己的力量；如果各种活动成绩经常不如别人，他就会对自己丧失信心。

除此之外，还可以在平静的心境状态下，通过自我观察、自我分析来认知和评价自己。通过对自己的心理结构、自我期望和自我要求等主观因素的分析来决定自己对自己的感情与态度，决定自己对自己的判断与估计。

3. 通过其他人的评价来认知、评价自我

当别人认为我们很好时，我们也会认为自己不错。如果我们称赞某个小孩很有才华、刻苦学习或者乐于助人，这个孩子就会把这些观点融入其自我概念和行为中去。我们祖先的命运决定于别人如何评价他们。当他们受群体保护时，他们生存的机会就会变大。当他们意识到群体对自己不满时，他们会感到羞愧，并且做出低自尊的行为反应。

社会学家查尔斯·库利以"镜中我"这一概念描述我们如何以"我们以为别人怎么看我们"为镜子来认识我们自己。库利认为，我们根据自己出现在他人面前的样子来感知自我。

社会学家乔治·米德精炼了这个观点。他指出，与我们的自我概念有关的并不是别人实际上如何评价我们，而是我们想象中他们如何评价我们。我们通常感到赞扬别人比批评别人更自在，更倾向于恭维而不是嘲讽他人。学者德维托认为，人在通过认知构建自我的概念时有两种途径。一是社会比较，人们可以通过比较自己和他人的想法与行为以完成对自我的认知，尤其在与你身份和特质接近的人群中，这种比较更为明显。例如，一个人会通过同行的业绩与自己的业绩的比较来看自己的工作做得怎样，一个学生可以通过与他人成绩的比较来看自己的学业是否足够好。二是文化习得，即周围的人，以至社会、国家灌输给你的价值观、人生观、信仰、态度和规范。你可以通过将自己与这些观念和规范进行比较来形成对自己的认知。当你达到这些标准时就会产生对自我的积极评价，未达到时则会产生对自己消极的评价。

德维托还形成了有关自我概念形成的框架,如图3-6所示。

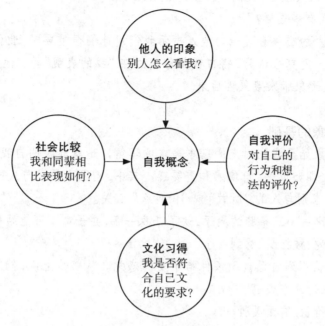

图3-6　自我概念的形成

(资料来源:[美]约瑟夫·A·德维托,《人际传播教程(第十二版)》,余瑞祥等译,中国人民大学出版社2011年版,第62页)

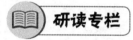

别给自己随意贴上"价值标签"[①]

自我形象是我们自身的心理图像,是我们看待自己的方式,也是我们认识和感觉自身的方式。它指的是我们的内心,而不一定是别人从外面看待我们的感觉。

一、影响自我形象发展的因素

外貌长相——"我长得怎样?"

在当今众多文化中,最受推崇的个人特征就是外表的吸引力。美国南加利福尼亚大学医院精神与心理保健原主任詹姆士·多布森说:"年龄在12—20岁之间的人,大多数对于自己是谁和自己代表什么感到极度失望。"

表现——"我们能把事情做得多好?"

我们容易对自己形成这样一种心理印象,这种印象建立在我们在他人眼中是成功还是

---

① 节选自匈牙利YTL项目组:《YTL当代青少年教育》,ZDLBOOKS译,中国社会出版社2006年版。

失败的基础之上。如果我们对自己的表现印象不好,看到别人取得成功,我们也会感觉不好。反过来,如果别人失败了,我们的价值感就会增加。

同辈人——"我有多重要?"

这与自己同他人的交往有关。当他人表示我们对他们很重要时,我们就会感到自身的内在价值。罗伯特·麦克吉认为,将自我价值建立在"我的表现"和"他人的意见"基础之上,会对我们的自我形象带来毁灭性后果。

二、健康的自我形象的基础

健康的自我形象始于我们对人的基本需求的理解。造就健康的自我形象,需要满足三个基本的人生需求,即归属感、价值感和重要感。其中,前两个需求与人的"存在"和"我是谁"有关,第三个需求则与人的"所做"或"做什么"有关。

这三个需求好比一个三条腿的凳子,缺了任意一条,凳子都不可能站稳。

归属感——被爱、被接受、感到安全

归属感是我们认识到自己被无条件给予爱的感觉。从感情上讲,倘若这种需求得不到满足,将增加内心深处的空虚感。

价值感——有价值、有重要性

心理学和人格发展畅销书作者拉里·克莱布博士说:"人必须首先拥有自我价值的目标,视自己很有价值也很重要。否则,他就不可能自在地为其他人或事活着。"

重要感——信心、目的和能力

我们需要一个重要感,一种生活有目标的感觉——我要有所作为!与此相伴的是一种有能力的感觉——我能胜任它!

三、自我信念非常重要

你可能会自问:"我怎样才能练就人生的这三条腿呢?"这三种"感觉"与我们的固有信念牢牢系在一起。罗伯特·麦克吉博士在他的《寻找意义》一书中指出,人在思考自身时,经常陷入四种错误或者说是"误区"。

表现误区——我必须达到某种标准才能有好的自我感觉。

指责误区——失败者不配得到爱,应该受到惩罚。

认可误区——我必须得到一些人的认可,才能觉得有价值,并且有好的感觉。

羞愧误区——我将永远是现在这个样子,我没有希望,也改变不了。

越是相信这四种误区,自我感觉就越差。我们必须学会养成一种习惯,相信什么是真实且适合自己的,用三种适当的、健康的自我信念来取代消极的信念。

虽然有失败,我仍会被完全饶恕和接受。

虽然有过错,我仍会被全然接受。

虽然过去有诸多的不快和失败,我仍有勇气,并且能够成熟。

研读小结

自我认知，是人的意识的最高阶段，是人们在社会实践活动中，对自己的生理、心理、社会活动及自己与他人关系的认识。它对个体对自己的希望和追求产生着重要影响，并且制约着自我发展、自我完善和自我调控。可以说，自我认知正确与否，直接影响人际传播的效果。

我们应当避免过于武断地给自己贴上标签，因为自我认知会对我们采取怎样的行为产生决定性的影响。要形成对自己积极健康的评价，就要从内部去寻找衡量自己的标准。例如，更看重自己是否达成自己的目标，而不是更看重是否被老师、上司表扬。要学会从自己本身的、积极的层面去认识自己、形成自信，只有认可自己的人，才能够为他人所认可。

四、对他人的了解和判断

人际传播必定有两个方面，除了己方，还有他方。要实现人际传播，需要有对他人的了解与判断，即人心判断力。

在世界万物中，人是最为复杂、神秘的生命有机体。人的复杂性与神秘性不仅在于其心理状态和行为方式捉摸不定，还表现在人具有有意掩盖这些心理和生理状态的高超能力。

鉴于这种前提，要洞悉人类心灵的秘密，就必须具有深刻、准确而巧妙的判断能力。人们在深长的历史过程中，已经总结与发现了许多具有规律性的东西。这里引用既有的一些研究成果进行介绍。

很显然，人的心理状态是不能直接被观察到的，而要通过人们活动的诸种中介来分析判断。人的言语、行动、神情、服饰、兴趣等社会行为模式往往直接反映本人的真实心理状态。但也有相当多的时候，这些模式仅是一种心理假象的呈现。如果不善于观察、辨别，就会作出错误的判断。

（一）言语判断——闻其言而知其人

言语判断包括两个方面：第一，言语表述内容（内在判断）；第二，言语表达形式（外在判断）。

首先，让我们根据对方的言语内容来判断其心理状态。

最简单的实例是，常常以自己为中心话题的人往往具有较强的自我意识，谈话中往往不顾及对方而滔滔不绝地谈论自己。这种人一般有较强的表现欲，甚至是个自我中心主义者。其实，总是以自己为谈话内容便是对对方的不尊重。这在常以"想当年我如何如何"为话题的老人中间格外突出。

相反，常常以别人为谈话内容的人则表现出对他人的重视。当然，这种重视也具有不同的含义。有的人是尊重他人，有的人则是想支配他人。已婚女人的话题较多以他人为中心的现象则具有另外一种含义。俗话说："三个牧童，必谈牛犊。三个妇女，必谈丈夫。"日本某一社会调查机构对家庭主妇的谈话内容进行分析统计后发现，丈夫与孩子是她们谈话的主要内容，然后是闲言轶事。

有些人的谈话中往往潜伏着一种不可告人的秘密。例如，某位男子曾爱过你的妻子，但在与你相逢的谈话中，一般反倒不直接提及你的妻子，而总是促使你不知不觉地谈及与你妻子有关的事情。如果当年他的愿望未能实现是你妻子的责任的话，他就总盼望听到昔日的情人如今生活得多么痛苦的消息，从而表现出一种求得心理平衡的欲望。

有些人的只言片语往往是他潜意识的流露，通过对其深入分析，大多可找到内在原因。例如，A先生给在某公司任职的朋友打电话，想去公司找他。但朋友告诉的却不是公司的地址，而是自己家的住址。可见此人对家庭的重视远远超过对自己工作的重视。果然，他不久就被公司降级使用了。

有些女性的谈话内容往往与其内在心理状态相反。言不由衷似乎是女性的通性。在实际交往中，人们常常体会到，多数女性对性的问题都退避三舍，有的人甚至一听到这个话题就走开。但经过观察分析，普遍认为，对性问题表现出反感或回避的女性往往却对此怀有极大的兴趣。与此相似，当你听到一位人到中年的女性满怀深情地畅想往昔的爱情时代时，她的内心往往隐藏着对性欲不满足的慨叹。

其次，言语表达形式是判断人心理状态时最微妙的渠道。

在生活中，一个人的内心欲求不仅表现在谈话内容上，而且往往表现在他的谈话方式上。

与言语内容不同，一个人的谈话方式与其内心动机往往具有相适性，一种表达方式往往固定地表现出一种心理状态，很少有相悖的现象。

有的人常常转换话题，甚至突然说些与原内容不相干的事。这种人一般思维较活跃、好动，而从道德角度上讲，他往往我行我素，不善于尊重他人。

在异性面前语塞，表示说话者在心中把这位异性谈话对象看得很重要，甚至可能是已有爱慕之心。一旦他（她）知道这种愿望不能实现后，谈吐才会变得正常起来。相反，如果某个男性在女性面前甜言蜜语，以至到了厚颜无耻说些奉承话时，则表明他对这位女性充满了兽性的占有欲。这种时候，女性便得当心了。

在用语中常常以"我们"来代替"我"的人，一般都有自卑心理，自信心不强，企图以众数壮大、保护或解脱自己。当然，这也明显地反映出说话者缺少创造意识。

在谈话中，语气过分恭敬者显然表现出对对方的尊敬，但也往往表示对对方怀有戒备心理。因为如果使用一种亲密无间的随便语气，无异会使对方的不良企图寻找到一条通路。相反，使用过分恭敬的语气会使双方保持一定的距离。"敬而远之"便是指这种心态。

有人在用语中爱用关联词，如"不过……"、"但是……"、"一方面……另一方面……"之类，表明他进行逻辑判断时比较谨慎，也说明他的思路比较开阔。但不应忽略的一点是，他对于自己的结论往往缺乏信心。

语言的表达是一种物理运动，具有天然的节奏。但是，这种天然的节奏本身也是一种心理状态的表征。至于语速节奏与思维类型、能力的关系,我们不想加以讨论,只想对一些人们还不太注意的语言表达形式做探讨。

说话者语言节奏的快慢与思维心理状态的关系比较容易把握,但对那些突破习惯的反常的节奏变化则应注意辨析、考察。如果某人平时口拙木讷,此时却突然滔滔不绝说个不停,那么你一定要倍加小心。因为他一定受什么动机驱使,而这一不明企图竟然具有违反常规习惯的力量,说明一定非同小可,如果他不是在有意锻炼自己的表达能力的话。

语言音调的高低除了与人的年龄有关外,更与人的心理状态有关。很明显,人们情绪激动时音调会高昂,但高昂的音调也很可能是用来掩盖真理的欠缺或内心的恐惧与空虚。正常情况下,高昂的音调多意味着思想上的不成熟或任性。

（二）行为判断——观其行而知其性

行动与语言一样,是人类内心世界的外在显示。通过对人的行为状态的判断,可以透视到其心灵的隐秘。对于许多人类行为,人们并不难作出正确的判断。而对于有些行为,尤其是一些属于生活细节的行为,人们却往往忽略其深层的含义。下面,笔者想从几个方面来稍加考察。

人的手足活动是内心流露的直接呈现方式。

不需隐瞒的心理活动往往直接体现在人的语言、动作和面部表情中,要了解需要隐瞒的心理动机则可以从人的手足活动方式中印证。手足活动是人类潜意识的显示。在生活中,握紧拳头的手往往表明人们的激动与恐惧,局促不安时的手的活动方式是人们在影片中最常见到的"卷衣角"的情景。

有的研究通过人的眼睛、头部及身体各部分的动作,对人的心理进行判断,尤其在测谎中有着更多的应用。然而,虽然测谎仪器在很多次实验中的准确率都超过80%,但是毕竟还是会存在误差。这说明人是多变的,要将各种要素综合起来判断,而不能仅仅根据一种情况就下定论。

（三）神情判断——表情也会说话

人的心理产生波动时,往往会通过眼神和面部表情流露出来。因此,对人的神情的观察分析,可以判断出对方的心理状态。

人们都说,眼睛是心灵的窗户。人类最隐秘的心理活动往往会通过眼神流露出来。当双方争辩或被对方质询时,如果某一方的眼睛总回避对方的视线,往往表现出他的心虚或胆怯。至于吃惊时眼睛睁大、思考或回忆时眼神迷惘等已是常识了。有人认为,当人说谎时,眼睛里总是混浊的或闪现的。这虽然没有经过进一步的验证,但是孩子的眼睛总是清亮、晶莹的确是事实。

人的眼神与视线的活动形式有直接关系。

四处环顾的视线表示不安或心怀叵测,视而不见表示轻蔑等,这已是大家早就熟知的。相反,我们对一些眼神或视线却不能一目了然,甚至要作出相反的判断。例如,一群公司干部正在开会,突然进来一位美丽的女子为大家倒茶,人们往往都会不约而同地把视线投向她。这本是常理,因为爱美之心人皆有之。如果其中某位男子目不斜视,大家会认为他本质纯正、不近女色。其实事实往往恰恰相反,这可能不过是为了掩饰超出常人的过强欲望而已,是一种人为的强制性控制,并不是一种高尚心理状态的表现。

上面的这个例子使我们想到某些不太熟识的男女相遇时的视线变化。一个异性如果看了对方一眼,又迅速移开自己的视线,表明他(她)在心底里已经偷偷地对对方产生了爱慕,只是忌于众人的存在或不知对方的真意时的一种回避。所以,当你遇到对你似乎不理睬的异性的目光时,你尽可以去热情大胆地注视他(她),或者是嘲笑他(她)。

在与对方(不论同性还是异性)初次见面时,有些人的视线往往左右横扫几下,然后才进入正常状态。这表示他已经在心里对你产生了某种不信任感。相反,如若头部微前倾,翻起眼皮仰视对方的话,无疑是表示一种尊敬或信赖。

除眼神外,面部表情主要由脸色、肌肉形状和五官的变化来体现。像悲哀、喜悦、愤怒、恐惧、厌恶、同情等几大情感类型主要通过人的面部表情来体现。在人们常见的印象或已有的认识、判断模式中,对某一具体的人作出情绪形态的判断并不难,难的是对那些违反普遍模式的情绪实质的判断。

例如,通常说来,流泪表示悲哀,笑容是欢乐的标志。但是,人们常见到悲哀至极会笑,欢乐至极也可能流泪,面部表情与心理状态截然相反。此时,如果还单凭表面的、一般的认识模式来判断,往往会导致失误。这就需要你能把判断对象的表情与环境背景联系起来做统一考察,以此来把握表情显示内心形态的真实程度。总之,这种表情与内心的相悖是人类的一种反常行为,虽说也有它产生的必然原因。如果一对夫妇在本该暴怒的事情面前无动于衷,在本该争吵的时候不置一词,则是一种十分不祥的征兆,比暴怒与争吵更可怕。夫妇之间一旦进入这种境地,那离分手就不远了。同样,有时候,当彼此陷入一种深深的敌意或蔑视之中时,双方可能反而会显得彬彬有礼。如果据此来认定双方关系和睦,那就大错特错了。

(四)服饰判断——自我的外延

服饰形式是人类群体观念的显示(民族性、流行性),又是人类个性的反映(个人的选择)。这说明,服饰的选择由民族、地域、性别、年龄等自然条件所决定,同时又由个人不同的爱好、兴趣所决定。后者使人类的服饰同中见异,而且越来越具有决定性的作用。

我们不想谈服饰的自然选择,只想从服饰的个性特征来分析人的心理状态。

最为明显的是,服饰可以表示一个人的社会地位、职业。但是不应忽略的是,切不可"以衣取人"。"以衣取人"是一种常规性的认识模式,而对于那些具有逆反心理的人来说则是不适宜的。美国百万富翁史密斯多年来一直穿着破旧的衣服在一家餐馆当勤杂工,直到他死后,人们才发现他是一个百万富翁。相反,有些珠光宝气的妇女往往负债累累。可见,服饰的选择取决于个人的心理特征。我们的任务便是透过表面现象,打破一般认识模式来分析由服饰个性所反映出来的个人心理状态。

有些人喜欢穿戴华贵的服饰,从表面看来,他们可能是进行一种自我显示。但从深层分析来看,他们精心地修饰自己,一方面是为了弥补身体上的某些自然缺陷,另一方面是迫切希望得到社会的承认。这种人往往不专于自己的工作,但对财物却有特别强烈的欲望。在美国曾发生这样一桩事。一位大学女校长突然取出自己多年在某银行的所有存款。几天之后,这家银行倒闭了。很多人都十分纳闷她为何有这种令人惊叹的先见之明。后来,这位女士告诉人们,有一次她与人打牌,这家银行的总经理也在座。她发现这位经理的服饰相当讲究,而且指甲都经过高级美容店精心修整过。她当即感到,自己的存款有化为乌有的危险,因为一个事业心很强的男子是不会花费这么多的精力和钱财来修饰自己的。

有些人则特别忌讳穿崭新的衣服,甚至把新衣服洗过之后再穿。这种人往往缺乏自信,避免引起社会的注意。同时,对生活与人际关系有很强的适应性。

服饰的突然改变往往预示着生活中增添了某种重要因素或是心理上受到某种刺激。如果稍加注意,你便会为你的判断寻找到有力的证据。有的人平时衣着随便、不修边幅,突然有一天他变得衣冠楚楚起来,精神状态也焕然一新。经过询问,原来他刚刚结识了一名可能成为生活伴侣的女友。然而过几天后,他又变得邋遢起来。究其原因,才知道女友又与他分道扬镳。分手的原因竟然有些不着边际:据女友说,她喜欢的正是他这种邋遢劲儿,具有一种潇洒的风度,而他如今突然改变了自己,也就失去了原有的吸引力。

从这个例子来看,一个人的服饰实质上表现着一个人的特性,成为人自身的一种延伸。具有个性化的服饰选择,会给人以鲜明的印象。服饰虽然是供别人欣赏的,但不同服饰的选择形成了人不同的个性特征。当然,服饰的选择往往也有某种文化背景或政治因素的作用。服饰的变化说明任何人在服饰选择上都有不同程度的顺应性与趋同性,虽然其内在动机各有不同。这样一来,作为人体外在装饰的服装便有了不同的社会内容。

(五)嗜好判断——个性的显示

每个人都有某种嗜好。根据对方的兴趣或嗜好可以透视他的深层心理,以便作出有利于自己的判断。人的兴趣和嗜好与工作热点、重点不同,它是人的一种自由天性的显示。因此,通过对他人嗜好的观察能最精确地把握他的心理状态。

人的兴趣和嗜好与人的自然条件有直接关系。一般来说,男性总喜爱一些对抗激烈、有强烈刺激性的文体活动,如拳击、足球、赛车、武打或恐怖影片等。女性则恰恰相反,她们多喜爱一些较柔缓、淡雅的文体活动,如体操、跳水、冰上芭蕾、娱乐性的生活影片等。老年人一般喜欢悠闲清静的活动,如钓鱼、养花、下棋等。青年人则喜欢剧烈的运动,如旅游、登山、游泳等。这些由人的自然条件所决定的兴趣和嗜好比较容易判断,而一旦涉及较复杂的现象,则不易清楚地把握。

一个人如果喜爱单独性的嗜好的话,他的家庭生活可能不幸福,而他的嗜好恰恰是为了摆脱这种苦恼。例如,一个中年人平时并不喜欢钓鱼,可突然在一段时间内常常一个人出去垂钓,那么他的家庭或工作生活中一定出了什么问题。他想用这种与清溪、山谷为伴的方式来消除自己的痛苦，把自己限制在一个清静孤独的世界里，以求得精神上的安定。

从一个人的嗜好中可以推断出他的情人、配偶或上级、师长的嗜好来。有些人有了情人或来到一个新的工作单位后，往往会改变自己的兴趣和嗜好。改变的原因即在于想要与情人或上级求得一致。其目的很明显，是想博得他们的喜欢，或增强自己的竞争力。

有的人喜欢饲养动物。一般来说，这些人往往有一种孤独感，同时又富有同情心，既爱别人，也希望被爱。

人的嗜好是难以改变的。人们常说："江山易改，本性难移。"嗜好的改变大多是受制于一种强大的外在力量，而这种被动的改变的最终结果也不过是被另一种嗜好代替而已。

在网络中，人们往往会简单地进行自我介绍，给自己贴上几个标签。其中，个人的兴趣爱好是常见的标签类型之一。通过其个人兴趣，我们可以窥斑见豹。

五、主体的角色认知

人类社会化进程是由人类进行的各种社会传播活动促成的。社会化的结果，就个体而言，是个体人格和自我意志的形成；就社会而言，履行和实施传播功能就是对社会运转的保障，也就是社会角色的被承担和扮演。人们生存在社会中扮演着许多不同的社会角色，社会角色是沟通和衔接个人与社会的桥梁。社会角色扮演能力的高低是个体在社会中生存能力的直接体现。

（一）角色的概念

角色，原指演员在戏剧舞台上按照剧本的规定所扮演的某一特定人物。生活中的角色是从戏剧中引申而来的，但两者有本质区别。角色是由社会和团体制定的处于某种地位的人的行为规范。它是人们社会地位的外在表现和动态形态，是不同个体之间、个体与团体之间的衔接点。

身份与角色不同，身份是指在社会或法律上的地位。每一种身份、地位都有与之对应的一系列权利和义务。当个体把组成地位的权利和义务付诸实践时，他就在扮演着一种角色。一种身份可以同时扮演多个角色。

图3-7　工作的年轻人承担的社会角色
（资料来源：http://photo.renren.com/photo/404807903/photo-5720286316#/404807903/photo-5701041666）

基于社会网络的品牌危机传播"意见领袖"研究[①]

一、品牌危机传播

斯格在《组织、传播和危机》(1998)一书中指出,危机是"一种能够带来高度不确定性和高度威胁的,特殊的、不可预测的、非常规的事件或一系列事件"。美国学者费姆·邦茨(Kathleen Feam-Banks)认为,危机传播就是"在突发事件发生之前、之中和之后,介于组织与其公众之间的传播"。对危机传播的有效管理如同处理危机事件本身一样重要。

20世纪90年代,品牌的概念开始被引入中国。有学者认为,品牌危机的概念并非来自国外,而是中国学者在融合品牌与危机这两个概念的基础上形成的。学者吴狄亚和卢冰认为,"品牌危机指的是由于企业外部环境的突变和品牌运营或营销管理的失常,而对品牌整体形象造成不良影响并在很短的时间内波及社会公众,使企业品牌乃至企业本身信誉大为减损,甚至危及企业生存的窘困状态"。品牌危机是一个比较新的研究领域,它的出现与中国本土市场经济状态的变化密不可分。

在品牌研究领域,对"意见领袖"的探讨主要集中在市场营销的角度,即如何通过"意见领袖"扩大品牌传播途径和提高传播效率。目前还少有研究者从危机管理和危机传播的方面来探索"意见领袖"的作用。本文将借助社会网络的相关理论和观点,对"意见领袖"在品牌危机传播中的地位和作用加以分析,提出相应的策略建议。

二、基于社会网络的"意见领袖"分析

(一)"意见领袖"及其确认

"意见领袖"是传播学中的一个经典概念。对于意见领袖的传统定义是:"在将媒介信息传给社会群体的过程中,那些扮演某种有影响力的中介角色者。"

拉扎斯菲尔德等人提出的两级流动传播理论,开创了传播过程研究的一个新领域。而"意见领袖"就是两级传播过程中的那些积极、活跃的"中介者"。

卡茨在《个人影响》(1955)中认为,"意见领袖"的三项指标是生活阅历、社交性和社会经济地位。在这三项指标上占有优势的个人,才有可能成为群体中的"意见领袖"。

在半个多世纪前,研究者们就已经开始将意见领袖从普通人群中筛选出来的研究。"意见领袖"的发现者拉扎斯菲尔德和卡茨请美国伊利诺伊州小镇迪凯特(Decatur)的居民对影响他们生活各领域的人进行提名。结果,在每个领域,都有一定数量的人被重复提及。

根据台湾几个广告公司组成的整合性消费者分析资料库的调查,意见领袖可由三种方式衡量:一是向受访者询问,当他作某种决策时会去向谁寻求忠告和情报;二是利用某一团

[①] 参见薛可、陈晞、王韧:《基于社会网络的品牌危机传播"意见领袖"研究》,《新闻界》2009年第4期。

体中的被告知者去确认意见领袖;三是由受访者自我评估其在所给予题目中的影响力。

罗杰斯也总结了四种有效测量意见领袖的方法:关键人物访谈法、观察法、自我报告法和社会网络测量法。前三种方法都具有很强的主观性,在筛选意见领袖时,容易受个人主观意志的影响而产生偏差。社会网络分析理论和方法的兴起,为我们研究品牌危机传播的"意见领袖"提供了一种新的视角和途径。

(二) 社会网络中的"意见领袖"

社会网络理论起源于20世纪二三十年代,由著名的英国人类学家R.布朗提出。社会网络理论认为,社会是由一群行动者、这群行动者间的关系及这些关系构成的网络结构组成。信息的流传正是受社会关系与社会网络结构影响的。

1. 复杂网络系统

危机存在于复杂网络情境中,它是在确定的变化逼近时,事件的不确定性或状态[1]。品牌危机也是如此。品牌危机中的利益相关者是危机信息传播的主体。而危机信息的传播内容、速度、效果等与普遍存在于社会中的复杂网络直接相关。

(1) 六度分隔假说和小世界理论

1929年,匈牙利作家卡林西(Frigyes Karinthy)在小说《链》中提出六度分隔理论,即"地球上任何两个陌生人之间想要找到关系,最多只需要通过五个人(最多不超过六个)就可以达到"[2]。1967年,美国社会心理学家米尔格兰(Stanley Milgram)通过实验使这一理论有了很大的发展。该理论用数学公式可以表示为:

$$n = \log(N)/\log(W)$$

其中,n表示复杂度,N表示人的总数,W表示每个人的联系宽度。

在六度分隔理论的基础上,人们发展出小世界理论。1998年,美国的沃茨(Duncan I. Watts)和斯特罗加茨(S. H. Strogatz)提出小世界网络模型,用以描述从完全规则网络到完全随机网络的转变。

小世界网络反映了高平均集聚程度与小的最短路径的特点。高平均集聚程度是指网络集团化的程度。例如,社会网络中总是存在一些关系圈,其中每个成员都认识其他成员。小的最短路径指网络任意两个节点之间都有一条相当短的路径,它反映网络实体间相互关系的数目可以很小但却能连接世界的特征[3]。

(2) 无尺度网络

1999年,美国学者巴拉巴斯(A. L. Barabasi)和艾伯特(R. Albert)指出,许多实际的复杂网络的连接度分布服从幂次定律,即多数节点只拥有少数连接,只有少数节点才拥有极大的连接。由于幂律分布没有明显的特征长度,因此称其为无尺度网络[4]。从一定意义上说,无尺

---

[1] Fink Steven, *Crisis Management: Planning for the Invisible*, New York: American Management Association, 1986: 23。
[2] Stanley Milgram, "The Small World Problem", *Psychology Today*, 1967, 1(1): 60—67。
[3] 吴彤:《复杂网络研究及其意义》,《哲学研究》2004年第8期。
[4] Barabasi A. L. & Albert R., "Emergence of Scaling in Random Networks", *Science*, 1999, 286: 509—512。

度网络的发现印证了人际活动中两级传播现象的存在基础。

小世界与无尺度现象已经被实证为普遍存在。危机信息传播也是一个典型的复杂系统的演化过程。在危机情境下,有大量影响传播的不确定因素,体现出社会网络的复杂性与不确定性特征。研究信息传播,通常把社会网络看成是规则网络。近年来,随着小世界和无尺度网络研究的深入,有学者利用复杂网络研究方法,对危机信息传播进行研究,比如对流言传播的小世界网络特性的研究、对基于小世界的舆论传播模型的研究等。这些研究为我们研究品牌危机传播的现象和规律提供了启示。

2. 社会网络理论

（1）社会行动者及其关系

社会网络指的是社会行动者（actor）及其间的关系（tie）的集合。也可以说,一个社会网络是由多个"点"（nodes,即社会行动者）和各点之间的连线"边"（edge,即行动者之间的关系）组成的集合,如图3-8所示。

社会行动者可以是社会中的任何一个个体、组织,甚至国家。社会行动者是有意识的行为主体,但其行为受社会网络的制约。社会网络结构中的"关系"是复杂多样的,行动者之间的复杂联系形成了多元关系网络。在品牌危机信息传播研究中,"点"可以表示为信息传播主体,"边"可以被理解为信息传播的路径。"主体"和"关系"共同构成品牌危机信息传播的"场域"。

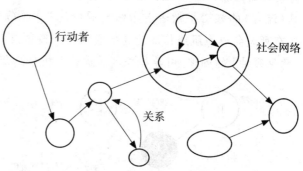

图3-8 社会网络示意图

（资料来源：王伟、靖继鹏,《公共危机信息传播的社会网络机制研究》,《情报科学》2007年7月）

（2）弱关系和强关系

弱关系倾向于连接与行动者本人具有较高异质性的人群。由于关系疏远,这些人之间信息沟通很不充分,弱关系则充当"关系桥"。因此,弱连接能够传递对于行动者来说是新鲜的,因而也是有价值的信息[1]。强关系则连接同质性的人群。行动者之间来往密切,信息交流充分,因此,容易形成一个封闭的系统,信息冗余量也相应较大。

美国学者克雷克哈德（David Krackhardt）提出"强关系的强势"假设,认为强关系特别适用于不确定性的情境,在面临风险或危机时,强关系是可以依赖的对象。处于不安全位置的个人极有可能通过建立强关系获得保护,以降低其所面临的不确定性[2]。一般来说,弱关系具有信息传递的优势,强关系则适于传递情感、信任和影响力。

华裔学者林南认为,无论是强关系还是弱关系,关系人本身的社会地位都是决定关系所

---

[1] Mark Granovetter, "The Strength of Weak Ties", *American Journal of Sociology,* 1973, 78(6): 1360—1380.
[2] Krackhardt David, "The Strength of strong Ties: The Importance of Philos in Organizations", in Nitin Nohria & Robert G. Eccles (eds), *Networks and Organization,* 1992: 216—239.

能摄取的资源数量和质量的重要变量,关系的作用最终是由关系人的能力与意愿的合力决定的[①]。

(3)结构洞

1992年,美国社会学家伯特(Ronald S. Burt)提出另一个新概念——"结构洞",即非冗余联系之间的分割。两个行动者之间的非重复性关系,被定义为"结构洞"。结构洞是人际网络中普遍存在的现象。在具有结构洞的网络中,占据中心位置的个体可以获得更多、更新的非重复信息,具有保持信息和控制信息两大优势。结构洞中的经纪人是一种可以带来新思想和新行为的"意见领袖"。

如图3-9所示,a网络中由于B、C、D三个行动者之间没有联系,只有行动者A同时与这三个行动者有联系,因此,A有三个结构洞,分别是B-C、B-D、C-D。相对于其他三个人,A处于中心位置,起到"意见领袖"的作用。其他三个行动者必须通过A才能与对方发生联系,行动者A明显具有竞争优势。A在个人网络结构中的位置优势决定其在信息传播中经常成为沟通的纽带。但是这种信息传播并不一定都是正面的。意见领袖也极有可能成为危机信息(流言)的核心扩散者。当结构洞中的"意见领袖"有意控制信息的流动时,结构洞的存在有可能会成为阻绝信息流通的瓶颈和制造蓄意竞争的空间。因此,在危机情境下,加强对"意见领袖"的管理、引导和控制是进行危机信息管理的关键。

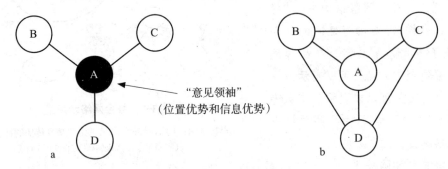

图3-9 个体结构洞示意图

(资料来源:王伟、靖继鹏,《公共危机信息传播的社会网络机制研究》,《情报科学》2007年7月)

而图3-9的b网络中各行为者之间各自建立互相联结,不存在结构洞。在这样的网络结构中,"熟人效应"使得网络成员之间多属于强关系,因此获得的信息同质性较高。这种网络结构比较稳定,但弱化了"意见领袖"的作用,制约了新信息的传播和扩散,不利于创新思维的形成。

图3-10表示,在品牌危机信息传播的社会组织网络结构中,原本相互间并无联系的A、B、C三个网络,在品牌危机事件突发的特定情境下,通过网络A中的"意见领袖"(A_1)把相互独立的三个群体联系起来,形成一个整体网。行动者A_1及其所在网络成员具有明显的位置优势,是整体网中最核心的"意见领袖",在信息获得和传播方面起到"桥"的关键作用。

[①] Lin Nan, "Social Resources and Instrumental Action", in Marsden, P. & Nan, L. (eds), *Social Structure and Network Analysis*, London: Sage Publications, 1982.

以此进行推演,则极有可能以"意见领袖"为节点,形成品牌危机信息传播的庞大网络,表现出信息扩散的"涟漪效应"。

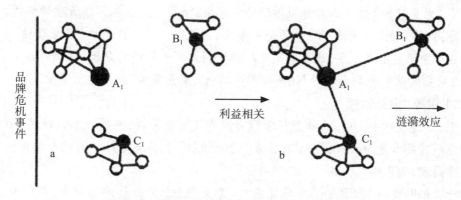

图 3-10　品牌危机情境下整体网结构洞示意图
(资料来源:王伟、靖继鹏,《公共危机信息传播的社会网络机制研究》,《情报科学》2007年7月)

3. 小结

品牌危机信息传播是一个典型的符合小世界和无尺度网络特点的复杂系统的演化过程。

从社会网络的视角来看,在品牌危机信息传播研究中,"点"可以表示为品牌危机信息的传播主体,即社会的行动者;"边",即行动者之间的关系,可以被理解为信息传播的路径。主体和关系共同构成品牌危机信息传播的"场域"。社会行动者之间的关系是复杂的、多元的。弱连接有利于创新价值信息的传递;强关系倾向于传递情感、信任和影响力,特别适用于危机情境,以降低人们面临的不确定性。

在具有结构洞的网络中,占据中心位置的人是"意见领袖"。"意见领袖"占有保持信息和控制信息两大优势。因此,"意见领袖"可以成为沟通的纽带,传达化解危机的正面信息,也可以成为阻碍沟通的屏障,或者制造流言,成为危机的扩散者。因此,加强对"意见领袖"的管理、引导和控制是进行品牌危机信息管理的关键。而强关系的网络结构相对会弱化"意见领袖"的地位和作用。

三、品牌危机传播中的"意见领袖"策略

(一)识别"意见领袖"

要对"意见领袖"进行管理,首要步骤就是从社会群体网络中识别出"意见领袖"。对"意见领袖"的识别如前面所述,有各种不同的方法,其中最主要的几种方法包括关键人物访谈法、观察法、自我报告法和社会网络测量法。一般来说,访谈法、观察法和自我报告法等便于操作,但往往带有较强的主观性。社会网络测量法是借助社会网络分析来测量群体中的"意见领袖",首先需要通过寻找关系者之间的连接来了解群体内的社会结构。用这种方法来辨别"意见领袖"主要依靠两个指标,即其在网络中的中心性和中介性。前者包括网络中程度中心度和中介中心度,后者是指连接其他行为者的能力。社会网络测量法的操作相对来说比较复杂。各种不同的方法适用于不同类型社会群体、不

同情境下的"意见领袖"识别。具体使用哪种方法需要研究者结合具体的分析对象和环境作出判断。

识别"意见领袖"是在品牌危机中进行"意见领袖"危机信息传播管理的前提。但值得注意的是，群体中的"意见领袖"并不是一个人，而是一群人。将这些"意见领袖"从社会群体普通成员中识别出来以后，还要对这个群体进行更深入的结构分析，寻找到具有核心地位的"核心意见领袖"，找到最有价值、能够影响其他"意见领袖"的"意见领袖"。

（二）引导"意见领袖"

识别出"意见领袖"后，品牌危机管理者应当建立资料库，发展一系列针对"意见领袖"的品牌危机传播和危机公关策略，来引导"意见领袖"在品牌危机中的观点和言论，切断流言的传播渠道，为化解危机赢得舆论支持。

对于"意见领袖"的引导必须建立在对"意见领袖"的分析的基础上，即了解"意见领袖"对品牌危机事件的观点和态度，对品牌形象、信誉和忠诚的态度改变等。而其主要目标是在危机事件发生后，加强与"意见领袖"的双向互动和沟通，以缓解或消除"意见领袖"对品牌形象的负面态度，进一步保证在人际传播渠道中阻断不利于品牌形象的流言传播。与"意见领袖"的沟通必须秉持主动、快速、真实、真诚等危机反应的基本原则。沟通的具体策略包括：媒体策略，例如可以选择"意见领袖"经常接触的媒体与其进行沟通，或采用直接接触的方法进行沟通等；公关策略，例如在沟通过程中采用何种统一的措辞、由谁出面进行沟通等；形象策略，例如品牌在危机中采取何种应对性的形象定位，如何针对"意见领袖"进行品牌形象的维护和修复等。

（三）培养"意见领袖"

品牌管理者还应当在长期的品牌传播管理过程中注意对"意见领袖"的培养。培养"意见领袖"最主要的就是促成品牌忠诚消费者、品牌代言人及品牌营销人员等品牌传播中的关键群体向人际传播中的"意见领袖"转化。对"意见领袖"的培养是一个长期的过程，但是一旦品牌危机来临，"意见领袖"在人际传播中的特殊优势就可以显现出来。

研读小结

本文借助社会网络相关理论和观点，对意见领袖在品牌危机传播中的地位和作用加以分析，并且依此提出相应的策略建议。意见领袖是人际传播学中一个非常经典的理论模型，品牌公关领域则是传播学研究与应用的重要领域。这篇文章将两者结合，用人际传播学的观点对品牌危机传播中的意见领袖展开研究，为品牌危机传播提供新的思路。文章通过基于社会网络的理论研究及分析，从人际传播学的视角为品牌危机传播提供策略和建议。文章提出，在品牌危机传播中先识别意见领袖，再针对意见领袖采取品牌危机传播和危机公关措施，引导意见领袖在品牌危机传播中的观点和言论，从而切断流言的传播渠道，化解品牌公关危机。对于初学人际传播学的同学而言，这篇文章为如何从人际传播学的视角研究社会实践中出现的问题提供了范例。

（二）角色期待

在长期的社会实践中，人们对于社会和团体中的各种角色所应承担的权利与义务及行为规范形成了一种比较固定的期待。角色期待可以分为两种。

第一种是自己对自身将要扮演的角色的自我期待。例如，很多学生在进入大学前对大学生活中的自己会有想象：或者是在学生工作中叱咤风云，或者能够醉心书斋，或者能够在社会活动中游刃有余。如果期待的实现值超过内心的期待值，将在精神上获得愉悦和满足；如果不能够实现期待，则会导致失望、心情低落。

第二种是他人对自己扮演的角色的期待。这种期待的主体和客体是广泛而对称的，具有双向性，如夫妻之间、父子（母子）之间、朋友之间、上下级之间等的角色期待，都是相互期待的。他人的角色期待除了一些比较明确的规范要求外，大都是一种无意识的活动。我们如何弄清他人对自己的期待呢？他人的期待必然会在其态度、情感倾向和表情等方面通过各种生活事件表达出来，因此，只有在与他人经过一段时间的交往之后，才能了解和掌握他人对自己的真实期待，从而选择扮演的角色的方式和技巧。

一般来说，我们应使自我期待与社会期待相一致，以产生共鸣的效果。对于已经成为某种角色的扮演者来说，自我期待与社会期待的一致性程度越高，越会产生激励作用，并且拥有良好的自我体验，获得某种程度的满足。

（三）角色转换

当人们的生活环境发生变化时，人的自我形象、行为方式将随之变化，我们通常把这种转变称为角色转换。由于人们在不同的环境中具有不同的身份，即使是同一个身份常常也有几个不同的角色，所以每个人都面临着角色转换问题。如果能自如地完成角色转换，个人适应社会的能力将大大增强，能更好地进行人际传播。

1. 生命周期中的角色转换

每个人都要经历这样一个生命周期：从童年到青年，从青年到中年，从中年到老年。在这个周期中，随着生理、心理和生活环境的阶段性变化，就会产生新的角色，以及新的角色意识和角色体验。

从幼儿到儿童，个体逐渐明确自己的性别角色。到青少年，自我意识逐渐萌发，成人角色意识开始出现。接下来，青年从学校走上社会，面临着从学生到职业角色的转换。同时，大部分青年将进入婚恋角色。

中年，是在事业上开始崭露头角的时期，也是全面收获的黄金季节。同时，生活中许多实际困难又时时困扰着他们。从青春期进入中年角色，从工作上来说，应该找到真正适合发挥自己优势的工作，把学到的知识创造性地运用到事业中去，形成一种适合自己的独特风格。同时，要把感情生活安排妥当。具有热情稳妥、宽宏大量的心理品质，保持良好的人际关系，能够化解人际关系上的种种障碍，及时有效地解决各种生活困难。

退休以后，将进入老年角色。扮演的社会角色的积极性和数量都呈递减趋势，原来的社会的积极成员、供养人等角色都一一失去。同时,也有各种新的角色等待老年人去选择。老年人的角色功能一般是娱乐、休息、总结经验、发挥余热、指导后人等。

2. 多重角色的转换

在不同情境下,他人对个体有不同的期待,要求人们选择一种适合该情境下角色要求的行为方式。人在不同环境中扮演着不同的角色,所以产生了不同环境下的角色转换问题。

首先,当人们在生活中取得某种身份时,就会产生一组与该身份有关的角色,这组角色被称为"角色丛"。"角色丛"中的任何一个角色,都是身份的组成部分,因此,其中任何一个角色扮演的好坏,都会影响行为人的形象。在这个"角色丛"中的各个角色之间,其行为规范不可能完全相同,因此,就存在角色转换的问题。"角色丛"中的各个角色转换的过程并非是简单的逢场作戏、改换面孔,而是要认真履行各个角色的行为规范,这取决于行为人对各个角色规范的内化程度。一般来说,角色内化得越深刻,角色表现得越娴熟,在角色转换中就越显得自然。

其次,在不同场合下人们的身份不同,因此所扮演的角色也不相同,也存在角色转换问题。例如,在公司里与在家里的身份不同,就不能把在公司里的行为搬到家里来。

再次,潜角色与现实角色的转换。潜角色是指在某种情境下重新显现出来的曾经扮演过的角色。潜角色的显现,只是在无意识中流露出这种角色行为,并不是本人有意识要重新扮演它。潜角色对现实角色的替代是短暂的。

3. 实现角色转换的要点

实现角色转换,首先要认清自己的处境。典型的三种处境是家庭环境、工作环境和公共场合。这三个环境是相对独立的,它们之间通过不同的角色转换相互联系,从而构成一幅完整的生活画面。正像人们常说的那样:家庭是温暖的,爱情是动人的,工作是美丽的。在网络中,人也要在不同平台上扮演不同的角色。在匿名的论坛、博客上与在实名的社交网站上我们所扮演的角色可能不同,因此需要适时转换。例如,公众人物可以匿名进行拘束较少的浏览和评论,但当他要在微博上发布信息时则不得不扮演好公众人物的角色,克制自己的行为。

其次要明确不同情境下的角色期待。这就要求我们通过与他人的交往细心揣摩。

(四)角色障碍

在实现角色和扮演角色过程中发生矛盾的现象,我们称为角色障碍。

几乎每个人每天都会遇到程度不同的某种角色障碍。它会引起人的内心紧张和对环境的不适应感。认清、减少和化解角色障碍,对能否扮演好自己的角色尤其重要。

1. 角色冲突

在扮演一个或几个不同的社会角色时,人们对角色的理解和期待不同,以及不同角色规范的差异所引起的内心冲突和矛盾,就是角色冲突。角色冲突一般分为同一角色的内心冲突、新旧角色转换冲突、多重角色冲突等。当一个人的不同角色或者两个人之间的角色发生冲突的时候,人就会无所适从。例如,一个过于忙碌而无法照顾家庭的父亲,其员工的角色和父亲的角色相冲突,自己会陷入内疚中,怀疑自己是不是合格的父亲。

2. 角色模糊

在扮演角色时，由于对该角色的行为规范和他人的要求不明，混淆了不同角色，这种现象是角色模糊。它通常有两种情况：一是角色扮演者对不同角色的认识模糊；二是他人对扮演的角色一时辨认不清，导致认识模糊。角色模糊容易导致角色障碍，难以履行自己的角色行为。例如社会中的知识分子，社会对他们的要求是在看待社会问题中跳出自身的利益，用公正、理性、客观的态度去思考、评判。假如有人混淆了他们在生活中的合理私利和作为知识分子表达时应有的客观，就容易导致角色履行的失败。人们有时之所以对专家失去信任，就是因为专家在对公共议题表达观点时掺杂了个人利益。

3. 伪角色

扮演不属于自己的角色，我们称这种现象为伪角色。伪角色主要有两种。第一，明明知道自己不是该角色的扮演者，却为了达到某种目的而故意冒充该角色。例如，有人会盗用他人即时通信的账号来骗取他人好友的钱财。第二，由于生理的、心理的或其他原因，当事人无意中扮演了本不属于自己的角色。例如，当身边人突然出现身体不适的时候，我们不得不临时扮演医生的角色来照顾对方。

图3-11 "砖家"

（资料来源：https://baike.baidu.com/pic/砖家/2061029/0/ 500fd9f9d72a6059224993622a34349b033bba68?fr=lemma&ct=single#aid=0&pic=500fd9f9d72a6059224993622a34349b033bba68）

图3-12 网络盗号与诈骗

（资料来源：https://www.sohu.com/a/255446530_806579）

第三节 人际印象

人际印象是在人际认知的基础上形成的。它对于人际交往态度、人际吸引、人际影响、人际关系等都有重要意义。因此，人际印象的形成是人际传播研究的一个重要课题。

一、印象形成的要素

一个人对社会、对群体、对他人有了一定的认知，便会表现出相应的印象。印象是指在人们记忆中所保留的有关认知客体的形象。人际印象是对人、对由人构成的群体和社会的印象,而对群体和社会的印象实质上也是对人的印象。

任何印象的形成,都必须具备几方面的条件:认知主体、认知客体、交往情境、宏观社会环境、人际互动方式、人际互动时间等[①]。

1. 认知主体

人际印象是在认知主体脑中产生的认知客体的形象。认知者的情感、过去的经验、个性特征、当时的心理状态,在某种程度上都会影响人际印象的形成。巴格比(Bagby)在1957年做了一个实验。主试选择受过中等教育的穷人,以18岁的男女为被试分为两组,让他们看双眼视觉的幻灯片:一张为墨西哥人喜爱的斗牛场面的幻灯片,一张为美国人喜爱的打棒球的幻灯片。这两张幻灯片同时放在双眼视觉仪上,不重叠,一时可看到打棒球,一时可看到斗牛,两张图片交叉出现。结果,双眼竞争时,74%的墨西哥人只看到斗牛的幻灯片,84%的美国人只看到打棒球的幻灯片。同一幻灯片引起的视觉差异这么大,充分说明过去的经验在形成对别人的印象时所起的作用是突出的,它使人能比较容易地感知到熟悉的对象。费斯巴哈(Feshbach)等在研究中发现,由于等着电击而被吓坏的被试会把别人看成是很恐怖的,这说明认知者会把自己的情感投射到认知客体身上。此外,认知者的兴趣、价值观等也会影响印象的形成。

2. 认知客体

认知客体是被他人形成印象的人。在人际交往中,形成最初印象的因素主要是认知客体的外部线索,如仪表、副语言表现、声调、面部表情和眼神。随着认知的深入,认知客体的人格特质将逐渐成为印象形成的决定因素。例如,两个人相见,他们互动一段时间之后,就形成了相互的印象。他们互相注意到彼此的衣着、神色、姿势、相貌、音质等,从对话中获得一些关于彼此身份、兴趣、能力和人格特质等方面的印象。随着交往的频繁,逐渐形成了渗透他们全部关系的更全面、更丰富的印象。由于人际传播具有互动性,这里两人互为认知的主体和客体,一个人对另一个人将要做出怎样的反应,常取决于彼此印象的推测与判断。

3. 交往情境

认知者在印象形成的过程中,往往依据具体的情境作出对认知客体的判断。人们在一定的情境里,往往是以相应的角色身份出现的。因情境的不同,人们要变换自己的角色。假若我们知道了某人的角色,我们便可根据这种角色期望来判断他可能具有什么样的人格特点。例如,在课堂上,一个被介绍为教授的人给我们讲课,我们就会把社会赋予教授的角色期望加到此人身上,推想他一定是个造诣颇深、举止得体、目光敏锐的人。应当指出,根据人们在不同情境中的地位和角色而形成的印象,固然有一定的真实性,但发生错误的情况也是常见的。有时,由于认知客体知道自己在某个情境中的身份角色,往往会依据角色期望引导自己的行为,因此有可能掩饰了他原来的真实特点。

[①] 高玉祥、王仁欣、刘玉玲主编:《人际交往心理学》,中国社会科学出版社1990年版,第57页。

4. 宏观社会背景

宏观的社会背景在潜移默化中影响着我们印象的形成,时代因素、文化因素、政治与经济环境等宏观因素都会影响我们的认知行为。在一种文化中被认为是礼貌的行为,在其他文化中却未必如此。例如,电影《刮痧》就将由于中美文化差异而形成的印象偏差体现得淋漓尽致:刮痧在中国本是一种治疗方法,但是美国法院坚持认为美籍华人父亲通过刮痧虐待自己的儿子,断定他具有家庭暴力倾向。

5. 人际互动方式

不同的人际互动方式对印象的形成也会产生影响,尤其是印象的全面程度、印象的性质等。一般来说,在面对面交流中,能够通过人的声音、语气、表情、肢体语言等方式较为全面地了解人,印象也就较为全面。在书信交流中,双方不得不通过想象来补足文字之外的印象,所以对人形成的印象往往是模糊的、主观的。在网络交流中,往往也存在着与信件交流类似的现象,但是网络正逐渐向人性化的方向发展,语音通话、视频通话、互动课堂等网络应用使得人的表情、动作、神态等都能够通过即时的传播或者其他方式进行模拟或再现,形成对人较为整体的印象。

6. 人际互动时间

时间也是影响印象形成的要素。从短期来看,所处的具体时间段或时间点会导致人在对他人印象的形成上有不同的方向。例如,传统上商人一般会对早晨去收账的债主评价较低,而对下午去收账的债主评价相对高一些,因为早晨是生意刚开张未有收入的时候,还没有心情去应付债主。从长期来看,互动的时间阶段也会影响印象形成。一般时间越长,人们对互动对象的印象越全面、越深入,正是"路遥知马力,日久见人心"。

二、印象形成的过程

人际印象的形成过程,是一个动态的复杂的过程,它是由多种因素交互作用形成的。人际印象的形成,首先是以人际知觉为基础,对知觉材料进行自己的加工处理;其次是在脱离认知客体的情况下浮现出来的客体形象,是一个间接的心理印象形成的过程。印象本身是抽象的,是各种观念的组合。

在认知过程中,主体通过自身的主观加工来形成对他人的印象。主体获得的关于他人的信息总是零散的、有限的,却有着要形成统一的整体印象的强烈倾向。在实际的人际交往中,人们总是在少量信息的基础上形成对他人的大体印象。当人们初步接触到一个人,或者是接触到他某一方面的信息时,就可以产生关于他是一个什么样的人的想法;甚至只听到一个名字的时候,也能够凭想象勾画出这个人的大致形象。这样获得的是关于他人外部特征的材料,但可以推断其内部状态和内在品质、特性,而且不仅了解一个人的品质特性,还能对他人作出评价。

在人际印象形成过程中,主体的主观加工作用主要有联想、想象、认同和情感移人等。主体在对他人形成印象时,重要的心理活动首先是联想。联想是指在记忆的基础上,把被认知的对象和其他相关联的对象联系起来的过程。联想是在自身的观念中建立事物与事物之间的联系。记忆和联想是密切联系的心理过程：没有记忆，联想便无法开始；没有联想，已经出现的记忆过程就会中断。联想和记忆一起，成为人际印象形成的心理机制。有了记忆，被感知到的形象才能存贮在大脑的信息库中；有了联想，才能在记忆中把感知到的形象联系起来。

这种联想是对以往经验的联想。当一个关于他人的知觉产生时，与这个知觉有联系的过去的经验就会被联想出来。过去的经验可以是关于被知觉者的各种直接体验，也可以是与被知觉者间接联系的各种体验。被联想的可能是面貌、职业、年龄、籍贯、性格等特征，以及主体与此人之间过去发生的事情和与此人共处时的心情等体验。总之，随着有关他人某种感性特征的知觉出现，与这一知觉相关的过去的一系列知觉经验及各种体验也被联想出来。例如，一个公司员工与一位新同事初次见面，他也许会联想起之前认识的一位面貌相似的同事，想起那时那位同事的不好作风，心里出现十分不愉快的体验。由于眼前知觉和过去经验的联想，他会形成对新同事的一种看法，像对之前那位同事的看法一样，认为新同事也是一个令人不愉快的人物。可见，在认知中，现存的知觉会和过去经验中的体验交织在一起，共同构成关于他人的印象。

人们利用有限的知觉对他人作出广泛的判断，还会常常联系他人所处的情境进行联想。假如一个人在流泪，只有结合相关情境才能判断出这一动作究竟是表示悲伤还是高兴。特定的行为总是与特定的情境相联系，在特定的场合下，人们总是会有特定的行为。例如，在别人家里做客时，要以客人的身份行事，在一定情况下必须微笑，必须以规定的方式使用恰当的词语，以一定的姿势坐着等。因为行为与环境有着某种特定的联系，所以联想就形成了，人们试图根据他人所处的情境对其行为作出判断。人们在日常生活中也会经常有意识地去寻求某些情境，以便在别人对他们作出判断时，情境的背景因素会给他帮一些忙。例如，面试的人通常会打扮得职业化，以给面试主管一些自己适合这个职位的印象。

想象比联想更带有主观色彩。它不像联想那样，是以唤起过去的经验、建立联系为主，而是在已有的经验总体中建立主体需要的有意义的符号群，对社会知觉进行改造，重新组合知觉材料。这个过程很可能会受到偏见、虚幻等因素的干扰。因此，人际印象不可能全部是接近真实的、主流的，有可能是含有偏见的、荒谬的。

在认知过程中，认知者总是根据外部表象去观察别人，推断其内部状态。这时，最常用的方法是认同和情感移入。认同就是把自己当成是别人，即"将心比心"，设身处地为别人着想。"用自己的想法来判断别人"，是了解他人内部状态最简单的方法。这时，人们用自己的经验和内心体验作为判断他人的参照，以此来推断被认知者的内部状态。情感移入也是类似的了解他人内部状态的一种方法。不同的是，这种方法不是对别人的理性了解，而是力求从情感上感受他人。这种方法的根据在于，人们生存在社会中，情感是重要的维系人与人之间关系的纽带。在相互认知中，人们如果利用自己亲身体验过的情感去了解他人，很容易产生强烈的现实感和共鸣感。认知者产生这种与认知对象相对应的感情体验，在人际交往中具有非常重要的意义。这时，认知者将充分考虑对方的心情后行事。例如，一个人如果有求于他人,总是会避开那些看起来正忙着的人而去找一些相对轻闲的人,因为他意识到自己忙碌时有人来求助的心情,自己如此,对方肯定也如此。用这种方式来认知对方,对于相互了解对方的立场和状况、建立良好的人际关系十分有用。

可见,在人际认知过程中,主体的主观能动作用不容忽视。主体总是在一定的方法原则作用下,加工整理外部输入的信息,形成对他人的印象,然后把这个印象加到被认知者身上,认为这就是该对象具有的实际特征。因此,人际认知带有一定的主观色彩。

网络的发展并没有从本质上改变印象形成的过程,只是人们认知的依据更加多元,信息量更大,但也更加零散化、碎片化。人们依然要对现有的信息进行整合,并且结合自己的认知来得出对他人的印象。有学者对网络中印象的形成做了研究。例如,张放提出的"网络印象双因素模型"认为,网络印象的形成包括三个阶段,即接收信息阶段、加工信息阶段和印象效果形成阶段[①]。信息的输入包括三种:资料,即人际传播参与者的基本资料,如个人介绍、签名;语言,包括语言的风格和语言符号;内容,如自我表露等人机互动。张放认为,在加工信息阶段,"认知图式"是关键,人的信息加工都是基于对过往经验与认知的整合而形成的基本认知模式。印象效果可以用几个标准来衡量:鲜明程度、全面程度、好感程度和失真程度。网络传播与面对面人际传播印象形成的效果相比,鲜明程度、好感程度、失真程度都较高,全面程度相对较低。

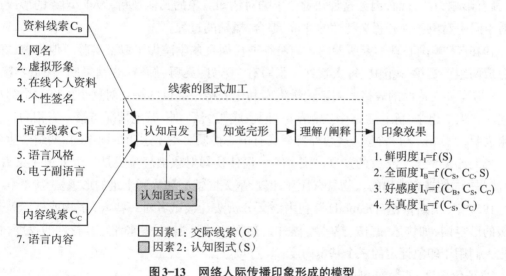

图 3-13　网络人际传播印象形成的模型

(资料来源:张放,《虚幻与真实——网络人际传播中的印象形成研究社会科学出版社2010年版,第169页》)

三、印象形成的特点

印象形成的特点主要表现为它的协调一致性、评定性和自我实现性。

---

① 张放:《虚幻与真实——网络人际传播中的印象形成研究》,中国社会科学出版社2010年版,第169—174页。

（一）协调一致性

受现实中很多客观条件的限制，人们得到的关于他人的信息往往是零散的、有限的。对他人的特性作出判断时，人们趋向于把他的各种特性协调一致起来。而实际上人是具有多面性的，可我们往往只能形成一种印象而忽略人的其他方面：一个人不会被看成既是好心眼的又是坏心眼的，既是热心的又是冷酷的，既是开朗的又是内向的。甚至当关于某人的信息资料出现矛盾时，观察者也可能会歪曲或重新整理信息资料，以便减少或消除这种不一致性。同时，由于一致性的存在，我们往往会产生一定的联想，我们对其中一种因素的判断也会影响到对其他因素的评价。例如，我们认为这个人是勇敢的，就会认为他是勤劳的、聪明的、乐于奉献的等。在网络出现后，由于我们要对庞大的信息量进行认知，也就更倾向于给人贴上一个标签，如可信的知识分子、"打假斗士"、公益活动组织者等。

（二）评定性

人们在认知他人时，不仅对他人进行了解，而且还会对他人进行评价。例如，我们见到了一个人，在有了一定程度的了解的基础上，会对其产生好感或恶感，由此决定对此人是亲近还是疏远。人们所形成的印象总是带有一定的评定性。这种评定性是印象形成中最重要的、最有影响力的方面，因为这种知觉会影响对认知对象的其他判断。人际印象的形成过程是对于同一对象各种有意义特性的评价、综合、概括的过程。

1946年，美国心理学家所罗门·阿希在斯沃斯莫尔学院做了以下实验。他将被试的学生分成两组。在第一组中，每人拿到一张写有"聪明、灵巧、勤奋、热情果断、注重实际、谨慎"等描写某人特性的表格。阿希让学生们利用表格中提供的特征对这个人作一个简单的描述。在第二组中，除将表格中"热情"一词换成"冷淡"外，其他情况与第一组相同。实验结果表明，"热情"和"冷淡"这两种特征具有中心性质。由于这两个词不同，两组学生对评价对象的印象发生了很大的差别。"热情"一词使认知对象被想象成是一个人道主义者，而"冷淡"一词使被塑造出的人物具有斤斤计较、毫无同情心和势利十足的形象。

1957年，奥斯古德（Osgood）等利用语义分析法让被试者对一些人、事物或概念就几对两级的形容词，如快乐-悲伤、热-冷、黑-白、热情-冷淡、强-弱等来评定其特性的程度，由此推出人们用于印象评定的三个基本向度：

① 评价向度，如愉快-懊丧；
② 力的向度，如强烈-微弱；
③ 活动向度，如主动-被动。

在对人的印象评定中，特别显示出评价向度是最主要的向度。一旦我们对他人的判断在此向度上确定了，其他向度也差不多确定了。后来的研究还表明，好-坏评价在对人的认知中是最重要的。当人们观察其他人时，最重要的依据是自己的好恶。人们似乎首先决定他们喜欢还是不喜欢一个人，然后再把各种合意或不合意的特性归于这个人。

罗森伯格（Rosenberg）等在1968年专门对评估进行的研究中，使用多重向度评定法，发现人们是根据社会和智慧两个维度来评价他人的。

汉密尔顿(Hamilton)等1974年的研究中发现,让被试者看到更具有社会属性的品质,一般会影响他对认知对象喜好程度作出判断;让被试者看到较多智慧属性的品质,则会影响他对认识对象尊敬程度的评价。上述研究结果表明,人们对他人的评价是复杂的,有时较偏重于社会属性,有时则较偏重于智慧属性;对他人的基本判断,主要还是依据社会属性得出的。

(三)自我实现性

人在最初形成的印象——无论准确与否,在一定条件下有可能变为现实,并且印象与事实最终达成一致。这一循环最初是由美国社会学家托马斯提出的。他说:"如果人将某状况作为现实把握,这种状况作为结果就是现实。"社会学家默顿提出了"自我实现预言":当你按照你对现状的理解行事的时候,你的理解可能会变为现实,即使错误的理解也可能变为现实。

墨顿和其他相关学者将这一过程分为四步:首先,人会对现有的情景和状况形成自己的理解;其次,人在相信这种理解是正确的情况下会对这种理解做出反应;再次,因为人在自己的理解是真实的前提下行动,结果使它变为现实;最后,人在其他人或者情境对自己做出回应的情况下,加深了对这种理解的认识和相信[①]。正如图3-14所示。

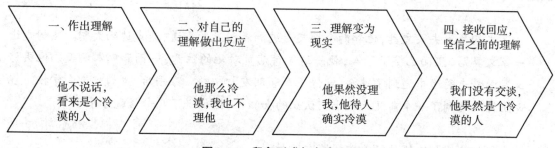

图3-14 印象形成与自我实现
(资料来源:笔者自制)

由于自我实现状况的存在,我们对他人、自己或者情境的印象很可能是自己心理预期的实现,而非事物本来的现实。

四、印象形成时的心理效应——印象偏差

社会心理学研究表明,人际传播的内容和效果都受到彼此知觉情境的影响与制约。知觉情境不同,个人的知觉也会按照一定的心理规律发生不同的心理效应;反过来,这些不同

---

① [美]约瑟夫·A.德维托:《人际传播教程(第十二版)》,余瑞祥等译,中国人民大学出版社2011年版,第74页。

的心理效应又直接影响个人知觉的内容和效果。交往心理的复杂性,带来各种各样的心理效应。人们在认知活动中,印象形成时也有着各种复杂的心理效应,主要有以下几类。

(一) 首因效应

首因即第一印象,是指人际交往活动中形成的对他人的最初印象。首因效应是第一次交际时对各自交际对象的直接观察和归因判断,此时得到的信息对印象形成的作用最大,而且对以后的人际认知和交往,以及印象的最终形成具有重要的作用。人际关系学历来十分重视对第一印象的研究。在人际交往中,人们往往注意开始接触时感知到的内容,如对方的表情、姿态、身材、仪表、年龄、服装等方面,而对后来接触时感知到的内容则不太注意。例如,某人在初次会面时给人留下了良好的印象,这种印象就会影响人们对他以后一系列特性的认知。

人的外表特征是第一印象形成的主要依据。其内容包括双方初次见面时亲眼见到的对方的表情、仪态、身材、年龄、服装等。人们对一个人各方面的评价,常常依赖于第一印象,这就是第一印象的作用,亦称首因效应。

美国社会心理学家A. S. 洛钦斯(A.S.Lochins)在1957年做了一个经典的实验[①]。他杜撰了两段情境相反的文字材料,让被试者分析判断材料中主人翁杰姆的性格。第一段是:

> 杰姆离家去买文具,他和两个朋友走进洒满阳光的街道,边走边晒太阳。杰姆走进一家文具店,里面已挤满了人,他一边等待店员对他的注意,一面和熟人聊天。他买好文具向外走的途中遇到了熟人,就停下来和朋友打招呼。分手后,杰姆就走向学校。在路上他又遇到了一个前几天晚上刚认识的女孩子,他们说了几句话就分手了。

这一段材料描写杰姆热情友善。第二段是:

> 放学后,杰姆独自离开教室出了校门,他走在回家的路上,街道上阳光明亮灿烂,于是杰姆走到阴凉的一边。他看到路上迎面而来的是前天晚上遇到过的那个漂亮的女孩子。杰姆穿过街道,进入一家饮食店,店里挤满了学生,他注意到那儿有几张熟悉的面孔,杰姆静静地等待着,直到引起柜台上服务员的注意之后才买了饮料,他坐在一张靠墙边的椅子上喝饮料,喝完之后他就回家了。

这一段材料描写杰姆性情冷淡。洛钦斯把两段材料做不同组合,把被试者分成四组,分别阅读不同组合的材料,然后回答一个问题:"杰姆是怎样的一个人?"结果如表3-1所示。

[①] 奚洁人等编著:《简明人际关系学》,华东师范大学出版社1991年版,第257页。

表3-1　首因效应实验分组

组　别	文章段落呈现条件	对杰姆友好评价
1	只阅读描写杰姆"热情友善"材料	95%
2	先阅读"友善",后阅读"冷淡"材料	78%
3	先阅读"冷淡",后阅读"友善"材料	18%
4	只阅读"冷淡"材料	3%

资料来源：实验相关报告。

这个实验证明了第一印象对认知的作用。

我们在现实生活中观察人时，同样可以发现印象形成中的首因效应。琼斯（Jones）等人1968年做过一个实验。他们让同一组被试者观察两个学生解答许多复杂的选择题目。题目是从大学生入学考试题中选出来的。实验者控制学生的解题能力，使学生在30道题里面总是答对15道题。一个学生被规定为答对题目的上半部分，另一个学生被规定为答对题目的下半部分，然后要求被试者评价这两个学生的智力。结果多数被试者都认为，在解题开始就能做出正确反应的学生比后来做出正确反应的学生聪明些。最后，实验者要求被试者估计这两个学生各答对多少题目。结果是：被试者回忆前一学生答对20.6道题，后一学生答对12.5道题。其实两人都各答对15道题。这一实验结果表明，首因效应确实存在，并且影响被试者后来对学生的认知和评价。

首因效应属于第一印象。这种印象往往较为准确。例如，在选举投票时，如果选举人只能通过文字材料对被选举人加以了解，选举人会通过阅读的材料进行比较分析，最后形成判断，表示自己的意愿，结果往往会形成大多数人的一致意见。生活中往往会出现这种现象，有的人一见如故，有的人相见恨晚。有研究表明，随着社会的变动性增大和城市化进程加快，人与人之间的接触越来越短，第一印象就显得愈加重要。但是，第一印象也并非总是正确的，因为它往往有因为情感用事或先入为主而形成的偏差，潜伏着不确定因素。我们在认知活动中要重视首因效应，并且付诸实践，从实践中得到验证，这样的首因效应才是准确而可靠的。

（二）近因效应

近因即最后的或最近形成的印象。近因效应是指最近或最后的印象对人的认知产生的强烈影响。有些时候，左右人们对他人特性的认知和评价的往往是最后形成的印象。洛钦斯在后来的实验中仍然采用前面述及的故事，但实验方法却做了改变[①]。第一，主试提醒被试，注意全面判断杰姆的特点，有了全面的知识、情报、信息之后才作判断，仅凭一部分材料就作判断是会出错的。第二，在读故事时，使上下两部分有一个时间间隔。换言之，念完一

[①] 高玉祥、王仁欣、刘玉玲主编：《人际交往心理学》，中国社会科学出版社1990年版，第64页。

部分材料之后，让被试者做数学题目，或听历史故事，插入无关的活动；然后再念后一部分材料，并且告诉被试者要作比较全面的判断。结果，大部分被试者都根据隔开那段时间以后所听到的故事情节来评价杰姆的性格，这就产生了近因效应。这表明，在两种信息之间插入无关的工作，后来的信息有较大的影响力。因为影响力较大的信息是新近才出现的，故称为近因效应。洛钦斯发现，第一群信息与第二群信息间的时间间隔愈大，近因效应愈强。

这里必须弄清楚的是，首因效应与近因效应不是根本对立的，它是一个问题的两个方面。人们在社会交往和认识过程中的第一印象很重要，最后的或最近的印象也同样重要。一般情况下，在对陌生人的知觉中，首因效应比较明显；在对熟人或分别很久的人的认知中，近因效应则起着更为明显的作用。首因效应和近因效应哪个发挥作用更明显也与时间间隔相关。一般在初次接触和最近接触的时间间隔较短的情况下，首因效应影响更大；时间间隔较长时，近因效应影响更大。因此，在与他人交往时，既要注意平时给他人留下的印象，也要注意给他人留下的第一印象和最后的印象。

（三）光环效应

社会生活中常常见到这样一种交往现象：某些人具有某种专长或者知名度较高，会引起很多人的追捧和羡慕。这种因能力、特长、品质等某方面较为突出或知名度较高的特征而使他人产生倾慕心理，并且产生进一步结交意愿的现象，我们称为光环效应。人们常从被认知者所具有的某个特性而泛化到其他有关的一系列特性上，即从知觉到的特性推及未知觉到的特性，根据局部的信息形成一个完整的印象。早在20世纪20年代，学者桑代克就注意到这种现象。他认为，在对人进行知觉时，判断者常常从或好或坏的局部印象出发，扩散而得出或全部好或全部坏的整体印象，就像月晕一样，从一个中心点逐渐向外扩散，形成越来越大的圆圈，因此，光环效应又称为晕轮效应。

光环效应在凯利（Kelley）1950年的印象形成实验中也得到印证[1]。凯利的这个实验是通过教学做的。他利用心理学教学课堂，把55名学生分为两组，分别向学生介绍一位新聘任的教师。两组学生得到的介绍资料仅有一词之差：甲组的学生被告知这位教师是"热情的"，乙组的学生被告知这位教师是"冷漠的"。学生们看完这份资料之后，新教师来到课堂授课并分别领导两组学生进行20分钟的讨论。下课后，实验者让每个学生填写一份问卷，说明自己对新教师的印象。结果发现，两组学生对这位教师的印象有显著的不同。一组的印象是有同情心、会体贴人、有社会能力、富有幽默感、性情善良等；另一组的印象则相反，认为该教师严厉、专横等。两组学生对该教师的印象都有自己的推断成分夹在其中，由热情的特点推出一系列优点，或者由冷漠的特点推出一系列与冷漠有关的其他缺点。实验中的另一个现象是，一组积极发言的学生达56%，另一组积极发言的学生仅占32%。这表明，大学生对新教师不仅有一定的看法和印象，而且行为上也有一定的倾向：对教师的印象好，发言就多；印象不好，发言也就不积极。凯利的这个实验证明，在印象形成过程中有明显的个

---

[1] 高玉祥、王仁欣、刘玉玲主编：《人际交往心理学》，中国社会科学出版社1990年版，第65页。

人主观推断的作用。光环效应实际上就是个人主观推断泛化、扩张的结果。由于光环效应,一个人的优点或缺点一旦变为光圈被夸大,其缺点或优点也就隐退到光的背后视而不见了。如今网络中有了更多元的声音,尤其是更多的名人进入社交网络与公众互动,在这种情况下更要警醒不能把知名人士的言论都看作是正确的,而应当形成自己独立的判断、思考和比较,以防被别人的光环遮住双眼,陷入偏信与盲从。

(四)定势效应

定势效应是指交往双方在交际活动中,由于第一印象的影响和作用,而在脑中产生的某种固定化的想法,这种想法影响着对人的认知和评价。如果两人进行交往,第一印象好,交往热情就较高;第一印象差,交往热情就较低。第一印象直接作用于交往态度,从而产生定势效应。

其实,事物与事物间的联系是错综复杂、千差万别的。定势效应在某种条件下有助于我们对他人进行大概的了解。在认知一些平时不太熟悉和了解的人时,人们往往会根据外部的一些表面特征作为对他们认知的线索,并且加以逻辑推理。例如,根据某人的体型、肤色、打扮来认知其性格:看到一个很胖的人,就推断他是一个生活安逸的人,因为"心宽"才能"体胖";看到一个漂亮的美女,就推测她不怎么会做家务。通过这种推断所取得的结果,往往不总是与事实相符合,即不符合某人的特殊性(个性),因而容易发生认知上的偏差,这就是逻辑推理的定势效应。

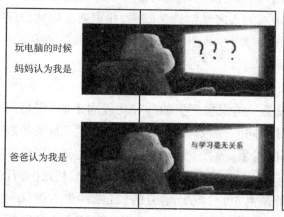
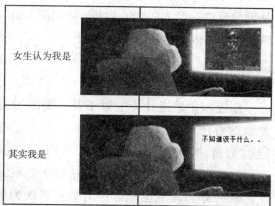

图 3-15 一种定势效应

(资料来源:新浪微博"@冷笑话精选",http://weibo.com/lxhjx?key_word=%E7%9C%BC%E4%B8%AD&is_search=1)

(五)投射效应[①]

投射效应是指在人际交往中,认知者形成对别人的印象时总是假设他人与自己有相同的倾向,即把自己的特性投射到他人身上。例如,爱议论别人的人,总以为别人时常在背后

---

① 高玉祥、王仁欣、刘玉玲主编:《人际交往心理学》,中国社会科学出版社1990年版,第66页。

图3-16 心理投射——老妇人是什么表情？
（资料来源：http://mini.eastday.com/bdmip/
180701203154079.html）

讨论自己；有的人自己有某种恶念、不良欲望或缺点，便认为别人也是如此。

投射可以分为两种类型。第一种类型的投射是指个人没有意识到自己具有某些特性，而把这些特性加到他人身上。我们可以见到，一个人若是对另一个人怀有敌意，那么这个人总感觉对方对他怀有刻骨仇恨，似乎对方的一举一动都带有挑衅的色彩。这实际上就是这种类型的投射在起作用。第二种类型的投射是指个人意识到自己的某些不称心特性，而把这些特性加到他人身上，正如我们所说的"共识偏见"。例如，考场中想作弊的学生，总感觉他人都在作弊，自己若不作弊就吃亏了。又如，惯于讲假话的人最不容易相信别人的话，因为这类人自己骗过别人，总以为别人也会骗他，所以不愿相信他人。这种类型的投射有一个明显的特征，即在意识到自己的某些不称心特性时，更愿意把这些特性投射到自己尊敬的人，甚至伟人身上。他们的逻辑是，伟人有这些特性并不至于损害其形象，我有这些特性也无碍大局。通过这种投射，重新估价这些特性，以求心理上的平衡。心理投射可以从侧面反映一个人的内心世界，例如图3-16中对妇人表情解读为邪恶、焦虑或是同情会反映一个人的内心想法。

（六）社会刻板印象

刻板印象是指社会上对于某一类事物或某一类人物产生的一种比较固定的、概括而笼统的看法。例如，当下不同的社会阶层有不同的刻板印象，比如"富二代"的飞扬跋扈、"高富帅"的奢华生活等，成为网民调侃的对象。对于不同职业的人也会有不同的刻板印象，例如，教师经常被认为是温文尔雅、文质彬彬的，商人经常被认为是唯利是图、斤斤计较的等。地域也一样：山东人被认为是豪爽正直、吃苦耐劳的，江浙一带人被认为是聪明伶俐、随机应变的。图3-17是网友描绘的大家对北京人、上海人和广东人的刻板印象。

社会刻板印象是对社会集团简单而固定化的认识，虽然有时候有利于对某一群体进行概括性的了解，但也容易出现偏差，产生先入为主的印象，因而阻碍人际正常的认知与交往。人们往往根据群体成员过去的行为，来预测其成员现在和将来的行为。在某种情况下，这种预测的偏差也许不大。但刻板印象经常会导致误解，因为刻板印象并没有充分的事实依据。有时候刻板印象是由我们的偏见经合理化而得来的。例如，认为群体有某种特性（事实上并不一定有），群体中的每一个成员也必然具有这种特性。刻板印象的形成及作用是不易察觉的，直到进一步的经验修正或予以否定之后，才会得以改变。

图 3-17 对北京人、上海人和广东人的刻板印象
（资料来源：http://bbs.voc.com.cn/topic-2118092-1-1.html）

第四节 人际传播的态度分析

一、态度的内涵、形成和测量

（一）态度的内涵

态度指个人通过社会经验对他人、对事物在心理生理上的准备和行动倾向,是外界刺激与个体反应之间的中介因素,是个人对客体的感觉、思想和倾向的习性,是个人一种比较持久的内在心理和认识结构。一句话,态度是人或团体完成目标行为的储备过程。

态度包含三种成分：理性认知、情感好恶和行动倾向。

理性认知,规定态度总有一定的对象,或人、或物、或团体、或事件、或制度、或观念。

情感好恶,是个人对态度对象的内心体验,如喜欢-厌恶、尊敬-轻视。

行动倾向,是个人对态度对象的反应倾向,即行为的准备状态,如"我想参加某个协会"。

心理学家奥尔波特指出,态度是根据经验而系统化的一种心理和神经的准备状态。它对个人的反应具有指导性或动力性的影响。

（二）态度的形成

由于人不是生活在真空里,因此态度不是由头脑中固有意识所支配的(尽管有时态度具有无意识性),而是个人对客观事物认知、学习、模仿、试验、积累的结果。态度的形成是一个复杂的社会化过程,但并非所有态度都经历了完整的社会化程序,极为复杂的态度体系未必都靠个人单独的经验形成。可以确认一个根本点：个人态度和团体态度主要是在与他人交往的过程中形成的。

态度来自与他人交往中的价值评估。价值是态度的核心。换言之，某人的态度取决于态度对象对他的意义大小，一般含经济价值、理论价值、审美价值、权力价值、社会价值、信仰价值六个方面。价值观如何，取决于人的需要、兴趣、信念、世界观等方面的因素。一个人的态度往往受到当下宏观社会环境及具体情境的制约。一般来说，态度形成的因素有五个。

第一，满足欲望的过程。对可以满足自身欲望的对象和手段形成善意与欢迎的态度；相反，对有碍于满足自身欲望的对象和手段形成非善意与排斥的态度。

第二，提供信息的作用。信息在促成态度的形成方面可起决定作用，特别是自己既无知识也不关心的信息刺激，对态度有明显的调节作用。

第三，对团体依附的惯性。一个人在依附某个团体获得信息来源和报酬时，其态度会反映该团体的信念、价值、规范和习惯。隶属复数团体的成员，一方面存在特定团体要求的态度一致性，另一方面存在个人对各团体保持距离的多样性。

第四，个人性格的导向。个人态度上的差异主要是性格的差异引起的。

第五，环境条件的刺激。一个人态度的形成与周围人际态度和环境有密切关系。在和谐融洽的环境中，容易形成和缓态度；在充满火药味的气氛中，容易形成偏激态度。

（三）态度的测量

态度测量的目的，在于预测把握他人的行为方向和强度，决定交际往来的方向、对象和计划。对团体成员的态度测量，可以解决三个基本问题：第一，可以探测群体中最受欢迎的人物。第二，可以了解群体内部是否有小团体的存在，其作用如何。第三，可以了解人际关系状态，掌握矛盾症结，采取有效的调节措施。测量表通常分为四个类型。

① 类别尺度。以名称类型分门别类，称为类别尺度。例如，公众可以分为内部公众、核心公众、外部公众等；民族可以分为汉族、满族、蒙古族、维吾尔族、回族、藏族等；宗教信仰可以分为基督教、道教、佛教、伊斯兰教等。

② 定序尺度。将某一人群，依据一项原则，划分为若干阶层、次序，称为定序尺度。例如，科技人员可分为高级科技人员、中级科技人员和一般科技人员。定序尺度的特征是类型之间形成一定次序，然而每一阶层之间的距离不等。

③ 等距尺度。等距尺度即测量表内每一量度均等。几乎所有以分数为准的测验都是等距尺度。在人际交往中，为了解公众的态度而做社会调查的问卷可以采用这一方法，即分若干个项目问题，每一问题回答分数视作等值数，以对方获得总分情况判断态度。

④ 比率尺度。与等距尺度相似，唯一区别是比率尺度具有绝对零点，而等距尺度则没有。比率尺度因为具有绝对零点，而且每一尺度单位和距离相等，因此可以用数学方式进行测量。这种测量表的使用将在下面的社会距离尺度法里介绍。

测量态度的主要方法有五种。

1. 社会距离尺度法

帕克(Park)早在1924年以前就采用社会距离的观念来代表群体中或群体间的关系。接着,这一观念经鲍格达的设计,形成了量度。社会距离的测量用以衡量人们对某事的态度。研究者设计一系列能反映不同社会距离的意见列项,请被调查者根据自己的实际看法在相应的意见列项内做上记号,然后把团体内所有成员的态度距离加以统计,制成曲线图,从而反映这个团体对某人物或某事物所持态度的距离分布。不同团体对同一事物的态度可用此法比较,同一团体对若干不同事物的态度也可用此法作比较。

例如,对于某团体内三个成员的社会距离调查表,意见列项为:

① 愿意和他做知己;② 愿意请他参加自己所属团体的社团活动;③ 愿意和他做邻居;④ 愿意和他长期共事;⑤ 愿意和他保持一定距离;⑥ 愿意和他少来往;⑦ 愿意和他绝交。

要求被调查者从以上七个项目中选出符合自己态度的一项做上记号,然后制图,如图3—18所示。

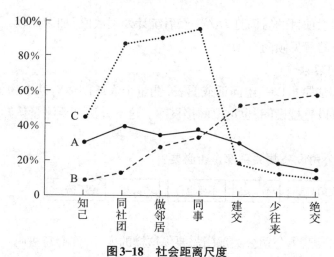

图3—18 社会距离尺度

(资料来源:熊源伟、余明阳编著,《人际传播学》,中山大学出版社1991年版,第65页)

从图中可知,C的人缘最好,B的人缘较差,A的人缘一般。

2. 问题分类定值法

这是沙士顿(Thurstone)用来衡量人们态度的方法。定值由0起至10,两端代表正负态度的两极端,0代表对问题的极端反对者,10则代表极端赞成者。测试中可不按问题定值大小的次序排列。例如,关于选举某一部门领导问题,调查一个群体的意见倾向,设计如表3—2所示。

表3—2 群体意见倾向调查

定 值	您的看法如何?请在相近的观点后面打"√"	标 记
6.3	他有一定能力,可以选他当个副手	
3.5	也许换一个人更好	

续表

定　值	您的看法如何？请在相近的观点后面打"√"	标　记
4.8	听听他的施政纲领再说	
0.2	坚决不能选他，由他当头，咱部门彻底完了	
2.7	如果能代表我们的利益办实事，选谁都行	
5.6	可以给他一个再试试的机会	
1.4	他太不适宜	
7.9	我看他当一把手也许能胜任	
9.1	他当一把手再合适不过，非他莫属	

资料来源：熊源伟、余明阳编著，《人际传播学》，中山大学出版社1991年版，第65页。

被测验者在同意项目的后面打"√"，然后统计处理数值，加以比较，了解人们对这位部门第一把手候选人的意见倾向。

3. 自由反应问答法

自由反应问答法是指以一组问话或图表，测量个人或团体对某事物态度的正负方向及强弱程度。测量可以直接设问，也可以间接设问。这一方法主要测量认知成分。

直接式如：

"你认为在本公司设公共关系部是否必要？"

| 非常必要 | 大约必要 | 不一定 | 不要也行 | 不必要 | 绝不需要 |

间接式如：

"如果你面临分配，本公司公关部门需要你这样的人才，你愿意去吗？"

| 很愿意 | 可以考虑 | 不一定 | 大约不会 | 绝不愿意 |

请被测验者选择圈下与自己态度相近的答案，调查者根据答案判断其态度来预测行为、事件的发展方向。

4. 自我评定总加量表法

总加量表法是由美国社会心理学家李克特在1982年提出的。测量每一种态度就用一个表。针对某一态度对象设计若干个问题，一般不少于5个，不多于25个。每个问题回答程度分3—7等，通过回答者的反映所得分数高低测出他们对某个事物所持态度的强弱。这一方法主要测量情感成分。

5. 行为观察法

通过对行为的观察来估计人们对某事物的态度，这是了解态度的一个重要参考方面。有一定的可靠性，但不可忽视行为和态度不是固定的因果关系，还要靠其他方法了解以相互验证。

不论运用什么方法，测量表设计的内容与探测的目的应尽可能密切相关。做到这一点，这份态度测量表的真实性就比较高，反之则低。测量表在重复运用中如果可以正确测量同一态度，其可靠性则高，反之则低。可靠性是真实性的必要条件，测量的真实性必须以被测验者回答的可靠性为基础。

二、态度的特性

1. 态度的强弱性

态度有强弱之分。个人对同一事物的态度在不同时期不同场合有强弱之分，不同人对同一事物的态度在不同场合也有强弱之分。个性偏激的人常对事物采取偏激的态度，个性和缓的人态度则多表现为和缓。如果对事物的认识比较全面、观点明确，处理事物的态度往往果断强硬；如果对事物的全貌和梗阻的症结把握不准，处理事物的态度往往模棱两可、表现软弱。

2. 态度的复杂性

人们对事物的各种态度，有简单和复杂的区别。态度的复杂程度往往取决于个人对事物的了解程度，个人的个性、经历，那些与事物相关的人际关系、环境条件、追求的目标等综合因素。一般来说，对事物本身及周围人际关系了解愈深，本人经历愈丰富，对事物的态度愈复杂。

3. 态度的一惯性

态度的一惯性指对待类似事物的态度内部结构比较成熟稳定，处理某件事的态度与他的人格结构的一致性和相容性。无论时间、地点的变化如何，只要事物的本质不变，态度也基本不变。一般来说，具有较丰富的知识结构、有道德修养的人对待事物的态度多呈现这种稳定状态，与之交往可以根据他的一贯作风和处事方法预测他的态度。相反，知识面较窄、不成熟或唯利是图的人，容易因人因事而施好恶，态度易忽冷忽热，令人难以捉摸。与这种人交往常给人一种心中没数的感觉，要防止轻信。

4. 态度的可变性

人们对事物的态度具有可变性。有的人终身保持青春活力，善于接受新事物，不断摒弃头脑中的一些旧观念，研究新问题，因此，改变态度的事情时有发生。态度可变性的另一含义是指人的态度对同一事物也是可变的。当他了解事物的表面现象时，是一种态度；当他了解事物的本质时，可能是另一种态度。当他只看到一个立体事物的A面和B面时，是一种态度；当他又发现这个立体事物的C面和D面时，可能完全改变态度。态度的可变性使我们在人际交往中处于一种主动的地位。当你判明情况、施加努力时，有可能使"山重水复疑无路"的僵局变成"柳暗花明又一村"。

5. 态度的社会性

个人的态度，除了反映个人的经验、个性和主张外，也反映这个人成长的社会环境的意见和要求、标准，反映其所属群体的特性，反映那个社会群体共同的价值观念、文化层次和行为标准。特别是在一个文明国家，每个人都不能为所欲为，他的愿望和行为倾向总要依据他所归属的那个团体的标准进行测量，得到法律上的、道德上的、制度上的、舆论上的允许，态度就得到发展、延伸，他会感觉舒畅。如果个人态度与社会要求相抵触，必然会感到压抑。

6. 态度的参照性

态度的形成和发展往往不是孤立的，总是伴随一定的参照群形成、发展。相近的人的态度经常是相互联系、互为影响的。因为相近的人一般具有相似的成长和工作背景，态度在本质上容易一致。即使不一致，从众心理也容易导致他们走向一致。这一特性有利于团体内部团结一致。

7. 态度群的和谐性

这是指一个正常的、有凝聚力的群体，在态度趋向上表现为和睦协调，行动统一。和谐的基础在于态度群的成员目标一致、互相了解，对同一事物的态度在多数时间是一致的、相容的。

8. 态度的伸缩性

态度是由思想支配的，其表现形式并非固定一个模式。同一种指导思想支配下的态度表现，可以显现个人思想水平和气质风度的不同。有的表现热情，有的表现冷漠；有的完全体现原则性，有的则在原则性下表现出一定的灵活性。

9. 态度的可塑性

态度的形成规律展示了它的这一特性。倘若你期望对方对某件事、某个人、某产品发生兴趣，在他尚无任何态度表示的时候，你可以提供刺激信息并创造对方接收信息的条件和环境，主动开展宣传劝说攻势，使他经历一个认知、情感、行为的过程，并且产生某种态度。你的努力过程，就是一个对对方态度培养塑造的过程。

10. 态度与心理的不一致性

个人表现的态度常常不一定是他心理状态的折线返照，态度有时因为当事者的需要或性格影响表现得完全不是本意。这里，态度分有意识的和无意识的两种。例如，生活中常见一些人，对自己倾慕的异性反而态度冷漠，见了面不知所措或三言两语就把该说的话说完了，而对待一些心理上并不重要的人，却口若悬河、才华横溢。碰到这种情况，有些人容易被对方的表面态度所迷惑，无法把握对方的真实思想意图。

三、态度的功能

20世纪60年代初，卡兹（Katz）发表了他关于态度功能的理论，为人际交往中关于态度的探索奠定了基础。我们将对态度的八种主要功能略加介绍。

1. 功利性功能

为了争取最高的荣誉、精神享受和经济利益，对起促进作用的事物报以积极善意的态度；反之，则投以厌烦、阻碍的态度。例如，某公司倘若重视职员态度的作用，设立伴随目标管理的种种奖励，职员的积极态度将会因报偿的刺激而有所增加，在提高生产效率、给公司带来实际利益的同时，职员也能获得一定的报偿。

2. 适应性功能

每个人的生长、生活、工作环境和人际关系网络不是一成不变的,每一次变动都给个人带来一个重新适应的过程。适应的快慢和深浅,往往由态度来表现。刺激、新奇、吸引性强的新环境能使人的态度适应性增强;反之,适应性减弱。怀有开朗、热情态度的人与陌生人接触,容易较快适应;怀有孤僻、缺乏激情、对对方不感兴趣的态度,适应就慢些。

3. 动机产生和情绪变化功能

态度驱使人们积极趋向或逃离某些事物。人们的某种态度决定了他的某种期望、目标。与其态度相适应的事物将给他带来满足感;反之,则会唤起失望或不满足的情绪。态度决定了什么是期望、渴求,什么事应该避免,什么事必须立即着手完成等。

4. 价值表现功能

个人为了证实自我的价值和能量,遂以各种态度表现出来。例如,对各种管理人才抱欢迎的态度,不仅展现了个人招贤纳士的水平和大度,也体现了当时社会的新价值观。像IBM企业价值观"帮助客户创造价值",就体现了IBM以客户利益为中心的价值追求。持不同价值观的人,其态度行为也不同。

5. 工具性功能

个人为了追求一定的目的,要求自己的态度受到目的的控制,保持态度的发展方向,使态度的表述与目的追求相吻合。态度持有者期望通过自己所持的态度促进其最终完成目标。

6. 知识性功能

个人期望了解面临的环境,并且给予一定的定义和评价。有时,因个人生活经验缺陷等原因不能产生定义和评价,就可以由态度来整合个人对外界的了解认知,并且给予定义和评价。

7. 心理防御功能

个人的态度往往对复杂的外界产生心理防御的作用。使用防御功能可以防止自身被恐惧和威胁所淹没,产生某些对外界的态度以维持心理平衡。心理防御表现为三种状态:一是为了维持自尊自信,态度能促进否认的自卫机能,不承认内外威胁,保持心境安宁;二是己所不欲,转嫁给他人;三是将自己的愤怒和郁闷迁怒于他人或当面反攻,以示自卫。

8. 促进模拟功能

个人心目中必有一些理想的人物楷模,或是权威者,或是成功者……态度能促使个人模拟他们,接受他们的信念为自己的信念,接受他们的行为准则为自己的行为准则,从而减少自弱自卑的心理,进行自信自强的实践。

四、态度变化的类别和内因、外因

(一) 态度变化的类别

1. 正向变化

正向变化指向原有态度相同的方向变化。例如,某演员本来就喜欢用××牌系列化妆品,由于厂家的广告宣传,加上她近几年使用××化妆品显得年轻,于是她就更喜欢这个产品,不但自己持续使用,也向朋友推荐,这就是正向态度变化。

2. 反向变化

反向变化指向原有态度相反的方向变化。例如,某人本来喜欢用××牌系列化妆品,但邻居家的女孩使用后脸上起了许多小疙瘩,使她对××化妆品的信任开始降低,以后再也不买这种产品了,这就是反向态度变化。

3. 中立变化

中立变化指从原来的极端态度转向缓和的变化。例如发生在合肥的"少女毁容事件",最开始求爱被拒而施暴的肇事者被贴上"官二代"的标签,因而网民一股脑地批判施暴者。但是当后来事情更加明确,大家发现其实肇事者并非"官二代"时,就会有不同的、相对理性的声音出现,网民观点趋于中立。

4. 转向变化

转向变化指从原有态度退回到出发点,向别的方向重新前进的变化。例如,大学生A结交了朋友B,经过一段来往,他发现B很不容人,与自己性格不合,于是,中止与B来往而与C交往,这就是态度的转向变化。

（二）态度变化的内因和外因

分析态度变化的因素,大致可以分为内因和外因两大类。内因,即人际交往态度发生、发展、变化的内在因素。外因,即人际交往态度发生、发展、变化的外在因素。

1. 态度变化的内因

（1）个人认知体系的调整

知识的占有是一个人态度的主要指导部分。知识的对错、真假、深浅都会影响态度的情感和行动部分。在日常生活和交际中,与人处事常常有随认知了解程度的变化而改变态度。与人交往,最初接触时会产生一种印象,熟悉之后,由于认知程度的加深,往往会产生另一种感觉,或者加深了当初的印象。这都能导致一个人态度的变化,或正向变化,或反向变化,或转向变化。"路遥知马力,日久见人心"等古人归纳的交际参照语句不胜枚举,均可印证。

个人认知体系的调整也包含他的价值观的调整改变。例如,曾经担任谷歌全球副总裁兼中国区总裁的李开复,一开始就读于美国哥伦比亚大学政治科学系,此学科在全美排名第三。但是他在课堂中完全提不起兴趣,每天昏昏欲睡,直到有一天他在上选修的计算机课时发现自己对这方面有浓厚的兴趣。他从此开始迷恋这一学科,并且在大二时令人震惊地转系到当时默默无闻的计算机学科。这成为他进入人生正轨的开始,为他进入微软和谷歌埋下了伏笔。而当他在谷歌达到职业巅峰的时候,又一次作出大胆的决定:创业。如今,他不但成就了自己的事业,还激起了广泛的社会影响,一度在新浪微博的影响力排行榜中位列第二。

（2）个人性格结构的改变

这种改变往往比较难,正如俗话所说:"江山易改,禀性难移。"但是,性格结构并不是一成不变的,而是有可能因为环境的塑造和个人有意识的努力而改变。例如,一个人努力让自己变得更加自信,可以让自己更用心地完成一个可能的目标,从而得到满足感。这种满足感能培养自信心,当他更自信地对待事物的时候,也就能够更加积极地去看待自己所面对的一切,从而形成一个良性循环。

(3) 期待他人合作支持

这是主动要求使自己的态度发生改变。在与外界交往中,为了争取交际对象的支持、合作,本来坚守的一些利益或原则有可能放弃——态度逆向改变;本来不积极参与的事情可能变得相当积极——态度正向改变;本来想交往的对象或正在交往的对象由于影响合作方的态度而中止转向——态度转向改变。

2. 态度变化的外因

(1) 群体态度的影响

群体能对个体造成影响,也能对其他群体造成影响。群体在这里可分为两类:一类是归属群体,即当事人属于这个群体正式的一分子时,这个群体对当事人而言是归属群体;另一类是参考群体,即当事人接纳某一群体的价值观作为自己的价值观时,这一群体便是这个人的参考群体。这两类群体是分立的两个不同概念,前者多为"这个团体要求这样做,我属于这个群体,我也应这样做";后者多为"我认为他们这样做好,我也要这样做"。

(2) 环境条件的改变

中国有句俗语叫"入乡随俗",即当你参与某项活动,进入某个环境而身为其中一员时,一方面,你对这个环境的体会深刻、关系密切,由此产生好感;另一方面,这个环境条件要求你适应它,你只得改变以往对这件事情的态度。例如,当我们来到藏民居住的地区旅游的时候,应当对藏民的宗教信仰、风俗习惯表示尊重。只有这样做,才能得到当地人的尊重。

(3) 因奖赏惩罚的缘由

态度改变与奖赏惩罚之间往往存在一种密切的关系,不少社会心理学家把它视为一个重要的研究课题。这里的奖赏惩罚,包括精神方面的,也包括物质方面的,甚至包括社会效果方面的,关键看态度改变者自身所追求的目标如何。在人际关系往来中,有的人改变态度只是为了在对方心目中留下可信任的形象,有的人是为了从对方那里获取一定的经济报酬,还有的人追求自己态度的改变对社会是否产生影响等。

从强化论的观点来看,个人的态度和行为随强化物之强度、次数而改变。强化物愈强,次数愈多,其达到改变的程度愈大,态度改变将趋向明确、快速、坚决的方向。从这个观点出发,倘若我们企图改变某些人的态度,或希望对方从反对我们变为支持我们,或希望对方从极力依附我们变为离异我们,都应施以显著的奖赏或惩罚。例如,甲和乙因工作争执而不和,领导丙要求甲主动去向乙道歉表示和好,甲起初不愿意,丙引导甲追求维护自身自我批评的党员形象,追求维护自身在小团体中宽宏大度好合作的形象,甲很可能就会改变态度。

(4) 交际的一方形象改变导致另一方态度改变

我们都读过"孙权劝学"的故事,当吕蒙接受孙权的建议勤学苦读,能够纵论天下大事之后，鲁肃也不得不感叹吕蒙不再是"吴下阿蒙"了。倘若你想与对方交往却遭到冷遇时，应该首先从自身检查，找到自己的弱点，努力增强自身的吸引力，百折不挠，总有一天，会使对方改变态度。

（5）信息沟通的影响

这是影响现代化企业团体和个人与外界交往态度的一个重要因素，也是公共关系工作中的一个重要手段。

这里所说的信息，有单方面的传播——只讲利于倡导方向的内容，还有双方面的传播——除了讲有利于倡导方向的内容外，还掺杂相反方面的内容。有时候往往是掺杂相反方面内容的双方面传播更能改变人的态度。例如，宣传一家公司或其产品，如果讲得尽善尽美，有时会引起人们的怀疑；如果能客观地讲点缺点，反倒可能让人感到真实可信。受众的选择研究也告诉我们：教育程度较高的人更倾向于接收正反两面信息的劝说，教育程度较低的人则更倾向于仅接收正面信息。

（6）逆反心理的影响

人们的心理活动深处，往往有这么一个角落，即逆反心理："你不让我这样干吗？我偏要这样干！""你不让我和他来往吗？我非要和他来往！"

青少年是最容易受到逆反心理影响的。由于与父母、师长之间的角色冲突和价值观差异等，他们往往会对他人强迫他们做的事情进行反抗。这也是为什么对青少年的说理要进行引导而不能一味地强制。

（7）角色改变

一个人在世上与各种各样的人交往，扮演着各种不同的角色。受传统的伦理道德观念和价值观念的影响，同一个人由于所处角色的不同，其态度可能截然不同。例如，一个在弟弟面前表现得独断专行的人，在父母面前也许唯命是从；一个在家里表现得脾气暴躁的人，在与办公室的同事相处时却表现得极有涵养；一个人本来谈吐随便，与人交往时嘻嘻哈哈，由于担任了领导职务而变得说话谨慎、为人严肃。这都是角色位置的习惯要求对个人态度的影响。

总之，态度改变的因素是十分复杂的。一般来说，智慧较高的人，对于外界环境、条件和事物的认知容易受新知识的影响而改变态度；相反，智慧较低的人，容易受别人态度的影响和群体压力的影响而改变态度。对外界感受力强者、性格随和者易变，对外界感受力弱者、性格固执者难变。自我防御性强者难变，自我防御性弱者易变。

五、调节态度的方法

由于态度持有者的自身综合素质不同和改变态度的动机及环境不同，试图改变对方态度的方法途径也多种多样。

1. 给予对方新知识

为了改变对方对某一事物的认知，通过广告、宣传、劝说、介绍等手段对事物加以注释、说明,从而增加对方对事物本身和周围环境的了解,使其改变态度。例如,现代企业在进行营销传播的时候,往往会伴随一种知识的传播与相关价值的倡导。"Intel inside"就是这方面的一个经典案例。曾经英特尔在推出自己的芯片时思考如何才能让更多的电脑使用自己生产的芯片,最终它们决定宣传有关芯片科技的知识和英特尔芯片的领先度,从而把"Intel inside"变成衡量一台电脑性能的指标,让电脑生产商不得不采用英特尔的芯片。

2. 施以奖赏处罚

采取赏罚分明的方法,鼓励或禁止对方的态度发展或改变方向。如果对一项工作没有兴趣,但报酬却很高,也许会改变态度。改变态度的不只有奖惩,还有奖惩的增加与减少。与此相关有个故事。一位老人忍受不了门前玩耍的孩子,他反其道而行之告诉孩子们自己很喜欢热闹,如果他们下次还来,他将给孩子们10元钱。于是,孩子们每次都来这里玩。老人没有食言,但几次之后给的钱却从10元减为8元、6元,乃至1元。孩子们觉得老人给的钱越来越少,再来也没意思了,于是扫兴地离开了这里,老人因此重获安宁。

3. 启示对方改变自我期待

根据心理学原理,进行宣传教育和思想工作,有意识地引发与他人的横向比较、与自己的纵向比较,开导个人开发自我认知,使个人因追求更高层次、欲缩短与成功者的差距而改变自我期待程度,从而改变态度。我们在前面介绍过自我实现预言,人的期待可能变为现实:只有把地平线忘掉的时候,你才能飞得更高。

4. 改变对方的地位和周围环境

通过改变对方的地位,使其改变思考问题的角度;改变对方所处的环境,使其受到外界条件变化的影响,从而改变态度。例如,让不重视信息作用的人去调查信息效果,并且要求他写出报告,使他按诱导方向变化,这比单纯的说教方法好得多。在经典影片《百万英镑》中,一张钞票改变了别人眼中主人公的地位,让其他人对他的态度彻底改变。

5. 逐步提出要求,切勿操之过急

实验社会心理学研究表明,要转变一个人的态度就必须了解他原先的态度,衡量一下你要求对方改变态度的标准与他原先态度的差距。社会心理学中有一个概念叫作"登门槛效应"(foot-in-the-door phenomenon),意思是先让别人帮你做一件容易的事情,再让其帮你做一件困难的事情,往往你会成功。如果事情的难易程度过于悬殊,操之过急反而容易引起逆反心理。如果逐步提出要求,不断缩小差距,才能使对方易于接受。

6. 增加劝说的吸引力

如果一个默默无闻的人以平庸的语调和态度告诉你在某地成立了一家大公司,愿意推荐你去,你也许毫无兴趣。但是,如果一个相当有影响的报社主编以生动的例子神采飞扬地描述某大公司如何充满活力、生意兴隆、待遇丰厚,愿意推荐你去,你很可能动心。

7. 确保信息的质量

信息的质量对态度的变化有显著的影响。它的因素有两个。第一,信息来源的可靠性。如果一个普通的汽车修理工人向你提供某地有大批涤纶毛条要出售的信息,你可能抱怀疑的态度;如果是政府部门纺织品管理负责人提供同一条信息,可靠性就高多了,你的态度就可能改变，去积极寻找消化这批毛条的市场。第二，信息传播者与听众的关系。如果信息传播者具有权威性，或是听众所熟识、众人仰慕者，或是听众最信任的亲属、友人，对听众态度改变的影响力就大。总之，受众对信息源的评价越高，态度朝传播者倡导的方向变化就越大。

8. 引导对群体的依附或脱离

一般情况下，个人都重视所属群体的意见。多数人习惯于以群体的多数意见为自己的意见，个人的态度在群体面前明示并受到群体支持时，往往这种态度就表现得更加坚决。反之，个人自认为成熟的意见遭到群体反对时，就容易产生抵制情绪，执意与自己选择的对象继续交往或坚决断交，因其态度坚决而与群体在感情上或形式上产生脱离。

在行为思考和自我评价时，个人以自己所属群体的价值规范为依据，是十分常见的。然而，如今人们视野开阔，眼光放在全省、全国、全世界的同类群体的横向和纵向的比较上，吸收新鲜观念和意见，又反过来影响群体意见，这属于被外界环境和外界事物引导而对群体脱离的态度。这种脱离，不是情感上的脱离，而是个别行为的暂时脱离。

9. 有意识地亲近或疏远，以此平衡态度

有两人以上的人际交往，就可能产生态度的不平衡。为平衡态度，做B的工作，A可考虑有意识地与对方亲近，使B的意见与自己一致；或者对B的态度转为消极，有意识地疏远，使B意识到A的意图而改变态度。

10. 暗示

暗示又叫三明治式的技巧。一次，美国最大的化妆品公司董事长玛丽·凯发现一位美容师的化妆箱很脏，导致销售不佳。于是，她做了一个题为《整洁就是神圣》的演说，十分巧妙地提出了自己的意见，既使这位美容师得到忠告，又不必担心她的自尊心受挫。玛丽·凯的经营思想中，有一句流传颇广的金科玉律，即"你愿意别人怎样待你，你也要怎样待别人"。按中国人的说法就是将心比心。在她看来，批评如烤三明治，不看火候，一味升温，再佳的原料也会烤焦、变味，令人难以下咽。而上海某厂却发生过这样的事：车间屡屡丢失东西，厂长贸然决定在厂门口逐个检查职工的拎包，严重挫伤了大多数职工做人的尊严，比起玛丽的暗示法，大大逊色。

11. 情绪的激发

激发对方的兴奋或恐惧，可使其态度发生变化。例如，强烈的呼吁引起强烈的不安；恐怖的程度愈烈，传播的内容愈易被接受；与利益增减愈接近，传播的内容也愈易被接受。当然不能一概而论，这要取决于具体的内容、个人差异等各种因素。

另外，有必要说明一下态度对说服的抵抗。这方面的情况应该引起注意。现简单介绍两种理论。

第一，预防接种理论。这是一种受医学上预防接种原理启发而生的理论，旨在通过培养免疫能力取得增强对反对观点的抵抗力的效果。在态度上也存在免疫效果。此理论是麦奎尔和帕杰基斯在1961年提出的。

第二，反作用理论。人在接受说服时，如果感到由此被剥夺或威胁自己的自由，就会产生逆反心理,对被限制的东西反而感到更加有魅力。提出这一理论的哈莫克和布雷姆认为,在说服人改变态度时,要尊重对方的自由意志,以促使其自动改变态度为上策,否则可能适得其反。

第五节 人际吸引与人际关系

一、人际吸引

我们在与各种各样的人交往时,能够自由选择与喜欢的人交往,而不与另一些人交往。是什么力量把两个人拉到一起,而不把另两个人拉到一起呢?这就是人际吸引研究的问题。

人际关系的核心成分是情感因素,即对人的喜爱与厌恶。我们可以推断,人际吸引与排斥是人际关系的主要特征。

(一)人际吸引理论

人际吸引是指人与人之间在感情方面的相互喜欢和亲和的现象,即一个人对他人所抱的积极态度。国内外心理学家对此进行了一系列实验,提出了许多人际吸引的理论。这些理论大致可以分为两类:强化理论和认知理论。强化理论强调我们对周围世界评价时的情绪反应,把个体视为非理性的、非逻辑的,常常依据感情来行事;认知理论强调我们对周围世界评价时经历的思维过程,把个体视为理性的、按逻辑办事的[①]。

1. 强化理论

强化是指行为与影响行为的环境(包括行为产生的前因和行为产生的结果)之间的关系,即通过不断地改变环境的刺激来达到增强、减弱或消除某种行为产生频率的过程。这个过程借助奖励、惩罚等强化方式来实现。强化理论以强化概念为核心,揭示情感强化与人际吸引之间的关系。这个关系可以用拜恩(Byrne)和克洛拉(Clore)强化感情理论来说明。

拜恩和克洛拉认为,评价任何事物(包括交往对象)是基于其所引起的肯定或否定、满意或不满意的情感评价,以及由此激发的对交往对象喜欢或厌恶的程度,产生好感或恶感的情绪,这是进行第二次交往的基础。如果处于肯定评价阶段,一般会产生对对方的好感或喜欢;如果处于否定评价阶段,则会产生对对方的反感或厌恶,而且这种印象一旦形成定势后,就会构成一种心理准备状态,很难一下子改变。因此,人际关系中会发生首因效应。强化理论还认为,人际吸引的大小和奖惩有相应的关系。如果交往对象接触背后紧跟着奖励,就会引起对方的喜爱,产生愉悦的情感体验,与对方形成良好的人际关系。他的这个行为在一定程度上得到了强化,就会形成稳固的心理特征而积淀下来,从而在人际关系中处处表现

---

① 郑全全、俞国良:《人际关系心理学》,人民教育出版社2002年版,第319—324页。

得得心应手、游刃有余。相反,如果与交往对象接触背后紧跟着惩罚,则会产生对对方的反感与厌恶,减弱或失去与对方交往的热情。在这种情感上的挫折,会丧失对下一次交往的欲望和积极性,因此,也就无所谓人际吸引了。

由此可见,人们都喜欢给自己正面激励的人,而不喜欢给自己负面激励的人。

2. 相互作用理论

相互作用理论着重探讨交往双方(如朋友、夫妻、交谈双方)相互影响、相互制约对人际吸引的影响,这是西方社会心理学互动理论的一种,是一种"真相倚"情形。当两个人在交往中经常感到情感上的满足和安定,感到心情愉悦,并且非常乐意与对方交往时,他们之间就建立了良好的人际关系。双方对对方来说都是一种难以言喻的吸引,这是一种互酬行为或报答行为。我注意听你讲话,你也重视我的意见;我有事找你商量,你有事找我帮忙;相互尊敬,相互喜爱,相互称赞,相互报答。这种行为大多在对方没有准备的条件下表现出来,显得自然、贴切、毫无做作,因此富有说服力。但是,一旦交往双方中任何一方对交往不满意,这种关系就会受到损害,从而影响两人继续交往。这样,双方要建立良好的人际关系就比较困难了。莱文格(Levinger)和斯诺凯(Snoek)把这种关系确定为一个有规律的逐步发展的过程,与双方为交往所做出的共同努力有关。换言之,交往需要双方精诚合作、共同奋斗。

学者们通过调查研究,试图用各种客观的指标(时间、交往频率、交往强度等)来区分人与人之间各种不同的吸引等级。他们用0表示毫无接触的交往关系,即两个无关系的人,如街上擦肩而过的行人就是这样;用1表示认知、认知行为,如男人对漂亮女人的单相思等;用2表示表面接触,了解双方的态度、有一面之交或偶然间有些交往,如舞场上的舞伴等;用3表示一种相互亲近、亲密的关系,如朋友、夫妻、亲戚、同乡等。上述这些人际关系的建立可以视为一个连续发展的交往过程,它有浅交、深交、知交之分。根据这个观点,可以确定人们之间相互关系的发展水平,了解人际吸引的大小。类似的理论还有美国学者杰尔·厄卡夫和维利·伍德的"关系金字塔"(见图3-19)。

图3-19 关系金字塔

(资料来源:http://wenku.baidu.com/view/1bb81ad076eeaeaad1f3304c.html)

显然,如果用数量级来表示,在以上理论观点中,人际吸引是由小到大的。实际上,这是人们对交往勾勒出的理想模式。在实际生活中,人与人之间的交往是非常复杂的,有时候多种交往水平交织在一起。因此,我们一定要具体情况具体分析,以免因为贸然下结论而影响对人际吸引的正确判断,从而影响双方的人际关系。

3. 得失理论

人际吸引中的得失理论是美国心理学家阿伦森(Aronson)提出的。他经过研究后认为,在人际关系中,一成不变地讲好话并没有像先讲坏话然后再慢慢地改变成讲好话的情形更吸引人、讨人喜欢。我们对这样的人的喜欢程度会比我们对一直说我们好话的人更高。这种先抑后扬的吸引效应就是人际关系中的得与失现象。和谐的人际关系就是要使这种得与失达到平衡。在交往中，一个人的外貌特征与个性心理特点对交往影响很大。有时候，这些特点使对方决定是否进行交往，以及交往所进行的融合程度。但不可否认，人的主观意识，比如对一个人的评价，对交往动机、目的的预测，对交往行为的估计，个人的偏好等，在人际关系建立过程中起着更为重要的作用。最重要的是一个人主观体验和主观评价的过程，得与失就是在评价过程中产生的。如果评价高，就促使双方继续进行交往；否则，就会中止这种交往关系。

人们之间相互接触、交往的结果，交往者的自尊心和自我意识往往直接与他人的反应，以及他人如何对待这种反应有关。我们是在与别人的比较中真正认识、发现自己的。这种认识、比较过程会产生判断、评价。由于我们在交往中对他人的期望与他人实际具有的水平给予我们的东西往往并不时时、事事相吻合，于是产生得与失的矛盾。在得的情况下我们乐意继续交往，在失的情况下就要对交往进行重新考察，结果得与失的矛盾在建立良好人际关系的过程中得到解决。实际上，这个过程是很多人所不曾意识到的，但是我们确实在交往中注入了这种主观的东西。

得失理论认为，当交往中别人对自己的评价有所改变时，更能影响自己是否喜欢那个人的态度。因此，交往中的评价、判断等主观意识过程显得非常重要，在交往中我们每个人都在对对方评头论足。这是进一步交往的准备工作，是建立良好的人际关系所不可缺少的。在交往者主观判断为"得"的情况下，我们对于赞扬我们的人、尊重我们的人、喜欢我们的人，会产生更多的好感，乐意与他建立和保持良好的人际关系。而在交往者主观评价为"失"的情况下，我们对于经常看不起我们的人，批评、指责我们的人，与我们过不去的人，也采取同样的行为，于是越来越失去交往的动机和欲望，导致人际吸引的反面——人际排斥，使人际关系显得紧张、复杂化。

梅特（Mett）在1973年认为，这种得失论是否得当，必须考虑两个因素：一是得失的评价应该是谈论到同样的人格特质或事物，明显地显示出批评者在基本态度上有了变化；二是态度的改变必须是逐渐的，而不是突变的，突变的改变容易引起疑心和困扰，影响人际吸引的增加。

4. 相等理论

相等理论属于社会交往理论的变式。这个理论认为，以最小的代价来换取最大的报酬是天经地义的事，是一般人孜孜以求的行为目标。人人都希望做一本万利的事情。然而，在现实生活中，人们往往是以代价和报酬的相等来衡量自己周围的人际关系。人们希望在交往中自己的代价和报酬自始至终保持平衡，投入与支出相匹配，以此作为衡量人际吸引大小的尺度。如果在交往中代价和报酬是相等的，或者得到的利润是正的，那么交往的另一方对他来说就具有吸引力，就愿意继续交往下去；反之，对他而言，就会失去交往的欲望和动机，也就失去了交往中的人际吸引。

相等理论认为，两个人之间关系的建立、维持和发展，要看当事人觉得这种关系的维持是否对双方都有益处,即建立人际关系要看是否能获利、是否有需要,从而决定自己的交往行为。如果双方感到友谊的存在,并且彼此可以从中获得好处,比如情感能得到依靠、能享受物质财富、有利于自我发展等,这种友谊的存在就会使双方心理上都得到满足,双方的关系可以继续维持下去,都愿意建立良好的人际关系。在对方看来,交往者具有某种吸引力。这显然是一种功利主义的态度。

(二)影响人际吸引的因素

人际吸引程度是人际关系的主要特征。人际吸引的主导心理因素是人的情感。为什么在同一群体中有的人可以关系甚好,有的人只是点头之交,有的则形同陌路,有的甚至势不两立,这都属于人际吸引的问题。大量人际吸引研究实验发现,人际吸引是由多种因素形成的。例如,人内在的气质、涵养、性格、品质等因素,身体的高矮、胖瘦、服装、仪表等因素,行为的特殊、新奇、优美、动人等因素,社会地位、角色、关系等因素。

1. 空间距离因素

"远亲不如近邻"这句谚语,言简意赅地说明了空间距离与人际关系之间的关系。通常情况下,人与人之间的距离越近,越便于交往,易于形成人际关系。例如,与其他班级的同学相比,同班同学关系一般较密切,同宿舍或同桌同学关系尤为密切,所以过去人们称同学为"同窗"。在同室内学习,交往方便,易于相互了解和相互吸引,故而关系密切。皮尤研究中心在2006年发布了一项关于已婚或长期保持亲密关系的人的调查。结果显示,其中38%的亲密关系是在学校或工作时建立的,其他是人们在前往家、体育馆等地时相遇的,或者是一同长大的青梅竹马。

有学者认为,空间距离只对交往初期起作用,随着时间的推移,这一因素所起的作用将越来越小。我们认为,不能如此绝对地下结论。距离因素在交往初期当然起着重大作用,在整个交往过程中其作用也始终存在。我们知道,交往的手段有言语和非言语两大类。后者,如体语等,只有在一定的距离——视觉范围内,才能起作用,超过这个距离就不产生作用。交往手段的单一,无疑会对交往的深度产生影响;距离较远,也必然会对交往频率的密度有影响。这对交往和关系都会产生不利影响。

网络传播扩展了人际传播的空间距离,我们可以随时随地与很多人产生较为亲密的互动,甚至模仿面对面交流的声音、影像和表情。但是如果我们想进一步增进与他人的关系,依然需要在一些时刻通过面对面交流来完成。你可以通过网络认识你的爱慕对象,但是如果你们想走得更近,还需要进行线下的约会,否则就只能凭借在网络聊天时的幻想来维持关系。

网络传播也把人际交往拓展到了虚拟空间。如果你要与网络中的一个人联系,至少要与他或她在同一个网络平台上。一个只使用QQ的人和一个只使用微信的人无法用即时通信工具进行沟通,一个只登录新浪微博的人也无法与只登录Twitter的人自由交流。

在交往时,我们应根据不同的关系、不同的要求,注意保持适当的距离。

2. 互动频率因素

人际关系必须通过人际交往才能密切互相的关系;反之,交往稀少导致关系疏远,这是情理之中的。空间距离是人际交往的客观条件：远则不便，近则方便。但是这一客观条件也有赖于人的主观努力才能发生作用。

交往是人有意识、有目的的社会行为，归根结底，人际交往的状况同人与人之间互动的疏密程度密切相关。苏联社会学家科罗明斯基指出，人际互动结构是由三种互相联系的成分组成的，即认识的成分、行为的成分和情绪的成分。认识是基础，行为包括活动及言语和非言语交往等，行为的结果是形成情绪——好的或坏的，由此形成好的或坏的人际关系。这三种成分都与人际互动频率有关。互动频率越密，越容易认识和了解人，交往的渠道也就越畅通。如果通过交往，发觉双方的态度和价值观基本相同，就能进而产生志同道合之感，会形成良好的人际关系。夫妻之间、师生之间、同事之间，由于双方的需要和态度基本上是相同的，互动频率又高，便容易形成相互关心、休戚与共的情绪，关系也就比较密切。

人们都希望与他人建立良好的人际关系，因此，应该多多与人交往，除工作、谈心外，参加共同感兴趣的活动，一起度过闲暇时间也是交往的另一种良好方式。例如，男生一起做体育运动或者玩网络游戏可能建立较为紧密的友谊，女生一起看电影并分享其中的感受也会增强双方的亲密关系。我们在社交网络上可以随时随地通过点赞、转发、评论、"@"他人与他人展开互动，这让我们与他人建立和保持关系的能力增强。

3. 类似性因素

在一个社交聚会中，参与者有工程师、教师、文学爱好者、音乐爱好者四种人。如果你是个青年文学爱好者，一般你会选第三种人交往；如果你是个教师，通常你会选第二种人交往。这就是类似因素或态度因素起作用的结果。

我们每个人都有各自的特点、兴趣，以及由价值观形成的社会态度。"人不相同，各如其脸。"从表层讲，人有男女老幼之分，有民族、文化程度、社会地位的区别；从深层讲，人的信念、价值观、社会态度、性格气质也不同。我们在选择交往对象、发展人际关系时，一般都会选择相近似的人，俗语"物以类聚，人以群分"就简明扼要地表明了这个道理。

浅层因素，如年龄、性别、职业、文化程度等，也会对选择交往对象起作用。我们一般愿意与同代人，或职业、文化程度相同，或兴趣爱好相同的人交往，比如青年人与青年人、球迷与球迷等。深层因素，主要表现在态度和观点上是否类似，这需要经过一段时间的交往才能了解，因而深层因素主要对交往的深度起作用。

什么是态度？用社会心理学的语汇来说，态度是由价值观决定的，是系统化的认知、情绪和意向状态，它对个人的行动起指导性或驱动性影响。对某一社会问题、社会现象，不同的人往往会根据自己的认识对它们采取不同的态度。例如，对于蓄长发的行为，青年人与一部分老年人之间态度就不同。

对待生活、工作和学习的态度类似的人，即价值观基本相同的人，易于沟通，易于相互感知、相互适应，并且较容易得到对方的支持，预测对方的情绪、需要和态度取向，因此相互容易产生喜爱感。苏联列宁格勒大学库兹明和谢苗诺夫教授认为，人对人的喜爱是人际关系的稳定性、深度和亲密性的主要调节器。

态度类似性对交往的深度起作用。同时，交往也会影响人的态度，使本来不相似的人们变得相似。"近朱者赤，近墨者黑"就很好地说明了这一作用。有些青年交友不慎，久而久之自己也随波逐流，染上恶习，甚至陷入泥沼；反之，失足青年交上好朋友，在良师益友的影响下会改邪归正，重新焕发出青春的光和热。生活中确实不乏这类事例。不论是在中国还是在西方国家，相似的态度、特质和价值观使夫妻俩走到一起，而且相似性还可以预测他们的婚姻满意度。在速配中，说话风格相似的人会相互吸引，甚至连早睡早起型和晚睡晚起型都倾向于寻觅彼此。

你可能会问，如果我到了一个新的环境，周围的人全都不熟，相互不了解，如何能知道他们的态度呢？最简单的办法是，让他人了解你，主动接近他人，不抱成见地与他人交往，在交往中敞开心扉，以诚待人。这样，他人就会很快了解你的态度，你也一定能很快交到朋友，觅得知己。

4. 互补因素

根据类似性因素，是不是意味着只有性情相投、志趣相同的人才能结交为友？当然不是。在现实生活中，性格不同、爱好不一的人结为密友或夫妻的并不少见。刘备、关羽、张飞三人性格和气质迥然不同，却能够结义为兄弟。

需要、性格等方面的类似性确实是人际吸引和相互喜爱的一个因素，但是在这方面不具有类似性的人也可以建立良好的人际关系，这就是互补因素的作用。

互补有两大类。一类是需要互补。人的基本需要可分为五个层次，但是，个人在特定条件下的具体需要，在特定时期里的特殊需要都不尽相同。这种人与人之间需要上的不同，在某些条件下可以互补，成为相互吸引（一般称为补偿性吸引，以与前述类似性吸引相区别）的一种因素，也可以成为某种关系得以建立的基础。一个人若打算从事某项工作，或者筹办一个小企业，他一般会选择与具有他所缺乏的才干和能力的人合作。例如，如果你是个技术人员，那么你会找一个在管理方面是行家的人合作；如果你善于经销，那么你会寻求一个懂得会计业务的人合作。在这种情况下，两者正好能取长补短、各得其所，有利于事业的发展。这种互补形成了人才的最佳配合。一个富于冒险精神、有强烈进取心的人，最好选择一个谨慎小心、有自制力的人合作。这样，两个人一定会在合作中建立良好的人际关系，因为他们相互补充了自己的不足之处，从而在一定意义上形成一个"完整的人"。

需要互补的例子在生活中很多，例如，在商品交易中卖方和买方的互补，在娱乐活动中演员与观众的互补。在两性关系中，互补因素同样也起作用。美国社会学家罗伯特·温奇对已婚夫妇和未婚情侣的个性特征做了详细的调查研究后发现，在某些条件下，夫妻之间和情侣之间的相互吸引与眷恋并不一定是因为个性特征的一致，恰恰相反，是由个性特征不一致而产生的互补吸引，即他或她选择的对方在某些需要和特征方面能够与自己互补，而不是符合自己的需要和特征。例如，一个性格倔强的人在选择伴侣时一般不会选择和自己同样倔强的人，因为两强相遇互不相让，对未来的生活会造成许多麻烦。

另一类互补是人际交往风格和性格上的互补。这种互补指的是双方风格和性格不同，但是一方对待另一方的方式或态度并不影响另一方以个人的心愿处世行事，甚至有助于他实现自己的愿望和习惯的处世行事方式。例如，一个控制欲强烈的人与一个依赖性较强的人，就是很典型的风格和性格上可以互补的一对伙伴。因为这两个人在一起，前者的控制欲可以得到满足，后者感到有人可以依赖。相反，两个控制欲都很强的人难以相处，会同"性"（此处指性格、特性，而非性别）相斥。俗语"老大一多船要翻"说的也是这个意思。

乐善好施、富有同情心的人，与温存驯顺、需要他人支持和关心的人能结成朋友。正如阿伦森所说的：对一个依赖性强、驯顺的人来说，还有什么能比把自己的头靠在一个真正关怀他、同情他的人胸前更美妙呢？

一般来说，下列这样一些不同类型的风格和性格的人都可以互补，并且结为伙伴：支配型、关怀型-依赖型、顺从型，给予支持型-愿意合作型，压抑型-对抗型，自信自强型-优柔寡断型，急躁型-耐心型，倔强型-柔顺型，阳刚型-阴柔型，外向型-内向型，左脑型（思维清晰、逻辑性强）-右脑型（想象力丰富、综合能力强）。

许多社会心理学家认为，在持续时间很长的人际关系中，如家属关系等，风格和性格上的互补性，对关系的稳定和深度有很大影响。然而，性格和风格上的互补有一个前提条件，即他们的基本价值观应一致。仍以刘备、关羽、张飞为例，他们在风格和性格上迥然不同，但他们追求的目的是一致的——匡扶汉室、击败曹魏、孙吴。如果没有后者的一致，这三个人不可能情同手足、至死不渝。梁山好汉一百零八将，性格各异，但是目的一致——替天行道，因此他们能齐心协力。而一些一心为私、唯利是图的人交不到朋友，因为他们只能互相利用、互相勾结。

了解互补因素，有助于我们扩大交往范围。我们不必因与他人性格和风格不同而中止交往。

5. 一致理论

"爱屋及乌"这句成语出自《尚书大传·大战》："爱人者，兼其屋上之乌。"意思是说，一个人喜爱另外一个人，连他屋上的乌鸦都会觉得可爱。简言之，爱此及彼。

生活中不乏此类事例。你的好朋友喜欢某演员的表演风格和艺术，渐渐地你也会喜欢这个演员，尽管以前你对这个演员并不十分欣赏。妻子爱吃面食，爱着她的丈夫也会喜欢吃面食。如果两个人同样爱好某一活动，如打桥牌、下棋等，这种兴趣爱好上的一致会使你们相互接近，并且可能建立起亲密的人际关系。

一致理论（也称迭合理论），是由美国传播学家查尔斯·奥斯古德和珀西·坦南鲍姆在《态度变化依据中的一致性原则》一文中提出的。他们指出，两个人如果互相喜爱，两个人的关系中的某些模式将取得一致，例如一个人不喜欢某一对象，那么另一个人也不会喜欢；两个人如果互相不喜爱，两个人的关系中的某些模式将不一致，例如一个人喜欢某一对象，另一个人却不喜欢。对待事物的评价和态度，通常是按照与主导的参照系数相一致的方向发生变化的。如果一个人有某种特殊的爱好，并且这种爱好已成为他生活中的一个组成部分，那么，与他有同样爱好的人往往能成为他的朋友。这就是一致理论。

美国哈佛商学院院长汤哈姆如此教诲他的学生：也许你每天都要麻烦他人办几件事，

在你走进他的办公室之前,请你先在门外徘徊几分钟,考虑考虑他的兴趣,再来判断他会如何对待你的请求。从他的角度着想,找出你和他的共同语言,然后你再胸有成竹地推门进去。实际上,这位院长是在告诉学生:取得一致才能建立较好的关系。

从谈论别人感兴趣的话题开始,会使交谈容易进行。如果你们有共同的爱好,那么通过共同的活动,有助于建立人际关系。生活中确实有些人比较难以接近,人们几乎无法用言语来与他建立关系。根据一致理论,我们可以采取迂回的办法,从发现他的特点、特殊的爱好着手。如果他喜欢下围棋,那么你可以从下围棋、谈围棋着手。你定会发现,尽管他为人孤僻、性格内向,却会慢慢地向你打开心扉,接纳你,乐意与你交往。与人交往,关键在于发现甚至创造你和其他人的交集。

6. 差错效应

让我们先列举你的两个同事,请你先考虑一下,两个人中谁对你更有吸引力?

某甲:仪表堂堂,平时总是衣冠整洁,一尘不染;工作能力非常强,业务水平也高,事无巨细到他那里都能得到圆满解决;兴趣爱好广泛,处世行事练达谨慎,从不与人争执。总之,他几乎是完人。

某乙:基本上与甲相同,但有时衣冠不整,有时掉一颗纽扣,有时沾上一些墨水;工作能力和业务水平与甲一样,但偶尔会出一些小差错或可以原谅的小疏忽。

如果你是个自尊心相当强、有一定抱负、争强好胜的人,几乎可以肯定,你会喜欢乙。为什么?就因为他的那些小差错。

如果你是个自尊心不强、缺乏抱负的人,那么你会崇拜甲,但你仍喜欢接近乙。道理仍是他的那些小差错。

美国社会心理学家阿伦森在做了一系列关于人际吸引力的实验后,得出如下结论:能力非凡可以使一个人富有吸引力,但是犯错误的能力非凡的人是最有吸引力的人,因为人(包括这个人在内)难免出差错的事实,使他更接近于我们,因而也使他的吸引力又增添了几分。这就是差错效应。

道理何在?我们都是凡夫俗子,在生活和工作中难免犯这样或那样的错误,因此,我们一般喜欢能力比我们强,但是和我们一样也会不时出一些可以原谅的小差错的人。对我们来说,他不是可望而不可即的"圣人",而同我们一样,也是有血有肉、会犯错误的凡夫俗子。

《日本企业成功的秘密》一书中记载了这样一个事例:日本企业的经理,常常故意在工友面前开工段长的玩笑,这种适当的玩笑,非但无损于工段长的威望,反而会使工人更喜欢他,道理就在于差错效应。这可以说是有意识地利用差错效应改善人际关系的一个例子。

然而,必须说明:第一,差错效应不适用于在这方面能力平庸的人,这只会使人更觉得他能力低下,连这种小事都处理不好;第二,所出的差错不能有损人格,不是原则性的、重大的差错;第三,介绍差错效应的目的当然不是鼓励大家去犯错误,而在于在交往和处世中不必因害怕出小差错而承受心理压力,弄得谨小慎微,失掉个性,不敢敞开心扉。我们应当避免完美谬误——相信一个人际交往高手有足够的能力和信心处理好每一种情况。完美谬误容易使我们把自己的每个小差错或者意外事件放大到不可接受的地步,从而陷入不自信、畏首畏尾之中。面对差错,我们应当以平常心来看待,展现最真实、自信的一面。

7. 代价-酬赏理论

我们已经知道,交往是人满足需要的一种不可或缺的手段。人的交往需要当然依靠交往来得到满足,其他各种需要的满足也无不有赖于交往。西方的一些社会学家据此提出了一种人际交往理论——代价-酬赏理论,也称交换理论,或公平交换模式。这一理论认为,人们为进行交往必定会付出一定的代价,如信息、时间、感情,甚至实物、金钱等,因而必然期望能从对方那里获得相应的酬赏——信息的反馈或新的信息、理解或相互了解、态度的转变、相应的行动和双方人际关系的发展等。如果一方付出了代价但得不到酬赏,或者得到的是负的酬赏,如嘲笑、讥讽、不理解、斥责、惩罚、冷淡等,那么交往必将中止,双方的关系不仅不能有所发展,连原有的关系也会受到破坏。

我们在交往时,不能图谋私利,也不能在交往过程中只考虑满足"我"的需要,全然不顾对方的需要。因为以自我满足为中心,对他人漠不关心,是不可能与他人建立正常的人际关系的。例如,他人与你交谈,希望取得谅解,或沟通感情,你就应认真倾听。他人与你交往,你切不可盛气凌人或置若罔闻。

8. 个人价值观的差异

我们结合国内的情况,扼要介绍了国外社会学家、社会心理学家、传播学家提出的关于制约人际吸引的一些因素和理论。但是,在具体交往过程中,切不可生搬硬套,否则定会碰壁。俗话说:人心不同,各有其面。人与人之间确实存在着差异,即使是双胞胎,个性也不一样。在生活中没有一把万能的"交往钥匙",可以用来打开每个人的心。

美国传播学家梅尔文·德弗勒在《大众传播理论》一书中提出了著名的个人差异论。个人为什么会有差异?德弗勒认为:

① 每个人的心理构成有极大差别;

② 人的差异来自先天条件和后天获得知识的不同;

③ 每个人的心理构成之所以有差别,在于个人在认识客观环境时所形成的立场、价值观和信仰各有不同;

④ 个性的差异也来自人们在认识客观事物时所处的社会环境不同;

⑤ 人们在理解客观事物时往往带有成见或偏见。

正因为个人有差异,所以没有一个统一的模式可用来与各种不同的人交往,而应重视每个人的特点,根据交往目的和交往情境,灵活运用各种交往方式。

个人差异中很重要的因素是个人价值观的不同,而且每个人的价值观在不同时期内会发生变化,由此造成态度的变化,这对我们的交往无疑是有影响的。

密尔顿·罗基奇对人的价值系统进行了数十年的研究。他在《认识人的价值》一书中指出,人的价值系统可以分为两大类:一类是最终的价值系统,也可以说是个人所追求的最终目的;另一类是为实现最终价值而在一段时间里所追求的手段性价值系统(见表3-3)。

表3-3 人的价值系统

最终价值系统	手段性价值系统
① 舒适的生活（如家庭兴旺） ② 有刺激的生活（如生活有趣、丰富多彩） ③ 成就感（长期目的的实现） ④ 和平的世界（没有战争） ⑤ 平等 ⑥ 家庭安全感（能照顾自己和所爱的人） ⑦ 自由（有选择的自由） ⑧ 内心的和谐 ⑨ 成熟的爱 ⑩ 国家安全（保卫国家免受攻击） ⑪ 丰富的闲暇生活 ⑫ 自尊 ⑬ 社会认可 ⑭ 真诚的友谊 ⑮ 智慧	① 实现抱负 ② 心胸宽广（能接受不同意见） ③ 有能力 ④ 愉快 ⑤ 干净整洁 ⑥ 勇气（敢于维护自己的信念） ⑦ 宽宏待人 ⑧ 助人 ⑨ 诚恳 ⑩ 有想象力 ⑪ 独立 ⑫ 有学问（聪明、反应敏捷） ⑬ 逻辑性强 ⑭ 和蔼 ⑮ 有责任心 ⑯ 礼貌（懂得进退之道，言谈举止有一定风度） ⑰ 负责可靠 ⑱ 有自我控制能力（修养好）

资料来源：熊源伟、余明阳编著，《人际传播学》，中山大学出版社1991年版，第101页。

许多学者对罗基奇的研究给予很高的评价，认为他列举的两大价值系统的33个价值观基本上囊括了世界上不同文化的所有社会的价值观。我们认为，如此赞誉似言过其实，因为像我国的一些至今尚有生命力的传统价值观念——义、仁、廉、信、孝等，罗基奇就没有提到。不过，他所列举的价值观是有相当参考价值的。

如前所述，每个人占优势的价值观，在不同时期、不同条件下会发生变化。例如，当你离开学校，踏上社会开始工作时，获得"社会认可"这一价值观一般占优势；为了达到这一目的，你会努力表现出"助人"、"负责可靠"；在"社会认可"这一价值观实现后，你进而会追求"自尊"、"成就感"等；在前线的将士们，他们的价值观主要是"国家安全"；一个人从恋爱到组织家庭，他或她的价值观一般沿着"成熟的爱"—"家庭安全感"—"舒适的生活"这样的路线变化。价值观的变化必然导致态度的变化，同样会影响他的需要和为满足需要而进行的交往。

9. 相悦因素[①]

感情的相悦是人际吸引的重要因素。在日常生活中我们不难看到，如果甲喜欢乙，那么就有一种强大的力量驱使甲与乙接近，同乙建立亲近的关系，从中品尝友谊或爱情的甜美果实。然而，假如甲仅仅是自作多情、一厢情愿，乙没有爱慕与喜欢的表示，那么甲的友爱之心就会因得不到应有的回报而像不能被及时浇灌的花儿一样，慢慢凋谢，很快失去与

[①] 根据以下文献改编。孙奎贞、曹立安、丁青等编著：《现代人际心理学》，中国广播电视出版社1990年版，第30—34页。

乙结交的愿望。

为什么情感相悦会增加人际吸引呢？因为人际关系作为人与人之间的心理关系，情感占主要的成分。交往中人与人之间的相互赞赏和接纳，可以减少各自的心理冲突，双方都可以从对方那里得到积极的强化，从而提供建立、维持和发展良好人际关系的心理动力。

10. 个性因素

现实的人际关系是人们交往过程中所表现出来的个性品质互动的结果。优良的个性品质会导致人际吸引，有利于建立融洽的人际关系。例如，有突出才能的人会使他人由敬佩而产生爱慕，也可以使他人在交往中得到更多的满足，因而具有吸引人的魅力，成为受人喜欢的人。同样，兴趣与爱好广泛的人，大公无私、乐于助人、见义勇为的人，热情开朗、真诚坦白、善于交际的人，都易于与别人建立良好的人际关系。人的个性是可以因环境、经历和个人努力而改变的，人可以从细节做起，有意识地改变自己的习惯，进而形成自己理想中的性格。

11. 仪表因素

人人都是爱美的、追求美的。美丽的仪表包括端庄的容貌、优雅的举止、翩翩的风度、得体的穿着等，都会促使人们彼此间的吸引。尤其在初次交往时，由于第一印象的作用，仪表往往起着十分重要，以至决定性的作用。不过随着时间的延长，仪表的作用将会逐渐减弱，吸引力将从外在的仪表转入人的内在个性品质。

在网络人际交往中，一个人传递的语言、声音、符号等因素也会影响到人际互动。网络中的交往同样要合乎礼仪，例如使用礼貌的称呼、尊重他人的隐私等都会影响双方的关系。

二、人际关系

（一）人际关系的概念

人作为社会的一员，其生存和发展都要以他人的存在为前提，因此，人们在社会交往中以各种不同的方式结成不同的关系，形成一定的群体和社会。这种在人与人之间建立的关系，便是人际关系。

人际关系是个体生存和发展的基础，也是社会存在的方式和发展的动力所在。人是社会的人，人际关系是社会关系的具体表现，它具有十分丰富的社会内容。

从广义上看，有多少种社会关系也就有多少种人际关系。根据社会关系的内容，我们把人际关系归纳为以下几种：人际政治关系、人际经济关系、人际文化关系、人际法律关系、人际道德关系、人际信仰关系等。

从狭义上看，人际关系是指人们通过交际活动形成的交际主体之间直接的心理关系。它以有无直接的心理接触作为其存在的标准。狭义的人际关系通过人们的交际活动而建立，并且通过交际主体之间的心灵接触、碰撞、思想感情的交流和相互作用的方式表现出来。

我们这里主要研究狭义的人际关系。狭义的人际关系与广义的人际关系之间有内在联系：广义的人际关系是狭义的人际关系存在的社会基础，狭义的人际关系则是广义的人际关系的具体运行机制。它们之间的关系是一般与特殊的关系。

（二）人际关系与人际传播

人际传播从产生之初就与人际关系有着密切的联系，因此，对于人际传播与人际关系之间的研究有助于我们更好地理解人际传播的内涵，有助于我们从微观上把握人际传播是怎样在社会生活中展开的。

人际传播是在社会活动中，人们运用语言符号系统或者副语言符号系统相互之间交流信息、沟通感情的过程。从某种意义上来讲，人际关系必须依赖人际传播才能建立，人际传播是形成人际关系的前提条件，人际传播的内涵和外延要远远大于人际关系，人际关系只是人际传播所带来的结果之一。

一方面，人际关系必须依赖人际传播才能建立、发展和完善；另一方面，人际传播也需要人际关系这样一个环境才能传播，人际关系是人际传播的有效渠道。由人际关系结成的网络也是人际传播的网络。人际关系的复杂性决定了人际传播网络的复杂性。

从个体的角度看，每个人的人际关系网络都处于开放与封闭的对立统一的状态。开放是就其总体趋势而言，封闭则是指现实的存在情况。从我们一生中所接触的人数来说，后来保持联系的数量是比较少的。从这个意义上来说，个人的关系网络是开放和封闭的结合。

个人的开放性网络如图3-20中的放射式网络，图中显示出一个个体直接和其他几个个体交往联系，而其他的个体之间相互并无直接的交往联系。个人的封闭性网络如图3-20中的交结式网络，显示一个个体和其他几个个体相互交叉进行联系，形成一个关系较为密切的群体。

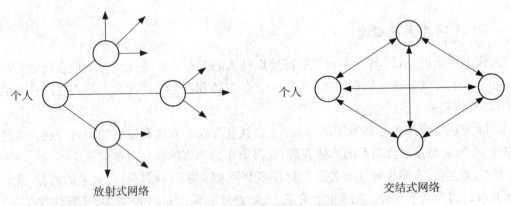

图3-20　放射式网络与交结式网络

（资料来源：熊源伟、余明阳编著，《人际传播学》，中山大学出版社1991年版，第14页）

事实上来说，放射式网络才是真正的个人网络，而交结式网络已经显示出个人网络逐步走向群体化网络的趋势。

随着网络技术的发展，人际传播的媒介和方式发生了很大的变化，人际传播的时空被极大地扩展。现代的人际传播更迅速、范围更广、效率更高,使得人们的交往能力得到迅速增强。人际传播的这些变化促使人际关系不断创新、发展。总的来说,人际传播与人际关系的发展是相辅相成的。

（三）人际关系的发展

单一人际传播的过程实际上是一个很具体的人际关系发展或恶化的过程,这是对人际传播过程的微观和简单模式的研究。

人际关系的发展一般有四个阶段（见表3-4）。

表3-4 人际关系的发展过程

阶 段	图 解	副语言和语言交流的实例
注 意		听或者看着对方。"嘿,你好!"
吸 引		微笑,积极的面部表情,目光接触,身体前倾。"你笑得真好看。"
适 应		在副语言交流方面有些变化。"以前,我不喜欢慢吞吞地走路;现在,我已经爱这么走了。"
依 附		坐在一起,站在一起,增加抚摸。"让我们结婚吧。"

资料来源:熊源伟、余明阳编著,《人际传播学》,中山大学出版社1991年版,第27页。

1. 注意

我们和一群人在一起时,不可能对每个人都一视同仁。我们往往会专注于一个或几个人,而不及其余。注意阶段有时可能就发生在你最初接触对方时短暂的几秒钟内,你往往会掂量这个人是否有吸引力。如果有吸引力,你就会运用言语或非言语的手段做出表示,表明你的注意,从而向第二阶段进军。如果你觉得此人平平,你就会向关系恶化的第一步——漠视——移进。

2. 吸引

任何人都喜欢接近有吸引力的人,而不愿接近没有吸引力的乏味之人。什么是吸引力,至今还是一个无法说清的问题,这可能体现在身体上（秀美的头发、强壮的肌肉、诱人的眼波、性感的嘴唇等）,也可能体现在性格上（自信心和通情达理、分析能力和说服力、天生的幽默感等）。但不管怎样,当我们被某人吸引后,我们的兴趣和敬佩之情油然而生,并且想方设法来显示自己的魅力。

3. 适应

我们开始调节自己以适应对方,并且试图接受和同化对方的行为和个性。我们开始约束自己。我们会做出一些微小的,甚至较大的变化。我们会用能显示自己已适应对方的言语或非言语暗示来表明我们想进一步发展关系的兴趣。当我们适应了对方,我们就会进入下一个阶段。

4. 依附

当我们通过交换某种信物、履行某种仪式、制订某种契约、建立某种联系、采取某种结合方式以公开表明我们对某些人的依附关系时，人际关系的发展就完成了最后一个阶段。虽然如此，关系并未就此停滞，它还在向前发展，或者稳定，或者不稳定，它还将在新的层次上不断变化。

（四）人际关系的恶化

与人际关系的发展相对应的是人际关系的恶化。它也有四个阶段：漠视、冷淡、疏远、分离（见表3-5）。

表3-5　人际关系的恶化过程

阶　段	图　解	非言语和言语交流的实例
漠　视	← ○ →	不听或不注意对方。"我没听见你在说什么，你是和我谈话吗？"
冷　淡	←◯◯→	没有面部表情和身体动作。"我可不在乎你干些什么。"
疏　远	← ○　○ →	不管对方发出什么信息，都没有面部表情或身体姿势的变化，反而做出许多与过去明显不同的非言语行为。"我才不想做驯服可爱的小姐呢。"
分　离	○　○	没有非言语的交流，有消极的面部表情。无论是坐还是站，都离得很远。没有抚摸。"我想和你分手。我又有了新交。"

资料来源：熊源伟、余明阳编著，《人际传播学》，中山大学出版社1991年版，第28页。

1. 漠视

正如人际关系的发展首先要注意对方一样，人们首先通过不予理睬的办法来使关系恶化。当我们准备同某人结束关系时，我们就会对此人表示出漠不关心，无论是在言语还是在非言语上，我们都会努力扩大与对方的距离。

2. 冷淡

人际关系恶化的第二阶段是冷淡。冷淡不同于漠视，漠视表现为对某人不关心或者不注意，冷淡则同我们先前表现出的关心、热情、理解等形成强烈的对比，对对方的积极姿态无动于衷，表示出更多的否定行为。冷淡可以通过许多言语或非言语暗示来表现，并且完全不在乎对方的任何感受。

3. 疏远

在这一阶段，两个人又回到原来分立的位置，形成一种远离的状态，并且都有重觅新朋友的可能。

4. 分离

分离是人际关系恶化的最后一个阶段。双方呈现出完全失去联系的状态(包括身心两方面)。分离的发生,可能是由一方提出,也可能是双方的愿望,还可能是外部力量作用的结果,例如无法选择的死亡使关系自然终结。这时,分离是不可避免的,甚至是痛苦的。有时为了发展新的关系,不得不结束某个原有的关系。一个关系的结束,如同开始一样,存在或好或坏两种结果。

思 考 题

1. 什么是自我表露?自我表露的评价尺度(行为准则)是什么?自我表露中你会怎样衡量价值与风险?
2. 自我呈现的方式有哪些?
3. 个体应当如何进行人际认知?
4. 什么是人际印象?人们在交往中容易产生哪些印象偏差?
5. 什么是人际传播的态度?试阐述态度改变的原因。
6. 影响人际吸引的因素有哪些?
7. 联系实际描述人际关系形成与恶化的过程。
8. 新媒体的出现对人际传播的过程构成了怎样的影响?对哪个过程的影响最大?
9. 想象你与现在的好友熟识的过程,最初大家在正式或非正式场合初识,而后对对方有一定的印象和认识,交换联系方式并不断进行互动,关系日益增进……试着用人际传播学的知识描述这个过程。

第四章
人际传播心理

学习目标

学习完本章,你应该能够:
1. 了解人格的类型及特质;
2. 了解人格障碍的分类与表现特征;
3. 了解孤独、社交焦虑及愤怒等消极情绪;
4. 初步掌握对他人人格的判断,以及与他人的相处之道;
5. 初步掌握积极有效的情绪表达方法。

基本概念

人格类型　　人格特质　　积极情绪　　消极情绪　　情绪智商

第一节　人际传播与人格

人格在人际传播中有特殊的地位和意义。人格是每个人各自所具有的,有其独特特质。同时,正所谓"物以类聚,人以群分",人格也是有规律可循的,有些人的人格特征极其相似,有些则大相径庭。

人格在人际传播活动中表现在主体和客体两类人的身上,特定的人格制约着人的自觉能动性的发挥。对于人格异同的了解能让我们更好地认知自我及他人,对具有不同人格特征的传播对象采取不同的传播策略,以改善人际关系,使沟通有效简捷,从而达到好的人际传播效果。

一、人格的概述

（一）人格的概念

有些人与你仅有一面之缘，却能引起你的注意。虽然说不清这个人有什么具体优点，但总觉得他有人格魅力，他能打动我们，并且让人善待于他。这是什么原因呢？"人格魅力"中的"人格"到底是什么意思呢？

西方语言中"人格"一词（如法文personnalité、英文personality）是从拉丁文persona演变而来。拉丁文persona的原意是指面具。面具是用来在戏剧中表明人物身份和性格的，这也就是人格最初的含义。

早在古希腊时期，人们就已使用"人格"的概念，并且引申出较复杂的含义，包括：一个人的外在行为表现方式，一个人在生活中扮演的角色，一个人与其工作相适应的个人品质的总和，一个人的声望和尊严。

人格是一个具有丰富内涵的概念。对于人格的准确定义，不同流派和领域的心理学家都有着不同的见解。综合来看，人格是心理特征的整合统一体，是一个相对稳定的结构组织，在不同时空背景下影响人的行为方式和内部过程。人格标志着一个人具有的独特性，并且反映人的自然性与社会性的交织。

人格由许多稳定的心理特征组成。有些被普遍拥有，有些则是少数人所独有；有些极其相似，有些则大相径庭。人格错综复杂地交织在一起，集中在不同的人身上。大千世界，自然有不同的人格元素组合成一个个性格迥异的个体。人格的差异和不同组合使得我们每一个人都成为独特的、异于他人的人。那些拥有人格魅力的人，正是将一些让人喜爱的心理特征完美地凝聚在一起，从而释放出一种魅力。

（二）人格的特征

1. 稳定性

人格由多种性格特征组成，其结构相对稳定。人格的这种稳定性可以表现在不同的时间和地域上。例如，一个在学习上进取心强烈的人，在工作时也同样爱好竞争，我们会说"这就像是他干的事"。而一个向来和善、谦逊的人，某一天突然大发雷霆、脾气暴躁，我们会说他今天"变了一个人似的"。可见，人格是黏着在我们身上的标签，它的稳定性在一定程度上标志着谁是谁，区分你我，为人们识别自我和他人作参考。不过，人格的这种稳定性并非完全不可变。在不同的情境中，人格可以反映出不同的方面。人格可能会受到情景的影响而发生一些变化，但总体而言是相对稳定的。如果没有这种稳定性，人们就会长期处于对立的动机、价值观、信念的斗争中，人的心理活动就会出现无序的状态。这就是一种人格分裂现象，也称二重人格或多重人格。

2. 社会性

人格并不是完全孤立存在的，家庭环境、教育环境、社会文化等方面都对人格有着非常重要的影响,这些也是人格形成的主要因素。这使得人格在具有个人性的同时还具有一定的共同性。同一民族、同一地区、同一阶层、同一群体的个体间具有相似的人格特征。例如,总体而言,中国人较美国人更合群、谦逊、中庸,美国人较中国人则有更强的个体意识、更张扬。这种同一文化陶冶出的共同的人格特征被称为群体人格或社会人格,由群体基本的和共同的经验而生。

3. 个体性

德国哲学家莱布尼兹(Leibniz)说,世界上没有两片完全相同的叶子。我们说,世界上也没有两个人格完全相同的人。虽然人与人之间的某些特征可以是相同的,但他们在整体人格方面还是不同的。人格的组合结构是多样的,从而导致人与人之间在性格方面的差异性。由于人格的个体性,即使面对相同的外界环境,这种环境对不同人造成的影响都是不同的。例如,虽然我们每个人在看恐怖片时都会产生恐惧,但不同的人会有不同的表达和应对方式。虽然老师的教导面向的是几十个学生,有一点像是在"加工"产品,但学生不是流水线上任人摆布的产品,每个学生的最终结果是因人而异的。

4. 整体性

人格是一个人从行为模式中表现出心理特性的整体,它构建了人的内在心理特征。构成人格的各种心理成分并非相互独立或机械结合,而是通过错综复杂的关系相互联系、相互作用,一起构成个体整个心理面貌。人格不能被直接观察,但经常体现在人的行为中,使个体显现出带有个人整体倾向的心理特征。在构成人格的各种成分中,有的是主要的,起主导作用;有的是次要的,起辅助作用。起主导作用的成分决定人格的基本特征。人格中任何成分的改变都会引起其他因素的改变。只有从整体出发,在与其他人格特征的联系中,才能认识到个别,使其具有确定的意义。例如,沉默寡言使人显得孤独这一特征,在不同人身上可能有不同含义:甲可能由于怕羞,不愿出头露面,这是怯懦的表现;乙可能是不想暴露自己的真实面貌,这是虚伪的表现;丙可能是想靠别人的努力,获取自己的满足,这是懒惰的表现[①]。

二、人格的类型

无论你是否有所意识,在现实生活中你经常会用人格类型和人格特质来描述自己及他人。例如,在初识别人时,你会初步判断这个人是外向的还是内向的人。这种描述法在心理学中被称为人格类型论。

人格类型论最初是为了区分和描述不同类型的人,发现人有很多种类型并将每个人安插在各自的类型中。例如,古希腊人把人分为四类——多血质、胆汁质、粘液质和抑郁质。一旦把一个人归入一个类型,这个人就不能被归于这一理论的其他类型中。

除了将自己归类,有时我们还会用一些特质描述自己,例如"我是一个细心、害羞或是友好的人"。这种描述法在心理学中被称为人格特质论。人格特质论用多个基本特质来描

---

① [美] Jerry M. Burger:《人格心理学(第七版)》,陈会昌等译,中国轻工业出版社2010年版,第2—3页。

述人格，每个特质都是对立两端联系起来构成的一个个体差异维度。任何人都能在这个维度上找到对应位置。例如，在勇敢这个维度上，有人得分很高（非常勇敢），有人得分很低（非常不勇敢），大多数人的得分介于两个极限之间，既不胆大如虎，又非胆小如鼠。

相对于人格特质论来说，人格类型论较为古老、简单和粗糙，因此，在人格心理学领域，目前特质论更为流行。但是在日常生活中，人们喜欢使用人格类型论，因为它方便简捷、易于理解、广为流传，能帮助我们将人格的复杂性简单化。因此，我们不妨追根溯源，先对人格类型论有个大致了解。

（一）希波克拉底的体液学说

早期的类型论之一是体液学说，由古希腊医师希波克拉底（Hippokrates）在公元前5世纪提出。他认为，人体含有四种基本体液，每种体液与一个特定的气质类型（一种情绪和行为的模式）相对应。个体的人格决定于哪种体液占主导。体液与人格气质的对应关系如表4-1所示。

表4-1　体液与人格气质对应关系

体液类型	人格气质	特　点
血液	多血质	快乐、好动
粘液	粘液质	缺乏感情、行动迟缓
黑胆汁	抑郁质	悲伤、易哀愁
黄胆汁	胆汁质	易激怒、易兴奋

资料来源：[美] 理查德·格里格、菲利普·津巴多，《心理学与生活（第16版）》，王垒等译，人民邮电出版社2003年版，第387页。

虽然希波克拉底提出的这个理论没有经受住现代社会的考验，但它的确流行了几个世纪，影响一直持续到中世纪。希波克拉底的这一理论对现代的人格特质论也有影响，我们会在特质论中论述到其现代模式。

1. 多血质

多血质的人开朗、活泼、热情、和善、乐于助人，对他人多采取接纳的方式，对周围事物态度积极。他们喜欢新鲜事物，但是容易只有三分钟热度或者疏忽大意。在与人交往的过程中，可能忽冷忽热。与多血质的人交往时，不必过分挑剔他们小节上的毛病，如粗心、轻率，而应多与其交流他们感兴趣的事物。一般较易与他们相处。

2. 粘液质

粘液质的人做事深思熟虑，有涵养、尊重他人。他们一般不会喜怒形于色，即使不高兴，外表看起来依然平静。因此，与他们接触，要仔细观察他们内心的真实感受，尊重他们的想法。粘液质的人多喜静不喜动，不愿改变现状，在交往中，不要勉为其难。他们反应缓慢，但往往经过深思熟虑，因此，不应当轻视他们的观点和建议。

3. 抑郁质

抑郁质的人敏感、多疑、脆弱,易产生自卑心理,稍重的打击可能使他一蹶不振。因此,与他们交往时要多用委婉的语气和称赞的方式,避免直截了当地指出他们的弱点,否则会伤害他们的自尊心。还要多关怀他们、尊重他们,使他们摆脱疑虑和孤独感。

4. 胆汁质

胆汁质的人热情、豪放、易冲动。他们有着易受诱惑的天性,常常充满激情地去实现承诺,并且能克服困难。他们讲信用、重义气、正义感强,路见不平,拔刀相助。但他们自制力差、不善于控制情绪,偶有不快便拍案而起。与胆汁质的人交流要采取以柔克刚的方式,保持平和的态度、轻柔的语气,不要激怒他们。

四种体液类型所对应的人格气质并无优劣之分,每一种人格气质都有积极的或消极的方面。人格气质对于人的交往活动有不小的影响。因此,了解他人的气质特点就会了解他人的反应特质。我们在人际传播中,要学会判断别人的人格气质类型,适当预测他人的反应,从而采取相应的传播对策,见机行事,以达成有效传播[①]。

(二)威廉姆斯·谢尔登的胚胎起源人格类型说

威廉姆斯·谢尔登(Williams Shelden)在1942年出版了《人类气质的种类》一书,提出胚叶起源的人格类型论。他认为,形成体型的基本成分是胚叶。胚叶的内、外、侧三种成分的发育程度(分配比例)决定三种体型:内胚叶型、中胚叶型和外胚叶型。他将人的气质与这种体型说联系在一起,认为一个人的气质是他在多大程度上表现出某种体型的特征。体型与人格气质的对应关系如表4-2所示。

表4-2 威廉姆斯·谢尔登的体型三种类型和气质三种类型对应表

胚叶的三种成分	依据胚叶各个成分发达程度的差异特征	体型	人格类型	特征
内胚叶(型)	消化器官特别发达	矮胖型	内脏紧张型* (+0.79)	悠闲,多思虑,镇静,行为随和,喜爱社交、美食和睡觉
中胚叶(型)	骨骼肌肉和结缔组织发达,皮肤厚,动脉粗	强壮型	身体紧张型* (+0.82)	体格强壮,精力充沛,大胆坦率,好自作主张,有强烈权力欲、冒险,好斗,缺乏自我洞察
外胚叶(型)	神经系统、皮肤组织、感觉较发达,骨骼长而细	瘦长型	头脑紧张型* (+0.83)	时而抑制,时而神经过敏,思想灵敏,深思熟虑,内倾,不善社交,工作热心负责,难以安眠,有疲劳感

资料来源:高玉祥,《个性心理学(第2版)》,北京师范大学出版社2007年版,第207页。
注:*表示体格的三种类型和气质类型的相关值。

---

① [美] 理查德·格里格、菲利普·津巴多:《心理学与生活(第16版)》,王垒等译,人民邮电出版社2003年版,第387页。

虽然体型与人格有某种相关,但不能说明体型与人格间有因果关系。这种理论对人格并没有多高的预测效度。我们不能从一个人的体型来预见其行为,判断其人格。这种理论只能助长人们的偏见。体型矮胖的人可能爱好冒险且不爱社交,体型瘦长的人可能精力充沛且行为随和、热爱结识朋友。我们在运用这些人格类型论时,心中一定要了解它的局限性,不可妄加滥用,将之作为放之四海而皆准的绝对真理[①]。

(三)阿尔弗雷德·阿德勒四类型说

阿尔弗雷德·阿德勒(Alfred Adler)是奥地利心理学家,被誉为个体心理学创始人。阿德勒从人格早期决定论的观点出发,认为母子互相作用的性质决定儿童社会兴趣的程度。根据人们所具有的社会兴趣程度,他把人分成四种类型。

1. 支配统治型

这一类型的人倾向于支配和统治别人,缺乏社会意识,很少顾及别人的利益。他们追求优越的倾向特别强烈,不惜利用或伤害别人以达到自己的目的。他们需要控制别人从而感到自己的强大和有意义。在儿童时期,他们在地板上打滚、哭闹,希望父母向他们屈从。作为父母,他们要求孩子服从:"因为我说了要这样。"作为教师,他们威胁学生:"如果你不这样做,那你就去校长办公室。"这样的人容易发展成虐待者、违法者和药物滥用者等。

2. 索取依赖型

这种类型的人相对被动,很少努力去解决他们自己的问题,依赖别人照顾他们。许多富裕或有钱的父母对他们的孩子采取纵容的态度,尽量满足孩子们的一切要求,以使他们免受挫折。在这样的环境下成长的孩子,很少需要为自己努力做事,也很少意识到他们自己有多大的能力。他们对自己缺乏信心,而希望周围的人能满足他们的要求。这样的人容易好吃懒做,缺乏独立生活的能力,心理脆弱。

3. 回避型

这样的人缺乏必要的信心解决问题或危机,不想面对生活中的问题,试图通过回避困难从而避免任何可能的失败。他们常常是自我关注的、幻想的,他们在自我幻想的世界里感受到优越。这样的人在现代社会中可能沉溺于网络,而不喜欢与现实中的人打交道。

4. 社会有益型

这样的人能面对生活,与别人合作,为人和社会服务,贡献自己的力量。他们常常生长于良好的家庭,家庭成员相互帮助、支持,人与人之间彼此理解和尊重。

在上述四种类型中,前三种是适应不良或错误的,只有第四种才是适当的。阿德勒认为,导致前三种不良人格的原因有三点。第一,生理自卑可能激起积极的补偿(努力)或过度补偿,但也可能导致不健康的自卑情绪,被自卑感所压倒,一点儿也不追求成就,一事无成。第二,父母对儿童的溺爱或姑息,过多满足儿童的需要。这种儿童是家庭的中心,长大后变得自私自利,缺乏社会兴趣。第三,父母和成人无视儿童的愿望,缺乏必要的关注,使儿

---

① 黄希庭:《人格心理学》,浙江教育出版社2002年版,第225—226页。

童感到自己毫无价值，也引起他们的愤怒，并且使他们以怀疑的眼光看待别人[①]。

（四）荣格的向性类型说

瑞士心理学家荣格（Jung）提出内倾型和外倾型两种性格分类。内倾型的人重视主观世界、好沉思、善内省，常常沉浸在自我欣赏和陶醉之中，孤僻、缺乏自信、易害羞、冷漠、寡言，较难适应环境的变化。外倾型的人重视外在世界，爱社交、活跃、开朗、自信、勇于进取，对周围一切事物都很感兴趣，容易适应环境的变化。一个人只是或多或少地属于外倾型或内倾型，只有当某一种倾向占优势时，这一行为模式才被称为外倾的或内倾的。

荣格还提出个人的心理活动有感觉、思维、情感和直觉四种基本机能。感觉指明事物存在于什么地方，但不说明它是什么事物；思维指明感觉到的客体为何物，并且给它命名；情感反映事物是否为个体所接受，决定事物对个体有何种价值，与喜欢和厌恶有关；直觉是在没有实际资料可以利用时，对于过去和将来事件的预感。

按照两种性格类型与四种机能的组合，荣格描述了性格的八种机能类型。

1. 外倾思维型

这种类型的人既是外倾的，又是偏向于思维功能的。他们的思想特点是一定要以客观的资料为依据，以外界信息激发自己的思维过程。例如，科学家就是典型的外倾思维型人，他们认识客观世界，解释自然现象，发现自然规律，从而创立理论体系。外倾思维型人的情感受到压抑，缺乏鲜明的个性，甚至不乏冷淡傲慢。

2. 内倾思维型

这种类型的人既是内倾的，又是偏向于思维功能的。他们情感压抑、冷漠、固执又骄傲。他们思考外部世界和自己的精神世界。哲学家便属于这种类型。荣格认为，德国哲学家康德是一个标准的内倾思维型人。

3. 外倾情感型

这种类型的人既是外倾的，又是偏向于情感功能的。外倾情感型的人情感细腻、易动感情、爱好交际、寻求与外界和谐，同时思维受压抑。荣格认为，外倾情感型的人在恋爱时不太考虑对方的性格特点，而考虑对方的身份、年龄和家庭等方面。

4. 内倾情感型

这种类型的人既是内倾的，又是偏向于情感功能的。内倾情感型的人有思想，但思维受压抑，将情感深藏在内心，沉默寡言、气质忧郁。

5. 外倾感觉型

这种类型的人既是外倾的，又是偏向于感觉功能的。外倾感觉型的人寻求享乐，追求刺激，无忧无虑，不断追求新奇的感官体验，沉溺于各种嗜好。他们对事物并不过分地追根究底，情感浅薄，直觉受到压抑。

6. 内倾感觉型

这种类型的人既是内倾的，又是偏向于感觉功能的。他们远离外部客观世界，沉浸在自

[①] 黄希庭：《人格心理学》，浙江教育出版社2002年版，第225—226页。

己的主观感觉世界中,对外部世界淡漠。他们艺术性强,直觉受到压抑。

7. 外倾直觉型

这种类型的人既是外倾的,又是偏向于直觉功能的。他们力图从客观世界中发现多种多样的可能性,并且不断寻求新的可能性。他们对于事物具有敏锐的感觉,不断追求客观事物的新奇性,做事凭预感而非事实。外倾直觉型的人可以成为新事业的发起人,但不能坚持到底。荣格认为,商人、承包人、经纪人等通常属于这种类型的人。

8. 内倾直觉型

这种类型的人既是内倾的,又是偏向于直觉功能的。他们力图从精神现象中发现各种各样的可能性。内倾直觉型的人不关心外界事物,脱离实际,善幻想,观点新颖而古怪,不为人所理解。荣格认为,艺术家属于内倾直觉型。

以上每一种类型都是典型的极端模式。荣格的心理类型学只是作为一个理论体系,用来说明性格的差异。在实际生活中,绝大多数人都是兼有外倾型和内倾型的中间型,纯粹的内倾型的人或外倾型的人是没有的。每个人都能同时运用四种心理机能,只不过侧重点各有不同。此外,外倾型或内倾型并不影响个人在事业上的成就[1]。

（五）迈尔斯-布里格斯个性分类指标（MBTI）

凯瑟琳·布里格斯（Katherine Briggs）和她的女儿伊莎贝尔·布里格斯·迈尔斯（Isabel Briggs Myers）对荣格的向性类型说加以扩展,形成外倾（E）-内倾（I）、感觉（S）-直觉（N）、思维（T）-情感（F）、判断（J）-知觉（P）四个维度,依此设计出一套人格问卷调查表。这套人格问卷调查表名为"迈尔斯-布里格斯个性分类指标"（Myers-Briggs Type Indicator）,简称MBTI。每个人的性格都会落在这一指标的某个点上,由此看出这个人的偏好。MBTI的运用领域广泛,包括自我了解和发展、组织发展和团队建设、管理和领导培训、婚姻辅导、职业发展和指导、人际关系咨询、教育和课程发展等。

MBTI的四个维度通过排列组合把人分成四类。

理想型（NF）：直觉接收信息能力强,重心理感受、自我认定、自我肯定,会倾听,喜欢自在,容易受伤害。

监护型（SJ）：感官接收信息能力强（直觉弱）,持续性、目标性很强,重责任、意志。如果是老板,可能会让下属觉得不近情理,不能处理危机。

理性型（NT）：对问题敏锐,善规划,静观、客观感受、观察力强,弱点是执行能力并不很强。

艺术型（SP）：重外界感受；活在当下,享受生活,对当下事物敏感；善调停,但缺乏责任感,目标性不强,缺乏持久力,有拖延习惯。

四类人对同一句话的解读有所不同。例如,关于"祝你有好的一天",四类人的解读如下。

---

[1] 黄希庭：《人格心理学》,浙江教育出版社2002年版,第118—119页。

理想型(NF)：这是有启发的一天。

监护型(SJ)：这是有效率的一天。

理性型(NT)：这是有趣的一天。

艺术型(SP)：这是能及时行乐的一天。

在这四种类型的基础上，又细分为16种人格类型。

1. 理想型(NF)

（1）教导者型(ENFJ)

人格特征：渴望向别人表达自己的观点(E)，内省(N)，友善温和(F)，在制定计划的过程中具有判断力(J)。

人际关系特点：这种人格特质的人较倾向于成为领导者。他们有创意，也很重视工作气氛，不会拼命工作，不会给自己太大的压力。他们关心他人，也愿意帮助别人。由于他们很会教导他人，比较容易接纳他人，因此很多人乐意找他们帮忙。他们的直觉很强，能创新、有灵感、有创意。他们很擅长社交，能将团体的气氛搞活，所以很受欢迎。但由于他们太看重人情和人际关系，因此会很有压力。他们宁愿牺牲自己也不愿意得罪他人。当他们不得不拒绝别人的时候，会觉得很难受，常会有负罪感。他们会具体地组织或计划，即使他们的工作分量太大，还是能准时完成工作。由于他们有得天独厚的与人沟通的能力、创意和理想，他们从事任何行业都很容易成功。由于直觉强，他们对临时的突发状况应对自如。他们具有很高的理想，因此他们无论对自己还是对他人都多少有些不满意。

（2）劝告者型(INFJ)

人格特征：宁静自闭(I)，内省(N)，友善温和(F)，在制定计划的过程中具有判断力(J)。

人际关系特点：他们是内向情感倾向的人，对人际关系看得很重，乐于助人，喜欢为他人的幸福服务。他们对事事都观察和思考。他们具有特殊的直觉能力，因此能很容易体会到表面上看不到的事实，如人的深层感受。他们很有创造力，并且做事果断，计划性强，能及时完成任务。他们不常与人分享感受，除非是他们认为值得信赖的人。他们是天生的艺术家、作家和诗人。他们能够独处并享受孤独。他们也能聆听和洞察，是很好的朋友和助人者。他们喜欢被肯定，不喜欢被批评。他们不能长时间待在人群中，也难以忍受过多的分析和解释。

（3）奋斗者型(ENFP)

人格特征：渴望向别人表达自己的观点(E)，内省(N)，友善温和(F)，热衷于探索事物发展的各种可能性(P)。

人际关系特点：他们是具有观察力的人，事事都逃不过他们的眼睛。他们的主动性很强，并且有既定的目标。他们非常敏感、机灵，但不喜欢单调重复，对人或事物很快就会厌倦。他们有领袖气质，很能吸引人，但对组织和计划比较反感。他们喜欢别人，喜欢帮助别人，能将一个讲话的气氛搞活，让人觉得有趣。他们充满想象力，不喜欢拘束，也不喜欢有最后期限的工作。他们很难在制度下工作，因为无法忍受太多的限制。他们喜欢变化，不喜欢平静的日子，所以很难坐下来思考问题。这种类型的人很少会考虑为自己的将来做一份有保障的安排，如储蓄或买保险。

(4) 化解者型(INFP)

人格特征：宁静自闭(I)，内省(N)，友善温和(F)，热衷于探索事物发展的各种可能性(P)。

人际关系特点：这种类型的人言行谨慎。他们关心别人也乐于帮助别人，但不会过火。他们在人生的旅途中一直在追求自己的理想并为此而努力和奉献。他们做事依靠直觉，比较不重视一般人所了解的逻辑，有一套自己的处事方式，认为细节不是那么重要，组织和计划也不需循规蹈矩。他们的人际关系良好，重视别人的感受，对别人可以将心比心、感同身受。他们内省，因此偏好独自行动，与人保持相当的距离。他们比较重视价值和道德，追求真善美。他们天生有一种助人的使命感，愿意为帮助别人而牺牲自己。他们喜欢和谐，避免与人起冲突，而且努力取悦他人。虽然直接表达内心的情感对他们来说有点困难，但他们还是乐意去努力尝试。

2. 监护型(SJ)

(1) 监督者型(ESTJ)

人格特征：渴望向别人表达自己的观点(E)，对周围环境有着敏锐的观察力(S)，意志坚强(T)，在制定计划的过程中具有判断力(J)。

人际关系特点：这种类型的人对外界环境很注意，是一种管理型的人。他们很有组织能力，能够正确且准时地完成事情，但很容易以成功为目标，并且常将自己对事情的判断强加到别人身上。管理型的人不一定是领导，他们非常踏实、精确，但不太注意到别人的看法和感受。他们对事物的处理能力很强，但在处理人际关系时会碰到问题。出了问题之后，他们一般不会逃避责任。他们喜欢参加聚会并与人交谈。他们喜欢给别人提意见，但不见得能听取别人的意见。他们比较有男性气质。他们有坚定的意志，是保护者，很外向，并且自我肯定。他们比较喜欢处于主导地位，如果有人听从他们或配合他们，他们就会很高兴。反之，一旦与他们意见不合，他们就会很不高兴。

(2) 检查者型(ISTJ)

人格特征：宁静自闭(I)，对周围环境有着敏锐的观察力(S)，意志坚强(T)，在制定计划的过程中具有判断力(J)。

人际关系特点：他们是所有人格类型中最负责任的。交付给他们的事情一定办得妥当，不负众望。他们会说话，有较强的社交能力，人际关系不错。只要他们清楚出席的场合，就能应对自如。一般人会以为他们是外向型的，其实不然。由于他们常做思考，收集外界信息，因此当他们表达一个观点的时候，常能引经据典，用资料或证据来说话。他们常能帮助别人了解事物的具体情况。由于他们自己是如此清楚事件的发展并能清晰表达，一旦不是这样的时候，他们常常会感到焦虑和难受。由于他们的组织能力强，又有良好的社交能力，所以常常是领袖人物。但他们的这种领导能力是责任感促成的，久而久之，他们会感到烦躁并失去耐心。对他们来说，一切事情都要按照规则来完成，否则他们会很不舒服。对于与自己不同的人，他们常会有所抗拒。一旦适应，则会把这个人纳入自己的责任范围。

(3) 供应者型(ESFJ)

人格特征：渴望向别人表达自己的观点(E)，对周围环境有着敏锐的观察力(S)，友善温和(F),在制定计划的过程中具有判断力(J)。

人际关系特点：这种类型的人是任何活动中天然的主持人。他们非常善于社交,很招人喜欢,喜欢和谐,不喜欢有任何争吵发生。他们能以温和的态度将任何需要组织的地方处理得很好。他们对人敏感,也会尽量使别人快乐,并且不想做领导。他们非常具有母性气质,非常顾家,常常以家为生活的中心。当他们看到屋内乱七八糟的东西时,感到自己受了伤害。一般而言,他们会很照顾人,会注意到别人的需要。如果他们不被重视、不被欣赏,就会感到不舒服。他们喜欢服从规矩,喜欢讨论实际事件,而不是理论的、抽象的问题。如果人际关系上出了差错,他们会认为原因在自己并会感到沮丧。

(4) 保护者型(ISFJ)

人格特征：宁静自闭(I),对周围环境有着敏锐的观察力(S),友善温和(F),在制定计划的过程中具有判断力(J)。

人际关系特点：这种类型的人充满责任感,动作快,爱干净,听话守规矩,容易相处。他们很有时间观念,生活的中心就是照顾别人,使别人快乐。在服务别人之后,如果别人不感谢他们,他们仍然会继续为别人提供服务。对于承诺别人的话非常认真且总是努力去做。他们总是默默地在幕后耕耘,不抢风头,连说话的遣词造句都很小心。他们遵从工作第一、娱乐第二的原则。他们有时候把责任看得太重,让人有压力。他们经常会抱怨自己的工作,但如果别人拿掉他们的责任或工作,他们又有罪恶感。他们很少为自己要求什么,总是在奉献。他们不喜欢抽象的概念,在生活中最好处处都有指导语,这样就可以跟着去做,如果不是这样就会觉得无所适从。

3. 理性型(NT)

(1) 陆军元帅型(ENTJ)

人格特征：渴望向别人表达自己的观点(E),内省(N),意志坚强(T),在制定计划的过程中具有判断力(J)。

人际关系特点：这种类型的人有领导欲,他们一生的目的是为成功而努力。他们通常很有逻辑、分析及判断能力,很会组织计划,根据计划来完成目标。他们比较理性,认为任何事情都必须有正当的、合理的理由和解释。他们也会要求别人果断、有计划性。他们对工作的投入是无可挑剔的,总是工作第一、娱乐第二。他们也是会创新的人。他们常是众人的中心,总在做安排和指挥。与他们一起生活或工作的人压力很大,因为他们较少顾及别人的感受,只重视服从和是否达到目的。他们的原则有次序,头脑清晰但缺少浪漫和理想。

(2) 策划者型(INTJ)

人格特征：宁静自闭(I),内省(N),意志坚强(T),在制定计划的过程中具有判断力(J)。

人际关系特点：在所有的人格类型中,这种人是最具有自信心及独立性的。他们有内省能力,常进行逻辑性思考。他们是天生的决策家,做事果断且效率高。他们不太重视权威。他们是实用主义者,也是理想主义者。他们喜欢思考和创新。他们根据自己的直觉来选择满足自己需要的逻辑。他们有预测能力,能预测自己未来的业绩。他们往往是工作第一、娱乐第二。他们喜欢挑战,尤其是那些需要创造力才能完成的任务。他们重视完成任务的质量,因此会在事业上投入太多而忽视别人的存在和感受。当别人觉得受伤害或被忽略时,他们会觉得莫名其妙,因为他们在工作上的投入是过度的,自己如此,对别人也要求这样,因此会给人带来压力。他们会对自己的组织或团体非常卖力,是很好的员工。人员流动对他们的影响不大。他们不是没有感情,只是那不是他们关注的中心罢了。他们追求自律,不希望被别人干涉太多。

(3) 发明家型(ENTP)

人格特征:渴望向别人表达自己的观点(E),内省(N),意志坚强(T),热衷于探索事物发展的各种可能性(P)。

人际关系特点:这种类型的人是外向和直觉的,对外界事物的发展相当敏感。他们具有丰富的想象力,擅长分析,对许多事情都显示出很大的兴趣,能鼓励激发他人。他们有创意,不喜欢墨守成规,也不喜欢一直投入工作。他们求新、求变,喜欢创新的过程,而非常规地达到目的,换言之,目的只是创造过程的一个自然结果罢了。不过他们并非无中生有的创造者,而是通过改进继承的东西来完成创造。他们对外界的变化有很强的适应能力。除了丰富的想象力之外,还具有很强的理性来协助他们观察外界。喜欢新鲜的任务,而非一成不变地例行公事。他们与人的关系很好,能给大家带来乐趣和活力,但他们不会把精力过多地投入到人际关系上,这会使他们产生逃避的想法。他们喜欢冒险,不喜欢一成不变的人际关系。

(4) 建筑师型(INTP)

人格特征:宁静自闭(I),内省(N),意志坚强(T),热衷于探索事物发展的各种可能性(P)。

人际关系特点:这种类型的人非常喜欢对事物进行探讨,不迷信权威。他们喜欢思考,常常忽略眼前发生的事情,喜欢分析观察到的一切。但永远会有新的信息出现,使他们疲惫不堪,无法完整地观察到、分析完所有的信息,所以他们的计划总是变化不定。他们似乎是完美主义者,与他们一起工作的人会感受到压力,尤其是决断性的人。这种类型的人喜欢与人辩论、提出挑战,因为他们太看重理性,有时候会让人不舒服,尤其对感觉性的人来说。他们不善于交往,但喜欢与人探讨问题,喜欢解决问题,似乎总是在学习。

4. 艺术型(SP)

(1) 创业者型(ESTP)

人格特征:渴望向别人表达自己的观点(E),对周围环境有着敏锐的观察力(S),意志坚强(T),热衷于探索事物发展的各种可能性(P)。

人际关系特点:这类人坚信行动至上,强调活在当下。他们在与人交往中获得活力,但也以完成任务为导向。他们脚踏实地,一切以感官为依据。他们搜集资料或做评估时很客观。有时他们做事也会有弹性,接纳新的观念。他们对外界反应快、客观、准确并有技巧。他们认为做计划或准备工作是浪费时间,因为他们坚信时不我待,在做计划或准备工作的同时可能会把现有机会浪费。他们喜欢投入现实而非书本中去学习。他们喜欢行动,不喜欢静止。一般而言,他们会是舞台的中心人物。他们会碰到难题,因为他们做事不按照规矩,容易惹怒上级。当被责怪的时候,他们常会觉得奇怪。别人会视他们为麻烦制造者,但他们不会自责,并且会很快关注下一个目标。他们聪明、风趣,对细节很敏锐。他们喜欢给别人惊喜,使他人高兴,但通常不会有深度交往。

(2) 手艺者型(ISTP)

人格特征:宁静自闭(I),对周围环境有着敏锐的观察力(S),意志坚强(T),热衷于探索事物发展的各种可能性(P)。

人际关系特点:这类人比较内向、保守,与人保持距离,对人比较小心,但愿意尝试所有的事情。他们对具体的事物比较感兴趣。他们或许会突然有几句话让人觉得很幽默,或突然去修理已经坏掉很久的东西。当别人放松的时候,这类人也会放松,会感到比较舒服。这类人有很强的观察力,能立刻注意到那些在人际关系中需要注意的事情。他们喜欢冒险,不怕受伤。如果事情成功了,他们会体会到很强的成就感。他们喜欢操作工具,对待工具好似对待玩具,但他们不喜欢按说明书来使用工具,而是即兴地、凭自己的感觉去使用工具。他们不喜欢口头沟通,而喜欢用行动。他们喜欢平等的人际关系,不喜欢从属的人际关系。如果有机会,他们会成为出色的领导人。

(3) 表演者型(ESFP)

人格特征:渴望向别人表达自己的观点(E),对周围环境有着敏锐的观察力(S),友善温和(F),热衷于探索事物发展的各种可能性(P)。

人际关系特点:这种类型的人给人的感觉是乐观、平易近人、开放,相处起来很舒服。他们强调活在当下,对日常生活的规则不太在意,认为规则会阻碍人们享受生活。他们非常重视他人的需要,不喜欢谈论让人沮丧的话题。如果有人吵架,他们就努力转移到开心的话题上来,以避免令人不愉快的场面出现。这种类型的人是挫折容忍力最差的人,甚至对于本该发生但未发生的事情有很多担心。一般而言,当他们做了自己喜欢做的事,就可以放松下来,否则就难放心。他们喜欢成为人们的中心,喜欢参加活动,受不了孤寂的时刻。他们不在乎别人的干扰,一直默默观察外界的人或物。他们不喜欢科学或工程,而喜欢与人打交道的事情。

(4) 创作者型(ISFP)

人格特征:宁静自闭(I),对周围环境有着敏锐的观察力(S),友善温和(F),热衷于探索事物发展的各种可能性(P)。

人际关系特点:这类人内心有很多的爱,对他人敏感,头脑清晰且对生活很感激。在所有的人格类型中,这类人是最能与自己或他人有深度接触的。他们没有很强的领导、控制他人的欲望,有很强的包容力,喜欢和谐,尊重他人的空间和隐私,能激发他人的潜能。他们难以接受那些行事很有计划性且也要求他人有计划性的人。在所有的人格类型中,他们是很容易被忽略的。他们比较害羞,喜欢为他人提供服务,有创造力,喜欢享乐,喜欢有色彩的组合,对音、色、动作的感觉都极其敏锐。他们不喜欢演说、写作和会话,因为这些太抽象、不具体。他们对他人的言行非常敏感,不喜欢用太多的语言。他们不是没有表达能力,而是没有兴趣。他们是自由的人,不能被限制,渴望回归大自然。他们容易对他人产生信任,为人慷慨,喜欢消费[1]。

---

[1] 彭贤主编:《人际关系心理学》,清华大学出版社、北京交通大学出版社2008年版,第22—29页。

在了解人格类型之后，我们可以将此作为认识自己和他人的依据，也通过这种分类来包容他人的不同想法和行为，而不会固执己见，将一己之欲强加于人。例如，一个监护型的领导会觉得一个艺术型的职员缺乏责任心，做事有些虎头蛇尾，但同时也要意识到艺术型的人懂得享受生活，善于发散性思维和创造新事物，绝非一无是处。不同人格类型的人适应的领域、擅长的工作不同，这时知人善用便尤为重要。例如，知人善用的刘备招揽了一大批至死不渝的忠志之士，尽管这些能人志士人格迥异，但正因为这种迥异才能各谋其职。人无完人，没有一种人格类型的人是完美无缺的。在人际交往中，我们应该知己知彼，在此基础上宽容待人。

在阅读上述种种人格分类标准时，你是否有意识或无意识地将自己或身边的朋友归入其中的某一类呢？你是否觉得自己的识人术有所提高？然而，在我们认为自己能火眼金睛地识人之时，也要记得千万不能给他人贴上一种人格类型标签。虽然人格有一定规律可循，但是每一个人都有其独特性，没有人完完全全符合任何一种人格类型的描述。人格分类只是一个参照指标，不是绝对化、公式化的识人工具。我们在运用人格类型进行识人的时候要懂得变通。

星相版"巴纳姆效应"解析[①]

一、星相版的"巴纳姆效应"

以星相命理为卖点的专栏、专版目前在许多媒体上已成为固定内容。在这种类型的版面上，许多文章实际上就是算命的延伸，只不过借星座为载体，即所谓的星相命理学。虽然有很多人认为星相命理学确实有其正确性所在，但仔细看看，可以发现，这些所谓的星相专家写的文章，实际上就是在利用"巴纳姆效应"。

"巴纳姆效应"是心理学上的一个术语，针对的是人在自我知觉方面容易受到暗示。这种效应是以一位广受欢迎的著名魔术师肖曼·巴纳姆命名的。他曾经在评价自己的表演时说，他的节目之所以受欢迎，是因为节目中包含每个人都喜欢的成分，所以每一分钟都有人上当受骗。在日常生活中，我们既不可能每时每刻去反省自己，也不可能总把自己放在局外人的位置来观察自己，于是只能借助外界信息来认识自己。正因如此，每个人在认识自我时很容易受外界信息的暗示，迷失在环境当中，并且把他人的言行作为自己的参照。"巴纳姆效应"指的就是这样一种心理倾向，即人很容易受到外界信息的暗示，从而出现自我知觉的偏差，认为这种笼统的、一般性的人性描述十分准确地揭示了自己的特点。

我们在这些版面宣扬的文字中随处可见巴纳姆式的使人上当受骗的文字表演，用一种笼统的、毫无科学根据的描述来概括事实上千变万化的个人性格。例如，《新快报》2008年

[①] 节选自叶芳：《星相版"巴纳姆效应"解析》，《新闻研究导刊》2014年第14期。

10月10日"星密码"版的《生日密码》一文中,仅通过当天日期就判断出寿星命格。"10月10日寿星命格:今天出生的人可分为两种类型——内向和外向。内向的人在处理业务时非常冷静、精明,不论受到多大的诱惑,都能小心地避免自己陷入困窘或危险的环境中;外向的人则热情、浪漫、满怀爱心却又不具戒心,而且想象力丰富,有时甚至会感情出轨一阵子……"这种面面俱到的星相描述,实在是一种不甚高明的巴纳姆式把戏。

二、星相版的滥用:"现代迷信"与刻板印象

以研究星相为名义,预测人生命理、福凶祸吉并提出各类化解之道,这股风潮因为披着"科学"的外衣,又迎合受众求财、求福、求平安的善良愿望,比之传统迷信,似乎更容易让人接受。但星相的实质还是迷信,或可称为"现代迷信"。

对于传统迷信,一般受众大都具有正确的认识。然而,同样是算命,由于星相在媒体上摇身一变成了"科学预测",便在读者眼里大大提高了可信度。因此,星相比封建迷信具有更大的欺骗性。星相是西方文化的唯心产物,最终依附的是宿命论思想,它以一种流行时尚的姿态出现,打着现代科学的招牌,以弘扬民族文化为幌子,违背科学常识,宣扬宿命论,贩卖伪科学,其影响是潜隐而缓慢渗透的,对受众形成和发展正确的、健康的信念系统极为不利。星相版这种"现代迷信"对青少年的影响更大。星座版设置之初,即是以青少年为主要目标受众。星座文化的特点决定了它很容易被青少年接受。在科学、时尚的外衣下,越来越多的青少年对星座津津乐道,甚至将其当成一种精神必需品。

虽然其人际性指向的内容对青少年社会认知的发展有一定积极影响,但强烈的宿命论对青少年人生观、世界观的形成具有极大的消极影响。星座文化采用的评价形式容易引导青少年作出简单化、片面化的人际判断和价值判断。在制造"现代迷信"的同时,星相版还在大力鼓吹一种社会刻板印象,即对某一类人或事物产生的比较固定、概括而笼统的看法。而刻板印象会造成一定的角色期望,从而诱使受众进行角色扮演。例如,在《新快报·星座更好玩》的《他们身上到底有多少秘密?》一文中,就这样描述天秤座:"天秤需要慢慢相处,因为秤子是个被动的星座、慢热的星座、放不开的星座。如果只是你喜欢秤子,秤子却不喜欢你,频频接触的结果则是秤子会对你越来越冷淡。其实,秤子不擅交际,一般情况下不喜欢说太多。小老实,小保守。"很明显,这样的论述起到一种暗示作用,使得读者对于天秤星座的人群产生一种比较固定的刻板印象。

它给不同星座的人贴上了不同的标签。通过这些标签,受众明确角色期望,即自己是属于某星座的,应该具有该星座的特征,在这种角色期望下完成角色扮演。当产生角色冲突时,即实际的特征与星座期望的特征不一致时,则会暗示自己向星座期望的角色靠拢。同时,这些标签使受众对他人和自我的了解变得简单化、程式化。

三、大众媒体的反省:有识媒体的清醒作为

在揭示这些文章的心理把戏之后,我们需要问的是,大众媒体为什么会允许这种类型的文章整版出现呢?

自然，此类文章有着娱乐的效果。试想，当读者在工作生活中遇到难题，不得不经常以认真严肃的态度审视自我时，用一种变戏法般的方式来认知自己的生活，不失为一个缓解神经的好办法。因为当有这么长的一段文字将你的各种不幸、过失归结为一种存在的人格趋势时，存在就是合理的，那么个人的不愉快也就变得合理、不那么难以接受了。星座也好，命理也好，是一种典型的、唯心的、将人类痛苦的复杂性简化的过程。固然，这种利用心理盲点的小把戏给大众提供了某种程度上的心理慰藉，但是，当事情荒谬到一定程度，世人将不再相信。当生活变得太过于五光十色，当太多的事情变得太过不可理喻，人们在接受它的时候就会渐渐趋于这种唯心地将人类痛苦的复杂性简化的过程，而厌弃这种由现象到本质的思维推理——轻易地以"命中注定"为理由来简单粗暴地诠释它。这其实也是一种"鸵鸟心态"。星相版是在变相鼓吹这种逃避现实的心理，不敢面对问题的懦弱行为。

媒体应该对抗的正是这种消极的世界观与麻木的自我安抚，而不是像上文提到的例子一样鼓吹简单粗暴的回答作为一个人的困惑的解释。个人的性格与遭遇或许可以用"巴纳姆效应"这样的万能理由来抚慰，但因为身负公共责任，所以媒体容不下用浅表的猎奇与唯心的论调将其轻松带过。社会心理学家说，人们总是拒斥生命无常，拼尽全力都要追寻一个前因后果，以此将突兀极端的生活事件，一一解释成合理的社会生活。媒体要做的努力不只是给受众以心灵抚慰，还要带领受众一一拾起丢失的逻辑链条，这样才能使大众情绪复归真正的安慰和平静，这也是要为大众重新找回生活的安全感和自信心的最终解决之道。当然，这种清醒的努力不一定能成功，但放弃去做一定有违媒体的职责。

研读小结

如今，互联网上各种心理测试、人格测试等层出不穷，然而，却有不少"挂羊头，卖狗肉"的伪心理学混杂其中。尽管部分测试有一定的科学理论依据，但是人格类型论有很大的局限性和主观性，不可妄加乱用。如果我们完全依照这种理论来认识自我和他人，来制定人际交往策略，就会落入巴纳姆效应的陷阱，非但无助于人际传播，而且会助长我们的偏见，得不偿失。

我们说一个人拥有一种人格特质时，并未完全否定他拥有其他人格特质，只是几种特质的比例和程度有所不同，才会呈现出测量数据有所差异。因此，在评判一个人的人格特质时，不能极端化。

人是非理性的、复杂的、难以捉摸的研究对象。对于同一个人，我们能从不同的角度，运用不同的理论进行描述。人格理论让我们在认识自我及他人时有章法可循，但这些结论只是规律性的、描述性的、经验性的总结，它们并未说明各类因素与人格间的因果关系。人格类型论和特质论都不是判断一个人的绝对标准。

作为信息的"把关人"，传媒工作者们要警惕传播现象中可能存在的以偏概全的伪心理学误区，应当做到向大众理性地传递人格特质知识中有价值的信息，正确引导受众对人格判断标准的认知方向。

三、人格的特质

类型理论把人们划分为不同的类型,这些类型是相互独立、不连续的。特质是决定个体行为的基本特性,是人格的有效组成元素,也是测评人格常用的基本单位。特质理论推崇连续的维度,即在描述一个人的人格特质时参照了其他人。例如,我们说一个人具有女性化倾向,并不是说这个人就是绝对女性化的,而是这个人相对于其他人来说更女性化一点。正因为这种连续性、相对性,我们可以运用人格特质理论对人们进行相互比较,这也是人格特质理论的一大优势。

(一)阿尔波特的特质理论

阿尔波特(Allport)认为,特质是一般化的、个人所具有的神经心理结构,它有十多种刺激在机能上等价的作用,并且有引起和导致一贯的适应和表现行为的能力。由于有特质,很多刺激便等值起来,从而使人在不同情况下的适应行为和表现行为具有一致性。特质是一种反应倾向。例如,某人具有"友好"这一特质,在不同情境中对相当广阔领域的刺激做出一致的反应,这些反应都体现这一特质。至于什么样的刺激具有机能等价作用并为个人所接受,这是每个人所固有的特征,表现出个人差异。

表4-3 特质使刺激—反应趋向一致的模型

刺 激	特 质	特 殊 反 应
碰见一个陌生人	友好	开朗 愉快
和同事一道工作		有益 鼓励
访问家庭成员		温和 有趣
与一位朋友约会		有礼貌 有思想

资料来源:高玉祥,《个性心理学(第2版)》,北京师范大学出版社2007年版,第222页。

总之,特质具有独特性、情境性和相对稳定的特点,它是决定个人行为倾向的个性心理结构。

另外,阿尔波特将人格分为一般特质和特有特质。前者是指在一定社会文化形态下,所有的人都具有的概括的倾向,它没有具体性,只供测定个人具有的特质多少和强弱的差异。后者属于个人所有,世界上没有两个人具有相同的个人特质。由于人们在特有特质上的不同,才表现出不同的个人倾向。

个人特质又分为首要特质、中心特质和次要特质三类,每一类特质对人格都有不同程度的影响。

1. 首要特质

首要特质是个人最重要的特质,往往只有一个,在个性结构中处于支配地位,影响一个人的全部行为。首要特质只在少数人身上观察到,因此,具有某一首要特质的人常被看作是典型人物。小说中的典型人物或某个历史时期的知名人物经常被冠以某种固定的名称,例如"优柔寡断的哈姆雷特"即是典型人物的首要特质。

2. 中心特质

中心特质是人格结构的主要成分。它由几个彼此相联系的主要特质所组成,虽然不像首要特质那样对行为起支配作用,但也是行为的决定因素。

3. 次要特质

次要特质仅限于个人在特定行动中表现出来的相关联的特质。它是狭窄的、更为特殊的品质,在特殊的情境中才显现出来。例如,一个年轻人在长者面前也许表现得非常谦恭有礼,在其他场合则未必如此,这种在他身上表现出来的谦恭有礼就是次要特质。

(二)卡特尔的人格特质理论

美国伊利诺伊州立大学人格及能力测验研究所卡特尔(Cattell)教授提出16种人格因素测验(简称16PF)。经过几十年的系统观察和科学实验,卡特尔教授用因素分析统计法确定了16种人格特质,由此编制了一种精确的测验,能以约45分钟时间测量出16种主要人格特征。16种人格因素是各自独立的,相互之间的相关度极小。16PF适用于16岁以上的青年和成人,不仅可以反映受测者人格的16个方面中每个方面的情况和其整体的人格特点组合情况,还可以通过某些因素的组合效应反映性格的内外向型、心理健康状况、人际关系情况、职业性向等,在国际上颇有影响,具有较高的效度和信度,广泛应用于人格测评、人才选拔、心理咨询和职业咨询等工作领域。

16种人格因素的分类及含义如表4-4所示。

表4-4 卡特尔的16PF根源特质

人格因素	低 分 描 述	高 分 描 述
(A)乐群性	缄默、孤独、冷漠、保守、呆板	外向、热情、乐群、开朗、容易相处
(B)聪慧性	思想迟钝、学识浅薄、具体思维	聪明、富有才识、抽象思考
(C)稳定性	情绪激动、易生烦恼、心神不定	情绪稳定、成熟、能面对现实、平静
(E)恃强性	谦逊、顺从、通融、恭顺	好强、固执、独立、武断
(F)兴奋性	严肃、审慎、冷静、寡言	轻松兴奋、随遇而安
(G)有恒性	权宜、不顾规则	有恒负责、做事尽职
(H)敢为性	含羞、胆怯、退缩、缺乏信心	冒险敢为、少有顾忌
(I)敏感性	理智、现实、自恃其力、强硬	敏感、感情用事

人格因素	低分描述	高分描述
（L）怀疑性	依赖、随和、易与人相处、忠诚	怀疑、刚愎、固执己见
（M）幻想性	实际、合乎成规、力求妥善合理	幻想、狂放不羁
（N）世故性	坦白、直率、天真、朴实	精明、能干、世故
（O）忧虑性	安详、沉着、自信、满足	忧虑、自责、烦躁
（Q1）实验性	保守、笨重、尊重传统观念	自由、批评激进、思想开放
（Q2）独立性	依赖、追随别人	自立自强、当机立断
（Q3）自律性	漫不经心、不顾大体、顽固	知己知彼、自律严谨
（Q4）紧张性	心平气和、闲散宁静、松弛	紧张困扰、激动挣扎

资料来源：郑雪、严标宾、邱林等，《幸福心理学》，暨南大学出版社2004年版，第123页。

卡特尔认为，每个人身上都具备这16种特质，只是在不同的人身上有不同程度的表现而已。正是因为人格特质有量的差异，才体现出人与人之间在人格结构上的差异。这也是把人格作为数量化分析和评价的前提[①]。

（三）艾森克的人格环理论

艾森克（Eysenck）根据人格测验的数据推出三个范围很广的人格特质维度：一是外向性，表现为内倾或外倾的差异；二是神经质，表现为情绪稳定或不稳定的差异；三是精神质，表现为善良、体贴、亲社会或攻击性、反社会的差异。

艾森克将外向性和神经质这两个维度组合起来建立起一个环状图形。他指出，这个图形中的每一个象限代表希波克拉底提出的四种人格气质中的一种。个人可以落在这个圆形中的任何一点上，从非常内向到非常外向，从非常不稳定到非常稳定。圆形中列出的特质描述了两个维度的组合。例如，一个非常外向且有些不稳定的人可能是冲动的、易变的、易激动的、进攻好斗的等。反过来，一个人在健谈的特质上得分越高，可以认为他的情绪越稳定，并且越是外向[②]。

（四）人格的五因素模型

近年来，心理学家在人格描述模式上形成了共识，提出了人格的五因素模型，简称"大五人格"。心理学家通过词汇学的方法，筛选出约200个同义词类群，将其组成一个量级的特质维度，最后发现人们用来总结自己和他人特质的五个基本维度，即神经质性、外向性、开放性、随和性和尽责性。

---

① [美] 理查德·格里格、菲利普·津巴多：《心理学与生活（第16版）》，王垒等译，人民邮电出版社2003年版，第389页。
② 同上书，第388页。

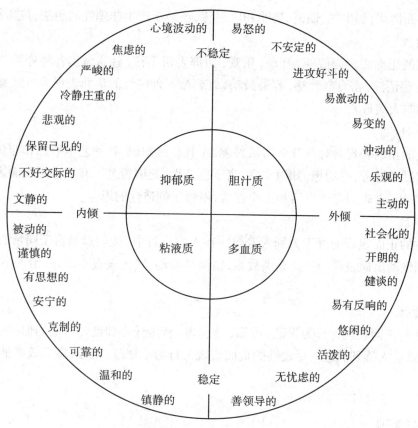

图 4-1　艾森克人格环

（资料来源：[美]理查德·格里格、菲利普·津巴多，《心理学与生活（第16版）》，王垒等译，人民邮电出版社2003年版，第388页）

表 4-5　人格特质的五因素模型

因　素	特　　征
神经质性	烦恼-平静,缺乏安全感-有安全感,自怜-自满
外向性	爱好交际-不爱交际,娱乐-严肃,感情丰富-感情含蓄
开放性	富于想象-务实,寻求变化-遵循规则,自助-顺从
随和性	热心-无情,信赖-怀疑,乐于助人-不愿合作
尽责性	有序-无序,谨慎细心-粗心大意,自律-意志薄弱

资料来源：[美] Jerry M. Burger,《人格心理学（第七版）》,陈会昌等译,中国轻工业出版社2010年版,第101页。

上述五种人格特质的具体含义及表现如下。

1. 神经质性

神经质性的正面表现为情绪理性化,冷静,脾气温和,容易产生满足感,与别人相处愉快。神经质性的负面表现为自我防卫,担忧,担心个体是否适应。这类人往往容易情绪波动且易产生负面情绪,如生气、愤怒、自罪和厌恶感,还易于产生非理性的想法,抗压能力差。

2. 外向性

外向性的正面表现为健谈,好动,乐观,面部表情丰富,喜欢做出各种姿势。这类人果断,好交友,很活泼,富有幽默感,容易激动,好刺激。外向性的负面表现为沉默寡言,呆滞,不愿意主动与人接近。

3. 开放性

开放性的正面表现为对新鲜事物感兴趣,尤其是对知识、各种艺术形式和非传统观念的赞赏。他们勤于思考,好幻想,知识丰富,富于创造性,充满智慧。开放性的负面表现为自我封闭,循规蹈矩,喜欢固定的生活和工作程式,不善于创造性的思考。

4. 随和性

随和性的正面表现为善于为别人着想。在人们心目中,他们总是富于同情心,直率,体贴人。随和性的负面表现为处处充满敌意,情绪易波动,对人表现不友好,给人不信任感,缺乏同情心。

5. 尽责性

尽责性的正面表现为行为规范,可靠,有能力,有责任心和良知。他们似乎总是能把事情做好,处处让人感到满意。尽责性的负面表现为行为不规范,粗心,做事效率低且不可靠、不可信。

四、人格障碍

我们在与人交往的过程中,可能会碰到一些行为处事与常人格格不入的人而将之视为异类,也可能觉得整个世界都与自己为敌而百思不得其解。此时,并非简单的是人际交往技巧或人际交往障碍的问题,而很可能是更为严重的人格障碍在作祟。人是社会的人,人格障碍患者在日常人际传播的各个方面会不如意,给他人和自己都造成困扰。只有了解人格障碍,才能在他人或自己遇到人格障碍的困扰时及时发现、正确对待并进行治疗。对人格障碍的认识不足不仅将为人际传播带来困扰,还可能会导致犯罪和伤害。

(一)人格障碍的概述

人格障碍,或称变态人格、人格疾患、人格异常,是指在没有认知过程障碍或智力缺陷的情况下,人格发展上明显偏离正常状态。人格障碍者常有人格不协调、情绪易波动、行为常被偶然动机支配、难以与人相处、难以适应社会等情况。这类人常常会因其人格和行为的问题导致社会功能出现障碍,带来痛苦和损害。人格障碍的表现是跨文化和国界的,发病期可追溯到青春期或成长期早期。

广义的人格障碍指各种类型的人格障碍。在接下来的章节中,我们会对人格障碍的分类做具体说明。狭义的人格障碍仅限于反社会型人格障碍这一种。该类人格障碍患者多有道德伦理观念沦丧或违法犯罪倾向。虽然反社会型人格障碍患者与普通违法犯罪表现相似,但区别是显而易见的:违法犯罪者有预谋,有明确动机,手法隐蔽;人格障碍导致的犯罪却没有预谋和动机,手法不隐蔽。另外,人格障碍患者可能不会感到任何主观上的痛苦,身边受其影响的人可能因为该患者的行为而感到痛苦。这点在反社会型人格障碍患者中表现尤为明显,因为这类患者对其他人的权利表现出极为显著的忽视,却又没有任何悔恨。

(二)人格障碍形成的原因

1. 生物学因素

生物学因素一方面是生物遗传因素。亲生父母有人格障碍的,子女有病态人格的比率高。同卵孪生子比异卵孪生子在人格障碍、过失和犯罪等方面的一致率更高。另一方面是器质性因素,例如遗传素质、脑外伤、脑炎等引起的脑损害都有可能引发人格障碍。另外,染色体畸变也可能伴有变态人格表现。还有一方面是病理、生理因素。一般认为,人格障碍患者在神经系统先天素质特点上有些不够健全的地方。据推测,可能是由于其大脑边缘系统的发育不健全或有缺陷等。人格障碍患者对静态和紧张刺激的自主反应程度比正常人低,他们倾向于缺乏焦虑,不能从经验中吸取教训。

人格障碍患者可能并非后天因素导致行为上的过失,他们可能自己意识不到自己的问题。在人际交往中,如果能及时意识到人格怪异的人,我们要想一想他们是否是先天因素而导致天生人格障碍的人。若是如此,我们更应对他们多一份包容。

2. 儿童早期教育与家庭因素

很多人格障碍者提起过去总会想到父母不和、缺少父母之爱、父母严厉的拒绝、父母过分溺爱等。不和谐的家庭关系与不良的教育方式,特别是父母间关系的不和谐,如经常争吵、分居或离异,以及过强的精神刺激,如母爱剥夺,都会给大脑正处于发育阶段的儿童造成精神创伤。虽然当时的影响不明显,但这种影响是潜在的、长期的。一旦它使儿童形成某种不好的行为模式,如不良的应对方式,以后就可能发展成为遇事不积极进取而宁愿避开的回避型人格。因此,家庭环境对儿童的人格发展尤为重要,父母过于溺爱或过于苛责的教育方式都对儿童的人格发展有损害。

当我们遇到一些人格有问题的人时,不应一味地批评或嘲笑这个人,而要想到问题的根本是否出在他的家庭教育上。有一些家长认为自己的孩子不合群、不善于社会交往,却没有意识到问题出在自己身上。如果要纠正这种人格障碍,光治标不治本是不够的,还需要在源头上下功夫,让家长先认识到自己的教育方式的问题。

3. 社会文化因素

社会文化因素是形成异常人格的外因,而且是很重要的因素。在西方,病态人格特别多见。据美国某精神病院门诊和住院的一项统计,诊断为病态人格者占20%,这与西方社会的高失业率、高离婚率等不是没有关系。在一些不发达的国家、城市和地区,由于经济发展的限制,整体教育、社区文化、社会服务、公共事业等的发展都受到很大的打击和制约,人们生活在一种紧张的氛围中,会导致人格障碍情况的扩大化。

现代社会竞争加剧，个体的危机感加重，我们应积极采取必要的预防措施，否则这些都容易给人格的发展带来负面影响，形成人格障碍的触发因素[①]。

（三）人格障碍的诊断标准

1. 美国诊断标准

美国精神医学学会出版的《精神疾病诊断与统计手册（第四版）》（简称DSM-IV-TR）对人格障碍的诊断标准如表4-6所示。

表4-6　DSM-IV-TR对人格障碍的五个诊断标准

1. 标准A。这种障碍必须在以下领域中至少存在两方面的问题：认知、情感、人际功能或冲动控制。
2. 标准B。这种持久的模式在广泛的个人与社会情境中必须是不可变且具有普遍性。
3. 标准C。这种持续模式导致临床上的明显痛苦或功能损害。
4. 标准D。这种模式具有稳定性且长期持久，其发作至少可以追溯到青春期或成年早期。
5. 标准E。这种模式不能用另一种心理障碍的证据或结果得到更好的说明。

资料来源：刘毅、路红编著，《变态心理学（第二版）》，暨南大学出版社2010年版，第265页。

2. 中国诊断标准

《中国精神障碍分类与诊断标准（第三版）》（简称CCMD-3）对人格障碍的诊断标准如表4-7所示。

表4-7　CCMD-3对人格障碍的诊断标准

1. 症状标准。个人的内心体验和行为特征（不限于精神障碍发作期）在整体上与其文化所期望和所接受的范围明显偏离。这种偏离是广泛的、稳定的和长期的，并且至少含有下列一项。
   （1）认知（感知及解释人和事物，由此形成对自我及他人的态度和形象的方式）的异常偏离；
   （2）情感（范围、强度及适切的情感唤起和反应）的异常偏离；
   （3）控制冲动及对满足个人需要的异常偏离；
   （4）人际关系的异常偏离。
2. 严重标准。特殊行为模式的异常偏离，使患者或其他人（如家属）感到痛苦或社会适应不良。
3. 病程标准。开始于童年、青少年期，现年18岁以上，至少已持续两年。
4. 排除标准。人格特征的异常偏离并非躯体疾病或精神障碍的表现或后果。

资料来源：刘毅、路红编著，《变态心理学（第二版）》，暨南大学出版社2010年版，第266页。

3. 联合国诊断标准

联合国发布的《疾病和有关健康问题的国际统计分类（第十版）》（简称ICD-10）对成人的人格和行为障碍也有总体概括。人格障碍症包括各种有临床意义的状况和行为类型，它们趋向于有持续性，并且表现出个人特征性的生活方式，以及对待自己和他人的模式。在这

---

① 章永生主编：《异常心理与行为》，广东高等教育出版社2008年版，第109—113页。

些行为状况和类型中,有些是在个体发育早期阶段,作为体质因素和社会经历双重的结果型人格障碍,混合型及其他人格障碍和持久的人格改变,是根深蒂固和持久的行为类型,表现为对广泛的人际和社会环境产生固定的反应。他们与在特定文化背景中一般人的感知、思维、情感,特别是在待人接物的方式上有极大的或明显的偏离。这些行为类型相对稳定,对行为和心理功能的多个环节都有影响。他们常常伴有不同程度的主观的苦恼和社会行为方面的问题。

根据上述三种人格障碍诊断,我们可以将人格障碍的几个要素总结为:始发于早年,在童年或少年时发病;人格的某些方面过于突出或显著增强,导致牢固和持久的适应不良;给本人或旁人带来痛苦和伤害。

人格障碍会妨碍人际关系,给社会带来危害,可能给本人带来痛苦。人格障碍是长期的,在儿童时期就发病并一直持续存在于成年阶段。人格障碍产生的问题会影响到患者生活的方方面面。

（四）人格障碍的分类及特征

美国精神医学学会根据人格障碍中存在的相似性将人格障碍分为三类人格族群:A群——奇怪型或异常型疾患,B群——戏剧型或情感型疾患、C群——焦虑型或恐惧型疾患。每一个类别下又包含若干人格障碍症,共有十种人格障碍症。

1.A群——奇怪型或异常型疾患

A群包括偏执型、精神分裂型和分裂型三种人格障碍。有这类人格障碍的人,典型地表现出古怪与异常的行为,包括极端多疑、社会退缩、以奇怪的方式思考和理解事物等。

（1）偏执型人格障碍

对其他人普遍地不信任与怀疑,将他人的动机理解为恶意的,倾向于将自己视为无可指责的。至少有以下四种（或以上）表现:

① 毫无根据地怀疑他人利用自己,损害或欺骗自己;

② 总是毫无根据地怀疑朋友或同事的忠实性和可靠性;

③ 无正当理由便害怕他人会利用信息来恶意地反对自己,因此不乐意信任他人;

④ 一些本来是善意的谈论或事件被患者看作含有贬低或威胁的意义;

⑤ 持久地心怀怨恨,对侮辱、伤害或轻视决不饶恕;

⑥ 容易感到名声被别人攻击,并且马上发怒或回击;

⑦ 反复无根据地怀疑配偶或性伴侣的忠诚。

（2）精神分裂型人格障碍

社会关系受损,没有形成对他人的依恋情感的能力或者缺乏这种需要。至少有以下四种（或以上）表现:

① 没有与他人建立密切关系（包括成为家庭的一员）的愿望,亦不能从中感到乐趣;

② 几乎总是单独活动;

③ 几乎没有与他人发生性行为的兴趣;

④ 对任何活动几乎都不感兴趣；
⑤ 除了一级亲属外，没有亲密的朋友或知己；
⑥ 对别人的赞扬或批评都无动于衷；
⑦ 表现情绪冷淡、隔膜或情感平淡。

(3) 分裂型人格障碍

奇特的思维类型，在涉及沟通与社会互动时出现直觉与语言的怪异。至少有以下五种（或以上）表现：

① 牵连观念（不包括关系妄想）；
② 奇特的信念或魔法思想，影响其行为，并且与其所属文化的规范不符（比如迷信，相信"千里眼"、心灵感应或"第六感觉"，儿童和少年可能有怪异的幻想或先占观念）；
③ 不寻常的知觉体验，包括躯体错觉；
④ 奇特的思想和言语（如含糊的、赘述的、隐喻的、过分渲染的或刻板的）；
⑤ 猜疑或偏执观念；
⑥ 情感不适切或受限制；
⑦ 行为和外表奇特、古怪或特殊；
⑧ 除了一级亲属外，没有亲密的朋友或知己；
⑨ 过分的社交焦虑，并不随熟识程度而减少，并且多伴有偏执性害怕而不是对自己作否定的判断。

2. B群——戏剧型或情感型疾患

(1) 自是型人格障碍

自我戏剧化，对吸引力过分关心，倾向于兴奋性及在遭遇挫折时突然发脾气。至少有以下五种（或以上）表现：

① 有自命不凡的夸大感（例如，夸大成就和才能，没有相当成就，却指望被认为是优秀的）；
② 一心幻想无限的成功、权力、才华、美貌或理想的爱情；
③ 认为自己是特殊的和独特的，只有其他特殊的或地位高的人（或机构）才能理解自己和与自己交往；
④ 需要过分的赞扬；
⑤ 有一种权力感，即不合情理地期望得到特殊的优待或别人自动顺从他或她的期望；
⑥ 人际关系上利用别人，即为了自己的目的可以损害别人；
⑦ 缺乏感情移入，不愿认识或认同别人的感受和需要；
⑧ 常常嫉妒他人，或认为他人嫉妒自己；
⑨ 表现出骄傲、目中无人的行为或态度。

(2) 表演型人格障碍

夸大，全神贯注于受到关注及自我提高，缺乏同情心。至少有以下五种（或以上）表现：

① 在自己不能成为人们注意中心的场合感到不舒服；

② 与别人交往时常有不适当的性诱惑或挑逗行为；

③ 情绪表达变换迅速和肤浅；

④ 总是利用身体外表来吸引别人注意；

⑤ 言语风格过分地为了给人留下印象而缺乏具体细节；

⑥ 显示自我戏剧化、舞台化和情绪表达的夸张；

⑦ 易受暗示，即容易受他人或环境影响；

⑧ 认为与他人的关系比实际上更为密切。

(3) 反社会型人格障碍

缺乏道德或伦理的发展，缺乏遵循行为的赞许模式的能力；撒谎，无羞耻地操纵他人；儿童时期就存在行为问题史。至少有以下三种(或以上)表现：

① 不遵守有关合法行为的社会准则，例如多次做出可被逮捕的行动；

② 欺诈性，例如为了个人利益或快乐而多次说谎，使用假名或行骗；

③ 冲动性或做事无计划；

④ 易激惹或攻击性，例如经常打架或袭击他人；

⑤ 不顾自己或他人的安全而轻举妄动；

⑥ 一贯不负责任，例如多次不能坚持工作或履行经济义务；

⑦ 缺乏懊悔之心，例如做了伤害、虐待他人或偷窃的行为毫不在乎或文过饰非。

(4) 边缘型人格障碍

冲动、不合时宜地生气，强烈的心境变换，长期烦躁感，具有自伤、自残或自杀的企图。至少有以下五种(或以上)表现：

① 发狂似地努力避免真正的或想象的被抛弃(不包括第五项的自杀或自残行为)；

② 人际关系不稳定和紧张，交替地变动于极端理想化与极端贬低之间；

③ 身份障碍，自我意象或自我感觉持久的和显著的不稳定；

④ 冲动性表现在至少两个方面，可能做出自我损害，如消费、性欲、物质滥用、鲁莽开车、暴食(不包括第五项的自杀或自残行为)；

⑤ 反复有自杀行为，做出自杀姿态，以自杀相威胁，或有自残行为；

⑥ 心境的反应性过强导致情感不稳定，例如强烈的苦闷、激惹或焦虑发作，一般持续几小时，很少超过几天；

⑦ 长期感到空虚；

⑧ 不适当的强烈愤怒或对愤怒难以控制，例如经常发脾气、发怒，屡次打架；

⑨ 短暂的、与应激有关的偏执观念或严重的分离症状。

3. C群——焦虑型或恐惧型疾患

(1) 回避型人格障碍

对拒绝和社会声誉过分敏感、害羞，对社会互动和人际交往缺乏安全感。至少有以下四种(或以上)表现：

① 因为害怕批评、否定或回避一些人际接触较多的职业活动；
② 不愿与人打交道，除非肯定能受到欢迎；
③ 因为害羞或怕被嘲弄，在有亲密关系的人中表现拘谨；
④ 在社交场合专注于被批评或被回绝；
⑤ 因为感到能力不足，在新的社交场合表现抑制；
⑥ 认为自己在社交上笨拙无能，没有吸引力或低人一等；
⑦ 认为可能令人难为情，通常不愿意冒个人风险或参加新的活动。

(2) 依赖型人格障碍

存在亲密关系分离的困难，难以独处，为保持与他人已形成的关系而放弃自己的需要。至少有以下五种（或以上）表现：

① 如果没有别人充分的建议和保证，便不能对日常事情作决定；
② 需要别人为其生活中的大部分主要事物承担责任；
③ 因为害怕得不到别人的支持或赞同，对别人的意见难以表示不同意（不包括真正的害怕报复）；
④ 难以独立地提出计划或做某些事情，因为对自己的判断和能力没有信心，而不是因为缺乏动机和精力；
⑤ 为了获得别人的培养和支持而过分费劲，甚至甘愿做些令人不愉快的事情；
⑥ 因为过分害怕不能自我照顾，在一个人时感到不舒服或无助；
⑦ 一段亲密关系结束时，迫切地寻求另一段关系来照顾和支持；
⑧ 总是不现实地害怕被抛弃而无人照顾。

(3) 强迫型人格障碍

过分关注秩序、规则及琐碎细节，力求完美，缺乏表情及温情，在放松与娱乐方面存在困难。至少有以下五种（或以上）表现：

① 专注于细节、规则、条目、秩序、组织或日程，以致忽略活动的主要方面；
② 做事要求完美无缺，以致影响任务的完成，例如因为不符合自己的过于严格的标准而不能完成一项计划；
③ 过分地献身于工作和追求成效，以致顾不上业余活动和与朋友来往（不是由于明显的经济原因）；
④ 对道德、伦理或价值观念等事情过分认真、审慎和固执（不能用文化或宗教认同来解释）；
⑤ 不愿丢弃用坏的或已无价值的物品，甚至当这些物品已无情感纪念价值时；
⑥ 不愿将任务委托别人或与别人共同工作，除非他们精确地按照自己的方式行事；
⑦ 对自己和对他人都采取吝啬的消费方式，把金钱看作可以储备用来防灾的东西；
⑧ 表现僵硬和固执[①]。

[①] 刘毅、路红编著：《变态心理学（第二版）》，暨南大学出版社2010年版，第271—287页。

人格障碍听起来离我们很遥远，但事实上，在社会交往过程中，你可能曾遇到过一些有人格障碍或者有某种人格障碍症状的人。例如，我们常常可以看到有这样一些人，他们总是不能与他人建立良好的、融洽的人际关系，对环境适应不良，使工作、生活受到影响。如果一个人只是和个别或少数人关系不好，完全可能是正常的。如果交往中和多数人相处不好，并且影响到个人的人际关系，则可能存在人格障碍。你可能只是将这类人笼统地总结为"人际交往有障碍的人"，或者认为他们行为处事很奇怪，或者认为他们为人很坏、人品不好，因此对他们嘲笑和敬而远之。

　　你是个社交网站达人吗？你身边有沉迷于社交网站的人吗？那你可要警惕了，因为很有可能你和你的朋友就是潜在的、隐性的人格障碍患者。美国西伊利诺伊大学曾发表一项有趣的研究结果，即Facebook上朋友的数量和自恋型人格障碍有直接关系。社交网络上朋友多的人，会在网络上对评价给予攻击性的答复，会频繁变换头像照片，在微博和日志上的更新也比其他人频繁。

　　其实，很多人格障碍患者自己也不知道自己有如上问题，而且由于患者常常把问题归咎于他人，因此精神卫生从业人员很难说服患者认清问题的自身根源。俗话说：当局者迷，旁观者清。人的自知是很困难的，承认自己有某些人格方面的缺点和障碍更是需要很大的勇气。当我们发现自身或旁人有人格问题时，若是避之不谈，问题反而会欲盖弥彰。

　　但是，没有专业人士指导，千万不要将自己或他人对号入座，对于人格障碍的特征参考一二即可。不然，你会真的发现，原来人人都有病。总之，我们既不要疑神疑鬼，对自己和他人随便下结论，也不要对问题视而不见，讳疾忌医。

五、人格发展与人际传播

（一）人格差异与传播行为

　　除了上述人格特性之外，人格建构还必须包括四个要素：目的、计划、资源、影响计划运行和实施的理念。这四方面的差异决定人际传播的人格特征。

　　1. 目的差异

　　目的是人们在人际传播中渴求的状态或成果。例如，如果交流者强调社交中的友谊，他们的行为就会体现出友好的动机，诸如共同行动、帮助别人、给人忠告或支持、请求别人帮助等。相反，注重社交利益得失的人在友情上花的时间少，而把大量的时间花在个人计划、目的和形象设计上，例如把自己装扮成一个有能力、强大、雄心勃勃的人。

　　2. 计划差异

　　计划是指人们为了建立某种人际关系、达到某一目的而制定的一系列行为方案。交流目的不同，相应的计划也就不同。例如，女性常常更关心具有品位和公共性的目的，所以计划常常带有共同性特征，她们会邀请朋友分享情感，她们的计划就会是逛街、喝茶、聊天等。男性则可能无法理解这种看上去"没有计划的计划"，他们聚会的目的在于解决问题，因此他们的计划直接明确。其实,各自的计划都有目的及意义,只是互不相同罢了。

3. 资源差异

任何计划都要求拥有使目的追求变成可能性的资源。人际模式中有三种基本资源:个人资源、情境资源和关系资源。个人资源包括交流个体拥有的知识、身体特征、交流技巧、财产、权力,以及处理麻烦、缓解压力、平衡情感的能力。情境资源包括接近那些可以帮助人们达到目的的人的方法,提供接近对象的方法或者获得经验的方法。关系资源包括来自朋友的情感支持,以及其他使交流者结合到一起的资源。

4. 理念差异

理念会影响人们对一种人际传播投入资源的多少。即使传播的目的相同、拥有的资源相当,但由于理念不同,人们在行动中使用的方式可能迥然不同。例如,相信"人性善"的人比相信"人性恶"的人更会主动与人交流,在为人处世中也更会敞开心扉,不提防别人[①]。

(二)影响人际交流行为的人格因素

1. 自控行为

自控是一种本质上与个体自我观念联系在一起的个性结构。高自控者能在社交场合密切注意自我行为和他人行为,使其行为符合交流情境的要求。高自控者秉持实用自我观,即按照特定的社交情境和角色确定自己的身份。高自控者有行动能力,喜欢成为注意中心,对于不喜欢的人也能装作友好。相对来说,低自控者代表一种原则性的自我观。他们按照个体性格和特征确定身份,是一种自我与特征、价值和态度一致的身份。低自控者具有丰富的、可理解的自我认识,他们选择能实际反映其本质的理念、态度和倾向的语言与行为,保持强烈的道德水平,拒绝使人际传播具有强烈的目的或使自我变成"非我"的情形,拒绝使用他们认为是人际交往技巧的策略。

2. 他控行为

传播者除了因自控程度不同影响交流能力外,控制他人或者被他人控制的程度不同也会严重影响个体的交流能力,这种控制行为被称为他控行为。具有这样行为的人通常具有以下特点:

① 把获胜动机置于保持人际关系之上;
② 操纵他人,并且随时改变操纵策略;
③ 改变看法的可能性极小;
④ 把注意力集中于别人与自我的区别上,从而寻求可以突破的缺口;
⑤ 交流效果好,行为灵活性高,善于运用感情魅力,使交流过程显得愉快;
⑥ 在比较松散的交流情境中交流效果明显;
⑦ 关系密切的朋友少;
⑧ 当金钱和其他利益受到威胁时,很可能撒谎。

---

① 姜琳编著:《交流心理学》,清华大学出版社2008年版,第30—34页。

3. 控制点

研究控制倾向的理论"内-外控制点理论"是美国心理学家朱利安·罗特（Julian Rotter）于20世纪50年代提出的。控制点是人们（个体）在与周围环境（包括心理环境）相互作用的过程中，认识到控制自己生活的心理力量，即每个人对自己的行为方式、结果和责任的认知。

罗特认为，对某些人来说，个人生活中多数事情的后果取决于个人的努力程度，他们相信自己对事物发展与后果是有控制能力的。这类人的控制点在个人内部，被称为内控者。例如，他们会有"事在人为"或"我对他那么好，他为什么不感激我"之类的想法。相反，另一些人认为，个人生活中多数事情的后果是外部力量作用的结果，他们相信社会安排、命运、运气的作用大于自己的努力。这类人的控制点在个人之外，被称为外控者。例如，他们会说"船到桥头自然直，祸福相倚，我不必为此多虑什么"或"得不到的就注定不是我的"。

在人际传播中，控制点对于人格建构四要素，即目的、计划、资源和理念都产生极大的影响。与外控者相比，内控者愿意对目的施加更广泛的影响，认为目的是容易被想象的，因此，他们会坚持不懈地运用个人的说服力影响他人。与外控者相比，内控者对人际影响和压力更有抵抗力。

4. 辩论性

辩论是一种捍卫自己观点并攻击他人的动机和行为。在人际传播中，人们往往体现出两种倾向：一种喜欢辩论，另一种则避免辩论。当喜欢辩论的人遇到具有较高辩论倾向的交流者时，他们的辩论动机会被大大激发；而避免辩论的人无论遇到辩论欲望多高的交流者都无心辩论。

为了理解辩论在人际沟通中所起的作用，区分言语侵犯和辩论十分重要。言语侵犯是带有伤害倾向的对他人的人身攻击。辩论和言语侵犯都有攻击倾向，但辩论攻击的是对方的观点，言语侵犯则攻击对方的人格。辩论常常与结果相关，言语侵犯则与人际冲突形影相随。

（三）教育环境与人格形成

1. 家庭与人格形成

家庭是制造人格的工厂。儿童生长在家庭之中，必定会受到家庭环境的种种影响，例如家庭的政治经济地位，家庭成员之间的关系，父母的教育观念、水平、方法和态度，儿童在家庭中扮演的角色等。家庭因素对儿童性格形成的作用不能被低估，其重要性体现在以下几个方面。

第一，儿童出生以后有十几年的时间在家庭中度过。父母的一言一行、整个家庭的气氛、育儿方式等，家庭中发生的一切都在向儿童渗透，影响儿童的身心发展。儿童在家庭中不仅学习知识、掌握技能、发展智力，也培养性格。他们在家庭中既可以接受良好的教育，也可能受到不良影响。这就要求家长重视家庭因素对儿童人格形成的影响。

第二，儿童早期是儿童心理发展的关键期，儿童的一些认识和行为如果错过这个时机，以后就难以再出现。儿童如果脱离母爱或人际交往的时间太长,就不容易形成良好的人格。家庭应该担负起儿童在关键期的学习和教育责任。

第三,人格的形成有连续性,后期的发展离不开早期的影响。儿童早期具有的某些品质可能影响个体一生的发展。健全的早期教育对人格形成和发展具有深远的意义。

(1) 家庭教育

常言道,"有其父必有其子","虎父无犬子",正是在说家庭教育与人格的密切关系。父母按照自己的意愿和方式教育孩子,使他们逐渐形成某些人格特征。

俄国著名作家果戈理在《死魂灵》一书中,描述农奴主的儿子乞乞科夫童年时期入学前与父亲告别时受到父亲教诲的场景:"当他的儿子和他作别的时候,他并没有滴下眼泪来。他给儿子半卢布的铜元做零用,更重要的倒是几句智慧的教训:保甫卢沙,要学正经,不要糊涂,也不要胡闹,不过最要紧的是博得你的上头和教师的欢心。只要和你的上头弄好,那么,即使你生来没有才能,学问不大长进,也不打紧;你会赛过你所有的同学的。不要多交朋友,他们不会给你多大好处的;如果要交,那就要拣一拣,要拣有钱有势的来做朋友,好帮帮你的忙,这才有用处。不要乱花钱、滥请客,倒要使别人请你吃、替你花;但顶要紧的是省钱、积钱,世界上什么东西都可以不要,这钱不能不要。朋友和伙伴会欺骗你,你一倒运,首先抛弃你的是他们,但钱是永远不会抛弃你的,即使遭了困难和危险……你想怎样就怎样,什么都办得到,什么都做得成。"

农奴主的父亲把自己的社会信仰和价值观念灌输给儿子,这种极端自私自利的想法使乞乞科夫形成了狡猾的人格特征。

许多研究证实,不同类型家庭的教育态度和方式对人格形成有不同影响。家庭教育态度可做如下分类。

① 民主宽容型。父母对孩子的活动在加以保护的同时,还给以社会和文化训练;对孩子的要求在给予满足的同时,在某种程度上加以限制或禁止。父母与孩子之间的关系表现得非常和谐。在这种类型的教育下成长的人大多谦虚有礼,待人亲切诚恳。

② 权威独断型。父母对孩子的一举一动都横加限制或斥责,更有甚者,许多人相信惩罚的作用,孩子做错了事,大人就大发脾气,不问青红皂白,先揍一顿,孩子挨了揍还不知错在哪里。这样的教育会使孩子产生恐惧心理,缺乏自信心,往往以说谎自卫,变得既怯懦又不诚实,性情非常不安定,重者成为神经症;也可能打骂成性,既不怕打,也不怕骂,在家挨打受骂,出门打人骂人,性情变得暴躁。

③ 放纵溺爱型。父母对孩子百般宠爱、过分娇惯,把孩子捧为掌上明珠。孩子居于全家之上,衣来伸手、饭来张口,稍不如意就哭闹不止,最后还得全家来哄。这样的教育使孩子逐渐形成诸如好吃懒做、生活不能独立、胆小怯懦、蛮横胡闹、自私自利、没礼貌、缺乏独立性等许多不良品质。卢梭曾说:"你知道用什么方法一定可以使你的孩子成为不幸的人吗?这个方法就是对他百依百顺。"可见溺爱对于孩子人格形成的危害。

④ 漠不关心型。父母在满足孩子最低的衣食要求以外不再关注和关心孩子。父母也向孩子提要求,但对于孩子的要求,他们有时简单回应,有时则漠视。孩子在没有关爱和规

则意识的氛围下成长。这会导致孩子冷漠、孤僻,不爱交谈,自控能力低下,学业不佳,还容易误入歧途,如沉迷网游、犯罪、吸毒。

(2) 家庭气氛

家庭气氛是指家庭中占优势的态度和情绪。大致可以分为三种家庭气氛。第一种家庭,成员之间互敬、互爱、互助,关系融洽,心情愉快。第二种家庭,成员之间虽然争吵不断,但遇到大的问题仍能心往一处想、劲往一处使,彼此之间存在相当程度的感情维系作用。第三种家庭,成员之间互相猜疑、互相怨恨、冲突不断、矛盾尖锐,使得家庭中长期阴云笼罩、充满火药味。

父母关系决定家庭气氛,影响家庭中其他成员之间的关系,影响孩子人格的形成和发展。不同家庭中的孩子在性格上有很大的差别。夫妻之间表现得彬彬有礼、和蔼可亲,家庭成员对邻居和气、处事通情达理,孩子也就善与人交、团结伙伴。反之,有些父母言行粗鲁、互相争吵成风、与邻里不和,则其孩子也蛮不讲理,缺乏安全感,情绪不稳定,容易紧张焦虑、忧心忡忡,对人不信任,害怕被惩罚,发生情绪与行为问题。有的家长不尊敬老人,甚至虐待老人,孩子也跟着学,慢慢可能认为人老了无用,从而表现出对老人冷酷、缺乏同情的态度。

2. 学校与人格形成

个性的形成和发展不仅仅受家庭影响,学校生活时期也是儿童个性形成和发展的主要时期,学校对人格塑造的影响力仅次于家庭。

学校是通过各种活动有目的、有计划地向学生施加影响的场所,许多社会关系在这里都可以得到反映,比如领导和被领导的关系、指导和被指导的关系。学校有大家必须遵守的规章制度、批评与表扬、舆论与奖罚,就如同一个社会一样。学生在学校中不仅掌握一定的科学文化知识,也接受一定的政治观点,掌握一定的道德标准,学会为人处世的方式,最终形成和完善自己的人格。

(1) 课堂教学和班集体

在课堂教学传授系统的科学知识的过程中,训练学生有明确目的的、连续的、有条理的工作作风,使学生在克服困难中培养坚毅、顽强的品质,在集体活动中锻炼组织性和纪律性。

学校的基本组织是班集体。班集体的特点、要求、舆论和评价对学生个性的形成与发展都有具体影响。并不是任何班集体都可以发挥积极作用,具有正确且有明确目的性的,挑选合适的干部和组织领导核心的,建立起民主气氛、发扬正气、与不良倾向作斗争的,对它的成员有严格要求的班集体,才能使其成员既有积极性、主动性,又有纪律性,才能使其成员形成优良的个性。

日本心理学家长岛真夫等人研究了关于班级指导对角色加工的意义。实验是在一个班上进行的,这个班有47名学生。他们挑选了在班级中地位较低的8名学生,任命他们为班级委员,在他们完成工作任务的过程中给予适当的指导。一个学期过后进行测定,发现他们在班级中的地位有显著的变化,第二学期选举班干部时,这8名学生中有6名又被选为班级委员。这6名新委员在性格方面,诸如自尊心、安定感、明朗性、活动能力、协调性、责任心等特征都有变化。从全班的统计来看，原来不积极参加班级活动的孤独、孤僻儿童的比例大大下降，整个班级的风气也有所改变。

（2）师生关系

学校是以教师与学生之间的相互关系为主轴构成的社会集体。从教师对学生的关系来说，教师有一定的权威性，学生常常以教师的行为、品质作为衡量自己的标准。尤其对低年级的学生来说，他们倾向于把教师的行为方式、思想方式和待人接物的态度理想化，以此作为自己的行为典范。教师无形中影响着学生的智慧、感情和意志品质的发展，影响着学生的生活，也影响着学生个性的形成。到中高年级，随着学生兴趣的分化，他们对同年龄人的见解和行为方式在相当大的程度上已经能够辨别。这时，他们可以通过各种渠道形成自己的个性，相对来说，教师在学生心目中的理想化地位有所降低，但教师的影响作用仍然是重要的。为了指导学生个性的形成，教师必须竭力使自己成为学生的表率。

著名的皮格马利翁效应说明了教师的形象、期待和情绪对学生的重要影响。皮格马利翁是古希腊神话中的一个典故，说的是塞浦路斯有一位英俊的善于雕琢的国王，他把全部精力和期望投在雕塑美丽少女的形象上。国王如此含情脉脉地凝视着"她"，迷恋于"她"，结果雕像真的活了起来。

美国心理学家罗森塔尔（Rosenthal）和雅各布森（Jacobson）借用这个故事的寓意认为，教师如果把自己的热诚和期望投放在所要塑造的学生身上，也会激活学生的心灵。依据这种思想，罗森塔尔和雅各布森设计了一项教育性实验。研究者把随机抽取的小学生名单交给一所学校的某班级老师，诈称经过"预测未来发展测验"表明，名单中的学生将来会有优异的发展，并且告知老师不要外传此事。8个月后，研究者对全班学生的学习成绩和行为发展变化情况进行调查。结果表明，列入名单中的学生成绩增长得比其他同学快，而且求知欲望旺盛，表现出更大的适应性，与教师的感情也特别深厚。

据研究者分析，这是由于教师在与这些学生接触的过程中，教师的语调、面部表情、眼神等都向学生传递了自己暗含的期待，学生从教师那里得到更多的提问和辅导，从教师身上得到积极情绪体验而受到鼓舞，于是对教师产生了信赖感，教师也从学生身上得到积极情绪的反馈。师生间感情的交融激起教师更大的教育热情，鼓励学生更积极地学习，久而久之，使学生的行为向期望的方向发展。

总之，教师的任务在于影响和引导学生，使学生在掌握一定知识体系的基础上形成一定的观点和信念，形成好的道德品质和个性品质。只有这样，教师与学生之间才能相互尊重，才可能在正常的教育活动中发展和完善学生的人格。

（3）同学关系

同学关系是较为亲密的关系。"近朱者赤，近墨者黑。"这正说明好的同学能够相互促进、健全人格、发展人格，坏的同学则可能造成人格扭曲，让人不明是非。生活在学校中的学生，除与教师发展纵向关系外，也发展着与朋友之间的横向关系。学生在学校的班集体中有同窗关系，在校外生活和游戏中也会结成同学关系。这些关系都影响着儿童的个性形成。

心理学家和教育者都非常重视同学关系对儿童个性形成的影响。之所以强调同学关系影响的重要性,其理由如下。

第一,儿童对成人的社会化要求的反抗心理,是在同学集团中孕育的。例如,儿童在同学间谈论有关性的问题,进行攻击性的游戏,倾诉敌意等。他们对彼此之间的所作所为都持肯定态度,步调是一致的。对父母的厌恶感情所引起的苦恼,从同学那里可以听到同样的经验,从而使他们感到安慰。

第二,儿童从同学中看到对某个孩子的行为作肯定评价还是作否定评价,以此作为对自己行为的评价标准。

第三,同学集团为儿童提供一致认同的角色模型。在同学集团中处于受大家尊敬的权力地位,会促使儿童产生与领导者有相同权力和能力的愿望,并且把领导者的态度和行动准则作为自己模仿的榜样。

第四,同学集团经常教给儿童在集团中应该如何扮演所担当的角色[①]。

(四)有利于人际关系的人格特质

要想维持和提高自己持久的吸引力,培养自己的良好品质和品性是一个非常重要的条件。人与人之间要建立真诚友好的朋友关系,归根到底取决于个人的优良品质。心理学家安德森(Anderson)选择了550个描述人的特质的形容词,让大学生被试者对这些词逐个进行评价,试图探讨一个人有了什么样的特质,人们就会喜欢他。评价的标准主要是三类:一类是令人很喜欢的,一类是令人很不喜欢的,一类是介于令人喜欢与令人不喜欢之间的。结果得到属于第一类和第二类的部分形容词如表4-8的第一、二列所示。申荷永教授等曾对人际吸引的效应做了整理,详见表4-8的第三、四、五列。

表4-8 人际吸引效应品质

令人喜欢的	令人很不喜欢的	最值得喜欢的	优点和缺点参半的	最不值得喜欢的
真诚	举止不当	真诚	固执	作风不好
正直	不友好	诚实	循规蹈矩	不友好
善解人意	带敌意的	理解	大胆	敌意
忠诚	多嘴	忠诚	谨慎	多嘴多舌
诚实	自私	真实	理想化	自私
可信任的	心胸狭窄	信得过	容易激动	目光短浅
聪明	粗鲁	理智	文静	粗鲁
可靠	骄傲自大	可靠	好冲动	自高自大

---

① 高玉祥:《个性心理学(第2版)》,北京师范大学出版社2007年版,第259—271页。

续表

令人喜欢的	令人很不喜欢的	最值得喜欢的	优点和缺点参半的	最不值得喜欢的
富有思想的	贪婪	有理想	好斗	贪婪
体贴	不真诚	体贴	腼腆	不真诚
可信赖的	不善良	可依赖	猜不透	不友善
热忱	不可信任	热情	好动感情	信不过
友好	恶毒的	友善	害羞	恶毒
幸福	讨厌的	友好	天真	讨厌
不自私	不诚实的	快乐	闲不住	虚伪
幽默	不正直	不自私	空想家	嫉妒
负责任	作假	幽默	追求物质享受	冷酷
令人愉快	说谎	负责任	反叛	邪恶
		开朗	孤独	自以为是
		信任别人	依赖性	说谎

资料来源：郑雪、严标宾、邱林等，《幸福心理学》，暨南大学出版社2004年版，第181页。

第二节 人际传播与情绪

一、情绪的概述

情绪是指人对客观事物与自身需要之间关系的态度和体验，是人脑对客观现实的主观反映，是由某种外在的刺激或内在的身体状况作用引起的体验，只是反映的内容和方式与认识过程不同。

（一）情绪的分类

1. 基本情绪和混合情绪

美国心理学家普拉契克（Plutchik）将情绪分为基本情绪和混合情绪。基本情绪有八种，即高兴、接受、害怕、惊讶、悲伤、厌恶、气愤和期望。混合情绪是相邻的两个基本情绪的结合。例如，爱慕是高兴和接受混合后产生的情绪（见图4-2）。

2. 积极情绪和消极情绪

情绪可分为积极情绪和消极情绪。具体来说，积极情绪有舒适、轻松、满意、安心、兴奋、愉快、高兴、欣喜、狂喜等。消极情绪有厌烦、沮丧、苦恼、伤心、悲痛、失望、焦虑、忧郁、忌妒、愤怒、惧怕、惊恐等。其中，积极情绪又分为高积极情绪和低积极情绪。高积极情绪的人是积极的、满足的、对生活满意的,低积极情绪的人则是悲伤的、懒散的。消极情绪又分为高消极情绪和低消极情绪。高消极情绪的人是紧张的、愤怒的、生活充满压力的,低消极情绪的人是镇静的、平和的。

(二)情绪的强度

情绪的强度是指人们体验到某种情绪的力量或程度。一般把情绪中的怒划分为由弱到强的微愠、愤怒、大怒、暴怒和狂怒,把喜欢划分为由弱到强的好感、喜欢、爱慕、热爱和酷爱。情绪表现的强弱是划分情绪水平的标志。情绪强度与个体所面临的事件对自身意义的大小有关,也与人的行为目的和动机强度存在密切关系。

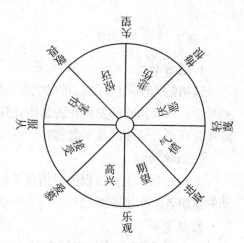

图4-2 情绪模型:基本情绪和混合情绪
(资料来源:[美]约瑟夫·A.德维托,《人际传播教程(第十二版)》,余瑞祥等译,中国人民大学出版社2011年版,第191页)

对于情绪强度高的人,即使比较温和的事件也能引起他们强烈的情绪反应。一般来说,高情绪强度者享受积极事件的程度要高于低情绪强度者,而消极事件带给他们的伤心程度也要高于低情绪强度者。例如,对于高情绪强度者来说,别人给他一个微笑,他就会把别人当作朋友,快乐一整天;而当遭到别人的否定时,对他来说这天就是世界末日。高情绪强度者总是反应过度、情绪夸张[①]。

(三)情绪的特点

情绪是复杂的心理现象,主要有以下几个方面的特点。

1. 独特的主观体验

主观体验是情绪最主要的组成部分,是个体对不同事物的自我感受与体验,它涉及人的认知活动和对认知结果的评价。

2. 明显的外部表现

表情是明显的情绪的外部表现形式,它通过面部肌肉、身体姿势和语言语调等方面的变化表现出来,在情绪中具有传递自身体验的独特作用。

3. 独特的生理机制

在情绪活动过程中,大脑皮层,大脑皮层以下的丘脑、下丘脑、边缘系统,网状系统等部位也起着特定的作用。

4. 情绪有传染性

情绪的传染是心理能量的传递,是一种情绪的心理共振。情绪会从一个人传染到另一个人。例如,如果妈妈笑了,婴儿也会跟着笑。在大学寝室中,一个人的消极情绪会传染给其他室友。

[①] [美] Jerry M. Burger:《人格心理学(第七版)》,陈会昌等译,中国轻工业出版社2010年版,第131—133页。

（四）情绪的功能

1. 适应功能

情绪是个体适应环境、求得生存与发展的工具。从人类远古祖先的进化角度分析,情绪是与适应环境和脑的发育完善紧密相连的。因此,情绪具有社会性成分,并且有助于人类适应社会环境。情绪的根本含义在于适应社会环境。

2. 组织功能

人在知觉和记忆过程中对信息进行选择与加工,情绪则对心理过程进行监督,是心理活动的组织者。积极的情绪具有调节和组织作用,消极的情绪则具有干扰和破坏作用。

3. 信息功能

情绪是人际交往的重要手段,通过表情来传递信息、沟通思想并实现其信号功能。从心理学角度来说,首先是语言交际。但是,在某些情况下,个体的思想或愿望不能言传而只可意会,只有通过表情信息,才能实现人与人之间的沟通,达到互相了解、彼此共鸣的目的。

4. 动机功能

人的需要是行为动机产生的基础和主要来源。情绪作为个体需要是否获得满足的主观体验,它激励人去从事某些活动和行为,提高活动的效率。

（五）情绪状态

情绪状态是在某种事件或情境的影响下,人在一定时间内产生的情绪。典型的情绪状态有心境、激情和应激。

1. 心境

情绪是反应性和活动性的过程,即个体随着情境的变化和需要满足的状况而发生相应的改变,受情境影响较大。从发生强度和激动性看,心境是微弱而持续的情绪体验状态,它的发生有时连自己也觉察不到或很难感受到。从持续时间看,心境是稳定的、持续时间较长的情绪体验状态,少则几天、几周,多则数月、数年。从作用的范围看,心境不是对某些具体事物的特定体验,而是一种具有非定向的、弥散性的情绪体验状态,即心境不指向某个特定事物,而是使人的整个精神活动和行为都染上某种情绪色彩。

2. 激情

激情是一种强烈的、短暂的、爆发式的情绪状态。激情往往由与人关系重大的事件引起,比如取得重大成功后的狂喜、惨遭失败后的绝望和沮丧等。激情是可以控制的。在激情发生的最初阶段有意识地加以控制,能够将危害性降到最低限度。因此,个体要学会控制激情的消极影响,不要以激情作为借口原谅自己的过失。激情的特点包括以下几个方面。

① 爆发性。激情发生的过程一般都是迅猛的,在短暂时间内把大量能量喷发而出,犹如火山爆发,强度极大。

② 冲动性。一旦激情发生,个体会被情绪所驱使,言行缺乏理智,带有很大的盲目性,

出现意识狭窄现象,即个体在激情状态下认知活动范围变得狭小,理智分析能力受到抑制。此时,个体的自我控制能力减弱,意志控制减弱,出现行为失控现象。

③ 短暂性。在激情爆发后的短暂平息阶段,冲动开始弱化或消失。出现疲劳现象,严重时会出现精力衰竭,对身边的事物漠不关心,精神萎靡。

④ 指向性。激情一般由特定对象或现象引起。

⑤ 外显性。在激情状态,可以看到愤怒时的怒目圆睁、狂喜时的手舞足蹈、悲痛时的号啕大哭等,有时甚至出现痉挛性动作,言语过多或语无伦次。

3. 应激

应激是个体在生理或心理上受到威胁时出现的非特异性的身心紧张状态,表现出在意料之外的紧张状况下引起的情绪体验。应激是人在意外环境刺激时做出的适应性反应。

二、愤怒

愤怒是一种激活水平很高的爆发式负面情绪。愤怒的体验是生气、怨恨、被侮辱、失望等负面内容。愤怒会影响人的生理及心理反应,例如会导致食欲降低、不消化,长此以往可能导致消化系统的生理功能紊乱。愤怒也会让人失去理智或增加爆发力,如家庭暴力。

(一)愤怒的表现形式

1. 修正过的表现形式

修正过的表现形式指的是旁人一听便能知道当事人的愤怒,但其表现形式已经被修正,怒气受到控制。例如,当我们说自己被某人惹恼了,但并没有感觉到生气的情绪时,其实我们是在否认自己的生气,我们排拒的正是愤怒这种真实情绪。

2. 间接的表现形式

这种方式是把愤怒隐藏起来,说者和听者皆不能直接感受到愤怒的情绪。例如,当家长知道孩子在学校里犯错误时,为了表现自己是一个大度的、开明的家长,他们会口是心非地说:"我一点都不生你的气,只是想知道你为什么这么做。"但是孩子一听便能感受到家长的怒气,对这种笑面虎式的反应反而会更加畏惧。孩子由这句话引发出来的罪恶感会比被责罚更难受,也更难应对。

3. 沮丧的形式

沮丧的形式有犹豫、无望、低潮等。这种方式呈现出来的愤怒比间接的表现形式更难以察觉。例如,一再努力和尝试后的工作表现仍不如自己的期望,或是未能获得他人的赏识时,我们的内心其实是生气的,但我们可能只感觉到泄气、绝望或焦虑的情绪,而没有发现自己生气的事实。

当遇到以上三种愤怒的表现形式时,我们该停下来,想一下发生了什么?自己或他人是不是正在愤怒的浪潮中载沉载浮而不知?或是明明生气却仍努力压抑?什么原因导致如此愤怒?有时生气会引发人们内在的力量,转化为积极、保护的作用;有时则因为不当的发泄而带来伤害。为了使愤怒的正向功能最大，杀伤力降到最低，我们要先辨识出自己或他人是不是正处在愤怒的情绪中，如此才能选择适当的方法表达出来。

（二）愤怒的心理原因

愤怒的原因可以分为两类：一类是直接原因，一般自己可以意识到；另一类是潜在原因，一般自己意识不到，却促使愤怒的积聚、生成或爆发。

1. 被侵犯或权益受损

他人损害自己的权益、自尊，或是对自己不公平时，我们会有愤怒的情绪。例如，当别人出言不逊伤及我们的自尊心、遭到别人误会、被别人欺骗，甚至有人误将你当作他人而把你劈头盖脸骂一顿时，虽然你知道他并非针对你而是认错了人，可还是会感到委屈，为此愤愤不平一整天。又如，处于青春期的孩子容易因为父母对其隐私的窥探和干涉而感到愤怒，他们会不惜为此与父母争执。因此，处于青春期的子女在"叛逆"的背后可能是受到家人无意识的侵犯，并非无理取闹。

2. 受到挫折

我们对事情通常都有预设的流程和目标，当事情进展未尽如人意时便容易有挫折感，我们会认为外在环境中的一切不应该这样对待我们，因此愤怒油然而生。例如，当你信心满满地去参加应聘面试，认为自己表现得很好，会受到老板的认可时，却不料最终并未被录用，这种挫折感会让你觉得不公平，你可能会赌气说"以后再也不买这家公司的任何产品了"这样的话。

3. 被忽略

如果总是被忽略、得不到想要的事物或关爱，也会以愤怒的方式来获取注意。例如，小孩子发现用大哭大叫的方式可以得到想要的玩具或父母的关注时，日后自然会一再使用类似的方法来达到目的，并且可能到成年后依然用生气的方法来引起别人的注意。他们摔东西、大声咆哮都意味着他们缺乏存在感，极度需要他人的注意和关爱。

4. 维护价值观

对于成年人来说，许多愤怒情绪来源于对自己价值观的维护，并且为了维护自己价值观而产生的愤怒情绪往往是很深刻的。平时根本不动怒的人，也可能会因为价值冲突而勃然大怒、行为激烈。世界上许多冲突和战争的爆发正是因此。

5. 想要对他人施加影响

有时候，愤怒只是一种手段，或者只是一种假怒的表现。愤怒使个人在表面上看起来地位较高，拉升了心理地位，因此，他会接着表现出生气的样子，重申权力，得以握有控制权，也可以使别人不责怪自己，或者使别人自责和内疚。例如，老板有时会向员工故意表现出"我很生气，后果很严重"的情绪，目的是使员工提高谨慎度和工作效率。

6. 疾病或疲劳

疾病可能造成人的虚弱状态，因此，表面上看他们不是以直接的暴力攻击方式侵犯别人以表达愤怒，但这并不意味着他们不侵犯亲人或者怒气小。疾病状态中的人经常趋向于向亲人抱怨，他们在家庭中更容易被激怒。如果不会招致反击，他们会把自己的怒气发泄出来。处于疲劳状态下的人,一样容易发脾气。例如,妻子如果看到丈夫无所事事也不来帮忙,就容易生气发火。表面上妻子发火的理由是责怪丈夫不体贴,但内在原因很可能是她感到特别疲劳,尤其是单调且重复的劳动使得她心理疲劳。

疾病或疲劳之所以容易产生怒气,原因主要有两个。一是疾病或疲劳容易使人对自我产生怜悯感和受挫感。一旦产生这种感觉,往往对别人的照顾、对环境的要求就变得多起来,这样又会强化受挫感。二是疾病或疲劳状态下的情绪体验不佳,这种负面的情绪体验与环境中的具体事物构成直接的连接,导致人从不满意自身的状态泛化为不满意环境中的刺激,从而产生愤怒的情绪。

7. 厌倦

厌倦也是导致生气、发怒的潜在原因。例如家庭中的暴力问题,主要原因之一就是夫妻间产生了厌倦和不喜欢的情绪。再如,工厂流水线上的工人每天都在重复劳动,因此产生厌倦。他们很需要发泄情绪的机会,如果发泄不当或者无处发泄,则会做出一些极端举动等[1]。

(三)愤怒的应对

1. 愤怒的非理性应对

(1)发泄

发泄固然能泄愤,但一般来说,发泄并不值得被提倡。发泄通常会使情绪中枢兴奋,让人一发泄起来就不能停止负面情绪。"情商之父"丹尼尔·戈尔曼(Daniel Goleman)认为,心理学家已测验发泄的效果,结果一再证明,以发泄来平息怒气收效甚微[2]。当然,在某些特殊情况下,发泄或可达到出气的作用。例如,直截了当地向惹你生气的人发泄一番,使你觉得自己占了上风或伸张了正义,使惹你生气的人获得了惩罚。发泄可以使惹你生气的人行为有所收敛,不再与你对着干。然而,这事说说容易,做起来难,因为弄得不好,发泄会使人更加怒火中烧。事实上,由于情绪有传染性,当人们发泄愤怒时,就是在延续和扩展愤怒的情绪。

(2)压抑

泄愤着实不是一个应对愤怒的好方法,但压抑愤怒同样不可取。压抑愤怒是一种慢性的精神折磨,会使人体内各系统的正常功能受到限制,进而使免疫力降低,长此以往会引发疾病。心理学家认为,压抑愤怒的原因除了情景和对象不合适外,主要在于人们具有某种特定的想法,导致我们对表达愤怒有所顾忌。例如,有人会觉得愤怒是一种不好的情绪,发脾气有伤风度,发火的样子很难看,君子报仇十年不晚,大事化小、小事化了,不要撕破脸皮等。

2. 愤怒的理性应对

(1)适当的发泄

适当的发泄是舒缓愤怒情绪的方法,不会激化矛盾。只要遵循几个原则,适当的发泄是

---

[1] 孔维民:《情感心理学新论》,吉林人民出版社2002年版,第221—228页。
[2] [美] 丹尼尔·戈尔曼:《情感智商》,耿文秀、查波译,上海科学技术出版社1997年版,第71—72页。

可以接受的。第一，发泄所表达的是自己的愤怒情绪，而不应该涉及对别人的价值判断，否则会激化矛盾，使问题的解决变得更为困难。第二，对那些有可能改变的事情发火，如果事情无法改变或者不应改变，发火也无济于事，反而增加自己无效的付出。这样一来又会强化你的无能感，导致你发更大的脾气，形成恶性循环。例如，不要抱怨生活的不公平、不平等，因为也许生活从来就是不平等的。当生活不如你所愿时，大多数人会很沮丧，但为此而发泄是不必要的，不妨将其作为生活的一部分予以接纳。

(2) 换位思考

当你被人惹怒时，首先需要冷静地分析一下愤怒的来源。不妨尝试站在他人的立场上想问题，或许你很快就能理解为什么别人会做一些看上去很恼人的行为。一旦你为他人的行为找到可信服的证据，你也就降低了愤怒情绪的强烈程度，为有效沟通建立了基础。例如，你的老板因为你犯了一点小错就把你叫进办公室来横加指责，你可能会被他的愤怒所惹怒。但之后了解到，他的一位亲人刚刚过世，他投进股票中的钱又跌了一半，再加上他最近患了重感冒，因此情绪才会失控。这时，你不但会打住自己的怒气，而且会对老板产生同情，想着如何为他分忧解难。

另外，当你在发怒时不妨想象一下他人看到你愤怒的样子会有什么样的想法，会对你留下什么样的印象呢？人在愤怒的时候往往会失去理智，自我认知也处于迷糊状态。我们看不到自己愤怒的样子，但若是我们面前有一面镜子，我们很可能会被自己张牙舞爪的样子震惊到，也可能突然意识到解决问题另有他法。因此，在出现愤怒情绪时，我们不妨照一照镜子，站在局外人的客观视角来看看自己的处境究竟是否值得发怒。

(3) 放松身体

人的情绪好坏会导致人的机体发生反应。当我们感到愤怒时，我们的嘴角会下垂，双眉紧锁。当一个人做出愤怒的表情时，他没准真的会变得愤怒起来。因此，当我们已经感到愤怒时，不妨调整身体状态和表情，以身体来带动和调整情绪。你现在就可以尝试一下，用牙齿咬一根铅笔，迫使嘴角保持上扬的姿势，是否有一种莫名的好心情呢？

放松是靠身体来缓解情绪的方法，看似很简单，但是一旦愤怒起来，放松就被抛在脑后且变得相当困难。我们可以这样来训练自己放松：用横膈膜深呼吸，想象你的呼吸来自你的腹部；写压力日志，记录不良情绪的产生、发展与控制过程的体会；采用肌肉放松训练和冥想等技巧给自己减压；慢慢重复一个放松的词或词组，如放松、别紧张；想象或回忆一次放松的经历；做瑜伽、慢跑等简单的运动，避免激烈运动。

(4) 改变环境

有时候我们可以通过适当改变环境来缓解愤怒。责任和困难会带给人压力，而身边的人与事正是责任和困难的来源。我们可以让自己暂时逃避一下，离开自己生活的圈子，以确保自己在那些压力巨大的日子里有一些休闲时间。例如，给自己定下一个原则：每周日上午将手机关机，一个人窝在沙发里看书，再心急火燎的事情也必须搁置，任何人与事都不能打扰和占据你的这段私人时间。由此，便可得到平静，缓解急躁和愤怒。另外，改变环境能使我们分心，不再关注自我痛苦。

(5) 改变认知

斯多葛学派哲学家爱比克泰德(Epictetus)说:"不是事物困扰了我们,而是我们对事物的看法困扰了自己。"人的愤怒也可能因此产生——让你愤怒的并非此事或此人,而是你的看法和态度。改变对事物的认知习惯能解决愤怒情绪。有一位学者受邀做讲座,却发现上座率很低。他没有发怒,而是笑着对台下观众说:"你们一定很有钱,因为我看到你们每个人都买了两三张座位票。"台下立马哄堂大笑,本来可能使人愤怒的事情转化为一个精彩的开场白。

易怒的人会用狠毒的话来责骂,以此反映他们内心的想法。如果用这些词汇来思考问题,你的思维就会变得夸张或戏剧化。即使你的愤怒原本并没有那么激烈,一旦过度使用言辞激烈的表达方式,你就会被自己的言语所感染,以致变得真的很愤怒。相反,你可以用理性思维来代替感性发泄。例如,不要说:"我这下完蛋了。"而是说:"发生了这样的事,我现在情绪不稳定是很正常的。事已至此,再差又能差到哪里去呢?这不是世界末日,生气也于事无补。"

港剧里最有名、最常见的台词是:"做人嘛,最重要的就是开心。"虽然是一句简单的话,但这还真是人际交往及人生的真谛。与人交往过程中总有欢乐和痛苦,用积极的视角去认识事物,才是保持好情绪的王道。

三、恐惧与焦虑

恐惧与焦虑是两种相似的情绪。它们共同的特征是对危险的体验、畏惧和被威胁的体验。不同之处在于触发这两种情绪的体验和两种情绪持续的时间不同。恐惧是人对感知到的危险的反应,当危险消失,恐惧也就迅速消退。但焦虑不需要一个确定的危险,并且焦虑的消退需要很长时间[1]。

(一)恐惧与恐惧症

恐惧指的是面临危险而引起的令人不愉快的情绪。恐惧症是一组以因特定物品、情境或活动产生过分的不合理的恐惧,伴随有回避其所惧怕的对象或情境为主要特征的恐惧性神经症。这些对象或情境可以是空旷或幽闭的空间、黑暗、高度、婚姻、社交等,也可以是人、动物、镜子、海洋等实物。恐惧症的具体类别有一百多种,常见的有广场恐惧症、幽闭恐惧症、飞行恐惧症、密集恐惧症、恐高症、社交恐惧症等。

恐惧症的普遍特征有:患者对情境有过分的需求,所产生的恐惧无法得到合理解释,恐惧超越意志的控制,患者会尽量回避这种可怕的情景[2]。

---

[1] [美] James W. Kalat、Michelle N. Shiota:《情绪》,周仁来等译,中国轻工业出版社2009年版,第9—122页。
[2] 孔维民:《情感心理学新论》,吉林人民出版社2002年版,第53—259页。

（二）焦虑与焦虑症

焦虑是人们遇到某些事情、挑战、困难或危险时出现的一种正常的情绪反应。这种焦虑是一种保护性反应，也称为生理性焦虑。焦虑是人的一种常见心理情绪。当焦虑的严重程度与现实处境明显不符，或者持续时间过长时，就变成了病理性焦虑，即焦虑症，或称焦虑性神经症。焦虑症可以说是人群中最常见的情绪障碍，它以广泛性焦虑症和发作性惊恐状态为主要临床表现，常伴有头晕、胸闷、心悸、呼吸困难、口干、尿频、尿急、出汗、震颤和运动性不安等症状。

（三）神经症

我们时常听人用"神经病"来调侃他人，但人们往往根本不了解"神经病"的含义，基本上是想表达"这个人精神有问题"或者"这个人行为举止怪异"等。"精神病"、"神经病"和"神经症"三者有很大的区别。一般人们都将它们混为一谈，不加以区分。有时候，无心调侃会伤害真正患有这类疾病的人，而我们对别人造成伤害却不自知。我们的朋友或者我们自己可能患有类似疾病，也可能有轻微症状。如果不及时识别、关注和治疗，就会成为我们人际交往中的障碍，还会使人身心痛苦。为了避免人际传播发生严重的问题，我们必须了解这三种病症的病因。

1. 精神病

精神病指人的高级神经活动失调，认知、情感、意志、行为活动诸方面发生各种各样的障碍。病因通常与遗传、社会环境影响、性格特征及脑部某些神经生化改变等有关。症状主要为言语凌乱、幻觉、妄想、兴奋不安、伤人毁物、动作古怪等。常见病种有精神分裂症、偏执性精神障碍、心境障碍、反应性精神病等。患者多因不承认自己有病而拒绝治疗，常需强制住院。

2. 神经病

神经病包括中枢神经系统、周围神经系统和横纹肌疾患。病因多与神经系统的炎症、变性、肿瘤、出血等有关。症状主要为头痛、头晕、失语、失明、抽搐、昏迷、步履不稳或瘫痪、肌肉无力或萎缩等。常见病种有各种颅脑损伤、感染、肿瘤、脑血管病、重症肌无力、癫痫等。患者能意识到自己的疾病，有求治愿望，多在神经科接受相应的治疗。

3. 神经症

神经症也称神经官能症。病因有别于精神病和神经病，而是与不良的社会心理因素、压力及人格特征有关，没有相应的器质性损害，属于非精神病功能性障碍。症状主要有烦恼、紧张、焦虑、恐惧、强迫症、胡思乱想等。常见病种有焦虑症、恐惧症、强迫症、疑病症等。当外因压力大时，神经症会加重，反之则会减轻或消失。患者的社会适应能力保持正常或影响不大，有良好的自知力，对自己的不适有充分的感受，一般来说会主动求助治疗。

（四）社交恐惧症

社交恐惧症也称社交焦虑症，是一种对任何社交或公开场合感到强烈恐惧或忧虑的精神疾病，属于神经官能症。社交恐惧症是恐惧症中最常见的一种，占恐惧症患者一半左右。这种恐惧可以影响到生活的方方面面，包括工作、上学及几乎所有日常事务。所有人都会在某些时候感到焦虑或窘迫，比如与陌生人结识、做一个公共演讲等。但有社交恐惧症的人不仅仅在这些事情上感到焦虑，他们还会在事情发生的几个星期前就开始各种担心。如果一个人已经有相应症状六个月以上，医生就可以确诊其患有社交恐惧症。若没有得到良好的治疗，社交恐惧症可以持续很多年，甚至是一生。

1. 社交恐惧症的分类及特征

社交恐惧症患者并非不愿意与人交流、喜欢孤独，而是他们认为自己与别人的交往很糟糕，总是寻求别人拒绝自己的证据。社交恐惧症患者的身体症状包括口干、出汗、发抖、红脸、尿频、结巴、心跳剧烈，严重者呼吸急促、手脚冰凉、惊恐万分。患者还会因为觉得别人不喜欢自己而擅自中断谈话，避免与对方交流。这种悲观的想法及症状会使他人对社交恐惧症患者抱有异样的眼光，将人际关系扼杀，导致实实在在的社交障碍，而这恰恰是社交恐惧症患者最害怕的。

社交恐惧症的具体分类及其特征如下。

（1）赤面恐惧

赤面社交恐惧症患者对于脸红过度焦虑，他们认为在人前脸红是十分羞耻的事，最后由于症状固着下来，则非常畏惧到众人面前。他们其实知道并没有什么可怕的，也想改变自己，自如地与人交往，但就是做不到。他们既不敢与人交往，又渴望与人交往，身体里常常经历着两个不同自我的战争：一个害羞、懦弱、缺乏自信，一个则强迫自己去改变自己。患者甚至连向别人问路也感到不便，宁可自己一个人躲在无人处拼命查看地图，哪怕多花费时间也甘愿如此。上述症状在正常人看来似乎很可笑，但对患者来说却痛苦不堪。不治好赤面恐惧症，一切为人处世等都无从谈起。

（2）视线恐惧

患者与别人见面时不能正视对方，当视线与别人的视线相遇时就感到非常难堪，以至于眼睛不知看哪儿才好。患者一味注意视线的事情，急于强迫自己稳定下来，但往往事与愿违，最终不能集中注意力与对方交谈，谈话前言不搭后语，而且往往失去常态。恐惧的对象主要是年轻异性，严重的患者对同性也感到恐惧，个别患者甚至害怕老人、儿童或家人。大多数患者具有某些共同的心态：自己的言行受到监视或嘲笑，易于在众人面前出丑，不正常的目光泄露内心隐秘的念头，目光表情不符合正常人的道德规范，对别人造成干扰或伤害。这类患者自卑感和羞耻心很强，爱面子，很少与异性交往。

（3）表情恐惧

患者总担心自己的面部表情会引起别人的反感或被人看不起，因此惶恐不安。表情恐惧多与眼神有关。患者可能会担心自己的面部表情不自然，担心自己不自然的表情影响到别人，或者不知道使用什么样的表情，认为确实是面部表情损害了人际关系并为此内疚和自责。

(4) 异性恐惧

异性恐惧症患者在异性面前感到异常的紧张和恐惧，其症状与前几种情况大致相同。患者一方面在潜意识里有与异性接近的强烈愿望，另一方面也因此有严重的焦虑情绪，于是感到不知所措，甚至连话也说不出来。患者在与陌生异性或者自己上级接触时，症状尤其严重，与自己熟识的同性及一般同事交往则不存在多大问题。

(5) 口吃恐惧

口吃恐惧患者在他人面前会遇到发音障碍或口吃，导致谈话无法进行。患者会因为不能顺利地与人交谈而感到自己是个残缺的人，为此担心和苦恼[1]。

2. 社交焦虑自测

请标出下面每一种表述描绘你的程度。用5点量表来表示你的答案，从"1=根本不是那样"到"5=非常符合"。

① 哪怕是在一般的聚会中，我也经常会感到紧张；
② 待在一群陌生人中我会感到不自在；
③ 我一般能很从容地与异性说话；*
④ 当我必须与老师或老板谈话时，我感到紧张；
⑤ 聚会经常让我感到焦虑不安；
⑥ 在社交场合我比大多数人更少羞怯；*
⑦ 与不大熟悉的同性交谈，我有时会感到紧张；
⑧ 参加工作面试时我很紧张；
⑨ 我希望自己在社交场合有更多的自信；
⑩ 在社交场合我很少感到焦虑；*
⑪ 总的来说，我是一个羞怯的人；
⑫ 与一位有吸引力的异性交谈时，我会感到紧张；
⑬ 给某位我不是很熟悉的人打电话时，我会感到紧张；
⑭ 与有权势的人说话时，我会紧张；
⑮ 在人群中我感到放松，哪怕那些人和我完全不同。*

这个量表[社交焦虑量表（Interaction Anxiousness Scale）]用来测量随时可能发生的交往中的社交焦虑。这是有时候我们在毫无准备的情况下遇到交往情境所体验的焦虑，例如会见陌生人或约会，这与有准备地在公共场合发言所体验的焦虑不同。社交焦虑包括我们通常所说的羞怯和约会焦虑。这个量表上得分高的人比得分低的人会更经常、更强烈地体验到社交焦虑。

计分方法：先把带"*"题目的回答做反向逆转（1=5，2=4，以此类推），然后把15个题目的分值相加。研究者发现，大学生的平均得分为39，标准差大约为10[2]。

---

[1] 孔维民：《情感心理学新论》，吉林人民出版社2002年版，第259—265页。
[2] [美] Jerry M. Burger：《人格心理学（第七版）》，陈会昌等译，中国轻工业出版社2010年版，第127页。

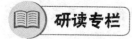

虚拟快感让人总想点开"下一个"[1]

相信很多人存在这样的心理：一开始玩手机只是想放松一下，可玩着玩着，想到工作或生活有那么多压力，就根本不想放下手机。为什么明知有工作、学习任务没完成，却还是再玩一会儿？为什么明明很焦虑，但就是停不下来呢？其实，这跟手机的成瘾机制有关。

一、高焦虑人群更容易手机成瘾

当我们受工作压力困扰时，最常想到的减压方法就是玩手机。英国德比大学研究人员在线调查640名13—69岁智能手机使用者，发现受情绪问题困扰的调查者容易把手机当作放松手段，过度使用手机。焦虑程度越重，手机使用越多。

为什么会这样呢？因为手机提供了一种虚假快感，这种快感能缓解现实焦虑。

面对现实的工作任务，我们需要付出艰辛的努力，才有可能获得业绩的成就、老板的认可、自我价值的实现。但手机世界不一样，你只需10分钟就能在一局小游戏中体验舍我其谁的成就感，只需1分钟就能通过一条朋友圈获得别人的点赞，只需15秒就能在一个短视频中满足成功的幻想。

在手机提供的虚拟世界中，你想要什么，只要付出很小的代价，便能得到满足。奖赏来得如此容易，让你忘却了让人沮丧挫败的现实生活，你迫不及待追求下一次快感体验，再刷一条微博、再看一个视频、再开一局游戏……手机成瘾由此形成。

二、手机成瘾与多巴胺有关

手机成瘾和酒精药物等物质成瘾一样，都与大脑的多巴胺奖赏通路有关。多巴胺是一种传递欣快感的神经递质，它让人们不断产生"再来一次"的期待，从而诱发成瘾行为。游戏里那些闪闪发光的金币、欢快悦耳的声效，短视频5秒钟就引人爆笑的包袱，朋友圈动辄几十上百人的关注，让大脑的多巴胺分泌激增，堪称新时代的可卡因。

那么，手机成瘾是一个怎样的过程？为什么手机成瘾会让人停不下来呢？

在上瘾的情况下，大脑会经历三种变化：脱敏反应、敏化反应和前额叶功能退化。

脱敏反应，是指大脑在适应某种刺激之后，持续分泌的多巴胺，让人渴求不断重复快感体验，所以你总想点开"下一个"。然而，重复过多之后，大脑产生耐受性，你需要更多的刺激，才能获得等量的快感，否则便引发戒断反应的焦虑。于是，你需要"吸食"更多的信息才能满足大脑的快感需求。

敏化反应，是指人们对能诱惑成瘾的信息更敏感，你的注意力被上瘾物牢牢锁住，除了

---

[1] 杨剑兰：《虚拟快感让人总想点开"下一个"》，《科技日报》2019年9月11日第8版。

玩手机,你对其他的事都不感兴趣。

前额叶具有控制行为冲动、理性分析与决策的功能,前额叶功能退化,将导致成瘾者不顾后果、失去自控力。这是玩手机刹不住车的生理基础。

从前期的快乐满足到戒断焦虑,再到你无视现实、沉迷手机,直至你控制不住自己,你被手机奴役了。沉迷手机的我们,看起来玩得很开心,实际却成了手机的猎物,让我们远离真实世界,活在失控、焦虑和孤独之中。就像希腊神话中的海妖塞壬,日日夜夜唱着动人的歌声,诱惑无数船只触礁沉没,最终成为她的猎物。

三、停止手机依赖,过有意义的生活

玩手机并不能真正帮我们缓解现实焦虑,它不过是虚幻的逃避策略罢了。焦虑作为一种情绪信号,提醒你有威胁存在,需要通过行动解除威胁,而逃避并没有真正解决问题,所以无法化解焦虑。越焦虑越玩手机,越玩手机越焦虑,如果你不及时刹车,很容易形成恶性循环。

玩手机也并不能给我们带来真正的快乐。相反,你通过手机获得廉价且短暂的快乐之后,是深深的虚无感。你感到很空,什么也没得到;你还感到懊悔,责怪自己为什么浪费那么多时间做没意义的事。

人类这种复杂的高等动物,不只追求单纯的快感,还追求意义感、价值感和成就感。当你完成极富挑战的工作任务,你会感到由内而外的满足与充实,这时大脑分泌的是一种叫内啡肽的天然镇静剂,它能让你感到宁静与愉悦,帮你排解压力和不快。内啡肽与多巴胺的不同之处在于,内啡肽需要人们付出实际的努力才能获得,并且它带来的快乐是真实的、持久的且有意义的。

四、结语

当你因为学业或工作的压力,忍不住要拿起手机时,建议自己设置一个停止时钟,防止成瘾失控。此外,用冥想、静坐、直面问题、求助他人等缓解焦虑的有效方法,来替代玩手机的操作,能让我们过得更健康、更可控。

研读小结

"手机焦虑症患者"说的可能正是我们的朋友和我们自己。我们经常看见这样奇怪的景象:一群朋友聚餐,却很长时间都不互相理睬,而是各自低头"刷"微博,还不时地自顾自微笑。殊不知,这样的场景才真正让人发笑。

与网络一样,手机这种较新的传播工具已经占据许多人的生活。1999年,在互联网购物刚刚兴起的时候,一个名为"网络72小时生存测试"的活动曾大肆轰动地举办过,旨在测试人们能否仅通过因特网沟通和生存。而今,我们却要逆向思维:离开网络或者手机,我们还能生存72小时吗?你不妨来做个实验,召集三五好友,将各自的手机锁在柜子里72小时,并

且各自记录下这段时间的生活状态和情绪。

虽然社交恐惧症是较为严重的社交障碍,但毕竟只是少数人的病症。然而,手机焦虑症逐渐成为城市年轻人的通病,这样的态势不可小觑。我们真的应该为自己和身边的朋友敲响警钟了。

四、孤独

(一)孤独的概述

孤独是一种主观体验或心理感受,是一种主观社交孤立状态,因为知觉到自己与他人的隔阂、缺乏接触,而产生不被接纳的痛苦。

有些人即使朋友不少,也会感到孤独。从社会关系的角度来看,这是因为以亲密和真诚的方式与人相互交往的需要没有得到满足。

孤独者是长期感到孤独的人。他们更可能性格内向,感到焦虑,对别人的拒绝敏感,更可能遭受抑郁症的困扰。他们很难信任他人,并且在别人对他们敞开心扉时感到不自在。孤独者与非孤独者相比,和朋友共度的时间少,约会次数少,参加聚会少,亲密的朋友少。他们在交友、发动社会活动、加入群体等方面也存在困难[1]。

(二)孤独的原因

为什么在满足有意义的社交需求方面,孤独者总是不断地受到挫折呢?

1. 悲观的预期

孤独的人常会带着悲观的预期走进社交环境,预期这次交朋友也会像以前一样失败。孤独者给自己的评价要低于常人。孤独的人会低估别人对他的评价,认为自己不讨人喜欢。

这种对自己的低预期会损害孤独者试图建立的友谊和恋爱关系。孤独者怀疑新结识的人是否会喜欢与他们交谈,是否会在谈话过后觉得他们很无聊。因此,孤独者对了解别人没什么兴趣,他们会尽快结束谈话去干别的事。孤独者很难交朋友,也很难与人合作。

2. 缺乏社交技能

你可能很幸运,很容易就能与别人聊起来。你可能喜欢去认识并逐渐了解本来不认识的人。那么,你就很难理解那些与别人交流有困难、缺乏社交技能的人。

孤独者缺乏社交技能,不懂得如何进行让双方都觉得有价值、有意思且愉快的谈话。我们往往不喜欢与孤独者谈话,并不是因为他们粗鲁无礼,而是因为他们不明白为什么他们的交往风格使那些很可能成为他们朋友的人远离他们。孤独者常常无法正常处理自我表露的时机和自我表露的量这些社会规则。他们在与人交流时总显得不合时宜,要么一味谈论自

---

[1] [美] Jerry M. Burger:《人格心理学(第七版)》,陈会昌等译,中国轻工业出版社2010年版,第201—205页。

己,让别人丧失与他们聊天的兴趣;要么闭口不言,让人觉得冷漠;要么在不合时宜的时候插话,让人冷场。

发展社交技能的最好办法就是与人交谈。但孤独者不知道怎样发起互动,因此缺乏机会来发展自己的技能,形成恶性循环。

(三)孤独症

近年来,孤独似乎成了现代年轻人形容自己的一个流行词。我们经常听人说:"我是个很孤独的人","我有一点孤独症","别看我现在很外向,其实我小时候是很自闭的","我感到我最近得了孤独症"。然而,正如同人们通常不了解"神经病"这一病症而用它来调侃他人一样,人们对"孤独症"通常也是一知半解,甚至知之甚少。将这个病症作为时髦词的人,不免有不识愁滋味而强说愁之嫌。

1. 孤独症概述

孤独症由美国约翰斯·霍普金斯大学专家利奥·卡纳(Leo Canner)于1943年首次提出。孤独症也称自闭症,是广泛性发育障碍的代表性疾病。在所有自闭症患者中,70%左右的人有不同程度的弱智问题,患者的总体智力,特别是与社会及符号有关的智力,往往有着很大的缺陷。孤独症是一种慢性病,一般起病于36个月以内,约三分之二的患儿在成年后无法独立生活,需要终生照顾和养护。如能早期进行有计划的医疗和矫治教育并能长期坚持,症状能得到部分改善,但几乎无法治愈。

孤独症不会影响患者的面容,患者容貌与正常人没有区别,因此较难通过容貌来识别孤独症患者。孤独症是一个尚没有被全社会认识和了解的病症。

图4-3 孤独症患者的主要特征

(资料来源:https://www.sohu.com/a/227165081_167447)

2. 孤独症的特征

孤独症主要表现为三大类核心症状，即社会交往障碍、交流障碍、兴趣狭窄和刻板重复的行为方式。

（1）社会交往障碍

患者在社会交往上有质的损害。患者在副语言交流行为的应用上存在显著损害，如眼对眼的对视、面部表情、身体姿势和手势等。他们不能与同龄人交往，不能自发地与别人分享欢乐、兴趣、成就等，甚至不能指给别人看自己感兴趣的事物。他们在社交和情绪上都不能与人发生相互作用。

（2）交流障碍

患者的交流能力有质的损害。患者的言语发育延迟，有一定说话能力的患者在提出话题和维持谈话的能力方面也有明显损害，会使用刻板的、重复的语言，或特殊的、只有自己听得懂的语言，不会在适龄时玩假扮游戏或模仿日常生活的游戏。有一些孤独症患者特别喜欢就一两个问题重复提问，并且这些问题会让人感觉怪异。例如，有患者会问："你家住在哪里？回去坐什么车？"会不厌其烦地问上十几遍，甚至几十遍。

（3）兴趣狭窄和刻板重复的行为方式

患者有一种或几种固定的、重复的、局限的兴趣，其程度和内容均属异常，并且不易改变。他们会固执地遵循某种特殊的、没有意义的常规或仪式，有刻板重复的行为，如手指扑动或扭转、复杂的全身动作等，并且长期持续地只注重事物的局部。

部分患儿在智力低下的同时具有独特的才能，例如在绘画、音乐、计算、推算日期、机械记忆和背诵等方面呈现超常表现[①]。

图4-4 英国自闭症患者斯蒂芬·威尔夏通过记忆画的《伦敦球》

（资料来源：https://baike.baidu.com/picture/6455817/6567035/0/814b07d80d96565832fa1c33?fr=newalbum）

---

① 沈渔邨主编：《精神病学（第5版）》，人民卫生出版社2009年版，第721—725页。

图 4-5　电影《雨人》海报
（资料来源：http://movie.douban.com/photos/photo/1050643887/）

1989年奥斯卡最佳影片《雨人》（见图4-5）就讲述了一个孤独症患者及其家属的故事。主角雷蒙（Ramon）是一个典型的孤独症患者。

雷蒙的生活恪守固定的模式。他要在固定的时间做固定的事，要在固定的时间看固定的电视节目，每餐有固定的食谱，要在固定的时间睡觉。他只穿从某个商店购买的平角内裤。由于他的恐惧心理，他还拒绝乘飞机，拒绝在高速公路上行驶。在机场时他突然情绪失控大喊大叫，因为他的弟弟查理（Charley）试图强迫他乘飞机。旅途中，查理被雷蒙的许多古怪的生活习惯和因不谙世事而出的洋相弄得筋疲力尽。

不过，查理也很快发现这个低能的哥哥的高度才能：雷蒙有惊人的记忆力，可谓过目不忘。他可以准确报出飞行史上所有重大空难发生的航班班次、时间、地点、原因，能迅速数清掉落在餐厅地板上的246根牙签，能记得电话簿上任意一个读过的电话号码。他的心算速度不输计算器。

我们不妨观看类似影片，以此对孤独症症状进行初步了解，以免再将自己或他人误认为是孤独症患者。

3. 正确对待孤独症患者

孤独症患者通常不会自己表达罹患这种病症的痛苦，但他们身边的朋友、父母和亲人会因为与他们无法进行正常交流而感到十分痛苦。我们从不会看到一个严重的孤独症患者向他人诉苦，说诸如"孤独症使我很痛苦"这样的话。如果孤独症患者能够这样向他人表达，那简直就是个奇迹。通常那些认为自己可能有孤独症的人，一般想要表达的意思是自己有社会交往障碍、社交恐惧症或孤独感。

2007年12月，联合国大会通过决议将每年的4月2日定为"世界自闭症日"，以提高人们对自闭症和相关研究与诊断及自闭症患者的关注。"世界自闭症日"提醒我们，应该实现自闭症患者与普通人之间的相互尊重、理解和关心。作为普通人，不应把自闭症患者看作怜悯的对象，而应审视和增强自身道德观念与社会责任，体会自闭症患者、患者家属、医生、学者及帮助自闭症患者的志愿者的辛苦与不易。

（四）孤独与独处

我们的人际关系是快乐最重要的来源之一，但有些人偏偏就不喜欢社交活动，而是选择独处。即便有空闲的时间，他们也不主动与朋友聚会，常常婉言谢绝别人的邀请。但是，他们的人际关系很好,为人热情,待人友善,懂得社交技巧和礼仪。那么,他们是孤独者吗?

我们说,独处与孤独不同,它是一种积极的、具有潜在价值的经验。偏好独处的人并非有病态心理的孤独者。他们没有社交焦虑,甚至不是一个内向的人,因为他们对独处的渴望是积极的。对独处的偏好并不一定是要逃避人际关系,喜欢独处的人很可能是认识到独处的好处。他们在独处时可能就是在享受马斯洛需求理论的最高层次——自我实现。他们从独处中受益,能够妥善安排自己的时间,用独处的时间进行思考、享受人生。有研究者总结出独处的好处,如表4-9所示。

表4-9 独处的七点好处

独处的好处	具 体 说 明
问题解决	提供思考一些特殊问题和所面临的决策的机会
内心平静	感觉冷静和放松,摆脱日常生活的压力
自我探索	对自我价值观和目标进行探索,认识自己独特的优点和缺点
创造力	产生表达自我的新想法和方式
隐秘	在这一时刻以自己喜欢的方式行动,不用考虑社会束缚和别人如何看待你
亲密性	虽然是独处,你仍然感觉与你所关心的某人很亲近
精神超越	一种超越日常关注事情的超越感,获得比真实自己更崇高的感觉

资料来源:[美] Jerry M. Burger,《人格心理学(第七版)》,陈会昌等译,中国轻工业出版社2010年版,第215页。

总之,偏好独处的人并不逃避社会接触,而是有选择性地、自主地决定社会接触的时间与程度。千万不要把这样的人误认为是孤独的、不合群的人。独处偏好者也不要疑心自己是否有心理障碍,而是应该珍惜自己的这种品质,将独处的时间发挥出最大功效,享受自我实现的过程。

(五)孤独的自测

根据每个句子是否准确地描述了你或你的情况,指出T(是)与F(否)。如果一个题目因你目前还没卷入这种情况而不适用,就答F。

① 我对家人感觉亲近;
② 我有一位能与其讨论我的重要问题和烦心事的恋人或配偶;
③ 我觉得自己确实与生活于其中的更大团体没有多少共同点;
④ 我很少接触家人;
⑤ 我与家人相处得不好;
⑥ 我正卷入一种恋爱或婚姻关系,双方都衷心努力合作;
⑦ 我与直系家族中的多数成员有不错的关系;
⑧ 我认为当需要时,我不可能向生活在我周围的朋友求助;

⑨ 我生活的团体中没有人关心我；
⑩ 我让自己亲近朋友；
⑪ 从恋人和性伙伴那儿我很少得到所需要的安全感；
⑫ 我对生活中的团体及街坊有归属感；
⑬ 在我居住的城市中，我没有许多朋友；
⑭ 当我需要时，没有任何邻居会帮我；
⑮ 我从朋友那儿得到许多帮助和支持；
⑯ 我的家人很少真正听我讲话；
⑰ 只有少数朋友以我希望被理解的方式来理解我；
⑱ 当我有麻烦时，我的爱人或配偶能感觉到并鼓励我说出来；
⑲ 我觉得在目前的恋爱或婚姻关系中自己有价值并被尊重；
⑳ 我知道团体中谁分享我的观点及信念。

本量表[孤独分类量表-大学生版（Differential Lonelines Scale-Student Version I）]是为测量以下四种情境中的孤独而设计的：友谊、与家人的关系、爱情-性关系、与较大群体的关系。记分方法是，符合下列情况记1分。

友谊亚量表：8-T, 10-F, 13-T, 15-F, 17-T。

与家人的关系亚量表：1-F, 4-T, 5-T, 7-F, 16-T。

爱情-性关系亚量表：2-F, 6-F, 11-T, 18-F, 19-F。

与较大群体的关系亚量表：3-T, 9-T, 12-F, 14-T, 20-F。

总量表中大学生的平均分数通常为5—6分，分数越高表明孤独程度越高。分别计算四个亚量表的得分，你会发现生活中哪些方面你最有孤独的问题[①]。

五、幸福[②]

愤怒、恐惧、焦虑、偏见、人格障碍、情感障碍、神经症……你是否认为心理学是专门为研究受害者和消极情绪而存在的科学呢？美国当代著名心理学家马丁·塞利格曼（Martin Seligman）曾注意到，在对人类情绪的研究中，约95%是关于抑郁、焦虑、偏见等负面情绪。在对精神疾病的了解和疗法取得巨大进步的同时，稍有偏离心理学积极向上的一面。

"幸福学"是近年来很火热的一个词，也是数十年来心理学界一个热门的研究领域。哈佛大学有一门"幸福课"（见图4-6），是哈佛大学选修人数最多、最受欢迎的选修课之一。许多学生说，这门课程改变了他们的一生。哈佛大学"幸福课"声名远扬，已经被中国网站购买并制作成视频公开课。中国学生接踵而至，在网络上一集集地细细

---

① [美] Jerry M. Burger：《人格心理学（第七版）》，陈会昌等译，中国轻工业出版社2010年版，第204页。
② 根据以下文献改编。郑雪、严标宾、邱林等：《幸福心理学》，暨南大学出版社2004年版，第52—199页。

听讲。

"幸福课"的确切名称是"积极心理学"。积极心理学认为,心理学不仅仅应对损伤和缺陷进行研究,也应对力量和优秀的品质进行研究;治疗不仅仅是对损伤和缺陷的修复与弥补,也是对人类自身所拥有的潜能、力量的发掘;心理学不仅仅是关于疾病或健康的科学,也是关于工作、教育、爱、成长和娱乐的科学。

图4-6　哈佛大学"幸福课"教授泰勒·本-沙哈尔
(资料来源:http://www.tklife.com.cn/home/space.php?uid=196538&do=blog&id=68945)

幸福到底有多大的魅力呢?情绪和人际关系怎样影响我们的幸福感呢?

(一)幸福的概述

幸福很难有一个明确的定义。不同的人可以从不同的角度去探讨,中国14亿人口可能就有14亿种回答。幸福的意义也是哲学的一大命题,古今中外的哲学家们的结论也各不相同。例如,儒家的幸福观把人的感性生活与道德修养对立起来,以为有德性修养的人才能拥有幸福,所谓"存天理,灭人欲",讲的就是这个观点。道家主张幸福是清静无为、顺其自然,避开尘世去过原始质朴和自由自在的田园生活。西方理性主义哲学家认为,人生目的和幸福在于按理性命令行事,而感官的享受和快乐只会玷污理性,荒废人生。正如苏格拉底曾说:"未经思考的人生是不值得过的。"与理性主义的幸福观相反,感性主义的幸福观强调幸福的主要源泉是感性而不是理性,认为人的幸福就在于人的感性生活,在于感性欲望的满足与快乐,这些满足与快乐本身就是道德的。

我们每个人的幸福观念不同,但是当一个人说"我感到幸福"的时候,我们都能够明白是一种快乐、满足、甜蜜、享受等情绪混合在一起的美妙体验。在积极心理学领域,心理学家将幸福定义为"主观幸福"。主观幸福有如下特点。

第一,主观幸福存在于个体的经验之中。对自己是否幸福的评价主要依赖于个体内定的标准,而不是他人或外界的准则。尽管健康、金钱等客观条件对幸福感会产生影响,但它们并不是幸福感的内在的和必不可少的部分。

第二,它不仅是指没有消极情感的存在,还必须包含积极的情感体验。

第三,它不仅是对某一生活领域的狭隘评估,还包括对生活的整体评价。

主观幸福感包括认知评价和情感。认知成分,即生活满意度,是指个体知觉到的期望与成就之间的差异。情感成分是指积极情绪与消极情绪之间的平衡。幸福的人对他们的生活事件和生活环境所作的评价多为正面的,而不幸福的人认为他们的生活事件和生活环境大多数都是有害的或不利于实现其目标的。生活满意度是指人们将其生活看作一个整体时,对其生活质量作出的一个整体性判断。情感平衡则是人们所体验到的积极情感与消极情感的差量。

（二）幸福感产生的心理机制

1. 自尊与人际比较

自尊是个体对其社会角色进行自我评价的结果，这种评价有时通过人与人之间的比较形成。自尊和幸福的关系很紧密。强烈的自尊心既可能导致主观幸福感的上升，也可能取得相反的效果。这是自尊的不同类型与人际比较的关系所导致的。

自尊分为三类，即依赖型、独立型和无条件型。

（1）依赖型自尊

这类人的价值感由他人决定。这类人喜欢也需要别人的正面反馈，不断评估别人是怎么看待自己的，把外界的评估当作自我感。他们的成就感来自与他人的比较，并且有完美主义的倾向。他们寻找真理只是为了证明自己是正确的，保护自己免受批评，免受负面评价。《白雪公主》中恶毒的皇后就有典型的依赖型自尊，她每天都要听魔镜夸赞她的美貌，以此来获得自我价值。一旦外界对她的评价不那么高了，她便对别人产生强烈的敌对情绪。没有人能够不受他人想法的影响，不与别人做比较，每个人都会有依赖型自尊，只是程度不同。

（2）独立型自尊

这类人的价值感不取决于他人，而是用自己的标准评估自己。他们虽然会参考和听取其他人的意见，但最终还是自己说了算。他们的成就感不与他人比较，而是与自己比较。他们也会不断寻找比较的对象，但其动力是找到自己真正想要的并取得进步。他们追求的是自我实现和真理。

（3）无条件型自尊

这类人的价值感不取决于他人的评价，也不取决于自我评价。他们有充分的自信，不参与任何评价。他们的成就感不与别人比较，也不与自己比较。无条件型自尊与佛教中的超然境界相联系，并不意味着冷漠和回避他人感情。事实上，无条件型自尊让我们更加和谐、关心他人。

这三种自尊类型是依次渐成的，无法跳过前面的自尊类型直接到达无条件型自尊的自我感。自尊的循序渐进就像学走路。一开始，我们不会走。一段时间后，我们需要父母扶着走路。再后来，我们能够自己走了，但走的时候还是想着抬脚，而且觉得不安全，但我们是独立的。最后，我们会自然地走路了，不用再想着抬脚。类似地，我们刚出生时，没有自我感。一段时间后，自我感依赖于他人的评价。然后我们变得独立，不受他人影响，试图坚持主见，但还是不断地自我评估和比较。最后，我们培养出强烈的独立感，实现无条件型自尊。

独立型和无条件型自尊具有稳定性，依赖型自尊则不稳定。自尊稳定的人更容易对自己与别人都更宽厚、仁慈和坦率，也更容易感受到幸福。自尊不稳定的人则容易产生敌对情绪，从而导致困苦。

2. 心理适应

心理适应有时也可理解为暂时比较。如果说人际比较是在两个不同的个体之间进行，暂时比较则是同一个体在不同时间的比较。例如，将个体目前的状况与一年前进行比较就是一种暂时比较。暂时比较认为，个体过去的生活为将来的各种生活事件建立了一种比较的参照标准。因此，它应是幸福感比较理论的一种核心思想。根据这种理论，我们可以推断，当个体判断他的生活条件比过去更优越时就会体验到幸福感。

然而，不只是与过去比较会影响幸福感程度，与未来比较也会对幸福感产生重要的影响。对未来事件的期待，无论这种期待是对自身能力等方面的内部期待，还是对财富等方面的外部期待，都可能影响目前的幸福感程度。

在探讨心理适应时，我们还必须提及另一种特殊的比较方式——有目的的比较。这种比较是指个体可能将自己当前的状况与他理想中的状况进行对比。当个体达到渴望达到的状态时就会产生幸福感。实际上，大多数对幸福感的研究都隐含着对需要、理想、愿望和目标的满足。有目的的比较模式认为，幸福感建立在现实与期望的基础之上。当现实达到期望的要求时，满意度和幸福感水平更高；当现实达不到期望的要求时，幸福感水平更低。从这一角度推测，高期望会阻碍幸福感，因为它会导致现实与理想之间的巨大差距。

总之，无论是人际比较还是心理适应对幸福感的影响，其关键问题是找到一个用于比较的参照标准。可以说，主观幸福感实际上等于现实条件与某种标准的比较。现实条件高于标准时，主观幸福感就高；现实条件低于标准时，主观幸福感就低。由于标准具有相对性，所以不同的标准就产生不同的比较。

3. 归因

归因是指个体对他人和自己的某些属性或倾向与行为进行结果分析，推论其内在原因的过程。社会心理学相信，每个人的行为必有其原因，而且原因可以是多种多样的，或者决定于外界环境，或者决定于主观条件。如果推测个体行为的根本原因是来自外在的事物，如周围环境、工作差异、社会关系、与他人的交往、物质财富、考试成绩、身材长相、运气等，这种归因称为外归因，又称为情境归因。如果判断个体行为的根本原因是个体本身的特点，如兴趣、动机、态度、心境、性格、能力、努力程度、道德水平、自我目标实现等，这种归因称为内归因，也称为个人倾向归因。

心理学家沙赫特（Schacht）曾做过一个非常著名的情绪归因论实验。他把大学生分成三组，各组事先都接受肾上腺素的注射（不告诉他们药物名称），给第一组以药物效应的正确资料，告诉他们将会产生心悸、手颤、脸面发热等现象；给第二组以药物效应的错误资料，告诉被试注射后身上有些发痒，手脚有些发麻，此外无兴奋作用；对第三组不做任何说明。然后，让三组被试分别进入两种实验性的休息情境：一是惹人发笑的情境（有人进行滑稽表演），二是惹人发怒的情境（强迫要求回答一些烦琐的问题，加上吹毛求疵、横加指责）。结果发现，虽然三组被试都因药物激起同样的生理变化，并且处于同样的两种刺激情境中，但第二组与第三组被试大多感到或表现出更加积极的情绪，如欢快，或消极的情绪，如愤怒，第一组被试由于已经预知药物的效应则不显示出愉快或愤怒。研究者认为，人对自己状态的认知和归因，对情绪反应起着主要作用，甚至是决定性作用。

主观幸福感存在差异的一个根本原因是人与人之间归因风格的不同。抑郁的个体把消极事件归因为内在的、整体的和稳定的原因，并且倾向于把愉快的生活体验解释成外部的、特殊的和可以改变的原因。快乐的个体则把积极事件归因为内在的、整体的和稳定的因素，并且对消极事件进行解释时不会涉及这些因素。

另有研究表明，把成功归因为能力、努力等内部因素，能使人感到满意和自豪；把成功归因为任务难度、运气等外部因素，能使人产生意外的和感激的心情。把失败归因为内部原因，会使人感到内疚和无助，从而增加消极情感；把失败归因于外部原因，则可以减轻消极情感。把成功归因为稳定因素（如能力强），或把失败归因于不稳定因素（如运气不好），也可以增加积极情感；而把成功归因于运气好等不稳定因素，或把失败归因于能力弱等稳定因素，则会增加消极情感。

（三）人际关系与幸福感

心理学家认为，社会关系是影响幸福感的主要因素之一，主要包括婚姻关系、家庭关系、朋友关系、同事关系、邻里关系等。良好的社会关系可以增加人们的主观幸福感，不良的社会关系则会降低主观幸福感。社会关系具有重要的社会支持作用。社会支持可以提供物质或信息上的帮助，增加人们的喜悦感、归属感、控制感，提高自尊感、自信心、兴趣。当人们面临应激性生活事件时，还可以阻止或缓解应激反应，安定神经内分泌系统，增加健康的行为模式，从而增加积极情感并抑制消极情感，防止降低主观幸福感。

1. 朋友关系与幸福感

许多研究发现，朋友关系最有助于提高个体的积极情感，它是积极情感最普遍的一种预测来源。什么条件下的朋友关系更有助于产生幸福感？许多研究对此做了探讨，得出了颇有意义的结论。

首先，朋友关系应该是有"奖赏"的，包括情感支持、工具性支持和良好的友谊等，这有利于产生积极情感和提高生活满意度。情感支持不但指朋友间提供积极的非言语信息，还指通过认同、赞扬、鼓励、激发兴趣等方式提供言语上的"奖赏"。工具性支持表现在诸如赠送礼物，提供食物、饮料、建议和信息等方面。良好的友谊是指朋友们可以从关系中获得诸多"奖赏"，比如感到有趣和愉快、放声大笑、参加快乐的活动等。

其次，亲密的朋友关系对产生幸福感也非常有益。要想得到亲密的朋友，个体必须提高自我表露的程度，如果做不到这一点，那他将是孤独的。对一些学生的研究发现，尽管这些学生有相当多的朋友且与这些朋友相处的时间很多，但是这些学生仍然感到孤独，因为他们与朋友在一起时讨论的都是一些非个人的主题，如体育和流行音乐，而不是他们的真实感受。亲密的朋友经常有相似的信仰，对问题有相似的态度和观点，有相似的兴趣等，这样他们能相互分享，提高自尊水平，进而提高幸福感。

另外，朋友的人际网络关系还可以形成一个内群体，这对于保持个体的自我认同和自尊、提供帮助与社会支持都非常重要。

2. 婚姻关系与幸福感

家庭为家庭成员提供了物质、生活和情感方面的支持。家庭关系是否和睦对个人生活满意度有很大影响。幸福感与家庭的亲密度、适应性和沟通有关。亲密度指家庭成员之间的情感联系程度,适应性指家庭系统对随家庭环境和家庭不同发展阶段出现的问题的应对能力,沟通指家庭成员的信息交流情况。

有人说"婚姻是爱情的坟墓",似乎男女一结婚就多了责任而少了浪漫和快乐。事实真是如此吗？研究表明,已婚者总体上比独身、寡居、分离或离婚者的幸福感更高。已婚妇女报告的压力比未婚者更大,同时她们报告的满意感也更高。

婚姻是如何使人们感到幸福的？一方面,婚姻能提高个体的积极情感,尤其在婚姻的早期阶段;另一方面,已婚者对三个因素的满意度都高于其他人。这三个因素分别是工具性满意、情感满意和友谊满意。工具性满意是指当已婚者对家庭收入感到满意或当其配偶做一些家务时,他们感到最幸福。情感满意是指社会支持、夫妻亲密感和夫妻间的性交流等都会提高婚姻幸福感,当然,夫妻间的无私及配偶的快乐和健康也会提高婚姻幸福感。友谊满意是指夫妻间有着朋友般的共同兴趣和活动。幸福感高的个体比其他个体有更好的社会技能,他们更善于使用积极的副语言交流,更能建设性地处理各种冲突,因此,他们更容易获得更亲密的朋友关系和更浪漫的爱情,婚姻幸福感程度也更高。其中一个非常重要的因素是婚姻质量。

什么样的婚姻是令人满意的？什么样的婚姻质量能较好地预测婚姻是否幸福？心理学家提出12条衡量婚姻质量高低的维度。

(1) 婚姻满意度

具体指夫妻双方认为婚姻关系的大多数方面是和谐与满意的还是不满意的。这里的婚姻关系是一个比较广泛的概念,包括婚姻生活中的诸多方面。心理学家的研究表明,可以用以下10个题目来测定婚姻满意度的高低:

① 我不喜欢配偶的性格和个人习惯;
② 我非常满意夫妻双方在婚姻中承担的责任;
③ 我不满意夫妻间的交流,我配偶并不理解我;
④ 我非常满意我们作决定和解决冲突的方式;
⑤ 我不满意我们的经济地位和决定经济事务的方法;
⑥ 我非常满意我们的业余活动和我们一起度过的时间;
⑦ 对于我们夫妻之间怎样表达情感与性有关的事,我很满意;
⑧ 对于承担做父母的责任分工上,我不满意;
⑨ 爱配偶,使我更深刻地体会到上帝是慈爱的;
⑩ 对于我们的宗教信仰与价值观,我觉得很好。

这10个题目都采用五级评分制:1表示确实是这样,2表示可能是这样,3表示不同意也不反对,4表示可能不是这样,5表示确实不是这样。婚姻满意度的评定由这10个题目的总分决定,分数越高表明婚姻关系越和谐,对婚姻关系越满意;分数越低则表明对婚姻越不满意。

(2) 婚姻过分理想化

具体指夫妻双方对婚姻的评价是否过于理想化。一般而言,夫妻对婚姻的评价会出现两种倾向：一是带有浓厚的感情色彩,二是过于现实。许多研究者认为,过于理想化的婚姻容易使夫妻双方受到现实的伤害,从而变得沮丧和失望,因而它更容易存在于情侣生活中；过于现实的婚姻又容易使夫妻生活变得枯燥、沉闷,失去吸引力,从而使夫妻双方寻求婚姻咨询。美满的婚姻要以夫妻双方对婚姻生活的适当评价为前提。

（3）性格相容性

具体指配偶之间彼此接纳的程度,包括性格、习惯和一些行为,如吸烟、饮酒等。

（4）夫妻交流的和谐性

具体指夫妻间的交流,包括相互的感觉、信念和态度等,比如配偶发出与接收信息的方式是否令人满意,夫妻间相互分享情感与信念的程度,夫妻间的交流是否恰当等。

（5）解决冲突的方式

具体指夫妻对识别与解决冲突是否坦诚相见,对冲突的解决方式是否感到满意。

（6）经济安排

具体指夫妻双方经济开销的习惯与观念,对家庭经济安排的看法,夫妻间经济安排的决定方式,以及对家庭经济状态的评价。

（7）业余活动

具体指夫妻双方对业余活动的安排及满意度,涉及业余活动的种类是集体性的还是个体性的,是主动参与还是被动参与,是夫妻共同参加还是单独活动等方面。还包括夫妻对业余活动的看法,是应该夫妻共同活动好,还是应保持相对的个人自由好。

（8）性生活

具体指夫妻情感表达、性问题交流的程度,对性行为的态度,以及是否生育子女等方面。

（9）子女和婚姻

具体指对夫妻双方担任父母角色的满意度,对生育子女的看法,对管教子女的意见是否统一,对子女的期望是否一致等。

（10）与亲友的关系

具体指与双方亲友一起度过的时间量,对与亲友一起活动的评价,是否与亲友间存在潜在的冲突,以及亲友对该婚姻的态度等。

（11）角色平等性

具体指家庭角色、性角色、父母角色和职业角色等。

（12）信仰一致性

具体指夫妻双方有关婚姻的宗教信仰及对夫妻双方宗教信仰的评价。一般而言,这种宗教信仰是较传统的,若夫妻双方对这种信仰的评价不一致,可能导致夫妻关系发生冲突。

3. 同事关系与幸福感

员工与管理人员、同事之间的关系融洽最能提高员工的工作满意度。人们发现,在繁忙的装配线上或在吵闹的工厂里,员工们相互交流的机会很少,小团体中的成员则容易形成亲密的团体关系。当员工们隶属于那些由于合作或近距离接触而产生的亲密团体时,他们的工作满意度更高。这是因为在这种团体中,成员之间容易产生大量的交流,包括相互竞争、开玩笑、闲谈等,这些交流有助于提高他们的工作满意度。

员工间的这种交流不但有利于提高员工的工作满意度,而且会导致他们之间更多的合作、相互帮助,产生更高的生产力。在合作水平较高或者员工可以自由安排工作的小团体中,员工的主观幸福感都很高。其主要原因是来自团体的社会支持,它可以减轻员工的工作压力,从而间接提高他们的幸福感。

员工与主管的关系不好是导致他们工作不满意的一个因素。员工与主管之间比与其他人之间会产生更多的冲突。主管可能会要求员工更积极地工作,可能会被员工认为不公正,并且主管的薪水和地位更高,工作条件也更好。但是,主管也能够为员工提供大量的利益,进而提高员工的工作满意度。主管能解决工作中的问题,能够为员工提供奖赏,营造良好的社会氛围,也可以降低他们工作中的压力。因此,主管工作的一个主要方面是为他的员工提供服务,这恰恰是员工工作满意感的一个有效来源。

（四）提高幸福感

我们可以通过积极增加社会交往、与他人进行信息交流和情感沟通来提高幸福感。美国学者贝斯(Bails)认为,在人际沟通时人们常常借助其动作来进行。他将人际沟通的动作分为12种:

① 追求团结一致,提高对方的地位或表示支持对方的意见;
② 镇静,与所有的人都容易相处,并且表现得毫无拘束,常面带笑容,显示满意的表情;
③ 表示同意、默认;
④ 给予指示或发出指示,但表现得彬彬有礼;
⑤ 提供意见,批评并分析意见,表明意图和感情;
⑥ 提供信息,介绍情况,解释清楚;
⑦ 需求信息,请求重复问题(采取强硬的办法或温和的态度);
⑧ 询问意见,要求得到评价与分析,求得对方的明确表示,尤其关注对自身行动的评价;
⑨ 请求告诉各种可能的行动方式;
⑩ 消极地拒绝意见,不予帮助,表示不同意;
⑪ 显露紧张及不满情绪(受压抑、情绪不安、受挫折);
⑫ 表现出攻击行为,贬低对方的地位,肯定自己。

上述行为包括积极和消极两种。在人际传播过程中,人们应该尽可能地采用积极的方式,减少消极方式的使用,这样才能提高传播的有效性,也更可能建立友好和谐的人际关系。

有心理学家提出,要获得良好的社会支持,可以有以下做法:

① 和幸福的人在一起;
② 和朋友在一起;
③ 让人们对你所说的话感兴趣;
④ 吸引异性的注意;
⑤ 照顾别人;

⑥ 做一次率直和开放的谈话；
⑦ 向别人表达自己的爱；
⑧ 感觉到别人的爱；
⑨ 和心爱的人在一起；
⑩ 在众人面前受欢迎；
⑪ 和朋友一起喝咖啡、饮茶；
⑫ 感激或赞扬别人；
⑬ 做一次快乐的谈话；
⑭ 听听收音机；
⑮ 探望老朋友；
⑯ 给别人提供帮助或建议；
⑰ 使别人快乐；
⑱ 和异性同事建立良好的关系；
⑲ 拜访新的同事。

六、积极情绪与利他行为

利他行为是一种美好的、理想的人际关系。社会学奠基者孔德对利他行为做过最初的描述：利他行为是用来涵盖所有与攻击、欺骗、谋害等否定性行为相对立的一类行为。利他行为包括同情、协助、善举、分享、捐款、救难、自我牺牲等；符合人类群居之间的相互合作关系；同大自然作斗争，就要依靠集体的力量才能获得最大的自身利益。

利他行为带有明显的情绪色彩，利他行为产生的情绪包括移情、爱和快乐的心境。

（一）移情

移情这个概念最早是由英国心理学家铁钦纳（Titchener）于1909年提出来的。他认为，人不仅能看到他人的情感，还能用心灵感受到他人的情感。他把这种情形称为移情。美国心理学家马丁·霍夫曼（Martin Hoffmann）认为，移情是指对别人情绪的觉察引起自己产生相应的感情。移情是人与人之间互助的心理缘由之一，甚至是助人的前提条件。一旦产生移情，我们往往会采取积极的行动。

移情的对象可以是人，也可以是物。一般认为，移情最容易发生在同一类人之间，如同胞、同乡、同性别的人。例如，喜欢交际的人经常会说"朋友的朋友也是我的朋友"，这是把对朋友的情感迁移到相关的人身上。在现代广告中，利用名人做广告，就是一种移情效应，设法把公众对名人的情感迁移到自己的产品上来或者迁移到自己组织的知名度上来，是公共关系活动常用的手段。

移情与人际传播中利他行为的关系一直被研究者所重视。霍夫曼认为，道德的源头可以从移情方面去找。移情于潜在的受害者，即将心比心，感受他人的痛苦、危险，将推动人们行动起来去伸出援手。那些缺乏移情能力,以至于铁石心肠、丧心病狂的人更容易犯罪。有人考虑用心理治疗——发展罪犯的移情态度和能力,来矫正他们的犯罪动机。结果,接受移情训练的罪犯出狱后的重新犯罪率比未接受移情训练的罪犯下降50%。对受害者产生移情可改变罪犯的观点,使他们哪怕在幻想中也难以给受害者造成痛苦。移情训练可以弱化他们重新犯罪的动机[①]。

(二) 爱

爱不是一种单一的情绪体验,而是复杂的混合情绪。爱是一种情绪、一种态度、一种"给予"的人格倾向和具有创造性的力量。美国心理学家阿尔波特(Allport)认为,充满爱的给予对给予者来说很有治疗作用。对他人关心的实践会有助于解除自身的痛苦。爱包括慈爱、友爱、情爱和博爱等,爱与利他行为密切相关。

1. 慈爱

慈爱主要指的是长辈对子孙后代的爱。慈爱的基础是亲近。母亲对婴儿肉体上的亲近会大大促进母子间的依恋。慈爱是生存所需要的一种爱,它给人以面对生活的勇气。如果没有这种爱,儿童发展就会异常,甚至夭亡。慈爱既是一种需要给予的爱,也是一种需要获得的爱。不仅孩子需要父母的慈爱,害怕离开父母慈爱的保护,而且做父母的也试图"拥有"他们的孩子。

2. 友爱

友爱是朋友间的爱。所有的友爱都含有某种程度的契合,即具有共同或相似的志趣和爱好。友爱对于儿童的健康发展是必要的。它可以部分校正和补充早期缺少的慈爱。大多数友谊建立在精神和智力亲近的基础上,因而朋友间总是互相帮助。

3. 情爱

情爱或性爱是人与人之间的爱。一般的情爱产生于符合自己想象中理想美的人。当然,情爱并不限于肉体美,也包括精神美。性爱渴望与对方完全融合,与其结合在一起。因此,性爱在本质上是排他的、自私的,而不是类化的。许多小说描写为了情爱而献身的利他行为。心理学家和哲学家埃里克·弗洛姆(Erich Fromm)认为,爱情不仅是一种感情,而且是意志、献身、利他行为。

4. 博爱

博爱是对全人类的爱,表现为对人类的责任感、尊敬、爱护及了解。博爱的特性是非排他性的,认定人人平等,对所有的人一视同仁,而不管地位、能力和个人发展方面的偶然差异。有心理学家甚至认为,博爱把爱护与创造力结合起来,为了爱一个不值得爱的人,有时会促使他们变为值得爱的人。这种为宗教所倡导的博爱,拥有各种各样的名称:基督教徒的"圣爱",印度教瑜伽派的"不伤生"和社会正义,佛教的"慈悲"等。

虽然宗教信条提倡博爱,但许多人相信有宗教信仰的人并不比无宗教信仰的人有更多

[①] 孔维民:《情感心理学新论》,吉林人民出版社2002年版,第289—328页。

的利他行为。一些研究结果显示，教徒较不关心对少数民族的公平和正义，并且在"对他人真诚的爱-同情-怜悯"方面，其他人对教徒的评价也不高。因此，以个人的宗教信仰来预测其利他行为是不妥的。

同样，仅凭一个人是孩子的父母或朋友、夫妻的一方来预测其对孩子或对朋友、夫妻的利他行为也不一定是可靠的。从科学研究的角度来看，只有发展出具有信度和效度的测量爱的工具，才能进一步确定爱与利他行为之间的明确关系。

（三）快乐的心境

心境是一种比较微弱、持久且具有渲染性的情绪。快乐的心境能够提高我们的助人潜力。快乐时，我们自身的需要得到他人的支持、鼓励和帮助，从而产生对他人和集体的信任和尊重。我们都知道在请人帮忙前尽量让他高兴，甚至是片刻的高兴也会得到预期的帮助；相反，别人不高兴的时候则可能难以求得帮助。

心理学家做过一个试验以检验短暂快乐与利他行为的关系。在试验中，被试组走进公共电话间打电话都能捡到一个银币，控制组则捡不到银币。刚刚离开电话间，两组人都看到某人在街上掉了一些报纸，他们都有机会去帮助他捡起报纸。测试结果是，控制组几乎没有一个人帮忙，而所有捡到银币的被试因为愉快都去帮了忙。心理学家让一些被试阅读一些描述愉快心情的资料，让另一些被试阅读描述不愉快心情的资料。结果发现，阅读后，前者比后者有更多的利他行为。

可见，拥有快乐的心境会不自觉地向他人表达善意，别人自然会更喜欢你，交流也会更为顺畅。人们常说，爱笑的女生运气都不会太差，一方面是因为别人喜欢看到笑脸；另一方面，爱笑的人总保持快乐的心境，相对来说也更愿意做利他行为，因此能够博得别人的关照和喜爱。保持微笑并非是女生的专利，无论什么性别和年纪，我们都希望与拥有快乐心境的人交往[1]。

七、情商

（一）情商的概述

情商也叫作情绪智力。概括地说，情商是指能够理解自己的感受，共情于他人的感受，并且能妥善调节和控制自我情绪以改善生活的心理素质与能力。情商的概念由美国耶鲁大学的彼得·沙洛维（Peter Salovey）和新汉普郡大学的约翰·梅耶（John Mayer）教授在1990年共同提出。情商是在与人交往、生活控制、理智思考和行为决策方面的关键工具，影响着一个人的事业和人际关系成败。

情商包括五个方面的能力：自知、自控、自励、共情和社交技能。

---

[1] 黄希庭：《人格心理学》，浙江教育出版社2002年版，第513—519页。

(1) 自知

自知是能准确地识别、评价自己的情绪,及时察觉自己情绪的变化并归结情绪产生的原因。具体来说,包括准确识别情绪,包括情绪对象特征、情绪强度特征、情绪时间特征和情绪变化特征;准确识别情绪原因,准确归因,包括能准确识别自己的需要特征、动机特征和自己的角色特征;准确识别环境关系,包括自己与他人的关系,自己所处的任务目标特征和环境的结构特征。

(2) 自控

自控是适应性地调节、引导、控制和改善自己的情绪,使自己摆脱强烈的焦虑忧郁,能积极应对危机,并且能增进实现目标的情绪力量。自控包括自我监督、自我管理、自我疏导、自我约束和尊重现实。尊重现实包括尊重自己的现实、他人的现实和周围环境的现实。

情绪的自控不是压抑和忘却自己的情绪,因为压抑情绪会导致负面情绪的爆发。情绪的自控是有目的地疏导自己的情绪,例如在情绪低落的时候鼓励自己,在焦虑的时候调整自己,在十分愤怒的时候有节制地、有效地表达愤怒。

(3) 自励

在情绪低落时拥有充满希望、保持乐观的态度是一种能力,这种能力便是自励。自励是利用情绪信息来整顿情绪并调动自己的活动,确立和实现目标。

(4) 共情

共情是对他人的情绪有敏感性,是理解他人的需求并改变自己行为的基础。具体来说,共情要求人们设身处地考虑他人的感受和行为原因,理解和认可他人与自我的差别,在同与自己的观念不一致的人相处时能具备换位思考和高位思考的能力与习惯。只有换位思考,才能做到"己所不欲,勿施于人";只有高位思考,才能做到"欲穷千里目,更上一层楼"。

(5) 社交技能

社交技能是综合处理情绪的能力,包括妥善处理人际问题、与他人和谐相处。社交技能涉及情商的各个方面[1]。

(二) 情绪的体察

在我们进行人际传播时,满足他人的正常情感、情绪需要尤为重要,这是人际交流的基本任务。人人都需要在人际交流过程中获得基本的情感需要,如自尊、友爱、理解和自我表现。对情绪的体察是制定传播对策的基础之一。

1. 体察心境

一个人在心境良好的情况下,往往表现得和气、热情、宽容和耐心,这是人际传播的良机。一个人在心境不好的情况下,往往表现得急躁、厌烦、粗鲁和冷淡,这显然不利于人际传播。在人际传播时,心境的好坏牵涉到传播者和受传者两方。

---

[1] [美] Loren Ford:《人际关系——提高个人调适能力的策略(第四版)》,王建中等译,高等教育出版社2008年版,第123—147页。

体察心境需要解决两个问题,一是如何在对方心境良好或不好的时候进行沟通,二是如何在自身心境良好或不好的时候进行沟通。具体来说,在自己心境良好的时候要善于体察他人心境的好坏。如果他人心境同样良好,不妨抓住时机进行沟通。如果他人心境不好,则需要调整自己的沟通策略。如果在此时硬是直接沟通,则需做好"引火烧身"的思想准备。另外,在自己心境不好的时候,应及时、有效地进行自我情绪调节,以免不良心境带来的不良沟通结果。

2. 体察激情

体察激情是指体察他人是否开始进入积极的情绪状态,以及这种情绪的发展趋势、产生的原因和可能导致的后果。一般来说,激情容易在以下几种情况下发生:渴望发生的事情终于发生,最怕发生的事情终于发生,毫无准备但与自己有直接关系的事情发生,与自己预料恰恰相反的事情发生,能激发公众强烈爱憎的事件发生,意外发生的重大事故或变故。

在体察激情的过程中,要特别注意两个方面的问题。一是当对方处于愤怒、发泄的激情时,要保持头脑冷静、以静制动,在理解的基础上说理和劝服,以真诚的态度进行沟通。二是当传播者与受传者双方发生尖锐矛盾、不利于进一步沟通时,应考虑暂缓交流,请第三方代替交流[1]。

3. 自我情绪体察的方法

第一,要明白自己的感受,并且尽量客观地看待自己的感受。我们可以问自己:"我现在的情绪是怎样的?这是一种消极情绪还是积极情绪?我为什么会产生这种情绪?"

第二,要知晓你的这种情绪是否是自己真实的情绪。如果情绪不是真实的,那么你会给自己的身体和精神增加压力。例如,尽管你内心很生气,但表面上却云淡风轻地微笑着。情绪的表达兼有语言和副语言传播,别人很可能发现你的两种语言有矛盾,因此对你产生不好的印象。如果你压抑自己的情绪而没有真实地表露自我,让人觉得言不由衷,那就得不偿失了。因此,需要问问自己:"我究竟要表达什么?我现在的言行与我的内心相符吗?"

第三,确认自己的现有情绪后,要考虑的问题是这种情绪与他人的关系。我们可以问自己:"他人怎样看待我的情绪?我的情绪表达的程度是不足还是过度?我产生这种情绪的理由正当吗?我的这种情绪会引发什么后果?"

第四,思考怎样才能实现自己的传播目的,什么是正确的、道德的传播方式,即从有效性和道德性两方面对自己的情绪进行评估与调整。我们可以问自己:"我应该如何调整自己的情绪,既有一定的真实自我表露,又不伤害他人?"

(三)情绪的表达

情绪的表达是指一个人情绪的外在表现。情绪表达的功能在于释放情绪所造成的压力。情绪的表达似乎是天生的,我们不需要别人教我们怎么哭、怎么笑,我们生来就带着啼哭声。在进行情绪表达时可能会伤害别人和自己,例如对他人使用污秽的言语或者暴力,这

---

[1] 姜琳编著:《交流心理学》,清华大学出版社2008年版,第173—174页。

不仅不能消除负面情绪,还会将这种情绪传染给他人。

1. 影响情绪表达的因素

(1) 认知

对于事件的认知会直接导致你的情绪反应。例如,你给好友发短信,他却迟迟不回复,你此刻甚至在一段时间里的情绪将取决于你对这件事的看法。如果你认为他是故意冷落你,你会失望和生气;如果你发现由于手机信号问题,他并没有收到你的短信,你会很平静;如果你知道他的父亲刚刚去世,你会对他表示同情。

(2) 文化

不同的文化对于情绪的理解和表达有所不同。例如,日本人通过看对方的眼睛来判断他人的情绪,美国人则通过看嘴巴。某些情绪是有文化特异性的,即这些情绪只有在某些文化中才拥有,或者这些情绪在一种文化中被着重强调。例如,伊法鲁克(Ifaluk)文化(位于太平洋上的麦克罗尼西亚群岛)中存在一种叫作"fago"的情绪,它相当于情、爱和悲伤的混合情绪。对伊法鲁克文化的人来说,"fago"是很容易被理解的一种常见的基本情绪,但对这种文化以外的人来说,它则是一种复杂的混合情绪[1]。

(3) 社会环境

社会环境对于情绪表达有着很大的影响。美国西部牛仔就不善于表达情绪,他们身强体壮但沉默寡言,更不会流露出一点软弱(如哭、委屈、害怕、同情),也不为自己感到难过。这种反对情感表达的状态被称为"牛仔综合征"。

其实"牛仔综合征"不仅限于美国,它已经跨越国界。很多男性在小时候被要求"不哭",要做"男子汉大丈夫"。这些教育理念就是在鼓励男性压抑和承受消极情绪。在他们踏入社会后,一旦呈现出其真实情感,会或多或少地受到社会的负面评价,例如觉得他们软弱、无能、不够男人。虽然男性和女性的情绪相似,但表达的方式和程度有所不同。与男性相比,女性对情绪的变化很敏感,更愿意也更经常表达情绪。女性更喜欢表达为社会所接受的情绪,如微笑。女性更善于表达喜悦,也更爱哭。男性则更容易表达愤怒和挑衅。

现在,"牛仔综合征"已经跨越性别。现代社会中,女性的社会地位越来越高,处于管理层的女性被迫患上"牛仔综合征"。尤其当她们工作的时候,她们自觉地拒绝表达软弱的情感,以显示自己的能力和领导风范[2]。

2. 情绪表达的技巧

(1) 准确运用情绪词汇

语言是表达情绪的重要工具。如果词不达意,很有可能无法向对方传达准确的情绪,从而造成人际传播失效,或者造成反效果。准确运用情绪词汇清单是进行人际沟通的基本要求之一。

---

[1] [美] James W. Kalat、Michelle N. Shiota:《情绪》,周仁来等译,中国轻工业出版社2009年版,第49页。
[2] [美] 约瑟夫·A. 德维托:《人际传播教程(第十二版)》,余瑞祥等译,中国人民大学出版社2011年版,第196—197页。

下面给出了一份用来表达情绪的词汇清单。它以普拉契克界定的八种基本情绪为基础，每种情绪都用不同词汇具体描述情绪强烈程度。请先确认你是否熟悉和掌握这些词汇，然后将这些词汇按照情绪强度的高、中、低分组。

高兴：甜蜜、欢乐、满足、愉快、快乐、兴高采烈、享受、愉悦、幸福、欣喜若狂、陶醉、喜悦、欣慰、舒服。

接受：妥协、采纳、听取、佩服、屈就、承认、同意、赞成、赞许、追捧。

害怕：焦虑、担心、畏惧、顾虑、疑虑、惶恐、骇人听闻、忧虑、着急、忐忑。

惊讶：意外、惊奇、惊叹、耳目一新、难以置信、震撼、奇怪、惊吓、措手不及、始料未及。

悲伤：沮丧、抑郁、凄凉、苦恼、悲痛、孤独、忧郁、悲惨、痛苦。

厌恨：憎恨、讨厌、深恶痛绝、反感、恶心、绝望、作呕。

气愤：恶语相向、生气、郁闷、烦恼、恼怒、暴躁、愤怒、困扰、愤慨、怒不可遏、怨恨、使性子、恼羞成怒、发火、反对。

期望：关注、感兴趣、好奇、注意、吸引力、狂热、全神贯注、聚精会神、着迷[①]。

（2）表达具体化

我们常听人说："我感觉不太好。"这种表达情绪的方式是很笼统的、不清晰的。这句话的意思可以理解为"我感到内疚"、"我很孤独"、"我很沮丧"。如果你想通过向人抒发情绪来缓解压力，那么在别人连你到底为什么"感觉不太好"都不清楚的时候，该如何为你疏导和解压呢？具体地表达情绪才不至于"驴唇不对马嘴"，才能进行顺畅的沟通。

具体化还体现在我们要把情绪的强烈程度表达出来。例如，在表达气愤之时，我们可以说："我很生气，我准备下周辞职。"这么一来，别人才知道你是真的很气愤，而不是开玩笑。别人也会认真对待你的这种情绪。

另外，我们的很多情绪不是单一的，而是混合的，有时甚至有相矛盾的情绪混杂在一起。清晰地表达复杂情感尤为重要。如果我们仅说"我现在情绪复杂"，别人无法了解你的具体感受。这时，需要把自己混合而矛盾的情绪一一叙述清楚。例如，"我很困倦，不想再为这个任务而熬夜了，但我又很想把它完成得很完美，因此，我现在心情很复杂。""我很想跟他在一起，但我又怕一旦谈恋爱后我就会丧失自我，所以我很矛盾。"

情绪表达的具体化有两个小技巧。

第一，要表达情绪产生的原因。例如，"他对我时而冷淡、时而热情，因此我既失落又甜蜜。""我昨晚失眠了，所以现在有些不耐烦。"如果你的情绪是因对方而起，在向对方表达这种情绪时也最好说明原因。例如，"我很生气，因为你没有按照我们原先商量好的方案做。""我很欣慰，因为你履行了我们之间的约定。"

第二，要用第一人称表达。当你知道自己表达情绪是为了有人倾听、安慰或者提出建议时，你需要让他人知道你想要的是什么，因此，在表达情绪时最好用第一人称，以明确目的。

[①] [美] 约瑟夫·A. 德维托：《人际传播教程（第十二版）》，余瑞祥等译，中国人民大学出版社2011年版，第200—201页。

例如,"我失恋了,所以很悲伤。我想要一点私人空间,我过两天打电话给你,告诉你具体情况。""老板说我做得不够好,你能给我一些建议吗?"

即使消极情绪是由他人引起的,你仍然是自己情绪的拥有者。实际上,他人的言行和你对他人言行的理解一起组成你的情绪。我们每个人都要对自己的情绪负责。表明对自己负责的最好方式是使用第一人称来表达情绪,尤其在表达消极情绪的时候。例如,不要说"你让我很生气"、"你让我觉得自己很失败"、"你让我没有归属感"。这些表达都将自己的消极情绪全然推卸给他人,自己则成了受害者。应该将这些表达改成:"你这么晚回家还不提前给我打电话,我很生气。""当你在我的朋友面前批评我时,我感觉自己很失败。""当你在众人面前忽视我时,我感到没有归属感。"这些表达既表达了情绪产生的原因,又没有攻击对方的意思,也没有强制要求他人做出改变,因而不会招致反感。使用第一人称表述更容易让他人省悟到自己的行为是你消极情绪产生的原因,因而更容易改变他们的言行。

思 考 题

1. 简述希波克拉底对人格气质的四种分类,以及这四种人的人际传播特点。
2. 简述艾森克提出的三个人格特质维度及其含义。
3. 简述四种家庭教育态度对其子女人格的影响。
4. 引起愤怒的心理原因有哪些?我们该如何理性应对自己的愤怒情绪?
5. 分别说出10个令人喜欢及厌恶的人格品质。
6. 孤独感与孤独症的产生原因及特征有何异同?
7. 在人际交往过程中,如何准确地体察和表达自我情绪?
8. 在人际交往过程中,哪些情绪能使我们做出利他行为?
9. 有人说,水瓶座的人想法和行为极端化、情绪化,而金牛座的人事事都讲求实际合理、不识变通,因此,水瓶座的人和金牛座的人是天生的敌人,难以成为朋友或恋人。请结合心理学理论来反驳这种说法。
10. 古希腊神话中的美少年纳西索斯无视森林女神的爱慕,而疯狂迷恋上水中自己的倒影,终日孤影自赏,落得溺水而亡,化作一朵水仙花。请结合人格理论来分析纳西索斯的人格,推测他的人际交往特点。

第五章
人际传播的文化差异

学习目标

学习完本章,你应该能够:
1. 了解文化的基本概念及其内涵;
2. 熟悉文化领域的基本理论,并且能与人际传播相关理论协同使用;
3. 了解文化差异的概况、渊源及其对人际传播的影响;
4. 对跨文化人际传播的语境形成自己的理解,掌握一定的跨文化人际传播技巧。

基本概念

文化　文化差异　文化圈　跨文化人际传播

第一节　人际传播与文化概述

总的来说,文化是作为人际传播的大背景而存在的,文化自身存在的过程中如果没有人际传播的参与也是不可想象的。本节将介绍一些关于文化的基本概念,从中我们不难发现传播及其规律的痕迹。

一、文化的定义

"文化"一词,我们或许每天都会用到,却鲜有人能说清楚它所代表的准确含义。我们常说东方文化、西方文化、高雅文化、通俗文化、农耕文化、工业文化、消费文化、信息文化、社区文化、企业文化、文化沙龙、文化霸权、文化产业、文化人等,所有这些词语中的"文化"概念或许都不尽相同。事实上,"文化"一词含义非常丰富,要为其下一个广为接受、没有争议的定义,似乎既不可能也没有必要。当然,这并不妨碍学者们站在一定的角度,对"文化"这一概念提出自己的阐释。

从词语构成角度看,在中文中,"文"有"文字、文学、礼乐、制度与律法"等意义,"化"有"教化培育"的意义;在英文中,"culture"源于拉丁文cultura,原意是"对农作物的栽培养育",后来慢慢演变成"泛指人类在物质与精神方面成就的总和"[①]。

对于"文化"的系统定义,最早见于英国学者威廉斯。"文化研究的创始人雷蒙-威廉斯在1957年出版了他的第一部有影响力的著作《文化与社会》(*Culture and Society*)。在这本书中,他对'文化'概念在英国的最初定型有一个系统的解释。""威廉斯认为,英国19世纪以来'文化'概念的出现与两大社会现象有关,一是工业革命,另一是民主革命。""在人文主义看来,前面所述的两大革命体现了整个社会向机械论与暴力论发展的趋势,因此,从最初的浪漫主义文学批评家,如华兹华斯、柯勒律治等开始,就企图以一种精神的价值来对抗这种社会的痼疾,这种精神价值在19世纪中叶以前一般又是以诸如艺术、诗歌、自然、有机、生命、美德、智性、真理、创造力、教养、美的原则、永恒之物、心灵的健康等分散的概念来表述的,而缺乏一个统一的名称。"显然,威廉斯所指的"统一的名称",便是"文化"[②]。

"威廉斯曾说过,'文化'一词是英语语言中最复杂的词汇之一。现在有关文化的定义已达200多种。"关于目前比较权威的定义,《大英百科全书》引用的美国著名文化人类学专家克罗伯(A. L. Kroeber)和克拉克洪(D. Kluckhohn)的《文化:一个概念定义的考评》(*Culture: A Critical Review of Concepts and Definitions*)一书,这本书共收集了166条有关文化的定义",分为6组[③]。

(一)描述性定义

描述性定义共21条,以泰勒(E. B. Tylor)的定义为代表:"文化或文明是一个复杂的整体,它包括知识、信仰、艺术、法律、伦理道德、风俗和作为社会成员的人通过学习而获得的任何其他能力和习惯。"

这组定义"把文化作为一个整体事物来概述,因此几乎所有的定义都包含了'(复杂的)整体'和'全部'这样的词语","这组定义试图通过列举的方式把文化所涵盖的内容全部包括在内"。

(二)历史性定义

历史性定义共22条,最具代表性的是美国文化语言学的奠基人萨丕尔(E. Sapir)的定

[①] 陈国明:《跨文化交际学》,华东师范大学出版社2009年版,第24页。
[②] 黄卓越:《"文化"的第三种定义》,《中国政法大学学报》2012年第1期。
[③] 郭莲:《文化的定义与综述》,《中共中央党校学报》2002年第1期。

义:"文化被民族学家和文化史学家用来表达在人类生活中任何通过社会遗传下来的东西,这些包括物质和精神两方面。"

这组定义"强调文化的社会遗传与传统属性","从历史角度出发选择了文化的一个特性——'文化遗传'或'文化传统'来对文化进行阐述"。

(三) 规范性定义

1. 强调文化是规则与方式的定义

第一类规范性定义共22条,具有代表性的是美国人类学大家威斯勒(C. Wissler)的定义:"某个社会或部落所遵循的生活方式被称作文化,它包括所有标准化的社会传统行为。"

威斯勒的"'某个社会所遵循的生活方式'为这一类定义套上了固定的模式。'方式'一词所具有的含义是:共同或共享的模式;对不遵守规则的制裁;行为怎样表现;人类活动的社会'规划'"。这类定义"几乎都涵盖了一个或多个这样的内容"。

2. 强调文化中理想、价值与行为因素的定义

第二类规范性定义共6条,主要包括托马斯(W. I. Thomas)的定义:"文化是指任何无论是野蛮人还是文明的人群所拥有的物质和社会价值观(他们的制度、风俗、态度和行为反应)。"

这类定义"核心是强调文化的本质就是价值观"。

(四) 心理性定义

1. 强调文化是调整和解决问题的方法、手段的定义

第一类心理性定义共17条,比较有代表性的定义中,萨姆纳和凯勒(W. G. Sumner & A. G. Keller)的定义指出:"人类为适应他们的生活环境所做出的调整行为的总和就是文化或文明。"福特(Ford)指出:"文化包括所有解决问题的传统方法。"

这类定义"专门提出'文化是人类为适应外界环境和其他人群所使用的一整套调整方法',是非常有益的",但"忽略了一个事实,即文化在创造了需求的同时又提供了满足这些需求的方法"。"这一组定义的另一个缺陷是,这些学者只关注文化为什么存在和文化是怎样形成的问题,却忽视了解释文化是什么的问题。"

2. 强调学习的定义

第二类心理性定义共16条,包括威斯勒的定义:"文化现象被认为是包含所有人类通过学习所获得的行为。"拉皮尔(R. T. LaPiere)的定义:"一个文化是一个社会群体中一代代人学习得到的知识在风俗、传统和制度等方面的体现;它是一个群体在一个已发现自我的特殊的自然和生物环境下,所学到的有关如何共同生活的知识的总和。"

这类定义"都竭力强调学习因素在文化中所占据的重要地位,他们的论点几乎都源于心理学中的'学习理论'"。但"大多数学者都强调文化中学习这一非遗传因素的重要性,因此忽略了文化的其他特性"。

3. 强调习惯的定义

第三类心理性定义仅3条，包括"托泽、扬和以《社会结构》一书驰名学术界的美国人类学家默多克（G. P. Murdock）的定义"。其中，默多克的定义是："文化是行为的传统习惯模式，这些行为模式构成了个人进入任何社会所应具备的已确定行为的重要部分。"

4. 纯心理性的定义

第四类心理性定义仅2条，包括罗海姆（C. Roheim）的定义："对于文化我们应该理解为是所有升华作用、替代物，或反应形成物的总和。"卡茨和尚克（D. Katz & R. L. Schanck）的定义："社会是指人与人之间和人与他们所生活的物质社会之间所存在的共同的客观关系。它常与文化概念相混淆，而文化是指人与人之间所存在的态度关系。文化之于社会就如同个性之于生物体。文化概括了一个社会的独特的制度内容。文化是指在一个特定社会环境下发生在个人身上的事情，而这些发生的事情是因人而异的。"

这两个定义"从心理学的角度强调文化概念，而且完全使用文化人类学和社会学主流思想以外的词语来描述文化"。

（五）结构性定义

结构性定义共9条，以奥格本和尼姆科夫（W. S. Ogburn & M. F. Nimkoff）的定义为代表："一个文化包括各种发明和文化特性，这些发明和特性彼此之间含有不同程度的相互关系，它们结合在一起构成了一个完整的体系。围绕满足人类基本需要而形成的物质和非物质特性使我们有了我们的社会制度，这些制度就是文化的核心。一个文化的结构互相联结形成了每一个社会独特的模式。"

这组定义"把文化定义带进了一个更深的层面"。首先，从描述性定义"主要以列举文化各要素而最终归成'综合体'的方式来定义文化"，发展到"把文化定义成'可分隔的但相互又有结构性联系的各要素的组合'"；其次，这组定义"都明确指出文化是一个抽象的概念"。

（六）遗传性定义

1. 强调文化是人工制品的定义

第一类遗传性定义共20条，其中，福尔瑟姆（G. J. Folsom）的定义最具代表性，他指出："文化不是人类自身或天生的才能，而是人类所生产的一切产品的总和，它包括工具、符号、大多数组织机构、共同的活动、态度和信仰。文化既包括物质产品，也包括非物质产品，它是指我们称之为人造的，并带有相对长久特性的一切事物。这些事物从一代传给下一代，而不是每一代人自己获得的。"

这类定义"重点都放在文化的遗传特性上"。这与强调文化传统或文化遗传的历史性定义很类似，但这类定义强调的是"文化遗传的结果或产品"，而后者更加强调"文化的传递过程"。

2. 强调观念的定义

第二类遗传性定义共9条，有代表性的包括沃德(L. F. Ward)的定义："任何人如果愿意的话，他可以把文化说成是一种社会结构，或是一个社会有机体，而观念则是它的起源之地。"奥斯古德(C. Osgood)的定义："文化包括所有关于人类的观念，这些观念已传入人的头脑中，而且人也意识到它们的传入和存在。"

在这类定义中，"一些学者把'观念'看作是文化中更重要的因素"。有一个相关说法："严格地说，没有所谓的'物质'文化。一口锅不是文化，而文化是锅这一人造产品背后所隐藏的观念。"

3. 强调符号的定义

第三类遗传性定义共5条，包括戴维斯(A. Davis)的定义："文化包括所有的思维和行为模式，这些思维和行为模式是通过交际而相互作用的，即它们是通过符号传递方式而不是由遗传方式传递下来的。"怀特(L. A. White)的定义："文化是一组现象，其中包括物质产品、身体行为、观念和情感，这些现象由符号组成，或依赖于符号的使用而存在。"

关于这类定义，一些学者甚至认为，"人与其他生物真正的区别不在于人是理性动物，也不在于人是能建造文化的动物，而在于人是使用符号的动物"。

至此，文化的定义究竟为何也没有结论，而且似乎有越说越复杂的迹象，但笔者认为，这其中并非没有线索可循。对于初学者，可以从文化的一系列关键词来把握这一概念，如知识、信仰、艺术、法律、伦理道德、传统、风俗习惯、生活方式、价值观。若想进行更深入的研究，则可关注文化的缘起、结构和功能等，如学习过程、人与人之间的态度关系、物质和非物质产品、观念、符号系统、社会制度等。

二、文化的内涵

（一）文化的构成

直观的文化构成一般包括物质文化和精神文化两大部分。此类观点的代表人物有牟勒来埃尔，他"在著作《文化的现象及其进步的趋向》中将文化分为两大类：文化的上层机构（语言、科学、宗教与哲理的信仰、道德、法律和美术）和文化的下层机构（经济、生殖、社会组织）"。随着文化研究的发展，对文化的构成的认识也呈现出多元化特征。温斯顿(R. Winston)"在《文化与人类行为》一书中把文化分为如下几类：语言、物质文化、社会文化"。这种划分无疑比物质和精神的两分法更加丰富，之后还有学者区分得更加细致。拉采尔"在《人类学》中把文化分为九类：言语、宗教、科学与艺术、发明与发现、农业与畜牧、衣服与装饰、习惯、家庭与社会风俗、国家"[①]。

文化的构成实质上是各相关要素的构成，包括实在的、抽象的多种要素，上文列举的只

---

① 严明主编：《跨文化交际理论研究》，黑龙江大学出版社2009年版，第4—5页。

是一些相对经典的代表。事实上,不同的人看到的要素和看待的视角必然不同,文化的构成方式也必然随着时代的发展而有所更迭。

(二)文化的类别

既然文化由多个不同要素构成,不同的文化就可以理解为在某个或多个要素上的具体选择不同,更多是对某个或多个要素的强化程度不同。通过选取不同的要素,可以发展出不同的分类标准,这便是区分文化类别的不同维度。下面列举一些常用的文化分类维度。

1. 文化类别的五个常用维度①

不同文化之间的差异是多种多样的,造成区分文化类别的维度也是多样的。从传播的角度看,最直观的可能是语言的不同,"语言相对论假设"是跨文化传播理论中最流行的一种理论。这种理论认为,不同语言代表的思维方式和行为方式不同。

不过,更多、更新的研究目前更加支持这样一种假设:你使用的语言有助于你去突出你看到的内容和你谈话的方式。例如,如果你使用的语言具有丰富的色彩词汇(例如汉语中最基本的颜色包括红、橙、黄、绿、青、蓝、紫),那么相对于色彩词汇较少的语言(有的文化只能区分三四种颜色)的使用者,你更易于谈及或强调色彩的细微差别。但这一区别本身并不意味着人们看到世界的方式不同,只是所使用的语言帮助他们聚焦在自然界的一些特殊变化上。

当然,语言差异或表述方式的差异肯定不是区分文化差异的唯一因素。接下来将介绍学者们常用的五个方面的区别:高等级文化和低等级文化、阳性文化和阴性文化、明确倾向文化和模糊倾向文化、个体倾向文化和群体倾向文化、低语境文化和高语境文化。需要强调,这其中的每种区别都只代表程度上的差异,而不是非此即彼的。换言之,并不是一种特征在某种文化中存在而在另一种文化中不存在,只是不同文化对该特征的表现程度有所不同。

(1) 高等级文化和低等级文化

按照权力归属的不同,文化可分为高等级文化和低等级文化。

在高等级文化中,权力集中在少数人手中,代表性的国家有墨西哥、巴西、印度、菲律宾等;在低等级文化中,权力更均衡地分布在公民手中,代表性的国家有丹麦、新西兰、瑞典、美国等。

在高等级文化中,人们尊重权威,并且都想成为权威人士;在低等级文化中,人们对权威并不信任,认为权力是邪恶的,应该尽可能加以限制。这两种对权力的不同态度,从教室里的师生关系就可以看出来:在高等级文化中,老师与学生之间存在着明显的等级差异,学生需要表现得谦虚、有礼貌、充满敬意;在低等级文化中,学生则倾向于展示自己的知识和能力,与老师一起讨论,甚至挑战老师。

---

① 根据以下文献改编。[美]约瑟夫·A.德维托:《人际传播教程(第十二版)》,余瑞祥等译,中国人民大学出版社2011年版,第40—48页。本章附录部分有一组关于五个常用维度的测试题,建议读者在阅读以下文本之前先做测试。

图5-1　没有讲台与课桌"高下"之分的课堂,体现的是一种低等级文化
（资料来源：摄图・新视界,http://xsj.699pic.com/tupian/0rwvvs.html）

高等级文化比低等级文化更依赖权力的象征。例如,"教授"、"主席"这样的头衔,在高等级文化中要比在低等级文化中重要得多。在高等级文化的正式致辞中,对方的头衔一般是不能被省略的；在低等级文化中,即使在称呼别人时直呼其名,一般也不会引起严重的问题。

需要指出,随着互联网的发展,更大范围的受众可以获取同样的信息。因此,有人认为,等级差异,尤其是组织内部的等级差异将朝着更加平等化的方向发展。也有人认为,这一过程不会发生,因为大多数组织中的等级结构运行良好,也能鼓励职员们去攀爬通向更高等级的阶梯。

（2）阳性文化和阴性文化

按照对社会成员工作和生活态度要求的不同,文化可分为阳性文化和阴性文化。

在阳性文化中,人们认为,男性是自信的、倾向于物质和成功的、强壮的。10个程度最高的阳性文化国家是：日本、奥地利、委内瑞拉、意大利、瑞士、墨西哥、爱尔兰、牙买加、英国、德国。在阴性文化中,人们认为,无论是男性还是女性,都要谦虚、温和、保持生活质量。10个程度最高的阴性文化国家包括瑞典、挪威、荷兰、丹麦、哥斯达黎加、芬兰、智利、葡萄牙、泰国等。

阳性文化强调成功,强调成员要自信、有进取心、更有竞争力,因此,阳性文化的成员在解决冲突时,更愿意直接面对,更愿意以一种竞争性的、斗争的方式来解决问题,他们强调"输-赢"战略。阴性文化强调生活质量,强调成员要谦逊,强调亲密的人际关系,因此,阴性文化成员在解决冲突时,更愿意进行协商和折中,他们细化寻找"双赢"的方法。阴性文化成员的失望感相当低。

（3）明确倾向文化和模糊倾向文化

根据对确定性需求的不同,文化可分为明确倾向文化和模糊倾向文化。

明确倾向文化的成员极力避免不确定性,将其视为威胁,认为应该加以消除。代表性的国家有德国、葡萄牙、危地马拉、乌拉圭、比利时、萨尔瓦多、日本、秘鲁、法国、智利、西班牙、哥斯达黎加等。

明确倾向文化的成员在交流中有很多明确的、不容动摇的原则。例如,在教育方面,明确倾向文化的学生做事组织严密,喜欢目标明确的任务,有明确的时间表。如果让他们写一篇题为"任何事情"的学期论文,那可能会引起恐慌,因为这个题目不够清晰、不够明确。

模糊倾向文化的成员不会对未知的情况感到害怕,而会坦然接受不确定性事情的发生。代表性的国家有新加坡、牙买加、丹麦、瑞典、爱尔兰、英国、马来西亚、印度、菲律宾、美国等。

模糊倾向文化的成员对于不确定性应付自如,很少重视那些支配传播活动和人际关系的规则。他们甚至鼓励采取不同的方式和视角解决问题。在教育方面,模糊倾向文化的学生更喜欢自由,更喜欢富有创造性、没有特定的时间表或者严格字数限制的作业。

(4) 个体倾向文化和群体倾向文化

根据所倡导价值观(个体主义或集体主义)的不同,文化可分为个体倾向文化和群体倾向文化。

个体倾向文化看重个人价值观,如权力、成就、自由等。代表性的国家有美国、澳大利亚、英国、加拿大、荷兰、新西兰、意大利、比利时、丹麦、瑞典、法国、爱尔兰等。在个体倾向文化中,衡量成功的标准是个体在多大程度上超越其同伴。人们崇拜英雄,媒体中所表现的也常常是那些与众不同、独一无二的人。在个体倾向文化中,个体对自己的良知负责,其职责更多的是个人的事情。个体倾向文化鼓励竞争,个体可以自由竞争领导者位置,领导者和成员区别明显。在个体倾向文化中,人们不看重内外人员的区分。

群体倾向文化看重群体价值观,如传统、服从等。代表性的国家和地区有危地马拉、厄瓜多尔、巴拿马、委内瑞拉、哥伦比亚、印度尼西亚、巴基斯坦、哥斯达黎加、秘鲁、韩国和中国

图5-2 对团队协作要求很高的美式橄榄球

(资料来源:NFL中国官网,http://www.nflchina.com/photo/listDetail/1526698.html)

台湾地区等。在群体倾向文化中,衡量成功的标准是个体对组织的贡献,个体因为能与组织融合在一起而感到自豪。在群体倾向文化中,个体对社会组织的规则负责,成功的喜悦和失败的责任均由所有组织成员共同分担。群体倾向文化鼓励合作,成员更容易原谅他人的过错。在群体倾向文化中,内外人员的区分非常重要。

这两种文化之间最重要的区别,是看个体目标优先还是群体目标优先。这两种倾向的文化并不是互相排斥、非此即彼的关系,而是各有侧重,个体可能同时具备这两种倾向。例如,在各种团体运动比赛中,一名运动员可能既与队友竞争"最有价值球员"(强调个体倾向),又为全队的胜利而奋力拼搏(强调群体倾向)。

在现实生活中,对于大部分人和大部分文化来说,总是有一个主导倾向:在多数情况或多数时间下,人们有的是个体倾向(视自己为独立的),有的是群体倾向(视自己是与他人相互依赖的)。

(5) 低语境文化和高语境文化

根据所反映的信息是否清晰、直接地传递出来,可将文化分为低语境文化和高语境文化。

在低语境文化中,大部分信息是通过清晰、直接的语言来传播的。低语境文化类似于个体倾向文化,这种文化不那么重视人际信息,更强调明确的语言解释,在商业行为中重视书面合同。代表性的国家有德国、瑞典、挪威、美国等。低语境文化的成员在交易前不会花费太多的时间了解彼此,并没有太多共享的信息,因此,对每件事都要进行清晰的阐述。对于低语境文化的成员而言,省略某些信息会产生模糊性,但这种模糊性可以被直接而清晰的交流所消除。

在高语境文化中,人们往往使用隐含、间接的语言来沟通。高语境文化类似于群体倾向文化,这种文化重视人际关系和口头协议。代表性的国家和地区有日本、阿拉伯国家、拉丁美洲、泰国、韩国、墨西哥等。高语境文化的成员在重要的交易前,会花大量时间去了解彼此的信息。由于这种预先的人际了解,大量的信息已为成员所共享,因此,他们不需要去清晰地阐述信息。对于高语境文化的成员而言,他们所省略掉或者假设的信息其实常常是交流的一个重要组成部分。模糊性也是可以避免的,但仅靠人际和社会的互动并不足以提供共享的信息。

高语境文化成员常常不会说"不",他们害怕因此冒犯别人。因此,你必须学会辨别,当一名日本CEO说"是"的时候,什么时候意味着确实"是",什么时候意味着"不是"。这种差异并不体现在人们的具体用词上,而体现在人们的用词方式上。高语境文化成员通常不会质疑自己领导的判断。例如,当发现正在生产的产品有缺陷或生产流程有问题时,工人们一般不会去告诉他们的上级。因此,当一个低语境文化(如美国)背景的人到高语境文化(如日本)中工作时,必须了解批判性信息缺乏的原因,并且对此保持警觉。

低语境文化和高语境文化在人际交流时的习惯明显不同,若不理解这一点,就容易造成不同文化的误解。例如,低语境文化中常见的直率,在高语境文化中会被认为是无礼;低语境文化成员常常认为高语境文化中的语言和行为总是模糊、阴险或不诚实的。

2. 文化类别的价值观维度[①]

虽然关于文化的定义和内涵纷繁复杂，但说一种文化包含、影响着一个群体的价值观，这一点应是没有疑义的。

文化在很大程度上决定了人类的行为标准。往往我们在判断"什么是重要的、什么是不重要的、什么是对的、什么是错的、什么是该做的、什么是不该做的"等问题的时候，都会依赖文化提供的判断标准。这些判断标准总结起来，也就是我们所说的价值观。

关于人类社会价值观的共性，长期以来被认为是一个无解的问题。但社会心理学家克拉克汉和斯德博克提出，由于人类面临的共同问题是有限的，通过考察对这些问题的思考，应该可以刻画人类共有的价值观。

他们提出，人类社会必须面对五个共同的问题，由此反映人类的五种共同价值观念：第一个是人类与自然关系的问题；第二个是人类与时间关系的问题；第三个是人类与他人关系的问题；第四个是人类的基本需求问题；第五个是人类本性的问题。不同文化涉及的基本价值观念，即基本问题是一样的，但对这些问题的回答是不一样的，由此决定不同文化之间的行为标准的差异。

对不同文化行为标准做系统分析的一个代表性心理学研究，是荷兰著名心理学家霍夫斯塔德的"跨文化价值观"比较。他对 IBM 的 117 000 名员工做了跨文化价值观分析，总结出四种价值观念，可用以分辨不同文化中人们的行为差异。

（1）权力距离

不同文化对权力距离（power distance）的强调一般不一样，有的夸大地位高低、权力大小、穷人和富人、大众和精英之间的差别，便是认可较大的权力距离；有的提倡人与人之间的平等和一致，便是认可较小的权力距离。

权力距离较大的文化，通常有鲜明的等级差异；权力距离较小的文化，不太强调社会地位的差异，人们的主流观念常常是民主、平等和机会公平。

在霍夫斯塔德的研究中，强调高权力距离文化的国家包括菲律宾、委内瑞拉、墨西哥、印度、巴西，强调低权力距离文化的国家包括奥地利、瑞典、以色列、丹麦、挪威。

（2）不确定性规避

不确定性规避（uncertainty avoidency）关注某种文化是否倾向于回避具有不确定性的事物，即是否能容忍未来状况的模糊性和变化性，是否希望一切行为都有具体的规则和政策来指导。不确定性规避程度高，表明一个文化不愿意容忍变化和混乱；较低程度的不确定性规避，表明一个文化愿意接纳变化、风险、不同的看法和行为等。

在霍夫斯塔德的研究中，较不能容忍模糊性或不确定性文化的国家包括希腊、葡萄牙、日本、法国、秘鲁，较能容忍模糊性或不确定性文化的国家包括丹麦、印度、美国、瑞典、英国。

（3）个人主义还是集体主义

此处主要涉及一个文化是强调自主性、独立性、个人成就，还是强调团体成就、成员之间

[①] 根据以下文献改编。彭凯平、王伊兰：《跨文化沟通心理学》，北京师范大学出版社2009年版，第53—55页。

图 5-3 《家有儿女》海报
（资料来源：百度百科，https://baike.baidu.com/item/
%E5%AE%B6%E6%9C%89%E5%84%BF%E5%A5
%B3/22050? fr=aladdin）

的相互依赖、人际关系等。

明显的个人主义（individualism）文化把个人的重要性放在首位，这个文化中的人际关系显得松散。集体主义（collectivism）文化则强调团体和社会的重要性，往往拥有密切的人际关系，对家庭的重要性和对家庭成员的责任感也强调得更多。

据前述"个体倾向文化和群体倾向文化"部分，美国、英国、澳大利亚、加拿大等西方国家是典型的个体主义文化，韩国、中国台湾地区等更多的是集体主义文化。事实上，在中西文化对比中，有不少关于这种差别的例子，其中比较典型的一例是对亲属的称谓。中国人对亲属的称谓十分详尽，家庭中的人际关系和长幼之分具有非常明显的道德责任与义务规范。例如，汉语中表示祖辈的称谓有爷爷、奶奶、外公、外婆，以此区分父系和母系的长辈，而父系长辈的地位一般高于母系长辈的地位。英语中则没有这种差别。同样地，对于父辈，汉语中有叔父、伯父、舅舅、舅妈、姨妈、姑姑等，英语中只有统一的 uncle、aunt。

事实上，这种称谓上的细致化与中国文化中的大家庭观念有密切联系。相对而言，中国亲戚之间的互动要比西方多得多。例如，《家有儿女》（见图 5-3）就是一部典型的反映中国人集体主义和家庭观念的作品。

在霍夫斯塔德的研究中，较强调个人主义文化的国家包括美国、澳大利亚、英国、加拿大、荷兰，较强调集体主义文化的国家包括委内瑞拉、哥伦比亚、墨西哥、希腊。

（4）男性价值还是女性价值

主要涉及一个文化是强调传统的男性价值（masculinity）观念，如攻击性、竞争、权力、地位、影响力等，还是强调女性价值（femininity）观念，如人际关系的和谐、个人欲望的满足等。

在男性价值观念强的文化中，男性通常拥有更高的权力地位和更多的社会资源，女性通常受到男性的控制和支配，由此往往带来明显的性别歧视。在女性价值观念强的文化中，女性的地位通常和男性的地位是平等的，这样的社会反对性别歧视。此维度也可称为传统男性价值维度。

在霍夫斯塔德的研究中，比较强调传统男性价值文化的国家包括日本、奥地利、委内瑞拉、意大利、墨西哥，不太强调传统男性价值文化的国家包括泰国、瑞典、丹麦、芬兰。

在霍夫斯塔德对 IBM 的这次研究中，只考虑了中国台湾地区，没有纳入整个中国。后来的研究发现，中国文化是个比较接受权力、非常强调集体主义观念的文化，在不确定性规避和传统男性价值这两个维度上,中国得分趋中。

事实上,以上五维度和价值观的两组分类方法中包含着某种内在联系,例如权力距离与等级文化、不确定性规避与文化的明确/模糊倾向都可视为具有对应关系,并且在每个具体维度的国家和地区排名中,也具有极大的相似性。读者可以仔细对比,或通过查阅资料继续研读,由此形成自己的理解。

三、文化的特征①

虽然由于概念的复杂和内涵的丰富,对于与文化相关的方方面面,我们都很难一言以蔽之,但这并不妨碍我们总结"文化"一词所指称的事物具有的基本特点。

学者陈国明认为,文化具有整体性(holistic)、动态性(dynamic)、经过学习获得(culture id learned)、本族中心主义(et hnocentrism)四个基本特征。

(一)整体性

从定义过程的复杂性即可看出,文化不是一个简单的、单一的概念,它不像文字、礼仪、信仰等与文化相关的任何一个子概念那么清晰,相反,文化包含所有这些方面,而且远不止这些方面。可以说,文化是一个社会传统的综合,代表一个由大大小小的文化子系统连接而成的整体性系统。

从系统构成的角度看,文化系统可分为宗族、教育、经济、政治、宗教、社团、医疗与娱乐等子系统。更细化地,这些子系统又包含风俗、信仰、礼仪、知识、神话、价值观、法律、道德观、意识形态、文学艺术、理想等多种项目,不胜枚举。

我们从这些项目的列举中可见一斑,文化就像是其成员赖以生存的空气,无处不在,不可或缺。同时,所有的文化要素虽然庞杂,却并不是彼此孤立的,各要素之间有各种线索相连,以至任何一个文化要素或文化子系统的变动都可能导致其他要素或系统的变动,产生牵一发而动全身的效果。

这其中相连的线索也是多种多样的,或是组织结构,或是合作关系,或是事件聚焦,多种多样。对此,笔者认为,事实上所有的线索都可以说是传播的,而且,在影响较深入的层面(态度、价值观、行为等),人际传播扮演的角色往往大于其他形式的传播,如大众传播。

(二)动态性

文化和人一样,是有生命周期的。人需要通过运动来保持身心健康,文化同样需要保持动态与发展,以免腐化和灭亡。当然,这种动态变化需保持一定的度,太大或太突然的变化可能导致人或文化的衰亡。

促使文化不断发展、保持动态性的机制主要有三个。

---

① 根据以下文献改编。陈国明:《跨文化交际学》,华东师范大学出版社2009年版,第26—29页。

1. 发明

从长远来看，人类文明的巨大进步莫不以新的科技发明为基础。例如既有的三次产业革命，都在根本上改变了一个文明的生产、生活方式。从传播的角度来看，工业革命时印刷术的效率和品质皆有本质的提升；由于工业化对密集生产的需求，人口渐渐集中，推动了城市化的浪潮，人们的生活方式也随之改变；同时，教育的普及既是工业化生产和城市化生活的结果，也反过来推动科技的发展，并且增加传播的媒介数量，加强受众基础。

图 5-4　5G 即将改变我们的生活和交往方式
（资料来源：摄图·新视界，http://xsj.699pic.com/tupian/0qz8rz.html）

伴随社会的变迁，旧的信仰、价值观和生活习惯等与过去差别迥异，甚至全然不同，原有的群体结构不复存在，这必然导致社会成员之间人际传播的议题和方式也发生巨大的改变。

2. 灾难

人类社会灾难分为天然的和人为的两种。

天然灾害可能是自然发生的，也可能是人类活动不当所导致的，例如破坏植被导致水土流失。无论如何，这类灾害确实是人类难以控制的。例如黑死病的降临，短时间内使欧洲人口死亡过半，文化命脉差点断绝。

人为灾害以战争最为惨烈。战争的爆发一方面给文明带来巨大的灾难，例如两次世界大战给人类带来巨大的灾难；另一方面，战争也会带来一定的发展机会，一些出于战争目的而开发的技术最终促进人们生活水平的提高，例如世界上第一台电子计算机的主要用途是在军事领域，但后来电子计算机极大地促进了生产力的发展。

总的来说，天然的或人为的灾难，除了对器物、文学等物质层面的所谓"客观文化"产生结构性影响，也会直接冲击人的思想、信仰等精神层面的所谓"主观文化"，由此也会带来人际传播议题和传播方式的变革。

3. 散布

文化的散布或传播通常有两种形式：一是同一文化内代与代之间的传承，二是文化与文化之间的散布。

通过口述、示范、著作等多种方式，代际传承使得文化得以延续和发展，中华五千年文化的延续就是最强有力的例证。当然，如果一个文化只是自我循环，难免孤立和止步不前，此时，不同文化之间的交流就为彼此带来了新的元素和视野。早期的商人、传教士跨遍各国或各地区，常常把一个文化中的事物带入另一个文化。当代传播技术进步巨大，更是为这种跨文化的交流提供了巨大的便利。可以说，充分的跨文化交流已成为当代文化得以生息绵延的必不可少的要素。当然，在文化彼此散布、传播的过程中，常常会有不平衡的情况发生，尤其是经济和传播技术发达的国家，依仗其优势将自己的价值观念和生活习惯等单向地推送到发展中国家或未开发的国家，而后者除了接受这些资讯之外也没有太多反抗能力。久而久之,强势文化便会一步一步侵蚀弱势文化,这便是所谓的"文化侵略"。不过,这并不是说我们要否定跨文化交流的正面结果,而是要全面看待文化散布过程中的方方面面。

(三)经过学习获得

文化既然是一组共享的符号、价值系统,就不是人类与生俱来的,而是必须经过学习加以培养。例如,技术方面的开车、打球,事务方面的待人接物、经营管理,精神方面的祈祷、禅坐,皆由学习而来。

社会化(socialization)是人类社会学习的最基本方式。社会化的全过程都伴随着人际传播的作用:从婴儿期开始,通过与家庭成员的交谈和相处,人有意识或无意识地逐渐接受、整合、强化、共创家庭和整个文化所需要的符号、价值系统,这一过程是在家庭中完成的;进入学校之后,通过教学、活动等有意识的、系统化的行为,人对自己所处的文化有了更广泛的认识;除此之外,朋友、宗教等其他渠道的活动,都是人社会化和文化成长必不可少的过程。

(四)本族中心主义

经过学习过程,一个人会慢慢认知、认可和传承自己团体的文化,并且逐渐适应这样的生活和传播环境,认为自己所处的文化是特殊的和优越的。这种紧紧依靠自己的文化,认为自己的文化比其他文化优越的心态,即是"本族中心主义"。

本族中心主义实际上是一种文化得以存续的保障。假设一种文化被其成员认为是劣等的,毫无可引以为荣之处,这种文化必将失去其发展的动力,最终走向灭亡。

但更需注意的是,当前常有过度膨胀的本族中心主义,成为跨文化交流的障碍。其中一种典型代表就是"褊狭主义",认为自己的文化是最好的文化,而且是解决任何问题的唯一可行的方法。这种狭隘的观念,常常导致不同文化之间的巨大冲突。

但细想可知,多数文化冲突其实都源于相互之间不了解。由此看来,传播,尤其是人际传播任重而道远。

四、文化的功能[①]

除了作为支配人类思想行为的背景因素,从传播的角度看,文化对人类社会还具有其他重要功能。

(一)文化的宏观功能

在宏观上,文化提供了人类社会用以维持自身系统的三大因素:结构(structure)、稳定(stability)、安全(safety)。事实上,这三大因素是相互关联、密不可分的。

以中华传统文化为例,它给了中国封建社会非常稳定的结构。殷海光提出"天朝模型

[①] 根据以下文献改编。陈国明:《跨文化交际学》,华东师范大学出版社2009年版,第25页。

的世界观",把中国传统社会描绘成一个自给自足的系统。正是由于这种极好的自洽性,中华传统文化虽经历过无数变故,其社会根基却一直没有动摇,由此造就了中国作为唯一一个连续传承的文明古国的历史地位,由结构和稳定带来的安全也得以凸显。

更具体地说,中国社会是筑基在仁、义、礼和时、位、机所交织而成的经纬网上,这经纬网上最常活动的要素便是关系、面子、权力。在这个分析框架里,中国传统社会即是由仁、义、礼、时、位、机、关系、面子、权力这九个要素组成。当然,这样的分析未免过于简单,却是极好地理解文化结构及其功能的路径。

(二)文化的微观功能

文化为社会成员提供了一个施展物理、心理和语言作用的情境。

1. 物理情境

指一群人日常生活的环境、容纳整个沟通过程的环境,都是文化塑造出来的。在这个物理环境里,具有相同价值与信仰系统的人可以舒适地交流。

2. 心理情境

指精神或心灵活动的领域,如信仰活动、学习行为。每种文化都会产生一组特有的精神层面的升华。

3. 语言情境

语言作为文化的重要组成部分,是传播活动的最主要工具。

事实上,文化的宏观和微观功能,甚至各个要素之间,都是相互依托的。有了稳定的结构,一种文化才能获得安全与传承,一定的沟通情境才得以维持。只有在一定的情境中,传播才能正常发生,文化的宏观功能也才有了立足点。

五、互联网语境下的文化

自1991年互联网技术转为民用以来,互联网进入一个急速发展时期,在很短的时间里,互联网极大地改变了人们的生产生活方式。"不断进化的互联网媒介形态催生出丰富的互联网文化景观,并不断重构着人际交往和社会认知的模式,进而对社会文化产生强有力的观照和影响。"[①]从中国互联网起步阶段的论坛到当今火爆全球的短视频平台,互联网的每一个创新形态都会对社会文化产生深远的影响。互联网自身的发展创造了诸如网络文化、电子游戏文化等新的文化现象。我们在此主要聚焦于互联网对文化的两个基本性质,即共融性和多元性的影响,即互联网语境下文化的"分"与"和"。

(一)文化的共融性增强

文化自身具有一定的共融性。以日本文化为例,自明治维新以来,日本文化大量吸收了

---

① 常江:《"成年的消逝":中国原生互联网文化形态的变迁》,《学习与探索》2017年第7期。

西方文化的特点,穿西装、吃牛排这一类西方生活方式很快融入日本人的生活中。互联网的出现增强了文化的共融性。这种增强作用主要表现在它极大地突破了时间和空间的边界。"在互联网引发的诸多社会历史变革中,最直接的便是'用时间消灭空间'。万物的来去皆有其时间,而互联网的'实时'信息传播和人际交往带来了时间的极大'压缩','形同造成时间序列及时间本身的消失'。时间被压缩到若有若无,空间则被扩充到广大无边。在技术上,互联网将分布在世界各个角落的亿万网民连缀一体,为人类交往、合作创造了空前的便利。"[①]

互联网的出现使"地球村"成为可能,来自世界各地不同区域、不同文化背景的人可以进行实时通信,建立密切的人际联系,从而促进区域文化的密切交流。同时,不同文化背景的用户在互联网上传播着不同的文化,世界各地的人都能主动或被动地接受其他文化的熏陶,不同的文化也能在互联网上产生融合和互动。以YouTube上中国网红李子柒为例,她的视频以中国传统田园文化为主,在海外拥有庞大的受众群体,在一定程度上促进了中国文化走出去。

(二)文化的多元性增强

互联网不仅增强了文化的共融性,也促进了文化的分化,增强了文化的多元性。互联网语境下的文化类似于新媒体文化,"本质上是一种竞争性的江湖式文化,表现出较强的开放、分权、共享、容错、戏谑、多元等特点"[②]。

在互联网时代,人们的个性化需求不断发展,文化解构盛行,可以在更大程度上拥有更多的包容性,尊重和发展多元文化。

"在同一个网络平台上,因为兴趣、价值取向、意见不同等原因,人群还会发生进一步的分化。"[③]在互联网语境下,人们呈现出一定的文化"部落化"趋势,依据兴趣、价值取向等标准,同样倾向的人们往往聚集在一起。例如,互联网平台百度贴吧就具有很强的文化分化特征,喜欢动漫文化的人聚集在动漫吧,动漫吧又进一步分化为国产动漫吧、日本动漫吧等。

第二节 人际传播与文化理论

我们已经知道,"文化"是一个复杂的概念,每种文化都是一个复杂的、综合的体系。每种文化都有其独特性,更明显的是,都有自己特有的价值体系,并以此对事物作出判断,美丽或丑陋、善良或邪恶等。不同文化对同样事物有不同的判断,这是很正常的,没有理由认为一种文化的价值体系一定比另一种先进,意见的分歧更多地只是体现了文化现象的复杂性。

---

① 胡百精:《互联网与集体记忆构建》,《中国高校社会科学》2014年第3期。
②③ 彭兰:《新媒体导论》,高等教育出版社2016年版,第3页。

本节将介绍文化的基本概念及分类、特色、功能之外的更多的与文化及跨文化传播相关的理论，从而为读者理解文化现象及其与传播的关系提供更多视角。

一、文化冰山模式①

文化冰山模式（Iceberg Model of Culture）是文化理论中最基础的一种，其主要内容是将文化所包含的要素区分为显性和隐性，并且将文化比喻成一座浮在水中的冰山（见图5-5）。

冰山浮在水面的部分只占其整个体积的一小部分，这与文化的显性要素相对应；在水下，还有更大的冰山体积作为潜在的支撑力量而存在，这与文化的隐性要素相对应。进一步审视不难发现，我们平常容易注意到的文化元素，如建筑、烹饪、音乐、语言、礼仪、书法等，莫不受到潜在的隐性要素的深刻影响，这些要素包括宗教、习俗、历史、价值观，以及对于自然、时空的态度等。

冰山模式认为，文化的隐性要素是其主体，但一般只能通过显性要素展示出来。这就提示我们，一方面要了解文化现象的复杂性，另一方面要时刻存有透过现象看本质的意识。

当然，仅仅把文化要素分为两类，未免过于简单。事实上，在大多数情况下，这一模式往往被视为审视文化现象和了解其他文化理论的起点。或许，这也是其被称为"模式"而非"理论"的原因。

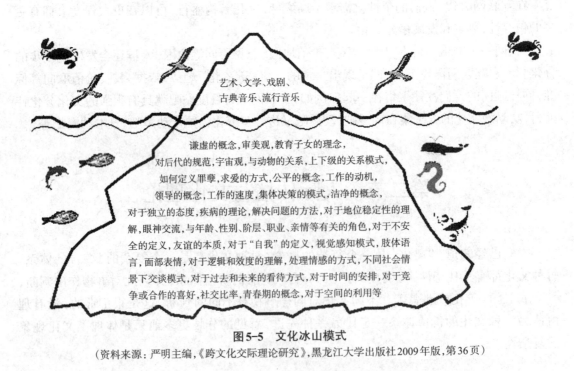

图5-5 文化冰山模式

（资料来源：严明主编，《跨文化交际理论研究》，黑龙江大学出版社2009年版，第36页）

---

① 根据以下文献改编。严明主编：《跨文化交际理论研究》，黑龙江大学出版社2009年版，第35—36页。

二、焦虑/不确定性管理理论[①]

（一）基本内容

伯格（Berger）和加尔布雷思（Calabrese）在1975年最早提出不确定性减少理论。1985年，古狄昆斯特（Gudykunst）将其与社会身份理论进行整合，将这一理论扩展到跨群体交往的范围，从而开启了焦虑/不确定性管理理论（Anxiety / Uncertainty Management，简称AUM）的建设。

古狄昆斯特提出用不确定性（无法预测或解释他人的态度、行为的状况）和焦虑（感到不安、紧张、担心的状况）来解释人际与群体之间有效交流的问题，从而正式提出这一概括性的理论。古狄昆斯特还使用齐美尔提出的"陌生人"概念，作为该理论的核心概念。

古狄昆斯特在该理论中加入能力指标框架，扩展了理论，并且首次使用AUM一词。古狄昆斯特还增加了理论中公理的数量，使理论更易被理解和应用。该版本的理论还包含伦理问题和焦虑/不确定性的最大与最小限度。当焦虑/不确定性达到最大限度时，因为我们过分焦虑而不能预测他人的行为，便无法有效交际；当焦虑/不确定性达到最小限度时，由于个体不在意发生的事情（由于焦虑小）或过于自信（由于不确定性小），也无法有效交际。对最大限度和最小限度的关注使得该理论的核心从"焦虑/不确定性消减"转向"焦虑/不确定性管理"。

古狄昆斯特引入朗格（Langer）提出的"留意"（mindful）这一概念，作为AUM和有效交际的折中点。他假设个体的交际受到其文化和群体身份的影响，但只要"留意"，个人也可以自己选择与他人交往的方式，能够将焦虑/不确定性控制在最大限度与最小限度之间。古狄昆斯特谈到有效交际有基本和表面两类因素。焦虑/不确定性管理（包括留意）是实现有效交际的基本因素，它具有调节有效交际的其他表面因素（如身份、移情能力）的作用。个体对自身行为的留意程度控制着焦虑/不确定性管理对交际有效性的影响。当焦虑/不确定性介于最大限度与最小限度之间时，人们可以通过有意识地控制一些因素（如移情能力）来提高交际质量或有意识地与陌生人协商信息内涵。

（二）前提假设

焦虑/不确定性管理理论有四个前提假设。

第一，人们在许多人际交往的场合会产生不确定性。不同的场合存在不同的期望，因此，在许多交际场合，人们会感到不确定性，在与他人见面时会感到紧张，尤其在新的环境中，人们经常产生这种紧张感。

第二，不确定性是一种让人厌恶的状态，会产生认知压力。保持不确定状态会耗费大量的经历和感情，令人百思而不得其解。不确定性常常会让人产生不舒适的感觉。

[①] 根据以下文献改编。严明主编：《跨文化交际理论研究》，黑龙江大学出版社2009年版，第81—84页。

第三,当陌生人见面时,他们首先关心的是减少不确定性或提高预测能力。

第四,人际交往是一个渐进的过程,会经历数个阶段。

如前所述,焦虑/不确定性管理被认为是有效交际的基本原因,其他文化变量则被认为是影响有效交际的表面原因。古狄昆斯特在表面原因与焦虑/不确定性管理之间、焦虑/不确定性管理与有效交际之间提出假设,并且详细提出有效交际的多个原则。

具体而言,我们在与来自其他文化的人进行交往时,由于相互不了解,常常会产生误解。焦虑/不确定性管理理论认为,有效地交际与这种误解的最小化有关。误解的增加使得我们对他人和陌生场合感到不确定,不确定性又会使人产生焦虑;不确定性和焦虑反过来又会提供减少不确定性和增加"留心"程度的动力,一旦人们感到足够的焦虑,他们就有动机去采取一定的策略以减少不确定性。不管场合、文化和时间多么不同,这个基本过程总是不变的。通过减少对陌生人预期的不确定性,人们就有能力减少误解,增强跨文化交际的有效性。

(三) 现实应用

AUM理论分为有效交际理论和适应性理论两个部分。AUM有效交际理论针对的是个人与陌生人(他人接近个人的圈子)交流的现象,AUM适应性理论是针对陌生人进入新的文化并与当地人进行交流的现象。

古狄昆斯特是从陌生人的交际困境开始研究AUM有效交际理论的。他发展了一套对陌生人进行描述的技术,集中研究他们的伦理认同、交友类型、话语类型、感知习惯、自我意识和自我训诫。他发现,陌生人现象是跨文化交际中的普遍现象。古狄昆斯特认为,关于陌生人的研究,最终是要弄清楚有效地交际究竟是通过何种路径达到的。他发现,三组表面因素的交互作用造成陌生人的焦虑/不确定。这三组因素是:动机因素(需求、吸引、社会义务、自我概念、对新信息的开放程度)、知识因素(知识期待、信息网络分享、对多种观点的知识、对可供选择解释的知识、关于同一的和差异的知识)和技能因素(移情的能力、包容多种观点的能力、适应沟通的能力、创造新概念的能力、调适行为的能力、搜集适用信息的能力)。这些因素的非平衡交互作用导致陌生人面临交际情境时产生焦虑/不确定。

当陌生人进入新的文化之中时,他们会对当地人的态度、信仰、价值观、行为等感到不确定。他们希望能解释当地人的态度和感情,也需要预测当地人会采取怎样的行为方式。当陌生人想要弄清楚当地人为何做出如此行为时,他就处于不确定性减少的状态。为了适应其他文化,陌生人并不需要完全消除自身的焦虑和不确定性,而是最好使其保持在适当的范围。一方面,当陌生人的不确定性过高时,他们就很难理解居住地文化成员的信息,也很难对其行为作出准确的预测;当陌生人的焦虑感过高时,他们在交际活动中就会倾向于机械地参照自己文化的体系来解释居住地文化成员的行为,这会导致陌生人处理信息的方式过于简单,从而限制其预测居住地文化成员行为的能力。另一方面,当陌生人的不确定性过低时,他们会变得过于自信,认为自己可以理解居住地文化成员的行为,毫不担心自己的预测会出错;当陌生人的焦虑感过低时,他们就没有动力和兴趣与居住地文化成员进行交流。

总之,当决定焦虑/不确定性因素之间的交互作用不平衡,或者不确定性和焦虑感过高或过低时,陌生人都必须对之进行有意的调整,从而可以进行有效的交流并适应居住地的文化。

(四)总结

古狄昆斯特指出,在跨文化交际领域,给有效交际下定义的方式有很多。这并不影响AUM理论中的公理,但会影响人们有意识使用的交际方式。例如,若认为有效交际是把误解降到最低水平,我们会用一种方式交际;若认为有效交际是与他人保持良好关系,我们就会用另一种方式交际。但是,以采用客观主义方法著称的AUM理论也含有某些主观主义成分,如"留意"。总之,AUM理论剖析了人们在进行跨文化交际时的一系列心理过程和行动逻辑,提出了独特的思维逻辑和参考变量,为我们审视跨文化交际行为提供了很好的角度。

三、跨文化调适理论[①]

(一)基本内容

早期的文化调适研究多是人类学家或社会学家进行的,一般都在集体层次进行研究,通常探讨较原始的群体通过与发达群体的接触从而改变其习俗、传统、价值观等文化特征的现象。之后,心理学家对这一领域的研究逐渐增多,他们通常更加关注个体层次,强调文化适应对多种心理过程的影响。

近年来,该领域有代表性的学者金荣渊(Young Yun Kim)一直致力于发展他的交际与文化调适理论。她最早对韩国移民在芝加哥地区文化适应的因果关系做了调查研究,形成了她的早期理论。之后,她逐步在理论中增加"压力—调适—成长"过程,并且逐渐将注意力转移到移民的跨文化转变上来。

金荣渊现阶段的理论包含以开放系统为基础的若干假设,以及其他若干规律与命题。其中,规律一共有十条。前五条为跨文化适应理论的广义原则:

① 吸收及适应主流文化与反吸收及适应主流文化都是跨文化适应过程;
② "压力—调适—成长"的动态过程是适应过程的内在动力;
③ 跨文化转变是"压力—调适—成长"动态过程的功能;
④ 随着陌生人逐渐完成跨文化转变,"压力—调适—成长"动态过程的难度不断降低;
⑤ 跨文化转变给陌生人带来身体上的强健和心理上的健康。

后五条规律论述了跨文化转变和一些概念的相互关系,这些概念包括居住地人们的交

---

① 根据以下文献改编。严明主编:《跨文化交际理论研究》,黑龙江大学出版社2009年版,第91—95页。

际能力、交际活动、种族文化下的交际活动、环境情况和陌生人的个人素质。

金荣渊在阐述跨文化调试过程时提到，没有人天生就知道该怎样在这个世界上应对各种各样的事情，而是慢慢地学会将我们的社会环境和文化联系在一起。这就是说，各种信息、各种可操作的语言和副语言习惯给了我们一个抑制的、连贯的和清晰的生活方式。这种熟悉的文化就是我们的家乡世界，它与我们的家庭或重要的人紧紧联系在一起。每一种文化都担负着组织、整合、保持一个人的家乡世界的任务，尤其是在一个人成长的过程中。在与周围文化环境方方面面的不断接触中，我们内在的体系经历着一系列改变，逐渐接受各种观点、态度和行为。我们慢慢习惯与我们具有相似观念、态度和行为的人，并且习惯于生活在他们身边。

可以说，进入一种新文化的过程就是重新开始认识自己文化的过程。只是在这一过程中，我们要接受各种差异。我们要开始意识到并努力去思考那些原来不假思索的事情，因为一般只有当熟悉的事物发生变化时，人的神经才能产生意识。这样，作为陌生人的人便会发现他们对新文化的交际系统缺乏必要的了解，他们有必要学习和认知新的符号与行为方式。他们或许会被迫延缓，甚至放弃能证明他们是谁的文化身份；内在的冲突迫使陌生人去学习新的文化体系，这成为文化适应的前提。理论上讲，调适改变的最终方向是文化同化。对于大多数移民而言，同化是一个终生目标，通常需要几代人才能完成。

每一次调整、适应、变化的经历都会伴随着个人心理上的压力，这就是一个人的身份冲突：一方面，想保持原有的文化身份；另一方面，又需要与新的环境保持和谐状态。不适应的状况和压力感会促使个体克服困境并采取调适的行为来养成新的习惯。当人们开始向前看，迎接挑战并对新的环境做出回应时，调适的行为即变成可能。在压力和调适逐渐达到平衡后，就会出现不易察觉的成长。"压力—调适—成长"并不是顺利、平稳、线性发展的，而是按照辩证的、循环的、迂回的方式发展。只要存在新的环境，"压力—调适—成长"这一过程就将继续存在，并且整体上向更加适应和更加成熟的方向发展。

在适应新文化过程中的初级阶段，巨大的、突然的变化是很有可能出现的。在经历较长时间后，这种压力和适应的波动将变得缓和，直到最后，与人们内在的状态相融。

在阐述文化结构的时候，金荣渊首次强调交际的重要性。她认为，只有当陌生人的个人交际模式同当地人发生交叠时才算成功地实现了调适。陌生人在新的社会文化中的交际经历受其交际能力的限制。同时，每一次与新社会文化的交际都将为陌生人提供学习文化的机会。新文化的人际交流尤其可以帮助陌生人，让他们对当地人的言谈举止更具洞察力，获得更多的信息。大多数进入新环境的陌生人都需要与他人建立新的关系，否则，他们将感到自己没有足够的支持系统，并且产生不确定感和压力。参与新的交际活动是源于人类需要从属于某一团体的本能欲望。

关于陌生人的个人素质，金荣渊提到，跨文化调试是受每个陌生人的个人状况影响的。陌生人进入新环境的准备程度各不相同，包括面对新环境时心理上的、情绪上的和动机上的准备，包括对语言和文化的理解。影响他们准备程度的因素，是他们到达新文化之前正式的和非正式的学习活动，包括学校的教育和培训、媒体接触、语言文化知识、他们此前与新文化中的成员的直接或间接交流，以及他们此前有过的其他文化调适经历。每个进入新文化的人都带着自己的个性特征。当他们遇到新环境的挑战时，个性特征就成了他们能否将新的经历体验内化的关键因素。金荣渊主要将个性特征归纳为三点：坦率性、力量和积极性。

坦率性可以帮助陌生人减少抗拒感，增加加入新环境的意愿，并且使得他们可以以一种不僵硬、不偏激的态度来理解和对待新文化中出现的不同状况。

力量可以让个体在面对挑战时保持一种宽容、兴奋且自信的状态。

积极性反映了陌生人基本的人生观，同样也可以反映在面对困难局面时的自信状况。它有助于陌生人习得新的文化知识，并且使得他们能更好地同本地人在思维上、情感上和行为上获得兼容。

坦率性、力量和积极性有助于陌生人在文化调适过程中得到发展。在陌生人发生内在改变的过程中，他们原本习惯性的认知、情感和行为上的反应也将随之改变，一些旧的文化习惯将被新的文化习惯取代，陌生人将在实现自身社会需求时变得更加熟练和应付自如。

（二）前提假设

跨文化调试理论有四个前提假设。

第一，调适是一种自然而普遍的现象。调适是人类的一种本能，它帮助人们在对抗性环境中保持一种平衡状态。跨文化调适是环境适应过程中的普遍过程。跨文化调适理论是以一种"泛人类"的视角来解读的：人类具有在面对环境威胁时进行内部斗争来获得对生命控制的特征。跨文化调适并不是需要具体分析的变量，而是一个人在面对新的陌生环境时整体进化的过程。

第二，跨文化调适必须在人与环境的互动中加以理解。

第三，跨文化调适是在交际活动中发生的过程。需要强调的是，交际是一种必要载体，没有交际也就没有调适，跨文化调适只有在个体同新的环境发生互动时才会存在。唯一不会发生文化调适现象的情况是在个体与新环境处于绝对隔绝的情况下。

第四，调适是一种对于所有生命体系而言都自然而普遍的现象，交际是适应的方式。基于这样的前提，人们考虑的不是在进入新的不熟悉的环境中是否可以调适，而是他们怎样和为何进行调适。

（三）现实应用

金荣渊指出，人是不断与文化环境，尤其是社会文化环境交换信息的综合的、相互影响的、动态的、开放的交际系统。在与社会文化环境交换信息的过程中，人总是试图保持自身内在意义结构的稳定性。一旦他们内部的结构秩序被打破，不平衡或压力就会随之而来。作为能动的生物，人会努力恢复这种内部结构的平衡性、稳定性。正是通过这种"压力—调适—成长"的动态变化过程，人才会渐渐适应环境。在人适应环境的过程中，文化和个人内在的条件相结合，形成个人的文化个性。

身处异乡时，人们本土文化所形成的内在文化模式会与通过参加旅居国交际活动而获得的新的文化模式发生冲突。结果是，他们内在的、原有的文化模式会发生变化，进而引发文化个性的改变。随着旅居人士适应行为的增加，他们在旅居国的交际能力，即掌握旅居国语言和副语言行为的能力，认识、辨别与趋和能力，以及情感趋同能力，会进一步增强。但人们适应活动的成败，在一定程度上会受到旅居社会及个人背景的影响。旅居社会对人们适应活动的影响主要体现在对他们的接受力和迫使他们遵循该文化及其交际的压力两方面。这种接受力和压力或促进或阻碍人们参加旅居国的交际活动。人们个人背景对适应的影响主要体现在文化或种族背景、个性及准备程度等方面。人们综合的跨文化调适能力主要表现在他们在适应活动中的三个互相联系的方面，即功能适应性、心理健康程度和跨文化个性。

金荣渊关于人们适应新环境的理论在实践中引发了众多思考。

（四）总结

自21世纪初期以来，关于跨文化调适的研究不断发展，成果层出不穷。一方面，这些学术见解或观点给跨文化适应研究提供了大量的信息来源；另一方面，又给后来的研究者带来诸多不便。

跨文化调适研究主要采用两种方法：群体研究法和个体研究法。群体研究法把移民群体或种族群体作为研究中心，这种方法主要描述不同文化背景的社会群体频繁接触后文化变迁的动态过程，以及由于社会资源、权力、威望等的不平等分配而产生的社会等级。个人研究法通过对个人在旅居国的适应活动探索个人的心理表现与旅居国社会的融合程度。两者在研究上难免出现矛盾和冲突。同时，由于受到特定时期社会意识形态的影响，这两种方法都表现出许多不足之处。

在总结前人理论、经验的基础上，金荣渊提出了一套新的跨文化调适理论，对已存的各类观点和方法进行分析与归纳，总结成一套系统的、全面的、综合的理论。

好的理论要求思维逻辑体系与事实经验相一致。在上述跨文化调适理论中，事实是世界各地都存在着人群离开他们所熟悉的家乡，开始全新生活并经历着各种改变的状况。毫无疑问，跨文化调适现象是事实存在的。一旦跨文化调适现象的客观性得到理解，我们下一步的选择是我们将做何种程度的改变。通过不断努力培养在新文化中的交际能力，我们将提高我们的适应性；反之，我们将减弱这种适应性。如果我们始终不放弃进行成功调适的目标，我们将慢慢发生这一转变，这是一种微妙的下意识改变。这种改变和成长会加速我们知觉上和情感上的成熟，并且对人们的生活状况产生更加深刻的理解。随着心智和身体的适应，压力和调适将加深跨文化身份感。在此过程中，关于"我们"与"他们"之间的界限也逐渐变得模糊。但我们旧的文化身份永远不会被新的所取代，取而代之的是一种新旧并存的身份，使得我们对于人们的差异性更具包容性和接受性，使得我们更能理解双方的审美和感情。我们将不会再刻意地坚持过去和现在的差异，而是肯定自己去改变的能力，并且敞开胸襟去面对我们日后有可能变成的样子。

四、文化身份理论[①]

（一）基本内容

文化身份理论的代表人物是科利尔（Collier）。文化身份理论是关于跨文化交往中如何处理文化身份的理论。文化身份理论强调主观经验与个人对行为的阐释。一个人的文化身份是通过构成特性（由标志、解释和意义组成）和规范特性（由行为指向和行动能力组成）相互融合而成。该理论相信一条原则：开放心灵原理，表明人们留心自己的行为又能对此行为作出解释。文化身份理论的优点是它的启发价值与良好的有效性（交际结果与交际行为判断的一致性）。

科利尔和托马斯（Thomas）针对跨文化交际中如何处理好文化身份提出了这一解释性理论。该理论包括六个假设、五条规律和一个命题。2005年，科利尔详述了自该理论产生以来，影响她思索文化身份问题的各种因素。在最新的理论版本中，她运用了批评理论的视角，但没有阐明理论命题。

（二）前提假设

文化身份理论有六个前提假设。

第一，人们在话语中协商多元身份。在话语协商中，我们可以了解"你是谁"和"我是谁"。在话语交流中，不同的价值观取向，造成人们对于多元文化身份及文化身份显著度的不同理解，凸显了个人文化身份和群体文化身份的强度。人们的行为体现出不同范畴的文化身份，包括民族身份、种族身份、阶层身份、性别身份、宗教身份等。当人际交流的行为表明群体成员身份时，文化身份也就随之实现了。

第二，跨文化交际是靠做出推论的假设和承认不同的文化身份实现的。在交际过程中，交际双方是拥有多元文化身份的个体。每个个体的价值取向和目标需求各不相同，比如交际双方所属群体中的意识形态取向、双方宗教信仰的差异及种族歧视的存在。为了实现成功的跨文化交际，必须采取回避的态度：回避种族差异，回避意识形态和宗教信仰的差异，假设一致性，从而承认对方的多元文化身份。

第三，跨文化交际的能力包括：在交际活动中保持意义连贯、遵守规则（进行适当的传播）并得到正面的结果（进行有效的交际）。

第四，跨文化交际能力还包括商定交际双方共同的意义、规则体系并得到正面的结果。

第五，跨文化交际能力包括对文化身份的确认（让与交际者拥有共同符号意义系统和行为准则/规范的群体认可并接受他的身份）。多元文化身份对于跨文化交际者是个挑战。在交际的过程中，对于交际双方文化身份的准确界定有助于实现成功的交际。具有不同文化

[①] 根据以下文献改编。严明主编：《跨文化交际理论研究》，黑龙江大学出版社2009年版，第96—100页。

身份的交际各方要拥有共同的符号系统。符号系统指交际的媒介,包括语言和副语言。不同的文化拥有不同的符号系统。交际各方的符号意义系统要一致,才能实现有效的交际。

第六,文化身份会随广度(如文化身份的概貌)、显著度(如文化身份的重要性)和强度(如文化身份给对方的强度)等因素的变化而变化。从个人角度讲,随着环境的变化,不同文化身份的显著度也有差异。文化身份的显著度随着环境的变化而改变,同时也强调注重文化身份的多元化。

在六个假设的基础上,科利尔和托马斯提出了五条规律。

第一,语篇中的规范与意义差异越明显,交际的跨文化程度越高。

第二,个人的跨文化交际能力越强,越容易发展与保持跨文化关系。

第三,语篇中文化身份差异越大,交际的跨文化程度越高。

第四,在跨文化交际中,交际一方对对方文化身份的认定与对方自己认定的文化身份越契合,其跨文化交际能力越强。

第五,与文化身份相关的语言指称会系统地随着社会情境的各种要素,如参与者、情节模式和话题的变化而变化。

科利尔和托马斯理论中的命题指出:文化身份越是自认定,它们与其他身份相比时位置就越重要。

(三)现实应用

很多学者也把"文化身份"(cultural identification)译为"文化认同",这是因为人们通常把文化身份看作是某一特定文化所独有的,也是某一具体的民族与生俱来的一系列特征。同时,文化身份又具有结构主义的特征,即某一特定的文化被看作具有一系列彼此相互关联的特征,可以将"身份"这一概念看作是一系列独有的或有着结构特征的一种变通看法。因此,也可以说文化身份也有着个体主观寻求深层认同的含义。科利尔和托马斯把有意识地将自己归为某一类群体的行为描述为文化身份。实际上,从他们两人对文化身份的定义上可以看出其中的认同含义。

如上分析,文化身份不仅由交际者的交际管理、习俗和社会结构而形成,还积极参与交际惯例、习俗和社会结构的形成过程。这是因为交际本身就是个体或群体进行自我定位、彼此沟通和争取相应权力与地位的工具。

在现实生活中,个体作为群体或组织中的一员,常常会在复杂的语境中不得要领地处理不同的交际关系并协商各自的文化身份。此时,文化身份理论就可以在实际工作中起到作用。下面的案例就是文化身份理论的具体应用。

苏珊娜与马克是一对美国的异族通婚夫妇。苏珊娜的祖先来自苏格兰,她是位地道的白人女孩,而马克的祖先来自赞比亚,他是位地道的黑人小伙子。尽管美国的异族通婚夫妇常常受到不公平的待遇,两人当初结婚时也遭到苏珊娜家人的强烈反对,但他们仍然结为了夫妇。因为,苏珊娜和马克都认为,他们有着相同的兴趣爱好、相同的教育背景、相同的律师职业,种族差异不会影响到他们的感情,也与他们目前的生活无关,更不会影响到他们日后的关系。婚后,他们也生活美满。但是不久,始终坚持自己白人身份的苏珊娜开始抱怨丈夫马克在公司因为种族歧视遭受到的不公平待遇,并且一再强调不应该存在种族歧视。但与此同时,苏珊娜又对马克的黑人前女友乔伊耿耿于怀,她甚至不止一次地表示乔伊是个"不讨人喜欢且懒惰的女黑鬼"。

上述案例不仅反映了文化身份理论的实际应用,也在一定程度上体现了影响文化身份问题的各种要素。

任何群体或组织的个体都具有多重身份,例如案例中的苏珊娜可以是白人女孩、苏格兰后裔、斯坦福大学毕业生、律师、牙医的女儿、家中的长女、合唱团的领唱、公牛队的粉丝,马克可以是美国黑人小伙、赞比亚后裔、伯克利大学毕业生、律师、家中的长子、校篮球队助理、小餐饮店老板的儿子、基督教的虔诚信徒等。

苏珊娜与马克起初交往时,彼此在话语交际协商过程中不断地加强对对方的了解,逐渐清楚各自的多重文化身份。由于两人对多元文化身份和文化身份显著度的相似理解,凸显出各自文化身份的强烈的认同,他们认为,在各自的多元身份中,种族问题不是文化身份的最强之处,相比较而言,兴趣爱好、教育背景和职业状况的强度更大些,因此,两人决定结为夫妇,并且认为种族差异不会影响到他们的婚姻。两人恋爱直至结婚的过程在一定程度上反映了交际双方往往为了实现成功的跨文化交际,必须采取回避的态度:回避种族差异,回避意识形态差异,假设一致性,从而承认对方的多元文化身份。

两人婚后美满的生活实质上是一种成功的跨文化交际,因为他们都具备较强的跨文化交际能力,即两人可以在生活中尽量保持意义连贯、承担家庭责任并得到正面的结果(夫妻间进行良好的沟通)。在处理具体问题时,苏珊娜与马克能够考虑到双方的共同意义、规则体系(家庭责任和伦理道德等),因此可以得到令双方都满意的解决方法。婚后美满的生活证明种族差异不是影响两人婚姻的障碍,因为他们对彼此文化身份的确认更多地考虑到双方共同的符号意义系统、行为准则规范和群体认可,并且接受他们各自的身份(相同的兴趣爱好、教育背景和职业状况)。

文化身份会因环境的改变而改变,具体来说,会有三大因素影响文化身份的变化,即文化身份的广度、显著度和强度。苏珊娜抱怨丈夫马克在公司因为种族歧视而遭受不公平待遇,是因为她意识到马克的黑人身份的显著度和强度增加,可能会影响到她的生活质量,或者对生活质量产生很大的潜在威胁。事实上,她在潜意识里不喜欢谈及丈夫作为黑人的文化身份,因此在行动上会一再强调不应该存在种族歧视。她对待马克的黑人前女友乔伊的态度刚好证实了这一点。苏珊娜始终明确坚持自己白人身份实质上是对自己身份定位的坚持,反映了她其实在潜意识里还是认为相对于其他身份,她个人的白人身份仍然是十分重要的。

关于影响文化身份的因素,很多学者怀疑文化身份的协商部分受到社会历史等因素的制约。这些因素可以看作是影响文化身份问题的重要因素。在某些公开的或隐性的种族问题、阶级问题或者侵略问题上,文化身份的协商会受到社会历史等因素的制约。

在上述案例中,苏珊娜情感上的矛盾就反映了这一点。她对丈夫马克的爱与支持使得她积极反对种族歧视,但是她对丈夫马克的黑人前女友乔伊的嫉妒与不屑,则显示出她对黑人仍怀有较强的歧视。从她对乔伊的态度中我们可以知道,种族歧视和阶级歧视问题由来已久,很难根除,成为制约文化身份有效协商的强大障碍,进一步影响到跨文化交际能力的发展。

(四)总结

文化的衍生表现为当地的风俗、习惯、规范、人情、思维等的总和。文化身份可以是这些衍生物的某一"标签",帮助其文化成员寻找到独特性与认同感。文化身份是某一群体的身份或一个文化成员的群体身份,是对于某一群体的归属感。它可能是官方认定的或自我认定的,可能来源于不同的种族、民族、性别、年龄、社会阶层、宗教、国际或地理区域等。这些身份把个人和文化群体与其他个人和文化群体相区分。

文化身份的确立有两大作用:一是把文化身份看作是一群人在共有的历史经验和文化代码基础上产生的连续的、稳定的意义架构;二是在承认群体共性的基础上重视内在的差异性,将文化身份看作是历史长河中不断变化的意义建构。

文化身份理论是讨论在跨文化交往中如何处理文化身份的理论。该理论指出,个体的文化身份通过构成特性和规范特性相互融合而得,强调主观经验与个人对行为的阐释。该理论着重表明,人们留心自己的行为又能对此行为作出解释,是对于文化身份的解释性理论,它更加注重其实践意义。理论的核心贡献在于指出了交际结果与交际行为判断的一致性。

该理论还介绍了科利尔对影响文化身份问题的各个因素的分析。科利尔指出,文化身份的协商受到社会历史等因素的制约,还受到不同阶层关系的制约,尤其是涉及种族问题、阶级问题或侵略问题等。

自该理论提出后,其实际应用意义得到了积极的肯定,同时融合了其他相关理论的内容,使得该理论更容易被接受,使其对跨文化交际能力的培养与形成具有更强大的、更普遍的解释力。

五、身份管理理论[①]

(一)基本内容

跨文化交际的理想状态是交际双方都进行了有效且得体的交际。有效是指交际者完成了自身的交际目的,得体是指尊重且礼貌地对待交际对象。只有当二者同时完成时,才是真正成功的交际。身份管理理论就是要帮助人们有策略地达到有效和得体。

---

① 根据以下文献改编。严明主编:《跨文化交际理论研究》,黑龙江大学出版社2009年版,第105—110页。

库帕克（Cupach）和今堀（Imahori）的身份管理理论（Identity Management Theory）是以人际交往能力为基础的，后来又扩展到跨文化交往能力理论。它以关系理论和人们综合处理文化问题的能力为基础，同时结合许多相关的身份理论，如文化身份理论。该理论分析了如何运用"面子工作"中的策略在具体交际中积极地挽回或维护交际双方的面子，还探讨了关系身份、关系类型，以及"面子工作"策略的一些象征用法与规则等。

该理论的核心观点是，人类交际能力包括在交往中相互成功地协商出可接受的身份的能力。交际中维护面子的能力是个体人际交往能力的表现，库帕克和今堀认为，这同样适用于跨文化交际。身份管理理论可以帮助人们在跨文化交际过程中更加明确各自交际能力的文化身份，同时充分考虑到"面子工作"的相关策略，从而更加有效地促使成功的交际的形成。

库帕克和今堀将身份（identity）理解为一个经验性的解释框架（frame）。身份为个体行为提供了预期，也为个体行为提供了动机，并且激励着个体行为。任何一个生活在社会上的个体都可以拥有许多种身份，库帕克和今堀却把文化身份和关系身份看作是身份管理的中心。

1. 身份会随着功能的不同而转换

库帕克和今堀认为，当身份转换时，会自然产生跨文化交际——来自不同文化的人的交际。当交际者们有着相互不同的文化身份时，跨文化交际就产生了；当交际者们有着共同的文化身份时，他们会进行文化内交际（intracultural communication）。库帕克和今堀认为，影响身份转换的因素有三个。

广度：身份会随着广度而转换，例如身份会随着有类似身份的人的数量而转换。

显著度：身份会随着显著度而转换，例如身份会随着文化身份的重要程度而转换。

强度：身份会随着强度而转换，例如身份会随着文化身份交际传导给对方的强度而转换，会随着传递给他人的力量而转换。

2. 身份的不同侧面会在相应的环境中得到充分表现

库帕克和今堀指出，身份的各种侧面会在与环境相对应的不同身份展示过程中充分体现出来，即所谓的"面子问题"。他们认为，维护面子是人类交往中最自然的事情。在跨文化交际中，人们通常不够了解交际对象的文化，导致在具体处理面子问题时，会运用刻板印象。

刻板印象实际上是一种外加的身份，自然会对面子造成威胁，进而影响跨文化交际的效果。刻板印象的应用常会导致一个结果，即辩证关系的紧张。具体而言，包括三种面子上的对立统一：自主面子和交情面子的对立，自主面子和能力面子的对立，自主面子和交情面子或能力面子的对立。

3. 跨文化交际能力形成的三个阶段

跨文化交际能力与如何有效地处理面子问题有着很大的关系，进一步说，与如何处理上述三种面子的辩证关系有着很大的关系。库帕克和今堀强调，发展跨文化交际能力必须经过三个阶段，这三个阶段会不断地循环。处在跨文化关系中的人们会经历这三个阶段，他们身份的各个方面会从相互关系中展现出来。

第一阶段：交际者积极寻找身份的共同点。

第二阶段：尽管交际者之间的文化身份还存在差异，但他们已经将彼此的身份融合成一个可以相互接受的、趋于统一的、彼此间有关系的身份。

第三阶段：交际者重新建构各自的身份，跨文化交际能力比较强的交际者往往会以第二阶段的相关身份为基础来建构各自独立的文化身份。

（二）前提假设

身份管理理论试图解释在人际关系发展过程中如何有效地进行文化身份协商的问题。该理论揭示了关系发展各个阶段中的有效身份管理，其研究范围几乎涵盖所有的人际交往关系。该理论涉及一些重要概念，如能力、身份、文化身份、关系身份、面子、面子工作等。对该理论的前提假设的探讨也基于上述概念。

第一，交际能力需要通过令交际者都满意的交际行为来获得。

身份管理理论着眼于人们综合处理文化问题的能力。库帕克和今堀认为，交际能力需要依靠能够令交际过程中的所有参与者都满意的有效的、得体的交际行为来获得。科利尔指出，交际能力常常基于某种由主体文化所决定的隐私特权。换言之，在特定的交际关系中，身份的协商能力需要交际双方都满意的文化身份的支持，进一步说，该交际能力能够促进交际双方都达到既有效且得体。

第二，交际者自身不同角度的定位需要文化身份的协助。

以文化身份理论为基础，身份管理理论将文化身份视为跨文化交际管理中的焦点。库帕克和今堀将身份定义为"个体的自我概念"。身份管理理论为个体理解自身和周围世界提供了基本框架。身份是在许多机械性活动中（如将自身归属于某一群体）形成的，在这一过程中还带有一定的社会角色，如妻子、孩子、教师、父亲等。

身份实际上是一个复杂的结构。个体的整体身份具体由许多其他可能重叠的亚身份构成，并且身份的限定似乎是无穷尽的，还可以随条件而发展变化。个体的身份可能与国别、民族、地区、性别、年龄、年代、职业、政治、社团、经历相关。有些群体还可能与一些违法活动相关，如吸毒、抢劫。因此，可以说身份反映了从不同关系的角度来定义自身，也可以说是一种关系身份。

身份管理理论将其限定于文化身份与关系身份上。科利尔和托马斯将文化身份定义为"主动将自身归属于某一群体，并且拥有该群体的意义系统和行为规范等"。同时，他们指出，文化身份涵盖所有与社会文化相关的身份形式。

第三，交际者的统一协调意义与行为需要关系身份的协助。

关系身份来源于关系文化。伍德（Wood）明确指出，关系身份是对"私下的关于相互关系与活动的理解"，它有助于人们统一协调意义与行为。在特定的关系中，所用的观点不是"你的"或者"我的"，而是"我们的"。蒙哥马利（Montgomery）进一步解释，文化在整体上就好比是夫妇，关系文化可以使这对夫妇发现他们区别于其他夫妇的、独特的意义系统与行为规范。这些唯一的参与、理解和评价交际行为的方式体现且加强了他们自身的身份意识，并使其从根本上区别于其他夫妇。

如前所述，身份特征会因情境的改变而改变。在具体交际时，交际者可以根据情境调整为跨文化交际、文化间交际和人际交往。明确交际关系与交际种类十分重要。在交际时，身份常被视为个体公开承认的"自我展示"，是个体希望中的身份或是实际生活中的身份的展示。这种身份是他们在交际中主动地向交际对象展示出的身份。

第四，交际者的社会定位身份的保持是相互交际的必要条件。

个体的社会定位身份实际上就是他的"面子"。面子的保持是相互交际的必要条件，因为它可以保证交际的秩序与文明。在通常情况下，个体都试图保护他人的面子，同时也期待他人能够充分考虑到其自身的面子。相互保护面子实质上是帮助人们在交际过程中完成交际目标，进一步说，使各自的行为更符合各自的社会定位身份。

无论何时，个体如遇到与他人面子相违背的情况，就出现了威胁面子的行为。对个体面子的威胁实质上也是对个体社会身份的挑战。这也破坏了相互认同的身份之间的一种合作契约，而该合作契约可以支持交际朝向预期的方向发展。

第五，面子工作中的策略与技巧是形成跨文化交际能力的基础。

前文中已经提到，布朗（Brown）与莱文森（Levinson）在1978年提出面子的两种类型，即积极（主动）面子和消极（被动）面子。前者指个体对获得他人接受和认可的期望，后者指个体获取自主和自由的愿望。梅茨（Metts）指出，考虑到他人的积极（主动）面子时，需要充分考虑他们的性情、价值观、优势、成就、外表等因素，并且要将对方视为自己的伙伴。相反，同一个相对老练的交际者交往时，就需要尽量避免过多地涉及自身的相关情况，即尽量保护自身的消极（被动）面子。

交际中的某些策略能够调控对他人面子的威胁，保护面子不受威胁，或是积极挽回已经受到威胁的面子。这些交际行为可以统称为"面子工作"。面子工作中的策略与技巧是形成跨文化交际能力的基础。合适的身份代表了交际中各自的社会角色。面子工作使合适的身份有效并能促使个体交际目标的实现。因为它支持常规的交际规范，帮助交际在一种较为和谐愉快，而非压抑沮丧的气氛中进行。

（三）现实应用

身份管理理论具有较强的应用意义，在实际工作中起到积极的作用。例如，在商务沟通中，交际者通过"面子工作"中的诸多策略来使交际行为更符合各自的社会身份，在适宜得体的氛围中完成交际目标，从而成功地进行交际。在下面的案例中，主人公米克成功地利用身份管理理论为自己的公司赢得了一位优秀的建筑师。

> 米克刚刚接手已故父亲的酒店，并想通过兴建一所具有东方韵味的度假中心来拓展业务。他个人很欣赏日式园林，因此在招募设计师时，关注到一位美籍日本设计师三浦一郎。
>
> 一郎是一位广岛遗孤，大学毕业后留在了美国，经过努力很快在美国有了自己的事业，同时也获得了"绿卡"。但是他很难忘记当年战争对自己家族的伤害，在日常交际

时，他常常令家人主动地降低社会文化身份的强度和显著度，而且他本人也常在交际时通过转换话题等方式来弱化自己的社会文化身份，并以此来弱化痛苦的回忆。

在与一郎沟通时，米克描述了自己对度假中心的定位，即寻找童年的梦和内心的平和，并邀请一郎回忆童年的经历来寻找灵感。在沟通时，米克发现一郎多次有意地转换话题，并一度劝说其放弃原有的定位。这使得米克很不满，他认为一郎企图干涉其工作与决议，甚至伤害了他的面子。

米克后来了解到一郎的社会文化身份，便逐渐理解了一郎的内心与矛盾，理解了一郎的做法。在进一步交际中，米克避免谈论令一郎伤感的话题，并充分考虑其社会身份定位，尽最大可能地照顾其面子，这使得该次交际得体有效，一郎也顺利成为酒店的员工。最终，一郎的专业素质和特殊的领悟力使得度假中心的设计异常成功，好评如潮。

在以上案例中，米克利用身份管理理论的一些观点和策略找到了最合适的设计师，使事业得到进一步发展。

（四）总结

身份管理理论通过明确发展一定情境下身份管理和面子工作策略之间的关系来提高跨文化交际能力。

该理论获得学术支持的同时也受到了一定的批评。尽管今堀的研究能够确认一些解决面子工作中的策略问题，调查了关系身份、关系种类和影响面子工作中的策略的象征与规则，但他不能较长期地跟踪调查关系发展过程中的跨文化交际者，也就不能解决跨文化交际身份中的所有问题。因此，该理论中的诸多观点还需要经过长期的研究才可证明其使用意义。

总体而言，身份管理理论有助于我们了解跨文化交际中身份管理的复杂过程。从身份管理理论提炼出的三大原则可有效地用于跨文化交际能力的培养：跨文化交际双方需要建立关系身份；跨文化交际双方应该把文化差异视为财富而不是障碍，对待文化差异要求同存异；跨文化交际双方需要明确身份管理与关系管理相辅相成、不可分割地共存于同一过程之中。

尽管身份管理理论还需要进一步补充与研究，但该理论着眼于交际过程中的面子管理，会有助于我们减少跨文化交际的障碍，使我们能形成比较密切且成功的交际关系。

六、共文化理论[①]

（一）基本内容

奥尔布（Orbe）运用现象学方法提出了共文化理论（Co-Cultural Theory）。共文化理论

[①] 根据以下文献改编。严明主编：《跨文化交际理论研究》，黑龙江大学出版社2009年版，第110—114页。

建立在缄默群体理论（Muted Group Theory，例如社会阶层的分化使一些群体有凌驾于其他群体之上的特权）和立场理论（Standpoint Theory，例如特定社会地位会使人们以某种主观的方式观察世界）的基础上。共文化理论将非白色人种、女性、残疾人、同性恋者及社会地位较低的人群纳入自己的研究体系，不过其研究对象不限于此。

奥尔布指出，大体上说，共文化交际是指未被充分代表的群体成员与主流社会群体成员之间的交际活动。理论的主旨是提供一个框架让共文化群体的社会成员在主流社会结构中交际和使缄默的人协商。

有六个相关要素影响着未被充分代表的群体成员在主流社会结构中沟通的过程，理论的中心就是对这六个相关要素进行解释。

1. 首选结果

影响共文化群体成员运用某种做法的根本因素之一就是活动中的首选结果（preferred outcome）。每个人都会问自己这样的问题：什么样的交际行为会带来我想要的结果？为了这个目的，共文化群体成员有意识或无意识地考虑他们的交际行为如何影响他们与主流群体成员的最终关系。对未被充分代表的群体成员来说，存在三个主要的相互影响结果：同化、适应和分离。

同化是指为了融入主体社会而企图消除文化差异，包括丧失某些区别性特征。同化背后的推理非常简单：为了有效融入主流社会，你必须顺应主流社会。

相较而言，适应的首选结果认为，当个体可以保留某些自身的文化特性时，这种交际是最有效的。因此，适应的目标是转换现存的主题结构，以便形成一个没有等级制度的复合文化。

分离为共文化群体成员提供了第三个选择，那些持有这种立场的人摒弃了与主流群体成员形成共同纽带的想法。相反，分离的目的是结合其他共文化群体成员创造反映自身价值观、道德观念和行为规范的社会共同体与组织结构。

2. 经验场

作为共文化交际过程的一个要素，经验场指个体生命经验的总和。一个人过去经历的影响在思考、选择和评价共文化交际实践的过程中是很重要的考虑因素。通过毕生的一系列经历，共文化群体成员学习如何去适应不同的做法，也逐渐意识到在不同情境下使用某些策略的结果。在个体的经验场内，任何一个共文化群体成员都在经历建构、解构的动态过程，即对什么构成与主流社会群体成员适当有效沟通的感知。

3. 能力

在共文化交际过程中必须承认的一个要素是一个人运用不同做法的相应能力。大多数做法都是全体共文化群体成员可以做到的，但是引用某些做法的能力因个体性格和实际情境可能会有不同。例如，人们或许缺少合理的机会去与其他共文化群体成员联络，或者在识别可看作联络员的主流群体成员时有困难。因此，我们不能作出这样的假设：所有的共文化群体成员在运用每一个做法时都有同等的能力。

4. 情境语境

情境语境的问题也是共文化交际的中心。共文化群体成员并不特意地为与主流群体成员的交流活动选择运用一个或若干个做法。相反,情境语境的一些细节——交际发生的地点、在场的人——有助于告知我们对某种共文化实践做法的选择。在这点上,共文化群体成员在一个普通的情境下(如工作)很可能会采用不同的做法。

5. 感知代价与回报

随着时间的过去,共文化群体成员开始意识到某些代价和回报是与不同的交际习惯相联系的,意识到每一个交际行为都有与之相连的一些潜在的利与弊是很重要的。然而,这些潜在的利与弊并不是被所有的共文化群体成员同等地感知到。相反,与每一种共文化实践做法相关的代价与回报的感知在很大程度上取决于共文化群体成员的个体经验场。例如,同样的结果既可以看作是正面的,又可以看作是负面的,还要取决于个体的首选结果。

6. 交际方法

在共文化实践选择的过程中,最后一个有影响的因素是交际方法。交际方法可以被描述成非过于自信的、过于自信的或攻击性的。从共文化群体成员的角度来说,非过于自信型行为指在把他人需求置于个人需求之前时个体受到的束缚行为。攻击型交际行为指含有伤感情话语的、提升自我的、支配性(把个人需求置于他人需求之前)的行为。过于自信型行为代表了非过于自信型行为和攻击型行为这两个极端的平衡点,它指考虑自我和他人双重需求的自我提高的且富有表现力的交际。

这六种共文化因素内在的互相依赖关系为共文化策略的决定提供了全面的论点。尽管共文化群体成员在不同意识层面上从事交际活动,这些重要的因素影响共文化交际活动的方法也各有不同,但是这些因素还是帮助我们清楚地表达了共文化理论背后的基本思想。

经验场支配着人们对与各种交际做法有关的代价和回报的感知,同样,也支配着从事各种交际活动的能力。置身于某一特定经验场,共文化群体成员会在他们首选结果和交际方法的基础上采用某种交际取向来适应具体的情境。

(二)前提假设

共文化理论有两个前提假设。

第一,共文化群体成员在主流社会结构中处于边缘地位。

第二,当面对压迫性的主流文化时,共文化群体成员可以凭借一定的交际方式获取成功。

共文化理论扎根于五个认识论上的假设,每一个都反映了它的理论基础。

第一,每个社会都存在等级制度,这种等级制度会给某些特定群体的人提供特权。

第二,主流群体的成员在不同程度特权的基础上占据权力位置,使得他们能以此建立并保持反应,加强并发扬他们经验场的交际系统。

第三,主体的交际结构直接或间接地组织了那些生活经验没能在公共交际系统里得到体现的人的进程。

第四，共文化群体成员的经历虽然各不相同，但他们也会享有相似的社会地位，只是他们在主流社会结构中处于边缘，未被充分代表。

第五，共文化群体成员策略性地采用某些交际行为来同压制性的主流社会结构进行协商。

以它最根本的形式，共文化理论使我们能够洞悉共文化群体成员同其他人协商的文化差异的过程。对于那些对未被充分代表的群体成员的经历感兴趣的研究者和实践者来说，共文化理论为他们提供了一个框架，帮助他们理解在任意特定情境下个体如何与他人沟通的过程。

（三）现实应用

奥尔布将共文化群体成员在与主流群体成员进行交际的过程中运用的一些做法（如边缘群体成员如何协商其缄默的群体地位）分离出来，这些做法是由共群体成员的交际目的和交际方式共同决定的。不同目的与方式组合形成了九种不同的交际倾向，分别对应不同的做法。

① 若交际者不自信且分离主流群体，则会躲避交际，维持人际交往的障碍；
② 若交际者不自信且意在适应，则会增加可信度，消除定势观念；
③ 若交际者不自信且意在同化，则会重视共同点，发展积极面子，进行自我反省，避免发生冲突；
④ 若交际者自信且意在分离，则会转向自我交际，发展群体内部的交际网络，显示强势，保守定势观念；
⑤ 若交际者自信且意在适应，则会转向自我交际，发展群体内部的交际网络，发挥联络者的作用，教育他人；
⑥ 若交际者自信且意在同化，则会对交际活动充分准备，过度补偿，操纵定势观念，在交际中讨价还价；
⑦ 若交际者怀有冲突之心且意在分离，则会在交际中攻击他人，妨害他人；
⑧ 若交际者怀有冲突之心但意在适应，则会正视交际活动并从中受益；
⑨ 若交际者怀有冲突之心但意在同化，则与主流群体之间会游离其外，策略性地保持一定距离，自我嘲弄。

（四）总结

最开始，共文化理论代表的是由未被充分代表的群体成员的交际经历而形成的框架。近年来，学者们拓展了该理论最初的研究范围，并且正在把共文化理论应用于那些似乎适合该理论使命的研究领域，这不是最初预期到的。

回顾共文化理论的不同应用和延伸可得出这样的结论：理论的任何真正进展都不是通过最初的贡献者产生的，而是通过他人的研究产生的。就此而言，我们对每一个与共文化理论有联系的学者提出一个挑战：超越简单的理论应用来回答曾经如此有价值的"那又怎么样"(So What)的问题；创造性、批评性地思考，以决定你的研究如何拓展，批评或反驳现存的关于共文化理论的研究。

对于一个理论的价值的真正检验在其寿命。共文化理论——以及它对理解文化、权力与交际之间关系的效用——可以经受住时间的考验，只要学者们和实践者们超越该理论最初意图和目的而继续研究。

第三节　跨文化人际传播能力

一、跨文化人际传播概述

（一）跨文化人际传播的常态化

在经济全球化的大背景下，商务沟通出现了更多跨文化的语境。随着20世纪"冷战"的结束和多极化世界格局的逐步确立，作为经济活动大背景的政治竞合、外交磋商等领域也表现得越来越活跃。因此，作为政治、经济活动的结果之一，我们的文化生活也日渐国际化，我们看的电影、开的车、接受的理念、拥有的生活习惯，无一不具有多元背景。互联网的快速发展，更促进了这种趋势的发展。

在所有这些现象中，最关键的一点是，我们日常人际交往所面临的"人"越来越复杂、越来越多元了。同时，所有这些政治、经济、文化活动的开展，莫不以传播为纽带，更进一步说，莫不以人际传播为主要纽带。因为人际传播作为最基础、最原始的传播形态，是作为其他一切传播活动的源起和伴随而存在的。

总之，在当今世界背景下，跨文化交往已成为日常事务中常态化的事情。交往结果的好坏，很大程度上取决于文化差异是否会对交往造成阻碍。因此，掌握必要的文化差异知识和跨文化交往的能力十分必要。

（二）跨文化人际传播能力日渐重要

美国著名教育家戴尔·卡耐基说过，一个人事业的成功，只有15%是由于他的专业技术，另外的85%要靠人际关系和处世技巧。这话当然是针对日常工作的，但其对于沟通之重要性的强调，放在跨文化人际传播的背景下似乎更为恰当。

我们在第二章中提到过六度分割理论，说的是通过人际连接，世界上任何两个人之间的距离不会超过六个人。事实上，最新的对于社交网络的研究显示，通过网络，最大的人际间隔甚至已经不到六个人，而是在三个与四个之间。这意味着，全球大互联已成为当前的一种显著社会现象，我们可能随时都会遇到几个外国人且必须与之交流。即便不从国计民生、国家利益等宏大层面上说，仅考虑日常生活需要，跨文化人际传播的能力也是必需的。

二、跨文化人际传播的常见问题

(一) 交流时常见心理障碍①

1. 文化共同性观念

这种观念认为,人都需要吃饭、穿衣、住房,都有七情六欲,都会笑、哭,都有条件反射,面部的喜怒哀乐等表情都相似,因而人都是同类。这容易形成人的本性都一致的印象。这种观念在看到人的生物特征的同时,忽略了人的社会性;对人的本性的理解过于抽象,以文化的共同性代替文化的多样性。实际上,不同文化中的人们对同一事物有着不同感情和理解。

微笑是一种十分常见的表情,但其对于不同文化的人有着不同的思想内涵。例如,美国人见到外国人常以微笑表示友好,但一些刚去美国的不同的外国人却从中体会到不同的内涵。

一个在美国留学的日本学生说:"在我上下学的路上,一位不相识姑娘曾几次对我微笑,我最后了解到,她对我并没有什么意思,只是对外国人的一种友好致意。而在日本,姑娘向陌生人微笑,她可能是认为这个陌生人是个性变态者或是个不讲礼貌的人。"

一个美国年轻女性说:"一天,我在城里的一个角落等我丈夫,这时一个男子抱着一个婴儿、领着两个孩子向我走来,从他的衣着看像是刚来美国不久。我也有个孩子,和他抱着的婴儿年龄差不多。出于对这样一家人,特别是对这位身担家庭重任的父亲的尊重,我对这位男子微笑了一下。可我立即意识到我做错了事。他停下脚步,从头到脚打量了我一番,然后说:'你在等我?稍等,我们一会儿见。'很明显,我被当成了妓女。"

2. 对言行举止的主观评价

在跨文化交流时,成员常会认为自己文化的价值观是正确的、美好的,于是往往以自己的价值标准去判断对方的言行举止,而这种判断却常常带有片面性。

一个在美国的韩国留学生说:"当我们去拜访一位美国朋友时,他打开窗户对我们说:'对不起,我要学习,没时间。'然后就关上了窗户。从我们的文化来看,这不可思议。作为房子的主人,不管他喜欢还是不喜欢,不管他忙还是不忙,都应当欢迎客人;主人也绝不应该不开门就和客人说话。"

从以上韩国留学生的价值观来看,美国朋友的行为是很失礼的;从美国人的价值观来看,这样做并不失礼。在这种情况下,如果不解除误会,就会导致双方关系疏远。

3. 刻板印象

在跨文化交流中,相对于同文化成员,我们对交流对象的理性和感性知识都较少,因此更容易以一些共性来代表个性。例如,我们常说"法国人是浪漫的","美国人是开放的","德国人是严谨的"等。这些都是刻板印象。这种经过大大简化的对一个群体形象的描绘,

---

① 根据以下文献改编。关世杰:《跨文化交流学:提高涉外交流能力的学问》,北京大学出版社1995年版,第322—325页。

往往包含着偏误。我们一旦形成对某个群体的刻板印象，便会以这样的框架去衡量、取舍，甚至歪曲他人的信息。

4. 即时心情

在跨文化交流中，由于了解度、熟悉度不够等，很容易出现心情紧张的状况。这是跨文化交流中的障碍，但它不是独立的，而是渗透到上述各个因素之中的。

在交流中，有时双方都很紧张。东道主常因不能保持习惯的语言和副语言交往，产生语言和感知上的障碍，同时往往对客人的知识、阅历及其对自己的态度不甚了解，这些都是造成心情紧张的原因。东道主常问的一个问题是："你喜欢这儿吗？"这是一个认定性问题，或者至少是一个试探性问题，其目的在于减少未知或为必要的防御心理提供依据。谈话的另一方更容易紧张，异文化的环境使其感到陌生，他们常孤立无援地去应付各种信息，常感到难以对信息做出正确的、合理的解释，因而自尊心常常受到难以忍受的伤害。

误解、文饰、心理过度补偿（为补偿心理上的缺陷而过分努力）等负面努力，或借故生事、形成敌意等防御措施都不利于顺利地交流。

(二) 交流后常见心理反应[①]

1. 文化休克

在大量接收了一种异文化的信息之后，特别是当人们第一次到达异国他乡之时，常不同程度地产生一种反应——文化休克（cultural shock）。

文化人类学家卡勒弗·奥伯格（Kalvero Oberg）1960年首先提出"文化休克"这个术语，将其界定为"由于失去了自己熟悉的社会交往信号和符号，对于对方的社会符号不熟悉，而在心理上产生的深度焦虑症"。

一般来讲，文化休克的整个过程大体可分为四个阶段：蜜月阶段、沮丧（或敌意）阶段、调整阶段和适应阶段。在文化休克过程中，人的适应程度呈"U"形曲线。

(1) 蜜月阶段

指人们心理上处于兴奋和乐观的状态。这个阶段一般会持续几个星期到半年。人们常对到国外旅行充满美好的憧憬，便是这种心态的表现。刚来到异域时，对所见所闻感到新鲜，对人物、食品、景色感到满意。一般的旅行大多处于这个阶段，不会有文化休克。但是对于进入新的文化环境时间足够长的人，就会逐步过渡到第二阶段，即沮丧阶段。

(2) 沮丧阶段

指兴奋的感觉渐渐淡去，而被失望、烦恼和焦虑代替的状态。这个阶段一般会持续几个星期到几个月（也有人不会经历这个阶段）。在这个阶段，处在异域文化中的人由于人地两生，缺少援助，会遇到很多迷茫和挫折。由此产生的反应主要有两种：一是敌意，有些人可能会故意嘲笑所在的地区或国家，甚至可能以损害个人或公共财产来发泄其不满；二是回

[①] 根据以下文献改编。关世杰：《跨文化交流学：提高涉外交流能力的学问》，北京大学出版社1995年版，第339—343页。

避,有些人可能会避免与当地文化接触,他们不愿意学习当地语言,不愿意与当地人交往,而只喜欢与"老乡"们待在一起,甚至借酒消愁,特别严重时,甚至可能由于心理压力太大而返回家乡。

（3）调整阶段

指人们在经历了一段时间的沮丧之后,逐渐找到对付新文化、新环境的方法的状态。在这一阶段,他们熟悉了当地的语言、食物、风俗习惯等,理解到异文化不是只会带来不适,也有优点。他们与当地人接触日渐增多,并建立了一些友谊。于是,在心理上的孤独、沮丧、失落等情绪日渐减少,人们慢慢地适应了异文化的环境。

（4）适应阶段

在这一阶段,进入异文化的人们完全摆脱了沮丧、烦恼、焦虑情绪,适应了新的文化及其风俗习惯,并能与当地人和平相处。

文化休克不是生理疾病,而是缺乏必要的与异文化相关的知识或技能造成的。根据文化差异的大小和人的既有文化知识的多少,不同的人的文化休克程度也不一样。例如,儿童由于对家乡文化了解不多,进入异域文化时较少存在社会符号混乱的问题,因而较少存在,甚至不存在文化休克问题;成年人反而适应能力较弱,文化休克问题也较严重;有在异域文化生活的经历的人,在新文化中的适应能力也较强。

2. 重返本文化休克

当一个人在异域文化中生活了足够长的时间,经历了文化休克,适应了当地文化之后,重返故乡或祖国时,可能会出现新的、轻微的文化休克,即重返本文化休克。重返本文化休克常常被忽略,一些遭遇这种状况的人常常默默忍受心理压力。事实上,一些研究显示,多数重返者都会出现重返本文化休克,儿童中甚至有10%需要接受心理咨询。

重返本文化休克的心理变化过程与文化休克类似,"W"形曲线是对文化休克转为重返本文化休克的恰当描述。重返本文化休克的发生比例和严重程度较文化休克更轻,一般也不一定完整地经历四个阶段。

三、跨文化人际传播的应对策略

（一）尊重和利用双方个性[①]

跨文化交流时由于双方的背景、经历常常在很大程度上不同,出现误传、不解的概率也较高,双方的差异也会比共同点更容易得到显现,一般交流过程也不可能期待一方迅速改变。因此,要使交流继续进行,唯一的办法就是求同存异,双方都充分尊重对方的个性特点。

1. 相似吸引

俗话说"酒逢知己千杯少",交流双方如果发掘了足够多的共同点,就容易敞开心扉,甚

[①] 根据以下文献改编。关世杰:《跨文化交流学:提高涉外交流能力的学问》,北京大学出版社1995年版,第325—328页。

至无所不谈。一般来讲,双方主要的相似点常表现在外貌、背景、个性、态度、价值观等方面。交流双方若感受到彼此的共同点,则容易形成人际吸引力。

人际吸引力主要表现在三个方面。一是外貌气质吸引。外貌吸引往往是短暂的,常是人们彼此交流的最初契机。当交往经过一段时间后,其他的吸引就会变得更为重要。对于外貌和气质,不同文化的人有着不同偏好。二是工作能力吸引。工作能力主要指社会对交际对象的知识、技能等的期许。不同的文化在此方面的差异也是明显的。三是社会交往能力吸引。社会交往能力主要指一个人言谈、处理纠纷、保持交往的能力等,是工作能力之外的又一要点,也可称为沟通能力。

相似性主要通过两个方面影响人际传播的效果。

(1) 相似性与信息分享

分享信息是人际连接的纽带。人在感到相似的情况下,更容易分享信息,因而交际也更有效。

(2) 相似性与说服

人们获取日常信息的信源常常是朋友、同事、家人,这种关系会潜移默化地改变我们的知识、情绪、行为,相互熟悉和信任的关系会增强说服作用,相似性也是如此。例如,马什和科尔曼的一项关于采用新耕作方法的农民与宣传这个新信息的人的关系的研究表明,农民与宣传人的相似性越高,越容易被说服去采用一种新的耕作方法。

2. 互补吸引

在跨文化交流中,人们可以容忍一些不同方面,这种不同也可以成为人际吸引的动力。这是因为,两个各方面相似度太高的人,往往很难相互提供新的信息,而具备与自己迥然相异的某些特质的、互补的人,也许关注到自己没有涉及的信息。例如,在晚宴上,如果在一群西方装束的女性中间,出现了一位身着旗袍的东方女性,她就很有可能成为人群的焦点。

(二) 理解他人①

1. 理解人格观念的差异

人格本是一个心理学的概念。心理学家认为,人们普遍对人的心理活动和性格等有一套自己的看法和理论。一般而言,不是所有的人都能了解别人的感受和思想,但人们都或多或少知道什么样的人会做什么样的事情,也知道他为什么会做这些事情。这就是朴素人格理论。这个理论关注的往往是对于一类人的普遍看法和联想。

跨文化交流的一个问题是,不同文化的人格理论可能很不一样。社会心理学家哈弗曼就曾发现,中国人和美国人对一些人格特质及其对行为影响的看法是不一样的,中美之间的对比也可延伸到东西方社会之间的对比。不同的人格理论,对人的行为,包括交际行为会有很大的影响。

在所有人格观念差异中,对社会关系的认识恐怕是最为千差万别的,前文讲到的个体

---

① 根据以下文献改编。彭凯平、王伊兰:《跨文化沟通心理学》,北京师范大学出版社2009年版,第194—200页。

主义或集体主义就属此类。除此之外，不同文化社会关系观念的差异，还体现在如下两个方面。

（1）平等观念

平等观念是西方文化中经常被强调的，影响着西方人行为的方方面面；从某种程度上说，东方人则比较容易接受社会差异。

在跨文化交往方面，这种观念对沟通方式的影响是明显的。越是强调平等观念的人，在沟通过程中越会显得随意而非正式。他们使用名而不是姓来称呼对方，他们更多地表现出友善的姿态而不是尊重和敬畏的行为，他们也可能比较忌讳容易引起差异心理的个人问题，如年龄、收入和长相等。具有平等观念的人，更容易相信人的社会地位是可以变化的，更欣赏那些通过自我奋斗而成功的英雄，在人际交往中容易接受对方的恩惠，也比较容易和对方开玩笑。

（2）实用关系和亲情关系

实用关系和亲情关系是相对于平等观念的又一组社会关系观念。西方文化的人际关系理论建立在实用主义基础之上，强调的是关系的功用性。在跨文化沟通中，西方人往往表现得直接、坦率；在商务沟通中，更强调合同；在关系预期上，更强调对等的交换。相比之下，东方文化更强调关系的长远意义，在交谈中更讲究礼貌；在商务中，更重视关系的建立；在关系预期方面，不会像西方人那样追求即时的平等，甚至会牺牲自己的部分利益来达到关系的稳定。

2. 理解时间观念的差异

不同的文化有着不同的时间观念，这主要体现在两个维度上：一是对时间作为资源的态度，是看作稀有资源，还是看作无穷尽的资源；二是对时间跨度的强调。

有的文化把时间看作无穷尽的资源，不去刻意控制和掌握时间，而是把生活交给命运。有的文化把时间看作稀有资源，认为在生活中应该尽量利用时间，否则不可能在有限的生命中做出更多有意义的事情。在这一点上，中国人和美国人的认识接近，都把时间作为一种稀有资源来对待。

时间跨度涉及某种文化到底强调长期的时间观念，还是短期的时间观念。霍斯伯格发现，不同的文化对时间知觉的框架是不同的。东方的儒家文化强调长期的时间观念，强调人的生活具有远大的目标，因此需有努力工作的态度和坚忍不拔的精神。西方文化的时间观念则是比较短期的，强调近期目标的实现。持短期时间观念的人可能更容易接受奢华的事物，因为他们关注现在的生活，而不是未来的影响，他们也不愿意为未来的发展做出准备和储蓄。美国的信用卡危机可能就与这种短期时间观念有关。

（三）增强说服技巧[①]

在日常人际传播中，我们经常会使用一些小技巧来达到说服的目的。在跨文化人际传

---

① 根据以下文献改编。彭凯平、王伊兰：《跨文化沟通心理学》，北京师范大学出版社2009年版，第164—172页。

播中,技巧的作用或许更加重要。心理学家们发现,说服实际上使用了三个原则。

1. 说理原则

说理原则通过让人明白"为什么"和"怎么样"来达到说服的目的,从而为自己的目标服务。这种方式产生的效果一般比较长久。它遵循了几个更细微的心理学原则。

第一,说理能够让人受到信息的影响,遵循的是心理一致性原则。为什么说理能够产生效果?因为人们常常要求自己的态度、行为与目标、价值观保持一致,而不愿忍受其中的矛盾。当说理足以影响个人的目标和价值判断时,其态度和行为就会协同转变。

第二,说理也依赖自我效能感原则,即如果说理能够激发人们的自我认识和自我期望,人们就容易产生对事物的积极反应和行为,同时自我坚持的时间也会更长。这一理论由斯坦福大学心理学家阿尔伯特·班杜拉(Albert Bandura)提出。他发现,自我效能感低的人通常会有一种回避的倾向,而且时间越长,自我效能感就越低,自我努力也越不够。高的自我效能感说明内心的一些信念、目标和看法可以影响行为,而这些行为又可能影响环境,由行为引发的环境事件又反过来影响个体的自我印象。

第三,说理的另一个原则是承诺规则。此规则要求我们必须恪守承诺,违背诺言会让人产生厌恶和不信任感。因此,当人作出承诺之后,他就会倾向于使自己的言行与承诺保持一致。若劝说者主动采取承诺,一般也会得到对方的重视,如商家的公开承诺。

2. 互惠原则

通过给对方某种利益和回报,得到他们的承诺,这种方式的实质是以互惠的方式来影响人们的行为。心理学家已证实互惠原则在人际交往和劝服活动中的普遍性。当然,互惠原则的使用有很多具体的方式和小技巧。

(1)"闭门羹"技巧

这种策略的一般操作是,先提出一个几乎必然被拒绝的请求,这个请求固然不会被应允,但是对方在拒绝的同时多少会有一点"亏欠"心理。这时,请求者便可再提出一个小的请求。研究发现,在很多情况下,这比直接提出那个较小的请求更容易取得劝服效果。这样的策略之所以容易取得成功,是因为当请求者缩小自己的请求时,对方在觉得"亏欠"的同时,也容易觉得请求者做了一定程度的"让步",而为了报答这个"让步",或许需要"回馈"一点什么。

(2)折扣技巧

另一种涉及互惠原则的策略与"闭门羹"技巧有类似之处,但不需要让对方在答应之前先拒绝,而是让其讨价还价。促销活动可以通过打折、搭售等方式让消费者感到优惠,然后通过购买这些优惠商品进行报答。在人际传播中,同样可使用类似的方法,特别是在跨文化传播中,在对方容易感到孤立和焦虑的时候,让其得到一些优惠,或许会事半功倍。

3. 奖惩原则

作为说服的原则之一,奖惩的应用也很多,人们常用威胁、奖励等来劝服别人遵守或满足自己提出来的要求。

四、与不同国家的人交往

在日常生活中，跨文化人际传播更多地体现在与不同国家的人交往上。随着世界经济日益全球化，企业管理人员必然面临跨文化沟通的问题。无论是在进入国内市场的外资企业，还是在为寻求市场多元化而开拓国际市场的中资跨国企业，各级管理人员都必须掌握跨文化人际传播的技能。

地球如同一个村庄，村民之间很容易彼此交往，那么为什么还会遇到沟通障碍呢？答案很简单：虽然全球范围内享有相同的信息和技术，但文化却彼此不同。因为文化迥异，家庭、习俗、价值观等也互有差异，所以汉堡的科尔、纽约的杰克逊、伦敦的艾米莉、东京的田中、北京的老张……交流时便会产生困难和误解，有时候甚至会造成更严重的后果。例如，1992年在美国，一位日本留学生因为迷路误入一户美国人家，被房主枪杀了。法庭裁决误杀日本人的美国房主无罪释放。美国房主陈述道，在当时，这位日本留学生距离他5英尺（约1.5米）远。美国人生活在非接触文化中，1.5米在美国已小于不安全的人际距离，因此，法庭判定房主的行为属于正当防卫。事后据调查，陌生人不安全感的人际距离在日本平均是1.13米，在美国则是3.68米。

人类技术的进步日新月异，但是基于千百年发展形成的文化的嬗变却慢得多。文化的多样性使这个世界精彩纷呈，但也正是这种多样性成为跨文化人际传播的障碍。文化上的差异有时使人们彼此难以理解。

（一）与美国人交往

从历史角度讲，美国是一个年轻的国家，但其发展神速，开放程度较高，充满现代意识。美国拥有众多民族，移民较多，流动性较大，没有世袭贵族，人们比较自由，不受权威和传统观念的支配。这种社会文化历史背景培养了美国人强烈的创新意识、竞争意识和进取精神。

美国人的特点是：性格外露，坦率热情，真挚自信，办事果断干净，喜欢直涉主题，注重实际效率，追求物质利益。与美国人交往，不必过分谦虚礼让、含蓄委婉，应当坦诚相见，有话直说为宜。他们以不拘礼节著称，第一次同人见面，常直呼其名。他们不一定以握手为礼，有时只是一笑，说一声"Hi"或"Hello"，这与其他国家的正经握手为礼意义相同。

美国人的个人主义情绪十分浓厚，一些人一切以自我为中心。这种意识上的自我中心论，在行动上体现出来就是不择手段地利用他人的成果达到自己的目的，甚至不惜牺牲他人。别人在他们眼里根本无足轻重，他们也不顾忌别人的自尊心。如果有谁在竞争中失败了，美国人会认为是他自己做得不够，自己表现得不够，认为他应该重整旗鼓，以期在下一轮的竞争中反败为胜。

美国人在交往中非常注意法律。一切诉诸法律，对他们来说，是十分自然和习惯的事情。人们只能用不以人际关系为转移的契约作为保障生存和利益的有效手段。美国人在商务谈判时很注重法律、合同,并且看重对方所说的话。与美国人做生意,尤其要谨慎,说一不二,不可含糊其词、模棱两可。同时,讲究时间效率,不能拖泥带水、没完没了。美国人工作节奏快,决策速度也快,但耐心不足,一旦成交,立刻签约。这一点对中国人来说应予以适应。

与美国人交往,准时赴约至关重要,早到则在门外等,晚到则要说明原因并致歉。在美国人面前过分谦虚往往只能导致对方怀疑你的水平、能力和实力不够。所以不能让谦虚这一中华民族传统美德成为我们被美国人小觑的原因。与美国人一起用餐,千万别浪费食物。在中国,问别人年龄、收入、婚姻等往往是表示关心;在美国,这些都是个人隐私,故回避为上策。见面时抚弄、亲吻他人的小孩在中国是司空见惯的,在美国则可能会被认为是无礼的举止。

美国人有在交往中送礼的习俗。例如,在圣诞节,亲朋好友和家庭成员之间都可以互赠礼品,如酒、蛋糕、巧克力等。业务往来和工作关系也可以赠送礼物,如文具、工艺美术品、月历等。给美国人送礼应注意场合。业务交往中的礼物不要见面就送,应等会谈时再送,比较好的时间是午宴或酒会。朋友之间送礼,不要选择公开场合。例如,几人同行去美国朋友家做客,要注意其他朋友是否带有礼物。如果只有一人带有礼物的话,就会使其他客人十分尴尬。如果到美国访问、考察或拜访美国朋友,在初次见面或离开美国时,可为主人带去家乡礼品,如工艺美术品、针织品、酒等。

(二) 与日本人交往

日本人总的特点是勤劳、守信、守时,生活节奏快,工作效率高,民族自尊心强。他们非常注重礼节,见面时互致问候,脱帽鞠躬,表示诚恳、可亲。日本资源缺乏,人口稠密,活动时常有限,因此竞争意识充满于日本人的生活之中。与日本人交往时,应当注意到日本人非常注重团结协助和团体精神,他们很注意企业、家族团结一致,以增强个人对集体的责任感、归属感和依赖感。

日本社会里到处充满了集体主义,几乎一做事就是团体行动。在个人与团体的配合上,日本人显得十分默契,也做得非常成功。他们即使个人能力并不十分突出,甚至不能独当一面,但只要能与团体很好地配合,也往往能受到领导的重视,甚至会被委以重任。日本是一个很重视配合的国家,这种观念也植根于日本人的脑海里,成为他们为人处世的一大准则。西方人是独立的个人,而日本人代表的是一家公司。公司是一个集团的一部分,而集团又代表着日本。在这种情况下,他们如何面对面地与西方人单独打交道呢?西方人在做自我介绍时,"我"字当先,例如"我的名字是比尔·罗宾逊,出口部经理,来自思来德韦纺织品公司"。日本人则把"我"放在最后,例如"三菱总务部,助理,山本是我的名字"(先后顺序要摆正确)。

日本人比较慎重、规矩、耐心、自信,工作勤奋刻苦,态度一丝不苟,进取精神较强。他们在任何场合下都彬彬有礼、笑脸相见,即使在商务谈判中也不例外。这反映了"礼貌在先,慢慢协商"的态度和日本人的精明与耐心。日本人的礼貌表现为多种奇怪的形式。他们往往不愿意说"不"。如果你对日本人说："我想向你借100元。"他们会说："是，你向我借100元。"实际上却不拿出来。如果他们不想同外国合作者达成交易，他们也不会给予否定的答复，只是从此以后可能再也不会接触到该公司负责联系的人，他或她总是在生病、度假或出席葬礼。

日本人不擅长交际，交往大多是在亲朋好友之间进行的，交往圈子也非常窄小。但是他们比较重视建立人际关系，初次见面一般不谈工作，而是相互引见、交换名片、互赠礼品、联络感情、相互鞠躬，但一般不握手，显示文化修养，进行文化交流，特别注重双方友谊的建立。如果是老朋友或比较熟的人就主动握手，甚至拥抱。如遇女宾，女宾主动伸手才可以握手，但不要用力或久握。如果需要谈话，应到休息室或房间交谈。日本人很注意讲话的礼貌，讲话时低声细语，不干扰别人。他们认为大声喧哗、吵吵闹闹是失礼。

送礼在日本十分普遍，送礼的场合有以下几种：彼此之间建立了友好感情，为加深友谊；为感谢对方曾给予自己的帮助；请求对方给予帮助；促进企业、团体之间的合作和友好往来；新年到来之际，下级为感谢上级一年来的帮助，以及亲朋好友之间互相拜访；业务交往中的初次见面；等等。

与日本商人交往，重在建立一种长期的信赖关系，就事论事，操之过急则会得不偿失——真诚友好的关系远胜过单笔交易。中国人在对外谈判时，为了确保生意成功，往往喜欢先略做让步，以表诚意。与日本人交往，这一定会事与愿违，因为在日本人眼中，首先作让步既是弱者，也无诚意。因此，如果有必要让步，那也一定要使日本人作相应的让步。这种针锋相对、近乎固执的谈判策略反而能赢得日本人的尊重。日本人远不像欧美人那样严肃认真地对待合同，他们可能会经常要求重新商谈已达成的协议。因此，合同签好并不意味着大功告成，中国商人要努力适应这种风格才不至于造成僵局。起草合同也应竭力用通俗易懂的语言，因为法律术语只能招致日本人的讨厌及猜疑。谈判时带上律师更是绝对应避免的事。

（三）与韩国人交往

韩国人勤劳勇敢，性格刚强，民族自尊心强，十分讲究礼貌，能歌善舞，热情好客。见面时，一般以咖啡、不含酒精的饮料或大麦茶招待客人，客人不能拒绝。晚辈见长辈、下级对上级规矩很严格：握手时，应以左手轻置于右手腕处，躬身相握，以示恭敬；与长辈同坐，要挺胸端坐；若想抽烟，须征求在场长辈的同意；用餐时不得先于长者动筷。

韩国长期与西方国家接触，养成互相通报姓氏的习惯，并且与"先生"等敬称联用。韩国人相信自己比其他亚洲人能更好地与西方人相处，认为自己和中国人、日本人都不同。韩国人在进行业务洽谈时，习惯在饭店的咖啡室或附近类似的地方进行。办公室大多有一套会客用的舒适家具。在建立密切的工作关系之前，举止是否合乎礼仪至关重要。他们不会正式介绍他人，但对陌生人会说"我是第一次见您"。由年长者示意做介绍，于是双方含糊不清地通名报姓、交换名片。韩国人不会直呼对方的名字，而称头衔。与韩国人相处时，应当听从他们的想法,尽可能地分享他们的幽默,但要随时保持坚定、实际的立场。他们害怕对方的强硬,但会利用对方的轻信。

韩国人比较含蓄内向,一般不会轻易流露自己的感情,在公共场所不大声说话,颇为持重有礼。妇女在发出笑声时用手帕捂住嘴,以免失礼。在韩国,妇女对男子十分尊重,双方见面时,女子先向男子行鞠躬礼,致意问候。男女同坐时,男子位于上座,女子则在下座。多人相聚时,往往根据身份高低和年龄大小依次排定座位。

如果应邀去韩国人家里做客,不可空手前往,按习惯要带一束鲜花或一份小礼物,并用双手奉上。进入室内时,要将鞋子脱下留在门口,这是不可疏忽的礼仪。

韩国人对数字"4"非常反感,许多楼房的编号严忌"4",军队、医院绝不用"4"编号。在饮茶或饮酒时,主人总是以1、3、5、7的数字来敬酒、敬茶、布菜,并且力避以双数停杯罢盏。

(四)与法国人交往

无论在政治上还是在商务上,法国人都喜欢独立(有时表现出自以为是),并且显得要略胜美国人、日本人和其他欧洲人一筹。法国人活在自己的世界里,中心就是法国。他们沉浸于自己的历史,并且相信是法国为许多事大体上定下一个准则,如民主、公正、政府和法律体系、军事战略、哲学、科学、农业、葡萄酒酿造法、美食烹饪和幸福生活。其他国家在这些方面的准则与法国不同,并且要使事情做好还得学许多东西。

法国在人们眼中是一个浪漫的国家,法国人也很有情调。他们十分珍惜假期,每年8月,大部分法国人都放下手中的工作去旅游度假。为了尽情玩乐,他们会毫不吝惜地把一年辛辛苦苦挣来的钱在假期中花光。因此,与法国人做生意或拜访法国人,尽量避开这个时期,以免打乱对方的日程安排。

法国人不习惯在餐桌上谈生意,因为在他们看来,聚餐纯粹是感情的一种交流,假如涉及生意或交易事宜,会让对方感到不快,误认为是利用交际来促成商业交易的顺利实施。法国人很注意生活情调,他们把在优美环境中的小酌、喝咖啡看作是交友的好时光,也是一种令人舒心的享受,此时谈生意不合时宜。

法国人的自我感觉很好,但一味奉承法国人反而被看不起。无论是对人还是对事,若能有根有据地指出其缺点、不足,会获得法国人的尊敬。法国人要求别人赴约一定要准时,而自己的时间观念却不强,常常迟到,尤其是越有身份的人参加活动时,越会有意推迟到达时间,以显示其身份不一般。

与法国人交往,应注意衣着,应根据不同的场合、活动选择合适的衣服。在法国人看来,时装代表一个人的修养、身份与地位。因此,与他们交往时必须注意服装穿戴,从而以整洁得体的外表给对方留下良好的第一印象。如果始终穿同样一套衣服经历很多活动、很多天数,则会被小觑。

法国人同其他一些国家一样,不喜欢在公共场合谈论时涉及家庭私事,更不要打探对方生意做得好坏。因此,在法国人面前,要避免谈及个人问题和收入状况。

（五）与英国人交往

与英国人交往，不事先约定而直接登门拜访是非常失礼之举。英国人酷爱动物，虐待动物犯法，所以在英国碰到对方豢养猫、狗之类的宠物，平等友好对待是良策，切勿表现出讨厌之情，更不可动手去打。英国人唯独忌讳大象，所以商品包装出现"象"字及其图案，绝对是下下策。

英国人认为"7"是个能带来好运的吉祥数字，而"13"是个不吉利的数字，所以商务活动避免13人参加，也不要安排在13日。

与英国人握手时不能越过两人正在握的手去和第三人握手，因为这样交叉握手被认为会带来不幸。点火时也不可连续点三支烟，应该在点完两支后重新点火再为第三人点烟，否则会被认为会给其中某人带来不幸。

在商务会议上，幽默是重要的，因而开会前讲一些笑话和奇闻逸事会很有帮助。那些善于此道的人应该充分发挥这方面的才能。英国人赞赏故事不断的人，良好的气氛有利于经商，能产生好的效果。商务会议刚开始时英国人相当正式，只会在交往过两三次之后，才称呼对方的名字。在此之后，他们变得非常随便（可以脱掉外套、卷起衣袖），直呼对方大名，并一直这样称呼下去。

英国人喜欢展示他们的家庭观念，因此，在会议上或会议间与他们讨论孩子、假期和回忆往事是很正常的。

英国人最怕自己被别人称老，这一点与中国截然不同。我们可以说"老张"、"老何"，倒过来称"张老"、"何老"更表示尊敬之意，后者还特别适用于称呼德高望重的前辈。

英国人得到馈赠的礼品必定当面打开，无论礼轻礼重，都会热情赞美，同时表达谢意。英国的民族个性中有保守的一面，所以不易接受新事物。例如，英国商人一旦习惯了我方某种品牌的商品，如果我方对商品包装稍做改进，他们可能坚决不接受。与英国人交往，很多人会觉得他们傲慢、寡言少语，其实内向而含蓄的英国人寡言少语是出于对别人的尊重，怕影响别人，我们完全可以消除这层顾虑而主动与其交往。

（六）与德国人交往

德国商业文化有三个基本特点：德国人对时间的运用持单一的延续性态度，例如他们在完成一件事后才会开始进入另一件事；德国人深信他们是诚实和坦率的谈判者；德国人会直率公开地表明自己的反对意见，而不用客气或外交辞令那一套。

与德国人交往时，应当注意到，德国是一个充满理性的国家。德国人做任何事情都一丝不苟、细心谨慎，他们会把每一个细节、每一步计划都设计得十分周密，并且一步一步地去完成它。

德国人的沟通方式显得很特别，他们的准备工作往往做得十分充分，一切都尽量达到完美无缺。这与他们的民族性格是相符的。德国人不喜欢含糊其词、躲躲闪闪。如果他们希望达成这笔交易，就会明确表示自己的意愿，愿意通过谈判来取得合作。对于如何交易、谈判的实质问题、中心议题及要达到什么样的目标,德国人都会详细考虑,并且拟出一份完备的计划表,在谈判的过程中按照这份计划表一步步地去实现。

德国人在谈判中比较固执己见,不喜欢让步。例如,如果德国人在谈判中已经提出产品的价格,那么这个价格往往难以改变,因为德国人是经过深思熟虑才提出的,他们会极力坚持自己的意见。

因此,与德国人打交道,必须要有充分准备,做好打一场攻坚战的思想准备。在实际的谈判过程中,最好在谈判的实质问题上先行一步,如产品价格,抢在德国人之前说出自己的意图,并表明立场,这也算是对德国人的一种试探。德国人比较聪明,一旦进入实质性谈判,他们善于占据主动,并且按自己的意愿把谈判引入最终阶段。

(七) 与阿拉伯人交往

阿拉伯人受地理、宗教、民俗等的影响,具有沙漠人的特点,即以宗教划派,以部族为群,比较保守,性情固执,有严重的家庭主义,不轻易相信别人。阿拉伯人喜欢结成紧密稳定的群体,性格豪爽粗犷、慷慨大方、热情好客,遇到能谈得投机的人,他们会很快将其视为朋友。阿拉伯人的人际距离较小,他们不仅喜欢拥挤在一起,还喜欢触摸,甚至可能会用鼻子嗅同伴的气味。如果拒绝吸入同伴的气味可能会被认为是不礼貌的,因为他们总是有一种与人分享的欲望。

阿拉伯人的时间观念淡漠,他们有"远离钟表的人们"之称,不像欧洲人那样有精确的时间表,每一分钟都有自己该干的事情。与阿拉伯人打交道,必须要有谈判会被随时打断的心理准备。如果在阿拉伯人家里谈生意时,突然闯进一帮朋友或亲戚,阿拉伯人会置交易于不顾,而去热情接待朋友或亲戚。与阿拉伯人进行商业性质谈判,一定要特别耐心,因为他们不可能只通过一次交往或短暂的电话交谈就使生意谈成,常常是一拖再拖,慢慢进入商谈。

在阿拉伯人的眼里,最为重要的是名誉和忠诚。他们认为,一个人名誉的好坏是人生的一件大事,名誉差的人无论走到哪里都会受人鄙视、遭人白眼。一旦名声败坏,要想补救势必要付出巨大的代价。因此,与阿拉伯人打交道不可操之过急,一定不要干出格的事情,必须先表现出诚意,以同样的尊重回报他们的尊重,赢得对方的好感和信任,建立朋友关系,创造和谐氛围,才会使交易顺利进行。

阿拉伯人信奉伊斯兰教,而伊斯兰教有很多规矩,因此,初次与阿拉伯人进行谈判时必须特别注意,要尊重他们的信仰。不尊重阿拉伯人的宗教信仰,后果将是不可想象的。

另外,最好不要对阿拉伯人的私生活表示好奇。尽管阿拉伯人热情好客,但因阿拉伯人所信仰的伊斯兰教规矩很严,他们的日常生活明显地带有宗教色彩,稍有不慎,就会伤害他们的宗教感情。通常而言,这是一个话题的禁区。

了解以上这些国家和民族的特点,我们就能初步把握:与不同国家和民族的人谈判或日常交谈时,哪些话能说,哪些话不能说,哪些话可以多说,哪些方面又是话题的禁区。这对于我们发表演讲和进行谈判都是十分必要的。千万不可讲那些不合场合、使人难堪,甚至伤人感情的话,否则,我们所进行的演讲或谈判必然出现我们所不希望出现的结果,达不到我们所要达到的目的。

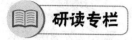

中国国家形象个人代言的传播效果研究[①]

目前,大部分国家形象的研究仍主要从国家文化、经济、政策等角度展开。虽然已有学者开始关注个人对国家形象的影响,但是在对"形象代言人"的分类界定、传播效果方面仍然比较模糊。因此,本研究将在对国家形象代言人进行分类界定后,通过国际媒体的关注度和国际受众的调研,分析不同类型国家形象代言人的正负传播效果。本研究将从三个角度进行研究。第一,具有国际影响力的国外媒体对中国国家形象代言人的报道数量和报道态度如何?第二,国际受众通过媒体阅读到中国国家形象代言人的相关报道后,对中国国家形象的认知有何种态度?第三,结合前两个问题,分析不同类型国家形象个人代言的传播效果如何。
……

四、研究结果

本研究对五家媒体关于国家形象代言人的报道进行内容分析,确定其报道偏向、对中国国家形象个人代言人的评价。

1. 基于媒体报道内容分析的国家形象个人代言的传播效果研究

(1) 媒体报道数量统计

在关于四类国家形象代言人的报道中,国家领导人报道数量最多,随后依次为文体艺术名人、企业家、第一夫人。因为国家领导人是国家政治权力和地位的最高象征,其一言一行均是国家对外政策及形象的重要代表,时刻影响着国际舆论走向,所以对国家领导的报道关注度最高。近年来,随着中国综合国力稳健提升,国际媒体自然会把报道焦点聚集在中国国家领导人身上。

(2) 媒体报道偏向研究

新闻媒体具有议程设置的功能,在政治传播领域尤为明显,被媒体加以突出报道的事件、人物会被认为比较重要,从而获得更多、更广泛的关注。研究结果显示,《纽约时报》对中国国家领导人的报道数量最多。从报道偏向上看,CNN的报道态度偏向最为积极;两家英国媒体《泰晤士报》与BBC得分略低于CNN,但相差无几,其报道态度偏向基本一致,倾向于对中国国家领导人的国际访问、政策方针、外交策略做事实陈述报道,态度鲜明的观点与评价较少;《澳洲人报》则对中国国家领导人颇有微词,该报持负面态度偏向的报道多为"反腐建设"、"官员个人问题"此类议题。究其原因,在本文所选的研究样本期限内,中澳两

[①] 节选自薛可、黄炜琳、鲁思奇:《中国国家形象个人代言的传播效果研究》,《新闻大学》2015年第2期。

国之间存在多次经济贸易与国际合作政策摩擦,从而产生了一定的认知偏见,影响了《澳洲人报》的议程设置。

国际媒体对中国第一夫人的报道数量并不多,但报道态度偏向良好。本研究所选时间段内报道数量较少,原因在于刘永清在国际上鲜少露面。彭丽媛频频亮相国际舞台后,对于第一夫人的报道才逐渐增多。彭丽媛凭借她作为民族声乐艺术家的卓越成就与大方得体的衣着装扮、优雅端庄的举止谈吐广被西方媒体称赞,对中国国家形象的提升起到正向的作用。

关于文体艺术名人的报道,数量较其他三类代言人适中。从报道偏向上看,CNN报道偏向显著良好。从报道内容上看,CNN选题多为对文体艺术名人事业良性发展的报道(如唱片发布、电影上映、比赛夺冠等),相对于其他媒体感兴趣的名人私生活方面则涉猎较少,因此报道态度显著良好。

研究发现,文体艺术名人能够获得持续正面偏向报道的机会不多,常常仅限于某一时刻的某一项成就(如比赛夺冠、音乐获奖等),建立的良好形象持续周期较短,非常容易因为某些丑闻(如作品抄袭、个人作风问题等)的曝光而声名狼藉。因此,关于文体艺术名人的媒介报道态度偏向有波动较大的特点。

关于企业家的国际报道数量较少,但报道态度偏向差异极大。《泰晤士报》评价最高,《澳洲人报》、BBC和CNN三家媒体评价适中,《纽约时报》则对此类代言人形象评价最差,出现了本研究中唯一的负平均分。在《纽约时报》的负面报道中,议题多为对中国企业家的社会背景讨论、商业决策剖析。此类代言人的媒体报道偏向极易受到国际经济贸易摩擦或经济发展趋势的影响,因此容易产生较大的波动和地域差异。

综合《纽约时报》、《泰晤士报》、《澳洲人报》、BBC、CNN五家媒体的报道,各类国家形象代言人的报道偏向平均得分按照高低顺序排列为:第一夫人、文体艺术名人和国家领导人、企业家。从媒介报道角度看,第一夫人媒体态度偏向最好,代言国家形象的传播效果最好;文体艺术名人与国家领导人得分相近,代言国家形象的传播效果适中;企业家排名最末,代言国家形象的传播效果欠佳。

在媒体报道的内容分析中,本研究发现,具有国际影响力的媒体对不同类型的国家形象代言人评价高低不同。其不同的评价到底会对国际受众产生什么样的传播效果?本研究进行了国际受众调研,完善国家形象代言人的传播效果研究。

2. 基于受众分析的国家形象个人代言的传播效果研究

……

(2) 研究结果

研究结果显示,阅读国家形象代言人报道后,各国受众对中国国家形象的评价均有提升。英、澳两国受众评价产生了显著差异,其中,英国受众评价差异极显著,再次说明国际媒体关于国家形象代言人的报道整体上对中国国家形象传播有积极影响。

从不同代言人角度来看,受众阅读相关报道后,对中国国家形象评价产生显著差异,其中,"第一夫人"组评价提升程度最高,差异极显著。

综上所述,从受众评价角度来看,第一夫人代言国家形象传播效果最好;国家领导人比文体艺术名人代言国家形象传播效果好,二者相差不大;企业家代言国家形象传播效果欠佳。

3. 媒体报道内容分析、受众调研结果比较

根据报道内容分析,关于各类国家形象代言人代言中国国家形象的传播效果,第一夫人传播效果最好,国家领导人、文体艺术名人传播效果次之(二者排序虽略有不同,但两项得分之间相差甚小),企业家排名最末,传播效果欠佳。各类国家形象代言人之间传播效果存在差异,其原因在于:一方面,各类形象代言人的正面宣传力度、负面新闻报道强度存在差异,通常情况下,文体艺术名人、企业家的负面新闻报道比较多;另一方面,各类国家形象代言人所处行业的行业发展态势、竞争状况也会对其传播效果产生影响。对此,本研究做了进一步的探索与讨论。

五、研究结论与讨论

研究发现,国家领导人、第一夫人、文体艺术名人、企业家不仅是富有魅力的个体,而且对国家形象的传播起到积极作用。

1. 个人代言在国家形象的传播中起到正向效果

研究表明,2008—2013年五家媒体共有国家形象代言人相关报道1 220篇,媒体报道态度偏向为0.39,可见五家媒体对中国国家形象代言人的报道数量较大,报道总体偏向正面。根据受众传播效果理论,受众态度会因新闻信息的报道内容和倾向发生改变。研究发现,受众在阅读完代言人相关报道后,对中国国家形象的评分有所提升,表明这些报道确实会对受众的评价产生正面影响。

国家形象代言人代表中国文化独有的特质,成为中国文化不可或缺的一个缩影。国家领导人在处理重大国际外交问题时始终保持大度谦和的态度;文体艺术名人,如郎朗等,在各自领域造诣极深,展现出中国艺术家的风范;著名企业家,如马云等,凭借坚韧不拔的奋斗精神带领中国企业逐步走向世界;第一夫人,如彭丽媛,气质优雅、富有才华,举手投足间展现了中国现代女性的内涵与魅力。各个领域的中国国家形象代言人在国际舞台上不仅展现了个人魅力,也展示了国家积极向上的态度与风范,展现了昌盛富强的大国形象,起到正向传播效果。

2. 国外媒体对国家领导人的关注度最高,文体艺术名人次之,企业家和第一夫人的关注度偏低

在媒介关注度上,国外媒体对国家领导人的关注度在四类不同的国家形象代言人中最高。本研究获取的全部样本中,关于国家领导人的样本量占研究样本总量的67%,可见在相同时间段内国际媒体对中国国家领导人的关注度远高于其他三类代言人。国家领导人虽然获得的关注度高,但不是传播效果最佳的形象代言人。首先,因为国家领导人代表本国利益,难免有媒体不能公平报道。正如媒介立场论和议程设置理论强调的,媒体的定位及编辑记者的意识会影响新闻报道的立场。因此,国外媒体对国家领导人的关注度和好评度不一定成正比。其次,因为大量有关国家领导人的报道多为距离受众生活较远的国际政治、外交事务等硬新闻,所以不容易从情感上打动受众。

文体艺术名人因所处行业的特殊性,受国际媒体、受众的关注度较大。在自身层面,文

体艺术名人因拥有众多粉丝,易被事业起伏和私生活推到关注的风口浪尖;在受众层面,互联网的兴起激起了人们的表达欲望,相比国家领导人,对文体艺术名人的谈论限制更少;在媒体层面,面对广大受众的猎奇心理,文体艺术名人成为媒体喜欢的报道对象。

企业家关注度偏低,原因主要是不同经济领域各有特征,受众了解需要一定的专业知识。同时,因行业发展情况瞬息万变,随着行业的起起落落,难以获得具有国际影响力的媒体的持续关注。

第一夫人关注度偏低的主要原因在于"第一夫人外交"在中国兴起时间较晚,只是近年来随着彭丽媛在国际社会频频亮相,国际媒体开始对中国第一夫人的关注越来越多。

3. 在国家形象代言人中,第一夫人的传播效果最好

从传播分类研究角度看,在媒体报道内容分析中,第一夫人得分0.57,遥遥领先于其他三类代言人;在国际受众调研分析中,受众对第一夫人的评价为5.71,也显著高于其他三类代言人。第一夫人代言中国国家形象的传播效果最好。

近年来,国际媒体时常抓住第一夫人彭丽媛在参加国际事务期间的言辞谈吐、举止仪态与衣着服饰等细节,赞扬其优雅的形象,具有大国风范。在报道影响下,国际受众也对中国第一夫人频频称赞。

从新闻报道角度看,媒体在选择新闻报道内容时要遵循一定的价值原则,第一夫人因其特殊的社会地位,符合新闻价值重要性和显著性的要求;其友善的态度、优雅的气质、得体的穿着,展现了国家首脑"贤内助"优雅亲和的形象,拉近了受众与国家政治人物的距离,符合新闻价值的接近性和趣味性,因此常常受到媒体的追捧。从历史进程角度看,第一夫人在国际上崭露头角,这与国际社会提倡的"男女平等"、"女性自尊自省自爱自觉"等理念相呼应,顺应社会文明开化与女权主义发展的潮流。从社会学角度看,社会性别文化理论认为,社会与文化对男性气质和女性气质的要求是不相同的,人们倾向于期望女性和男性表现出与此一致的社会角色与行为。角色期待理论也强调,个人形象只有符合角色期待,按照社会公众期待的规范和要求行事,才能保证对社会的适应,进而受到公众舆论的认可与称赞。第一夫人温情优雅的形象,正好吻合人们对这一角色的期望,第一夫人自然容易获得社会公众的青睐与赞赏。因此,"第一夫人外交"不仅起到重要的政治作用,还起到传递中国文化和民族精神的国家形象代言人的作用。

研读小结

国家形象是国家软实力的重要组成,良好的国家形象对于一个国家的发展有着重要的意义。随着中国国际地位的上升,塑造良好的国家形象已经成为中国重要的国家工程。国家形象是学界热门的研究领域,对于人际传播的理论研究同样可以与国家形象相结合。

这篇文章将个人形象与国家形象联系在一起,扩展人际传播的应用领域。作者以具有国际影响的个人是国家形象重要的代言人作为理论支撑,研究个人代言对国家形象的影响及其具有的国际传播意义。文章通过专家访谈法确定了四类主要的中国国家形象代言人。

文章将两种研究路径相结合：一是以国外具有国际影响力的媒体为研究平台，探讨国际媒体对这四类代言人的关注度；二是通过国际受众研究，得出这四类代言人对中国国家形象国际影响的传播效果。研究发现，从传播效果角度，国外媒体对中国国家形象代言人的总体报道偏向正面，传播效果好；从媒体关注度角度，国外媒体对国家领导人的关注度最高；从传播分类研究角度，第一夫人代言中国国家形象传播效果最好。研究结果对于中国良好国家形象的塑造具有很强的实践指导意义。

附　录

五个常用文化维度的自我测试①

下列各题，请从A或B中选择一个答案。你可能发现，这些答案并不是非此即彼的，那么请选择一个更加接近你感受的答案。

1. 我喜欢在这样的组织里工作
   A. 领导和员工之间没有太大区别
   B. 有一个明确的领导
2. 作为一个学生，我觉得
   A. 挑战老师很舒服
   B. 挑战老师让我很不舒服
3. 在选择人生伴侣或者亲密朋友的时候，我觉得这样更好
   A. 不一定来自和我同样的文化与阶层
   B. 来自和我同样的文化与阶层
4. 下面的特征，我比较看重
   A. 进取、物质成功、力量
   B. 谦虚、温和、生活质量
5. 面对冲突时，我会
   A. 直接面对冲突，找到战胜它的办法
   B. 面对冲突，以求和解
6. 如果我是经理，我会强调
   A. 竞争力和进取心
   B. 工人的满意度
7. 一般而言，我
   A. 对模糊和不确定感到舒服

---

① ［美］约瑟夫·A.德维托：《人际传播教程》（第十二版），余瑞祥等译，中国人民大学出版社2011年版，第41—42页。

B. 不能忍受模糊和不确定
8. 作为学生,我更满意这样的任务
   A. 有理解任务的自由度
   B. 有明确的规定限制
9. 一般而言,接受一个从没有做过的新任务,我会感到
   A. 舒服
   B. 不舒服
10. 我所认为的成功应该这样来衡量
    A. 取决于我是否超越别人
    B. 我对组织的贡献
11. 我的英雄人物是
    A. 那些超出常人的人
    B. 善于团队合作的人
12. 我更看重的价值观是
    A. 成就、刺激、享乐
    B. 传统、善行、服从
13. 在商业行为中,我觉得这样舒服
    A. 信赖口头协议
    B. 信赖书面协议
14. 如果我是经理,我希望
    A. 如果有正当理由,就当面训斥员工
    B. 不管什么情况,只私下训斥员工
15. 在交流中,重要的是
    A. 礼貌而不是直率
    B. 直率而不是礼貌

思 考 题

1. 如何理解文化的内涵?除了书中所讲,你认为文化还有什么特点和功能?
2. 造成文化差异的原因有哪些,你认为最本质的原因是什么?
3. 文化与人际传播的关系如何?试举例说明。
4. 为什么说跨文化人际传播已成为日常生活中的常态?你认为我们必须掌握的跨文化人际传播技能还有哪些?
5. 在互联网语境下,跨文化人际传播体现出哪些新趋势和新特点?

第六章
人际传播的语言

学习目标

学习完本章,你应该能够:
1. 了解语言的概念和特点;
2. 了解口语语言的概念、特点和表达原则;
3. 了解演讲与辩论的概念和分类;
4. 初步掌握演讲和辩论的口语表达技巧。

基本概念

语言　口语语言　演讲　辩论

第一节　语　言

语言是人与动物的重要区别,是人际传播的重要媒介和手段。人与人之间的沟通,有时候也会通过喊叫、面部表情、手势或其他肢体动作来表达,但绝大多数人都会运用语言作为沟通的主要工具。语言是人类的主要标志,是信息传递的重要符号形式。语言也是人际传播赖以完成的媒介,是一切传播的核心。没有它,就没有人类的今天,人类复杂的思维过程和文化之火就不可能继续下来。因此,研究人际传播,必须研究语言符号。符号及语言理论是传播理论的基本内容之一。

一、信号、符号和语言

在人际传播活动中，人们无时无刻不在使用语言。语言是什么？我们每天都在使用的各种口头语言和书面文字毫无疑问是语言；聋哑人的手势语、盲文，以及各种人工符号，如数学语言、电报码、计算机语言等，将这些视为语言似乎也不会引起太大的争议；烽火台上的烟火、鸡毛信上的鸡毛、墨西哥玛扎杰科族印第安人的口哨语、刚果丛林中一些氏族使用的木鼓语等，也许只有在引申意义上才能算作语言；人们说话时的姿势、表情，说话过程中的停顿、声调，说话者之间的距离和身体接触，服饰等，人们通常将它们称为副语言或副语言交际手段；各种交通信号、礼仪符号、音乐、绘画、雕塑、摄影、舞蹈，以及动物的交际系统、各种气象征兆等，这些是不是语言呢？要搞清楚语言这个问题，首先要了解语言与一般的符号和信号之间的关系。

（一）信号

信号是替代他物之物，是客观事物本身或事物之间因果联系的某一部分向有机体施加刺激，预示着客观事物即将出现。例如，乌云是下雨的信号，鱼标下垂是鱼咬钩的信号，电话铃响起是通信的信号。通信信号是替代某人说话声音的一种电信号，它把人的声音传递到远方，再通过装置转换成声音信号，使远方的人也能听到说话人的声音。在巴普洛夫的经典条件反射实验中，刺激 S（铃声）成为食物即将出现的信号 N，狗获得信号便产生了相应的行为 R（分泌唾液）。巴普洛夫认为，一切心理活动都表现为对信号的接受、编码和反应。高等动物的信号活动也称为条件反射活动。

简单地讲，信号具有以下特点。第一，信号与其表示的事物之间具有自然的因果性。因而，一切自然符号都是信号。例如，大雁南飞是冬天的信号，乌云压顶是大雨的信号，种子发芽是生长的信号，青少年变声是成熟的信号等。这种对应关系是客观的、具有因果联系的。第二，信号与其替代的事物之间是一一对应的固定关系。例如，红灯对应停止，绿灯对应通行。在自然符号中，这种对应关系是明显的，例如萤火虫发光是求偶的信号。在人工符号中也有许多这种对应关系的符号，如烽火台的烟火、交通信号、电报讯号等。

（二）符号

信号是替代他物之物，不涉及意义和理解问题。当信号具有意义时，它就变成符号了。符号是人类传播的要素，单独存在于传播关系的参加者之间，表示某种意思。关于符号的定义千差万别，总体上来说，符号是信息传播过程中人们为了传递信息而用以指代某事物（意义）的中介。符号包括两个方面：能指和所指。能指是符号的形式，即人们感官可以感知到的部分，如声音、文字的线形等；所指是符号的内容，是符号包含的意义和概念。符号可以是人工的，也可以是天然的；可以是语言的，也可以是副语言的。

符号和信号可以统称为记号，在用一事物代表另一事物的意义上有共同点，即都具有指说性。从信息论角度讲,信号和符号都是一种载体。不管是信号还是符号,都是指出某事物,而不是事物本身。

然而,符号和信号的区别也是明显的,把符号和信号混为一谈是错误的。符号不是信号。信号仅仅表示某事、某物、某条件存在与否,受时间、空间、地点和其他条件的限制。军用信号就很好地表明了信号的这一特征。军队作战时使用信号弹,信号弹的数量、颜色都是特定的,过了这段时间和地点,信号的意义就不存在。信号的这种时空制约性使得同样的信号在不同的场合具有不同的意义。例如,在海边听到轮船汽笛声是轮船启航或靠岸的信号,而在电影院中,人们决不会认为附近有轮船。

符号和信号的区别还在于符号是人类所独有的,换言之,只有人类才能理解符号的意义。在动物行为中可以看到相当复杂的信号。例如,蝴蝶拍击翅膀,用"舞蹈语言"传递"爱"的信号;"动物妈妈"舔舐刚生下的幼仔,熟悉幼仔的气味,也将自己的气味传递给幼仔,以此完成彼此的"身份识别";海豚用鼻孔发出各种吱吱声,以此传递信息。由此可见,动物对信号是极为敏感的。一条狗会对主人行为的最轻微的变化做出反应,甚至能区别人的面部表情和声音。但是,动物的这些反应远不是对符号和人类语言的理解,仅仅是一种条件反射。符号和信号属于两个不同领域。符号是人类意义世界的一部分,而信号则是物理存在世界的一部分。在实际运用中,符号具有功能性价值,信号仅是某种物理的或实体性的存在。因此,有人认为,信号是低级信息载体,符号是高级信息载体。

(三)语言

所有的语言都是符号。苏珊·朗格说:"迄今为止,人类创造出的一种最为先进和最令人震撼的符号设计便是语言。"[①]语言是人类最重要的交际工具,是人与动物的重要区别。语言的产生标志着从动物传播到人类传播的重大飞跃。

从本质上看,语言是一种音义结合的符号系统。著名语言学家索绪尔在《普通语言学教程》中谈道:"语言是一种表达观念的符号系统,因此,可以比之于文字、聋哑人的字母,象征仪式、礼节仪式、军用信号等等。它只是这些系统中最重要的。"[②]马克思指出:"语言是一种实践,即为别人存在并仅仅因此也为我自己存在的、现实的意识。语言也和意识一样,只是由于需要,由于和他人交往的迫切需要才产生的。"[③]马克思的语言观是一种实践的语言观。近代语言学家舒哈特认为,语言的本质在于传播。房德里耶斯指出,语言在社会中形成。当人们感到有传播的需要时,语言就产生了。语言是人类社会中最重要的传播媒介之一,人们借助语言符号使思想得以表达、感情得以传递、知识得以交流。"从哲学意义上来看,思想是通过语言表达的。思维是语言的'内核',而语言是

---

① [美]朗格:《艺术问题》,滕守尧、朱疆源译,中国社会科学出版社1983年版,第20页。
② [瑞士]索绪尔:《普通语言学教程》,高名凯等译,商务印书馆1980年版,第81页。
③ 马克思、恩格斯:《马克思恩格斯全集》(第3卷),中共中央马克思恩格斯列宁斯大林著作编译局译,人民出版社1960年版,第43页。

思维的'外壳'。"① 这些表述从不同的角度出发对语言的本质作了阐释,对于人们理解语言有很好的启发作用。从传播学的角度出发,语言是一种符号系统,是传递意义的中介,是传播者思想的外化。

语言符号包括口头语言和书面语言两种。口头语言也称声音语言,是人类掌握的第一套完整的听觉符号系统。有了语言,人类的信息交流才彻底摆脱动物传播状态而进入一个自由的境界。口头语言是所有符号中最基本、最主要的。正是由于口头语言的存在,其他符号才成其为符号,才成其为意义的代码。假如没有口头语言,其他符号也就变得无法言说了。因此,口头语言是第一性。一种语言可以没有书面语言,但是不可能没有口头语言。事实上,在世界上几千种语言中,只有少数语言拥有书面语。

书面语言即文字,它是在口头语言的基础上产生和发展起来的,它从口头语言中不断汲取养分,而且自始至终受到口头语言的制约。书面语言是人类创造的第一套视觉符号体系。施拉姆在论述文字的产生时说:"正如语言是由于感到有必要把各种事件和经验抽象化而产生一样,文字也一定是由于感到有必要把图像抽象化以及使语词符号比别人能听到的转瞬即逝的几秒钟持续更长时间产生的。"② 有了文字,人类的信息活动实现了体外化的记录、保存和传播。通过文字,人们才得以在任何时候与任何人,包括素昧平生的人,建立一种现实存在的传播关系;借助文字,相隔千万里的人也可以沟通思想、共享信息。哲学家斯宾格勒说得好,书写是有关远方的象征。这里的远方不仅指空间上的远方,还首先指持续、未来和永恒的意志。说话和听说只发生在近处与现在,而通过文字,一个人可以向他从来没有看见过的人,甚至还没有出生的人说话,一个人的声音在他死后数世纪还可以被别人听到。因此,文字是声音的再现和延伸。口头语言和书面语言一起组成语言符号系统。

二、语言符号的特征

语言作为一种音义结合的符号系统,既具有符号的共性,也具有语言的特性。

(一) 符号的共性

1. 客观性

每一个符号都必须表示一定的客观事物,事物是符号产生的基础,也是语言产生的基础。语言符号所表示的客观事物可以是真实的,也可以是非真实的;可以是具体的,也可以是抽象的。例如,"桌子"、"太阳"、"苹果"等这些词表示的客观事物是具体实在的,"精神"、"科学"、"思维"则表示抽象的事物和现象。还有些语言符号,如"神仙"、"妖怪"、"天堂"、"地狱"等只存在于人们的意识中,在客观世界中是不存在的。

---

① 吴文虎:《传播学百题问答》,中国新闻出版社1988年版,第121页。
② [美] 施拉姆、波特:《传播学概论》,陈亮等译,新华出版社1984年版,第11页。

2. 物质性

任何符号都必须具备一定的物质形式,即符号必须有物质外壳。口头语言中的符号单位,都有其物质的声音形式;书面符号文字有物质的图形和笔画形式。

3. 意义内容性

符号的作用是代表另一个对象,关于另一个对象的信息就是符号的内容。符号是信息的载体,信息是符号的内容。某些事物或现象,如果人们赋予它意义,并且相互约定,它就是符号。例如,SOS这个代号,当人们赋予其求救的意思后,它就成了符号;否则,它就只是几个字母的组合。

4. 约定性

符号有其物质形式,也有其意义内容,要表示特定的事物、现象、属性等。这一切都是使用符号的人约定的。因为对于物的内容来说,物的名称完全是外在的,不会因为名称的变化而改变了内容。例如上与下、前与后、好与坏,假如古人用的是完全与今天相反的语言形式,我们也只能这样说。这完全是社会全体成员共同约定并认可的,是一定社会中全体公众对用什么符号代表某一意思的一致意见。《荀子·正名》中说:"名无固宜,约之以命,约定俗成谓之宜,异于约为之不宜。名无固实,约之以命实,约定俗成谓之实名。"约定俗成,就是社会成员协调行为的社会契约,是语言符号的重要特征。

(二)语言的特性

1. 任意性

任意性指语言产生时具有某种任意性成分,那时用什么语言形式表示客观事物是任意的,或者说是偶然的。符号与符号所指的事物或概念之间,以及符号的音与义之间没有必然的联系。例如,中国人用"钢笔",英国人用"pen",来代表同样的事物。正如莎士比亚在《罗密欧与朱丽叶》中写道:...a rose by any other name would smell as sweet(如果给玫瑰取另外一个名字,她也一样芳香)。

语言符号的任意性特点是就语言起源时的情况来说的,指最初用什么样的语音形式代表客观事物或现象的意义内容是任意的。然而,符号的音义关系一经社会约定而进入交际之后就具有强制性,个人绝不能随意更改,也无权更改。所以,语言符号的任意性和强制性是对立统一的,人们不能借口任意性而随意更改已经约定的音义关系。约定俗成前可以说有任意性,约定俗成后则具有强制性。

2. 线条性

线条性指语言符号在使用过程中是以线条形式出现的。在日常交际中,人们无论是听还是说,无论是写还是读,必须有秩序地将符号单位逐次排列才能实现语言符号的价值。

语言的线条性说明,语言中的各个单位不是孤立的,而是互相联系的,每个单位都要受前后要素的影响和制约。哪个单位先出现,哪个单位后出现,哪些位置哪些单位不能出现,都是有一定规则的,改变了它们的顺序,不但表达的意思变了,而且还可能说出有语病的句子来。例如,在汉语中,人们只能说"我在教室里学习",而不能说"学习在教室里我"。又如,我们将"脸红"改成"红脸",把"一万"改成"万一",意思就变了。

3. 暧昧性

语言是人际传播中交流意义的重要手段,但是语言符号的意义并不总是清晰的,在很多场合,人们很难对其作出判断。语言意义的这种模糊性即是语言的暧昧性。语言符号的暧昧性表现在两个方面。

一是语言符号本身意义的模糊。例如"唐装"一词,有人将其理解为中国的传统服装,从这个意义出发,只有完全复古的服装才是唐装;有人则认为,只要是具有唐装元素,如立领、对襟、盘扣、连袖等的服装都是唐装,这里的"唐装"一词的内涵和外延与前面一种理解相比就大大扩大了,因而造成"唐装"一词的模糊性。

二是语言符号的多义性。多义性指一种语言符号具有两种以上意义,有时候我们判断不准应该属于哪一种。汉语中的多义词是大量的。翻开汉语词典,我们不难发现,许多词条下面都注有不止一种意义,越是常用的基本的词,这种多义性就越明显。正是由于意思太多,人们将词语最初的意义称为基本义,在此基础上引申出来的意义称为引申义。例如,"老"这个词的引申义有"陈旧"、"经常"、"长久"、"原来的"、"历时久"、"死亡"等,都是从它的基本义"年岁大"直接引申出来的。有些词除了引申义还有比喻义。比喻义是通过基本义的借喻而形成的。例如,"铁"的比喻义"坚硬"(如"铁拳")、"坚定不移"(如"铁的意志")是由其基本义"一种坚硬的金属"借喻转化而成的。语言符号的多义性是常见的,不管是在汉语中还是在英文中,一个单词或词组、一个句子都有可能具有多种意义。此外,同音异义词汇的存在,也是造成语言符号多义的重要原因。

总之,语言符号的暧昧性是普遍存在的,人们只有根据具体的语境认真琢磨,才能准确把握语言的真谛。

4. 发展性

从历史的角度看,语言是不断变化发展的。辩证唯物主义认为,世界万物都在不断发展变化着,语言自然也不例外。语言是人类社会的产物,因而随着社会的变化而演变。一方面,人们不断创造新的语言符号,以适应不断变化的生活实践。这些新的符号一进入传播领域,就成为新的知识被广泛运用。例如,近年来出现了一大批新词,"饭圈"、"柠檬精"、"硬核"、"让我康康"等渐渐进入人们的日常语言。另一方面,旧有的符号也在慢慢地被淘汰和改造,或被赋予新的意义。语言的这种发展变化不是一蹴而就的,通常是在不同的时代比较中才能觉察得到。例如,现今的人们已经很少使用"造反派"、"人民公社"、"红卫兵"这一类词语了。

5. 生成性

生成性指语言符号是一个开发的系统,它可以用有限的词语模式生成无限的语言成分。例如,"红旗"是个偏正式短语,用这种偏正式模式可以生成大量的语言成分,如"白菜"、"清水"、"伟大的园丁"、"新来的同学"等。认识语言的生成性特点,对于正确把握语言构造的本质极为重要。任何一种语言的结构规则和使用规则都是有限的,但它可以生成无限的语言成分和无穷的语言作品。

6. 系统性

语言是一种符号系统。语言系统的秩序体现了其内部的各种关系和规则。语言的系统性表现在其内部的层级关系、组合关系和聚合关系上。

语言学界对层级关系有两种理解。一是认为，小的语言单位构成大的语言单位时，原来小单位是一个层级，由小单位直接构成的大单位又是一个较高的层级。例如，词素构成词，词与词构成句子，就形成了词素层级、词层级和句层级。二是把层级关系先分成底层和上层，层之间（尤其在上层中）再分出不同的级。这样分析层级的结果是，底层——音位、音节等形式方面，上层——词素（第一级）、词（第二级）、句子（第三级）。这两种认识都是依据语言单位的结构，分别划定它们由小单位构成大单位，或由大单位包含小单位的不同层级和级别[①]。

某一语言成分在言语中总是要与其他的成分相联结，可以相互联结的语言成分之间存在着组合关系。例如，"名词+动词"是一种组合，"数词+量词+名词"是一种组合。组合关系直接体现了语言的结构规则要求，并非任意两个词就能构成组合关系，符号的组合顺序不是任意的。

聚合关系就是语言结构某一位置上能够互相替换的具有某种相同作用的单位（如音位、词）之间的关系，简单说，就是符号与符号之间的替换关系。几个词，一组词，它们性质相同，具有同样的组合功能，在语言结构的同一个位置上可以互相替换，替换后生成不同的句子，这些词之间的这种替换关系就是聚合关系。如果说组合关系是指词语（符号）之间在功能上的联系，那么聚合关系就是词语（符号）在性质上的归类。人们常说"物以类聚，人以群分"，语言中的词语正是这样一种关系。正是因为它们具有相同的功能，具有相同的特性，所以就类聚在一起，形成一种聚合关系。

语言成分之间的层级关系、组合关系和聚合关系，维持了语言系统的组织和运转，构成了语言符号系统最重要的秩序。

三、语言的结构

人际传播离不开语言交流，而语言交流离不开组词造句。在语言交流中，无论是口头形式的交流还是书面形式的交流，无论是一段对话还是一篇文章，都不是互不相干的词组或句子的简单堆砌，而是一些意义相关的词组或句子为达到一定的交际目的并通过一定的连续手段而实现的有机结合。在人际传播中，应当根据不同的交流场合和方式，从整体上考虑语音、词汇、语法、修辞、篇章等语言结构层次在传播中的作用，从而达到理想的传播效果。

（一）语音

语音是语言构成的三要素之一，是人际传播中语言交流的物质外壳。语言的词汇、语法

[①] 葛本仪主编：《语言学概论》，山东大学出版社1999年版，第13页。

及其语义都要以语音为物质载体。语言传播是由说话者发出语音,听话者接受语音并将其所承载的意义还原理解的过程。语音有着很强的系统性,各语言的语音成分及其结构方式都不同,由此表现出各语言的外在差异,形成各自的特点。

在传播的言语链中,语言以音波形式进行传输,属于物理学层面;语音的发送和接受,作用于发音器官和听觉器官,属于生理学层面;而编码和解码属于心理学与社会学层面。语音是由人的发音器官发出的,又由人的听觉器官去感知,因而语音具有生理属性。语音是一种声音,与其他声音一样,也是由物体振动而发出声波,通过听觉器官感知而形成声音形象。声波及其产生、传播都是物理现象,因而声音又具有物理属性。语音具有一定的意义,作为意义的载体而起交际作用,决定了声音还具有社会属性。语音的社会属性是传播学关注的重点。

语音具有韵律特征,包括声调、轻重音、长短音和语调。它们导致语音的抑扬顿挫,在语言中起着重要的作用。使用不同的声调、轻重音、长短音和语调,能表达不同的感情和意思。例如,汉语"你好!"用平常语速说出,表示问候,带有尊敬的色彩;用快速说出,则往往是应付。在人际传播中,掌握语言的韵律特征,对于有效地表达和理解都有很好的作用。

(二)词汇

词汇是语言符号的单位,是最小的音义结合体,是用以组成句子,从而进入交际领域的语言成分,也是构成语言的三要素之一。

词汇可以分为两部分,一是词的总汇,二是固定结构的总汇。词的总汇包括基本词汇和一般词汇。基本词汇是表示客观现实中基本事物和基本概念的词,如"太阳"、"月亮"、"星星"、"手"、"脚"、"桌子"、"板凳"、"父亲"、"母亲"、"学习"、"工作"等,与日常生活有着密切的关系。凡是与日常生活关系密切的事物就是基本事物,反映这些基本事物的概念就是基本概念,表示基本事物和基本概念的词就是基本词,基本词的总汇就是基本词汇。基本词汇具有普遍性、稳固性和能产性。除了基本词汇以外的那些词的总汇是一般词汇,如"邂逅"、"车床"、"宰相"、"芭蕾舞"等。一般词汇具有很强的灵活性,反映社会的变化最为敏感。它主要包括固有词、新词、古语词、方言词、外来词、社会方言词等。基本词汇和一般词汇相互联系、相互依存,随着社会的变化和交际的需要可以相互转化。

语言里除了词的总汇以外,还有一部分是固定结构的总汇。相当于词的作用的固定结构也叫熟语。熟语在结构和意义上都是定型的,是不可分割的整体,与词一样同是语言的建筑材料。熟语主要包括成语、惯用语、专有名词、谚语、歇后语等。汉语中的熟语非常丰富,如"阳春白雪"、"下里巴人"、"熟能生巧"、"乐极生悲"、"开夜车"、"走后门"、"元旦"、"三个臭皮匠,顶个诸葛亮"、"泥菩萨过河——自身难保"、"孔夫子搬家——尽是书(输)"等,都属于具有确定的结构和意义的熟语。

(三)语法

语法是语言构成的三要素之一,是语言中词、词组、句子的组织规律。语言符号是语音和语义的结合体,语法就是各种音义结合体的结构规律。按照语法规律,语言中的音义结合体共有四级:词素、词、词组和句子。词素是最小的音义结合体,本身没有组合的问题;词由词素构成,参与组织更大的单位词组或句子,在组织过程中还会发生形式的变化;词组主要是在词与词组合为句子的过程中形成的,与句子的组织规律基本一致。语法规则的中心内容是词的构成和变化的规则与句子的组织规则。

语法在语言中起着非常重要的作用。语法是语言的结构规则。一堆砖瓦随意堆放并不能构成高楼大厦,必须有一定的排列组合才可能建成各种建筑。同样,只有在语法规则的支配下,语言符号的基本单位——词语才能组织成合乎语言习惯的句子,来正确地表达各种意思。从人际传播的角度来看,传播者按照一种语言的特定的语法规则组织话语,受传者按照同一语法规则来接受、理解话语,这样传播才能正常进行。如果有一方违反规则,就会影响传播的进行。传播者语法有误,则受传者无法按照正常的规则理解话语;受传者不按正常规则理解,也不能正确地接受话语的信息。

(四) 修辞

语音、词汇、语法是语言的三个基本要素,没有它们,人们就无法用语言来正确表达,因此,三者缺一不可。然而,仅有语音、词汇和语法还是不够的。在人际传播活动中,人们用语言交流思想,传递信息。同一个意思可以用不同的形式表达,各种形式都有自己特有的表达效果。语言表达不仅要清楚明白,还应当做到鲜明精练、生动形象,让别人听了、看了留下深刻的印象。针对不同的语境、场合和表达内容,可以选择恰当的语言方法和手段,以便加强语言表达的感染力,获得最佳的交流效果,这就是修辞的作用。修辞与语音、词汇、语法密切相关,是对语言三个要素的综合运用。

(五) 篇章

语言是一些意义相关的词组和句子为达到一定的交际目的并通过一定的连接手段而实现的有机结合,是一个由语言符号(词汇)和语言规则(语法)构成的抽象系统。语言的有机组合构成了篇章。篇章通常具有结构上的粘连性、意义上的连贯性、表达上的逻辑性,在交际中具有语义的整体性。因此,在人际传播活动中,要用篇章的整体思维来考虑语言的组织结构,使语言更有条理性和逻辑性。

在人际传播活动中,无论是说话还是写作,总是首先立足于整体,确定篇章的主题和需要表达的内容,其次考虑先说什么、后说什么、分几个语段、怎样开头结尾、中间怎样过渡、前后照应,然后逐字、逐句、逐段进行语言组合。篇章在结构上通常由导言、正文和结束语三个部分组成。导言是篇章的开头部分,形式不一,规定篇章的内容和中心思想。好的导言不仅能使传播者紧扣篇章主题,结构严谨,还能使受传者紧随传播者的思路,更好地理解和把握篇章的中心思想。正文是篇章的主体,传播者通过对比、对照、引证、分类、推论、列举等逻辑分析方法,以及叙述、描写、说明、论述等语体手段对篇章的主题加以论证。结束语是篇章的收尾部分。好的结束语可以使篇章结构严谨,首尾兼顾,高度概括篇章的中心思想。正如清人唐彪在《读书作文谱》中说:"文章大法有四:一曰章法,二曰股法,三曰句法,四曰字法。四法明,而文始有规矩矣。四法中,章法最重,股法次之,句法、字法又次之。"①

四、语言的意义

在人类的社会生活中,意义是普遍存在的。"大到历史事件、自然现象、科学理论、文化作品,小到一句话、一个动作、一个表情,甚至一个眼神,无不具有一定的意义。……我们无法想象一个没有意义的社会。"②在人际传播中,任何语言都与一定的意义相联系。语言符号是意义的载体,意义是语言的内核。人们的语言交流,实质上是语言的精神内容——意义的交流。

(一)"意义"的意义

"意义"这个词有多层含义,它既是现代汉语中的日常生活用语,又是学科术语。作为日常生活用语,它的含义也不是唯一的。例如,在"这个故事富有教育意义"中,"意义"是"作用"的意思;在"人生的意义在于奉献"中,"意义"是"价值"的意思。作为学科术语的"意义",情况就更为复杂。正是对于意义的不同注解,使得语言的意义变得十分复杂,从不同的角度和层面出发,每句话、每个词都可以有不同的意义。因此,有语言学家和哲学家呼吁,若不对语言的意义进行科学分类并加以限定,对语言意义的研究就会变成空谈。

"意义"的意义是一个如此复杂的问题,哲学家、逻辑学家、语言学家都从不同的角度探讨"意义",各个学科内部又有不同学派的争论。钱伟量在其著作《语言与实践:实践唯物主义的语言哲学导论》中对不同的意义理论进行梳理,将其大致分为四类:指称论、观念论、形式主义语义学、语用学的意义理论。③

(1)指称论

意义指称论主要是随着20世纪语言分析学家和逻辑经验主义的传统而逐步形成与成熟的。指称论认为,意义就是语言符号所指称的对象。弗雷格的含义和指称论、罗素的摹状词理论、维特根斯坦的图像论、逻辑经验主义的语言的可证实性、克里普克和普特南的因果指称论都为指称论奠定了理论基础。然而,指称论将语言的意义简单地归结为语言所意指的对象,这就有导致"词语拜物教"的危险。

(2)观念论

如果说意义指称论试图到意识活动之外去寻求语言符号的意义,观念论则正好相反。观念论将语言符号的意义归结为人们的主观意愿、情感和观念。"观念"一词不仅指柏拉图所说的作为事物原则的"理念",也不仅指洛克、贝克等人所说的作为感觉经验要素的"观

---

① 董天策:《传播学导论》,四川大学出版社1995年版,第153页。
② 张汝伦:《意义的探究——当代西方释义学》,辽宁人民出版社1987年版,第2页。
③ 钱伟量:《语言与实践:实践唯物主义的语言哲学导论》,社会科学文献出版社2003年版,第130—200页。

念"，还包括"情感"、"情绪"、"意志"、"意向"等所有意识活动类型。广义的观念论包括认知观念论、表现论和意向论三个方面。表现论认为，语言是内在情感的表现，语言通过表现情感来表达思想。胡塞尔的意向论和塞尔的意向性理论都是观念论的代表理论。然而，观念论把意义简单地归结为观念，即人心中的概念、情感或意向，这就导致意义成了一种不可表达、不可传递、不可理解的神秘体验。

（3）形式主义语义学

有些语言学家认为，语言因其语形组合方式而产生意义，既不与人心中的观念直接联系，又不取决于对象的性质。这种将语言意义归结于特定语形组合的理论即为形式主义的意义观。指称论和观念论分别从语言符号与其所指称的对象和表达的观念之间的关系来说明语言的意义，因而又合称为"意指关系论"。但是，不可否认，语义关系总是与一定的语形关系相连。确切地说，人们并不是用孤立的符号来表示观念和指称对象，而是用语言符号系统的有规则的组合来表达意义。语言的意指性与系统性是一个统一的整体，换言之，句法与语义是不可分割的，人们是通过语言符号的各种语形组合形式来理解语言的意义的。形式主义语义学揭示语言形式对于表达和理解意义的功能，从单纯的句法研究走向语义研究是一个进步，形式主义语义学满足于在语言形式内部分析语义结构，有意识地忽略或竭力排除语言的指称对象、语言表达的心理观念和语言应用过程中语境因素对语义表达与理解的作用，使语义学研究脱离实际，变成了一种纯形式的游戏。这不能不说是这一派意义理论的局限。

（4）语用学的意义理论

语用学的意义理论在指称论、观念论和形式主义语义学的基础上，进一步将语言意义的研究深入语言符号与言语行为主体之间的关系中去考察。语言中的意义归根结底是语言使用者所表达和理解的意义，离开语言使用者及其交往活动来谈论语言的意义是毫无意义的。语用学的意义理论引入言语使用者及其行为，从言语行为和符号互动行为出发考察语言的意义，将语言结构的研究和言语行为的研究统一起来，即将语言研究建立在言语行为的基础之上，突出意识的意向性和交往行为在意义网络中的地位，是一大进步。言语行为理论细致地探讨了日常语言行为的分类和行为结构问题，大大开拓了人们理解语言的意义的视野。符号互动理论从主体间交往关系的角度揭示了语言的意义和相互理解的基础。

在总结批判以往语言意义理论的基础上，钱伟量以马克思主义的实践语言观为基础，提出实践唯物主义的语言意义观，即语言主体的社会实践是阐明语言的意义及全部语言问题的基础。语言的诸方面、诸层次的意义，只有在人的社会交往实践的基础上才能统一起来，并得到全面的、完整的解释。实践唯物主义的语言意义观阐明了语言意义的哲学基础，是我们研究语言意义的立足点和出发点。

（二）语义三角关系

语言的意义问题是一个多层次、多方面的综合问题。指称论、观念论、形式主义语义学、语用学的意义理论分别抓住了意义的不同侧面，但是缺乏整体观照。语言本身是一种包含

图 6-1 语义三角关系
（资料来源：吴健民主编，《交流学十四讲》，
浙江人民出版社2004年版，第73页）

多方面关系的复杂现象，制约语言交流是否可能的条件与语言的三层基本关系密切相关。语言现象包含的三层基本关系（三个方面）称为语义三角关系（见图6-1）。语义三角关系是以下三者之间的关系：所指的事物或概念（referent），用来指该事物或概念的符号（sign），解释者（interpretant）在脑海中产生的该事物的形象或该概念的意义。

语言意义从来就不是语言符号与语言指代物之间的关系，而是一个三角关系。符号的意义牵涉到主体对它的理解，换言之，意义不是词语所固有的，而是使用这些词语的人赋予它们的，只有当人们把词语与特定的指说对象联系起来的时候，词语才有意义。每一个事物和概念可以有不同的再现与符号，这完全取决于主体的语言环境。主体具有不同的经验世界和理解水平，这导致主体对符号的形象和理解可能有不同。语言符号的使用者将语言与现实世界的事物或概念联系，赋予语言符号一定的意义，不同的主体可能产生不同的理解，正如一千个读者就有一千个哈姆雷特。例如"南"字，在日常生活中作为方位词，即"早晨面对太阳，右手的一边，与'北'相对"，但在网络语言环境下，"南"因为与"难"同音，常常被谐音用为"我太南了"。

从语义三角关系的三个要素出发，语义三角关系包括语形关系、语义关系和语用关系。语形关系，即语言符号之间的形式关系；语义关系，即语言符号与其所指的事物或概念之间的关系；语用关系，即语言符号与其使用者之间的关系。对语形关系进行研究的学问称作语形学（syntactics）。广义的语形学包括从音位、词素、句法（syntax）到大于句子的话语（discourse）或文本（text）等不同层面的符号形式关系的研究，狭义的语形学常常特指句法研究。句法学研究如何用词组句和造句的规则。对语义关系进行研究的学问称为语义学（semantics）。语义学研究语言的意义、符号与符号所指的事物之间的关系，包括语义场、语义关系、外延意义和内涵意义等。研究语用关系的学问即为语用学（pregmatics）。语用学研究语言符号与使用者之间的关系，如何使用语言符号进行交际，语言与其使用的语境、情景、场合、交流对象之间的关系等。语言的使用者包括传播者（言者、作者）和受传者（听者、读者）。但在人际传播中，传播者和受传者没有绝对的界限，二者仅仅是在特定语用关系中的两个功能项（两个角色）。事实上，一个人既是传播者又是受传者，他究竟扮演何种角色，完全依据具体的语言交往过程而发生转移。

句法学、语义学和语用学是符号学的三个分支，涉及不同的语言意义，分别是：语言意义（linguistic meaning），即符号与符号之间的关系所表现出来的意义；概念意义（conceptual meaning），即符号与所指对象之间的关系所表现出来的意义；联想意义（associative meaning），即符号与解释者的关系所表现出来的意义（见图6-2）。概念意义和语言意义涉及语言的微观结构，即语音、语法、词汇所表现出来的意义；语用意义或联想意义则涉副语言环境中语言的宏观结构,即社会、文化、情感、语域等多方面的意义。因此,在人际传播活动中,不仅要知道语言的概念意义,还要理解其语用意义。例如,"鸽"与"鹰"不仅表示动物的名称,还表示"和平"与"战争"的意思,既具有外延意义又具有内涵意义。在跨语言、跨文化、跨社会交流中,这一点尤为重要。例如,"金三角经济开发区"英语可译为"golden delta economic development zone",如果用"golden triangle"则可能使人联想到毒品交易猖獗的金三角地区①。

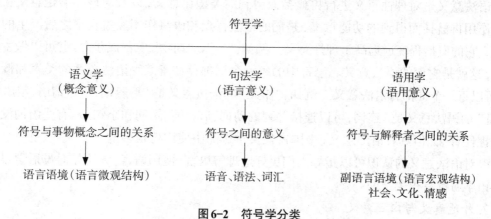

图6-2 符号学分类
(资料来源:吴健民主编,《交流学十四讲》,浙江人民出版社2004年版,第76页)

(三)语言意义的分类

在上面的论述中,我们从语义三角关系的角度考察了语言的意义。要准确地把握语言的意义,还要从微观和宏观方面对语言的意义进行更加深入的理解。下面将从不同角度出发对语言意义进行划分。

1. 理性意义、附加意义和语法意义

这是语义学中的分类。理性意义又指概念意义、指称意义或逻辑意义。对词而言,它的理性意义就是语音所表示的对客观存在的反映,是概括、反映客观存在及其关系的本质属性和一般属性而形成的一种意义。例如,"寡妇"的理性意义是"死了丈夫的妇女","书"的理性意义是"装订成册的著作","beverage"的理性意义是"饮料"。

附加意义是语言所体现的各种联想意义或色彩意义,是说话人对所指对象的肯定或否定的感情态度的体现,是语言体现的指称对象的形象色彩、意趣情调或文化背景等意义联想。例如,"聪明"、"坚强"、"美丽"、"请问"、"先生"、"大妈"等语词都表示说话人对所指对象的赞扬、喜爱、尊重、亲切等感情态度,具有褒义色彩;而"奸诈"、"固执"、"质问"、"滚蛋"、"家伙"(指人)、"老婆子"等语词则表示贬抑、厌恶、轻蔑、疏远的态度,具有贬义色彩。有些词语本身没有感情色彩,但是人们会赋予其某种意义。例如,在一些人的传统看法中,

---

① 吴健民主编:《交流学十四讲》,浙江人民出版社2004年版,第73—76页。

"男人"意味着坚强、有责任感、有主见、有气度等,而"女人"意味着软弱、胆小、气量小、没见识等。因此,我们常听到"他哪里像个男人?""她是个女人,怎么和她一般见识?"这样的话语。联想意义常常依赖于具体的语境和听话人的经验范围。在现实生活中,不同的人由于年龄、职业、文化程度、生活条件等方面的差别,对于概念和词义的认识是不同的。有的认识深刻些,有的认识肤浅些,有的认识比较全面,有的认识则不够全面。例如,"男人"在一些人的意识里意味着粗心、倔强、缺乏温柔等,"女人"意味着细心、温柔、随和等。

语法意义是对理性意义进行再概括而得到的类型化意义,以及对该类型化意义在语言中的作用再概括而得到的功能意义,是词的语法特点和语法作用经过类聚之后产生的一种意义。它的概括程度远远高于理性意义。例如,"人"、"动物"等都属于名词,可以做主语和宾语,这就是它们的语法意义。语言中的每一个词都存在于某种语法关系的类聚和概括之中,所以每一个词都有语法意义。例如,"伟大"的语法意义是"形容词,可做谓语、定语等","并且"的语法意义是"连词,可以连接并列的动词、形容词、副词和小句"。有些语词没有明确的理性意义,但具有语法意义,中国古代文学作品中使用得很多的"兮"字就是一个典型例子。对语法意义的认识可以指导人们更好地理解语言、使用语言,无论是对母语学习还是对外语学习都有很大帮助。

2. 外延意义与内涵意义

这是从逻辑学角度出发对语言符号意义的分类。内涵意义代表对象的根本属性,是所指示的事物的特征和本质属性的集合;外延意义是语言符号所指示的事物的集合。例如,"人"的内涵意义指"能够制造和使用工具,具有抽象思维能力",这是人的本质属性;而"人"的外延意义可以列出男人、女人、青年人、老年人、中国人、外国人等。"马"指示马这个类,同时间接表明四足、有毛、食草、善跑等属性,这些属性就是"马"的内涵意义;"马"的外延意义就是所有的马。一般来说,内涵决定外延,内涵越丰富,外延越小。

美国传播学者理查德·L.威瓦尔在《交际技巧与方法——人际传播入门》中是这样论述内涵意义和外延意义的。他认为,当我们听到一个词时,我们对这个词及使用这个词的人抱有的看法和感情决定了我们最终的理解,这就是词的内涵意义。内涵意义随着我们的体验而变化。正如我们一生中对某些事物时刻都有不同的体验一样,任何人也是如此。在这些体验中,没有哪两种是完全相同的。我们使用的每一个词无疑都有无限多的内涵意义。词的内涵意义倾向偶对性和索引性。假如一个词在大多数人中引起完全相同的反应,我们就说这个词具有普遍的内涵。实际上,词的内涵越是普遍,这个意义就越有可能成为词典释义,因为大多数人会同意这个词代表的意思。词的内涵越是普遍,人们误解它的可能性就越小,这个意义就越具有符号性。词的外延意义就是它的词典释义。有些词具有相对稳定的含义。如果一些人要对他们学科专用的特殊词汇下定义,大概会使用相同的注释——一个得到公认的解释。在法律界,"禁止翻供"一词有一个确切的外延意义。医生们会对"心肌梗塞"一词有共同的理解。许多学科的研究依赖于特定的具有确切不变含义的词汇才得以进行。具有外延意义的词汇使我们表达的意思明晰而精确。外延意义的词是符号性而非偶对性或索引性的。外延意义很少出现模糊不清的现象,因为词汇与它所表述的事物之间有直接的联系。虽然我们要理解语言，必须先掌握每个词汇，但比起内涵意义，外延意义对于我们主观思维的依赖性要小得多①。

3. 辞典意义和延伸意义

语言的辞典意义和延伸意义的区别是明显的。辞典意义，顾名思义，就是语言在辞典中的意义，它产生于与语言的首次联系。因此，它对于一切能使用辞典的人而言意义都是一样的。例如，英语辞典中的语言意义对于懂英语的人都适用。

与辞典意义不同，延伸意义产生于二次联系，它的适用范围非常有限，可能只适用于一个人，或几个人，或某社会集团成员。延伸意义对每个具体人是不同的，它往往受个人的社会背景、个人经历、价值观念、感情等因素的影响。例如爱情，一部分人可能充满向往，在他们心目中，爱情是温暖、幸福、充满情趣的；而对另一部分人来说，爱情可能是"不幸"、"痛苦"的代名词，是自私、伪善和陷阱。英语"gay"的本意是愉快，但如今人们却用来表示同性恋者，因此，不会有人说"They are gay people"。

4. 指示性意义和区别性意义

这是符号学中的分类方法。指示性意义是将符号与现实世界中的事物联系起来进行思考的意义，区别性意义是表示两个符号的含义之异同的意义。例如，我们说"动物"时，其指示性意义是通过现实世界中的动物表现的，而区别性意义是通过动物与植物的区分表现出来的。

5. 明示性意义与暗示性意义

这是诗学和语文学中的一种分类。明示性意义是语言符号的字面意义，属于意义的核心部分，类似于前面提到的理性意义；暗示性意义是语言符号的引申意义，属于意义的外围部分，类似于语义学中的附着意义或联想意义。例如前面的例子"鸽"和"鹰"，明示性意义是二者所指的动物，暗示性意义是"和平"和"战争"。一般来说，明示性意义是显而易见的，具有稳定性，在某种文化环境中的大多数社会成员都能理解、共同使用；暗示性意义具有隐蔽性、易变性，只有个别人或少数人基于自己的联想而在小范围内使用，例如某些接头暗号的暗示性意义就只有小群体内的人能够理解。

在沙夫的《语义学引论》中，他将语言符号的意义分为主要意义和边缘意义，以及普遍意义和偶有意义。这些分类都是从语言的微观结构出发考察的语言本身的意义，语言符号与所指称的对象之间的关系。

（四）传播过程中的语言意义

语言学家舒哈特认为，语言的本质在于传播。语言的意义只有在传播中才能生成，离开传播，离开传播者和受传者对语言符号的表达和理解，语言只是"死语言"。"因此，说话者、听话者和说到的事物，是正常语言的三个重要因素。在这些之外，我们还必须加上实际应用

---

① [美] 理查德·L.威瓦尔：《交际技巧与方法》，赵微、叶小刚等译，学苑出版社1989年版，第146—147页。

的那些语词本身。"①在具体的传播活动中,参与或介入进来的并不仅仅是符号本身的意义,还有传播者、受传者和传播情境形成的语言意义等。

1. 传播者的语言意义

在人际传播中,传播者通常通过语言来传达他要表达的意义,这就是传播者的意义。每个传播者基于自己对语言意义的建构和理解来使用语言符号,语言是情感的流露。"言为心声"即是这个意思。然而,传播者的意义并不总是能够正确地传达的。人们常常为自己的意思不能完整而准确地表达而苦恼,或者为自己说出的话而后悔,就是因为语言符号的意义和传播者本身的意义发生了偏差。

2. 受传者的语言意义

对同一个或同一组语言符号构成的讯息,不同时代的人有不同的理解,同一时代的不同个人也有不同的理解或解释。这说明受传者的意义和语言符号本身的意义也不是一回事。例如,"他像个孩子"这句话,一个人可能理解为他很孩子气,另一个人可能想到童真的意思。

造成受传者的意义和语言符号的意义不同的原因主要有两点。一是因为在传播过程中,人们对语言的理解来自人们往日的经验范围、积累的知识、社会环境、语言的规则等诸方面的影响。一般而言,人们对某些词语的理解往往依赖于人际关系的状况。关系好的,说深说浅,不是问题;关系差的,一句话可能捅了马蜂窝。这种状况表明,如果人们相互了解、彼此信任,就容易说上话,容易了解或分清词语所指称的人或事物的准确含义。在互不了解、互不认识的人之间,语言的意义往往会失真。二是因为语言符号本身意义的模糊性,随着社会的发展,语言符号的意义也会发生变化,造成受传者理解上的困难。

3. 情境意义

著名语言学家罗曼·雅各布森曾经指出,语言符号不提供也不可能提供传播活动的全部意义,交流的所得有相当一部分来自语境。沙夫在著作《语义学引论》中写道:"意义的问题总是出现在指号情境中,或者用另一个较简单的说法,意义的问题总是出现在人的交际过程中;因为,如果我们不考虑精神感应术和其他形式的所谓'直接'传达的问题,那么,人的交际过程就是应用指号来传达思想、感情等的过程,就是产生指号情境的过程。"②这里所说的语境、指号情境,在传播学中就是传播情境。

在人际传播中,语境对话语意义的恰当表达和准确理解起着重要的作用。人们在言语交际中,离开语境,只通过语言形式本身,传播者往往不能恰当地表达自己的意图,受传者也往往不能准确地理解说话人的意图。受传者要准确地理解传播者的话语所传递的信息,仅理解语言形式的"字面意义"是不够的,还必须依据当时的语境推导出语言形式的"言外之意"(超越字面的意义)。例如,暑假期间,一位好友来访,进入客厅后,他说:"这客厅里真热!"作为主人,你如何理解这句话呢?你回答:"是,这客厅里温度很高。"这样的理解显然

---

① [波兰] 沙夫:《语义学引论》,罗兰、周易译,商务印书馆1979年版,第223页。
② 同上书,第213页。

不符合说话者的意图。你必须通过“这客厅里真热!”这句话的字面意义,依据语境,推导出客人说这句话的真正意图,即打开空调或风扇。再如,“你真坏!”这句话在不同的语境里的语言含义是不同的:① 一对年轻的恋人,女孩对男友说;② 妈妈对小淘气鬼儿子说;③ 斥责干了坏事的成年人。

- 语境
  - 上下文(context)(由语言因素构成)
  - 情景上下文(context of situation)(由副语言因素构成)
    - A. 参与者的有关特征:人物、个性
      - a. 参与者的言语行为
      - b. 参与者的非言语行为
    - B. 有关事物
    - C. 言语行为的效果

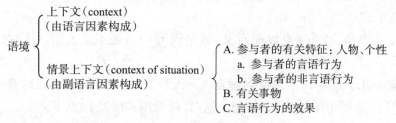

图6-3 语境分类图(一)

(资料来源:索振羽编著,《语用学教程》,北京大学出版社2000年版,第19页)

韩礼德(M. A. K. Halliday)从弗思的“情境语境”中得到启示,于1964年提出“语域”(register)这个术语,实际上就是“语境”。他把“语域”分为三个方面(见图6-4)。

- 语域
  - 话语的范围(field):言语活动涉及的范围,如政治、文艺、科技、日常生活等。
  - 话语的方式(mode):言语活动的媒介,如口头方式、书面方式。
  - 话语的风格(tenor):交际者的地位、身份、关系等。

图6-4 语域分类图

(资料来源:索振羽编著,《语用学教程》,北京大学出版社2000年版,第19页)

在梳理以往语境理论的基础上,索振宇给语境下了这样的定义:语境是人们运用自然语言进行言语交际的言语环境。它包括三个方面:上下文语境(context,由语言因素构成)、情景语境(context of situation,由副语言因素构成)、民族文化传统语境(见图6-5)。

- 语境
  - 上下文语境
    - 口语的前言后语
    - 书面语的上下文
  - 情景语境
    - 时间
    - 地点
    - 话题
    - 场合
    - 交际参与者
      - 身份
      - 职业
      - 思想
      - 教养
      - 心态
    - 民族文化传统语境
      - 历史文化背景
      - 社会规范和习俗
      - 价值观

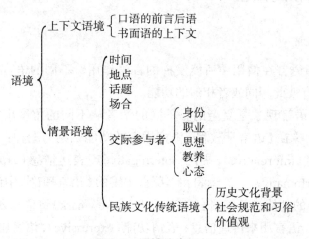

图6-5 语境分类图(二)

(资料来源:索振羽编著,《语用学教程》,北京大学出版社2000年版,第23页)

在传播学中，语境即为传播情境。传播情境是对特定的传播行为直接或间接产生影响的外部事物、条件或因素的总称，它包括具体的传播活动，例如人际传播进行的场景，即什么时间、什么地点、有无他人在场等。例如，在以下三种情境中，"已经10点了"这句话表达的意义就不一样。

A. 夫妻俩一起逛夜市。妻子没戴表，不知时间早晚，便问丈夫："现在几点了？"丈夫答："已经10点了。"

B. 女儿出去办事，说好8点以前回家，可是到了10点还不见人影。这时，妻子对丈夫说："已经10点了。"

C. 母亲规定儿子每晚10点前必须睡觉。一天晚上，电视上直播的足球赛非常精彩，儿子看得兴高采烈，完全没有去睡觉的意思。这时，母亲说："已经10点了。"

在以上三种传播情境中，"已经10点了"表达的意义完全不同。在A情境中，仅仅是字面意思所表示的时间概念；在B情境中，它隐含了母亲的担忧；在C情境中，它作为一种暗示，表达了母亲的不满和提醒。

传播情境在广义上还包括传播行为的参与人所处的群体、组织、制度、规范、语言、文化等较大的环境。这一点在跨文化传播中表现得尤其明显。例如，中国人一向以关心别人为美德。"吃饭了吗？""到哪儿去？"无论问话是否出于关心，其实际含义已经失去，只是一种问候形式。而在外国人眼中，上述问候是实际询问，他们可能理解为你要邀请他们一起吃饭，或者认为你干涉了他们的私事而觉得不高兴。大部分外国人对此的反应是"It's none of your business!"（不关你的事！）在很多情况下，传播情境会形成语言符号本身所不具有的新意义，并且对语言本身的意义产生制约。在人际传播活动中，要使语言传播达到理想的效果，交际者就要根据特定的语境进行准确、具体的表达，同时，受传者也要根据传播情境作出正确无误的理解。

五、语言的功能和局限性

（一）语言的功能

语言的功能是指语言在使用中所能发挥的言语作用。不同的语言具有不同的表达形式，然而它们可以具有彼此相同或者相似的功能。

语言是多维的，语言现象是复杂的。不同的学者从不同的角度出发对语言的功能做了不同的探讨。胡壮麟在《语言学教程》里把语言的功能归纳为七种：寒暄（phatic）、指令（directive）、传达信息（informative）、提问（interrogative）、表达情感（expressive）、唤起情感（evoactive）、做事（perfomative）。彭泽润和李葆嘉主编的《语言理论》中认为，思维功能和交际功能是语言最重要的功能。英国语言学家纽马克（Newmark）将语言划分为六种功能：信息功能（informative），语言用来传递信息；表情功能（expressive），语言用来表达人的各种感情和态度；美感功能（asethetic），语言可以通过声音或描写景物使人们得到感官愉悦，诗歌语言中大量运用比喻、韵律、拟声等修辞手段可以起到美感的效果;祈使功能(vocative),语言用来使听者做某种事情,大多数祈使句具有这种功能;酬应功能(phatic),语言用在交际者之间建立并维持某种社交联系;元语言功能(metalingual),语言用来分析或描述一种语言。

从传播学的角度出发,语言是通过具有共同意义的声音和符号,有系统地沟通思想和感情的方法。能够思考和有系统地沟通,是人类与其他动物最大的区别。"任何一种全民通用的语言符号系统,都是抽象概括的,而人们用来传递信息、表达思想感情的话语,不管是通过口语还是书面形态表达出来,都是具体实在的,有实际内容的。惟其如此,接受的一方(听读者)才能通过这具体的话语理解表达的一方(说写者)所说或所写的内容。这些出现于口语或书面交际中的话语,都不是全民语言体系中的抽象符号。"[1]因而,语言的基本任务就是根据语言符号系统的使用规则将语言符号组合为"装载"了一定信息内容的语言形式,完成语言的传播功能。语言的功能贯穿于人际传播的始终,体现在以下几个方面。

1. 认知功能

认知功能又称指称功能,指的是语言符号本身是对客观事物或概念的指称,反映了说话者是怎样认识世界上事物的现状的,或者说用来表达人们对"事态"的理解、推测和信念。认知是人类的一种高级心理活动。思维能力和知识背景在认知活动中起着非常重要的作用。由于人类的绝大部分知识都积淀于语言之中,因而语言对认知有着非常重要的作用。

语言在一定程度上决定了人们的认知方式。语言是文化的反映,各个民族的语言都存储着本民族古往今来的主要文化,导致人们思维方式的不同。东西方人对事物的认知存在很大的差异,原因之一就是东西方人不同的语言文化导致思维方式的不同。

语言的认知功能是基于语言的内容而言的。例如,"随着高校扩招的持续进行,高校毕业生就业已经开始面临严重的问题",这句话表达了说话者对于高校扩招及引发的结果的认知;"天空出现了彩虹,看来天要晴了",这句话反映了说话者对天气变化的推测;"我们坚信我们的未来会更加美好",这句话表明了说话者对于美好未来的信念。语言符号是用来指示、标明和定义思想、感情、事物经验,以便与他人分享的。大多数的话语都隐含或明确了我们对于所处环境或整个世界的各种信念、见解或概念。因此,表达思想,即表达我们对外部世界的认知,是言语行为的主要功能。

当我们遇到语言认知的困难,即有些现象或思想没有相应的语言来表达时,我们会发现人们之间的传播活动将很难进行。我们可能不去讨论那个现象,或者我们用很多的语言予以说明之后再进行讨论。例如,长久以来一些女人饱受不当行为之苦,但是人们没有语言去表达这些行为,因而人们之间的讨论也非常困难。直到最近的20年间,我们才将这样的行为称为"性骚扰"。正如一位研究性别的美国学者指出的:"因为没有名词定义,性骚扰是看不见或不明显的,使它难于确认、思考或禁止。"

---

[1] 刘焕辉:《言语交际学》,江西教育出版社1988年版,第283—284页。

2. 情感功能

语言不仅能表达对外界事物的认知,还能表明对事物的态度和情感,这就是语言的情感功能。语言能够调节情绪、传递感情。在面对面的人际传播中,语言具有传达说话者的心理状态和感情态度的表态功能,即情感功能。正是借助这种功能,说话者通过语言透露自己的忧愁、欢乐、痛苦、恐惧、愿望、个性等自身信息。我们把说话者的感情状态与他说的内容联系起来之后,就可以弄清楚他为什么愤怒、悲哀或高兴,从而真正领会其语言行为的意图。

语言的情感功能是语言最有用的功能之一,因为它能改变交谈的氛围,影响听话者。在赞成某人某物或反对某人某物而需要改变听话者的感情时,它是很关键的。当你结识一个新朋友时,一句"我很高兴认识你",不仅表明你对彼此之间已经认识这样一种指称意义,而且表明你对彼此认识这件事的积极态度,这种态度也会感染听话者,有利于双方的进一步交往。当你去某个单位找某人的时候,如果他的同事告诉你"某某出差了",就只说明客观情况,不带任何感情关系,你也许会觉得这样的回答太冷冰冰;如果这人告诉你"唉,真不巧,刚好碰上他出去了",那么你尽管觉得遗憾,但答话者的同情心毕竟把这种遗憾给驱散了。

情感功能经常还能完全个人化而不需加入任何与他人的交流,从而调节自己的情绪。例如,一个人处在非常沮丧、愤怒、悲痛等不良心态中时,高喊或哭诉一通,会使感情得到宣泄,缓解这些不良情绪。一个男人被锤子砸了手指后大叫"哎哟",或者当他知道自己忘记了约会后嘀咕"天哪,我的妈呀"这一类的惊叹词,常常不具有与他者交际的目的,但对于人的自我感受来说,却是一种很重要的言语反应。

3. 施为功能

这个概念来自奥斯汀(Austin)和塞尔(Searle)关于语言的哲学研究。在《怎样用词做事》中,他们认为,说话可以被看成做事,做事有三层含义[①]。

首先,说话时人们要移动发音器官,发出按照一定方式组织起来并被赋予一定意义的声音。例如,当一个人说"Morning"时,我们问:"他做了什么?"让他发出了这个音。

其次,奥斯汀认为,在发话行为中还有一种行为,"在实施发话行为的时候,我们同时也在实施另一种行为,例如,提出或回答问题,提供信息、保证或警告,宣告裁定或意图,公布判决或任命,提出申诉或批评,作出辨认或描述,等等"[②]。例如,当有人说"Morning"时,如果一个人问:"他做了什么?"我们完全可以问答:"他表示了问候。"换言之,我们说话时,不只是说出一些具有一定意义的语言单位,还说明我们的说话目的、我们希望怎样被理解,即奥斯汀所说的具有一定的语力(force)。在上面的例子中,我们可以说"Morning"有问候的语力,或者说,它应该被理解为问候。这是说话可以被看成做事的第二种意义,这种行为叫作行事行为(illocutionary act)。

再次,说话可以被看成做事的第三种意义,涉及话语对听话人产生的效果。通过告诉听话人某事情,说话人可以改变听话人对某件事的观点,或者误导他,让他惊奇,诱导他做某

[①] 根据以下文献改编。胡壮麟主编:《语言学教程》,北京大学出版社2001年版,第195—196页。
[②] J. L. Austin, *How To Do Things with Words*, Harvard University Press, 1961, pp.98—99.

事等。不管这些效果是否符合说话人的本意,它们都可以看作是说话人行为的一部分。这种行为叫作取效行为(perlocutionary act)。例如,说"Morning"的时候,说话人表示他想与听话人保持友好的关系。这种友好的表示无疑会对听话人产生一定的影响。如果对话双方的关系很正常,效果可能不太明显。但如果两人的关系有些紧张,一方说出一个简单的"Morning",就可能使他们的关系发生很大的变化。听话人可能会接受说话人的这种友好的表示,与他重归于好。如果是这样,回答"他做了什么?"时,我们就可以说:"他与朋友重修旧好了。"也可能,听话人对说话人有偏见,把他的友好表示看成是虚伪,一句问候语反而使两人的关系更加恶化。虽然这并非说话人所愿,但这的确是他的取效行为。取效行为和行事行为不同,前者与说话人的意图有关,而后者与此无关。

由此可见,语言具有施为功能,也称为行事性功能,即语言能够通过调节人的心理而对人的行为产生影响。这一点在调节儿童行为方面力量十分巨大。例如,小孩子走近火时,大人说:"烧!烧!"他就会自动避开火。后来再看到火时,自己也就会说:"烧!烧!"并且自动避开火。语言对成人的施为功能主要是为了改变人物的社会地位,例如在婚礼、判刑、为孩子祈福、首航仪式上对船的命名、诅咒敌人等行为。这些行为中使用的话语是非常正式的,有时甚至成为一种礼节。行事性功能可以延伸到在特殊的或宗教的场合中对于事件的支配。例如在汉语中,当有人打破碗或盘子时,主人或在场者很可能会说"碎碎(岁岁)平安",以此作为支配的一种力量,他们相信这也许能影响他们的生活。在日常人际传播中,教师要求学生认真上课,家长要求孩子早睡早起,以及公共场所的"请勿吸烟"、"请爱护花草"等话语,都是具有施为功能的语言形式,它们体现了对于受传者的一种支配和控制作用。法律、规章制度、批评警告等对人的行为具有极大的约束力,誓言、表扬等对人的鼓励作用也不言自明。

4. 交际功能

交际功能是语言最重要的社会功能之一。社会能够形成和维持的基本条件之一,就是需要有各种交际工具来使社会成员相互沟通、彼此协调。《圣经》旧约"创世纪"中记载着这样一件事:诺亚领着他的后代乘着方舟来到示拿,居住在这块平原上,他的子孙打算造一座上通天庭的通天塔以扬名显威。上帝知道后深为不悦,他并非直接阻止他们造塔,而是搅乱他们的语言,使他们彼此之间语言不能统一,结果由于缺乏共同语言,无法协作配合,通天塔始终未能建成。这一记载虽属神话,却道出语言在人类交际中的重要功能。

人际沟通的手段有很多,有听觉的,如音乐、汽车喇叭、铃声、号角、哨声等;有视觉的,如文字、图画、舞蹈、手语、交通指示灯、古代的烽火、徽标等;还有触觉的,如盲文、肢体语言等。在众多沟通手段中,语言是最重要的一种。与其他沟通手段相比,语言负载的信息最多,适用的交际领域最广,使用起来也最为方便(除非具有生理缺陷)。

在人际传播活动中,人们总是使用语言去与他人建立和保持接触,这就是语言的交际功能。马林诺夫斯基(Malinowski)对特洛布莱地(Trobriand)岛上居民的语言功能进行研究,指出语言具有社会交互性。

人们要进行信息交流,总是要先建立接触。引起听话者的注意并使他们明白,我们想与之谈话的正是他而不是别人,这就是建立接触。像"喂,老王"、"打扰您一下,先生"这种呼唤性的话语形式就是为了建立起面对面的接触。有关健康或天气话题的礼节往来,比如早上好、上帝保佑你、晴朗的一天等,它们表达的情况往往显而易见,但是人们通常会用这些短小而看起来又无意义的表达去维持人们之间和谐的关系,它们表明交流应该在被需要的时候才开放。

在言语行为中,参与双方不仅要建立接触,还必须保持接触以保证信息交流的畅通无阻。我们在交谈过程中,不时使用"你听清楚了吗"、"你是否明白了我的意思"之类的话,就是为了保持接触。接触不只是外在的,还有心理上的接触。我们必须与听话者保持和谐关系,使他有兴趣交流,谈话才能进行下去。我们常常用谈论天气、含蓄问好、夸奖几句或鼓励一番等无关紧要的话题来缩短心理距离,以保证交谈的顺利进行。这种建立接触和保持接触的功能有时又称为应酬功能。

5. 界说功能

要保证信息交流顺畅进行,参与双方必须遵守使用同一套语言符号的规则。界说就是规定语言运用的规则,使说话者按照这个规定运用语言,同时,听话者也按照这个规定理解语言,以便交谈能够进行下去。在争论或辩论中,我们对于所争辩的命题或核心概念往往要先解释一番,然后展开争论;在科学著作中,著者对自己所使用的术语也要加以定义,然后根据定义展开理论的演绎。这就是语言的界说功能,或者说语言的元语言功能[①]。

语言的这一功能表明语言具有自身反射的特质,我们可以讨论我们如何组成语句,是否用较好的文字组合来形成较明确的语句,以便更好地进行人际沟通和传播。例如,有人听到张三使用的语言界说不准确时,可能说:"张三,你滥用'贪婪而好色'的语词,并未能正确地形容那个人。"

6. 审美功能

人类是追求美、创造美的动物,这一点也体现在语言运用中。在人际传播中,人们不仅用语言传递信息、表明态度,还总是将自己的审美追求倾注于语言当中,力求语言之美。例如,押韵、平仄等所表现出来的声律美,排比、反复等所表现出来的形式美,歇后语、反语等所表现出来的谐趣美,都是汉族人民利用汉语的特点所创造的一些语言美学范畴。莎士比亚的作品中的语言是非常美的,像诗一样,莎士比亚因此被称为诗人。

中国的书画是语言审美功能的另一种表现。为了追求汉字的字形之美,古人创造了很多种书画体,或刚劲有力,或婉约阴柔;或字形沉稳,或飘逸洒脱……在传递信息的同时,人们还获得了无限的美的享受。

7. 文化功能

文化是人类创造的物质财富和精神财富的总和。语言作为古代文化的"活化石",本身就是一种特殊的文化。同时,语言又是历史文化的记录者和传承者。

人们利用语言进行交流和传播,总是将自己所发现和创造的一切都融入语言之中。正

[①] 董天策:《传播学导论》,四川大学出版社1995年版,第148页。

因为如此,语言成了文化的传播者和记录者。通过语言,人们能了解发生在远古时代的事情;通过语言,异域文化得到交流。语言使文化在横向交流和纵向嗣继中得到发展。

语言对文化的记录和传播,不仅通过语言作品,还通过语言本身。通过语言的发展,人们常常发现历史遗迹。例如,早在甲骨文中,汉语就有"象"这个词,而且传说中舜的弟弟就叫"象"。这说明早在商代,我们的祖先就知道"象"这种动物。如果考虑到"为"(古字形是"以手牵象",可见本义与驯服、使役大象有关)和河南的简称"豫"(大象),就会使人们相信起码在商代中原一带是有大象的,而且人们可以使役大象。河南登封地下出土的象牙化石和甲骨文中田猎捕获大象的记录,证明了上古词语所保留的文化信息①。

总而言之,我们用语言来创造、维持和改变我们的环境。维特根斯坦说:"语言的界限也是世界的界限。"无论何种文化,我们每个人都有一个由语言营造出的个人世界,这就是语言的力量。

(二)语言的局限性

语言具有伟大的力量,没有语言,人类就无法思维,无法正常沟通。然而,语言不是万能的,语言也有局限性。语言的局限性可能导致人们的误用,从而影响人们的沟通。语言的局限性主要表现在以下几个方面。

1. 语言是静态的,实际是动态的

世间万事万物无不处于运动之中,即使是一张看起来很结实的木桌,实际上也正在腐烂和氧化,几十年后,它可能就不复是桌子,而是一捆木柴或木屑。现代生物学证实了这种恒变。毛毛虫变成了蝴蝶,硬壳蟹最终挣脱硬壳而成了软壳蟹,因为只有这样才能长得更大一些。进化论证明,即使生物的种类也不是永恒的、截然可分的,而是随时在变化、发展的。

总之,现实是一个运动过程,我们周围的世界是日新月异的。然而,用以表述它的语言却是凝固的、静态的,至少在一定周期内如此。以一天的周期来说,太阳分分秒秒都在运行,它在天空中的位置时时刻刻都在变化。然而,我们用以描述这个变化运动的单词,主要只有两个——昼与夜。每一个观赏过日落、试图准确地说出何时转入夜晚的人,都能明白仅用这两个单词去准确地表现实际是十分困难的。尽管人们又创造了另外一些字眼,如曙光、薄暮、黎明,来帮助处理这个难题,但是对于一个始终在变化的运动过程来说,仍显得少得可怜。又如,地和人也都在变,然而,我们用以表述它们的词(名称)却依然如故。这种依然如故往往使我们忽视了实际在不断变化的事实。这样的传播必然会有偏颇。语言的静止性和事物的运动性的矛盾是客观存在的,因此,我们不能忽略语言的局限性,盲目依赖语言的表现力。普通语义学家们提出可用指数、日期、连号等来解决这类问题,例如写成学生1、学生2,马克思1844、马克思1860等来表示。

2. 语言是有限的,实际是无限的

世界上的事物有无限的多样性,例如,人的外貌有无数个特征,人有数不清的个人关系,

---

① 李宇明主编:《理论语言学教程》,华中师范大学出版社1997年版,第13页。

事物的运动有无数的状态……而语言是有限的。在汉语中,收字最多的《汉语大字典》收字60 370个,而常用汉字一般不超过《新华字典》所收的11 000字。英语也只有50万至60万个单词,常用的就更少。然而,这些有限的字或单词要表述的却是几百万种不同的事实、经验与关系。我们能用语言将它们一一描述清楚吗?显然是不行的,这样的例子不难举出。

在一堆同类事物中,区分其中的一个并用语言描述。例如苹果,如果不是这个苹果幸而具备什么明显特征的话,这是非常困难的。这说明在实际中,区分什么要比用文字来描述还容易一些。描写人的外貌也有同样的困难。在申诉案情时,往往需要对某个人进行准确的描述,让别人也能认出他来。许多人觉得很困难,既因为他们未曾细心观察,又因为用以描述人的词汇实在有限。描写某种持续不断的运动也很难,如拉小提琴、骑自行车。不少人感到用语言来表述这些很难,因此往往要用动作示范来教别人。就像拿吉他的准确姿势这样一个简单的问题,要用语言来表达简直是不可能的,一般初学教材都会用图像来呈现。至于说吉他能弹出什么声音才算对就更难以言传了,有人为此发明了"蓬切卡、蓬切卡"这类字眼,但是,这也只不过是一种近似的声音罢了。由此看来,要想准确无误、恰如其分地表达意思,要想丝丝入扣、一毫不差地反映事物,简直是异想天开。"只可意会,不可言传"正是说明了这点。

由于语言本身的限制,普通语义学家们强调指出,你永远也无法说出事物的全貌。他们建议你采用这样一种方法:在叙述结尾加一个"等等"(如果你不把它写出来或说出来,至少也要这么想)。普通语义学派把他们的刊物定名为《等等》,就是为了强调这一点。

3. 语言是抽绎的,实际是具体的

所有语言都是对事物的抽绎。在抽绎的过程中,总会有所选择、有所舍弃。事实上,抽绎是语言最有用的特性之一。如果没有抽绎的语言,那么简单的事情都要唠叨半天,并且未必能说清楚。抽绎让我们可以归类问题,从而具有概括的能力。

所有文字都包含某种抽绎,或者舍弃了某种细节,然而,其抽绎程度有高低之分。语言愈是抽绎,它与实际的依存关系就愈是间接。早川一荣设计了一个很有用的图解以表明文字抽绎的不同程度。他的图解名为"抽绎阶梯",基于柯日布斯基提出的名为"不同结构"的概念(见图6-6)。

```
8. 运输工具
7. 陆运工具
6. 机动车
5. 轿车
4. 大众牌轿车
3. "老黑"或"詹姆斯·坦卡德的大众牌轿车"
_____
文字水平
非文字水平
2. 客体水平线    我们能够看到、摸到的停在停车处的1964年出产的黑色大众牌轿车
1. 分解水平线    作为原子运动过程中的轿车
```

图6-6 抽象阶梯

(资料来源:[美]沃纳丁·赛弗林等,《传播学的起源、研究与应用》,陈韵昭译,福建人民出版社1985年版,第58页)

从第一水平线到第八水平线,抽绎的程度不断增强。在每一层线上,我们都舍弃了更多的细节。到第八层时,"运输工具"已是一个相当抽绎的词。它不仅包括汽车,还有轮船、飞机等都属于此列。这就是那些十分抽绎的文字的一种特性。它们不会使人清晰地联想到实际的事物,它们在人们心目中有着各种不同的含义。

六、网络语言

语言是环境的产物,在互联网环境下也产生了独特的网络语言。广义的网络语言包括有关互联网技术的专业语言和网民在互联网上的常用语,狭义的网络语言主要指后者,我们在这里主要讨论的也是后者。需要说明的是,这里的网络语言不仅包括词、字,还包括符号和句子。现如今,互联网已经渗透到社会生活的方方面面,网络语言对语言的重构也越来越受到人们的重视。从互联网刚刚兴起时的"美眉"、"博客"、"886",到现今流行的"让我康康"、"我太南了"、"plmm",互联网语言经历了长期的发展,一些网络流行语逐渐消失,另一些则成为人们生活中的常用语,甚至已经进入标准词典。

不同的学者对网络语言持有不同的看法,但不可否认的是,网络语言已经成为不可忽视的语言现象和文化现象。学界对于网络语言的研究的主要方向有:网络语言的性质和特征、网络语言的类型、网络语言和网络符号产生的原因和生成机制、网络语言与文化、网络语言的语言要素变异等。我们主要探究网络语言的分类及其特征。

(一) 网络语言的分类[①]

对于网络语言的分类,不同的学者有不同的方式,本书倾向于以来源分类,并且主要对现今还活跃的主要网络语言进行分类。

1. 简缩类

简缩类主要是指将网络交流中的一些短语、字词等固定形式,在保证意义不变的情况下,用其中一部分形式来代替整体,并且将其作为语言的基本单位使用。主要分为英语简缩和汉语拼音简缩。例如,"OMG"是"Oh my god"的英语简缩,"plmm"是"漂亮妹妹"的汉语拼音简缩。

2. 谐音类

谐音类主要是借助词语的同音词或音近词,用一个词代表另一个词,形成一种同音替代关系。主要有语音谐音、汉字谐音、中英谐音、方言谐音、不同符号系统谐音。例如,"886"是"拜拜喽"的数字谐音,"鸭梨"是"压力"的汉字谐音,"Duck不必"是"大可不必"的中英谐音,"酱紫"是"这样子"的南平方言谐音,"3Q"是"Thank you"的不同符号

[①] 根据以下文献改编。黄碧云:《网络流行语传播机制研究》,暨南大学新闻学专业硕士学位论文,2001年;孙明强:《网络流行语研究》,湘潭大学汉语言文字学专业硕士学位论文,2009年;孟伟:《网络传播中语言符号的变异》,《现代传播(中国传媒大学学报)》2002年第4期。

系统谐音。

3. 旧词新意类

有很多词语在网络兴起之前已被广泛使用,在网络兴起之后被赋予新的含义。例如,"沙发"不表示家具,而是指第一个回帖的人;"灌水"被用来表示在网络上发无意义的话。

4. 改编类

改编类指对已有的语言组合进行改编。改编的对象一般是被人们熟知的诗句、名言等。这一类在网络句子中较为常见。例如,"人生像一张茶几,上面摆满了杯具"改编自张爱玲的"生命是一袭华美的袍,上面爬满了虱子"。

5. 热门事件类

这一类网络语言通常产生于热门事件中,因为事件本身引起了很大的关注,所以造就了一个新的网络语词。这一类词语有时会含有隐喻的意味,比如"我爸是李刚"、"世界那么大,我想去看看"。

6. 原创类

出于娱乐、便利或者其他原因,网民有时会创造一个并不存在的词语。这一类词常常是因为某一个人最先使用,后来很快被网民熟知并流行起来。例如,"奥力给"、"giao"、"duang"都是由一个网络红人或明星最先使用,然后很快流行起来。

7. 网络符号语言

在网络传播中还出现了一个新的现象,即符号语言的大量使用。人们将这一类符号语言称为"表情"。正如在面对面人际传播中语言常常伴有副语言,网络表情语言也被频繁地用在网络人际交往中。这一类语言有多种形式,传统符号组合、图片、特制的表情符号等都可以构成表情。

(二) 网络语言的特征

在网络环境中形成的网络语言既有一些语言的共性特征,也有一些新的特征。

1. 时代性和动态性

网络语言是环境的产物,它的产生和存在具有很强的时代性。一些网络语言本身就代表了一段时期内网民的社会心理。与一般的语言不同,网络语言有很强的动态性,大部分网络语言常常被划分为流行语的范畴,在短暂流行一段时间后便会悄然消失。整体看来,网络语言的更新速度很快。

2. 创造性和不规范性

网络语言常常给人以耳目一新的感觉,具有很强的创造性。网络语言往往突破了语法、修辞方面的限制,可以是不同语言系统、不同符号系统的组合,往往是对传统语言的颠覆和重构,具有很强的创造性。同时,这样的特性也造成网络语言的不规范性。网络语言常常无法用传统语言思维进行解读,无法用现有的语言规则进行规范。

3. 娱乐性

网络语言具有很强的娱乐性。很多网络语言在诞生之初就是出于娱乐目的。例如,近年来被广泛使用的"giao"一词,它没有具体的指向,不符合语法规则,它的产生和广泛运用都是由于娱乐的需要。

微传播环境下自媒体时代的汉语国际传播问题[①]

当前汉语国际传播的全方位传播格局显示,汉语传播手段正在经历革命性的变化,时间和空间限制不再是传播的障碍,这为汉语国际传播创造了前所未有的有利条件。尤其是微博作为一种新的自媒体形式出现后,彻底地颠覆了传统的传者和受众的界限,使语言信息传播多向化,任何使用微博的个体都具备传者和受众的双重身份,任何个体都可以是传媒。这种基于网络微传播环境下的人际传播,对已有的语言传播模式产生了巨大影响,成为具有一定规模的网络微环境下的群体传播。换言之,在网络时代,在以微博为代表的自媒体崛起之际,语言传播模式已悄然改变。这也提醒我们在新传播环境中重新审视和反思汉语国际传播,推动汉语走向世界。

1. 汉语国际传播的战略问题

《国家语委"十二五"科研规划》(简称《规划》)在谈到面临的形势时指出:"互联网和云计算等现代技术的快速发展正对世界产生重要影响。语言文字是信息的重要载体,信息化发展使语言文字进入虚拟空间,形成虚拟语言生活;加强语言文字的基础研究和基于信息处理的应用研究,加强面向信息处理的语言文字规范标准建设,尽快形成具有自主知识产权的中文信息处理核心技术,提升中华语言在虚拟世界中的影响力,加速国家信息化进程。"语言战略、语言规划与语言政策研究在《规划》中被作为第一个重点研究方向。《规划》指出,"语言战略是国家发展战略的有机组成部分",要"从全球化国家安全、全球竞争力的战略高度来审视语言问题"。过去世界各地汉语学习需求的快速增长导致汉语教学工作应接不暇而缺少规范的局面已基本结束,借助新兴媒体,汉语国际传播的速度、规模和范围似乎都超出人们的想象。现阶段汉语传播生态环境已然改变,网络自媒体时代极大地拓宽了汉语的信息传播渠道,汉语地图,尤其是虚拟网络空间的汉语地图正被快速改写,任何个人通过"微"渠道传播的内容,如微电影,可在一夜之间累积起超越主流媒体的网络点击率,而主流传播媒体的引导和规范效应正逐渐减弱。针对这种情况,国家广播电影电视总局和国家互联网信息办公室于2012年7月20日联合发布《关于进一步加强网络剧、微电影等网络视听节目管理的通知》,进一步明确网络视听节目的规范和发展措施。网络传播是汉语国际传播的重要渠道,我国汉语国际传播的战略内容也应包括对网络虚拟世界汉语传播的引导和规范,出台相关的政策性的规定和通知,促进汉语国际传播事业的良性发展。

[①] 节选自李洁麟:《传播学视野下的汉语国际传播》,《新闻爱好者》2013年第2期。

当前，汉语国际传播正进入一个新的发展阶段，它是中国对外传播中的一个重要组成部分，需要其他传播因素和政策的相互配合与支持。我们必须站在国家发展战略的高度来思考和处理语言传播问题。

2. 汉语在微传播环境下的规范问题

中国网民 15 年内增长了 867 倍。其中，近半网民使用微博，手机成为我国网民的第一大上网终端，自媒体正以前所未有的速度普及和应用。在当前汉语传播的微环境下，网络新词层出不穷，海外华语中大量使用汉语方言，容易造成受众对传播内容的误读误解而产生交流困难。例如，闽南话的"阿舍"（纨绔子弟）、"大家"（婆婆，夫之母）、"大官"（公公，夫之父）等词，粤语的"嘢"（东西）、"闹"（骂）、"喊"（哭）等词，使用者若不加解释，即使汉语掌握得不错的非该方言区的阅读者，想要单纯通过语境产生正确理解的可能性也非常小。又如，汉字简体和繁体的区别问题，不仅中国港澳台地区使用繁体字，英国、加拿大、美国、东南亚等国家和地区的华文报纸、华文图书中也有相当一部分使用繁体字。这些情况给海外汉语学习者和使用者带来了较大的困难，适当地规范和引导，对以汉语为载体的中华文化的国际传播将起到积极的作用。因此，提倡微环境中自媒体汉语使用的规范意识，加强语言使用动态、语言舆情等的监测和研究，加强网络语言的规范等工作，对汉语国际传播具有切实的指导作用。

3. 汉语变体研究问题

汉语国际传播高速发展阶段，在世界各地传播的过程中必然会出现各种各样的变体。例如，海外华语是汉语在海外的变体，海外华语内部也因世界各地华人社区不同的方言背景而出现各自不同的华语变体。不同的变体是在使用过程中自然产生的，当变体变异到某个程度时，就会造成语言交流上的障碍。近年来，学界对海外华语的研究取得了很大的进展，已出版的《全球华语词典》在消除因变异而形成的语言交流障碍方面迈出了标志性的一步。同样，在网络环境中使用的汉语也可以被看成汉语的一种网络变体。这种汉语变体在微环境下的自媒体世界里，传播速度惊人。例如，"稀饭"（喜欢）、"酱紫"（这样子）、"神马"（什么）、"霉女"（美女）、"菌男"（俊男）、"表"（不要）等，这些已经通用于网络的变体又与其他已经形成的汉语变体，如华语及华语的变体，在这个突破时间空间的微世界里互相渗透、互相影响，甚至不断产生更新的汉语变体。因此，重视汉语变体研究，及时地收集总结世界各地不同的汉语变体，维护多样性，避免同质化，这为汉语国际传播带来了新的研究课题，将有助于汉语国际传播地图的扩展。

4. 语言传播基本规律问题

语言是如何扩散和传播的？无疑，分析各种语言传播现象，对研究语言传播的基本规律具有现实意义。语言是一种资源，不加使用便会枯竭。语言只有在动态使用中才能获得生命力。换言之，语言不会自己传播，需要借助外力来推动，借助载体来扩散和传播。外力是开启语言传播旅程的动因；载体是媒介，包括人和现代信息技术支持下的庞大的网络。在汉语国际传播中,汉语也需要借助外力和载体来获得动态能量向外传播。自媒体这个传播媒介显然是语言传播的新渠道,例如主要通过自媒体传播的汉语微电影、汉语微小说等微产品,极大地加快了汉语的扩散和传播速度。网络早已渗透到我们的现实世界,网络的语言传播模式极大地影响了现实生活中的语言接触、扩散和传播现状,这是语言学和传播学都应该研究的新课题,其与汉语的结合将为汉语国际传播开辟一个更加广阔和快速的新平台。通过这个新平台,我们更容易快速、即时地观测到动态语言接触、扩散和传播的现象与基本面貌。这需要我们借助语言学和传播学的知识将研究推向深处,有助于我们深入研究语言传播的基本规律,促进汉语语言学的理论研究。

研读小结

　　本文是一篇现实性指向性很强的文章。作者致力于对汉语国际传播的历史和目前实际传播情况进行总结与分析,同时梳理了相关的传播学理论。作者从传播学的视角,将汉语国际传播分为自然传播和社会传播,将现今的汉语对外传播途径分为人际传播、组织传播、大众传播和网络传播,总结了不同传播途径的特点和意义。在此基础上,作者分析了微传播环境下自媒体时代的汉语国际传播问题,主要包括四个方面:汉语国际传播的战略问题、汉语在微传播环境下的规范问题、汉语变体研究问题、语言传播基本规律问题。

　　语言与人际传播是密不可分的。人际传播学者需要对语言及其相关理论有一定了解,才能在实践活动和学术活动中游刃有余。这篇文章从人际传播的视角来探究汉语国际传播,具有一定借鉴意义。

第二节　口语语言概述

一、口语语言的概念

　　口语,也叫口头语,顾名思义就是口头上交际使用的语言。《现代汉语词典》对口语的解释为"谈话时使用的语言(区别于'书面语')"。口语是相对于书面语而言的。口语是语言的初始形式,是人类为满足表达和交际的需要而产生的。书面语是在口语的基础上产生和发展起来的,它从口语中不断汲取养分,而且自始至终受到口语的制约。口语是语言的第一种客观存在形式,书面语是语言的第二种客观存在形式。口语是第一性的,一种语言可以没有书面语,但是不可能没有口语。事实上,在世界上几千种语言中,只有少数语言拥有书面语。口语和书面语是语言的两种表现形态,口语以语音为载体,书面语以文字为载体;口语语句简短、通俗自然,书面语用词精审、结构严谨。口语与书面语的区别主要表现在以下几点。

1. 口语是说出来的语言，书面语是写出来的语言

口语是口说耳听，借助声音传递信息的交际语言；书面语则是手写眼看，借助文字传递信息的交际语言。这样的区别造成口语和书面语的不同特性。

相较而言，口语对外部语言环境有较大、较多的依赖性，例如依赖交际本身的现实时间、空间、对象等背景，利用表达者的语调、手势、表情等手段。表达者可以随时根据听话者的反应来调整自己的言语，或者根据听话者的要求作出必要的解释，从而使口语表现出较强的现场适切性[①]。传统意义上的书面交流，如书信等，受时间和空间的限制更多，缺乏即时反馈。但随着互联网的发展，人们可以通过即时通信软件，进行即时反馈的书面交流。

2. 口语随和亲切，书面语文雅严谨

口语是我们平时讲话聊天时使用的语言，一般情况下，比较随和、通俗，不及书面语严谨。口语中短句较多，省略成分多，自然停顿多；书面语更讲究遣词造句的规范，更加严谨，逻辑性强。

3. 口语使用语言符号一套符号，书面语同时使用语言符号和文字符号两套符号

口语语言是靠声音进行传播的语言，因此受到时间和空间的限制，传者和受者处于同一时间、同一地点，具有双向性、动态性等特征。虽然随着录音机、电话机的出现，口语交流不需面对面进行，但是口语的局限性仍然存在。书面语是口语的记录形式。这种记录不是仅仅记录语义，而是同时把语音和语义一起记录下来（见图6-7）。

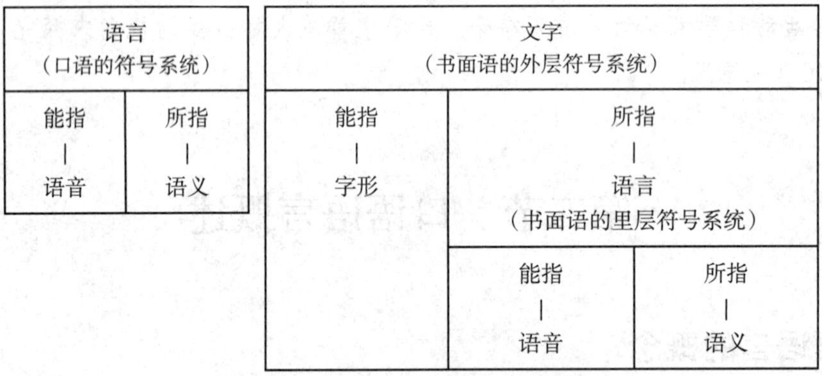

语言 （口语的符号系统）		文字 （书面语的外层符号系统）	
能指 | 语音	所指 | 语义	能指 | 字形	所指 | 语言 （书面语的里层符号系统）
			能指　　　所指 　|　　　　| 　语音　　　语义

图6-7　口语和书面语的符号系统

（资料来源：何伟渔，《论口语与书面语的差异》，《上海师范大学学报（哲学社会科学版）》1990年第4期）

二、口语语言的特点

（一）有声性

口语是依靠口说耳听进行交际的语言，以声音作为传播的载体。口语在传播中，不仅

[①] 李军华：《口才学（第二版）》，华中科技大学出版社2003年版，第1—2页。

通过语音来表达语义,还通过语调的高低、语音的轻重、语气的变化、语速的快慢等来表达感情。同样的语句通过不同的语气表达出来往往具有不同的意义。例如下面这个例子。

  A:你没有考上。
  B:我没有?
  A:你没有。
  C:你没有考上?
  B:我没有。
  C:你没有!

  在这段对话中,A使用陈述语气,客观地传达出B没有考上的事实;B使用疑问语气,反映出他对没有考上这个事实的疑问和不确定;C表达出强烈的感叹语气,反映出C的震惊。

(二)易逝性

  口语语言是以声音为载体来传递信息、交流思想的,而声音往往转瞬即逝,因此也就决定了口语语言具有易逝性的特点。据实验心理学测试,一般人听连续的语流,前一个语言片段精确地留在记忆里不过七八秒钟,此后便被新的语言片段所代替[1]。正是由于口语的易逝性特征,在进行口语传播时,声音要清晰洪亮,适当地控制语速,保证传播的有效性,并且通过重音、停顿等方式进行强调、渲染,突出重要的表达内容,使受传者能够听清、弄懂、记牢。

(三)情境性

  在不同的语境中,口语语言具有不同的含义。在传播学中,语境即为传播情境。传播情境是对特定的传播行为直接或间接产生影响的外部事物、条件或因素的总称,它包括具体的传播活动,如人际传播进行的场景,即什么时间、什么地点、有无他人在场等。
  例如,"这家店关门了"在不同的情境中可能会产生不同的含义。

  A.时间很晚了,这家店营业时间到了,打烊了。
  B.这家店生意不太好,倒闭了。
  C.这家店在正常营业,大门是关上的,需要推门进去。

(四)简散性

  口语不像书面语那样讲究语法的严密和结构的完整,而是呈现出用语简略、结构松散的特点。口语中多使用短句、省略句,可以随想随说,随时进行补充和解释。一方面,对于说话

---

[1] 李元授、李军华:《演讲与口才》,华中科技大学出版社2004年版,第28页。

者而言，思维受时间的限制，不可能在短时间内组织过长的复杂句，同时，句子的长短还要受人呼吸节奏长短的制约。汉语口语试验表明，人均每分钟正常呼吸14—15次，即60秒内单呼单吸为30次，每次2秒左右，而汉语正常语速为每秒3.6字，因此，在正常语速下，每句话的最佳字数为3.6字×2秒=7.2字左右。另一方面，对听话者而言，也很难接受过多的长句。口语记忆为短时记忆。研究表明，人的记忆容量为7个左右项目，说话时如果语句容量过大，就会造成听者记忆和反应困难[1]。

我国著名物理学家杨福家教授在回答友人的时候，有这样一段对话。

问：您能用一句话来概括您的人生哲学吗？
答：让祖国在世界上发出更灿烂的光辉。
问：作为科学家，您喜欢文学艺术吗？是音乐、美术，还是文学？
答：都喜欢。
问：您业余时间最喜欢做什么？
答：阅读各种书刊，欣赏大自然。
问：您觉得自己最好的休息方式是什么？
答：散步、听音乐。
问：如果您喜欢或欣赏一个晚辈，是用什么方式来表达？
答：给他更大的信任，挑更重的担子。
问：如果您讨厌一个人，是用什么方式来表达？
答：避而远之。

在以上这段对话中，极少有修饰成分，多使用省略语，有些甚至是一个简单的词语，但是，这并不影响意思的表达和交际的顺利进行[2]。

（五）灵活性

口语传播是双向的传播，其交际的时间、场合、内容、对象等是由参与者共同参与调节的，在传播过程中呈现出灵活多变的特征。因此，在口语交际时，说话者应该注意到随着对象、情境的变化而适当地改变说话的内容和方式，口语表达要因人、因地、因情制宜。

有这样一个例子：

有一位人口普查员问一位70多岁的老太太："有配偶吗？"老太太愣了半天，然后反问："什么配偶？"普查员只得换种说法："就是老伴呗。"老太太笑了："你说老伴不就得

---

[1] 赵君：《口语特点浅谈》，《青海师专学报》2001年第5期。
[2] 《第一节　口语交际的性质和特点》（2010年5月7日），人教网，http://www.pep.com.cn/xiaoyu/yuwenbook/xy_dsyz/xxkyjj/201008/t20100820_683077.htm，最后浏览日期：2020年8月28日。

了,俺们哪懂得你们文化人说的什么配偶哩!"①

这位普查员两次所说指的是同一个意思,但进入交际过程后,前一种说法因为没有针对交际对象的年龄和文化程度,使用的书面语无法为交际对象所理解和接受,造成交际障碍。而调整为第二种说法后,适应了交际对象的需要,使得口语交际得以顺利进行。

三、口语表达的原则

语言是人际传播的媒介和基础,要想取得理想的人际传播效果,就要恰当地使用语言,遵循语言传播的原则。

(一)目的性原则

人与人之间进行语言交流,总是具有一定的目的和方向。这种目的和方向,可能一开始就相当明确(例如由讨论一个问题的最初建议所确定),也可能不甚明确(如闲聊),也可能在交谈的过程中逐渐明确起来。不管是哪种情况,没有目的性的语言交流是不存在的。

在人际传播中,话语不过是充当信息交流的手段。人们交流的目的,可能是告诉别人一件事情,也可能是请求别人的帮助,或命令对方去行动,或打听某方面的消息,或沟通双方的心灵,或改善双方的关系,或增进双方的友谊等。这种种目的都是通过具体的话语来表达的。传播者通过语言来表达自己的意图,受传者则透过语言来领悟传播者的真实意图。

传播者意图的表达方式是灵活多样的,但是归根结底,不外乎直接表达和间接表达。直接表达是"直截了当"地表明自己的传播意图。间接表达是"拐弯抹角"地表明自己的传播意图:话语表面是一回事,真实意图则是另外一回事,即言在此而意在彼的表达。

选择直接表达还是间接表达,要看哪一种表达方式既能够有效地表达出自己的意图,又适合特定传播情境的表达需要。

(二)合作性原则

合作性原则由美国语言哲学家格赖斯在《逻辑与会话》(*Logic and Conversation*)中提出。正如上文所述,人们的交谈总是有一定的目的和方向。为了保证交谈得以顺利进行,交流双方就要根据交际的目的和方向,遵循一定的语言原则,即合作性原则。格赖斯认为,合作性原则是在参与交谈时,要使你说的话符合交谈中公认的目的或方向。格赖斯还提出保证会话顺利进行的四个方面的合作准则。

1. 数量准则

这是基于人际传播中提供的信息的量的准则。它要求人们根据人际传播的功能需要,

---

① 《第一节 口语交际的性质和特点》(2010年5月7日),人教网,http://www.pep.com.cn/xiaoyu/yuwenbook/xy_dsyz/xxkyjj/201008/t20100820_683077.htm,最后浏览日期:2020年8月28日。

传递适量的信息。理想的标准是既要满足交谈目的的需要，又不要加入过多的不相关信息。例如，售货员和顾客的谈话，主要围绕购买这一事件，双方要据此提供足够的信息，以便购买行为的完成，过少的信息或者冗余信息都是不必要的。又如，A问B："你昨天一天干什么去了？"假设B给出三种不同的回答：① 上午上了四节课，下午看了场电影；② 上午上了四节课；③ 上午上了四节课，下午看了场电影，老师的课讲得很生动，我听得很认真，下午的电影真感人，我被感动得哭了好几次。根据数量准则，回答①是适量，而②提供了太少的信息，③提供了冗余信息。

2. 质量准则

这是人际传播中语言的内容方面的要求。它要求传播的双方提供的信息应该是有根据的，要力求真实，不要说自知是虚假的话，也不要说缺乏足够证据的话。例如，在以下这段对话中，甲就违反了质量准则。

甲："王奶奶，恭喜啦！"
王奶奶："恭喜什么？"
甲："你孙姑娘有喜啦！姑娘家想吃酸的就是有喜啦。"
王奶奶："那也不一定。"
甲："一定，这是生理学，我懂。"
王奶奶一听火了："你胡说八道什么，我孙姑娘还没有结婚哪！"①

甲没有足够的证据，只凭姑娘想吃酸，就想当然地认为她有喜了，显然违反了质量准则。

3. 相关准则

这一准则要求人际传播双方的话语要与传播的目的和话题相关，不说无关紧要的话和题外话。例如，甲问："你今年多大了？"乙回答："我从长沙来。"显然违反了相关准则。

4. 方式准则

这一准则要求传播双方清楚明白地说出要说的话，既要避免晦涩、歧义，又要简练、有条理。例如，甲问："你吃饭了吗？"乙回答："我刚从洗手间出来。"乙的原意或许是：我刚从洗手间出来，还没来得及去吃。但在甲听来便产生了歧义。

(三) 正确性原则

语言传播要遵循正确性原则，它包括两层含义。

第一，正确意味着必须遵守语言的运用规则。言语的表达必须符合语言规则或规范，即语法。只有遵守语言规则，我们才能实施有效的编码行为，组合出可接受的话语，我们才能利用语言符号准确无误地传达信息，我们的意义才能为听者或读者理解和接受。倘若违背了语言规范，就会造成种种人际沟通的故障，信息就无法顺利传递和接收。

---

① 李宇明主编：《理论语言学教程》，华中师范大学出版社1997年版，第172页。

当然，在现实生活中，我们在与人沟通时是不可能完全按照抽象的语法规则来教条、机械地组合语言的。语法是对人们生动活泼的话语的归纳与总结，它不应该成为一种交流的束缚。相对于其他传播形式而言，人际传播对语法的要求并不十分严格。有时候为了达到特定的目的，人们还故意违反固定的语法要求。总之，只要这种语言表述符合大多数人的习惯，是约定俗成的，是能够被交流双方理解的，那么存在的就是合理的。

第二，对语言风格的正确把握。人际传播的语言从总体上来说，必须是平实的。它的特点是：实事求是地叙说事实、剖析事理，少用（或不用）华丽的辞藻。但是，"平实"并不意味着可以贫乏、单调、呆板，也并不意味着不要表达上的生动和活泼，恰恰相反，以"平实"为基点的人际传播语言极其需要注入生动活泼的养料，以增强语言表达的效果。真正的生动应该来自人的内涵、机智与幽默，而不是凭借语言的繁缛、华丽和故弄玄虚来达到。

（四）得体性原则

人际传播总是在一定的情境中进行，不同的情境要用不同的语言，这就是得体性原则。得体性原则要求语言使用者注意场合，使用与场合相协调的语言。语言的运用只有在与环境相适应时才能收到好的实际效果。否则，即使话语的意思再好，也难取得良好的效果，甚至可能事与愿违。"识时务者为俊杰"说的就是要区分不同场合，使用与情境相协调的语言。

鲁迅的《立论》中讲了这样一个故事。一户人家生了一个男孩，合家高兴透顶了。满月的时候，抱出来给客人看，大概自然是想得一点好兆头。一个人说："这孩子将来要发财的。"他于是得到一番感谢。一个人说："这孩子将来要做官的。"他于是收回几句恭维。一个人说："这孩子将来是要死的。"他于是得到一顿大家合力的痛打。前两个人说的可能是谎话，但是得到了主人的感谢，第三个人所说的话显然是实话，但是他没有注意场合和情境，自然引来痛打。

语言传播还要注意对象和身份。语言的编码和解码都是根据自己的固有经验来进行的。这里的"经验"是指人们在实践过程中的经历、体验，既包括通过感觉器官获得的感性认识，也泛指由实践得来的知识和技能。每个人都有自己的经验范围，在传播过程中，两个人的经验范围重合越大，传通的可能性才会越大。在语言传播中，要尽量使用与受传者的经验范围相一致的语言形式。在语言传播中，还要考虑对象的心理状态，受传者与自己的人际关系。受传者此时此刻的心理状态对传播有很大的影响，双方的人际关系影响着传播效果。

有一位青年记者在不了解被访问者情况的条件下，去采访一位中年女科学家。青年记者问这位女科学家："请问，您毕业于哪所大学？"

女科学家回答："对不起，我没有上过大学，我搞科研全靠自学，我认为这样也能成才。"

记者一愣，然后说："您又成功地完成了一个科研题目，请问，您的新课题是什么？"

女科学家皱了皱眉头，说："看来您并不了解我的工作，我一直致力于这个项目的科学研究,目前只是又有了一些新的突破,但远远没有成功,所以谈不上什么新课题。"

记者一听很尴尬,企图转换话题以缓和气氛,于是问:"您的孩子在哪里上学?"

女科学家说:"我早已决定把毕生的精力贡献给自己的事业,因此我一直独身至今。请原谅,这个问题我不愿多谈。好吧,我的工作在等待着我,恕我不奉陪了。"[①]

这位青年记者在交际前没有全面地了解采访对象的研究经历、生活状况,两个人的经验范围重合太小,交际时又不善于察言观色,因此说了一些冒昧不得体的话,导致采访不欢而散。

(五)礼貌性原则

在人际传播中,传播的双方总是希望得到对方的尊重。为了尊重对方,传播者首先要在语言中体现出对受传者的尊重。

利奇早在1983年的《语用学原则》中提出礼貌性原则,作为合作性原则的"援救"原则。利奇提出的礼貌性原则包括六条准则及相关次准则。

1. 得体准则

得体准则要求说话人在强制和承诺中,尽量减少有损于别人的观点,增加有益于别人的观点。

> 甲:这次演出我们能够获奖,全亏了你的出色表现。
> 乙:应该说是大家的功劳。如果没有大家的配合,我就是有再高的水平,也无从发挥。

甲对乙在演出中的表现给予了充分的肯定,符合得体准则。

2. 宽宏准则

这一准则要求人们在强制和承诺中,要最小限度地使自己得益,最大限度地使自己受损。这一准则又称为慷慨准则。例如,在上面的例子中,乙将自己的成绩归为集体的功劳,符合宽宏准则。

3. 赞誉准则

这一准则要求说话人在表态和断言中,最小限度地贬低别人,最大限度地赞誉别人。

> 水溶(北静王)见他(宝玉)言语清楚,谈吐有致,一面又向贾政笑道:"令郎真乃龙驹凤雏,非小王在世翁面前唐突,将来'雏凤清于老凤声'未可量也。"贾政忙赔笑道:"犬子岂敢谬承金奖。赖藩郡余祯,果如是言,亦荫生辈之幸矣。"(《红楼梦》第十五回)

---

① 《第一节 口语交际的性质和特点》(2010年5月7日),人教网,http://www.pep.com.cn/xiaoyu/yuwenbook/xy_dsyz/xxkyjj/201008/t20100820_683077.htm,最后浏览日期:2020年8月28日。

在这个例子中,北静王说宝玉是"龙驹凤雏",体现了赞誉准则。

4. 谦逊准则

这一准则要求人们在表态和断言中,最小限度地赞誉自己,最大限度地贬低自己。

在上面的例子中,北静王自称"小王",有意贬损自己,贾政称宝玉为"犬子",都体现了谦逊准则。

5. 一致准则

一致准则要求人们在断言中,尽量使双方的分歧减至最小限度,使双方的一致增至最大限度。

(觉慧)坚决地说:"不,我一定要走!我偏偏要跟他们作对,让他们知道我是一个什么样的人。我要做一个旧社会礼教的叛徒。"

……

觉新抬起头痴痴地望着觉慧,……他用平日少有的坚决的语调说:"我说过要帮你忙,我现在一定帮你忙。……你不是说过有人借路费给你吗?我也可以给你筹路费,多预备点钱也好。以后的事到了下面再说。你走了,我看也不会有大问题。"

"真的?你肯帮忙我?"觉慧走到觉新面前抓着哥哥的膀子,惊喜地大声问道。(巴金《家》)

对于弟弟觉慧背叛旧礼教离家出走,哥哥觉新最终表示支持,双方的谈话达到一致。

6. 同情准则

同情准则要求说话人在断言中,使对方的反感减至最小限度,使对方的同情增至最大限度。

"这个丫头!"朱老太太笑着摇头叹息。"你看,多伶俐的姑娘,也不知前世作了什么孽,自小就哑。……"

朱老太太的话表示了对丫头的同情。

礼貌性原则在人际传播中具有积极的意义,尤其在中国这样一个礼仪之邦,强调礼貌性原则能够更加成功地进行人际传播和沟通。

(六)幽默性原则

幽默性原则是语言传播取得良好效果应该遵循的一条重要原则。"幽默"是英语"humor"的汉译。在汉语中,"风趣"、"诙谐"、"俏皮"、"戏谑"、"滑稽"等词都与"幽默"相似,但没有一个词与"幽默"完全相同。幽默外谐内庄,它引人发笑,但不庸俗、不轻浮;它言语含蓄,话里含哲理、存机智;它是一种诉诸理性的"可笑性"的精神现象,是语言使用者思想、学识、经验、智慧的结晶。

幽默的秘密在于合乎常规的内容采取超常规的形式或合乎常规的形式负载超常规的内容,引起心理能量骤然释放而发笑。幽默常常是充满情趣的,情趣性在幽默作品中不可缺少。幽默的情趣性不是那种优美或壮美的情趣,而是一种谐美情趣,它充溢着轻松、愉快、戏谑、嘲弄,用语伴随着"笑"的浓烈情趣。幽默的语言就像人际传播的润滑剂,使传播双方的沟通和交流变得更加顺畅。

第三节 演讲与辩论

口语交流包括独白体口语(又称单向性口语)交流和会话体口语交流,演讲和辩论分别是这两种口语交流中具有代表性的形式。

一、演讲的含义和类型

1944年6月,盟军司令员蒙哥马利元帅在诺曼底登陆时向担任突击任务的士兵发表演讲。他说:"你们在干一件无与伦比的伟大事业。世界将通过你们变一番模样,历史将为你们树一座丰碑,写上:你们是迄今最伟大的军人!这个世界上从未有过的壮举,将要由你们来完成。你们最终将成为英雄回到家里,同你们的亲人团聚。"在这伟大演讲的号召下,士兵们勇敢作战,他们以最无畏的战斗精神扑向战场,排山倒海,势如破竹,历史因此改变。这就是演讲的力量①。古人有云:"一言而可以兴邦……一言而丧邦。"(《论语·子路》)"一人之辩,重于九鼎之宝;三寸之舌,强于百万之师。"(《文心雕龙》卷四)可见演讲的力量是强大的。斯大林曾称赞列宁的演讲:"当时使我佩服的是列宁演说中那种不可战胜的逻辑力量,这种逻辑力量虽然有些枯燥,但是紧紧抓住听众,一步一步地感动听众,然后就把听众俘虏得一个不剩。"汉代刘向在《说苑·善说》中写道:"昔子产修其辞而赵武致其敬,王孙满明其言而楚庄以渐,苏秦行其说而六国以安,蒯通陈其说而身得以全。夫辞者,乃所以尊君、全身、安国、全性者也。"事实上,演讲并非政治家的专利,演讲在生活中无处不在,在生活的各个方面都发挥着重要的作用。究竟什么是演讲呢?

演讲,又叫讲演、演说。《辞海》对演讲的解释是:"在听众面前就某一问题表达自己的意见或阐说某一道理。"②《现代汉语词典》对演讲的解释是:"就某个问题对听众说明事理,发表见解。"③李元授和邹昆山编著的《演讲学》一书,将演讲定义为在特定的时空环境中,以有声语言和相应的体态语言为手段,公开向听众传递信息、表述见解、阐明事理、抒发感情,以

---

① 《实用文库》编委会编:《实用演讲技法大全》,电子工业出版社2007年版,第3页。
② 《辞海》编委会编:《辞海缩印本》,上海辞书出版社1979年版,第988页。
③ 中国社会科学院语研所词典编辑室编:《现代汉语词典》,商务印书馆1979年版,第1315页。

期达到感召听众的目的。

演讲最早见诸《荷马史诗》。相传双目失明的行吟诗人荷马,常年云游各地,演讲关于特洛伊战争的英雄事迹。迄今有文献可考的我国最早的演讲家是盘庚,《尚书·盘庚》三篇被认为是中国最早的演讲词。三篇的内容都是有关殷王盘庚迁都的事情,记叙了迁都前后盘庚对贵戚近臣、庶民百姓所发布的谈话和命令。

演讲按照不同的标准,可做不同的分类。

(一)根据演讲内容分类

根据演讲内容的不同,可以将演讲分为政治演讲、生活演讲、法律演讲、学术演讲和宗教演讲。

1. 政治演讲

政治演讲是指人们为了一定的政治目的,针对国家内政事务和对外关系,阐明自己的立场、观点和政策,宣传主张的一种演讲。它包括竞选演讲、施政演讲、就职演讲、外交演讲等。

政治演讲从其目的出发,往往具有鲜明的政治性,有饱满的政治热情、精辟的政治见解和旗帜鲜明的立场观点。同时,严密的逻辑论证、雄辩的说理也是政治演讲的一大特征。只有思维清晰、逻辑严密、观点明确的演讲,才更具说服力。此外,政治演讲一般都具有强烈的鼓动性。成功的演讲,不仅要晓之以理,更要动之以情,以引起听众的强烈共鸣,产生共振效应。

让我们来看一段2017年美国时任总统特朗普就职演说中的一段话。

> 我们即将开始重建我们的国家、重燃我们的梦想,我们一起携手共赴使命。曾经我致力于打造商业帝国,去发现那些拥有无限潜力的项目和人才。现在我想为我的国家作出贡献。
>
> 我很熟悉我们的国家,它拥有无限潜力,每一个美国人都将有机会充分挖掘自己的潜能。而那些在我们国家被遗忘的人们,将再也不会被忘记。
>
> 我们将修缮城市,重修高速公路、桥梁、隧道、机场、学校和医院。我们将重建我们的基础设施,这些在未来都会是首屈一指的。我们会让数百万民众参与到这项工作中来。我们将会好好照顾我们的退役老兵,他们曾经如此忠诚。在过去18个月的竞选征途中,我与他们在一起的时光,是我最荣幸的时刻。
>
> 我们也有一项刺激全国经济增长的计划。我会利用美国公民充满创意的天赋,我将号召最有能力的人来充分发挥他们的潜能,以此惠及所有人。我们一定会成功!

在这段话中,特朗普明确地提出自己的就职目标,即复兴美国经济,保持美国的全球霸权。同时,他也向自己的选民表达了谢意,有很强的说服力和鼓舞性。

2. 生活演讲

生活演讲指的是演讲者针对社会生活中存在的社会问题、社会现象、社会风俗发表的演讲。在演讲中,演讲者表达自己对某些社会事务的观点、看法、愿望。生活演讲涵盖的内容十分广泛,包括消费、择友、就业、娱乐、文化教育、价值观念等许多社会现象或意识形态方面。例如,近年来很受欢迎的TED演讲就带有生活演讲的要素。

生活演讲的特点是题材广泛、形式多样、时代感强、贴近生活,因此,是人们最喜爱、最常用,与人们最息息相关的一种演讲形式。

3. 法律演讲

法律演讲是指以法律为主要内容的演讲,包括法庭演讲、法律咨询、仲裁活动,以及其他有关普及法律知识的报告、讲座等。

法律演讲首先要讲公正性。特别是法庭演讲,无论是公诉人还是辩护律师,都必须严格依照法律进行,以事实为依据,以法律为准绳,以理服人,而不能信口开河。其次,法律演讲是一种很严肃的演讲行为。一字之差,人命关天,不能有任何差错。公诉人和辩护律师要以严肃认真的态度对待,不带有任何主观色彩,同时,必须确保所有材料的真实和准确,不允许出现任何主观臆断和猜想揣度。

4. 学术演讲

学术演讲是指对自然科学和社会科学领域里的理论或实践问题进行探讨、研究,介绍科学研究成果,传授科学知识,表达学术见解的演讲。学术演讲包括国内外学术会议上的学术发言和报告,高等院校内的学术专题讲座、学术评论等。

严谨的科学内容是学术演讲的重要特征,同时还要求演讲内容具有独创性,有所突破和创新。此外,由于学术演讲自身内容的特性,在演讲中不可避免地会用到一些专业术语,对一般听众而言可能会显得晦涩、乏味。因此,在学术演讲中,为扩大演讲影响,除做到语言的严谨、准确外,还应尽力通过生动的语言解释艰涩的学术观点,深入浅出,使普通人也能理解演讲者想要表达的内容。

5. 宗教演讲

宗教演讲指的是与一切宗教形式、宗教宣传有关的演讲,主要包括布道演讲、宗教会议演讲等。

宗教是统治阶级用来麻痹人民斗志的工具,也是被压迫者寻求精神解脱的安慰。宗教演讲正好在这两方面发挥作用,因而具有明显的唯心性和迷惑性。它是维护神学统治的手段。[①]此外,宗教演讲常常宣扬求善心理,例如以"温良恭俭让"为美德,因此也具有一定的"劝善"功能。

(二)根据演讲形式分类

根据演讲形式的不同,可以将演讲分为命题演讲、即兴演讲和论辩演讲。

1. 命题演讲

邵守义在《演讲学》一书中对命题演讲下了一个定义:由别人给拟定题目或由别人给

[①] 李元授、邹昆山:《演讲学(第二版)》,华中科技大学出版社2003年版,第48页。

拟定演讲范围,并且经过准备以后所作的演讲。命题演讲有两种形式:全命题演讲和半命题演讲。

全命题演讲是指题目完全由别人来拟定的演讲。演讲题目一般由该演讲活动的组织单位确定。全命题演讲的优点在于针对性强,主题鲜明。同时,全命题演讲也有一些不足之处,由于命题有较强的局限性,演讲者难以讲深讲透。

半命题演讲是指根据演讲活动的组织单位限定的拟题范围,由演讲者自拟题目所作的演讲。与全命题演讲相比,半命题演讲的演讲者可以自己选择熟悉的材料、题目来讲,灵活性更强,有利于深化演讲主题。

2. 即兴演讲

即兴演讲是指演讲者在事先无准备的情况下,临时起兴,就眼前的情境有所感触而发表的演讲,如婚礼祝辞、欢迎致辞、聚会演说等。

即兴演讲区别于命题演讲的一个很大的特征就是有感而发,往往是因为眼前的情景触发而发表,而不是提前做好准备才进行的演讲。它是演讲者真情实感的流露,往往也最能体现演讲者的水平、能力和个性、修养。

由于即兴演讲是临时兴起而发表的演讲,因此,即兴演讲的主题一般都比较单一,篇幅也较为短小。要做好一次成功的即兴演讲并不容易,除了要求演讲者具备一定的文化、语言素质之外,还需要在演讲中做到紧扣主题、抓住由头、言简意赅。

二、演讲口语表达的技巧

(一)演讲语言要准确、简洁

语言要准确,就是说用词确切,要符合客观事实。演讲的语言要清楚地表现所要讲述的事实和思想,真实地反映现实的面貌和思想实际。无产阶级革命导师、演讲家马克思十分重视语言的准确和简洁,向来一丝不苟。他"很重视用语的明朗与准确","他常常花很多时间力求找到需要的字句","有时到了咬文嚼字的程度"[1]。

关于如何做到演讲语言的准确,邵守义在《演讲学》一书中提出四个条件[2]。

第一,思想要明确。演讲者如果对客观事物没有看清、看透,自己的思想尚处于模糊状态,用语自然就不能准确,就必然要暧昧不清。所以,只有思想明确,才能使语言准确。

第二,要建立起浩大的词汇储存库。要想使演讲语言准确、恰当,演讲者必须占有和掌握丰富的词汇。为了精确地概括事物,生动地表达思想和感情,分辨事物与概念之间的细微差异,使演讲容易被别人接受和理解,并产生较强的说服力和感染力,需要在大量的、丰富的词汇里,筛选出最能反映这一事物与概念的词语。

第三,要注意词语的感情色彩。词的感情色彩是非常鲜明而细微的,只有仔细地推

---

[1] 邵守义:《演讲学》,东北师范大学出版社1991年版,第161页。
[2] 根据以下文献改编。邵守义:《演讲学》,东北师范大学出版社1991年版,第162—164页。

敲、体味、比较，才能区别出词语的褒贬色彩。例如，"牺牲"、"逝世"和"完蛋了"这三个词语，虽然表现的都是同一个意思，都可以表示一个人死了，它们的感情色彩却是截然不同的。

第四，恰到好处地使用一些有生命力的文言词语，也可以增加演讲语言的准确性和生动性。例如，毛泽东在《反对党八股》、《学习和时局》这两次演讲中，就用了"再思"、"行成于思"、"学习和时局"等文言词语。这些词语的恰切使用，无疑增加了语言的准确性和生动性。

演讲语言要简洁，就是指在演讲中要用尽量少的字句准确表达出所要陈述的思想内容，做到"文约而事丰"。简洁精炼是在准确性的基础上对演讲语言更进一步的要求。要做到这一点，必须注重文字的锤炼，避免拖泥带水、啰唆重复的毛病，同时，戒掉口头禅、空话、套话等无效信息的语言。美国前总统林肯的《在葛底斯堡的演讲》就十分短小精悍、言简意赅。

87年前，我们先辈在这个大陆上创立了一个新国家，它孕育于自由之中，奉行一切人生来平等的原则。

我们正从事一场伟大的内战，以考验这个国家，或者任何一个孕育于自由和奉行上述原则的国家是否能够长久存在下去。我们在这场战争中的一个伟大战场上集会。烈士们为使这个国家能够生存下去而献出了自己的生命，我们来到这里，是要把这个战场的一部分奉献给他们作为最后安息之所。我们这样做是完全应该，而且非常恰当的。

但是，从更广泛的意义上说，这块土地我们不能够奉献，不能够圣化，不能够神化。那些曾在这里战斗过的勇士们，活着的和去世的，已经把这块土地圣化了，这远不是我们微薄的力量所能增减的。我们今天在这里所说的话，全世界不大会注意，也不会长久地记住，但勇士们在这里所做过的事，全世界却永远不会忘记。毋宁说，倒是我们这些还活着的人，应该在这里把自己奉献于勇士们已经如此崇高地向前推进但尚未完成的事业。倒是我们应该在这里把自己奉献于仍然留在我们面前的伟大任务——我们要从这些光荣的死者身上汲取更多的献身精神，来完成他们已经完全彻底为之献身的事业；我们要在这里下定最大的决心，不让这些死者白白牺牲；我们要使国家在上帝福佑下自由地新生，要使这个民有、民治、民享的政府永世长存。

这是林肯在美国南北战争中为纪念在葛底斯堡战役中阵亡的战士所做的一篇演讲。整篇演讲只有10个句子，讲了不到3分钟，却取得了非同凡响的效果。林肯用简短精练的语言简述了这场内战，表达了一个政府存在的目的——民有、民治、民享。同时，这也是一篇感人肺腑的颂词，赞美那些做出最后牺牲的人们，以及他们为之献身的那些理想。在演讲的第二天，《斯普林菲尔共和党人报》评论说："这篇短小精悍的演说是无价之宝，感情深厚，思想集中，措辞精炼，字字句句都朴实优雅。"

（二）演讲语言要通俗易懂

演讲是讲给别人听的，因此，在做演讲时，首先要考虑的问题就是：听众能否听明白我的话。要把信息准确无误地传达给听众，就需要做到使自己的演讲语言通俗易懂，让听众明白晓畅。通俗易懂是指语言应朴实无华、明白如话，应做到"讲来上口，听来入耳"[①]。

要做到通俗易懂，首先就要使演讲语言口语化。由于口语语言的易逝性，演讲时声音转瞬即逝，要使听众能听准、听懂，就要使用听众熟悉而又常用的口语。如何使演讲语言口语化呢？

第一，多用短句，少用长句。句子过长，一来演讲者说起来费劲，二来听众也不容易理解和记住。因此，在演讲时，要尽量把长句变为短句，使之易讲、易听、易懂。例如，毛泽东在《关于重庆谈判》中说："事情就是这样，他来进攻，我们把他消灭了，他就舒服了。消灭一点，舒服一点；消灭得多，舒服得多；彻底消灭，彻底舒服。"一句话，变为几句简短而又齐整的短句，读起来朗朗上口，听起来也很容易把握和记住。

第二，多用口头语，少用文言词。恰到好处地使用文言词语可以起到锦上添花的效果，但是用得不好反而会使演讲变得晦涩难懂。因此，在演讲中，要尽量多使用日常生活中的口头语，如果必须使用文言诗文，可以适当放慢语速，并用白话文对其解释。

第三，多用正装句，少用倒装句。倒装句具有强调某种成分的作用，但在演讲中运用，听众不容易把握，听起来也较为别扭。如果改成正装句，就会既顺当，又方便听众理解。

我国前全国政协主席李瑞环的演讲风格就被媒体评论为"通俗易懂，平中见奇"。

> 2000年11月，李瑞环在香港会见当地各界知名人士时，说道："汉朝时，京城田氏三兄弟一直和睦相处。其家中有棵紫荆树，也长得花繁叶茂。但后来他们闹别扭，要分家，紫荆一夜之间就枯萎了。兄弟三人大为震惊，均受感动，不再分家，紫荆花又盛开如初。晋代陆机作诗说：'三荆欢同株，四鸟悲异林。'唐代李白感慨道：'田氏仓卒骨肉分，青天白日摧紫荆。'上面讲的紫荆花，与作为香港特区标志的紫荆花是不是一个品种，我没有考证。上面讲的故事，是体现'天人感应'思想的一个传说，未必真有其事。但这个故事所表达的道理，的确发人深思。"他话锋一转，点破主题："我们这个五千年文明古国，之所以历经磨难而绵延不衰，屡处逆境而昂扬奋起，就是因为有许多这样博大深邃的思想，有一种内在的强大凝聚力。当今中国要发展、要振兴，必须继续弘扬中华民族的优良传统，特别要倡导和合，强调团结。我看香港也是如此，最最重要的是加强团结，唯团结才能发展繁荣。"

（三）吐字清晰，字正腔圆[②]

郭沫若说："语言除了意义外，应该要追求它的色彩、声调、感触。同义的语言或字面有

[①] 陈建军主编：《演讲理论与欣赏》，武汉大学出版社2005年版，第40页。
[②] 根据以下文献改编。李元授、李军华：《演讲与口才》，华中科技大学出版社2004年版，第469—470页。

明暗、软硬、响亮与沉郁的区别。"

以声音为主要物质手段的演讲,对语音的要求就更高,既要能准确地表达出丰富多彩的思想感情,又要爽心悦耳、优美沁人。

一般来讲,最佳语言应该是:准确清晰,即吐字正确清楚,语气得当,节奏自然;清朗圆润,即声音洪亮清越,铿锵有力,悦耳动听;富于变化,即区分轻重缓急,随感情变化而变化;有传达力和浸彻力,即声音有一定的响度和力度,使在场听众都能听真切,听明白。

要做到字正腔圆,就要读准字音,读音响亮,送音有力。读音要符合普通话声母、韵母、声调、音节、音变的标准,严格避免地方音和误读。读错、讲错字音,一方面直接影响听众对一个词、一个句子,甚至整篇内容的理解;另一方面,也直接影响演讲者的声誉和威信,降低了听众对演讲者的信任感。在读准字音的同时,要尽量做到腔圆,即声音圆润清亮,婉转甜美,富有音乐美。

(四)注意语调的抑扬顿挫和轻重缓急

语调有高低抑扬的变化,同一句话,往往因为语调的不同,表达的意思也不大一样。在演讲中,为了更有效地表达思想感情,就不能不对语言做高低抑扬的变化处理。汉语的语调变化一般显示在句末,大体可以分为四种语调:平直调、高升调、曲折调和降抑调(见表6-1)。

表6-1 语调特征

语调名称	表示符号	语调特征	应用句型	表达心理感情	例 句
平直调	→	语势平稳舒缓,无明显高低变化	陈述说明性语句	庄重、严肃、闲适、冷淡	菊花品种很多。→
高升调	↗	语势由低到高	疑问句、反诘句、某些感叹句	疑问、惊讶、反诘、激昂、愤怒、呼唤、号召	何愁无知己。↗
降抑调	↘	语势由高到低	祈使句、感叹句、某些陈述性语句	祈求、命令、肯定、自信、沉重、悲痛	他的理想一定能实现。↘
曲折调	∨∧	语势曲折,升降起伏多变	双关语句	夸张、幽默、讽刺	他十分可爱,连头上的癞痢都非常传神。∨∧

资料来源:李元授、李军华,《演讲与口才》,华中科技大学出版社2004年版,第478页。

语速的变化也是表情达意的重要手段。只有语速适宜、快慢有致,才能既有效地传情达意,又能令听众感到优美入耳。一般来讲,正常谈话的语速为每分钟120—150个字。根据演讲的内容和情感表达的需要,演讲的速率一般可分为快速、中速、慢速三种(见表6-2)。

表 6-2 语速特征

语速	适合的内容	适合的环境	适合的心理情绪	适合的句段	适合的修辞手法
快速	叙述事情的急剧变化,质问斥责,雄辩表态,刻画人物机智、活泼、热情的性格	欢快、紧急命令、行动迅速、热烈争执	急促、紧张、激动、惊惧、愤恨、欢畅、兴奋	不太重要的句段	排比、反问、反语、叠声
中速	一般性说明和叙述感情变化不大	感情平静	平静、客观	一般句段	一般陈述
慢速	抒情,议论,叙述平静、庄重的事	幽静、庄重	安闲、宁静、沉重、沮丧、悲痛、哀悼	重要句段	比喻、引语、双关、对偶、拈连

资料来源:李元授、李军华,《演讲与口才》,华中科技大学出版社2004年版,第480页。

此外,跌宕起伏的节奏也是成功演讲必须具备的特点。常见的演讲节奏有轻快型、持重型、平缓型、急促型、低抑型等(见表6-3)。

表 6-3 节奏特征

节奏类型	主 要 特 点	适 应 范 围
轻快型	轻松、欢快、活泼、语速较快	欢迎词、祝酒词、贺词
持重型	庄重、镇定、沉稳、凝重、语速较慢	理论报告、工作报告、开幕词、闭幕词
平缓型	平稳自如、有张有弛、语速一般	学术演讲、座谈讨论
急促型	语势急骤、慷慨激昂、语速快	紧急动员、反诘辩论
低抑型	声音低沉、感情压抑、语速迟缓	悼词、纪念性演讲

资料来源:李元授、李军华,《演讲与口才》,华中科技大学出版社2004年版,第482页。

(五)适当用好体态语

在演讲中,除了掌握口语语言的表达技巧外,形体语言的运用也十分重要。有心理学研究表明:人的感觉印象的77%来自眼睛,14%来自耳朵,视觉印象在头脑中保持时间超过其他器官。因此,演讲者在演讲中只运用作用于听众听觉器官的口语语言是不够的。运用眼神、表情、姿态等来表达思想、丰富感情,可以使演讲变得更加生动。

在演讲中,眼神的运用十分重要,演讲者的思想感情常常可以通过眼神流露出来。眼神配合口语,能表达出丰富多彩的思想感情。因此,演讲者在运用口语传递信息的同时,也要通过自己的眼神,把内心的激情、学识、品德、情操、审美情趣等传递给听众。

好的面部表情也是演讲成功的重要因素。在演讲中,演讲者的面部表情应该比较迅速、敏捷地反映内心的情感,这种表情所反映的情感不仅要准确,而且要明朗化,每一点微小的变化都能让听众察觉到。同时,在运用面部表情时要把握一定的"度",要做到不温不火、适可而止。面部表情运用之微妙,需要演讲者自己潜心琢磨,细心体会。

此外,在演讲中还要特别注意手势的运用。苏联早期马克思主义宣传家叶·米雅罗斯拉夫斯基说:"演讲者的手势自然是用来补充说明演讲者的思想、情感与感受的。"在演讲中,手势有助于有声语言的表情达意,还可以传递演讲的部分信息。同时,手势还可以增加演讲者自身形象的美感和魅力。手势的运用最好要与表情结合起来,才不至于单调、费解,以达到更好的演讲效果。

三、辩论的含义和类型

辩论的历史可以说与人类的认识史一样久远。在古希腊、古罗马、古印度和中国春秋战国时代,辩论作为一种社会现象就已为人们所关注①。

在古希腊的雅典,当时的公民在政治方面可以参与讨论和决定国家大事,也可以在法庭上陪审、起诉或为自己辩护,因此,当时的人们很注意培养能言善辩的才能。当时的大思想家、大哲学家苏格拉底、柏拉图、亚里士多德等都对辩论极为重视,他们兴学授课、广招学生,其中教授的一门重要的课程就是辩论,柏拉图和亚里士多德还写有关于辩论方面的书,例如柏拉图的《对话篇》、《裴多篇》等都谈到如何辩论,亚里士多德还专门写了《辩论篇》、《辩谬篇》等辩论专著。

什么是辩论呢?《现代汉语词典》对辩论的定义是:"彼此用一定的理由来说明自己对事物或问题的见解,揭露对方的矛盾,以便最后得到正确的认识或共同的意见。"冯必扬在《辩论学导论》一书中对辩论下的定义是:"辩论是对同一对象,相互对立的思想进行论争的过程,是批驳谬误,探求真理的过程。其表现形式为立论者和驳论者围绕同一论题展开辩论。"②李元授和李鹏编著的《辩论学》一书,将辩论定义为:"辩论,就是用语言明辨是非、探求道理的行为。"

根据辩论定义的内涵,辩论有主体、客体、媒体和受体四个要素。主体,即辩论行为的实施人,也就是辩论的参与者。客体是指辩论行为实施的对象,即辩题。媒体则是辩论行为实施的媒介,这一媒介便是语言。根据辩论语言的不同,辩论也可以分为口头辩论和书面辩论。辩论的听众、观众、读者等则是辩论的受体。

辩论的类型大致可以分为学术辩论、决策辩论、专题辩论、法庭辩论、辩论赛和日常辩论。

(一)学术辩论

学术辩论,是指针对某一学科中有争议的问题,各方阐述自己的观点、反驳对方观点的一种辩论形式,也是辩论中十分常见的一种形式。这种学术上不同观点、不同思想辩论的百

---

① 冯必扬:《辩论学应成为一门独立学科》,《唯实》1988年第6期。
② 参见冯必扬:《通往雄辩家之路——辩论学导论》,上海人民出版社1989年版。

家争鸣局面,对于促进科学发展、文化繁荣,有着重要的意义[①]。

在进行学术辩论时,一定要有严肃认真的态度,言之有理,以理服人,不崇拜和迷信权威。科学无禁区,凡是学术的问题都可以辩论。正是通过相互辩驳、相互激励、相互启发的争鸣过程,才能达到认识客观世界本质及其规律,形成科学理论的目的。

(二)决策辩论

决策就是人们对目标与手段的探索、判断和抉择。参与决策的对象是领导集团的决策系统和参谋系统(智囊团)的人员。在关于各种目标和手段的判断、决策的过程中,人们之间肯定存在着不同思想观点的交锋。这种交锋的过程,实际上也就是决策辩论的过程[②]。

决策辩论具有预测性、可选择性和集体性的特征。决策过程实际上就是一个对决策对象未来发展趋势的预测过程。通常在决策时不能只有一套方案,而是要准备多套方案以供决策时选择。此外,决策是在一个集体、集团里面进行的,需要依靠领导集体的决策系统和参谋系统人员的集体力量进行反复全面的比较与思考,才能形成周密系统的决策方案。

(三)专题辩论[③]

专题辩论是指在特定的场合下进行的有特定议题的辩论。专题辩论的种类较多,常用的有论文辩论、竞选辩论和外交辩论。

论文辩论是学术论文的作者针对答辩委员会就论文提出的问题作出解答的一种辩论形式。

竞选辩论是指竞选者为了谋求某一职位而与他人(竞选对手)发生的辩论。

外交辩论是指代表各个国家和地区的外交官员或者国家领导人就国家之间发生的政治、经济、军事、外交、文化及思想意识形态等问题发生的辩论。

(四)法庭辩论

法庭辩论是诉讼双方在法庭上就争议的问题分别提出自己的主张、相互进行辩驳的一种辩论形式。我国有关刑事和民事诉讼的法律均规定有辩护制度,通过辩护制度来维护诉讼双方的法律权利。所以说,法庭辩论是法庭审理案件的一个重要环节,在刑事诉讼案和民事诉讼案的审理过程中都要进行法庭辩论[④]。

(五)辩论赛

辩论赛源于1922年的"国际雄辩大赛",由英美一些有识之士发起和组织,参赛人员多为各国大学生。辩论赛,是将辩论作为一种比赛项目来进行的演练活动,它是专题辩

---

① 《实用文库》编委会编:《实用辩论技法大全》,电子工业出版社2007年版,第20页。
② 同上书,第23页。
③ 同上书,第24—26页。
④ 同上书,第26页。

的模拟。

辩论赛要按照一定的规则进行，由组织者确定辩题，每一位辩论队员什么时候发言、发言多长时间，都有严格的规定，不得违反。

与法庭辩论、学术辩论等有所不同，辩论赛往往不问辩论者本人的立场和主张，各方的立场和观点都是由随机抽签决定，即使某一方不赞成这个观点，也要在赛场上极力加以维护。辩论双方都不会被对方说服，也不期望说服对方，辩论的胜利由是否驳倒对方，以及评委的裁决和听众的反响来决定。

（六）日常辩论

日常辩论是指人们在日常生活中随时随地发生的辩论。它一般是在双方都没有准备的情况下，由眼前突然触发的某事而即兴式地引起的。日常辩论不同于日常的争吵，因为争吵是相互喊叫，甚至辱骂、打闹，日常辩论则是采用当场辩论、摆事实、讲道理的方式[①]。在互联网综艺节目《奇葩说》中，双方辩手临时抽取题目展开辩论，就体现了日常辩论的特征。

四、辩论的口语表达技巧

口头辩论是面对面进行的，辩者都是临场的，即时的特点非常明显。辩论的过程总要包含听和说两个方面，而说又有讲述和问答。因此，辩论的口语表达技巧主要包含听、说、问、答四个方面。

（一）辩论中要注意听内容、听特点、听漏洞

在辩论中，听十分重要。辩论是你来我往的互动的语言行为，因此，对方说出来的，必须仔细地听进去，听完之后还要有反应，这样才可能有言语的互动。

首先，在辩论中，要完全听清、听懂对方的发言内容，没有遗漏。掌握对方的论点、论据和论证方法，这样才能对症下药，抓住对方的要害，确定己方的应答攻守。

其次，在听的时候，还要注意听出对方的言下之意、言外之意，把握其发言的底蕴、真谛。把握对方说话的特点，就能使辩论的攻守谋略具有更强的针对性。

此外，要在分析中去探究对方发言的所以然，以便找出对方的错误与破绽，明确攻击目标。对方发言的漏洞主要有：语言上的漏洞，表现为用词不当、语无伦次、句式不妥、前言不搭后语、口误等；情理上的漏洞，即对方发言有悖于人们普遍认可的价值观和道德规范；逻辑上的漏洞，指发言逻辑混乱或违反逻辑。

    1972年9月，田中角荣作为第二次世界大战后日本第一位来访中国的政府首脑，为改善中日关系同中国政府首脑举行正式会谈。周恩来总理于9月25日在人民大会堂设

---

① 《实用文库》编委会编：《实用辩论技法大全》，电子工业出版社2007年版，第30页。

宴招待田中角荣。尽管气氛是诚恳友好的,但宾主都密切关注着相互间祝酒词的内容。田中在祝酒词中谈道:"过去几十年,日中关系经历了不幸的过程,其间我国给中国国民添了很大的麻烦,我对此再次表示深切的反省之意。"听到这里,周总理立即发问:"你对日本给中国造成的损失怎么理解?"田中马上意识到"麻烦"一词用得不妥,连忙解释。

周总理反应机敏,针对田中角荣讲话中所谓的"麻烦",针锋相对、旗帜鲜明地提出质问,辨明是非,维护了国家尊严[①]。

(二)说话时要注意语音、语调、语速三者的协调统一

辩论的语速不同于其他使用的场合。辩论赛比赛规则,对每一位辩手在陈词中所用的时间、每个队在自由辩论中所用的时间都有着严格的限定。因此,辩论的语速比日常的语速要快一些,加快语速有时也被辩手用作一种策略,以求在有限的时间里包含最大的语言容量。但是,语速的选取也要因人、因时、因景而定。活泼热情的选手,语速可以快一点;沉稳、理性的选手,语速则可以慢一些。在陈词提问、申诉要点与论据时,语速可适当放慢一些,关键字眼甚至可以一字一顿加以突出;而在反击对方进攻时,语速可以加快一点,以显示己方的锋芒。

在辩论中,要特别注意语调与语音、语速的协调统一。就辩论赛而言,陈词说理阶段要慷慨激昂,以示己方立论基础的扎实;反击对方进攻要坚决有力,以示己方的信心和力量;调侃幽默时,语速、语调可以有大的起落变化,以渲染气氛,调动听众情绪。自己觉得把握不是很大,暂避对手锋芒或不得不应对时,语速可适当快一点,但语调一定要干脆利落、吐字果断,不能显露出犹豫或无把握。

(三)无疑而问,强化立场,抨击要害[②]

辩论的问,不同于一般谈话般有疑而发,而是无疑而问,是无需答疑的特意的问。作为辩护和辩驳的一种手段,它总是要为辩论获取某种目的,或强化己方立论的力量,或抨击对方的要害。问的技巧多种多样,在辩论中主要有反问、曲问、诱问和巧问四种。

1. 反问

把已经肯定的思想观点放在问的形式里来表达,这是明知故问,无需回答。这种临场中面对面的反问,总是具有一种逼人的气势,表现出锐不可当的力量。

2. 曲问

就是拐弯抹角地问,迂回曲折地问。通过曲问,逐步引出自己的正确观点,使对方自然而然地愿意接受和承认己方论点,或者引导对方渐渐意识到其观点的错误,去否定自己的观点。

---

① 李元授、李鹏:《辩论学(第二版)》,华中科技大学出版社2004年版,第144—145页。
② 根据以下文献改编。李元授、李鹏:《辩论学(第二版)》,华中科技大学出版社2004年版,第152—161页。

3. 诱问

这是引诱对方落入己方圈套的问。发问者心中有藏而不露的埋伏，故意引诱对方陷在这埋伏中，就可出其不意地获取胜利。清朝大臣邓廷桢在智审馒头贩一案中，就巧设陷阱、步步深入，最终得以查清缘由，终使冤案昭雪。以下辩词选自邓廷桢审问馒头贩时的对话。

一进衙门，邓廷桢便开门见山，径直讯问："你认识投毒杀人的郑魁吗？"

馒头贩回答："认识。"

邓廷桢："怎么认识的呢？"

馒头贩："卖馒头时认识的。"

邓廷桢："郑魁从你这里买过几次馒头？"

馒头贩："买过……一次。"

邓廷桢："你一天能卖多少馒头？"

馒头贩："三四百个。"

邓廷桢："一个人大约买几个馒头？"

馒头贩："三四个。"

邓廷桢："那么你每天要接待百十多个买主，是吗？"

馒头贩："是的。"

邓廷桢："每个买馒头的人，你都问他姓名，认识他的面貌吗？"

馒头贩："不，小的只管做买卖，不问买者姓名。"

邓廷桢："那么，你是怎么知道郑魁的姓名呢？"

"……"馒头贩无法回答。

邓廷桢："怎么记住了他的相貌呢？"

"……"馒头贩张口结舌。

邓廷桢："他买馒头的日期，你怎么记得那么清楚呢？"

"……"馒头贩支吾良久，最后只好说了实话："我并不认识郑魁，也记不清他什么时候买过我的馒头，是衙役找我说，那郑魁买了我的馒头，毒死人命，本人已经招供，让我出个证明。他连蒙带吓，我就糊里糊涂地当了这个证人。"

邓廷桢又传唤其他证人，经过重新审核，左邻右舍的证词也是衙役用同样办法获得的。只有药铺掌柜的证词属实。但是郑魁买砒霜是用来毒死家中老鼠的，与死者无关。后来终于查清，死者是因为狂犬病复发致死，死后嘴唇发青，形似中毒，原办案人将死者与生前有过纠纷的郑魁罗织成罪，差役又制造了大量伪证，所以才造成这一冤案。[①]

4. 巧问

问者问得非常巧妙，它可以封锁住其他回答的可能，只给回答者留下一种可能，即只能

---

① 李天道主编：《中国辩论词名篇快读》，四川文艺出版社2005年版，第127—128页。

答出有利于问者而不利于答者自己的答案。在这种情况下,问者肯定处于主动的境地,而答者处于被动的境地。

有这样一则故事,很能说明这种巧问的奥妙。

有一个聪明的人在皇宫里做官。一天上朝时,对众大臣说:"各位大人,我可以知道大家心里在想什么,不信的话,我可以和大家打赌。"众大臣虽然知道他足智多谋,但也都不相信他能完全猜透大家的内心活动,于是纷纷出钱和他打赌。一方面是想要赢他的钱,另一方面也是想让他在皇上面前出一出丑。大家又把此事禀奏皇上,皇上也挺感兴趣,想试试他的智慧,于是传旨,命打赌的双方都上殿一试。那个聪明人对众大臣说:"在座的诸位大人心里怎么想的,我都知道,我说出来你们看对不对。你们大家现在心里正在想着:'我这一辈子始终都要效忠皇上,永远也不会背叛朝廷。'各位大人是不是这样想的?如果有哪位能指出我猜得不对,请立刻站出来。"众大臣听了,面面相觑,张口结舌,没有人敢站出来说他猜得不对,大家一致认为他确实能猜透人们的心思,大家都认输了。①

(四)巧妙回答,转危为安

答是对问的回复。在辩论中需要把握答的技巧,用答来冲破问的控制,摆脱问所设的圈套,使问的目的落空,设法变被动为主动,转危为安,从而使问方为被动,达到利于己方立论或驳论的目的。

1. 灵巧仿答,以其人之道还治其人之身

仿答就是仿照问话的方式来回答。仿答一般有两种形式:一是仿用对方的言语来还击对方;二是仿用对方用过的方法、技巧来还击对方。在辩论中,巧妙地使用仿答的方法往往能置对手于窘境,使其自食其果、哑口无言。我们来看下面这个故事。

甲:"你在造纸厂,有的是纸,为什么不给我带点,真没意思!"
乙:"你在银行,有的是钱,为什么不拿点给我,也差不多。"

2. 答非所问,转移话题

在辩论中,如果遇到难以回答、不愿回答或是不屑回答的问题,可以采用一种闪避的方式来回答,答非所用,或故意转移话题。

1928年2月,由于叛徒的告密,年仅28岁的共产党员夏明翰不幸被捕,敌人用尽种种刑罚,都不能使他屈服。国民党在对他进行最后一次审讯时,他用岔答术回答愚蠢而疯狂的敌人。

"你姓什么?"

---

① 《实用文库》编委会编:《实用辩论技法大全》,电子工业出版社2007年版,第381页。

"姓冬。"

"胡说,你明明姓夏,为什么姓冬?"

"你们把黑说成白,把天说成地,把杀人说成慈悲,把卖国说成爱国,我姓夏,当然也应说成姓'冬'!"

"多少岁?"

"共产党万岁!"

"籍贯?"

"革命者四海为家,我们的籍贯是全世界!"

……

夏明翰故意岔开敌人所要问的内容,使敌人一无所获,并且一次次嘲弄敌人,真可谓一箭双雕。①

3. 改变视角,巧答妙应

针对对方的提问,选择一个非常奇妙的角度进行回答,而不从常理进行思考,往往能收到事半功倍的效果。

一次,乾隆皇帝突然问刘墉一个怪问题:"京城共有多少人?"刘墉虽猝不及防却非常冷静,立刻回了一句:"只有两人。"乾隆问:"此话何意?"刘墉答曰:"人再多,其实只有男女两种,岂不是只有两人?"乾隆又问:"今年京城里有几人出生?有几人去世?"刘墉回答:"只有一人出生,却有十二人去世。"乾隆问:"此话怎讲?"刘墉妙答曰:"今年出生的人再多,也都是一个属相,岂不是只出生一人?今年去世的人则十二种属相皆有,岂不是死去十二人?"乾隆听了大笑,深以为然。②

刘墉的回答十分巧妙,选取一个十分特别的角度,以妙答趣对皇上。

4. 善用幽默,轻松调侃

问的本身带有戏谑的性质,答得也风趣,显得诙谐幽默,从中也能看出问、答的机智灵巧。

有一则关于清代著名才子纪昀的笑话。

纪昀55岁时,擢升内阁学士,总理中书科,兼礼部侍郎。他的莫逆好友王尚书设宴庆贺,席间还有一位御史作陪。正当推杯换盏、酒酣身热之时,忽见一只家犬徘徊门外,等候觅食残羹剩饭。

御史见此,灵机一动,故意一指厅外,仰问纪昀:"你看那是狼(谐'侍郎')还是狗?"

纪昀一听,明白其意,随即应道:"是狗!"

---

① 《实用文库》编委会编:《实用辩论技法大全》,电子工业出版社2007年版,第287—288页。
② 同上书,第458页。

王尚书插问:"何以知道是狗?"

纪昀慢条斯理地解释道:"狼与狗之不同有二,一是看它的尾巴,下垂为狼,上竖(谐'尚书')是狗!"

词语一出,引得哄堂大笑。王尚书被骂得面红耳赤,无言以对。御史在旁幸灾乐祸:"你倒捡了便宜,我本来问是狼是狗,却原来尾巴上竖是狗!"言毕放声大笑。

纪昀又说:"且慢,我的话还没说完。二是看它吃的东西,大家知道,狼是非肉不食,狗则遇肉吃肉,遇屎(谐'御史')吃屎。"

话刚落音,又爆发了笑声。这回御史大人也面红耳赤了。①

5. 以问代答,把握主动②

在辩论中,对方常常提出一些敏感性的或难以回答的问题,你不愿或不能正面回答,便可采用以问代答法,向对方提出一个与之相关,其实质内容却又背道而驰的问题,使之无法回答,从而化被动为主动。

下面是1999年国际大专辩论会上香港大学队(正方)和新加坡南洋理工大学队(反方)之间的一段辩论。

反方三辩:讲了这么久,对方连书本有什么功能都说不清,难怪看不出不会取代的理由了。那我就请问对方辩友,法律上的那本《圣经》你又如何取代啊?

正方三辩:那么对方同学,你今天讲的书本就是《圣经》吗?

反方一辩:对方辩友难道连《圣经》的例子都解决不了还要和我们谈其他!请问对方辩友,那本《圣经》如何取代?

正方一辩:对方辩友,我告诉你,现在已经有电子《圣经》出版了,这不是告诉大家电脑的普及化吗?

反方二辩:普及等于取代吗?电子《圣经》出版商说过要把所有的书本(圣经)一网打尽吗?

正方二辩:对方辩友,今天的命题是"必将",所以如果现在有这个趋势,已经有电子《圣经》出现,为什么掌上电脑就不会成为我们明天的书本呢?

反方三辩:可能的趋势就等于结果的必然吗?今天上海交易所的股票是1000点,明天是2000点,后天它会突破10000点吗?

在此例中,双方都在发问,仿佛回答了,但都没有作实质性的回答。当一方提出问题后,另一方采用一个不置可否的转折,马上过渡到回问对方问题,双方你来我往,如法炮制。因为他们明白,针对对方抛出的问题,回答稍有不慎,就会被对方打开缺口,陷入被动。

---

① 李元授、李鹏:《辩论学(第二版)》,华中科技大学出版社2004年版,第168—169页。
② 《实用文库》编委会编:《实用辩论技法大全》,电子工业出版社2007年版,第242页。

 研读专栏

有人请你做一场演讲,现在你该怎么做?[①]

事情的缘起通常很简单:你接到一个电话,或是收到封电子邮件,邀请你去某个场合做一场演讲。也许是你的母校希望你到校园,谈谈你的职业生涯;也许是当地商会想邀请你出席他们的下一次会议,简述你的业务发展;还有可能是你支持的慈善组织期望你能站出来,与其他成员分享你的专业知识。

但有时,事情没有那么简单。或许你的老板要求你在一次全国性会议上做个报告,也许你应邀参加一次播客节目或是网络研讨会,又或者是你所在的专业协会想请你在国际会议上发言。

你会怎么做?

你会不假思索地说"好的",然后就开始手忙脚乱地随便拼凑一些发言内容吗?

聪明人都不会这么做。

记住,发言邀请仅仅是一个邀请而已。你手中握有选择权。你可以决定是否要:

- 立即接受,在别人向你发出邀请后马上答应对方。(我不建议这样做。)
- 接受邀请,但要提出一些小的更改。(例如,问问主办方可否略微调整时间,以免与你的旅行计划发生冲突。)
- 感谢会议主席的邀请,并且表明你需要几天时间来确认自己的日程,然后才能给他们答复。(这种谨慎的做法让你能够充分衡量这次活动是否值得花费时间。)
- 让主办方了解你十分乐意与他们的成员聊一聊,但是这个月你没有空闲时间。(然后挑几个日程允许的月份供对方参考。)
- 礼貌地拒绝。

重点是,这是一个邀请,不是一张法院传票。作为受邀发言的演讲者,你可以有自己的选择。你的演讲能否取得成功的决定性时刻就是此刻,就是你最初接受邀请并安排好此次演讲的主要事项的那一刻。如果你明知道可以用15分钟谈完这个话题,为什么还要答应对方讲30分钟呢?假如你可以要求下午两点半开始发言,又何必接受对方下午四点钟开始的安排呢(还要耽误自己的航班)?

一旦接受演讲邀请,先确定你想讲些什么

一开始,你要问自己:"什么是我真正想说的?"然后,你的回答必须干脆利落,不能犹疑不决。你必须专注于自己演讲的主题,要谨记不可能把一切都囊括进一次演讲之中。我重复一遍刚才的内容,它可以被理解为:你做不到在一次演讲中涵盖一切。事实上,如果你试图涵盖一切,你的观众很可能一无所获。考虑清楚你真正想说的是什么,不要额外掺杂任何

[①] 节选自[美]琼·戴兹:《如何做一场精彩的演讲》,张珂译,南海出版公司2019年版,第2—13页。

其他的内容。

如果你正在向一个社区团队宣传你所在团队的价值观,就不必跟他们详细讲解你们公司的发展历史。

如果你正在呼吁一个校友会为你的大学募集资金,就不要插入一段话来讨论美国的中学存在的问题。

如果你正在当地一所学校讲述开展新的外语研究的必要性,请别将话题转移到校长的薪水上去。

在演讲中使用图片?你是在做演讲,不是在发表学术报告。你不可能将每一个在你脑海中一闪而过的好主意都囊括进来。记住伏尔泰的那句名言:"无趣的奥秘便在于说出一切。"

如果无话可说,你该怎么做

假设你想不出任何想要谈论的东西。不必担心,如果不知道该说什么,你可以问自己一些基本的问题。这些问题可以是关于你的部门、你的公司、你的行业的,诸如此类。像个记者一样去发现问题,挖掘吸引人的素材。

- 谁?谁让我们陷入当前的麻烦?谁能帮我们摆脱困境?谁真正为此事负责?谁会从这个项目中获益?谁会因我们的成功而获得认可?我们的团队该有哪些成员?如果此次并购失败,谁将承担恶果?

- 什么?这种情况意味着什么?实际上发生了什么?什么地方出了错?我们目前处于什么状态?我们希望发生什么事?未来将带给我们什么?我们最突出的优点是什么?我们最致命的弱点是什么?

- 何处?我们下一步该去往何处?我们可以从何处获得帮助?我们应该于何处缩减预算?我们应该向何处投资?我们应从何处寻找专业知识?未来五年我们想去往何处?我们可以向何处扩展业务?下一个问题会出自何处?

- 何时?事态何时开始恶化?情况何时开始改善?我们何时第一次参与进来?我们何时可以准备好接手新项目?公司何时可以看到进步?我们何时能赚钱?我们何时可以扩大员工队伍?

- 为何?此事为何会发生?我们为何会参与?我们为何不参与?我们为何这么晚才参与?我们为何让这种困境继续?我们为何举办这次会议?我们为何要坚持这一行动方针?我们为何该继续保持耐心?他们为何启动该项目?

- 如何?我们如何摆脱这种状况?我们又如何陷入这种状况?如何解释我们的立场?我们要如何保护自己?我们该如何继续?我们该如何消费?要如何开发我们的资源?如何保持我们的良好声誉?如何改善我们的形象?这一项目究竟如何才能运转起来?

- 如果会怎样?如果我们可以改变税收法规会怎样?如果我们建造另一家工厂会怎样?如果土地用途管制规则不发生改变会怎样?如果我们扩展出其他的子公司会怎样?如果成本持续上涨会怎样?如果我们的招聘工作做得更好会怎样?

这些问题可以引导你产生一些有趣的想法。假如你还需要更多灵感,可以做这些事:

访问另一个专业领域的网站；从不同的视角查看博客网站；阅读另一学科的学术期刊；快速浏览你通常不会阅读的杂志；看看国外的出版物；持续关注某个简易资讯聚合频道（RSS）一两个星期；加入一个新的领英（LinkedIn）小组，去看看别人有什么想法。总之，着手去做些什么，以便发现新的视角。

简而言之，要随时随地欢迎灵感的到来。美国画家格兰特·伍德说："我那些真正的好点子都是在给奶牛挤奶的时候想到的。"推理作家阿加莎·克里斯蒂说，她在洗碗时收获了最棒的想法。作家薇拉·凯瑟通过阅读《圣经》寻找灵感。所以，你要学会用眼睛去观察，用耳朵去倾听，随时随地准备迎接好想法的光临。

少怀念过去，多期待未来。托马斯·杰斐逊说："相比于缅怀历史，我更喜欢憧憬未来。"多数观众会有同样的感觉。别用你所在行业的五年历史回顾来惹人厌烦；反之，你该告诉他们，你的行业在未来一年内将如何影响他们的生活。

有一个可以让你专注于自己演讲内容的好办法，那便是问自己："如果我站在那个演讲桌前的时间只有60秒，什么信息是我必须向听众传达的呢？"没有什么比这60秒的限制更能让人集中注意力了。

问问自己："这个人群会对什么内容感兴趣？"

媒体大亨特德·特纳曾遇到过这种情况。他计划去纽约发表演讲，但即便在去往那里的路上，他仍然没想好演讲的内容："我只是在想，我要说些什么。……我只是在想，我要说些什么。"然后，特纳宣布，他将向联合国捐款十亿美元。你可以想象当时餐桌边的观众们的反应。特纳的演讲不仅让观众们惊讶得张大了嘴巴，还改变了慈善事业。你不必在演讲过程中捐出十亿美元，但你的演讲至少应该是有趣的。

你做演讲的时间不能太长。托马斯·杰斐逊说："以小时计的演讲，几个小时后就会被人忘记。"

研读小结

这篇文章节选自《如何做一场精彩的演讲》，作者是美国演讲专家琼·戴兹。文章主要针对演讲的第一步，即当人们接到演讲邀请的时候应当做什么。作者提出两个步骤：一是确认自己是否要接受邀请，二是确定自己演讲的主题。作者还提出一种方法来解决演讲中常常遇到的问题：如果无话可说该怎么办？文章富有实践性，细致地说明演讲的每一个步骤该怎么做，并且对演讲中可能遇到的问题提出切实可行的解决办法。在现今社会，表达能力越来越受到人们的重视。通过学习演讲的技巧，可以有效提高我们的表达能力，不仅能够应对正式演讲，还能在日常人际沟通中获得优势。

思考题

1. 简述语言结构的特点，并且指出其与人际传播的关系。

2. 结合人际传播阐述语言的意义。
3. 思考互联网语言对人际传播的影响。
4. 口语和书面语有什么区别?
5. 在人际交往中,口语语言表达的原则有哪些?
6. 从内容上看,演讲和辩论分别有哪些种类?

第七章
人际传播的副语言

学习目标

学习完本章,你应该能够:
1. 了解副语言传播的概念及功能;
2. 了解副语言传播的基本特点和类型;
3. 初步掌握体态语、客体语、类语言、环境语这四大副语言类型的特征;
4. 初步掌握利用副语言进行人际交流的方式方法。

基本概念

副语言传播　体态语　类语言　客体语　环境语

第一节　副语言传播的概述

一、副语言传播的概念

副语言传播又称非语言传播,是相对于语言的另一种人际传播手段和媒介。副语言是指不以人工创制的语言为符号,而以其他感官,如视觉、听觉、嗅觉、味觉、触觉等的感知为信息载体的,运用身体动作、体态、语气语调、空间距离等其他副语言的方式传递信息的符号系统。

较之于语言,副语言是更为古老和方便的传播手段。在人类近300万年的历史进程中,动作和表情一直是人类传达信息和情感的最早手段。直到大约5万年前,有声语言出现以后,语言才为人们所采用。对副语言的正式研究是从达尔文开始的。1872年,达尔文出版了《人类与动物的表情》一书,对人类与动物的种种心理活动和表达感情的方式进行系统的研究和详细的描写①。

在我国,对副语言的研究,最早可以追溯到先秦诸子。《论语·乡党》中写道:"朝,与下大夫言,侃侃如也;与上大夫言,誾誾如也。君在,踧踖如也,与与如也。"意思是说,孔子上朝,当君主未到时,他同下大夫说话,温和而快乐的样子;同上大夫说话,正直而恭敬的样子。君主来到后,则是恭敬不安而仪态得体自如。可以看到,孔子非常讲究在各种场合的仪容体态,试图用这种副语言信息传达给不同受者,达到不同的效果。

有研究表明,如果能够有效进行副语言交流,至少会在两个方面获得收益:第一,你发出和接受副语言信息的能力越强,你就越有吸引力,就更加受欢迎,社会心理适应能力也就越强;第二,你掌握的副语言传播技巧越多,你就能更加游刃有余地应对各种人际交往情境②。

作为人际传播的主要手段,语言和副语言有很多相同之处。它们首先都是人类进化和交往过程中创造出来的"产品"。在人际传播中,人们同时使用语言和副语言这两种"产品"。在面对面的人际传播中,我们很难想象一个人只是用口说话,而不做出任何身体动作和表情;一个人只用身体动作和表情表达意思,而不说一句话,同样是不可思议的,除非他是聋哑人。在面对面交流中,语言和副语言往往是同时发出并融为一体的。例如,在表示肯定时,人们除了用语言表示外,常常还伴随着一些表示肯定的动作,比如视线放在正确的位置上、不时点头、面带微笑等。语言和副语言的相同之处还表现在它们都是符号系统,人们借助这些符号来交流意义。和语言一样,副语言也由字、句子、标点符号等构成。一个姿势如同一个字,用在不同的地方有时有不同的意义。例如搔头,可以表示头痒,也可以表示紧张、疑问、忘了什么或说谎。因此,一种姿势在与其他姿势配合使用时,相当于把字放在不同的句子中使用,这样才能明确这些姿势的意思。

副语言传播与语言传播的区别主要表现在以下几点。

第一,语言传播始终是一种可以有效地加以控制的过程,而副语言有其可以控制的一面,又有其不可控制的一面。语言和副语言的关系,恰似意识和潜意识的关系,前者只相当于冰山上露出海面的一角,后者才是冰山隐而不见的主体。事实上,语言正是与人们清醒的、自觉的意识相关联,而副语言常常是与模糊不清的、不自觉的潜意识打交道。常言道,意识的外化形式是语言,潜意识的外化形式则显示为副语言。正因为如此,副语言的可控性程度更低。如果将传播手段分为书面语言、口头语言和副语言,我们不难发现,书面语言最有时间润色,因而可信程度最低。书面语言是最易控制和掩饰真情的一种方式。口头语言斟酌和修改的时间较少,自觉控制机会也相对少一些,可靠性也就大一些,但仍有时间自我掩饰和控制。除经过特殊训练的人外,副语言行为一般是不易控制的,有时甚至完全出于无意

---

① 李杰群主编:《非语言交际概论》,北京大学出版社2002年版,第10页。
② Burgoon & Hoobler, Analysis of Differences of Nonverbal Communication between Chinese and America, *Modern Literature*, 2002(4).

识。例如，害羞时满脸通红，害怕时脸色苍白、手脚发抖，特别是心跳、呼吸速度、体温、瞳孔大小和身体战栗等都比其他动作难以控制。所以，副语言行为相对来说最为真实。这些方面也成为机械或人工测谎仪的观察对象。

第二，语言传播受到一套严格的语言符号规则的制约，而副语言传播就其可控制性而言，受到社会文化规范的制约，因而不同文化系统之间的副语言交际具有一定的差异性。例如，西方人爱用耸肩来表示"不知所措"或"无能为力"，而中国人就不用这个姿势。再如伸大拇指，中国人用这个姿势表示"好"，希腊人则用它表示"够了"。英美人在交往中重视双方保持严格的空间距离，身体接触较少，以示彬彬有礼；拉美人却喜欢相互靠近，并且以较多的身体接触表示友好、亲切的情感。

第三，语言只有在特定的社会群体中使用才会起到传播的效果，而一部分副语言却为不同文化、不同种族间的社会成员所通用。这是因为身体语言有后天习得的因素，也有天赋的因素。不管哪个民族、哪个国家、哪种文化背景的人，都用面部表情来表示情绪。人们还发现，大多数基本的沟通姿势，在全世界是一致的。例如，高兴时会笑，悲伤或生气时会拉长脸或皱眉。惟其如此，表演艺术、电视艺术、电影艺术这些以副语言作为主要表达手段的各种艺术就成为不同国家、不同民族、不同文化体系之间的重要传播方式。而语言却有很强的民族性和差异性，不仅不同国家的语言不尽相同，就是同一个国家的不同民族、不同地区也会有不同的语言。例如，目前统计的世界上的语言就有九大语系：汉藏语系、印欧语系、阿尔泰语系、闪-含语系、乌拉尔语系、伊比利亚-高加索语系、马来-波利尼西亚语系、南亚语系、达罗毗荼语系。各个语系又分为不同的语族，语族又分为不同的分支，由此造成世界上语言的多样性，也造成不同地区、不同民族人们沟通的困难。

在这里，有一些有关副语言传播的认识误区需要注意。

有人认为，与语言传播相比，副语言传播传递的信息更为丰富。但实际上更多时候，还是要取决于具体情况。例如，如果要深入探讨科学问题，单单凭借副语言传播是不够的。

有人认为，学习副语言传播的知识可以帮助你甄别谎言。但其实谎言的识别是一个艰难的过程，仅凭几个章节，甚至几门课程的学习是远远不够的。有些人会在说谎时露出马脚，刻意避免眼神接触，但大多数说谎者并不是这样。

有人认为，当副语言传播传递的信息与语言传播传递的信息相互矛盾的时候，最好相信副语言所传递的信息。但是，与语言传播一样，副语言传播也可以欺骗人。在作出判断之前，最好对整个过程中的信号进行判断。即使如此，要识别欺骗也绝非易事。

二、副语言的传播功能

副语言在人际传播中扮演着重要的角色。施拉姆说："尽管副语言的符号不容易系统地编成准确的语言，但是大量不同的信息正是通过它们传给我们的。"[①] 阿伯罗比亚说："我们用

---

① ［美］威尔伯·施拉姆、威廉·波特：《传播学概论》，陈亮等译，新华出版社1984年版，第85页。

我们的发声器官发声,却以我们的整个身体交谈。"

伯德惠斯特尔曾对同一文化的人在对话中的语言行为和副语言行为做了一个量的估计,认为语言交际最多只占整个交际行为的30%左右。萨莫瓦则更为肯定。他说:"绝大多数研究专家认为,在面对面交际中,信息的社交内容只有35%左右是语言行为,其他65%都是通过副语言行为传递的。"[1]由此可见,副语言在人际传播中具有不可忽视的重要作用。副语言传播的作用主要表现在六个方面。

(一)树立和展示自我形象

在人际传播活动中,人们不仅用语言表达自己的观点,还无时无刻不通过副语言符号展示自己的形象。人们对他人的认识在很大程度上来自对其副语言行为的观察。经验告诉我们,副语言符号能够比较真实全面地反映一个人的文化素养和精神面貌。一个人在交际中自然流露出的仪表风度、举止动作和语音、语气等,无不向他人传达诸如他的年龄、身份、地位、兴趣、性格和文化修养等大量信息。良好的仪容仪表和举止风度能给他人留下良好的印象,有利于人际关系的进一步发展。因此,在重要场合和活动中,人们总是精心设计自己的副语言行为,注重风度仪表,以塑造自己更加完美的形象,从而取得更佳的交际效果。

在2017年央视网播出的《大国外交》中,习近平的言行举止就是很好的例子。习近平在重大外交场合,通常面带微笑,挥手示意,既热情大方,又和蔼可亲。与不同人士握手或紧而长久,或轻而温暖,或附加轻拍,既能恰如其分地体现不同的文化差异,又能有效地传递中国大国领袖的独特情谊。习近平对待同行中的长者,通过有意拖后、放慢步履及保持适当距离的方式展示中华文明尊老爱幼的美德。习近平外交上的仪表风度,对世界人民认知中国领导人的个人魅力和中国正面的国际形象均有裨益[2]。研究表明,以下列出的10种副语言信息有助于增加你的魅力值,另有10种则会起到相反的作用[3]。

表7-1　10种有助于增加魅力的行为和10种可能损害形象的行为

有助于增加魅力的行为	可能损害形象的行为
在恰当的情境中合理使用与信息相符的姿势,以显示自己的活力	为了做姿势而做姿势,做一些可能冒犯不同文化背景的人的姿势
点头、身体前倾表明你在认真聆听	不顾别人的说话内容,胡乱点头,敷衍迎合,身体过度前倾,侵犯他人空间
微笑,以及其他表达你赞同、感兴趣和关注的面部表情	做得过分,夸张地笑,让人觉得很不舒服

---

[1] Larry A. Samovar, Richard E. Porter & Lisa A. Stefani, *Communication between Cultures*, 1981, p.155.
[2] 田德新、汪蓉:《习近平总书记个人魅力与国际形象研究——以〈大国外交〉中的非语言交际为例》,《文化与传播》2019年第4期。
[3] Riggio & Feldman, *Applications of Nonverbal Communication*, Lawrence Erlbaum Associntes Publishers, 2005(6), p.64.

续表

有助于增加魅力的行为	可能损害形象的行为
适度地进行目光接触	死盯着别人让人觉得有种被监视的感觉
适度地有些接触动作	过度亲密地接触他人/刻意避免去接触他人
说话语速适中,抑扬顿挫	语调忽高忽低,与谈话内容不适应
保证你静静地聆听别人谈话的时间和你说话的时间大致相等,在聆听别人谈话的时候要配合一些面部表情、手势或其他反馈信息	他人讲话时你毫无反应,或者心不在焉
与对方保持适度的距离	距离过近,侵犯到他人的私人领域
保证自己身体的气息令人愉悦,注意驱散身上的烟味、洋葱味道,这些气味自己可能因为太熟悉而意识不到	过度地使用香水或是古龙水
根据场合,正确着装	穿着不舒适的服装或是过于惹眼的服装,以致分散了他人对于你要传递的信息的注意

资料来源:[美]约瑟夫·A.德维托,《人际传播教程(第十二版)》,余瑞祥等译,中国人民大学出版社2011年版。

(二)建立和定义关系

弗洛伊德(Floyd)和迈克尔森(Mikkelson)在2005年做的一项研究表明,你对他人的喜爱、支持和爱慕至少有相当一部分是以副语言的方式传播的。

副语言信息可以用来表明你与他人之间的关系。这种能够表明双方关系的信号被称为"关系信号",它能够表明两人建立关系的方式。关系信号可以用来确定关系的程度,它随程度的不同而表现出不同的形式。例如,非正式的握手表示关系尚远,紧抓双手或是挽住手臂表示关系较近,深吻对方表示关系相当亲密。

副语言信息也可以被用来传达关于地位的信息。例如,配有宽大办公桌的大办公室表示地位较高,地下室的小隔间则表示地位较低。

(三)辅助语言表达

语言是人际传播的主要手段,无论是功能的开放性、内容的复杂性,还是传递信息的丰富性和使用范围的广泛性等方面,副语言都无法与语言相比。从总体上来说,副语言处于从属、辅助的地位,它能够帮助语言更好地完成交流,具有辅助语言传播的作用。

人们在语言传播的时候,往往有词不达意或词难尽意的感觉,因此,需要同时使用副语言来帮助,或弥补语言的局限,或对语言的内容加以强调,使自己的意图得到更充分完善的表达。例如,当给别人指路时,人们总是一边告诉对方路线,一边用手指点方向,以帮助问路者更好地领会道路的方向。

在人际传播中,副语言对语言的辅助作用主要表现在三个方面,即补充、强调和调节。

1. 补充

副语言的补充作用主要体现在副语言行为可以对语言行为起到修饰或描述的作用。例如,一个人犯了错误后,一边检讨,一边以沉痛或后悔的表情表明自己的心情或态度。

2. 强调

头和手的动作常常对所讲的话起到强调作用。例如,讲话人说:"我们一定要清除不正之风!"同时,他头向前倾,伸出手掌或拳头用力向下压,以表示态度的坚决。

3. 调节

交谈时,人们常常可以以手势、眼神、头部动作或停顿暗示自己要讲话、已讲完,或不让人打断。

有时候,脱离副语言的辅助作用,语言传播很难达到有效的目的。因此,在人际传播活动中,人们经常自觉地使用副语言以达到更好的传播效果。这一点在电视节目中体现得尤其明显,因为主持人总是利用自身的穿着打扮、目光神情、声音变化和手势动作等副语言符号来强化表达效果。例如,刘仪伟在《东方夜谭》中常有夸张的表情和滑稽的动作,这是为了营造娱乐节目轻松明快的氛围①。而新闻主持人在主持时,都是正襟危坐、一丝不苟,以非常正式的着装、稳重低沉的音色、严肃的表情做新闻播报。

(四)替代语言表达

副语言并不仅仅是辅助语言传播,有时候还有替代语言的作用。经过人类的长期实践和总结,副语言形成了部分替代语言的特殊功能。在许多情况下,副语言传播能收到比语言传播更好的效果。

首先,副语言的替代功能表现在传播者由于自身的身体缺陷而存在交流障碍时。例如,聋哑人或一些不能说话的患者之间进行交流时,使用手语等标记动作。两个或多个正常人之间在言语不通或其他特殊情况下,会通过面部表情和手势等方式来代替语言完成交流。

其次,在不方便直接利用语言的情境下,为了避免尴尬的局面,或者不使对方感到难堪,或者摆脱困境,人们会使用副语言来代替语言,收到无声胜有声的效果。例如,上课时,老师突然抬起头,盯着几个讲小话的学生,几秒钟后直到所有的人都停止说话才开始上课。他的表情说明:"请保持安静!"古时候中国人下逐客令时,也常常不直接说出来,而是将茶杯倒扣,向客人隐晦地传达送客的意思。

再次,在某些行业或特殊人群中,人们创造了特殊的副语言符号以方便完成交流。例如,交通警察借用手势语来维持交通,体育裁判的手语、潜水人员的手势等,都是在特定情况下唯一可行的传播方式。有些副语言符号经过艺术化后成为艺术表达手段,如舞蹈、哑剧表演等,它们都是充分利用肢体、面部表情、眼神等副语言手段来表现人们的思想情感,如最常见的哑语。

最后,副语言的替代作用还有一种特殊情况,即副语言所表达的意思可以完全与语言相

---

① 陈虹:《论电视节目主持人的非语言传播》,《新闻界》2006年第5期。

反,从而否定语言的意义。例如,甲对乙说:"你干得真不错。"同时却向丙使眼色表示不满。

(五) 调节互动

语言是最为规范的符号系统。在同一种语言背景下,不同人对以一定声、形符号为载体的字词建立起来的概念或理解是高度接近的。但是,语言传播也需要副语言来调节互动。在人际传播中,很难想象一个人只使用语言,而不用任何副语言。

副语言可以调节语言交流,使交流者之间形成互动关系,从而维持和调节交流的进行。人们在交流中总是有意或无意通过目光接触、面部表情、音调和姿势等行为来控制语言交流的发展过程。例如,在谈话时向对方点头表示"说下去,说完你想说的一切",眼睛看着对方表示谈话还可以继续下去,眼睛看向别处则表示谈话应该结束了。一般而言,如果一个人能够调节交流,那么这个人便处于控制地位。这个人可以阻止别人参与交流,也可以允许别人参与。在西方文化中,存在着话轮转换,即我说—你说—我说—你说……但是这种调节、转换功能往往因具体国家的文化而异。

(六) 表达情感和态度

语言符号主要是表现意识的活动,副语言符号主要是潜意识的外化。一些细微莫测的情感往往很难用语言准确表达,一般只有通过副语言符号来充分显示。周国平有句话说得好:一切高贵的情感都羞于表白,一切深刻的体验都拙于言辞。

通过一个人的面部表情、姿势、形体动作等副语言,我们能窥探他内心的秘密。例如,一个傲慢的人从他的言谈话语中也许看不出来,但他的举止神态很容易清楚地显露出他的傲慢。当你想对别人表达更多的热情和亲密时,你总是表现出愉快的面部表情、热情的姿势、更近的人际距离或友好的接触。反之,你可能会态度冷漠、表情冷淡,控制与对方的接触,并且与其保持较远的距离。

很多时候,副语言可以帮助人们表达他们不愿意用语言表达的情感。例如,对于你不想与之交往的人,对于你想与之降低你们之间关系度的人,你可能会避免与他进行目光接触,会和他保持很远的距离。同时,副语言也可以用来掩饰情感。例如,即使你认为某个人讲的笑话很冷,但是为了捧场,还是会报以微笑。

三、副语言传播的基本特点

(一) 连续性

在人际传播中,人们总是自觉或不自觉地使用副语言符号进行传播。语言符号是依据语法、逻辑的规则排列的。在一个句子中,不同性质、特点的词汇都有自己大体的位置,而且它们各自独立、相互分离。因此,语言符号也是数位符号。副语言符号则相互连贯,并且形成一个色带(色彩)和范围(声音)。在交际过程中,有意识的副语言行为是交流,无意识的行为举止也是交流,甚至不说话、毫无表情也是一种交流。由此可见,副语言是连续性行为,没有开始和结束之分。正如欧文·戈夫曼所言:"尽管一个人可能停止说话,但是他不能停止通过身体习惯性动作的传播。"总之,副语言传播无时无刻不在进行。例如,两人发生争执,在闭嘴的间隙,脸上的怒气未消,身体的姿势也还是进攻型的,除非一人走开,脱离视线。对于各种器物而言更是如此,器物的运用往往可以通过副语言的传播达到情感共鸣的效果。

朱军在主持《艺术人生》时就很注意使用道具。例如,在"刘欢专辑"中,开场就是朱军拿出一瓶玉泉山牌啤酒,与刘欢对饮。这瓶酒不仅松弛了现场气氛,而且由这个20世纪80年代的玉泉山品牌,迅速切入刘欢的大学时代——他音乐生涯的起点[①]。

（二）立体性

在人际传播活动中,人们并不只是运用一种副语言符号,说话人的语气口吻、面部表情、肢体动作,器物的颜色、形状、气味等都可以出现。副语言行为通常以组合的方式出现。当一个人愤怒时,他会横眉怒目、咬牙切齿、紧握拳头;当一个人高兴时,他会喜笑颜开、手舞足蹈;当一个人悲愤时,他又会捶胸顿足……实验表明,人们的情绪几乎都是由整个身体表达的,要使身体的不同部位表达各不相同或矛盾的情绪,非常困难。人们总是同时使用身体的各个器官来传情达意,副语言行为在空间上具有立体性。

美国口语传播学者雷蒙德·罗斯写道:各种副语言符号在传播中"是相互关联、互为依托、协同一致的。如果它们不是这样,你的意图就要受到怀疑"[②]。当你愤怒至极时,尽管你竭力克制,但沁出的汗珠、迅速眨眼、轻微的哆嗦、沙哑的声音等副语言符号却在"协同造反",纷纷暴露真相。

一个副语言符号,通常伴随着其他副语言符号,构成符号系统。此外,副语言符号与语言传播行为往往也密切相关,互相增强和支持。在认识某一副语言行为时,应尽可能完整地把握相关的所有副语言讯息。

（三）即时性

即时性包括两层含义。第一,即时是指一旦信息发出,便无法收回。古人之言"三思而后行"就考虑到副语言传播的这一特点。在足球场上,有些球员一时激动,无法控制情绪而向对方队员吐唾沫,这么做的后果便是收到禁赛通知。第二,即时是指信息的传播转瞬即逝。因此,受者要集中注意力,会看会听,善于琢磨出传者的说话内容及要领;传者应当调动各种手段来突出强化主要信息,获得受者的注意力,比如夸张或重复某个动作等。

（四）模糊性

根据生理学的研究,人的大脑分为左右两个半球:左半球控制逻辑信息,右半球控制形

[①] 陈虹:《论电视节目主持人的非语言传播》,《新闻界》2006年第5期。
[②] [美] 雷蒙德·罗斯:《演说的魅力——技巧与原理》,黄其祥、曹宏亮、丁宏新译,中国文联出版公司1989年版。

象信息。因此,语言作用于左半球,动作等副语言作用于右半球。语言能表达意义明确、逻辑清晰的信息,而副语言往往传递朦胧模糊的主观印象。人们常常将副语言符号视为一种肖像性符号,即其能指与所指之间的规约程度低,因此,副语言不能明确地表达具体的思想,它所表达的含义往往是不确定的。同样是拍桌子,可以是"拍案而起",表示怒不可遏;也可以是"拍案叫绝",表示赞赏至极。只有联系具体的传播情境,才能明确副语言的意义。

(五)真实性

如前所述,副语言较之于语言可控性低,因而具有较强的可信性和真实性。副语言传播是非常根深蒂固和无意识的,许多时候,语言信息和无意识表露的副语言是相互矛盾的。人的真实意图往往用语言信息掩饰,然而,在副语言沟通中却很难掩饰。

为什么副语言具有真实性呢?一方面,由于语言受理性意识的控制,容易作假,而副语言大都是身体的本能反应,是无意识的,是传播者真实的思想感情的流露。因此,要了解说话人的深层心理,即无意识领域,单凭语言是不可靠的。因为人类语言传达的意思大多属于物理层面,是受意识控制的。这些经理性加工后表达出来的语言往往不能率直地表露一个人的真正意向,这就是说出来的语言并不等于存在于心中的语言。因此,人们常说不仅要"听其言",还要"观其行"。另一方面,一个人的副语言行为是其整体性格的表现和个人人格特征的反映,副语言更多的是一种对外界刺激的直接反应,是人们潜意识的反映,很难掩饰和压抑,具有更强的真实性。正如弗洛伊德所说,没有人可以隐藏秘密,假如他的嘴唇不说话,那么他会用指尖说话。因此,当语言信息与副语言信息发生冲突时,我们宁愿接收副语言信息。

日本西武集团的副语言运用之道[①]

日本西武集团是一家赫赫有名、势力庞大的企业。旗下有170多家大型企业,从业人员超过10万人,经营的业务涉及铁路、运输、百货、地产、饮食、学校、研究所等各种行业。在《福布斯》公布的全球最富有企业家排名中,西武集团老板堤义明曾于1987年、1988年两度雄居世界第一。

堤义明深知企业内部的融洽关系对企业的正面影响力,于是提出了一项举措——"擦皮鞋入社式",这项传统已经被保留近百年。每当举行新员工入社仪式时,他都要集合旗下85家分社的高级职员,团聚在东京涩谷的青山学院。员工入社仪式中有一项名为"擦皮鞋入社式"的仪式。他会给每个老员工发一瓶鞋油和一把鞋刷,仪式开始后,让新入社的员工站在老资格的高级职员面前,由他亲自带头,高级职员蹲下身子认真地为新员工擦亮皮鞋。

---

① 根据以下文献改编。边一民主编:《公共关系案例评析》,浙江大学出版社2004年版,第81页。

在征询那些新职员是否满意之后,把鞋刷、鞋油郑重交给新员工,然后再由新员工为前辈们擦亮皮鞋,如果谁有一丝没有擦到的地方,这些经理和高级职员就会立刻提出来,督促这位新职员为自己认真擦干净。这不是故弄玄虚,而是赋予入社仪式以特殊意义。互相擦亮皮鞋不仅仅要告诉新员工时刻注意自己的仪容,更重要的是要创造一种温暖人心的气氛,让新老员工亲如一家,亲善合作,振兴企业。

案例点评

日本的企业非常注重内部关系的融洽,注意形成企业内部的家庭气氛。他们努力把企业办成一个大家庭,建立起情感维系的纽带,使员工产生对于企业强烈的认同感,把自己当作企业大家庭的一员。在这一过程中,副语言传播是必不可少的环节。从西武集团的案例中我们不难看到,正是这些副语言动作身体力行的传播,才让企业内部凝聚成统一的力量。通过老员工蹲下、弯腰、为员工擦鞋的一系列动作,可以看到老员工对待新员工的一视同仁和谦卑的态度,看到该企业和谐而平等的员工关系;而通过老员工督促新员工擦干净的这个动作,又可以看到该企业一丝不苟、认真踏实的企业作风。这些令之骄傲的理念和文化,若是印在员工手册中,固然可以获得不错的传播效果,但一定没有这种"擦皮鞋"的副语言方式来的直观而震撼。可见,副语言传播在西武集团的成功过程中起到举足轻重的作用。

第二节 副语言传播的类型

在人际传播中,副语言是一个复杂的系统,对于副语言传播的方式有不同的划分标准。例如,简单的二分法将副语言分为体语和默语(包括停顿和沉默)两大类。其中,体语又分为动态和静态两种。动态包括肢体语和表情语,静态包括服饰语和界域语。还有学者根据副语言包括的重要内容将其分为20多种。我们这里将副语言分为体态语、客体语、类语言和环境语四种。

一、体态语

涉及体态语的表述,英语中有body language、body movement、gesture等,汉语中有体态语、身体语言、态势语、手势语等。体态语最早是由L. 伯德惠斯特尔在《体语学导论》一书中提出的,它指人们在实际中有意或无意使用的姿势和动作[1]。波斯特说,体态语是用来同外界交流感情的全身或部分身体的反射性或非反射性动作。体态语传播也称为动觉交际。人

---

[1] 孙卉:《论电视节目主持人的非语言传播手段》,《新闻界》2007年第6期。

类的动觉交际主要是通过人的面部表情、身体动作、眼神等多种方式完成的。根据伯德惠斯特尔的态势学研究,"每一个动作都在传递关于人体运动的心理状态和生理状态信息"①。

需要注意的是,身体语言在不同文化中具有差异性。

受不同文化的影响,相同的信息经常通过不同的手势和动作表现出来。例如,当一个中国人招呼某人过来时,他经常伸出手朝向某人,打开手掌,手掌朝下,所有手指并拢弯曲。然而,美国人招呼某人时,习惯伸出手朝向某人,手掌朝上,手指并拢,仅有食指不停前后摆动。在中国,如果某人使出同样的动作,会被人认为是一种侵犯侮辱。

受不同文化的影响,相同的身体语言在不同国家和地区也会有不同的含义。在中国,跺脚常常表示气愤、愤慨、悔恨、受挫;在美国,跺脚则表示不耐烦。在中国,张口呆看某人,通常认为是好奇、惊讶;在美国,这个动作是非常不礼貌的,让人非常尴尬、不自在。

一些身体语言只存在于特定的国家和地区。举例来说,在中国和日本,当人们遇到难题和困难时,常常会挠头叹气,发出咝咝声。这一动作在美国就不存在,美国人看到这一动作,常常不会理解。不同的国家和地区存在着各自丰富多彩的身体语言。一个国家通常会有融于自身文化的独特的身体语言,当我们在某个国家看到一些独特的身体语言时也不会感到很奇怪。

还有些身体语言在其他国家和地区也可能看到,但是在那里不表达某种特定的含义。它仅仅在某种特定文化中表达某种特定的含义。例如,在中国,人们习惯用双手赠送某人东西或礼物,即使一只手就可以做到,因为在中国双手表示尊敬。然而,在美国,用双手还是一只手就没有这样的含义,使用双手还是单手取决于方便与否②。

在有些商务礼仪的论著中,根据副语言的特征及组成要素,将副语言的运用原则表达为"SOFTEN":S(smile)——微笑,O(open posture)——准备注意聆听的姿态,F(foreword lean)——身体前倾,T(tone)——音调,E(eye communication)——目光交流,N(nod)——点头③。

你对身体语言了解多少?④

你对身体语言了解多少呢?以下7个问题可以简单测试出你对身体语言的运用能力。

1. 当一个人把手掌放在胸前,他想表达怎样的情绪?

   A. 优越感　　　B. 批判与反对　　　C. 忠诚　　　D. 自信

2. 当一个人把大拇指抵在下巴下面时,他想表达怎样的情绪?

   A. 欺骗　　　B. 厌倦　　　C. 紧张不安　　　D. 批判

---

① [美]萨姆瓦等:《跨文化传通》,陈南、龚光明译,生活·读书·新知三联书店1988年版,第250页。
② 刘书慧:《身体语言:在不同文化中的同与异》,《海外英语》2012年第1期。
③ 杨丹编著:《人际关系学》,武汉大学出版社2010年版,第100页。
④ 约翰·波伊:《事实胜于雄辩》,《成功营销》2007年第6期。

3. 当一个人用手摩擦下巴时,他想表达怎样的情绪?
   A. 作决定　　　B. 欺骗　　　C. 控制　　　D. 以上都不是
4. 当一个人用手摸鼻子时,他想表达怎样的情绪?
   A. 优越感　　　B. 期待　　　C. 不喜欢　　　D. 愤怒
5. 当一个人将眼镜脱下,并用眼镜架触碰自己的嘴唇时,他想表达怎样的情绪?
   A. 有兴趣　　　B. 犹豫不决　　　C. 不信任　　　D. 不耐烦
6. 当一个人的双眼越过眼镜的上端看你时,他想表达怎样的情绪?
   A. 蔑视　　　B. 不信任　　　C. 仔细审查　　　D. 怀疑
7. 以下哪个/哪些姿势代表着欺骗?
   A. 双手交叉放在嘴巴前说话　　　B. 揉眼睛
   C. 揉耳朵　　　D. 避免直接的眼神交流
   E. 以上都是

[参考答案]

1.(C) 将手掌置于心脏部位意味着忠诚。
2.(D) 将大拇指抵在下巴下面意味着批判或反对的情绪。想要缓解这种情绪,最好递给他们一些东西。
3.(A) 用手摩擦下巴意味着在作决定。当你看到这个姿势时,不要打扰或介入自己的想法,如果摩擦下巴的频率变快或他露出正面、满意的表情,可以询问他接下来的指示。
4.(C) 一个人摸鼻子时意味着他并不喜欢这个主题。当你看到这个姿势时,应该抛出一个开放式问题,让他评价你的注意力被分散。
5.(B) 当一个人将眼镜脱下,并用眼镜架触碰自己的嘴唇时,他表达的是犹豫不决的情绪。如果他重新戴上眼镜,表示他对你的主题有兴趣,如果他考虑之后直接把眼镜摘了,那么你们的合作就此结束。
6.(C) 当一个人的双眼越过眼镜的上端看你时,表达的是仔细端详和想要作决定的情绪。
7.(E) 以上都是。

体态语在人际传播活动中的使用非常频繁,它的传播功能也越来越引起人们的重视。作为一门科学,体态学研究的正是人们交际时身体动作所传递的信息,它涵盖的对象包括体姿、面部表情、目光语、手势、触摸等。据估计,人类可以做出的身体动作数量高达70万种,它们无时无刻不在传递着交流双方的心理和精神状态。体态语的分类法很复杂。我们主要从面部表情、身体动作、人体动作和自我触摸四个方面来谈论体态语。

(一)面部表情

表情,即感情或者情绪的外在的表面的表现形式。我们一般所说的表情,指的是发生在颈部以上的能反映内心变化的动作、状态和生理变化。因此，表情又被称为面部表情。人们对现实环境和事物产生的内心体验与采取的态度经常会有意无意地通过面部表情显示出来。

面部表情与人的心理活动直接相关，它们在传递信息和情感表达中的效用是独一无二的。表情是反射心灵活动的镜子，或者是心情的"晴雨表"。在面对面的口语沟通过程中，面部表情是心灵的屏幕，能够辅助有声语言传递信息，沟通人们的心灵感受。

表情最能反映一个人的特性，可以表现出淡然、幸福、喜悦、愤怒、惊恐、爱慕、憎恶、欲望、嘲笑、哭泣等各种心态，也可以表现出坚强与懦弱、直爽与深沉、安静与急躁等各种性格气质，以及否定与肯定的态度，给人以某种特定的刺激。不同性格的人，在同样情绪下的表情可能不同：遇到高兴的事情时，开朗的人可能开怀大笑，腼腆的人可能仅仅抿嘴笑笑，抑郁的人可能露出一丝苦笑。常常面带笑容、面部肌肉自然放松的人，他的心态一般比较稳定、平静、开朗；而常常愁眉苦脸、面部肌肉紧张的人，他的心态往往不太稳定，可能心胸狭隘、脾气暴躁。

在副语言交流符号中，面部表情是人类认识最趋于一致的一种。换言之，尽管面部表情具有民族性特征，但是人类的某些感情是相通的，表达这些情感的面部表情也基本相同。这些共通感情起码有六种，即高兴、害怕、愤怒、忧伤、厌恶、惊奇。

面部表情是通过眉毛、眼睛、嘴巴、鼻子、耳朵等各个面部器官共同配合表现出来的，因而异常复杂。罗曼·罗兰曾经说过："面部表情是多少个世纪培养成功的语言，比嘴里说的更加复杂千倍的语言。"根据某些研究统计，人的脸部能做出约20万种以上的表情。这些表情都包含一定的信息，是说话者情绪变化的显示器。

1. 眼睛的表情语言

自古以来，眼睛一直对人类的行为有着巨大的影响。眼睛具有反映深层心理的功能，是人与人沟通中最明显、最准确的信号。在许多语言中，都有不少关于眼睛的词组，如"狡黠的眼睛"、"锥子般的眼睛"、"目光如炬"、"目中无人"等。眼睛被誉为"心灵的窗户"，是当之无愧的。眼睛的奥妙到底何在呢？

（1）瞳孔的变化

芝加哥大学的依克哈德·海斯博士从20世纪60年代起就研究了在种种视觉刺激下瞳孔大小的变化。在初期的实验中，他让男女受试者观看五种照片，来调查瞳孔大小相应会发生何种变化。结果发现，男性的瞳孔会在看到女性写真时更大，女性的瞳孔在观察体格健壮的男性、婴儿和抱着婴儿这三张照片时更大。照片具有的各种刺激性和瞳孔的条件反射形成正向对比。从这些调查结果中，海斯提出了自己的理论，即人的瞳孔在他对某种事物有积极情感时扩大，有消极情感时收缩。海斯的理论之后被更多学者证实。研究表明，人的瞳孔是根据他的感情、态度和情绪自动发生变化的，它如实地显示出大脑中正在进行的思维活动。瞳孔是兴趣、偏好、态度、情感和情绪等心理活动的高度灵敏的显像屏幕；表示爱、喜欢、兴奋和惊恐时，瞳孔放大；表示消极、戒备、愤怒时，瞳孔缩小。瞳孔的变化是无法用意志来控制的。如果一个女子爱着一个男子，在他面前她的瞳孔会扩大，而他往往也能感觉出来。正因为这个缘故,浪漫的约会都喜欢在较暗的地方,以使瞳孔扩大,只有扩大的瞳孔才能表示兴趣和欢愉。

观察瞳孔是中国古代珠宝商常用的方法,他们在与对方谈价钱时,会注意对方瞳孔的扩展。现代企业家、政治家为不在对手面前显露心中的想法而喜欢戴墨镜。我们都知道,与别人说话时,眼睛要注视对方的眼睛。学会去注视对方的瞳孔吧,让瞳孔告诉你对方真正的感觉。

(2) 注视行为

行为科学家断言,只有当你与他人眼对眼时,即只有注视到对方的眼睛时,彼此的沟通才能建立。看着两个人在认真交流时的眼睛,你会观察到一种高度个性化的目光"舞蹈"[①]。在一般的交谈中,两人目光的短暂接触点往往发生在听与讲的交换之际,这时两人注意力的变化情况会显现出来。注视行为主要体现在注视的时间、注视的部位和注视的方式三个方面。

第一,注视的时间。

我们与有些人谈话感到舒服,有些人则令我们不自在,有些人甚至看起来不值得信任。这主要与对方注视我们时间的长短有关。当一个人不诚实或企图撒谎时,他的目光和你的目光接触往往不足全部谈话时间的三分之一。如果某人的目光和你的目光相接时间超过三分之二,可以说明两种可能:一是认为你很吸引对方,这时他的瞳孔是扩大的;二是对方怀有敌意,向你表示无声的挑战,这时他的瞳孔会缩小。在乘坐电梯时的注视行为是采用"礼貌正确的无视"的典型范例。大多数人一进电梯,与他人照面,就立即转身,面对电梯门。在此期间会或望向天花板,或看着地面,或盯着显示楼层的电光板,不会进行交谈。也有人会在乘者与自己的目光相遇时,报以善意的微笑,进行2—3秒的相互注视。如果超出这个时间,较为长久地看着对方,那么不是表示疑惑,便是表达想要与对方交谈的意愿。可见在实际生活的应用中,注视本身便传递着一种信息。

第二,注视的部位。

注视时间的长短很重要,注视的部位也同样重要。

① 公务注视。这是洽谈业务、磋商交易和贸易谈判时所用的注视部位。眼睛应看着对方额上的三角地区(△,以双眼为底线,上顶角到前额)。注视这个部位,显得严肃认真、有诚意。在交谈中,如果目光总是落在这个三角部位,你就把握住了谈话的主动权和控制权。这是商人和外交人员经常使用的注视部位。

② 社交注视。这是人们在社交场所使用的注视部位。这些社交场所包括鸡尾酒会、茶话会、舞会和各种类型的友谊聚会。眼睛要看着对方脸上的倒三角地区(▽,以两眼为上线,嘴为下顶角),即在双眼与嘴之间。注视这个部位,会营造一种社交气氛。

③ 亲密注视。这是男女之间,尤其是恋人之间使用的注视部位。眼睛看着对方双眼与胸部之间的部位。男女双方在产生特别好感时,一般都是看对方这个部位。恋人这样注视

---

① [英]德斯蒙德·莫里斯:《肢体行为——人体动作与姿势面面观》,刘文荣译,文汇出版社2012年版,第107页。

很合适，对陌生人来说，这种注视就出格了。

④ 瞥视。轻轻一瞥用来表达兴趣或敌意。若加上轻轻地扬起眉毛或笑容，表示兴趣；若加上皱眉或压低嘴角，表示疑虑、敌意或批评的态度。

第三，注视的方式。

眨眼是人的一种注视方式。在一秒钟之内连续眨几次眼，是神情活跃、对事物感兴趣的表示（有时也可理解为由于怯懦羞涩、不敢正眼直视而不停眨眼）；时间超过一秒钟的闭眼则表示厌恶、不感兴趣，或表示自己比对方优越，有蔑视或藐视的意思。这种把别人扫出视线之外的做法很容易使人厌恶，这种人是很难沟通融洽的。

注视的礼仪同样受到文化约束。在非洲的某些地区，作为"和平部队"的成员，充当教师的美国女性提醒孩子们"上课要注视老师"，结果却使得孩子们的家长很为难。因为在他们的生活方式中，孩子们是不被允许注视大人的眼睛的，而美国人并不知道这一文化，便在无意中鼓励了违反这种社会习惯的行为。

2. 其他五官的表情语言

（1）眉毛的表情语言

在中国文学里，有许多通过描写眉毛来形容人物心理的词汇，如眉飞色舞、眉头紧锁、喜上眉梢、眉目传情……人们常说，眼睛是人生的一幅画，那眉毛就是画框。双眉的舒展、收拢、扬起、下垂可以反映人的喜、怒、哀、乐等复杂的内心活动。眉毛一般是配合眼睛来表达含义的。眉毛对于一个人的表情来说也非常重要，可以被称为指示心情变化的参照物。眉毛单独的表情语言大致有五类。

① 上耸型。表现惊恐、恐惧、惊讶、欣喜等感情。该表情是指眉毛先扬起，停留片刻后下降的一种动作，通常还伴随着嘴角迅速往下一撇，而脸上其他部位却没有什么明显的变化。这表示的是一种不愉快的惊奇或者是无可奈何。另外，在强调自己观点的时候，也往往会出现这种动作，目的是要让你赞同他的观点。

② 倒竖型。即眉角下拉型，眉毛倒竖，眉角下拉，说明此人极端愤怒或异常气恼。

③ 皱眉型。表示困窘、不愉快、不赞成或厌恶。当一个人对对方提出的问题迷惑不解或者是否定的时候，会情不自禁地皱起眉头。当受到侵略、心感恐惧时，人也会皱眉。在这种情况下，人不仅会低眉，还会将眼睛下面的面颊往上挤，以提供最大的防护，这时眼睛仍睁着并注意外界动静，便形成皱眉的动作①。

④ 单眉上挑型。表示询问。

⑤ 迅速上下动作型。表示亲切、同意、愉快。

（2）嘴的表情语言

嘴借嘴唇的伸缩、开合所表露的心理状态有五类。

① 紧紧抿嘴。这个动作刺激大脑皮质，使之坚持做成或做完一件事，表现出此人努力的坚决意志。

---

① 参见［美］乔·纳瓦罗等：《FBI教你破解身体语言》，王丽译，吉林文史出版社2009年版，第145页。

② 撇起嘴。是不满意和准备攻击对方的表示。

③ 咬嘴唇。是一种自我惩罚性动作,多出现于遭遇失败时,有时也可解释为自我嘲笑和内省的心情。

④ 嘴角向下。是不满和固执的表现。

⑤ 嘴角稍向后(或向上)拉。是注意倾听的表情。

(3) 下巴的表情语言

突出下巴表示此人具有攻击性行为。用下巴指使他人,是骄横、傲慢、具有强烈自我主张的表现。如果处于极度疲乏或困乏的状态,下巴自然就耷拉下来,无所谓攻击性行为了。用力缩紧下巴是表示畏惧、驯服之意。西方人下巴前伸,以示隐藏在内心的愤怒;东方人正相反,内心隐怒收下巴者居多。

(4) 鼻子与耳朵的表情语言

鼻子与耳朵本身不能有明显的大幅度动作,往往随着整个头部的动作,以表现潜在的心理活动。例如,下巴上抬,鼻子挺出,属扩大自我势力范围的动作,是傲慢、自大、倔强等情绪的表现;头向后伸,缩回鼻尖,似乎在闪避什么难闻气味的动作,是憎恶、厌弃、拒绝等情绪的表现;伸出下巴,把鼻孔对人,表示鄙视对方。

对于耳朵而言,侧耳表示关注,耸耳多表示吃惊,捂耳多表示拒绝,摸耳多表示亲密。

(二) 身体动作

近年来,众多学者对全部身体动作,包括有意识的动作和无意识的动作,从适用于一种文化到打破文化界限的动作进行综合研究,初步有了比较一致的认识范畴。我们将对身体各部位在动态和静态中的基本含义作简略的介绍。

1. 手的动作语言

(1) 手掌

人们一般认为,敞开手掌象征着坦率、真挚和诚恳,这可能与人们直露前胸和腹部看上去毫不设防有关,因为人的腹部和胸部是比较脆弱、易受攻击的部位。若想判别一个人是否诚实,有效的途径之一就是观察他讲话时的手掌活动。小孩撒谎时,手掌藏在背后;成人撒谎时,往往将双手插在兜内,或是双臂交叉,不露手掌。在法庭上,辩护人发表辩护演讲时,往往会展开双臂,把两只手掌展露给法官,以赢得法官对自己的信任。意大利人则较多地在受到责怪时,在胸前摊开双手,做出"你要我怎么办"的样子。在做这种手势时,往往会伴随耸肩的动作。在西方各种戏剧中也不难发现这种姿势,它不仅表现情绪,也显示出该角色的开朗个性。除了表示坦诚的手掌势之外,还有三种常用的手掌式:第一种是掌心向上,称为乞讨式,是乞讨时经常使用的;第二种是手掌向下,称为指令式,经常被用来表示控制或命令;第三种是伸出食指,弯曲其余四指,称为专制式,经常被粗暴或缺乏自制能力的人使用。第二种和第三种一般都是单手使用。

(2) 握手

握手是现代社会习以为常的见面礼,然而,握手的方式却千差万别。

① 支配性与谦恭性握手。握手时手心向下，传递给对方支配性态度。研究证明，地位显赫的人习惯于这种握手方式。掌心朝上与人握手，传递一种顺从性态度，乐意接受对方支配，谦虚恭敬。若两人都想处于支配地位，握手则是一场象征性竞争，结果是双方的手都处于垂直状态。研究表明，同事之间、朋友之间、社会地位相等的人之间往往会出现这种方式的握手。

② 直臂式握手。握手时猛地伸出一条僵硬、挺直的胳臂，掌心向下。事实证明，这种方式的握手是最粗鲁、最放肆、最令人讨厌的握手方式之一。

③ "死鱼"式握手。握手时，我们常常接到一只软弱无力的手，对方几乎将他的手掌全部交给你，任你摆握，像一条死鱼。这种握手使人感到无情无义、受到冷落，结果十分消极，还不如不握。

④ 手扣手式握手。右手握住对方的右手，再用左手握住对方的手背，双手夹握。西方亦称"政治家的握手"。接受者感到热情真挚、诚实可靠。但初次见面者慎用，以免产生反效果。

⑤ 攥指节式握手。用拇指和食指紧紧攥住对方的四指关节处，像老虎钳一样夹住对方的手。不言而喻，这种方式必然令人厌恶。

⑥ 捏指尖式握手。女性常用。不是亲切地握住对方整个手掌，而是轻略地捏住对方的几个指尖，给人十分冷淡的感觉。其用意大约是要保持与对方的距离。

⑦ 拽臂式握手。将对方的手拉过来与自己相握常被称为拽臂式握手。胆怯的人多用此式，同样给人不舒服的感觉。

⑧ 双握式握手。用双手握手的人是想向对方传递真挚友好的情感。右手与对方握手，左手伸出加握对方的腕、肘、上臂、肩等部位。从腕开始，部位越往上，越显得挚热友好，肩部最为强烈。

（3）大拇指显示

拇指显示是一种积极的动作语言，用来表示当事人的超人能力。双手插在上衣或裤子口袋里，伸出两个拇指，是显示高傲态度的手势。还有人习惯将双臂交叉胸前，双拇指翘出指向上方，这是另一种拇指显示，既传达防卫和敌对情绪（双臂交叉），又显示十足的优越感（双拇指上翘），这种人极难与之接近。拇指与食指相捻，是一种谈钱的手势，有身份的人用此则有失大雅。

（4）十指交叉

十指交叉动作常与笑脸连用，似乎是自信的表示。实质上，这是一种表示焦虑的动作语言，甚至暗示一个人的敌对情绪。十指交叉通常有三个位置：放在脸前；平放桌上；坐着放在膝盖上，站立时垂放腹部或双腿分叉处的前面。

（5）背手

有地位的人都有背手的习惯，显然，这是一种表示至高无上、自信，甚至狂妄态度的动作语言。背手还可以起到镇定作用，双手背在身后，表现出自己的胆略。学生背书，双手往后一背，确能缓和紧张情绪。但要注意，上述背手指手握手的背手。若双手背在身后，不是手握手,而是一手握另一手的腕、肘、臂,则是一种表示沮丧不安并竭力自行控制的动作语言,暗示当事者心绪不宁的被动状态,而且握的部位越高,沮丧的程度也越高。

(6) 搓手掌

冬天搓手掌,是防冷御寒。平时较快地搓手掌,正如成语"摩拳擦掌"所形容的跃跃欲试的心态,是人们表示对某一事情结局的一种急切期待的心理。国外餐馆服务员在你桌前搓搓手掌问:"先生,还要点什么?"实质上是对小费和赞赏的期待。搓掌的手势还有第二种含义。当一个人遇到事情时,搓掌的速度很慢,眉头紧锁,一副不知所措的样子,此人多半是有不易解决的难题,这种搓掌则表示犹豫不决的心态。

(7) 双手搂头

两手交叉,十指合十,搂在脑后,这是有权威、占优势或对某事抱有信心的人经常使用的一种典型的高傲动作。这种动作也是一种暗示所有权的手势,表明当事人对某地某物的所有权。如若双手(或单手)支撑着脑袋,或是双手握拳支撑在太阳穴部位,双眼凝视,这是脑力劳动者惯有的一种有助于思考的手势。

(8) 亮出腕部

男性挽袖亮出腕部,是一种力量的夸示,显示积极的态度。"耍手腕"、"铁腕人物"等词语印证了腕部的力量。女性的腕部肌肤光滑。女性露腕亮掌,具有吸引异性的下意识愿望。

2. 臂的动作语言

双臂紧紧地交叉在胸前,这主要是一种防御行为。儿童受到某种外来威胁,会立刻躲到母亲身后、门后、桌椅背后,找一个隐蔽的屏障。成年以后,这种防御方式就演变成双臂交叉于胸前的动作。

图7-1 双臂交叉的不同副语言含义

(资料来源:http://www.51wendang.com/doc/50b742f2b43df37ae9283f1b/23)

(1) 标准式双臂交叉

这是最普遍而又有代表性的交叉动作,如前所述,是一种防御信号。这种动作屡见不鲜,主要在公共场合,在陌生人中间,在感到不确定、不安全时出现。为了考察和确认这一手势的意义,一位人体语言学家在美国参加一次特别会议上,故意使用恶言秽语污蔑听众所熟悉和敬佩的几位显赫人物的人格,借以观察人们的反应。当他的攻击和污蔑持续一段时间之后,突然停止讲话,并且要求与会者保持目前正在采取的姿势。结果,他发现,大约有90%的人都采用这种标准的双臂交叉姿势,由此证明这是消极、抵制和防御的动作。

在面对面交谈时,如果对方出现双臂交叉动作,不管他口头如何赞许,他的动作语言已经透露他不愿意听你的话。我们知道,人的心理态度决定人的姿势,反过来,人的姿势又会强化、持续这一心理态度。因此,要设法化解对方的这种姿势。

化解的方法有很多,最简便、最行之有效的有三种:第一,递给他一支笔或一杯水,或是让他看一看你手中的东西,这样,他就会自动身体前倾,张开双臂;第二,向他靠近,摊开双掌(掌语,以示你有诚意),询问对方的意见,然后坐回来等他发言,这样,他也可能自动松开双臂;第三,模仿他的动作,你也交叉双臂,坚持一阵,对方往往会化解这种姿势。

(2) 强化式双臂交叉

将双臂紧紧交叉在胸前,双手紧握,给人一种强烈的内敛感觉,就是强化式双臂交叉姿势。如果一个人采取这样的姿势,暗示出一种更强烈的防御信号和敌意态度。这个动作常伴有咬紧牙关、脸色赤红等语意群,此时,一场肉体攻击或将发生。如果遇到这样的交谈对象,可以先别理会,让他冷静片刻,或者直接走上前去,用坦诚的语言和动作,谨慎征求他的意见,以利于问题的解决。

(3) 牢固式握臂交叉

手紧紧握住另一侧上臂,这就加强了双臂交叉动作的牢固性。这是一种显示紧张,用一只手握住另一只胳臂来强行控制情绪的动作。据说法庭开庭前,原告常用双拳紧握的强化式双臂交叉动作(进攻信号),被告则常用牢固式握臂交叉动作(自制信号)。

(4) 拇指展示式双臂交叉

前文已介绍,不再赘述。

(5) 局部式手臂交叉

人们出于下意识的掩饰,有时用局部式手臂交叉动作来控制自己的感情。将一只胳膊横过胸前,并用这只手握住另一只胳膊。在社交场合,当一个人处于陌生人中间或是缺乏自信心时,往往会使用这种动作。左右手相握垂于腹下,也属于这一类防御性手臂交叉形式,只是更隐蔽、更微妙罢了。

(6) 伪装式手臂交叉

这是经常同陌生人打交道的人惯用的十分微妙和隐蔽的动作,以使他人难以觉察出他们的紧张情绪。例如,用一只手去触摸另一只胳膊的衬衣袖口、手表、手镯、手提包等任何物品,无形中在胸前形成一道不甚明显的防护屏障,起到双臂交叉的同样的作用。此外,还有更隐蔽的办法:拿一瓶酒、一本书或一张报纸,女性还可以拿钱包或一束花,同样可以控制一个人的紧张情绪。

3．腿的动作语言

腿部动作包括由臀部以下直至踝部诸部位所做出的表示一定意义的动作和姿势。人体在站立的情况下，这一部分的主要功能是和脚部一起支撑整个身体。人体的放松或紧张、欢快或不适等心理活动，一般都可以通过腿的动作表现出来。

（1）架腿（双腿交叉）

双腿交叉，就是架腿，坐着时将一条腿架在另一条腿上，这是人们在生活中司空见惯的动作。与双臂交叉一样，架腿也是防御动作。双臂交叉是为了防护上半身，双腿相搭是为了保护下半身。久而久之，这种姿势逐渐成为人们控制消极情绪的动作语言。至于女性，腿的姿势还有更复杂的意义，留待后文再说。

① 标准式架腿。坐着时将一条腿利索地搭在另一条腿上，形成人们正常的架腿动作，称为标准式架腿。它是一种表示紧张、缄默和防御态度的动作语言。在通常情况下，它是一种伴随其他消极性手势，如双臂交叉的辅助性动作语言。在解读时，应该先慎重考虑它被做出时的情境和场合，不要与为了舒适、为了御寒相混淆。

② 4字形架腿。一条腿的小腿架在另一条腿的大腿上，形成一个"4"字，称为4字形架腿，又称美国式架腿。这是一种暗示争辩和竞争性的态度，拥有竞争性格的男性多采用这种坐姿。一个4字形架腿的人，再用一只手或两只手扳住上面这条腿，形成4字形扳腿，这是辩论会上持固执己见的态度的人常用的动作。这种动作暗示出当事人顽固不化的思想态度。要化解这种态度，就要设法让他站起来。

（2）站立时的别腿

站立时双腿交叉，即是别腿。双臂交叉、双腿相别，这是在素不相识的人群中大多数人使用的一种站姿。在熟人中采取这种站姿，则是拘束心理的流露，至少是缺乏自信心。

（3）别脚

将一只脚别在另一条腿的某个部位，用来加固一种防御性的体势。这几乎是女性专有的动作，是害羞、忸怩或胆怯的女人普遍使用的姿势。与这样的女性打交道，要采用热情、友好和有策略的方法，化解这种姿势，消除对方的不安心理，才好轻松自如地交谈。

（4）扣踝（踝部交叉）

踝部相扣也是一种消极的坐姿。这是一种控制消极思维外流、控制感情、控制紧张情绪和恐惧心理的动作语言。男性扣踝，一般双膝打开，双手紧抓椅子扶手，或握双拳放在膝上；女性扣踝，双膝并拢，双手自然放在膝上或一只手压在另一只手上。据说法庭开庭之前，几乎所有与案件有关的人员坐在那里，都会扣踝。在谈判中有人扣踝，通常说明他藏有一项重要让步而踌躇不肯开口，这时可向他提出一系列探查性问题，并且采取措施，让他改变这种体势，最终使他作出让步。要注意，穿超短裙的女性，踝部经常相扣，自然，她们不是为了控制情绪，只是习惯使然。

（5）跨骑椅子

把椅子反过来，将椅子靠背朝前，双腿岔开，跨骑在椅子上。多数跨骑椅子的人是有支配欲的人,具有攻击性。这种人喜欢控制别人或控制整个现场,椅背正好是抵挡别人攻击的盾牌。要想解除这种人的武装很容易,只需要站在他的身后,让他感到易受攻击,迫使他改变姿势。或者靠近他站,居高临下俯视他,使他改变姿态。若你事先了解对方喜欢跨骑椅子,干脆给他准备一张没有椅背的椅子,不给他跨骑的机会。

4. 躯干的动作语言

（1）腰部的动作语言

腰部在身体上起"承上启下"的作用。腰不仅支持身体,还支持神经中枢。腰是表现人的精神气质的重要部位。

① 弯腰与挺腰。腰部位置的低和高与一个人的心理状态和精神状态有关联。弯腰动作,如鞠躬、点头哈腰,属于低姿势,表示谦逊、尊敬,甚至表示服从、屈从。在日本人众多身体语言中,最著名的、令外国人最迷惑的就是他们的点头哈腰、随声附和。例如,外国商人去日本洽谈贸易时,他们滔滔不绝地发表自己的主张,为其诚所动的日本商人则会不自觉地点头哈腰以示尊重[1]。反之,挺直腰板,是情绪高昂、充满自信的姿势,也是进行威吓、表示无畏、力图使自己处于优势的动作。挺直腰板的人有较强的自制和自律能力,但也可能缺乏精神上的弹性。

② 以手叉腰。以手叉腰,是采取行动的准备姿势;手叉腰间,两个拇指露出外面,更流露出某种优越感和支配欲;两手拇指呈倒八字插入裤腰部位,除表现出优越感外,还表现出一种男性的威严。

③ 深坐与正襟危坐。深坐者腰部位置放低,认为眼前的事物不会引起紧张,没有必要站起来,精神上处于放松状态,展示自己心理上的优势。正襟危坐即浅坐,腰部不敢松懈,缺乏精神上的安定感,流露出自己心理上的劣势。

④ 蹲姿。这是最低位的腰部动作,表面上的意义完全是防卫和服从,但也隐含着"眼前服从,今后不一定服从"的攻击性心理。蹲姿形象上不雅观、意义上消极、心理上处于劣势,文化水平较高的人很少采用蹲姿。

（2）臀部的动作语言

臀部传达性的信息。有意识地运用臀部来传达性的信息多见于女性,如扭腰、摆臀。男性注视女性的后背,视线最先投射的部位即是臀部。

（3）胸部的动作语言

前面讲到双臂交叉的防御姿势意在保护胸部。胸部是心脏所在的部位。挺胸的姿势,是把自己的心脏部位完全暴露出来,是精神上具有优势的表现。挺胸表现自信和得意,表现得过分时,则转变为傲慢、自大。女性挺胸还表示女性的存在感与自豪感,表现得过分时,就强化了性意识。西方和伊斯兰国家还有将右手按胸以示忠诚的习惯。

（4）腹部的动作语言

中国人赋予腹部极为丰富的含义,如"满腹经纶"、"推心置腹"。按林语堂的说法,中

---

[1] 李钟善:《浅谈日本人非语言行为特征》,《长春师范学院学报》2003年第1期。

国人是用伟大的肚肠去思想的。西方人对腹部的理解虽不如中国人那么丰富,但也认为腹部是人的存在、人格与意志的象征。

① 凸出腹部。将如此重要而又相当脆弱、易受攻击的部位挺露出来,表现出自己的心理优势、自信与满足感。此时,腹部是意志和胆量的象征。

② 抱腹蜷缩。表现出不安、消沉、沮丧等情绪支配下的防卫心理。

③ 重新系一下皮带。与传达腹部信息有关,表示在无意识中振作精神。

④ 轻拍腹部。表示自己的风度、雅量,也包含经过一番较量之后的得意心情。

(5) 背部的动作语言

背部在身体的后面,它的掩盖和隐藏的功能大大超过传达的功能。人的情感、情绪一旦从背部泄漏出来,反而更加深刻地反映出被掩盖部分的本质。有经验的人可以从毫无表情的背部解读出多种信息。我们可以从静态和动态两个层次去读解背部的动作语言。

① 背部本身的形态。这是静态。脊背代表一个人的性格和气节。挺直脊背的人往往性格正直、严于律己、充满自信,但也可能缺乏弹性。曲背者具有闭锁性和防卫倾向。这种人虽有慎重、自省、不求自我表现的一面,但主要表露自己精神上的劣势:愤世嫉俗、孤僻、畏惧、惶恐、自卑等心态。

② 背向对方或转过背去。这是动态。一般可理解为拒绝、不理睬或回避。对某些女性而言,转过背去的动作有暗示等待男性来说服的意思。

(6) 肩部的动作语言

肩是躯干上活动比较自由的部位,能上下活动,能扩大、缩小势力范围,所以肩部的动作语言相当丰富。总的来说,肩是(男性)尊严、威严、责任感和安全感的象征,是表现个人存在的最直截了当的部位。军人的肩章、西装的垫肩,都意在强调肩部,以表现男性的威严。妇女服装中的垫肩款式,是男女平等意识的反映。

① 耸肩。耸肩动作的正面意义是向上扩大势力范围,夸示自我存在和威慑对方、接受挑战;负面意义是一种缩小横向范围的动作,表示不安和恐怖、不理解和无可奈何。

② 缩肩。缩小势力范围,表示不愉快、困惑、猜疑,以及避开对方的挑战。

③ 倾斜肩部。侧着身子,这是观察对方动静的警戒姿势,也是一种可攻可守的姿势,表现一种想闪避对方话题、不正面接受挑战的心理。

④ 肩并肩。肩与肩互相接触,表示双方处于对等关系;肩与手互相接触,则是一种从属关系与亲密关系。

(7) 颈部的动作语言

颈部是连接躯干和头部的关键部位,也是情感传达的关键部位。颈部的功能是决定表情的正或负("是"与"不是")。颈部是倔强、坚定、不屈的性格象征。表示兴奋、自信时,头总是昂起的;在苦恼、消极或精力不支时,往往会垂下头来。侧着脖子的动作有着多重属性:表示疑问,表示无从作决定,表示对话题感兴趣。歪着脖子行礼,表现出性格上的不成熟。

局部微动作解析,帮你了解对方隐藏的真实内心[①]

- **把整个耳郭折向前盖住耳洞表明其很不耐烦**

用耳郭盖住耳洞,是直接阻止不愿意听的话进入耳朵的表现,是所有抓挠耳朵部位中最直接传达不耐烦信息的动作。在与别人交谈时,如果对方把整个耳郭折向前盖住耳洞,那么你就应该立刻中止目前的谈话,因为对方的这一动作正在告诉你:"我不想再听你说了,我已经听得够多了。"

- **用指尖掏耳朵表示不屑**

假如你正热情高涨地说一件事,而对方却把指尖伸进耳道里掏耳朵。这个动作表示对方对你不敬,或者对话题不屑一顾。在这种情况下,你可以很礼貌地提醒对方,微笑着询问对方:"您在听吗?您有什么看法?"如果是领导或者长辈,你就应该考虑转换话题,或者给对方发言的机会。因为对方的心思不在你的话题上,而在他自己身上,所以交流不会取得任何效果。

- **坐在椅子前端踮脚尖是想合作**

脚尖距离人的大脑最远,但很多时候反映出来的却是一个人最真实的心理活动。假如你仔细观察,就能发现对方潜藏的其他信息。

(1) 脚尖从对向自己转向门表明其想离开

心理学家认为,脚部转动的方向,尤其是脚尖转动的方向,是表明对方是否想要离开的最好信号。在与客户交谈时,假如你发现客户的脚已经不再对着自己,而是向另外一个方向转动,或者是指着门的方向,这往往意味着他想要离开,你就应该意识到这其中可能出了什么问题,不要再继续"麻烦"对方。

(2) 频繁地踢脚表明对方拒绝

美国心理学家罗伯特·索马通过实验证明,当一个人被他人过多地侵入内心世界时,最初的拒绝方式是频繁地踢脚尖。在与客户洽谈时,假如你发现你的客户开始踢脚尖,你就应该明白,对方已经开始心不在焉,甚至是开始抗拒和拒绝,这时候你最好转换话题。

(3) 用脚尖点地板意在警告你别再前进

在与客户洽谈时,客户不断地用脚尖点地板,就是在向你发出警告:不要再过来了,否则,别怪我不客气。此时,你就应该保持这个距离不动,不要继续侵犯他的"领地"。与其步步紧逼,不如给客户一个安全范围圈。

[①] 《局部微动作解析,帮你了解对方隐藏的真实内心》(2017年8月5日),搜狐网,https://www.sohu.com/a/162560458_99906313,最后浏览日期:2020年8月28日。

(4)一只脚的脚踝搭在另一条腿的膝盖上表明其不服输

在与客户洽谈时,客户一只脚的脚踝搭在另一条腿的膝盖上表明他此时正抱着不服输或争胜的态度。你的推销或者解说还没打动他,需要进一步解说。

(5)脚趾向上翘起表明其心情愉悦

当一个人心情不错,或者听到什么令自己高兴不已的事情,就会不由自主地将脚趾向上翘起来,指向天空,而脚跟还处于着地状态。如果客户做出这种动作,就表明对方对你的产品很感兴趣。

(6)坐在椅子前端脚尖跷起表明其愿意合作

在与客户谈判时,当对方身体坐在椅子前端,脚尖跷起,呈现出一种殷切的姿态,这就表明对方愿意合作。如果你善加利用时机,双方可能达成互惠的协议。与人谈判时,如果发现对方有了这种微动作,不妨稍作让步,如此一来,你们的谈判会令双方都满意。

- **双手按膝盖暗示想要离开**

一个人的膝盖也隐藏了很多秘密,如果你仔细观察,会有很多意想不到的发现。

(1)双手交叉放在膝盖上表明其持观望态度

一般而言,在与别人洽谈时,如果对方还没作最后的决定,就会把双手交叉放在膝盖上,采取一种观望的态度。这是一种中立姿势。如果你注意到对方这一微动作,那么不妨继续洽谈,直到对方答应为止。

(2)十指交叉放在膝盖上表明其感到很无聊

假如你与对方交谈时,对方先把头转开,并且慢慢地将身体转开,还不由自主地将十指交叉,放在膝盖上,这表明对方感到很无聊。如果你注意到对方这一动作,最好中止谈话。

(3)双手按住膝盖的人想要起身离开

双手按住膝盖是一种非常清楚的信号,说明他的大脑已经做好结束的准备。当你与对方洽谈时,如果注意到对方这一微动作,最好及时结束自己的谈话,千万不要拖延,因为对方很可能有更重要的事去做。

研读小结

副语言是人类潜意识的外化,它比语言具有更高的可信度,能反映人们的心理、情绪、性格,透露某些隐含信息。副语言包括体态语、客体语、副语言和环境语。耳语、膝盖语和脚语都是体态语的一种。研究结果显示,离人类大脑越远的部位,可信度越高,脚语具有最高的可信度,是人类独特的心理透露。

在日常的人际传播中,我们要时刻注意整体的一致性,尤其要观察脚语这一最真实的语言,来了解对方的真实意图和心理情绪等微妙感觉,正确领会对方的副语言透露出来的信息,以调整自己的传播行为,从而达到良好的传播效果。同时,要注意自身的副语言符号的使用,给对方传递正确的信息,恰当而又得体地透露自己的内心世界,以保证人际传播活动的顺畅。在人际传播活动中,一大半信息都是由副语言符号传递的。只有使用好这一"无声的语言",人际传播才能正常而又顺利地进行。

(三) 人体动作

霍尔·埃克曼和沃莱斯·V.弗里森依据起源、功能、信息化等标准,把人体动作分为五种,即示意动作、说明动作、感情表露动作、言语调整动作和适应动作。

1. 示意动作

示意动作就是代替特定语句的动作。这种动作常用于语言交流困难,甚至不可能的场合。例如,在棒球比赛中,捕手向投手发送信号的动作、体育裁判用手势告知球员所犯的规则时采用的动作等都是示意动作。以使用者作为维度,可以将示意动作分为两种类型:一种仅在内部使用;一种作为行业的规范符号,普遍应用于世界范围。

示意动作必须通过学习才能掌握。示意动作的使用,不限于特定的群体,任何人都可以通过示意动作交换信息,交通法规就是最好的例子。与实际使用中的语句相同,示意动作也经历着被追加、修正,乃至废弃的过程。为了侮辱对方,美国的孩子往往伸出舌头,并在鼻子上竖起拇指,而大人们采用卑俗含义的侮辱性示意动作更多。

2. 说明动作

说明动作是伴随语言信息、说明和例示语言信息的动作。在演讲时,叩击桌子、向听众探出身子等就是为了强调语言内容而使用的说明动作。一边告诉某人到某个场所的道路,一边用手指示意眼睛看不见的路线,也是说明动作。说明动作也许不像示意动作那样明确地、有目的地使用,但当我们使用说明动作时是有意识的。

与示意动作一样,说明动作也属于通过学习而掌握的行为形态。正如人是从周围的人那里习得说话技巧,大多数说明动作也是通过下意识的模仿而获得的。由于说明动作十分自然且很容易伴随语言而出现,因此,在所有的人体动作中,只有这类动作被推测为具有万国通用的意义。但是,动作学研究的发起人之一伯德惠斯特尔却强调说:"在所有社会,具有共同意义的手势和其他人体动作迄今尚未发现。"

意大利的男性几乎是一边不断地运动手腕,一边说话,甚至一边运动手和手指,一边左右对称地大幅挥舞手腕。犹太人则常常让手臂和手腕紧紧贴在肋下,只用一只手的手腕和指尖来做出手势。可见,动作同样受到文化这个大背景的限制。

3. 感情表露动作

感情表露动作传达的信息一般由脸上的表情来体现,但脸以外的其他动作也传达重要的补充信息,而且所传达的信息是个人的情绪状态或反映,或者两者兼有。与示意动作和说明动作相比,感情的表露更为自然,很难受人意识的控制。它既能补充和增强语言信息,也能否定语言信息。

美国心理学家保罗·艾克曼对61名毕业生测试生气、厌恶、害怕、开心、悲哀和惊讶六种情绪,发现人类的四种基本情绪(喜悦、愤怒、哀伤、恐惧)为世界各地不同的文化所公认,包括没有文字、尚未受到电影电视影响的人群,这说明这些情绪具有普遍性[①]。这在一定程度上证实,人类的确存在少数几种核心情绪。

在感情表露动作的研究方面,迄今为止,研究者们倾注了很多时间和精力。遗憾的是,由于信息的编码和解码过程等许多问题未能妥善解决,以及调查研究方法的不同,尚未得出决定性的结论。

4. 语言调整动作

语言调整动作是监视、制约语言交际的动作,是说话者为了了解说话内容是否被听者理解接受,要求听者给自己提供必要反应的动作。这一动作能让说话者了解语言交际的内容何时该明确和重复,何时该进入下一阶段,何时该结束发言,以及听者希望何时发言等。

语言调整动作虽然是无意识发送和接受的,但也可以通过学习来掌握,可以在学习说话时下意识地同时掌握。这一点,通过语言和文化形态不同,语言调整动作也稍有不同的事实,可以得到证明。

课堂讨论、家庭聚会、朋友拜访……无论在哪种场景中,人体都在不断传达着语言调整的信息。美国人的语言调整动作多半是微妙的眼睛动作和点头动作,有时也会运用手脚和躯体的动作,以及全身的姿势。当同意对方的说话内容时,人们往往会不失时机地点头、微笑并发出"嗯"、"对"之类的小声应答。

动作学进行的调查判定了一个有趣现象,即同一小组的人大多模仿自己赞同对象的姿势。这种姿势同步现象,既有像照镜子那样左右相反的,也有原封不动克隆对象姿势和手势的。例如,同意某个双手叉腰的对象的意见时,人们往往采取与之相同的姿势。一旦发现一个单脚承重、抱着膀子、为自己的见解辩护的人,人们也会不知不觉变成与此人相同的姿势。观察某一小组集合,只要看谁先采取某种姿势,其他人跟进的情况,往往就能识别出该组的领导者或权威人士是谁。

5. 适应动作

适应动作是一种片段式动作,是一种没有传达信息意图而实行的动作,是为了满足需求、采取行动、处理感情和人际关系,以及解决在其他日常生活中必须面对的种种问题,而使自己适应客观实际的动作。由于适应动作是仅在自己的世界里,在不触及他人目光的情况下进行的动作,所以在人前要采取修正或压抑的做法。例如,无人在场时,若我们鼻子痒,我们可以随便搔痒;一旦有人在场,我们会更加注意,舍弃此类动作。

(四)自我触摸

自我触摸,即自我亲密性动作,是人体语言中极其重要的组成部分。自我触摸是人体语言中人类感情表现的要点。可以说,大凡出现自我触摸动作,多半是在人心不安之际、紧张高潮之时,或是个性内向之人。在人类精神受到伤害或者外部压力过大时,都会产生各种各样的自我触摸动作。这种状态,如同小孩得到母亲的抚摩,内心便觉得平静一样。自我触摸

---

① 刘艳、刘鼎家、韩智攀:《基于动作识别的情绪提取方法研究》,《计算机工程》2015年第5期。

是触摸感官的一种行为。而人类与生俱来的感官,是无需言语就可以传达人类意识的重要媒介。

1. 手与头部的触摸

根据 D. 莫里斯的分析,头部是自我触摸频率最高的部位,而手与头的触摸方式可归纳为四大类:属于掩盖或掩蔽动作的触摸,如用手掩耳、遮眼、蒙脸等;属于整理身体动作的触摸,如抓、擦、抚摸等;象征性行为的触摸,如抱头、敲头等;自我亲密的触摸,如下意识地抚摸脸或头的动作。这四类动作都属于内心不安、紧张的流露或掩饰。

① 手与头发的触摸。头发在人体语言中具有性象征的意义。凡允许对方触摸自己的头发,必定与对方关系极为亲密,否则绝不会发生这样的事。触摸他人的头发可视为对此人表示情爱。

② 手与额头的触摸。东方人以手加额,表示庆幸,如"额手称庆";西方人用手心轻拍额头表示恍然大悟。一般来说,手与额头的接触会有正在紧张思考或困惑、悔恨等意思。

③ 手与眼的触摸。这是一种掩饰行为,以延长思考时间。

④ 手与鼻的触摸。这是在感到犹豫、无从作答或无从决定时做的动作,也可以表示怀疑、不愿与人接近,乃至自鸣得意等意思。

⑤ 手与嘴的触摸。有戒心,表示怀疑,掩饰内心、掩藏本意。

⑥ 手与耳垂的触摸。大多发生在对方谈话乏味、无聊或对话题产生反感时,借以消除浮躁不安的情绪。

⑦ 手与下颚的触摸。对女性来说,是一种代偿性动作,用来取代拥抱自己所亲近的人,或体会安慰与亲密接触的快感;对男性来说,则表示对事物作用评估。

⑧ 手与脸颊的触摸。表示犹豫、困惑或为难的动作。动作的快与慢及上下方向会有强弱不同的效果。

⑨ 手与后脑勺、颈部的触摸。困惑、为难,(双手抱后脑勺)强调正在紧张地思考。

2. 手与身体其他部位的触摸

构成自我亲密性动作的还有其他身体部位,如腿、足、肩、背、腰、腹、胸、臂等,它们本身在处于静态时各有自己的含义。当它们与手的触摸结合时,还表示一些其他含义,但大多属于防卫、保卫与封闭的范围,我们在前面已涉猎。下面择要进行一些回顾。

(1) 双臂交叉抱于胸前

这是典型的防卫姿势,但其含义随着手的姿势的变化而产生一定的差异。例如,握住上臂的双手交叉是一种坚固的、强化的防卫姿态;握拳式的交叉是向对方流露出敌意或加强敌对姿态;伸出拇指的交叉显示出冷静的自信;单手交叉,减弱了双臂交叉的意义,是缺乏自信和掩饰内心不安的表现。

(2) 叉腰

叉腰动作的基本意义在于尽量扩展个人势力圈,借以取得心理上的优势。重新系皮带和腰带的动作(多见于男性),除生理上的需要外,大多意味着从精神紧张中解脱出来,休整一下,然后再开始行动,或再度面临挑战。

(3) 双手抱肩、双手抱膝

抱肩和抱膝都是缩小个人势力圈的动作。前者表明对周围环境不感兴趣，感到困惑，或采取退缩的态度；后者不是感到困惑的表现，多半是处于悠然自得、观望或有所期待的心理状态。

二、客体语

客体语是不由人体产生，但对人们的交际带来影响的各种因素。主要包括两个方面，即与人体相关的各种妆饰和物体语言。与人体相关的客体语包括人的化妆、发型、佩饰和服装等元素，即人们常说的仪表。

（一）仪表

仪表是指人的外表，包括人的容貌、姿态、服饰和个人卫生等方面，它是人的精神面貌的外观。

国际公认的衣着原则是TPO三原则。

T(time)是指时间，即要适应不同时代、不同季节的变化。例如，中国在20世纪50年代流行列宁装，60年代流行黄军装，80年代流行西装，90年代流行休闲装等。

P(place)是指地点，即要适应不同场合、不同地点的要求。例如，在教室里穿晚礼服就不符合P的原则。夏天，女生喜欢穿背心和超短裙，但在阿拉伯国家，这些行为是被禁止的。

O(object)是指目的，即着装要有利于达到目的，获得好的印象[①]。

服饰妆容时刻向外界传递着关于自己的身份、地位、文化、职业、年龄等信息。例如，隋代的"品服制"为各朝各代沿袭。"三品以上服紫，四品五品服绯，六品七品服绿，八品九品以青。妇女从夫色。"庶民多穿白衣（本色麻布）、青衣（蓝或黑色的布衣）。现代社会，人们已经不再用服装来区分等级，但不同身份、地位的人的服饰在数量和质量上还是存在着显著的差异。现代社会的服饰更多地展示人们的不同职业和不同文化，比如各种各样的制服、不同国家和民族的传统服饰。不同的服饰更多地传递出不同的含义，并且导致不同的相互交往方式（见表7-2）。

表7-2 服饰传递的含义及导致的相互作用方式

分类	含义	相互作用方式
制服	维护工作场所的社会控制，相互作用的发生是为了团体或组织的利益，而不是代表穿着制服的人的利益——团体或组织的代表	制服排除个人利益想法的侵扰，所以相互作用是正式的、有结构的和可控制的
职业装	传递组织关系，允许外部团体或组织的规则进入	与顾客或客户间的沟通更加便利，将沟通置于亲密的层次

---

① 张先亮主编：《交际文化学》，上海文艺出版社2003年版，第288页。

续表

分 类	含 义	相互作用方式
休闲装	表示暂离工作、社会流动性、情绪和身份的表达、松散的结构、更大的自主权。因为与制服和职业装是相对的，所以它表明不受工作场所的控制	相互作用是开放的，并且不正式、没有结构和控制
化妆服	标志着以特殊的和自发的行为废除一般的社会关系和安排。传统的社会结构、正式性和控制消失了	代表传统的责任和义务形式的废除——传统规则的终止，使沟通的自发性和社会性更加便利

资料来源：[美] 桑德拉·黑贝尔斯、理查德·威沃尔二世，《有效沟通（第7版）》，李业昆译，华夏出版社2005年版，第141页。

服饰还能含蓄地、间接地向他人提供信息，对他人的心理和行为产生影响。例如，在电视节目中，主持人的服饰妆容都有一定的门道。新闻报道的主持人通常着正装，妆容写实，以此塑造一个干练和真实的形象，拒绝一切花哨和夸张，以此增加观众对新闻的信赖度，达到广泛传播的效果。

服饰还能展示人的性格和心理。一般来说，穿戴整齐者办事认真、利索，穿戴简朴者勤俭节约，穿戴陈旧、单调者保守，好赶时髦者缺乏自信，色彩鲜艳者活泼开朗，全身灰暗者个性冷静等。通过不同的颜色，我们能推测人们的不同情绪（见表7-3）。

表7-3 颜色与情绪的关系

颜色	情 绪	象 征 意 义
红色	冲动的、深情的、愤怒的、挑战的、相反的、敌对的、充满活力的、兴奋、爱情	幸福、色欲、亲密、爱情、烦躁、不安、骚动、高兴、盛怒、罪恶、血液
蓝色	凉爽、愉快、从容、遥远、无限、安全、卓越、平静、未成熟的	尊严、悲伤、不成熟、真理
黄色	不愉快、激动的、敌对的、高兴的、喜悦的、快活的	表面的魅力、太阳、光线、智慧、男性、王权（中国）、年龄（希腊）、卖淫（意大利）、饥荒（埃及）
橙色	不愉快、兴奋的、受打扰、苦闷的、心烦意乱、对抗的、相反、敌对、激发感	太阳、有成果、收获、考虑周到
紫色	压抑的、悲伤、尊严、庄严雄伟	智慧、胜利、谦卑、财富、悲剧、华丽
绿色	凉爽、愉快、从容不迫、控制	安全、和平、嫉妒、仇恨、有进取心、冷静
黑色	悲哀、紧张、焦虑、恐惧、沮丧、忧郁、情绪低落、不高兴	黑暗、权力、控制、保护、衰退、神秘、智慧、死亡、赎罪
棕色	悲哀、不温柔、沮丧的、情绪低落的、忧郁的、不高兴、中性	忧郁、保护、秋天、衰退、谦卑、赎（罪）或补偿（过失）
白色	快乐、明亮、中性、寒冷	庄严、纯洁、高雅、女性、谦卑、快乐、光亮、单纯、忠诚、懦弱

资料来源：毕继万，《跨文化非语言交际》，外语教学与研究出版社1999年版，第98—99页。

总之,服饰妆容已经不仅仅是人们御寒遮体的工具,而是有着更多的深层次的含义。正如麦克卢汉所说,衣服作为皮肤的延伸,既可以被视为一种热量控制机制,又可以被看作是社会生活中自我界定的手段。

穷人和富人穿衣服的方式不同,白领和蓝领的穿衣风格不同,年轻人和老年人的衣着方式也不同。人们穿衣服的方式在一定程度上反映了他们所处的群体和阶层,或者反映了他们想要进入的群体和阶层。人们的衣着方式也管理着他人对自己的印象。如果你要参加一家较为保守的公司的面试,那么以保守着装为好;如果想要成为高档会所的会员,那么应当在衣着中彰显自己的品位。

衣着的方式会影响你个人及群体的行为方式①。例如,有人认为,穿着随意的人,行为也会很随意。因此,与会时穿着随意有助于思想和观点的自由交流,也更容易激发人们的创造力。这样的着装方式被很多注重创新的企业推崇,IBM公司就是一个例子。从很多年前开始,IBM公司摒弃了保守的穿着,允许员工穿着某种程度的休闲服饰。许多软件开发类公司竞相模仿,例如谷歌、雅虎、苹果公司等都鼓励员工穿着随意一些。

服饰语显示了不同的文化差异,不同地区、民族、国家的人对服饰有不同的理解,不同的服饰反映了不同的民族性格。以婚纱为例,各国的婚纱样式各有不同,显示了各个国家不同的文化传统。美国文化崇尚开放、自由,反映在婚纱上就是多为低胸、大露肩、宽大的裙摆,极尽性感之可能。腰下呈多三角形剪裁,裙身上绣满了闪光珠片式的珍珠,豪华炫目。意大利人对生活的品位要求很高,崇尚经典,因而对婚纱的要求也高,不仅要求质地考究,还要求款型精致,含蓄中隐藏着美妙的创意。

(二)物体语言

这里说的物体,是与人的动作语言有关的物体。这里说的物体语言,是指一个人在佩戴、摆设、把玩某种物体时传递的具有一定意义的信息。这种信息是人通过物体产生的,具有一定意义的显示标志。这些实物包括与个人信息有关的个人生活用品,如眼镜、香烟、手提包、手杖、助听器、汽车等日常生活用品,以及代替语言、专门用来传递信息的物品,如鲜花。物体语言是一种感染力很强的信息传播媒介。我们将主要探讨一下人们吸烟、戴眼镜和把玩器皿的无声行为,以及这些行为传递出来的各种信息。

1. 吸烟姿势

吸烟是一个人内心激荡或冲突的外在表现,吸烟者的姿势能够显示吸烟者的情绪。

(1)烟斗

吸烟斗者有磕打、清理、装烟、点烟和吐烟等一系列讲究,这些讲究为他们的精神解脱和思考决断提供有利的机会与条件。他们可以用一种不会冒犯别人且为社会接受的方式来延长考虑的时间。因此,若想要吸烟斗者尽快作决断,最好的办法是把他的

---

① [美]约瑟夫·A.德维托:《人际传播教程(第十二版)》,余瑞祥等译,中国人民大学出版社2011年版,第34页。

烟斗藏起来。

(2) 香烟

吸香烟者的动作有敲紧烟丝、抚平烟纸、磕打烟灰、掐灭烟头及其他细微的姿势。与吸烟斗者一样,吸香烟也是心理矛盾与紧张情绪的一种置换和时间上的拖延,但他们作决定要比吸烟斗者快得多。频频掸烟灰,说明此人内心有冲突;刚点上的烟没抽几口就掐灭,意味着他想结束谈话,这时你不如争取主动。

(3) 雪茄

雪茄比较昂贵,体积也较大,常被用来显示优越感。嗜雪茄者,性格往往比较强悍、豪放、敢作敢为。可想而知,吸雪茄的人多半会把烟朝上吐。

(4) 吐烟的方向

烟朝上吐,表示自信、骄傲、优越、有主见、有见地。

烟朝下吐,表示信心不足、犹豫、沮丧、神情低沉、诡秘、企图遮掩什么事情。

烟从嘴的两角喷出,显示吸烟者积极和消极对立情绪的极端状态。

青烟直上、吐出圆圈,表现高傲、狂妄、企图鹤立鸡群不可一世的心理。

鼻孔喷烟,给人一种自负的感觉。

低着头由鼻孔喷烟,明显表现出忧愁的心理状态。

此外,吐烟的速度也能表明吐烟者思想情绪的不同。吐烟向上速度越快,吐烟者的优越感和信心就越强;向下速度越快,显示吐烟者六神无主,心情更是低落沮丧。

2. 戴眼镜姿势

几乎人类用的所有东西都可以被用来显示内心的态度,眼镜也不例外。

(1) 摘下眼镜

与吸烟斗者一样,把镜腿搁在嘴里也可以延缓一项决定。另一个延缓的办法是把眼镜摘下来擦拭。在这些延缓姿势之后的动作能显示此人的意图:重新戴上眼镜,表示他想再回顾一下事实;若是把眼镜折好、放在一边,表示他想结束谈话。

(2) 镜口窥人

从眼镜上方看人,这是许多老年戴眼镜者的习惯动作,想免去戴上、摘下的麻烦。但对被窥视者来说,会有被打量、被评价的感觉,而且是不平等的感觉,犹如从门缝里看人,不利于和睦关系的建立。戴眼镜的人应该在讲话时摘下眼镜,在听人说话时戴上。这样做既可以使对方放松心情,同时可以控制谈话。因为当你摘下眼镜时,别人一般不会抢你的话头;等你戴上眼镜,别人则可以放心大胆地开口讲话。

3. 握杯姿势

握杯子的不同姿势也能传达许多不同的信息。例如,在喝咖啡或饮酒时,兴奋型女性喜欢将杯子平放在手掌上,边饮边如数家珍似地交谈。这类女性往往活跃好动,给人以机灵感。有些女性喜欢用一只手紧紧握住杯子,另一只手则无意识地划着杯沿。这类女性往往善于沉思。还有女性喜欢将杯子紧紧握在手中,或是把杯子放在大腿上。这类女性一般喜欢倾听别人的谈话。

三、类语言

类语言也叫伴随语言，常被定义为有声但没有固定语义的语言。萨莫瓦（Samovar）等认为，类语言"涉及的是言语成分部分——指的不是言词所提供的实际信息，而是这一信息是怎样表达的。类语言是伴随、打断或临时代替言语的有声行为。它通过音调、语速、音质、清晰度和语调起到言语的伴随作用……"[①]生活中的哭声、笑声、咳嗽、叹息、呼唤、口哨，讲话中使用的"嗯"、"啊"、"哎哟"，甚至沉默等都是类语言的具体表现。

美国著名的结构语言学（描写语言学）家特雷格把类语言大致分为两类。第一类是属于"声音的形状要素"，包括声音的高低，嘴唇的用法，发音的方法，韵律的把握、共鸣、速度等。第二类是属于"发声的要素"。这一类又分为三个小类。第一小类是属于"发声方卖弄的特征"，哄笑、窃笑、抽泣、呻吟、耳语、哭泣声、叫喊声，以及其他所能发出的带有特征的声音均属这一小类。第二小类是属于"发声方面的限定"，主要包括从过强到过弱的声音的强弱，从过高到过低的声音的高低，从慢条斯理到戛然而止的声音的长短。第三小类是属于"发声方面的游离因素"，主要指"填补音"之类，包括表示沉吟或肯定的"嗯"、"啊"声，表示尽力嗅闻什么的抽鼻声，表示应答的"嗯"、"啊"声等与之类似的无言状态[②]。

（一）类语言的传播功能

类语言没有明确的意义，但是它的传播功能不容忽视。有人统计，人们在表达思想、交流感情时，只有7%是借助语言，其余的93%是靠类语言。在这93%的类语言中，有55%是身体的动作和姿势等，另外的38%是类语言。换言之，在传播中，类语言和语言的比例大约为5∶1，类语言在信息传递中起着决定性的作用。例如，"你真聪明"这句话，仅从字面意思来看是表示肯定和称赞，但是换一个音调，可能会表示讽刺挖苦。在人际传播中，类语言通过调节语气、补充信息、替代语言来规定说话内容的意义，因此，人们在交际中总是自觉或不自觉地运用类语言来传情达意。一句简单的"我爱你"可以说得热情洋溢，也可以说得冷冷冰冰；一句"我恨你"可以说得痛苦悲愤，也可以说得柔情万种。俗话说"说话听声，锣鼓听音"，就是提醒人们在言语传播中要善于从声音因素中去捕捉、领会说话者的真实意图，不仅要读懂字面意思，还要读出话外之音、言外之意。在人际传播中，类语言是画外音或潜台词，是行为者真实意图的表达，也是行为者自身的籍贯、阶层、社会地位、文化水平、思想修养、精神状态的体现。

具体来讲，首先，类语言可以展示人的形象，一个音质纯正、善于运用类语言的人总是能引起别人的好感。许多著名人物都是以声音好听而闻名：她一开口说话，那如轻风吹拂而准确无误、充满感情的声音就会迷住每个人的心，她是一个女神，她就是玛丽莲·梦露，她以特别的嗓音给人们留下深刻的印象，声音成了影响人的形象的重要因素之一。一个声音好

---

① 毕继万：《跨文化非语言交际》，外语教学与研究出版社1999年版，第45页。
② 云贵彬：《非语言交际与文化》，中国传媒大学出版社2007年版，第30页。

听又会运用类语言的人能弥补其外貌的缺陷,而一个说话嘟嘟囔囔、嗯嗯啊啊的人不仅不能明确地传递自己的意思,还可能招致别人的反感。

其次,类语言可以显示说话者的社会经济地位。有研究者做过这样的实验:选取同一段文字,请四个不同的人来读,根据职业和父母的经济地位,被选中的人有加油站的服务员(工人阶层)、商人(中上阶层)、普通职员(中下阶层)和出身富裕的保险公司经理(上等阶层)。将他们的朗读录下来请别人辨认,辨认结果高度精确。这说明,类语言与说话者的社会经济地位有高度的相关性。

再次,类语言还可以表露说话者的精神状态和情绪。人们在高兴时会捧腹大笑,在悲痛时会痛哭流涕,在失望时会唉声叹气,在兴奋时会眉飞色舞,在心虚时则会底气不足、声音低沉。在不同的情绪中,人们表达出来的类语言总是不同。一般来说,消极的类语言,特别是气愤是最好辨认的,其他类语言由于讲话者的主观掩饰则不太好辨认。

类语言还能透露出说话者的个性和能力。每个人特有的说话方式,都与其性格和能力紧密相关。D. W. 艾丁顿从现象的角度描画了类语言与性格、能力之间的对应关系(见表7-4)。

表7-4 声音与性格、能力的对应关系

说话的声音特征	与之相对应的性格-能力特征	
说话带呼吸声	男性:年轻且富有艺术感	
	女性:长相漂亮,有女人味儿,但较为浅薄	
声音细弱	男性:普普通通,没有什么特殊能力,无足轻重	
	女性:不够成熟	
声音平板	冷淡、孤僻	男性:年龄较大,不易屈服
		女性:缺乏柔媚
声音紧张	男性:年龄较大,不易屈服	
	女性:年龄较轻,容易动感情,智商稍低	
喉音较重	男性:年龄大,成熟老练	
	女性:懒惰、丑陋、粗心	
声音清晰、有活力	男性:身心健康,富有热情	
	女性:富有生气,态度随和,人缘好	
声音洪亮	男性:富有朝气,自信心较强	
	女性:态度傲慢,缺乏幽默感	
声调富于变化	男性:充满活力,富有同情心和爱美之心	
	女性:充满活力,能体贴人,善于与人沟通	
鼻音较重	不太注意言语表达,不太注重自己在别人心中的印象	

资料来源:李杰群主编,《非言语交际概论》,北京大学出版社2002年版,第282页。

作为言语交流的辅助手段,类语言主要发挥六种作用:补充信息、替代语言、强调信息、调节语气、重复信息、否定言语。补充信息指当仅仅用常规语言不足以表达完整意思时,类语言可以帮助进行信息补充;替代语言指有时在某种特殊场合,例如有其他人在场时,为了不让第三者听懂交谈双方传递的信息,言语者避免使用语义确切的分音节语言,而采用某种特殊的类语言进行信息传递;强调信息指运用类语言对语言文字进行阐释,可以使得原本的文字更为精彩,例如音调缺乏变化的演讲大多难以引起共鸣,而成功的演讲常常是抑扬顿挫、声情并茂;调节语气指运用不同的表达方式获得不同的效果;重复信息指利用类语言对常规语言的语义进行重复;否定言语指有时人们传递的真实信息往往与他们口头言语表达的意思相反,在这种情况下,类语言因素表达了与言辞完全相反的语义。

(二)类语言的分类

类语言按其生理特征和功能特征可以分为两种:类语言声音和沉默。

1. 类语言声音

类语言声音是一种无固定语义却可以传递交际信息的声音。这类语言不是分音节的语言,而是发出声音的类语言,也称为声音姿势。类语言声音包括发声方式和功能性发声。

发声方式是指在运用常规语言时所采用的可以传递信息的声音要素,包括音质、音量、音高、音调、音速、鼻音等。音质也叫作音色,是一种声音与其他声音相互区别的根本标志。音质是由先天决定的,每个人的音质都不相同。一般来说,男人音质宽厚、沙哑,女子音质尖细、悦耳。不同年龄的人音质也不相同。我们常说"闻其声,知其人",主要指通过音质区分不同的人。音长指声音持续的时间长短,主要是后天培养的结果。一般性格急躁的人说话较快,即音长较短,而性格平和的人音长较长。在人际传播中,人们有时为了表示强调或使自己的表达更准确而把某些音故意拉长。音长还能反映人的情绪。例如,在回答别人的话不耐烦的时候,我们往往把声音拖得很长。音调通常分为升调和降调,升调常常表示疑问的语气,也有商榷、祈求的意味;降调则往往用来陈述或祈使,是一种肯定的语气。音量指声音的大小,一般由说话人自己控制。音量的大小依讲话者的性别、年龄、体格和性格的不同而不同,有时候也受情绪的影响。一般来说,体格健壮、性格开朗、成熟的男性说话时声音较高,而体格瘦小、性格温柔或比较胆怯的女性说话声音较小;情绪高昂时说话声音很高,而情绪低沉时说话声音很低。

发声方式往往与说话人的生理特征有很大的关系,但是功能性发声主要受到说话人心理状况和个性特征的影响。功能性发声也称特征音或语言外符号,如笑声、哭声、呻吟声,以及"嗯"、"啊"、"哼"、"哎哟"等口头语。这类功能性发声大多在文字库中有对应的符号,但是没有与其对应的固定语义。功能性发声是人们内在情绪和个性特征的外露。根据不同的心理和性格特点,笑有很多种:哈哈大笑、露齿一笑、嘿嘿地傻笑等。与笑声相对应的是哭声。哭声也有很多种,可以是喜极而泣,也可以是悲痛欲绝;可以是号啕大哭,也可以是呜呜啼哭,甚或欲哭无泪。不同的哭声泄露了不同的秘密。叹息是一种典型的情绪表现形式,当人感到失望、压抑、无奈、困惑、气闷的时候,常常长叹一口气,以排遣内心的苦闷。叹息是一种重要的生理-心理综合运动,因而,在人际传播中,也成了信息传递的重要方式。例如,你突然遇到你多年未见的朋友,寒暄过后,你问他:"这些年过得好吗?"朋友没有回答,只是深深地叹了口气。尽管对方什么也没说,但是他的这声叹息把答案都告诉你了。此外,还有嘘声、咳嗽、呻吟等功能性发声,以及"这个"、"嗯"、"啊"等口头禅,它们也传递了特定的信息。例如,嘘声传递了一种不满的情绪,有意地咳嗽可能是给予提示、发出警告或引起对方的注意,"这个"、"嗯"、"啊"等表示心情紧张或思路不畅。

类语言声音的两种形式在人际传播中是紧密联系的,很难将两者截然分开。就拿我们熟悉的"官腔"来说,通常是运用低沉、稳重、缓慢的语气和故作姿态的抑扬顿挫的节奏,再加上"拖尾音"或"嗯"、"嘛"之类的功能性发声组成的类语言系统。

类语言还有一种独特的形式,即在手写文字中,行为者的笔迹往往有意无意地透露出行为者的个人性格和当时心境。西方笔迹学(1987年由法国人米松首次提出)专门对书写字母的线条、形式、大小、笔势、连接、方向、字距、签名字体进行研究,从而捕捉书写者的有关信息。

2. 沉默

托马斯·曼曾说:"语言即代表了文明本身,词语(即使是最矛盾的词语)有助于维持社会关系;而沉默则会使人孤立。"然而,哲学家卡尔·贾斯伯斯则指出:"思维与交流的终极形式就是沉默。"哲学家马克斯·皮卡德也说:"沉默绝不是消极的,也不仅仅是言语的缺失。沉默本身就是积极而完整的。"以上的矛盾看法至少达成了一点共识,即他们都认为沉默也是一种交流。沉默行为和语言一样,能够起到较强的交流效果。沉默是指在人际传播中有意识地停顿不语,是人们在讲话或交谈中做出的无声的反应或停顿。现代社会不断扩大的日常交流是排斥沉默的。人们相互交往时传递信息、表明态度和观点的最主要工具是语言,一般的语言学研究也主要集中在语言上,沉默往往受到忽视。随着传播学和人际关系学的发展,人们逐渐注意到,恰当的沉默也能帮助传播双方传递信息。因此,沉默实际上是一种音量值为零的语言,是类语言的重要方式。

一般的沉默包括两种类型:一种是伴随语言交流的沉默,一种是不伴随语言交流的沉默。人用嘴说话时,词、短语、句子之间必须留置千分之一秒到几分钟的间隔,这种间隔就是伴随语言交流的沉默。从严格的意义上讲,这样的沉默是副语言的延伸。不伴随语言的沉默往往伴随人际传播的技巧和立场发生,也是这里要阐述的重点。

在人际传播中,沉默具有重要的作用。

首先,沉默对语言有烘托作用。凡是活动都需要有个陪衬,前景的材料需要有个背景,以显出其重要性来。沉默对于语言,就是陪衬的作用。巧妙地运用沉默,可以使语言的内容得到凸显。没有沉默,语言如同贫瘠的土地,即使播种,也不会开花结果。在沉默出现的地方,语言才知道自己所能到达的深度和广度。一般来说,沉默(停顿)是思维编码临时中断的一种结果。在我们的谈话中,如果遇上犹豫不决的时候,就常常会出现语言的暂时中断,以便为自己赢得认真考虑、仔细斟酌的时间。适时的沉默,能使说话者控制语速,保持谈话内容的最佳节奏,使谈话有条不紊地进行。适时的沉默还为说话者留下了思考的时间,使传播双方的沟通更加顺畅。

其次,沉默可以传递信息和表达情感反应。如果说烘托作用是沉默对语言的一种辅助作用的话,有意义的沉默则会直接参与传播、传递信息。当人们在传播中遇到语词表达的限制时,沉默可以出来解围,收到"此时无声胜有声"的效果。有惩罚他人的沉默,有传情达意的沉默,也有追求寂静的沉默,总之,沉默有时胜过语言的累赘。例如,在狭小的电梯里,大家都表情木然,一言不发。这种沉默,既是对他人的尊重,也是自我防卫意识的一种外露。受到批评时一言不发,可能是委屈,也可能是一种无声的抵抗。总之,沉默可以包含很多意义,"沉默不是一种间隔……而是联合声音的桥"。

再次,沉默可以作为一种策略以达到某些特殊的效果。在表达自己的想法之前,沉默之于意见的作用十分重要。有时候,当他人在表达异议之后,你可以通过沉默表达自己的控制性和权威性。这其中的潜台词便是"我可以随时反驳你"。研究发现,人们一般对陌生人比对朋友更频繁地使用沉默策略[1]。

当然,沉默也有消极作用。西方传播学者对沉默进行实用性的研究。研究结果表明,"沉默是一种混合的语言"。在人际传播活动中,有些沉默的消极作用是十分明显的。有人喜欢用沉默表示敌意、拒绝、乏味、蔑视、无奈、妥协、回避等含义,也有人喜欢用沉默作自卫的武器。

在政治学和大众传播学中,有一个著名的理论——沉默的螺旋。该理论由伊丽莎白·诺尔-纽曼在《沉默的螺旋:舆论——我们的社会皮肤》中提出,为有关沉默的研究提供了一个崭新的视角。该理论最早是用来解释大众传媒对于人们观念的影响的,后来人们将其用到人际传播中,再后来随着web 3.0时代的到来,研究者更针对电子公告栏[2]、新闻网站[3]、微博[4]等平台来展开调查。根据这一理论,在一定的语境下,人们更倾向于认同而不是反对。这一理论指出,在谈到有争议的话题时,人们往往会衡量他人的观点,判断哪种观点更受欢迎。人们也会衡量表达这些不同观点会得到什么好处,或是受到什么惩罚。据此,人们会决定自己表达哪种意见,不表达哪种意见。通常情况下,当你的观点与多数人一致时,你更愿意将它表述出来[5]。有证据表明,这种效应在少数派群体中更为明显。人们这么做,是为了避免被多数派孤立,或者是怕自己的观点被证明是错误的或是人们不喜欢的。有时,人们认同多数派的观点,就因为他们是多数派。由于少数派保持沉默,多数派的声势就会增

---

[1] Hasegawa & Gudykunst, *Communication with Strangers — An Approach to Intercultural Communication*, McGraw Hiu Inc., 2010.

[2] Jong Hyuk Lee, et al., "Influence of Poll Results on the Advocates' Political Discourse: An Application of Functional Analysis Debates to Online Messages in the 2002 Korean Presidential Election", *Asian Journal of Communication*, 2004, 14(1).

[3] Kwan Min L., "Effects of Internet Use on College Students' Political Efficacy", *Cyber Psychology & Behavior*, 2006, 9(4).

[4] Ward, I. and Cahill, J., "Old and New Media: Blog in the Third Age of Political Communication", *Australian Journal of Communication*, 2007, 34(3).

[5] [美]理查德·韦斯特、林恩·特纳:《传播理论导引:分析与应用(第二版)》,刘海龙译,中国人民大学出版社2007年版。

强。随着多数意见的势头越来越强劲,少数派越来越式微,就形成了一个不断扩张的螺旋。

不同文化对于沉默的看法和使用方法也不同。在中非共和国的古伯亚族,频繁而任意地保持无言状态是正常的与人交流的组成部分。在吃饭时,特别是有客人在场时,他们绝不说话。直到吃饭全部结束之后,才被允许开口说话。即便去探访患者,他们也一句不说,因为在他们的文化里,只有用沉默才能表达对患者的体贴和亲近[①]。

四、环境语

任何人际传播总是在一定的环境中进行的,环境语言是副语言的一种重要形式。从副语言传播的角度看,环境指的是文化本身造成的生理和心理环境,而不是人们居住的地理环境。环境语主要包括时间和空间,它们构成了人际传播不可分割的组成部分,人们总是自觉或不自觉地利用时空因素来传达有关信息。

(一)时间

不同的人对时间有不同的认识和感受,有人把自己的时间看得特别宝贵,在交流中也尽量避免浪费别人的时间;有人特别强调守时的原则,总是在预定的时间范围内完成事先计划好的事情;有人相信时间是有周期性的,因而总是选择行事的最佳时机。人们对时间的不同态度总是自觉或不自觉地反映在他们对时间的选择和处理方式上,并且以此来传递自身的想法。时间具有周期性、有限性、单向性、消费性、公平性和文化性的特点。在人际传播的过程中,时间变成了信息传递的重要手段。

与其他副语言交际形式(如面部表情、姿态、手势、副语言等)一样,时间也是常规的语言交际的辅助手段。"时语"常常与分音节的常规语言一起共同发挥信息传递的功能。这是副语言的共同特点。与其他副语言手段相比,"时语"也具有自身的独特性,即时间的语义模糊性更加突出。因此,时间作为一种信息传递的工具,单独发挥作用的难度也更大。人们使用"时语"的时候,不但要配之以语义明确的常规语言,而且常常要与语义模糊性相对较低的其他副语言手段配合使用。例如,两个人在交谈时,其中一个不停地看手表,另一个就会立即明白:他希望尽快结束谈话。当然,这并不是说"时语"不能单独发挥作用。在某些特殊场合,人们可以运用"时语"来表明态度、传递语义。例如,在警员们执行特殊任务的时候,约定的时间就可以明确地传递信息。当在约定时间内执行任务的警员还没有回来,表明他可能遇到某种不测,必须采取行动。

在人际传播活动中,时间往往可以用来显示人的身份地位:在比较正式的会议上,地位越高的人,入场的时间往往越晚,虽然没有说出来,但是其他人从迟到行为中"读"出其身份重要的讯息。时间还可以表示人的态度:上司可以故意推迟接见下属的时间,以表示对下属的不满和惩罚。

---

① 云贵彬:《非语言交际与文化》,中国传媒大学出版社2007年版,第81页。

时间可以被用作一种表示关系的信息：一般人总是运用及时答复朋友回信的方式表明自己对友谊的重视；一位女性和异性约会时，可以让男方稍微等上一段时间，以使得对方感到她更加吸引人、更有价值。人们对时间的态度，还反映了一些文化深层结构。一般来说，工业化社会的国家具有更强的时间观念，美国人总是在时间到点而不是肚子饿的时候才吃饭。在发展中国家，时间则不怎么严格，这可能是源于农业文化的传统。

研究时间的传播含义的学科通常称为时间行为学，时间的另一个维度称为心理时间。心理时间是指一个人的时间倾向（或者看重的）是过去、现在还是未来。时间倾向为过去的人特别看重过去，总认为过去是好的，过去解决问题的方式是可靠的，认为世事是循环往复的，过去的经验也适用于现在的情况。时间倾向为现在的人看重现在生活的世界，这种倾向的一个极端表现便是享乐主义。时间倾向为未来的人会把未来的一切看成是首要的，这种人珍惜今天，会为未来做准备。研究者解释了各种心理时间倾向之间的联系，得出了一些有趣的结论①。其中一个发现是，一个人的时间倾向和他们将来的收入是成正比的。越是关注将来的人，他们将来的收入会越高。在低收入的男性群体中，时间倾向为现在的人占了大部分②。

（二）空间

不管我们生活的环境人口密度有多大，每个人都企图为自己划出一个不受侵犯的地盘。界域观念是人类潜在的一种欲望，是人类出于防卫的潜在需要而产生的以自己的身体支配周围空间的欲望。每一个人都有自己的空间领域，这是他身体的延伸。

1. 空间距离

美国人类学家、心理学家霍尔博士长期以来研究人类对周围空间领域的反应。他认为，空间领域的使用与人的某种本能直接有关，即把自己的存在告知他人，以及感觉到他人存在之远近的本能。每个人都有他自己独有的空间领域的需要。霍尔教授认为，人在文明社会中与他人交往而产生的关系，其远、近、亲、疏是可以用空间领域的距离大小来衡量的。霍尔发现的空间范围有四种：亲密距离、私人距离、社交距离和公众距离。文明社会的绝大部分人在这四个空间范围里行动（见表7-5）。

表7-5 空间距离列表

空间距离	具体分类	距离
亲密距离	近位亲密距离	0—0.2米
	远位亲密距离	0.2—0.6米
私人距离	近位私人距离	0.6—1米
	远位私人距离	1—1.5米

① Enrich & Wilson, *Psychology & Tendency*, Harvard University Press, 1985, p.21.
② ［美］约瑟夫·A. 德维托：《人际传播教程（第十二版）》，余瑞祥等译，中国人民大学出版社2011年版，第49页。

续表

空 间 距 离	具 体 分 类	距 离
社交距离	近位社交距离	1.5—2米
	远位社交距离	2—4米
公众距离	近位公众距离	4—8米
	远位公众距离	8米以上

资料来源：笔者自制。

(1) 亲密距离

亲密距离可以是近位的，例如实在的人体接触即属近位亲密距离；也可以是远位的，即保持0.2—0.6米的间隔。

① 近位亲密距离（0—0.2米）。这种距离状态，正如字面所示，属于紧密接触关系，多出现在谈情说爱时、知心朋友间，出现在父母与偎依着父母的孩子间，或一起玩耍的孩子间。这是爱抚、安慰、保护等动作所必需的距离。男性之间产生这样的紧密接触，往往显得粗鲁，容易引起不安和不快。一对十分亲昵的男女处在这种空间中，则相互感到自然和快慰。不太熟悉的一男一女处在这种空间中，则双方都觉得尴尬。由于文化与习俗的不同，东方女子对于男子闯入她的近位亲密距离的反应要比西方女子强烈得多。

② 远位亲密距离（0.2—0.6米）。这是身体不相接触，但可以用手互相触摸到的距离。这也是在拥挤的公共场合人们的接触距离。这时，人们往往会自动地遵守某些行为规范，站得直挺些，尽量不碰其他人的任何地方，包括目光，也不能盯住他人看，应尽早移开。总之，尽一切可能避免进入近位亲密距离。

(2) 私人距离

① 近位私人距离（0.6—1米）。在这一间距内，自己的手可以搂、抱对方，也可以向对方挑衅。若妻子处于近位私人距离，她完全可以进而接近丈夫。如果换成一位陌生女子，她对这位男子很可能有某种企图。近位私人距离是酒会上最舒适的人际间隔，它允许一定程度的亲密，所以非常接近于亲密距离。

② 远位私人距离（1—1.5米）。这是双方都把手臂伸直，彼此尚能够得着的距离。超越了这个范围，就不容易接触到对方了。换言之，它是狭义上的私有领域。人们在街上相遇，往往以远位私人距离的间隔寒暄。私人距离的远位状态可以提供一系列信息。一位不太亲密的熟人处在这种空间中时，倘若他进一步靠近，说明他在献殷勤，或对另一方特别有好感。格斗和武打是私人距离与亲密距离迅速交替的一种身体接触方式，但动作的含义是事先规定好的。

(3) 社交距离

① 近位社交距离（1.5—2米）。在文明社会，我们处理一切复杂的非私人事务几乎都在这个距离内进行。机构里的领导干部对秘书或下属布置任务，接待因公来访的客人，进行比

较深入的个人洽谈,大多采用这个距离。在这个距离里,一位上司站在一些坐着的职员面前,能显示他势大权高,以此强调"你们为我工作"的事实,而不费任何口舌。

② 远位社交距离(2—4米)。这是正式社交活动、商业活动及公事上采用的距离,特别是在面积较大的会议厅、经理室或办公室内,社交距离的接近状态会扩大到疏远状态。例如首长接见外宾或内宾、大公司的总经理与下属谈话等,由于身份的关系需要在其与部下之间保持一定距离。一般身份越高,需要确保的距离越大。一些大企业首脑的办公室往往摆设着大型办公桌,就是为了拉开距离。拉开距离具有保持身份的威严的功能。宫殿、法庭、教堂、大会议厅等的布置都发挥了拉开距离的功能。

值得注意的是,此时唯一的接触是目光的接触。传统习俗要求我们在这种距离下谈话时要看着对方的眼睛,倘若只是扫视一眼,就不礼貌了。远位社交距离的优点是可以起到掩护作用,保持这种距离时,可以把工作放下与对方攀谈,也可以继续工作,而不会被看作不礼貌。在公司里,女接待员和来客应该保持这种距离,以便让她继续工作,不必被迫去与来客交谈。若是距离很近,一味埋头工作,就是不礼貌的举止了。

(4) 公众距离

① 近位公众距离(4—8米)。这是产生界域意识的最大距离,比如教室中的教师与学生、小型集会的演讲者与听众的距离。在讲课或演讲中运用手势、动作、表情,变换位置,或在学生座位中间的过道上走动,以及使用教鞭、图表、幻灯片、字幕等辅助教具,都可以起到拉近距离的作用,达到加强人际传播的效果。

② 远位公众距离(8米以上)。这种远距状态一般适用于政治人物,对这些人物来说,8米以上的安全距离具有一定意义。在原始社会,这是人类为确保自身安全所需的距离,也是人与动物相对峙的最近距离。在文明社会,这种距离大多用于大会堂发言、戏剧表演、晚会演出等,均与观众保持一定的间隔。

2. 界域姿势

(1) 占有姿势

人会以身体靠着某人某物以显示该人该物为他所有。当被靠着的物是别人所有时,这个姿势就明显带有优越感或威胁意味了。例如踩在新买的车上、腿跨在椅背上、脚跷到桌上、身体靠着门背等,这都意味着身体的延伸,向别人表示这些东西为他所有。威胁别人最容易的方法就是在不经许可的情况下,或靠或坐,甚至使用别人的所有物。

(2) 认同姿势

人们在交谈时,经常使用向对方"借用"来的相同的姿势和动作。这种模仿是一方表示认同对方的意思。这是在说:"你该看得出来,我想的跟你一样,所以我才会模仿你的姿势。"这种下意识的模仿是非常有趣的。有研究显示,在团体或家庭中,一个人做某一种姿势,其他人一起模仿,这个人必是实力人物。我们办事,就要把目标集中到此人身上。当然,若想有意识地模仿对方的姿势,一定要考虑到彼此的关系。职员在要求加薪时去模仿总经理的姿势,一定会把事情弄僵。此外,模仿对于化解有优越感的对手的态度很能奏效。

（3）从属姿势

在人前把身体的高度放低是一种建立从属关系的方法。在与人接触时有意显得渺小，可以避免冒犯别人。当汽车司机被交警拦下时，与其留在车上、摇下车窗等警察过来，不如立即下车（自己的地盘）走到警察边上（免得警察离开自己的地盘），并且适当降低身子。

（4）指示姿势

一个人身体面对对方的角度，与他们的态度和彼此的关系有直接联系。人们在一般社交场合中身体与对方成90度，两个人的身体同时指向某一点而形成一个角，这是开放型。这样的人体语言表示欢迎第三者参加，而且第三者所在的位置即是两个人的身体同时指向的那一点。若是四个人谈话就会成一方形，若是五个人就会成圆形或两个三角形。若是两个人想保持亲密性或隐私性，他们身体的角度就会从90度变成0度。这种封闭型姿势也可被用来表示敌意，有向对方挑战的意思。显然，开放型姿势用来表示接纳其他人加入谈话，封闭型姿势则表示排斥其他人加入谈话。若有第三者想加入封闭型时，只有当那两人的身体转向形成三角形时，才有可能被欢迎参加。若是那两人不表示欢迎，就会一直保持封闭型姿势，只是把头转向第三者以表示认知他的存在，身体方向是排斥他的。

坐着的形式和站立时一样，开放的三角形表示随和放松的气氛，也可以两人指向某一共同点形成三角形，以表示彼此认同。转动椅子使身体正对对方，表示你希望他对你的问题能有直接的回答。若是你的身体完全不与对方形成任何角度，就会使气氛轻松，适合谈些私人的或有些尴尬的问题。总之，你若想与对方有默契就用三角形姿势；若想表示加压力，就用直接面对的姿势；完全不形成角度的姿势，能使对方自在地思想或动作，而不会感到压力（见图7—2）。

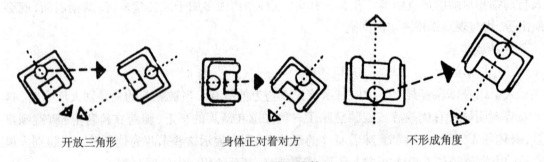

开放三角形　　　　　身体正对着对方　　　　　不形成角度

图7—2　指示姿势

（资料来源：熊源伟、余明阳编著，《人际传播学》，中山大学出版社1991年版，第207页）

不同的沟通距离、不同的空间方位可以传递不同的信息，标志着人们之间不同的情感关系，影响人们的情感表达。一般来说，交往双方在相当近的距离内，可以通过视觉密码、热量密码、嗅觉密码、噪音音量密码传递信息，产生情感共鸣，有助于情感沟通。视觉密码是指面对面地直视，在目光接触中，双方能更清楚地看到对方的容貌和表情，产生一种新的视觉感受。热量密码是指双方相距甚近时，能相互感受到对方身上散发的热量，给人一种强有力的情感刺激，产生新的触觉感受。嗅觉密码是指两人靠近时，相互之间可以嗅到对方身上的气味,产生触觉感受,有助于双方的感情同化。嗓音音量密码是指两人接近时,不仅能听清楚语言,还能听到发音时的嗓音、呼吸声,产生微妙的听觉感受,有助于感受到语言的情感。距离越近,人们相互之间能给予对方的情感刺激也就越强烈,于是产生了一种近体效应。

3. 界域标记

人们在确保自己界域方面有一个有趣现象,即用标记来防止他人入侵自己的场所。例如,在图书馆的桌子上放一个水杯或几本书,表示这个位子已有人,其他人不得使用。关于确保界域标记的有效性,有很多计划周密的调查试图求证。李·莫尔的调查是选择利用度较高的时段,在某个大学图书馆的自习室进行的。莫尔每天放学后早早来到自习室,放置四种可做标记的东西,然后坐到未放置标记的桌子旁观察会发生什么情况。这四种标记是:运动夹克、整齐摆放的教科书、笔记本和钢笔、杂乱放置的杂志。结果发现,没有放置这些标记的座位,直到两个小时的观察时间终止为止,几乎全部满座,就座的平均时间是20分钟。放置标记运动夹克和整齐摆放的教科书的座位,两个小时之内一直空着。放置标记笔记本和钢笔保持了77分钟的空座,而放置杂乱放置的杂志只保持了32分钟的空座。

在这个调查中,较为有趣的是坐在标记座位邻座的学生的行为。在总计五次实验中,标记杂乱放置的杂志的邻座者全都被候补占座者问过"这个座位有人吗",换言之,那些邻座者被认为有了解标记杂乱放置的杂志的界域状况的责任。最初,这位邻座者会告知以他认为"该座位有人在用",自己不知不觉地守护了相邻的界域。但随着时间的流逝,他自己也开始产生怀疑,就会回答"好像有人坐了,但已经过了一个小时,还是原封不动,可能不返回了",以此把自己的怀疑传达给候补占座者。但是,对于标记整齐摆放的教科书的座位,却没有一个人去问其邻座者。对于标记运动夹克,有两三个人来问这位邻座,被告知有人后,则立即离去[①]。

第三节 副语言传播的注意点

副语言传播是通过眼神、动作、表情、姿势等方式将信息传递给对方的交流过程,它是无声的、持续的语言,有着辅助意义和强化情感的作用。要恰当地运用副语言,应该注意以下几点。

一、不要"读错别字"

(一)同构异形

与人类的语言相比,身体语言似乎没有那么广阔丰厚,但是正由于其简单而有限的表

---

① 云贵彬:《非语言交际与文化》,中国传媒大学出版社2007年版,第107页。

图7-3　同构异形
（资料来源：熊源伟、余明阳编著，《人际传播学》，
中山大学出版社1991年版，第257页）

现形式，才使得它的内涵包容更多的意义。我们之所以会误解他人的身体动作，就是因为同一种姿态往往可以发出几种不同的信息。有人把这种现象称为同构异形。

图7-3显示的是人类最常见的四种典型姿态，它们传递的信息强而有力，并且任何一种姿态都可以发出四五种信息。例如，图A可以表示"漠不关心"、"屈从"、"疑惑"或"无可奈何"等不同态度。当一个人对某事感到莫名其妙时，常会做出这种耸肩姿势。图B可以暗示一种"自满"的心理状态，也可以用来表示"厌烦"和"气愤"，或用来表示一种"漫不经心"的态度。图C是一种常见的女性姿态，所传递的信息一目了然，它可以用来表示"害羞"、"忸怩"、"谦恭"或"悲哀"等心理状态。图D的姿态首先给人一种傲慢感和威胁感，除此之外，这种姿势还可以表示"惊奇"、"怀疑"、"犹豫"和"冷淡"等态度。我们在解读动作语言时，要结合其他因素来判断它是正面意义还是负面意义，不要简单化，不要机械地辨认，更不要"读错别字"。

（二）"语意群"与"上下文"

面对动作语言的同构异形现象，初学者最容易犯的错误就是只观其一，不看其二。例如，搔头的动作具有"搔痒"、"迟疑"、"忘事"和"撒谎"等意义，到底此刻表示的是哪一种呢？这就需要结合其他因素判断才能得出正确的结论。"其他因素"主要体现为"语意群"和"上下文"。人体语言是一个全身配合的整体，某一部位动作时，必然会有连带关系的其他动作相伴出现。这便是"语意群"。人体语言和其他语言一样，包括单词、句子和标点符号。每一个动作就像一个独立的单词，在不同的句子中，可以有几种不同的意思。只有当你把这个"单词"放进一个具体的"句子"里时，才能完全理解它所表达的意思。因此，解读时要联系"语意群"来甄别印证。人体语言以"句子"的形式出现，能传递一个人的感情、态度和大脑中的各种思维活动。但这样的"句子"必须放在"上下文"中才能确切地显现其应有的意义。一个善于解读动作语言的人，正是根据"上下文"的意义来"读"出这些无声的"句子"，并且能将这些无声的"句子"与此人有声的句子进行比较。当两者出现不一致时，人们往往注重动作语言的信息，而不去理会有声语言的信息。《别对我说谎》（*Lie to Me*）中的卡尔·莱特曼博士可以通过观察一个人的脸、身体、语言等察觉谎言，并且通过动作中的耸肩，搓手或扬起下巴、嘴唇等细微变化读懂撒谎背后的情感变化，无论是憎恶、冲动还是嫉妒。

（三）影响判断的其他因素

1. 规定情境

解读动作语言还要注意动作发生的规定情境。若一个人在公共汽车站双臂交叉胸前，两腿相叠，下巴放低，但那是一个寒冷的冬天，那么最大的可能是他感觉冷，而不是防御姿态。而当你在向一个人推销观念、产品或服务时，他也采取这种姿势，就可断定他这是否定的防御态度。

2. 生理限制及障碍

一般用"死鱼"手与人相握手的人给人以个性懦弱的信息，但一个手患有关节炎的人一定会用"死鱼"手与人相握，以免疼痛。穿不合身或紧身衣服的人可能不便使用某些姿势，影响动作语言的表达。这些动作语言的生理限制与障碍，也是我们在解读时要加以考虑的因素。

3. 地位与权力

一个人的社会地位、权力和声望与他使用动作语言的数量直接有关。高层级的人更多用语言来表达意思，受教育少的下层人则更多依赖手势来表达。

4. 年龄差异

手势的速度和明显程度随年龄而异。一个5岁的孩子说谎后，会立即用手捂住嘴巴，捂嘴动作明显"告发"了他的谎言。这个动作会一直使用下去，只是速度与方式会有变化。10岁的孩子说谎，也会把手举到嘴边，不是捂嘴，而是用手指轻擦嘴角。成人说谎，这一动作更加微妙，虽然大脑也指挥他去捂嘴，阻止谎言出口，但他却在最后一刻下意识地将手移开嘴巴，变成摸鼻子的动作，这就是成年人较世故的捂嘴动作。这也就是为什么解读一个50岁的人的动作语言要比解读年轻人的动作语言困难得多。

5. 文化习俗造成的歧义

不同国家和民族拥有的不同文化习俗会造成动作语言的某些歧义，给解读动作语言带来"语法"上的困扰。不同的文化有着不同的姿势和内涵，这里再举一例。手势"V"是第二次世界大战期间英国首相丘吉尔带动起来的象征胜利的手势——伸出食指和中指成"V"状，以示英语"胜利"（victory）的字头，现在已风行全世界。但如若手心向内，在澳大利亚、新西兰和英国等国，则带有"up yours"的意思，成了侮辱人的手势。

不同文化中面部信息的差异，在一定程度上反映公众对各种反应的接受度。在一项研究中，日本学生和美国学生观看了一部外科手术的影片。摄像机记录下各个学生观影的反应，以及事后接受采访的表现。结果发现，在单独观影时，日本学生和美国学生的反应没有明显不同。但是在单独采访的时候，美国学生的面部明显表露出不悦的表情，而日本学生没有表现出什么情感起伏[1]。

---

[1] 保罗·艾克曼：《人脸的情绪：研究指引与研究发现之整合》，商务印书馆1995年版，第28页。

以上这些问题，都是我们在解读动作语言时要顾及的因素。学会观察，排除干扰，是解读动作语言时要掌握的要领。只有这样，才能提取准确的信息，真正实现沟通。

二、关注可能影响沟通进程的信号[①]

通过对他人副语言信息的观察，我们可以及早发现有碍沟通进展的问题，比如理解不够、缺乏达成共识的欲望、可能产生冲突的苗头。同时，我们也可以看到促使目标实现的有利因素，例如表示友好、赞同、支持与合作的信号。根据所获信息方向的不同，我们应该对自身的言行进行调整，对有利的信息给予回应和加强，对不利因素则应尽力去补救和挽回。在《沟通的技巧》和《面对面交流秘诀》中，克里斯和彼得等研究沟通技巧的专家提出下列身体语言值得关注。

（一）具有消极意义的信号

具有消极意义的信号包括：有限的目光接触，或者不用正眼看你；双手合拢，披上外衣，系上扣子；快速点头；捂着鼻子或嘴巴；堵上或摩擦耳朵；双臂或双腿交叉；握紧拳头；从你身边移开一些距离，通常会朝着门的方向；烦躁，例如快速地用铅笔或用脚底板打拍子；脸上的肌肉越绷越紧；来回踱步。

上述信号无论是单独出现还是以组合的方式出现，都在向我们发出警示：对方可能产生了某种防备、不信任或是排斥的心理。此时，我们应检查自己的沟通方式有何不妥，是哪些言行导致对方发出消极信号，并且迅速找到恰当的角度予以解释，帮助他人重新理解自己的观点，尽力使沟通顺畅地进行下去。

（二）具有积极意义的信号

人们喜欢你的信号有：微笑；模仿你的姿态、行为和手势；良好的目光接触；身体向你靠近；开放式的身体姿态，而不是双臂交叉；直接面对你，表情自然放松。

他人对你的观点有兴趣的信号是：思索式的点头；身体前倾，想靠近你；睁大眼睛，兴趣越浓，瞳孔越大；放松的姿势；张开双手，解开外衣扣子；抚摸下巴或者把头偏向一侧；神情似乎很挑剔，但实际上却在非常认真地思考你提供的信息；充分理解的附和声；处理你正要呈送的文件或材料。

他人发出的上述信号在某种程度上预示着我们的成功。因此，在发现这些受欢迎的信号，尤其是在它们成串出现以后，我们应及时把握这种有利时机，以适度的言行维护良好的交流氛围，或者趁热打铁，加快共识的形成。

总之，深入而准确地解读他人的副语言信息，有助于我们减少和避免沟通中的失误，促进我们与他人交流渠道的畅通。同时，对他人身体语言的体察也会反映到我们自身传递的

[①] 马丽编著：《沟通的艺术》，中国协和医科大学出版社2004年版，第200—204页。

信息当中，形成对他人发出信息的有效回应，这些必将改善并提升沟通的质量。

思 考 题

1. 副语言和语言有什么区别和联系？
2. 副语言有哪些种类？分别有什么作用？举例说明。
3. 在人际传播中运用副语言有哪些注意点？
4. 情境分析题：

在你的实习中，虽然你的能力并不比别人差，但是他人并不十分信任你。你需要向他人传达更多信息，说明你值得信任。试问：你可以使用什么副语言信息说明你的能力呢？怎样整合这些信息并运用到交流中去呢？

5. 案例分析题：

（场景：星期五下午4∶30，××公司经理办公室）

经理助理李明正在起草公司上半年的营销业绩报告。这时公司销售部副经理王越带着公司销售统计材料走进来。"这是经理要的材料，公司上半年的销售统计资料全在这里。"王越边说边把手里的材料递给李明。"谢谢，我正等着这份材料呢。"李明拿到材料后仔细地翻阅着。

"老李，最近忙吗？"王越点起一支烟，问道。"忙，忙得团团转！现在正忙着起草这份报告，今晚大概又要开夜车了。"李明指着桌上的文稿回答道。"老李，我说你呀应该学学太极拳。"王越从口中吐出一个烟圈说道，"人过四十，应该多多注意身体。"

李明闻到一股烟味，心里想："老王大概要等这支烟抽完了才离开，可我还得赶紧写这篇报告。"

"最近，我从报上看到一篇短文，说无绳跳动能治颈椎病。像我们这些长期坐办公室的人，多数都患有颈椎病。你知道什么是'无绳跳动'吗？"王越自问自答地往下说，"其实很简单……"

李明心里有些烦，可是碍于情面不便逐客。他瞥了一眼墙壁上的挂钟，已经5∶00了。他把座椅往身后挪了一下，站起来伸了个懒腰说："累死我了。"开始动手整理桌上的文稿。"'无绳跳动'与'有绳跳动'十分相似……"王越抽着烟，继续着自己的话题……

（1）李明用哪些副语言行为暗示自己的繁忙或不耐烦？
（2）如果你是王越，遇到这种情况会怎么办？
（3）你认为李明该怎么做才能更明确地传递信息？

第八章 新媒体人际传播

学习目标

学习完本章,你应该能够:
1. 了解新媒体人际传播的基本概念和产生背景;
2. 了解新媒体人际传播的特点和功能;
3. 了解新媒体人际传播的理论研究;
4. 了解网络人际传播的表现方式和未来趋势;
5. 了解手机人际传播的发展轨迹和动机。

基本概念

网络人际传播　手机人际传播

第一节　新媒体人际传播概述

自20世纪80年代以来,国外有越来越多的关于新媒体人际传播的研究。2001年,贝斯特(Best)和凯尔纳(Kellner)以墨西哥扎帕塔运动为例,讨论了在各种政治活动中新媒体的传播作用[①]。从最初的面对面交流,到文字的出现为异地延时传播提供条件,再到如今新媒体的崛起,随着科学技术的进步,人际传播的传播方式在叠加中不断得以丰富和发展[②]。

---

① Best, S. & Kellner, D., *The Postmodern Adventure,* New York and London: Guilford Press and Routledge, 2011.
② 姚劲松:《新媒体中人际传播的回归与超越——以即时通讯工具QQ为例》,《当代传播》2006年第6期。

一、新媒体的定义

新媒体的定义随科技的不断发展得到更广阔的延伸,新媒体本身是一个相对于传统媒体的概念。一种新出现的信息载体,其受众达到一定的数量,这种信息载体就可以被称为新媒体。在现代,互联网、手机短信、电视,甚至是人工智能都属于新媒体[①]。

1959年,马歇尔·麦克卢汉首次运用"新媒体"一词,然而当时的新媒体只是新媒介的另一种表达方式,并不是一个具体的概念。新媒体作为具体概念真正出现是在20世纪60年代,由几位美国媒体和传播界人士提出,然而在那个时候,由于技术不发达,新媒体更多指的是电子媒体。随着计算机技术的发展和互联网的普及,新媒体开始越来越多地进入大众的生活,同时,新媒体的含义也逐渐得到扩展,从电子媒体发展至网络、移动终端。彭兰认为:"目前能够基本形成共识的是:在现阶段'新媒体'主要指基于数字技术、网络技术及其他现代信息技术或通信技术的具有高度互动性的媒介形态,包括网络媒体、手机媒体和这两者融合形成的移动互联网,以及其他数字媒体形式。"

当然,以上观点是从传播的角度切入的。如今对于"新媒体"的概念有着更丰富的视角,新媒体不再仅仅是一个媒体,作为一种新的社会形态和经济形态,它具有更深远的社会意义和重要的影响作用。

随着人工智能的出现,媒介生态发生了相应的变革,新媒体的定义需要再次补充与扩展。对于人工智能越来越多地介入信息采集、内容分发生产和效果反馈等传播实践的现象,从传播角度分析人工智能技术的应用与影响成为如今新媒体研究的一个焦点。

二、新媒体人际传播的特点[②]

新媒体有着自身的两个基本特征,即数字化和互动性[③]。这是定义新媒体的关键特征,也推动着新媒体向网络化、移动化和融合化发展。新媒体人际传播有三个特点。

(一) 传播话语的前区化

根据戈夫曼的戏剧理论,每个人在人际传播过程中都有着自己的前区与后区,人们在前区进行表演,在后区的行为若被观众发现则可能影响前区的传播效果。由于传统的人际交流基本以面对面为传播场景,私密性较高,传播内容不易被他人发现,因此,前后区分隔较远。然而,随着新媒体的发展,人际传播被搬上互联网、电话、网络社区等新型空间,传播内容成为可复制、可搜查、可回放的电子数据,这使得人际传播的私密性得到很大的挑战。

新媒体的扩散作用也使得后区的传播内容更容易被第三方知晓,特别是在以互联网和

---

① 项国雄、黄晓慧、张芬芳:《新媒体与人际传播》,《传媒观察》2006年第4期。
② 根据以下文献改编。周子云、邓林:《社交媒体人际传播的三个特点》,《青年记者》2018年第21期。
③ 根据以下文献改编。彭兰:《新媒体导论》,高等教育出版社2016年版。

手机为代表的新媒体中,人们表现得更加开放,使得传播话语更容易溢出私人区域,这也是传播话语前区化的一个表现。

(二)传播身份的级差性

身份通常用来指称个体的出身和社会地位。根据社会、政治、经济、文化影响力的强弱,我们可以把个体身份区分为强势身份和弱势身份。在传统人际传播中,不同身份的传播参与者拥有不同的资源,例如强势身份者通常拥有更多的信息,因而更容易成为传播的主导者。在新媒体时代,虽然身份概念在某种程度上被弱化,特别是在网络上人们以昵称相互交流,身份的虚拟化使得话语权得到平衡,草根与权贵都能在平台上平等地交流。

然而,现实生活中的身份还是给新媒体人际传播带来了影响,不同身份的人仍然具有不同的传播资源。例如,微博上被认证的企业家、明星、教授等,他们的身份吸引更多人去关注,相应的传播速度就更加快速。

值得关注的是,身份带来的资源差异性并不必然意味着传播效果的高效。相反,由于新媒体的扁平化结构和虚拟背景的存在,这种极差性的传播效力受到一定程度的削弱。

(三)传播关系的延展性

新媒体人际传播的传播关系也存在延展性,包括线上关系的延展和线下关系的延展两个方面。线上关系的延展有两种情况:第一种是原本线下熟悉的双方通过信息交换成为线上交流的关系;第二种是拥有共同好友的双方,通过共同好友的资源达成线上关系,例如QQ添加好友界面的共同好友数显示、微博提供的"好友热门关注"等。线下关系的延展是指两个原本陌生的网友通过线上关系发展至线下关系的过程。这两个方面的延展并非是单独进行的,在现实生活中,它们往往同时出现。例如网络社群,它"改变了以地缘为划分的社区概念,也突破了朋友圈、熟人圈和陌生人的界线"[1]。在微信群、QQ群、微博群等社群中,既有被亲友"拉进去"的情况,也有自主结群的情况。

三、新媒体人际传播的功能

拉斯韦尔最早指出传播的三个功能,即对外部世界进行监测、协调社会各部分和传递文化。之后,赖特又提出娱乐功能。这些都是在传统媒体流行时对传播功能的研究。随着科学技术的不断发展,传播的功能又新增情感功能、社会监督功能等。

(一)情感娱乐功能

相对于传统人际传播,新媒体为传播的娱乐功能增加了新的含义。新媒体人际传播从仅仅具有娱乐功能转变为一种能够满足人们情感需求的娱乐工具。新媒体人际传播的情感

---

[1] 刘磊、程洁:《颠覆与融合:论广告业的"互联网+"》,《当代传播》2015年第6期。

功能是娱乐功能的延伸。

首先,新媒体人际传播为人们提供了一个消遣时间的渠道。人们利用碎片化时间在网络上聊天、打电子游戏或者浏览博客和微信,在聊八卦、组队、看视频、发朋友圈的过程中满足各自的心理需求。例如,心情低落时在QQ或者微信上与朋友谈心,在微博上分享一天的开心事等。

其次,新媒体人际传播存在娱乐渗透化。人际传播随新媒体的进步拥有更多的分支,除了基本的社交形式,又新增网络空间、短视频、音乐、游戏等多个平台,人们可以在一个平台上同时使用多个分支平台,将娱乐功能渗透在新媒体人际传播的各个角落。

值得注意的是,新媒体也存在泛娱乐化的问题。人们对新媒体人际传播越来越具有依赖性,对于新媒体的过分沉迷甚至影响到现实生活。对新媒体上瘾与现实人际传播的缺失是当今备受瞩目的话题之一,值得我们深入地探讨和研究。

(二)社会监督功能

在传统传播语境中,大众传播媒介具有较高的社会监督功能,这种功能在大众媒介与新媒体的融合中借助人际传播体现出来。

首先,新媒体通过舆情进行社会监督。如今,新媒体代替传统媒体成为新闻时事的主要来源,存疑或具有争议的事件在很快的时间内受到大量的关注,并且通过网民的舆论造势加速对事件的深入调查。例如李萌萌落榜事件,一经报道就引起广泛关注,在上万的点赞数、评论数和转发数的推动下,调查组对失职工作人员进行相应的处罚,李萌萌重新得到上大学的机会,该事件最终得以妥善处理。

其次,新媒体通过联系网络意见领袖进行社会监督。意见领袖在新媒体时代具有更大的传播效力,诸如专家、教授等具有专业领域知识的名人具有更高的传播信度。当今社会,在线编辑正越来越多地具有媒体的互动性、参与性特点[①]。许多高信度的知名报纸都在各个新媒体平台上开设了官方账号,网民通过私信、"@"等功能,将身边事告知这些意见领袖,通过意见领袖的传播让事件成为焦点事件,引起广泛的讨论,间接促成问题的解决。

第二节 新媒体人际传播的理论研究

一、使用动机研究

(一)使用与满足理论

使用与满足理论最早于1959年由卡茨提出,之后又经多位学者的补充与扩展。在新媒

---

① 沈荟、王学成:《新媒体人际传播的议题、理论与方法选择——以美国三大传播学期刊为样本的分析》,《新闻与传播研究》2015年第12期。

体技术下,它被更多运用于研究新媒体搜索信息和互动这两个动机的研究中。对于传统理论中含有的亲身交际的基础和以娱乐、信息采集为主的特点也有了新的改变。

相对于娱乐和信息采集,如今社会互动的需求在新媒体人际传播中更加强烈。安库(Monica Ancu)和考兹马(Raluca Cozma)在进行实验时发现,实验者访问网站时,更多地倾向于找与自己意见相同的人和自己熟知的人的态度。对于新媒体中使用与满足理论的解释,从娱乐化、信息化转变为以互动化和流通化为中心。"传统意义上的传播者、接收者的传受单向角色已逐渐淡化,人际传播跨入了添加自媒体特征的新时期。"[1] 该理论不仅被用于传受双方,如今也越来越多地被用来解释自媒体崛起的原因和内容生产与创作的行为需求。

(二)社会互动理论中的印象管理

近年来,对于使用新媒体进行人际传播的动机成为学界研究的重点。根据沈荟和王学成的分析,在2005—2015年《传播学刊》、《新闻与大众传播季刊》和《广播与电子媒介学刊》中,所有有关人际传播的论文中28.6%都是以新媒体人际传播使用动机作为切入点。其中,自我呈现和印象管理是人们使用新媒体技术进行人际交流的最重要动机[2]。帕克(Namkee Park)和李(Seungyoon Lee)研究了Facebook在大学生群体中的使用状况,指出大学生使用Facebook的最主要动机是印象管理[3]。史密斯(Lauren Reichart Smith)和桑德森(Jimmy Sanderson)研究运动员在Instagram上的人际传播中发现,运动员会更多地展示关于爱好、身材、美食等信息。他们认为,在新媒体人际传播的印象管理中,人们是有策略、有谋划地基于自己想要塑造的形象进行针对性的展示。

(三)操作心理学中的自我披露

自我披露同样是新媒体人际传播的动机之一。自我披露的理论表明,恰当的自我披露可以获得他人的好感。在新媒体领域,自我披露也呈现出新的特点。有学者认为,当传播从面对面转向以文本为基础的非同步语境时,人际交流就会激发适应性传播行为,例如采取有选择的自我呈现和不确定减少策略,这样就会产生理想化的人际认知与幻想[4],因此,人们会进行适当的自我披露。

相对于传统自我披露的二元边界的封闭性,新媒体中的自我披露更加开放,在SNS网站和手机即时通信软件中,人们更愿意向自己网络上的好友或粉丝展示一些更为私人的信息,如抑郁症、厌食症等。因此,学者更偏向从经济学的代偿角度出发去研究这一行为带来的影响。

---

[1] Amber Ferris, "The Uses and Dependency Model: A Theoretical Guide for Researching the Cell Phone", Conference Papers-National Communication Association, 2007.
[2] 沈荟、王学成:《新媒体人际传播的议题、理论与方法选择——以美国三大传播学期刊为样本的分析》,《新闻与传播研究》2015年第12期。
[3] Namkee Park & Seungyoon Lee, "College Students' Motivations for Facebook Use and Psychological Outcomes", *Journal of Broadcasting & Electronic Media*, 2014, 58(4).
[4] L. Crystal Jiang & Jeffrey T. Hancock, "Absence Makes the Communication Grow Fonder: Geographic Separation, Interpersonal Media, and Intimacy in Dating Relationships", *Journal of Communication*, 2013, 63(3).

二、说服效果研究

(一) 社会资本

社会学家布迪厄(Bourdieu)对"社会资本"的定义是指可以长期从网络中获取的资源，包括群体和个人。他强调，个人和群体可以根据自身的需求通过一定的手段投资或者获取资源。在传播的视角中，社会资本更多地聚焦于群体和个人的信息传播与意义共享。一项由日本学者进行的纵向研究指出，互联网中要想增加社会资本，对象必须满足参与率、积极性和目的性三个特征[1]。因此，沈荟和王学成认为："从网络社会资本概念出发的研究，首先是要论证社交网络使用与社会资本的产生维系之间的关系，检验正负相关性，接着由网络社会资本引发对公民参与的思考。"[2]

(二) 意见领袖

在经典的意见领袖理论基础上，新媒体的介入使得研究者更多地深入意见领袖在社交网络等虚拟空间上进行信息分享的作用和他们获得的传播效果，包括意见领袖的自身特质与传播效果的关系等。研究者认为，个体行为倾向与他们在社交媒体上的行为有关联，个体会将线下的社会习惯反映到社交媒体上[3]。例如，性格内倾的意见领袖的影响力，相比同一类传播节点而言较小，个性力量不如性格外倾的意见领袖。同时，在互联网时代，意见领袖的门槛有了巨大的改变，它不再局限于传统大众媒体，信息资源度高或者信息处理专业度高的人都可以吸引相关的受众，从而具有较高的传播效果。把关人理论也随新媒体的发展而受到一定的冲击。"把关人"的作用是否被削弱，在今后又会有怎样的发展，都是如今研究者们关注的热点。

三、场景视域研究

"场景指在特定时间、空间发生的行为，或者因人物关系构成的具体画面，是通过人物行动来表现剧情的一个个特定过程。"[4] 2000年以后，传播环境已发生巨大变化，电子媒介跨越以物质场所为基础的场景界限和定义[5]，以Facebook、微博、Twitter等为代表的SNS网站和手机、电脑、平板电脑等移动终端的出现，丰富并延展了人际传播的形式，也让原本

---

[1] Malcolm R. Parks, "Boundary Conditions for the Application of Three Theories of Computer-Mediated Communication to MySpace", *Journal of Communication*, 2011, 61(4).

[2][3] 沈荟、王学成：《新媒体人际传播的议题、理论与方法选择——以美国三大传播学期刊为样本的分析》，《新闻与传播研究》2015年第12期。

[4] 蒋晓丽、梁旭艳：《场景：移动互联时代的新生力量——场景传播的符号学解读》，《现代传播(中国传媒大学学报)》2016年第3期。

[5] [美] 约书亚·梅洛维茨：《消失的地域：电子媒介对社会行为的影响》，肖志军译，清华大学出版社2002年版，第34页。

面对面的场景转变为某个时间段的切片和虚拟空间。在过去,闲暇时间仍然是广告等商业信息的聚集地,然而现在人们却早已调成实时模式①。虽然广告的传播在实时状态下收效不佳,但是彭兰认为,此时场景的意义却得到了强化,"基于场景的服务"、"对场景的感知及信息适配"成为"移动传播的本质"②。有学者认为,在当今的新媒体空间中,由于用户需求和科学技术的支撑,场景意义被加强,场景传播被积极鼓励并成为一种新的要素出现在新媒体人际传播中,促进熟人建构更紧密的亲密关系,提供生人社交互动的平台并加强网络社群的关系③。

第三节 网络人际传播

网络不仅是全新的大众传播媒体,更是新兴的人际传播媒体。网络是大众传播媒介中速度最快的,它的人际传播特征也最为明显。甚至可以说,网络是经过人际传播格式化的大众传播,它的大众传播其实是建立在人际传播基础上的。"网络开始以一种传播媒介的身份进入人们生活,最早承载的形态就是'人际传播'。"④ QQ、MSN、微信、Twitter等即时通信工具、电子邮件收发是人们使用最多的互联网功能,网络人际传播成为网络传播的主流传播形态,让人际传播从简单的面对面走向高级的电脑交互,扩展了日常生活的交往空间。

一、网络人际传播的定义

网络人际传播(computer-mediated communication),是指人与人之间借助计算机和互联网进行的非面对面的传递信息、交流情感的传播活动,它以文字和网络符号为主要表达方式。网络人际传播大致分为三个方面:其一是通过电子邮件或电子公告牌实现的异步传播;其二是通过聊天室等在线交谈实现的同步传播;其三是通过计算机和电子数据库对各种信息的使用、恢复及存储活动⑤。

表8-1是中国互联网络信息中心(CNNIC)在2019年8月30日公布的《第44次中国互联网发展状况统计报告》中,关于网民上网时经常使用的网络服务及其使用率。

---

① [美]凯文·凯利:《必然》,周峰、董理、金阳译,电子工业出版社2016年版,第4—9、66页。
② 彭兰:《场景:移动时代媒体的新要素》,《新闻记者》2015年第3期。
③ 刘磊、陈红、温潇:《场景盛行下的新媒体人际传播》,《当代传播》2016年第5期。
④ 吴世文:《手在网络人际传播中的功用及其影响》,人民网-传媒频道,http://media.people.com.cn/GB/22114/44110/113772/8510148.html,2008年12月12日。
⑤ 茅丽娜:《从传统人际传播角度观瞻CMC人际传播》,《国际新闻界》2000年第3期。

表 8-1　网民上网经常使用的网络服务

应用	2019年6月		2018年12月		半年增长率
	用户规模（万）	网民使用率	用户规模（万）	网民使用率	
即时通信	82 470	96.5%	79 172	95.6%	4.2%
搜索引擎	69 470	81.3%	68 132	82.2%	2.0%
网络新闻	68 587	80.3%	67 473	81.4%	1.7%
网络视频（含短视频）	75 877	88.8%	72 486	87.5%	4.7%
网络购物	63 882	74.8%	61 011	73.6%	4.7%
网络支付	63 305	74.1%	60 040	72.5%	5.4%
网络音乐	60 789	71.1%	57 560	69.5%	5.6%
网络游戏	49 356	57.8%	48 384	58.4%	2.0%
网络文学	45 454	53.2%	43 201	52.1%	5.2%
旅行预订	41 815	48.9%	41 001	49.5%	2.0%
网上订外卖	42 118	49.3%	40 601	49.0%	3.7%
网络直播	43 322	50.7%	39 676	47.9%	9.2%
网约专车或快车	33 915	39.7%	33 282	40.2%	1.9%
网约出租车	33 658	39.4%	32 988	39.8%	2.0%
在线教育	23 246	27.2%	20 123	24.3%	15.5%

资料来源：中国互联网络信息中心，第44次《中国互联网络发展状况统计报告》，2019年8月30日。

CNNIC的调查结果表明，人们非常愿意把网络作为一种人际传播的渠道和交流平台。人们通过网络来收发邮件、进行即时通信、参与论坛/BBS/讨论组等、拨打网络电话等手段，来进行人与人之间的传播和互动。计算机网络催生了网上人际传播这种新型的人际传播方式，网络直接介入交际领域，为人类创造了独具特色的网上空间。由于网络的独特优势，与电话交往、信件交往和登门拜访等传统的人际交往方式相比，网络提高了人们交往的效率，扩大了人们交往的范围。电子邮件、QQ、微信、Twitter等成为人们即时交流的常用方式。它们都借助于网络这一媒介，属于非面对面人际传播类型。

二、网络人际传播的特征

网络人际传播是一种全新的传播手段，它属于间接的人际传播方式，其传播过程完全借助于网络及其附带的各种新媒体技术。网络社会生活是一种特殊的社会生活，由于网络自身存在的开放性、匿名性、虚拟性等特点，网络中的人际传播也具有不同于传统人际传播和现实生活中人际传播的鲜明特点。

（一）信息发出者、信息接收者、信息的形式、反馈

1. 信息发出者：最佳化表现自我，个体身份的多重性和平等性

一方面，网络是一个虚拟的社会，互动的双方往往是以一个符号来活动，彼此不相识，更不熟悉，难以使用副语言符号，彼此不知道对方的特点，主要通过自己在网上显露的个人信息，如网名（ID、昵称）和自我介绍等信息让对方了解自己，因此，人们在网上网下展示的自我大不相同。同时，由于网络交流是非同步的，交流双方可以有更多的时间设计所要传递的信息，在互动过程中控制自己留给对方的印象，为自己塑造一个完美的形象。网络传播的两个关键特点"被减少了的传播暗示"和"潜在的非同步传播"，可以帮助信息发出者在网上有选择地、更好地展示自我。

另一方面，在不同的传播情境中，个体扮演的角色不同，个人在网络人际交往过程中决定何时以何种面目出现，既与他当时的心理状态、所处情景有关，更与他和交流对象间的关系类型有密切关联。网络人际传播的参与者来源广泛，几乎不受地域、身份和文化观念的限制，传受双方的交流和参与更为平等自由。网络人际传播打破了现实世界的种种限制，为人们提供更加自由的交流平台。即使社会背景和身份地位都有所不同，也可以在网络空间中平等共处、彼此连结，这在现实社会中是难以达成的。

2. 信息接收者：理想化地认识对方

在网络中生存的个体，都是以与现实身份不同的形象出现，有些甚至进行伪装，因而双方的身份有许多不确定性。与信息发出者有选择地表露信息相对应，信息接收者无法得知对方的全部信息和真实面貌，往往理想化地去认识对方。

一个个网络终端背后都是陌生人，但人们却能亲切交谈，互发电子邮件。网络的隔离作用，减少了交往双方的社会线索，这正好给信息接收者留下了丰富的想象空间，信息接收者容易将对方理想化。

3. 信息的形式：从文字到多媒体

互联网是网络人际传播的主要媒介。在早期的网络聊天、收发电子邮件等过程中，文字交流是最主要的交流形式。"文字交流不仅可以清楚地表达深刻的思想，还可以很好地弥补副语言符号缺失造成的理解误区。"[1]网络世界中文字的使用极具特色，广大网民在互联网上创造了一系列区别于正常文字的语言符号，例如"-_-///"表示无奈等。文字交流的另一个效果，是网民给自己取的代号或昵称，甚至会成为他能否吸引交流对象、吸引到什么样的交流对象的一个重要因素。例如，女性化的名字更受男性网民的青睐。

同时，伴随着计算机技术的不断发展进步，图片，尤其是视频和音频代表的多媒体也成为日益普及的网络传播形式。用户可以通过网络电话、视频聊天等进行更高质量的人际交

---

[1] 彭维：《网络中人际传播的特点》，《北京电力高等专科学校学报》2011年第7期。

往。较之于简单文字交流的形式,多媒体时代要求网民具备更高的计算机素养,掌握更多更新的网络技术。但文字、视频、音频等多重信道彼此间还是存在割裂的,三者无论如何结合,都无法取得与面对面交流同等的传播效果,通过文本获取信息仍然是人们日常生活中的主导交流方式。

4. 反馈:强化交流双方印象

在网络人际传播中,良好的印象和亲密度是在信息发出和接收过程中实现的。不过,在传播过程中,由于双方背景信息和社会信息缺乏,双方印象的形成需要一段彼此的信息反馈过程,因此,交流的往复性是其中关键的方面,而交流双方在来往中通过对网络行为的确认会巩固并夸大这些交流效果。"行为上的确认"在面对面交流中有重要的作用,在传播初始阶段双方背景信息较少的交流方式,如网络人际传播中,它起的作用更大。

这种"行为上的确认"和"认识上的夸大"的循环影响告诉我们,人们在网络传播中很容易将对方理想化,人们往往根据对对方的想象而不是对方的实际行为来与他人交流。对一些负面信息,信息发出者和接收者往往会进行一些选择和过滤,所以在网络传播中往往会产生非常频繁的人际交流,经常或者较多的互动使得人际交流行为更加密切。

(二) 其他特点

1. 传播范围更为广泛

传统的人际传播由于受到各种因素的限制,传播活动开展的范围是有限的,虽然偶有发生与外界的交流,如在旅途中结识陌生的人,但地域、文化等差异相对不大。网络人际传播打破了时间、空间对传播过程的限制,使得人际交往的对象可能分布在世界各地,各自具有不同的文化背景。

2. 传播过程的偶然性大大增加

在网络人际传播中,由于交流的对象可能是彼此陌生的,交流是虚拟的面对面,因此存在很大的不确定性。特别是在网络聊天、QQ、微信等即时通信及网络游戏等形态中,任何两个人的相遇都有可能是偶然的,在进行真正的交流之前往往会花费较长的时间进行预热,便于彼此相互了解,然后再决定是否保持现有的人际联系。

3. 传播具有匿名性

网络传播最大的神秘之处在于交流双方的匿名性,活跃在互联网上的网民往往有意隐瞒自己的真实身份或者给自己设置一个虚拟角色。在传统的人际交往模式中,传播情境强烈地影响人际传播的进行和人际关系的开展。但由于互联网使用的匿名性,个体的表现往往与现实世界中的表现大相径庭。匿名性意味着个人无需为自己的行为承担后果,个体在进行自我表达时,就容易发生较少顾及社会规范的约束、任性妄为的情况。同时,网络的匿名性致使人们之间的社会等级差异消失不见,传播双方可以更真实、更深层次地进行交流。这样的人际传播显得更为纯粹与平等,因此,传播的内容和技巧也显得更为重要。

三、网络人际传播产生的背景

人际传播可以说是人之为人的基本特质。自古以来,人类便在不断地追求沟通最大化。每一次通信技术的革命,都在客观上延伸了人们的交往能力。正如英国金牛信息系统公司的巴雷特(Heil Barrett)所说:"印刷机彻底改变了个人获取事实记录、其他人的思想和遥远文化的方式;便士邮政改变了我们从朋友处获得新闻和我们与其他团体进行通信的方式;电话改变了我们的谈话方式并扩大了可进行问题讨论的人们的范围。因特网所能改变的东西不包含这些,但会远远多于这些。"①

早期的人际传播都是面对面的直接传播。随着科技的发展,交流技术和手段也得以发展,人际传播开始出现间接传播的形式,如书信、电话、网络人际传播等。互联网的诞生,无疑是有史以来人类通信技术的最大突破,它带来了人际传播手段与交往方式的巨大变革。

在网络时代,企业将要转型,媒体将被重整,政府将被改造,个人将要重新塑造自己。互联网络的兴起,带来了传播手段的革命及人际交往模式的深刻变化,这种变化不仅体现在网络交往打破了人类以往受制于时空、地域、社会阶层等的交往模式,还体现在创造了一种全新的人际传播空间和人际传播模式②。

首先,网络给人类社会带来的深刻影响是社会文化和生活方式方面的,其中最为重要的是对人际关系的影响。互联网以极快的速度,把社会各部门、各行业,以及各国、各地区,乃至各个个体连成一个整体,使社会成为网络社会和虚拟社会,提供了更方便、范围更大的社会交往机会,使人的社会性得到空前的延伸和发展。网络直接介入交际领域,为人类创造了独具特色的网络空间。人们在网络空间中从事的所有社会活动,在本质上都是数字化和虚拟的。这种以网络为基础的人际关系可称为网缘关系。

其次,网络空间的形成开创了超越时空限制的全新交往模式,形成了很多网络时代特有的交往新类型。因特网的电子通信方式的出现,促使传统通信方式的观念更新,提供了一种新的人际传播模式。电子邮件代替了普通信件,上下级之间公文的传送,统计报表的传送,信息数据的传送,广告、文艺、娱乐,甚至聊天也都通过网络来实现。网络使人与人之间传播的方式产生了新的变革。

四、网络人际传播的表现方式

众所周知,网络人际传播具体形态的演进始终源于信息技术的发展,传统的网络人际传播方式丰富多彩,技术的进步也促使网络人际传播演绎出新的精彩③。下面,我们先介绍几种

---

① [英]巴雷特:《赛伯族状态:因特网的文化、政治和经济》,李新玲译,河北大学出版社1998年版,第264页。
② 黄少华、陈文江主编:《重塑自我的游戏——网络空间的人际交往》,兰州大学出版社2002年版,第283页。
③ 张放:《虚幻与真实——网络人际传播中的印象形成研究》,中国社会科学出版社2010年版,第52—60页。

最为常见的网络人际传播技术形态。

(一)传统表现方式

1. 电子邮件①

电子邮件(electronic mail, E-mail),是一种通过网络实现相互传送和接收信息的现代化通信方式,也是异步网络人际传播形式的代表。电子邮件毫无疑问是互联网诞生以来产生的最重要的应用工具,也是现代生活中最为重要的交流工具和工作沟通方式之一。

电子邮件有三个特点。第一,电子邮件的传播速度比传统通信快得多,在一定意义上,这有助于形成更加牢固的交流关系。第二,电子邮件交流是一种多媒体交流,内容丰富,拥有异步性和私密性两个鲜明特色。同时,电子邮件交流可以因偶然因素产生,带有一定的功利性。现代社会人们已经逐步用电子邮件来代替传统的信件进行彼此之间的沟通。第三,因为电子邮件传递的信息都是数字化的,所以一些背景信息会被削减,传播效果从某种意义上会降低。

2. 网络游戏②

网络游戏最早可追溯至1969年的一款名为《太空大战》(Space War)的游戏。随着技术的不断进步,1978年MUD1横空出世,第一款真正意义上的实时多人交互网络游戏出现。它既可以保证整个虚拟世界的持续发展,又可以在世界上任何一台PDP-10计算机上运行,因此迅速蹿红并不断发展,从最初的纯文字形态演变为今天诸如《魔兽世界》(World of Warcraft)的大众化多人网络角色扮演游戏。

网络游戏是最能体现虚拟社区形态的网络人际传播平台之一,包括策略类、动作类和角色扮演类等多种类型,其主要功能是提供娱乐。网络游戏既包含一对一的人际传播,也包含小群体传播和组织传播,以及以系统公告方式出现的大众传播。但随着多媒体技术的发展,网络游戏中的具体交流形式已经逐渐从单一的文本交流转变为文本交换与语音对话相结合的交流方式。不过无论如何演变,网络游戏中的互动均以同步传播的方式为主,参与者不仅可以在其中通过印象管理进行选择性自我展示,也可以持续发展与现实生活中类似的虚拟人际关系。

3. 电子公告牌系统③

电子公告牌系统(BBS)的前身是电子论坛。在电子论坛中,聚集着一群有相同兴趣的人,大家可以相互讨论、交流观点、寻求帮助。电子公告牌是电子论坛的扩大化。电子公告

---

① 刘本军、魏文胜:《历史回顾:究竟谁是E-mail之父》,《中国电脑教育报》2005年第19期;李刚:《电子邮件发展史》,《中国计算机报》2005年第66期;《电子邮件简述》,中国科学院邮件系统帮助中心,http://mail.cstnet.cn/cstnet/help/mail_information.html#1。

② [美]马科斯·弗里德里:《在线游戏互动性理论》,陈宗斌译,清华大学出版社2006年版,第2—9页;《世界网络游戏发展历程》(2005年7月20日),硅谷动力,http://www.enet.com.cn/article/2005/0720/A20050720436487.shtml,最后浏览日期:2020年8月28日。

③ 周军荣:《互联网上的电子公告牌》,《电脑》1997年第4期;徐志刚:《走进BBS》,《微电脑世界》2000年第12期。

牌能将电子论坛的用户数增加到成百上千，其使用者可以在版面上留言，也可以与同时在线的成员在版面上进行准同步互动（版聊）等，具有很强的即时性和互动性。此外，BBS版面的信息对于所有使用者而言是完全开放的，因此有更强的公众主题性。

在BBS系统中，既可以进行一对一的交流，也可以进行一对多和多对多的群体交流，还可以以站务组公告的方式进行大众传播。它的出现和发展成熟，使计算机网络中首次出现具有社区（community）意义的虚拟群体。与世界上其他国家一样，中国的BBS文化最早也是从高校开始盛行的，如水木清华BBS、北大未名BBS等。高校的BBS对学生的生活起着非常重要的影响，这些BBS的用户群主要为学生、教师及专家学者、往届毕业生等。在BBS讨论区中，包含有各类学术、艺术、技术、娱乐、情感、体育等话题的主题版面。

4. 计算机协同工作[1]

计算机协同工作的全称是"计算机支持下的协同工作"（computer-supported cooperative work，简称CSCW），是指在计算机支持的环境中，一个群体协同工作完成一项共同的任务。它的基本内涵是计算机支持下的通信、合作和协调，包括群体工作方式研究和支持群体工作的相关技术研究、应用系统的开发等部分，其主要目的是通过建立协同工作的环境，消除或减少人们在时间和空间上相互分隔的障碍，从而节省时间，提高群体工作质量和效率。

从CSCW的设计宗旨可以看出，这是一种任务导向性（task-oriented）的网络人际传播形态，具有更多的机械性。这是CSCW区别于其他网络人际传播形态的最大的不同点。通常在协同任务完成的过程中，使用者利用CSCW可以进行一对一传播，也可以进行组织传播，交流的时位特征是互动完全同步。

5. 聊天室[2]

聊天室的正式译名是"互联网中继聊天"（internet relay chat，简称IRC），它是由芬兰人雅各（Jakko Oikarinen）首创的一种网络聊天协议（IRC协议）。这种特殊的协议能够使大家连到一台或多台IRC服务器上进行聊天。IRC采用客户机/服务器（client/server）模式，能实现网络用户之间的实时会话。IRC的特点是速度非常快，并且只占用很少的宽带资源。所有用户可以在一个被称为频道（channel）的特定界面中使用对应的昵称进行公开的交谈或私密交谈。

如果说电子邮件重在联络功能、网络游戏重在娱乐功能、BBS重在话题发布与评论功能，IRC则重在社会交际功能。相比电子邮件、网络游戏、BBS等形式的网络人际传播，IRC受多媒体技术发展的影响较小，至今仍是以文字交流为主。基本框架与BBS较为相似，所以可将它看作实时版的BBS。不过IRC的信息流量较大，一般不能像BBS那样持续保存。

---

[1] 黄荣怀编著：《信息技术与教育》，北京师范大学出版社2002年版；陈敏、罗会棣：《分布式协同虚拟学习环境的交互技术》，黄荣怀主编，第六届全球华人计算机教育应用大会论文集，中央广播电视大学出版社2002年版。

[2] Mutton, P., *IRC hacks*, Cambridge, MA: O'Reilly, 2005.

6. 博客[①]

博客(blog)起源于个人主页。埃文·威廉姆斯(Evan Williams)和两个朋友创立的Blogger.com是最早提供博客发布服务的网站之一。Blogger.com为用户提供免费的服务器空间,用户不需要自己提供硬件设备,即可在互联网上拥有专属于自己的固定链接的博客空间。

博客实际上是几种网络人际传播工具中最不具有典型人际互动色彩的一种形态。博客是个人记录思想和生活的载体,可以称之为一种网络个人表达工具。基于博客的互动一般而言是异步的(访问者留言或评论,博主回复),传播对象的数量是不确定的,传播内容一般具有开放性。博主与访问者之间的人际互动是明显不对称的,这也是博客区别于其他形态的网络人际传播工具的鲜明特色。与其他网络互动工具相同的是,博客的传播符号也经历了从以文字为主到图文并茂,再到如今文字、图片、视频、音乐多样化的变迁。当然,大多数权限都限于博主享有。

7. 即时通信[②]

ICQ(I Seek You)网络寻呼软件是最早出现的即时通信(instant messaging,简称IM)工具。它被放到网上供人们免费下载使用后,短短半年下载人数就突破百万。ICQ很快演变成一种交友聊天工具。继ICQ之后,各种类似的网络寻呼软件如雨后春笋般在世界各地疯长,到2006年年底,全球使用人数达4.32亿,注册账户数达11.5亿。目前,IM的功能日益丰富,已不再是一个单纯的聊天工具,而发展成为集交流、资讯、娱乐、搜索、电子商务、办公协作和企业客户服务等为一体的综合化信息平台。

由ICQ衍生出来的中文ICQ,如CICQ、PICQ、OICQ等近年来也发展迅速。例如,近年来风行的OICQ已经超越ICQ的范畴,做到互联以及在线显示、传输等多种功能。如今,ICQ已经具有很强的一体化通信功能,它不仅仅是一个在网络空间与他人进行沟通的聊天工具,还将寻呼、手机、电子邮件、个人博客等多种通信形式集于一身。

IM是典型的同步网络人际传播的代表形式,它是一种类似电话的、具有即时沟通性质的信息传播模式。它传播的即时性,大幅提升了交流的效率,进一步满足了人与人之间在地理位置分散的情况下进行快速、低成本的联络和交流的需求。随着多媒体技术的发展,IM早已从早期的纯文字交流扩展到如今的文字、视频、语音的多渠道传播,功能上也逐渐集成电子邮件(如QQ邮箱)、博客(如QQ空间)、游戏(如QQ在线游戏)、音乐、短视频和搜索引擎等。不过,IM作为一种交流方式仍然是私密性的,其内容形式意义上仅限于参与交流的各方知晓。总体而言,IM是一种集一对一传播、小组会议式的群体传播或组织传播于一身

[①] 刘津:《博客传播》,清华大学出版社2008年版,第27—44页;方兴东、王俊秀:《博客:E时代的盗火者》,中国方正出版社2003年版。

[②] 姜伟、武金刚:《即时通讯 风雨十年》,《电脑报》2005年8月8日第31期;王瑞斌:《明天我们将怎样聊天——IM2.0的魅力和狂迷》(2007年1月18日),新浪博客,http://blog.sina.com.cn/s/blog_53f36050010006s9.html,最后浏览日期:2020年8月28日;陈锡钧:《网络即时传播软件使用者需求研究》,复旦大学博士学位论文,2007年。

的私密性同步网络人际传播形态。

(二) 新型表现方式：SNS

除了以上七种已经出现较长时间的网络人际传播技术形态之外，我们不能不注意到近年来方兴未艾的SNS社交网站的崛起，带给人们的全新社交体验。它把人际交流和传播带入一个社交网络化的新时代。

1. SNS的概念和发展历程

SNS全称为social networking services，即社会化网络服务，是指那些帮助人们建立社会化网络的互联网应用服务[1]。SNS是互联网发展过程中出现的一种新型网络服务形态，它把人们拥有的社会关系纳入互联网之中，并且根据人自身的特点和需求，依托其社会关系，重新进行信息组织和建构。

狭义的SNS，通常是指像Facebook这样的社交网站，是互联网发展过程中出现的一种新兴网站模式；而从广义上来说，博客、具有分享功能的网络相册、视频网站，甚至即时通信软件，都包含在SNS的概念中。

SNS一词的兴起，源于Facebook网站的风靡。Facebook于2004年2月4日在美国上线，截至2017年6月，Facebook已经拥有超过20亿活跃用户。它强调用户身份信息的实名化，这就使得网站成为更好地维持熟人关系的网络工具。这个网站提供的社交服务使得它在几年之内迅速成长，成为美国拥有实名注册用户最多的站点。在获得巨额投资之后，中国的SNS网站也风起云涌，出现了人人网、开心网等一大批社交网络，吸引了大批用户，其他网站也纷纷向社交方向靠拢。

2. SNS的新形态

（1）微博

微博的出现打通了移动通信网与互联网的界限，它具有网络融合时代的典型特征[2]，整合了互联网的传播优势，是博客与即时传播信息结合的一种新型互联网传播现象。2007年，微博在我国兴起，它以多样化的发布方式，快捷、广泛的即时交流特点，迎合了现代人碎片化生活背景下的心理交流需求，加上写作门槛的降低，强化了网民的参与度，在我国发展迅速。微博以单向的跟随关系，将虚拟空间的人际关系进行重新组合。它在关注与被关注中形成了独特的信息分享和流动模式，通过"@"功能、转发功能等给用户创造了一种开放的社交关系，扩展了用户之间交流的机会。

2007年之后，国内陆续出现多家微博网站，如饭否、做啥、叽歪等，其中，发展的最好，也最具典型意义的代表就是新浪微博。新浪2019年第四季度及全年财报显示，截至2019年年底，新浪微博月活跃用户数达到5.16亿，日活跃用户数达到2.22亿。新浪微博以产品的竞争力配合运营团队的宣传，通过优化渠道（扩大直播业务、新增绿洲App）、加强热点讨论（热搜

---

[1] 李翔昊编著：《SNS浪潮——拥抱社会化网络的新变革》，人民邮电出版社2010年版，第4页。
[2] 杨晓茹：《传播学视域中的微博研究》，《当代传播》2010年第2期。

榜)和社交互动(微博群)实现用户和流量的稳定增长。新浪微博在人际传播中具有用户草根化、倾诉欲望强化、媒介移动化、信息碎片化的特点,满足了任何用户在任何时间、地点交流信息的需求,使得用户原创性内容得到井喷式增长。

(2) 知乎

相较于微博,知乎是一种新型的社会化问答网站,它于2011年1月问世,以知识分享为主要传播目标,首页上的口号是"与世界分享你的知识、经验和见解"。不同于百度知道、雅虎问答或新浪爱问这类传统的问答网站,知乎更像是网络社区,以关系社区的形式帮助用户找到更好的问题和答案,用户在社区内不仅可以提问或回答,还可以关注其他用户、问题和话题,从不同维度发现优质内容[①]。

与传统问答网站不同,知乎不局限于传播知识,分享与互动也是知乎非常重要的两个板块,用户在关注话题的同时还可以点赞、评论、转发、收藏,也可以对某些问题进行回答,根据阅读者的评论效果和相关领域意见领袖的认同与否,该用户甚至可以成为新的话题意见领袖,获得较高的传播影响力。

(3) 豆瓣

豆瓣是一个社区网站,由杨勃于2005年3月6日创立,起初是以书籍、影片和音乐分享为主的网站。豆瓣是典型的web 2.0网站,主体内容都是由用户提供,这种用户生产内容的模式很好地激发了用户的积极性。在网状结构的SNS网络社区中,用户不是被圈定在某一个论坛或小组里,而是从彼此的共同属性出发,多线索地编织起自己的人际网络,最终有机组合成一个个虚拟社群[②]。

豆瓣也是在web 2.0时代中最具特色和社会资本的网站,它拥有的独特的亚文化群体是与微博、知乎最大的不同之处。同时拥有小众兴趣爱好的用户在豆瓣社区相互结识,逐渐形成一个虚拟社群,由社群中的意见领袖建立小组,通过豆瓣社区的推荐算法吸引更多趣味相投的用户加入。"互联网真正释放的是那些不遗余力创造和展现个人趣味的人。"[③]原本孤芳自赏的亚文化在豆瓣有了栖息之地,并且逐渐成为豆瓣社区的中坚力量。

3. SNS背后的黄金法则[④]

(1) 六度分隔理论

社交网站用户数量的迅速崛起,依靠的是用户自身关系网络的传播。著名的六度分割理论,被看作是社交网站存在和发展的理论基础。不管是MySpace还是Facebook,最开始都是依靠相互之间的介绍,让现实中的好友都来注册,结成网络中的好友关系。

互联网的盛行,更好地证明了六度分割的现实性。微软研究人员过滤出2006年某个月份的MSN短信,利用18 000万名使用者的约300亿通信信息进行比对。结果发现,任何使

[①] 王秀丽:《网络社区意见领袖影响机制研究——以社会化问答社区"知乎"为例》,《国际新闻界》2014年第9期。
[②] 蔡骐、黄瑶瑛:《SNS网络社区中的亚文化传播——以豆瓣网为例进行分析》,《当代传播》2011年第1期。
[③] 胡尧熙:《网络塑造小众时代》,《新周刊》2007年第9期。
[④] 李翔昊编著:《SNS浪潮——拥抱社会化网络的新变革》,人民邮电出版社2010年版,第61—65页。

用者只要通过平均6.6人就可以和全数据库的1 800亿组配对产生关联,约87%的使用者在7次以内可以建立联系。社交网站将人际关系网络从线下的现实社会生活之中,转移到网站之上,并且在用户之间快速地相互影响和传播。社交网站成功地实践了六度分隔理论,并且取得了惊人的增长。

(2) 神奇的邓巴数字

1998年,人类学家罗宾·邓巴(Robin Dunbar)指出,每个人一次所认识的人的数量有一个上限。邓巴的理论认为,猿类和人类的大脑都只能处理有限数量的梳理关系,猿类群体的数量往往不超过55名成员。由于人类大脑容量比猿类大,邓巴计算得出,我们的最大社交关系数量也会多一些,平均在150人左右。事实的确如此,心理学研究已经证实,人类群体在达到150人左右时就会自然减缓增长,因此,150又被称为邓巴数字。

邓巴数字随着通信技术的发展而有所增加,但其增长依然缓慢。即使拥有IM这样的网络通信工具,即时沟通依然占据较长的时间,人的社交关系也因此受到局限。

(3) 弱联系社交

Facebook这样的社交网站的出现,让用户可以拥有更多的精力来处理社会关系中的弱联系。弱联系(weak ties)一般是指关系一般的熟人、了解不太多的朋友等。在社交网站出现之前,这类点头之交的朋友通常会很快消失于你的生活意识之外。而现在,一旦在社交网站上建立了好友关系,用户在网站上发布的每一条消息,好友都可以接收到。通过这样的方式,用户可以更多地了解那些曾有过一面之缘的好友的些许信息,并且通过社交网站进行随意的评论和交流。

Facebook的新闻推送(News Feeds)功能,提供了好友动态的信息聚合,提高了用户处理弱联系的效率,使得用户在不多的时间内,可以与更多的好友进行较弱形式的沟通和维持联系,从而使得邓巴数字超过以往。

弱联系的增多,会给用户带来更大的收益。社会学家很早就发现,弱联系能极大地增强你解决问题的能力。例如,你正在求职并向好友们求助,但他们可能帮不上多大的忙,因为他们手中并没有多少你不知道的线索。这时候,反倒是在关系网中距离你较远的熟人会有用得多,因为他们的触手伸得更远,而他们与你的交情也足以使他们愿意为你提供有用的帮助。

(4) SNS社交网络的功能[①]

社交网络功能无疑是SNS网站最具威力的功能,它能实现在一台服务器上让多人一起工作、交流和娱乐的需要。它的功能日益完善,涵盖从个体导向到群体导向,从简单的通信到群体的网络协同作业的全面功能。

第一,它促使虚拟社会与物理世界相通。有学者认为,在现实社会与虚拟社会之间存在着"虚拟实在与物理实在的差异与不可通约性"。例如,网络人际传播的匿名性,会使个体

---

① 熊向群:《SNS:网络人际传播的现实化回归》,《河北大学学报(哲学社会科学版)》2006年第2期;熊向群:《Web2.0时代的网络传播》,《河北大学学报(哲学社会科学版)》2006年第1期。

的网络表现与他在物理世界的表现大相径庭；网络人际传播的偶然性，会使萍水相逢的交流对象缺乏信任等，造成人际交往的效率低下、广种薄收。

SNS的出现真正动摇了物理实在与虚拟社会之间存在的不可通约性。SNS的价值来源于真实性。在web 1.0或门户时代，用户常常只是一个ID符号，而基于web 2.0的SNS却能以拓展用户的真实交际圈为特色，使用户以鲜活的姿态出现，每个会员都会有详细的真实信息，每个人都能轻而易举地找到对方的信息。

SNS以现实社会关系为基础，模拟或重建现实社会的人际关系网络，力求回归现实中的人际传播。网络化社区可以模拟真正的社会群体。在这里，工作、感情和现实的生活紧密相连，相互之间传达的信息真且可靠，并且付诸真实的思维和行动，从而成为真实生活中的一部分。可以说，整个物理实在已经或正在被虚拟化。这种虚拟实在正成为眼下社会的本身，网络生活和现实生活渐趋融为一体。

第二，SNS使得人际关系网络化。在SNS技术结构中，中心的意义被大大弱化，甚至完全消解，去中心化的特点得到更为充分的体现，网络传播结构的扁平化特点也会进一步凸显。SNS由若干个节点，即人组成。人们应用技术的同时会自然地愿意分享和交换，愿意透过值得信任的节点相互连接。这些点就是各种信息的来源。通过不同参与者的信息收集和快速分享传播，参与者通过SNS告知和被告知、说服和被说服。

"部落化→非部落化→重新部落化"，这是麦克卢汉的一个著名公式。人们曾经在部落化时代，面对面地进行口耳交流，而现代化的发展使人类锁进了各自的"盒子"，不知道隔壁住的是男是女，成为现代人的常态。SNS的出现使人类重新部落化，但不再以居住地为纽带，而是以职业、爱好等各自真实的面貌聚集成不同的"部落"。人们终于又回到个人对个人真实交往的形态，这也显示了人们对于回归真实人际交流的内在需求与渴望。因此，在某种意义上，SNS传播模式是网络人际传播向传统人际传播的回归。

五、网络人际传播的功能

在《传播学教程》一书中，郭庆光将人们寻求人际传播的动机分为四个方面：其一，获得与生产、生活和社会生活有关的信息，从而进行环境适应决策；其二，建立社会协作关系；其三，自我认知和相互认知；其四，满足人的精神和心理需求。

我们可以从这一理论出发，解读网络人际传播的功能。据此，我们把网络人际传播的功能归纳为实现新的自我认知、获得知识和经验、满足情感需要。

（一）实现新的自我认知

人际传播过程就是通过表露自己的某些状况，获取他人对自己的评价，从而得到更加扎实可靠的自我意识的过程。在现实生活中，迫于世俗和道德的约束，我们经常要压抑自己叛逆的个性，不能完全真实地展示自我。网络提供了丰富多彩的机会，不仅可以在聊天的时候展示自己的渊博学识，还可以展示自己平时被压抑的次要个性，展示个性的第二面，形成对自己新的认识。

在网络人际传播中每个人都有自己的代号,有些使用者经常会在代号以外帮自己取个昵称,或者签名等。在与其他代号固定且长期的互动或信息交流中,塑造这个代号的特性。因此,每个代号渐渐地有了自己的身份认同与人格特质。

从某种意义上讲,互联网人际传播中的人际关系是一种基于化名的人际关系。

在互联网传播中,人们以一个新的自我与他人进行互动。互联网传播过程中呈现出来的自我,往往是自己所期待的,但在真实世界中,由于受到既有生命历程及社会关系的羁绊而无法如愿实现的那一个自我。当然,个人也可以用与真实世界完全一致的身份出现。但就互联网使用者习惯运用代号、昵称、签名、名片档来凸显自己的特色这一行为而言,实际上,使用者往往是利用这些信息塑造自己在互联网传播上的人格。

(二) 获得知识和经验

人的生命、经历和交往范围都有限,但是世界是无限的。我们显然不能靠事必躬亲去点点滴滴积累经验。人们总是乐于从他人的发展中汲取有益的启示,这在网络时代有更宽泛的意义。网络中的人际传播能让参与者感受来自地球各个角落、各个年龄层次和各个专业领域的人对人生与世界的认识,真正实现博采众长、取长补短,从而不断地提高和完善自身。

(三) 满足情感需要

人际传播的一个重要作用就是满足人的情感需要。对于互联网使用者而言,看似整天面对的是冰冷的电脑,无法宣泄自己的情感,实际上网民们通过互联网更快速地找到情感倾诉对象。在互联网传播中,人们可以通过各式各样的情感满足来调节情绪状态,形成一定的心理氛围,从而能够按自己的意愿生活。

网络交往的广泛性,使人们能够与世界各地的人成为网友,实现朋友满天下,在数秒之内找到多年挚友般的倾心感受,而免去彼此的客套、试探、戒备和情感道义责任。网络给人们提供结交更多朋友的机会,通过与这些朋友的沟通与交流,满足自己的社交需求。这在一定程度上弥补了现实都市生活中人际关系的冷漠和缺失。

网络交往为当代社会的人们提供了快捷便利而又自由的交际方式,是人们排解孤独的好途径,是人们倾诉和宣泄的良好渠道。网络上的这种倾诉会使人一身轻松,有助于缓解压力,放松心情。

六、网络人际传播的演变趋势

罗杰·菲德勒(Roger Fidler)在《媒介形态变化:认识新媒介》一书中强调,媒介技术的发展,会直接影响21世纪初人际交往的状况[①]。以电脑为媒介的互联网络最终成为个人的延

---

① 黄少华、陈文江主编:《重塑自我的游戏——网络空间的人际交往》,兰州大学出版社2002年版,第58—68页。

伸,现实世界与虚拟世界之间的界线将随之消解。互联网将成为人类展开社会生活与人际交往的无形背景,通过网络的人际交往将成为人们日常生活不可分割的一部分,未来的人际交往将几乎完全架构在网络空间之上。

近年来,随着科学技术的发展,媒体更新换代的周期日益缩短,人际传播的方式也随之发生这样或者那样的变化,这就要求传播学者能够紧跟发展的节奏,对于新的传播形式进行深入的分析和挖掘。

一般而言,传播模式包含以下几个方面的指标:公开性/私密性、传播形态、传播时位、互动对称性、传播符号、主要传播功能[1]。前文所提的七种网络人际传播技术的传播特点如表8-2所示。

表8-2 七种网络人际传播技术形态的传播模式特点

	公开性/私密性	传播形态	传播时位	互动对称性	传播符号	主要传播功能
电子邮件	私密	一对一 一对多	异步	对称	文字、图片	联络
网络游戏	公开	均可	同步	对称	文字、视频、音频	娱乐
电子公告牌系统	公开	均可	准同步	对称	以文字为主	消息发布
计算机协同工作	公开	均可	同步	对称	文字、图片、视频、音频	任务
聊天室	公开	均可	同步	对称	文字	社交
博客	公开	一对一 一对多	准同步	非对称	文字、图片、视频、音频	自我表达
即时通信	私密	均可	同步	对称	文字、图片、视频、音频	联络、社交

资料来源:张放,《虚幻与真实——网络人际传播中的印象形成研究》,中国社会科学出版社2010年版,第60—64页。

从表8-2中,我们可以尝试归纳出网络人际传播模式发展演变的几大趋势。

1. 公开性/私密性,以及同步/准同步/异步的网络人际传播技术并行不悖、齐头并进

这一趋势所描述的情形是指,具有公开性的网络人际传播技术在发展演变的过程中,没有逐渐被私密性的技术取代;反之亦然。从使用与满足理论的角度来看,其背后的动力非常明显,就是传播技术的使用者既有与他人或群体公开交流的需要,也有私下交流的需要。不同私密性程度的多样性网络人际传播技术的同时存在,传播的公开性与私密性,传播技术异步、准同步、完全同步等多样化的时位特征,在发展演变的过程中按照自身的轨道前进。

电子邮件历经近40年发展仍然采用异步方式;网络游戏也保持同步传播的形态;BBS和博客的发展历史一长一短,然而准同步传播始终是准同步传播。显然,这样的特征沿革也

---

[1] 张放:《虚幻与真实——网络人际传播中的印象形成研究》,中国社会科学出版社2010年版,第60—64页。

是基于网络人际传播技术使用者需要的多元化：异步传播侧重于内容存储的便利性和提取时间的灵活性，便于使用者在方便的时候查看；同步传播可以强化使用者的会话感，提高交流的效率；准同步传播的内容则介于异步与同步之间，既具有前者的优点，也能够在一定程度上提高交流的效率。可以预见，无论网络传播技术在未来怎样发展，公开性与私密性，以及不同传播时位的差异一定会继续存在下去。

2. 一对一传播、群体传播与组织传播，乃至大众传播等各种传播形态相互集成

这是一个相对较为明显的趋势，即传播技术都逐渐走向多种传播形态的相互集成。出现这一趋势的主要原因在于，无论是何种网络传播技术，其发展方向都是无限逼近面对面传播这一种所谓的"最佳"传播形态，而现实生活中的面对面传播总是可以根据需要选择不同的传播形态。这实际上也从侧面凸显了网络媒介技术仿真现实的发展趋势。所有的网络传播技术都在朝着集成并能自由切换各种传播形态的方向发展。

3. 从单一的文字符号体系向以文字为主，图片、视频、音频相结合的多元传播符号体系演变

早期的计算机操作系统界面都非常简陋，只能以英文单词和一些符号作为传播符号，称为字符。过于简单的传播符号体系很难传达人的情感，不能满足人的固有需要。这就促使网络人际传播的方式向能够满足人们交际需要的方向发展。因此，计算机的传播符号系统一直处于一种不断多元化、仿真化的演进之中。从最初的单一文字符号，到文字、图形符号结合，再到各种视频与音频格式的出现，最终形成一个更加直观、更容易为使用者所掌握的多元并行的传播符号体系。多媒体技术是当今信息技术领域发展最快、最活跃的技术，成为新一代电子技术发展和竞争的焦点。

不过，就目前多媒体技术的发展水平而言，虽然实现了历史的飞跃，但仍然以视听符号为主，尚未达到能充分调动人类全部感官功能的完全模拟仿真水平。可以预见，在强大的需求的推动下，多媒体技术还将发展得更快、更远。

4. 传播功能的不断细化与相互融合

一方面，各种网络人际传播技术的主要功能越来越呈现出差异化的趋势。电子邮件可以低成本、低耗时地传输文本和其他文件，凸显出通信联络的功能；网络游戏让使用者体验到越来越多的乐趣，显现的是娱乐功能；BBS既便于保存讯息，又能实现准同步互动，是讯息公开发布、评论和探讨的最佳平台；计算机协同工作能够促使使用者的业务合作达到更高的效率；聊天室则是通过互联网结识陌生人的理想渠道，社交是其最主要的功能；博客是一个自我表达的空间；即时通信可以让使用者与远在千里之外的朋友保持联系。这些传播技术都有一个自身最为侧重的功能，而且这一功能是其他传播技术无法替代的。随着网络传播技术的进一步发展，可实现的传播功能将呈现分化的趋势，会针对具体的需要越来越细致。

另一方面，各种网络传播技术之间出现了相互融合的趋势。例如，如今，绝大多数BBS同时兼有即时通信的功能，ID之间可以通过BBS附带的即时通信工具进行即时交流；而专门的即时通信服务大多数也绑定了电子邮箱和博客，并且拥有自己的个人媒体。需要注意

的是，这样的融合只是实现不同功能的各种传播技术之间的互相绑定和集成。对于某一种网络传播技术而言，功能呈现出细化的趋势；但对于具体的网络传播系统、软件或服务而言，功能又呈现出融合的趋势。

第四节　手机人际传播

一、手机人际传播的概念

在人际传播的历程中，媒介的每一次进化，都带来了传播世界的革命性变革。手机应该是目前最受人关注的新兴媒体之一。手机最原始是作为人与人间的通信工具而存在的。手机打破了传统人际传播的时空局限，实现了非同一地点的对象间的即时传播，真正做到了信息收发一体化。手机人际传播将会在很大程度上作为传统人际传播的补充和延伸，成为新兴的，也是最为普遍的一种人际传播方式。

我们可以尝试对手机人际传播下定义：手机人际传播是指让你与他人借助手机这一有形实体进行的非面对面的传递信息与交流情感的传播活动。

我们可以从通话向度和短信向度上分别来理解手机这一特殊的人际传播媒介[①]。

在通话向度上，手机做到了信息获取和信息表达在移动中的合一，视觉信息和听觉信息发送与接收的合一。手机媒介将人类在传播历程上追求的传播方式和传播符号系统都集于一身，使得人类社会的传播回归人际性，实现了更高层次的"重新部落化"，这既是人际传播这一本质需要的回归，也是一种升华。

在短信向度上，短信的出现让人期冀传播的意义从单纯的信息传递向着媒介玩具化、娱乐化的方向发展，人际关系也因此在一种更为轻松的氛围里协调发展。短信功能是指普通短信服务、增强型短信服务和多媒体短信服务。短信对于传播意义的改变还在于人际传播的社会影响力得到空前的膨胀，此时的人际传播更符合传统人际传播意义的范畴，也大大拓展了人际传播的现实意义。

二、手机人际传播的特点

手机的传播学特性建立在手机的技术特性之上。手机与过去的媒介形态相比具有四点显著的技术特性。第一，手机具有高度的便携性，相比笨重的"大哥大"，现今的手机机身小巧，平均100—200克，便于携带。第二，手机具有移动性，把人从机器和紧闭的室内解放出来，将说话与走路、生产与消费结合起来。第三，手机呈现出贴身性，在现代社会中，手机已

[①] 黄瑞玲、肖尧中：《现代人际传播视野中的手机传播研究》，吉林大学出版社2010年版，第41—54页。

经和人们形影不离，成为人们工作生活中必不可少的一部分。第四，手机还拥有渗透性，它已经遍布各行各业人们的生活工作当中，上至国家政要，下至平民百姓，手机都如影随形，成为大众化的符号。

总体而言，手机人际传播有四个特点。

第一，手机人际传播拥有多样化的介质，而且各种介质之间彼此共存。由于手机具有特殊的技术性能，它恰好能承载物理世界中出现的大部分传播介质，如文字、图片、语音信息和多媒体信息，因此，手机与人际传播相互结合可以说是天作之合。

第二，手机人际传播中的交流更为直接、集中，传播过程中信息冗余度低。相比传统的人际传播方式，手机的信息长度变短、信息含量提高，因而主题倾向性较为明显，话题内容集中，讨论开展范围也相对有限，有效传播的比例较高。

第三，手机具备多元化、立体化、多媒体形态的技术手段。用户既可以单纯地通过语音通话或者纯文本短信进行声音或文字的交流，更可以选择多元化的交往方式，例如结合视频片段传输动态图片等，进行多角度、多层面的信息交流。

第四，手机人际传播不受时空所限，反馈即时。只要保证信号通畅，就算是身在上海的家中，也可以给身在美国的朋友打电话或是发信息。同时，传受双方可以同步参与整个信息传播活动，即时进行反馈。

三、手机人际传播的发展轨迹

1973年4月，被称为"手机之父"的马蒂·库珀（Marty Cooper）与他的团队设计出世界上第一部移动电话，使得人与人之间的传播时间和空间的裂隙得到充分弥合，使得随时随地拓展和维系人际关系成为可能。

从手机登上历史舞台至今，其发展已经经历四代，甚至正在迈向第五代。第一代，即1G（"G"是"generation"的缩写）手机，在中国也被称为"大哥大"。20世纪80年代，第二代，即2G手机面世。它体形小、携带方便，而且采用数字信号技术，信号覆盖更广泛，信号接收更稳定。第三代，即3G手机，采用的是将无线通信、互联网和多媒体通信结合的新一代移动通信技术，对手机信号采用智能处理，真正支持网络的无缝连接，拥有真正高速的传输速率，此外，还拥有较高的频谱利用率。第四代，即4G手机，如今已经在大众中普及。它的兼容性更好，多模多频是标配；传输速率更快，达到主流3G速度的10倍以上；网络频谱更宽，无线网络时延降低，达到移动人际传播的最高阶段。随着5G手机的面世，传输速率还将进一步提高。

如今，手机的通话、短信、增值业务、无线传输功能、多媒体功能等，深刻影响着新时期人际传播的发展进程。手机媒体做到信息收发端口的一体化，真正实现了人际传播的即时与互动，用户可以在交流过程中随心所欲地进行角色转换。作为一种通信工具，手机对人际传播具有深远的影响。

尽管手机在中国的起步晚于国外十几年，但近年来中国手机在国民中的普及应用也达到前所未有的高度。1987年,中国移动通信运营业引进第一套移动通信设备,用户数量仅有700户。1999年1月,中国手机用户数为2 448.1万户。2005年1月,统计显示,这个数字增加到33 979.6万户,增长了大约14倍。此后,中国手机用户数以每月约500万户的速度激增。2018年,我国净增移动电话用户达到1.49亿户,总数达到15.7亿户[①]。

工信部的数据显示,2019年,我国总体手机应用发展状况良好。在诸多手机应用中,沟通类应用与信息获取类应用领先发展,娱乐类应用正在高速发展,而商务类应用发展相对缓慢(见表8-3)。

表8-3 2018—2019年我国手机网民的网络应用分布情况

应用	2019年6月		2018年12月		半年增长率
	用户规模(万)	网民使用率	用户规模(万)	网民使用率	
手机即时通信	82 069	96.9%	78 029	95.5%	5.2%
手机搜索	66 202	78.2%	65 396	80.0%	1.2%
手机网络新闻	66 020	78.0%	65 286	79.9%	1.1%
手机网络购物	62 181	73.4%	59 191	72.5%	5.1%
手机网络支付	62 127	73.4%	58 339	71.4%	6.5%
手机网络音乐	58 497	69.1%	55 296	67.7%	5.8%
手机网络游戏	46 756	55.2%	45 879	56.2%	1.9%
手机网络文学	43 544	51.4%	41 017	50.2%	6.2%
手机网上订外卖	41 744	49.3%	39 708	48.6%	5.1%
手机在线教育课程	19 946	23.6%	19 416	23.8%	2.7%

资料来源:中国互联网络信息中心,第44次《中国互联网络发展状况统计报告》,2019年8月30日。

四、手机人际传播的动机

(一)获取工具性社会资本

法国社会学家皮埃尔·布尔迪厄(Pierre Bourdieu)在《文化资本与社会炼金术》一书中指出,工具性社会资本是利用社会网络得到的可以加以利用的社会资源,而人们的社会网络又是靠社会个体生产和再生产出来的。

获取工具性资本的动机突出表现在与自己有着弱社会关系的人身上。在大多数情况下,你不会把这类人当作情感交流的对象,仅通过手机人际传播维持或提高双方的关系状

[①]《工信部报告:2018年我国手机用户总数达15.7亿》(2019年3月27日),搜狐网,https://www.sohu.com/a/304260077_120055260,最后浏览日期:2020年8月28日。

态。当然,这种关系随着手机人际传播高频率的互动和现实互动的跟进,有可能转变为强社会关系。

1970年,美国社会学家马克·格兰诺维特(Mark Granovetter)提出强关系与弱关系一说。他认为,强关系现象指的是在传统社会中,与每个人接触最多的就是自己的亲人朋友;同时存在更为广泛的是弱关系。在他看来,强弱关系需要从四个维度加以考量:一是互动的频率,二是感情力量,三是亲密程度,四是互惠交换。

美国另一位社会学家詹姆斯·S.科尔曼(James S. Coleman)认为,社会组织构成社会资本,社会资本为人们实现特定目标提供便利。如果没有社会资本,目标难以实现或必得付出极高的代价。工具性社会资本的功用主要体现在获取有用的信息、促成社会性资源交换和形成个人的声望三个方面。

(二)获取情感性社会资本

在现代社会中,每个人都在感受着快节奏带来的工作生活压力,人与人之间虽然近在咫尺,却无法走进对方的心灵。手机沟通的随意性使得个体身处一个时空却随时能与另一个时空发生联系,增加了人的个体性,使人能够有更多的空间满足情感的需要。现代人通过手机短信获得情感性社会资本的对象一般是亲朋好友,即与自身有着强社会关系的人。

总之,手机的人际传播动机可以依托传播内容和你与对方的关系,总体分为两种——获取工具性社会资本和获取情感性社会资本。当然,这是基于你与对方之间关系的总体情况而言的,细化到每条短信、每次手机通话则需要具体分析。

五、手机人际传播的表现方式

(一)手机通话和手机短信

作为一种人际传播工具,通话传播和短信传播是手机人际传播的两种表现形态。因此,手机人际传播可以细化为手机语音人际传播和手机短信人际传播,这两者具备不同的独特个性。

1.手机通话人际传播

手机最初的功能是对电话无法即时接听的修补,弱化了面对面传播的空间性限制,语音交流是通过手机完成人际沟通的基本形式。手机语音人际传播具有以听说为主、双向互动型传播、突破场域限制、内容私密等特点。

第一,信息传播以听和说为主要形式进行,语音成为沟通中的最重要因素。这种传播方式最大的特点在于,传播过程中信息冗余程度较小,信息传播的准确性得到有效提高。传受双方都能够收发高保真度的语音信息,更加有利于构建两者间完整的传播情境。

第二,手机语音传播是一种双向互动式的传播过程。参与通话的任何一方都可以随即调整谈话的内容,并且根据自身需要,对接下来的内容和话题做出调整。这种方式下的信息反馈也是即时性的,人们可以即时掌握此刻对方的心理状态、态度和情绪。这样的双向互动性有利于促进双方情感和思维的进一步沟通,获得良好的传播效果。

第三,语音传播一定程度上打破了传播场域的限制,是面对面人际传播方式的有效延伸和发展。不受时空所限,这是手机传播的共有特点。

第四,手机语音传播的文本表现为有声语言,其内容与机主的关系密不可分,具有私密性,充满感情色彩。由于语音交流是其主要功能,故而手机表现出个人化的媒体的特质,带有鲜明的个人色彩。在手机语音的相互传递中,承载着喜怒哀乐、丰富的情感律动,这让冷冰冰的传播机器带有浓厚的人情味①。

2. 手机短信人际传播

手机短信是语音通话形式的有机补充和进一步延伸,已经成为又一种重要的手机人际传播模式,它同样具有双向互动的特质。除此之外,与传统人际关系相比,短信人际关系的"新"体现在对传统关系的延伸、补充和部分重组,并非完全改变。

倪桓在《手机短信传播心理探析》一书中,将手机短信人际关系传播的特质分为两个部分进行阐释。

第一,手机短信人际关系传播具有四种特质:一是移动性,手机的便携性和移动网络的全覆盖特点使得人们可以随时随地不受限制地进行交流;二是去现场性,副语言线索的消失、视觉的隐匿和情境的不可知性都让手机短信的传播更脱离现场;三是私密性,短信人际传播是一种无声的传播方式,无声传播使双方避免信息泄露,同时避免声音对他人的干扰,而且手机屏幕较小,短信内容只能被使用者看到,隐蔽性很强;四是手机短信是可控的异步交流,短信传播具有延时性,给传播主体更多的选择性。

第二,手机短信人际关系传播还具备六点新特质。

(1) 短信交往情境的超时空性

手机短信超越空间传递信息,在一定程度上降低了传受双方由于阶层、身份地位等方面的差异所带来的紧张不安和焦虑,更有利于真实全面地自我表达,使短信交往者获得最大限度的交往自由,第一次真正实现随时随地的交流梦想。

(2) 短信交往主体的去社会性

短信交往跨越血缘、地缘、业缘的界限,使原本存在于现实中的规范和秩序失去作用,为短信交往者寻求逾越社会规范提供了大量机会,其弱规范性必然导致短信交往者失范现象的普遍滋长,从而进一步加深交往主体的去社会倾向。

(3) 短信交往中介的符号化

手机短信是以文字为主的传播,虽然现在的手机短信可以传输图像、音频、视频等,但这些符号的传输受到手机功能及技术层面的限制,换言之,手机短信还是以文字为主要的传播载体。一方面,短信交往的纯文本表达可能使人际交流的内容产生特定氛围,随时随地构筑文学化、诗意化的氛围,而其他交流方式不是代价高昂就是无从下手;另一方面,过度的符

---

① 王燕星:《试论人际传播视阈中的手机媒体》,《西昌学院学报(社会科学版)》2011年第3期。

号化交往势必导致人的主体性的丧失,从而最终导致现实人际关系的疏离。

（4）短信交往角色的半虚拟化

现实社会人际交往所依附的特定时空位置在短信交往中被电子空间所取代,使得短信交往的角色扮演带有一种半虚拟化的特质。之所以说半虚拟化,是因为短信交往一般基于现实社会交往基础,在相识的人之间进行,因此可以称作一种半虚拟化的交往。角色的半虚拟化使短信交往双方处于相对平等、无直接利害冲突的位置,但无法获得现实交往中的整体感与连贯性。

（5）短信交往过程的选择性

短信交往便捷自由的交往方式为使用者提供了将交往进行到何种程度的选择:个人可以根据自己的需要和喜好与他人建立某种关系,也可以根据自己的情感好恶相对方便地退出这种关系,所花的精力很少。但是,短信交往无法形成类似于现实的人际关系网络,交往双方无法得到整个人际关系网络的有效约束,因而短信关系具有一定的随意性和不稳定性。

（6）短信交往对象的多情境切换

与现实人际交往不同的是,短信交往双方没有物理空间转换的障碍,能够同时进行两种以上的交流。换言之,短信人际交往使得交流变得可以在私下进行。短信主体可以同时与多个对象聊天,在同一时刻下,在不同的交流情境中面对不同的交流对象。与某些交流对象交流时,他显示的是自己开朗的一面,与另外一些对象交流时,他可能更多地展示出消极的一面。

另外,手机短信的记录功能让它比面对面传播和电话传播的保存性好;因为是无线移动,手机短信用户可以最大限度地利用自己的零碎时间进行交流;充足的回复时间,为传播者谨慎而确切地编辑、修改提供了可能,减缓了面对面传播和电话传播中不稳定的情绪因素,使交往更为理性。

（二）手机即时通信

除了传统的通话和短信息的收发,目前手机人际传播的最近进展是手机即时通信软件,即移动即时通信工具的流行。

手机即时通信软件的概念其实是从网络即时通信软件借鉴而来,指的是安装在手机终端上,能够通过网络快速发送语音短信、视频、图片和文字,支持多人群聊的手机聊天软件。这类软件的基本功能是提供免费的语音对讲、图文短信发送、多人群聊等。

在国外,以Twitter、KIK Messenger、WhatsApp等为代表的新一代移动即时通信工具,因其简洁、快速、免费等优势正席卷全球。以KIK为例,这是一款功能简单到极致的跨平台即时通信软件,它在欧美迅速蹿红,可基于本地通讯录直接建立与联系人的连接,并且在此基础上实现免费短信聊天、来电大头贴、个人状态同步等功能[①]。

---

① 贾富:《今天你"短信"了吗?》,《互联网天地》2011年第7期。

这让国内的互联网企业看到了商机,很多企业都推出自己的移动即时通信产品。在迅速推出自己全新的手机端即时通信服务的队伍中,既有腾讯、中国移动等老牌即时通信厂商,也有过去从未涉及即时通信领域的互联网巨头,如盛大、开心、阿里巴巴,同时还有众多互联网创业团队,如小米科技、个信等①。2010年12月末,小米科技公司推出一款名叫"米聊"的产品,上线半年多,注册用户超过200万;2011年1月21日,腾讯正式发布微信;同年4月11日,盛大移动即时通信软件"Youni"正式发布……一时之间,移动即时通信软件呈现百花齐放的格局。

1. 具有代表性的手机即时通信软件

中国曾经红极一时的和现有的几款主要的手机即时通信软件有:腾讯的微信和QQ、中国移动的飞聊、小米的米聊、个信互动的个信、中国联通的沃友和中国电信的翼聊等。这些不同公司推出的移动即时通信工具在界面和功能上都有各自不同的特点②。

(1) 米聊

国内最早推出基于用户通讯录的第三方聊天软件是米聊,它是小米科技出品的一款跨iOS、Android、Symbian平台的手机免费即时通信工具。用户通过手机网络(Wi-Fi、3G、GPRS)与自己的米聊联系人进行免费的实时的信息沟通,包含文字、语音及图片。

(2) 移动飞信

飞信是中国移动推出的基于中国移动手机用户的即时通信产品。其最大的特点是与运营商服务实现无缝整合,无论好友是否注册飞信服务、是否使用飞信客户端,都能方便地进行短信和语音沟通。得益于其运营商的天然背景,移动飞信在使用时具有相当大的灵活性,资费也相当优惠。

(3) 腾讯微信

微信是腾讯推出的一款KIK类的快捷发送文字和照片的手机聊天软件。用户可以通过微信免费给自己的好友发送短信和彩信,所有消息都通过移动网络发送,无需单独的费用。微信最大的优势在于其与腾讯QQ的互动,用户可以直接使用自己的QQ号登录微信,并且可以方便地邀请自己QQ好友加入微信。此外,微信也支持好友搜索、短信邀请、邮件邀请等功能。

(4) 腾讯QQ

腾讯QQ是一款基于互联网的即时通信软件,至今已经覆盖Windows、Android、iOS等多种主流平台。以一只戴着红色围巾的小企鹅为标志,它支持在线聊天、视频通话、面对面无网传输文件、共享文件、网络硬盘、QQ邮箱等多种功能,并且可以与多种通信终端相连。QQ的好友动态是一个实时分享的网络空间,用户可以发表含有文字、图片、视频等形式的动态,与QQ好友通过点赞、评论、转发等活动进行互动,还可以发表个人日志、相册,制作情侣空间等,一系列个性化分享模式受到广大网友的青睐。

---

① 贾富:《今天你"短信"了吗?》,《互联网天地》2011年第7期。
②《即时通信的移动变革》,中文业界资讯站,http://www.cnbeta.com/articles/142041.htm,2011年5月6日。

2. 移动即时通信工具崛起的历史必然性[①]

第一，移动即时通信的发展源于移动互联网的兴起。没有移动互联网，就没有移动即时通信。人们不必坐在电脑前才能完成任务，而是拿着一个移动终端在街上也可以办公。移动电子商务也是移动互联网时代的一个必然产物。

第二，移动即时通信的发展是因为用户需求强烈。手机用户，尤其是中国手机用户很喜欢发短信。在年轻的人群里，一个月的手机费用里短信费用可能占一大半。人们对跨平台的且开放的应用，对免费、可移动、可推送的移动即时通信都有着强烈的需求。

第三，移动即时通信的发展受益于智能手机的普及。智能手机，尤其是 iPhone 和 Android 系列手机的出现，让移动即时通信踏上一个新台阶。黑莓是第一个做移动即时通信业务的公司，但它始终没有将市场做大，直到 iPhone 的出现，App Store 的出现，才有更多的厂商投入移动即时通信服务中去。

第四，移动即时通信的发展也是基于社交网络关系的已有基础。社交网络，像 Facebook、Twitter 的崛起，对移动即时通信的发展功不可没。现有的移动即时通信大多数都不是重新构建社会关系的，这些服务利用用户原有的社交关系，如手机联系人、Facebook 联系人、Twitter 关注者等，导入用户原有的社交关系，让移动即时通信更加方便。

3. 手机即时通信与传统通信模式的区别

从目前比较成功的新型即时通信应用中，我们可以看到一些与传统通信模式的明显区别[②]。

第一，免费。由于所有通信都通过手机网络进行传输，这类软件让用户跳过电话运营商的限制，实现近乎免费的便捷通信。当然，用户可能需要支付少量的网络流量费用。

第二，针对手机优化的轻量级应用体验。手机即时通信软件都有轻量和简洁的特点，它们的运行速度不仅快，在电池和硬件耗用上也较为节省资源，同时，多功能化发展让手机即时通信更受人喜爱。

第三，基于用户已有的社会关系。利用用户已然成熟的手机通讯录网络，以及在各大社交网络上建立起的社交关系，新型的手机即时通信软件让用户能够迅速地在新的平台上与自己所熟知的联系人建立联系，而无需像传统即时通信那样劳心费力地从头重建联系人网络。这大大降低了用户使用这些新型工具的入门成本。

（三）移动短视频

随着移动互联网的发展和4G时代的到来，网络空间不再局限于文字、图片的交互式传播，语音、视频等多媒体形式逐渐成为传播信息的重要载体。移动短视频在这样的背景下应运而生，它最先在美国出现，之后逐渐在国外流行，2013年开始中国也逐渐出现多个移动短视频App，如秒拍、微视、抖音。对于移动短视频的定义不一而足。王晓红等学者将移动短视频概述为"利用智能手机拍摄时长5—15秒的视频，可以快速编辑或美化并用于社交分

[①][②]《即时通信的移动变革》，中文业界资讯站，http://www.cnbeta.com/articles/142041.htm，2011年5月6日。

享的手机应用"。SocialBeta(社会化商业网)则将移动短视频定义为"一种视频长度以秒计数,主要依托于移动智能终端实现快速拍摄与美化编辑,可在社交媒体平台上实时分享和无缝对接的新型视频形式"。学界对于移动短视频已进行众多深入研究,研究视角包括传播效果、传播特点、发展方向、自身价值等。我们从最具代表性的移动短视频入手,探讨它的传播特点和未来发展方向。

1. 最具代表性的手机短视频软件

(1) Viddy

美国是最先发展移动短视频App的国家。2011年4月11日,Viddy正式上线。作为一个发布并分享视频的网络社区,它为用户提供了快速剪辑短小视频的功能,试图为视频交互提供精简、快速的传播平台。但由于自身定位问题,在推出后不久出现了用户增长迟滞等问题,被YouTube收购。之后,通过与YouTube、Twitter等社交平台零时差对接,重获新生。截至2012年年底,用户规模达到5 000万。

(2) Vine

2013年1月24日,国外即时通信巨头Twitter也推出了自身软件的延伸视频共享App"Vine"。截至2014年年底,注册用户数已经突破4 000万。Vine背靠Twitter,拥有巨大的用户潜力,它制作的6秒钟的迷你视频可以嵌入Twitter中作为一条状态同步分享。Vine每天的视频上传数超过4 000万,这成为它自身发展的一大优势。

(3) Instagram

继短视频领域的多个App试水后,Instagram在2013年也推出它的视频分享功能。它可以制作长达15秒的短视频,可以容纳更多的内容。得益于Instagram自身过亿的用户数,视频功能一经推出就风靡全球。2014年,它又推出延迟摄影功能Hyperlapse,让普通用户也能感受到专业摄影的美妙之处,改变了人们认识世界的方式,将人们的视线从关注自我转移至探寻外围世界中去。

(4) 秒拍

2013年8月,中国社交媒体平台新浪新增了秒拍功能,用户登录方式支持微信、QQ、新浪微博等多个账号。通过下载秒拍,用户可以拍摄10秒钟的短视频,并且同步分享至相应的社交平台。除基础的点赞、评论、转发等社交功能外,秒拍还支持本地视频的上传分享,新增了对视频添加主题、滤镜、配乐、文字等娱乐功能,使得移动短视频更加具有娱乐性质。与Vine相同,依托于新浪微博的流量,秒拍自上线以来发展速度十分惊人,如今已成为短视频行业中的重要一员。2018年,新浪着力打造短视频社区,推出多个正能量短视频活动,如金鹰节直播等,邀请名人明星加入社区,将其逐渐打造成一个短视频综合平台。

(5) 微视

腾讯微视在2013年9月28日上线。与秒拍的功能相似,它支持2—8秒的短视频拍摄,并且支持多平台的交互传播,例如腾讯微博、微信朋友圈等都是它实时对接的社交平台,具有及时、高效、快速的特点,极大地降低了用户拍摄的成本。

（6）美拍

美拍是美图公司在2014年3月初推出的短视频应用,以高颜值视频为定位,以女性用户作为目标受众,在应用发布的9个月内就吸引了超过1亿的用户数,成为全球短视频领域中发展最快的社交平台。2014年,美拍的"全民社会摇"活动成为热门话题,两周之内吸引了超过百万用户参与,在各大视频网站和美拍站内的播放量大约有2亿次。2016年1月推出"直播"功能,6月又推出"礼物系统"功能,成功将自身定位从制作短视频的软件延伸至直播、短视频兼备的多功能短视频平台。

（7）小红书

小红书是行吟信息科技有限公司在2013年6月推出的一个社区化电子商务平台,主要分为UGC模式分享社区和跨境购物平台"福利社"两个板块。它起初是以网络社区分享境外旅游购物攻略为主打,在推出后赢得众多用户的点击和浏览,从中发现了中国网民对于海外购物市场的巨大需求,因此又进一步推出海外购物分享社区"购物笔记"等板块,积累了大量的活跃粉丝,有着"海外旅游购物的百科全书"的美誉。在海量用户数的基础上,小红书抓住时机开设电商板块,即"小红书福利社",在上线半年内达到3个亿的销售额,成功地在电商市场打下了坚实的根基。

（8）快手

北京快手科技有限公司在2011年3推出"GIF快手",最初定位为一款用来制作、分享GIF图片的手机应用。然而推出后产品销售业绩一般,因此在2012年11月,快手从一个纯粹的动图制作工具App转型为短视频社区,用于帮助用户记录和分享生活日常的社交媒体平台。近几年随着智能手机的普及和移动网络成本的下降,快手迎来了新的市场。

作为早期的网络短视频App,快手有着自己的着重点。与其他社交平台关注名人明星、主流精英不同,快手希望能给普通民众一个互相交流的空间。它以草根化、去中心化为特征,吸引了大批量的用户,形成了独特的亚文化圈,在短短几年内迅速发展壮大,拥有超过4亿的用户规模。

（9）抖音

2016年9月,音乐短视频抖音正式上线。2017年,今日头条收购北美短视频社交媒体平台Musical.ly,并入抖音。抖音以一二线城市购买力较强的年轻用户作为目标受众,提供15—60秒的视频剪辑功能,同时还增设音乐背景选择功能,极具动感的音乐使得短视频更加丰富完整,在满足用户编辑视频的同时使得短视频本身极具感染力,吸引用户参与其中。

作为最具代表性的短视频App,它能够成功走红的本质原因在于它提供的互动仪式链。首先,抖音平台自身为用户提供了交互的可能性,无论是线上的短视频交流活动,还是线下的际遇空间,都让用户体验到丰富多彩、富有感染力的场景。其次,抖音以话题激发用户热情。它推出"冰桶挑战"、"抖在成都"等知名话题,吸引用户自发地点击视频进行浏览,通过音乐、视频等的强刺激促使用户活跃度的提升。再次,抖音专注于主题开发,注重挖掘实时热点进行联名活动,有效提高用户的情感共享体验。例如,与"旅行青蛙"、"奇迹暖暖"等游戏结合推出系列话题活动，或者邀请名人明星进行线上直播等，都能成功激起用户的兴趣，增强用户黏性。最后，抖音在完善平台内部技术支持和用户维护的同时，也在逐步积累符号资本，增加用户的认同感。例如，"抖音，年轻人的音乐社区"等标语就是在构建抖音自身的符号资本，通过独特的定位和广告宣发，确定抖音独一无二的特色。

简而言之，运用PGC和UGC两种视频创造方式结合的短视频平台，抖音通过网络的强连接、高度的分享互动和智能的个性化推荐实现了大范围的二次传播，成为拥有数亿用户的行业巨头。然而，由于短视频发展历程较短，它存在许多不足。以抖音为例，个性化推荐的算法容易导致用户的一致性，单一的内容传播和信息接收对多元化、宽容度更高的社会发展有着负面作用。同时，由于平台中存在着大量的UGC短视频，内容良莠不一，需要有严格的监管平台进行审核。

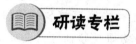
研读专栏

新媒体环境下"抖音"短视频的传播内容分析①

一、短视频浪潮中的"抖音"

"抖音"短视频作为一款音乐创意短视频社交软件，自2016年9月上线以来一直保持飞速增长。2018年5月1日，应用市场研究公司Sensor Tower发布2018年第一季度手机应用市场报告。数据显示，"抖音"及"抖音"国际版"TikTok"下载量达4 580万次，超越Facebook、YouTube、Instagram等，成为全球苹果商店（Apple Store）下载量最高的应用。"抖音"短视频凭借其多元的音乐、丰富的内容、有趣的玩法、上亿日活跃用户数，已经成为短视频生态中的佼佼者。

二、"抖音"短视频的内容分类及特点

在"抖音"短视频内容矩阵当中，以明星、美女、帅哥、生活、家庭、小孩、萌宠、音乐舞蹈、演绎、美食、旅行、游戏、技术流为主，百万级"大V"的内容基本囊括其中。除此之外，还有手工、二次元、画画、各类教学视频、健美健身、摄影摄像等丰富的内容类别，共同构成"抖音"的多元化内容生态。上述海量内容使"抖音"短视频的内容生态同时具备新鲜性、观赏性、趣味性、价值性、交互性、共享性等特点，并且在整体上呈现出生态化、年轻化、娱乐化、社交化、个性化、技术化、潮流化、创意化、"魔性化"的社区氛围，使内容与受众之间产生或感动、或开心、或欣赏、或赞美、或敬佩的情感联结，形成强烈的情感共鸣，有助于增强用户黏性。

---

① 节选自王晓鑫：《新媒体环境下"抖音"短视频的传播内容分析》，《新媒体研究》2018年第12期。

三、"抖音"短视频的内容运营模式

1. 内容生产与分发

（1）PGC+UGC 的内容生产模式，专业与多元并存。"抖音"短视频社区在内容创作方面本质上与其他以内容为核心的移动互联网新媒体传播平台无异，即"PGC+UGC"的创作模式。在内容生产层面，专业的 MCN 机构、"大V"达人、普通用户共同发力，专业性和多元化并存，PGC 保证潮酷与年轻的平台调性，UGC 强化"记录美好生活"的口号内涵。专业、多元的内容源于专业、多元的用户主体。在"抖音"短视频社区，不仅有明星、达人、媒体、民企、个人等主体，2018年6月1日，首批25家央企正式入驻抖音。伴随着入驻主体的多元化和高端化，平台内容的产出也会进一步呈现出专业、高端、多元化的趋势。

（2）算法推荐+人工把关的内容分发模式，匹配合适内容。依托今日头条强大的技术支撑，"抖音"短视频在内容分发上有着严密的算法和模型，通过模型对不适合平台调性的内容进行打压，同时利用算法为用户分发符合其兴趣和喜好的视频内容。除智能算法赋能外，"抖音"在内容分发上还有严格的人工审核，数千人分层级配合算法进行内容审核和推荐，最大化弥补机器算法的失误，为用户匹配合适内容。以"抖音"为代表的短视频社区充分展现着"智能媒体"的特征，"随着人工智能（AI）、虚拟现实（VR）、增强现实（AR）等技术的兴起，互联网正在进入第三个时代：web 3.0 时代。而这个时代的核心，就是'智能媒体'"[1]。

2. 内容消费与变现

（1）"95后"与"00后"为"抖音"短视频内容的主流消费群体。在"抖音"短视频社区，85%的用户是"90后"，主力达人为"95后"和"00后"，男女性别比例为4∶6，70%以上的核心用户来自一、二线城市[2]。作为一个 UGC 社区，年轻化的受众群体不仅是平台内容生产源源不断的创意来源，更是平台海量短视频内容的主流消费群体和内容变现的目标客户。这样的主流消费群体最大化地保证了"抖音"短视频年轻化、潮流化的平台调性，成为社区可持续发展的核心支撑力量之一。

（2）广告和内容电商是目前"抖音"短视频内容的主要变现形式。"抖音"短视频作为移动互联网时代的爆款产品，已经迅速成为一块全新流量洼地，流量变现迫在眉睫。内容变现是短视频产业链当中重要的一环，也是支撑短视频平台持续产出优质内容的前提。目前，短视频行业的商业变现模式主要有广告、内容电商、内容付费三种。"抖音"短视频目前的主要变现模式是广告和内容电商。广告包括内容植入的软性广告和信息流、开屏、贴片、定制挑战赛、定制贴纸及达人定制原生广告等硬性广告。在内容电商方面，目前，在"抖音"达人的视频内容界面会有达人淘宝店铺或视频中产品的淘宝链接入口，实现内容平台到电商平台的导流。从"抖音"短视频评论区可以看出，用户对于短视频内容中出现的广告和电商产品好感度较高，基于平台的社交属性，评论生态打造出的"口碑"也成为产品销售的一剂良药。

---

[1] 胡正荣主编：《传播学概论》，高等教育出版社2017年版，第32页。
[2] 今日头条全国营销中心：《2018抖音短视频营销策略通案》（2018年3月28日），1991IT，http://www.199it.com/archives/704146.html，最后浏览日期：2020年8月28日。

> 研读小结

　　麦克卢汉曾指出"媒介即讯息",指明传播方式或媒介技术本身作为一种文化具有的构筑和改变我们及我们身边一切的力量。如今,我们正逐渐步入一个"媒介社会",尤其是自20世纪90年代以来,随着网络的发展,人类越来越依赖于一个中介化、形式化和数字化的标准。真正的网络不再是一个纯粹的物理学概念,它改变了人们的心理状态,对传统的社会规则、价值标准和行为规范产生巨大的影响并造成强烈的冲击。

　　随着互联网的发展,网络已经成为人们生活不可或缺的一个重要组成部分,对于人们之间的交往产生重大影响。人际传播是网络中最常见的传播形态之一。对网上人际传播的需求,使网络日益成为人们生活的一部分。人际传播也与网络中的其他传播形态相互交融、相互作用。从过去的电子邮件转变为即时通信,如今,短视频平台正逐步成为人际传播的又一媒介。2017年是短视频爆发式增长的一年,"抖音"作为其中最具影响力的代表性软件占据极大的市场。它提供的短视频交互式平台已经成为大多数人生活中的一部分,对传统的人际传播产生了重大影响。目前,研究"抖音"的论文数量呈上升趋势,研究角度各有不同,学界对于"抖音"的了解正逐步深入,以"抖音"为代表的短视频App对人际传播的影响有待进一步探讨。

2. 移动短视频的特点

（1）生产简易化、自由化

　　移动短视频以手机、平板电脑等作为移动载体,自身的制作门槛较低,视频拍摄的成本大幅降低,从过去的照相机、摄像机转变为如今只要一部手机就可以完成。同时,由于视频自身时长基本在10秒左右,用户剪辑视频花费的时间也较少,强大的滤镜、文字、配乐、特效等功能让短视频更加丰富多彩的同时融入了用户自身的个性和创意。视频呈现方式具有多样化、自由化的特点,吸引众多青年的青睐。

（2）传播速度快

　　随着web 3.0时代的到来,手机成为人们日常生活中的必备用品,移动客户端成为短视频广泛传播的主要渠道。短视频自身短小、精致的特点是短视频传播迅速发展壮大的重要原因,它方便用户利用碎片化的时间浏览。此外,即时观看的特性也是加快短视频传播速度的重要因素。短视频社交平台的联动效应满足了人们在不同社交媒体上观看短视频的需求,节省了用户登录多个App的时间。同时,名人明星的引领作用和眼球效应也不容小觑。例如2014年的"冰桶挑战",在歌手张靓颖和演员李冰冰的短视频发布后点击量迅速攀升,3天内话题参与者就突破5 000人。

（3）社交属性强

　　如今的移动短视频都是依托网络社交平台进行传播的,无论是点赞、评论、转发的功能,还是延伸的话题、线上活动等,都具有网络社区的性质。短视频的分享已经与文字、图片的分享一样,逐渐成为人们人际传播的载体之一。同时,相较于传统的文字、图片,短视频的社交属性更强,受众的信息接受度更高①,直观又集中的表达方式吸引了更多习惯于快节奏生活的受众,拥有更好的传播效果。

3. 移动短视频的发展方向

(1) 移动短视频与广告结合

随着移动短视频行业的发展,用户规模逐渐扩大,广告代理商逐渐将视线从纸质广告、电视广告转向移动短视频广告。尼尔森2019年的营销报告指出,内容的新颖性在如今的广告投放中起着重要的影响作用,而移动短视频的原创性与这种需求不谋而合,因此吸引了众多广告投资商的青睐。同时,移动短视频的广告推广方式打破了广告和促销的孤岛,广告所对应的购物链接为用户提供了更多的便利性。除此之外,得益于社交平台的算法推荐功能,短视频广告能够获取更多的新客户,有效提高品牌的知名度,这也推进了移动短视频与广告的结合。

(2) 传统新闻产业融合发展

如今,人们身处在一个碎片化的社会中,自身注意力不可避免地受短平快的消费方式所影响而降低,对移动短视频的接受度也相应增加。在这种背景下,传统媒体纷纷转型,投身于移动短视频领域,促进了短视频新闻服务的发展。国外短视频新闻机构,如Newsy、NowThis News,以及国内CGTN等网站,都开始制作新闻短视频,以传统媒体为依托,极力打造一个个性化的新闻叙述方式,强调新闻的深入报道与原创分析,颠覆以往新闻的阅读方式。移动短视频让新闻拥有更酷炫的呈现方式,画面、背景音乐、特效等的加入让新闻更具可读性,实现更高效的传播。

(四) 手机人际传播的利弊

从现代化理论已有的研究观点来看,人的现代化是指与现代社会相联系的人的素质普遍提高和全面发展,包括人的价值观念、生活方式和行为方式从传统人向现代人的转变。人的现代化与社会的现代化密切相关。作为一个系统的社会过程,一个健全的社会现代化应该包括人的现代化、物质现代化和制度现代化等几个方面,其中,人的现代化可以说是社会现代化的核心。

作为个体化的信息传播工具,手机不仅在促进社会现代化,尤其在社会交往的现代化上有其特殊意义,更为关键的是,手机在促进人的现代化,尤其在人的全面发展意义上的现代化有不可替代性。手机媒体所担当的传播实践,有益于人际关系现代化的建构。作为人际交往工具,手机史无前例地实现了社会个体的个性化传播。不仅如此,手机传播结构起来的商谈参与者还是自由的,可以自由地表达自己的意志和要求。手机媒体所担当的传播实践,还有益于人的情感现代化的达成。从传播学的视域看,情感既由传播引发,也在不断地寻求传播。因此,人的情感现代化,也就在很大程度上有赖于社会个体和整体的交往与互动。

人类选择手机,其实就是选择更为自主和自由地传播那部分只需面对相应个体的个人

---

① 严小芳:《移动短视频的传播特性和媒体机遇》,《东南传播》2016年第2期。

情感的工具。这些情感的对象化、选择性的接触，在建构社会个体、促进社会个体的现代化的同时，也很好地疏解了那些虽属个人但并不外在于社会的消极情感；当然，也加固了人际情感。

然而，手机为人类带来便利的同时，诸多问题也随之而来。第一，人们对手机的依赖日益严重。一旦手机不在身边，很多人就会心神不安，感觉与亲人、朋友失去了联系，脱离了社会。第二，手机带来了私密性危机。由于手机是以个人为中心建构的媒体，作为现代社会中私人话语行为的重要中介，因而具有很强的个人性和私密性。手机带来的隐私问题在于它与网络结合后广泛的传播能力，以及被用作商业价值资源的可能性。隐私外泄的最大危险不在于它被看见，而是它会被保存成文字、图片或音像形式，被无限复制和迅速传播，处于被大众觊觎的境地。同时，手机使我们失去了存在于私人与公众、自然与社会，以及社会群体之间的界限感。第三，手机引发了人们的道德焦虑、思想符号化和对信息的麻木。手机消除了空间，也缩减了人们因分离而产生的思念，生活世界的人文内涵变得日益薄弱。手机作为通信工具，暴露了现实生活中人与人交往的真实性问题，交流双方的情景彼此不透明，给交往中的谎言创造了条件。不仅如此，手机的转发和群发功能加剧了现代人工具的异化。

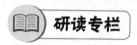
研读专栏

微博 VS. 茶馆：对人际传播的回归与延伸①

在大众传播不发达的年代，信息传播主要依靠一种"口口相传"的人际传播模式，例如在中国出现已逾千年的茶馆就曾作为一种重要的信息传播平台而存在。随着 web 2.0 时代的到来，对互联网的应用扬弃了大众传播模式下信息生产批量化、制式化的特点，转而注重人与人之间的互动和沟通，例如当下炙手可热的微博就是网络人际沟通的一种重要工具。从传播方式的角度来看，茶馆也好，微博也好，两者都是人际传播方式的典型应用代表。

一、茶馆 VS. 微博：信息传播模式的比较
（一）茶馆中的信息传播

茶馆在我国是一种古老的人际交流和文化传播场所。据史料记载，中国最早的茶摊出现于晋代。到唐文宗太和年间已有正式的茶馆，被称为"茶肆"。此后，茶馆经历了宋、元、明、清等各个朝代，日渐兴盛普及，形态更趋成熟，形式也更为丰富多样，可供人喝茶、聊天、聚会，并且提供大鼓书、说书、评书等多种形式的演艺活动。

到了清末民初，茶馆的社会功能进一步得到加强，成为一种特殊的信息交换、集中的枢纽。在大众媒介缺乏的时代，茶馆是一种重要的信息集散地，并且充当为大众提供文化交流和休闲娱乐的角色，这种工具性和娱乐性的功能都与媒介的两种主要功能不谋而合。

---

① 节选自薛可、陈晞、梁海：《微博 VS. 茶馆：对人际传播的回归与延伸》，《当代传播》2011年第6期。

(二) 微博中的信息传播模式

微博客(简称微博)是一种允许用户及时更新简短文本(通常少于200字)并可以公开发布的博客形式。它允许任何人阅读,或者只能由用户选择的群组阅读。随着发展,这些消息可以被很多方式传送,包括手机短信、即时消息软件、电子邮件、MP3或网页[①]。作为web 2.0时代的最新产物,微博一经问世就受到广大用户的欢迎,成为时下人际交流、传播的一种新型方式。与以往其他互联网信息传播平台(如博客、BBS、SNS网站)相比,微博具有一些独特的功能设计,由此也带来了在传播方式和传播效果上的变化。

首先是对信息篇幅的严格限制。微博网站大多将每条信息的字符上限设置在140字。由于篇幅的限制,用户在编辑信息时不必经过大脑的深加工,大大地消解了由语言表达能力带来的精英优势。在微博上,每个用户都是信息传播者,信息传播的速度与范围也更多地只取决于信息本身的价值,而非由优美语言带来的附加价值。

其次是用户交互方式的创新,以"背对脸"补充"脸对脸"。在传统SNS网站上,用户之间主要通过"互加好友"来建立互动关系,这是一种"脸对脸"的方式。而在微博上,除了"加好友"外,还可以通过"跟随"的方式来获得对方的信息,而不必征得对方的同意。

此外,微博还打通了移动通信与互联网之间的隔阂,建立了移动互联的信息模式,为用户间的即时互动创造了可能。

(三) 微博与茶馆信息传播模式的比较

1. 微博用户 VS. 茶客:无限输入量

由于虚拟平台具有海量的容纳性,微博的用户总数已非茶馆茶客数量可同日而语——2010年10月,Twitter的用户数已达1.75亿人[②],新浪微博的用户总数达到5 000万人[③]。同时,作为"地球村"中的部落之一,微博消除了传统村落的地理界限,不仅用户的数量无限扩大,用户的来源与背景也更趋复杂。

2. "被跟随者" VS. 说书人:不特定的意见领袖

说书人基于自己的学识和高超的传播技巧成为茶馆中的意见领袖。而微博中的意见领袖通常是那些高价值信息的提供者。这些作为信息源的用户通常占据网络的中心,并且拥有大量的跟随者。他们可能只在固定时段更新或较少更新,而且很少主动跟随他人,但是由于他们更新的信息的重要性和稀缺性,将会获得大量的跟随者。虽然这些被跟随者在充当舆论中心的意见领袖时传播的方式主要是单向的,但他们的身份并非固定。换言之,这是一个不特定多数的群体,当他们在某一话题或领域内充当意见领袖时,在其他的互动群体中却可能只处于边缘。因此,微博中的社群结构更趋向于一种"无处是边缘,处处是中心"的状态。

3. 服务器 VS. 店主:无限储存与检索

微博上发布的每一条消息都被储存到服务器里,用户可以通过搜索等途径随时从资料

---

① http://en.wikipedia.org/wiki/Micro-blogging.
② http://tech.ifeng.com/internet/detail_2010_11/01/29631340.shtml.
③ http://www.zjly.gov.cn/xwwt/22225.htm.

库里调出相应的信息。可见,服务器与用户的信息交换是通过储存和搜索实现的。服务器的信息也会随着时间的增加而不断增多,从长远看将是无限的,这也是它与茶馆店主之间的最大区别。此外,茶馆店主的信息"把关人"角色在微博中似乎也趋向于淡化与消解。

二、微博 VS. 茶馆:web 2.0 对传统社会人际传播的延伸

(一)整合两种传播,提高传播效率

Web 2.0 下的互联网已不仅仅是一种原始的人际传播,而是同时呈现出人际传播与大众传播的特征。仍然以微博为例,尽管直接的交流与互动可能仅仅发生在一个或几个群体中,但是信息的可接近性却是面向全体大众的,这也是人际传播与大众传播之间的最大区别。微博平台的无限存储域和检索能力正是带来这种变化的主要原因。

"背对脸"的特性使得微博中的用户交互结构被重新定义,信息能够通过"跟随"的方式被更多的用户获取。跟随者又通过其他跟随者形成信息的分级扩散,当在线人数达到一定规模时,就能产生核裂效应,实现信息的即时扩散①。这种信息扩散机制下的微博传播已经很难再被认为是一种单纯的人际传播,而更应当被认为是人际传播与大众传播的整合体。这种整合兼收大众传播快、远、广的特点,以及人际传播的特定性和双向互动性,消除了单纯的大众媒介传播缺乏反馈的不足,弥补了人际传播范围的狭窄性和内容的局限性,大大地提高了人类传播活动的传播效率,带来前所未有的信息扩散效应。

与 BBS 等其他网络媒介平台相比,一方面,BBS 等虽然实现了用户生产内容(UGC),但是用户仍需编辑标题、编排段落、选择类别,才能最终完成信息发布,这些机制难免限制信息在第一时间有效发布,也对用户的文字表达能力提出较高的要求;微博则不仅大大提高了信息发布的效率,打破了文字表达能力上的樊篱,而且促使用户以更高的频率在这一平台上发布信息。另一方面,微博中有大量采用真实姓名和身份注册的用户,其中不乏掌握大量关键信息的名人、机构,为在微博平台上发布的信息的真实性和时效性提供了更多保证。可以说,微博是一种前所未有的即时性、高效性的整合传播媒介。

(二)以旧媒介为内容的新媒介

麦克卢汉认为,任何一种媒介的内容总是另一种媒介。"文字的内容是言语,正如文字是印刷的内容,印刷又是电报的内容一样。"②每一种新媒介的出现都不是对以往媒介的简单否定,而是对以往媒介的延伸。同时,"我们的任何一种延伸(或曰任何一种新的技术),都要在我们的事物中引起一种新的尺度"③。换言之,新媒介的产生创造了一种新的尺度,或者说新的环境,这种新环境的内容往往以旧媒介为基础。

在茶馆中,说书人传播的信息内容以各种小说、话本的文本为基础;在微博中,文字、图片、音频、视频、URL(网页地址)都是信息的内容,甚至一种被称为"微小说"的文本也成为微博信息传播的内容。与以口语为主要信息内容的传统茶馆式人际传播相比,微博更广泛

---

① 刘兴亮:《微博的传播机制及未来发展思考》,《新闻与写作》2010 年第 3 期。
②③ 参见马歇尔·麦克卢汉:《理解媒介》,何道宽译,商务印书馆 2000 年版。

地融合了以往的各种媒介,将各种旧媒介的特征和谐地纳入新的体系之中,这也是传统人际传播不可企及的。

(三)消失的身份与等级

麦克卢汉的继承者梅罗维茨在著作《消失的地域》中写道:"我们'信息时代'的许多特征更像是狩猎和采集的社会——和游牧部落的猎人们一样,固定的具体的地点不再重要,我们很少有'地点的感觉';不再在记忆中或家里进行知识储备,而是相信在有需求时一定能马上获取到信息;成人的行为儿童也能看到,很难对信息进行'隔离'……"①

与麦克卢汉相比,梅罗维茨与互联网时代之间的距离更近,尽管他的论述主要以电视作为代表,但是他所讨论的电子媒介也更趋近于我们今天的互联网媒介。仍以微博为例,微博中的信息传播在更大程度上切断了环境"地点"与社会"地点"之间的联系,人与人之间的交流以网络为连结点,而非地理因素;信息的开放性和个性化,也显示出私人行为与社会行为之间边界的消融,例如微博中的"晒心情"、"晒幸福"等行为的出现。微博带来的更深层次意义上的变化,则是社会群体身份的平等化,以及由此形成的等级与特权的消失。微博是一个更为开放、更为平等的大众空间,在这里已经不再有传统意义上较为特定的"意见领袖"(如茶馆中的说书人)和"把关人"(如茶馆中的店主),而是以信息本身的价值来衡量用户在信息传播过程中的地位和作用。这也是与茶馆式的人际传播模式相比,以微博为代表的web 2.0时代的信息传播媒介带给我们的最显著和最具有社会学意义的变化。

研读小结

计算机网络是在社会、经济、文化迅猛发展的条件下产生的,与人们的日常生活密不可分。社交软件作为计算机网络的重要沟通桥梁,在一定程度上对人们日常的语言生活产生了影响,其中以微博为重要代表之一。微博平台将社交与社区结合在一起,形成一个庞大的信息交流集聚地。其大致核心其实与过去的茶馆非常相似,新媒体是在茶馆的传播模式的基础上进行了改良。

日前逐渐普及的网络致使网民数量激增。在用户规模上,微博的体量远非茶馆可及。正因如此,微博平台的传播模式变得愈发复杂。人际传播与大众传播互相交织,信息流通量激增。作为能够无限存储与检索的平台,每个人获取信息的渠道也较之以往增加了许多,信息触及率大大提升。这相应地导致茶馆中传统的"意见领袖"被逐渐淡化,如今的传播节点不再固定于传统媒介或是某个权威(说书人),任何信息量更庞大的个体都可能成为某个网络事件中的"意见领袖"。过去的传播层级被消解,互联网与新媒体进一步降低了传播的门槛,"人人皆有发言权"在网络的发展下得以实现。

然而,虽然新媒体和互联网给人际传播带来了新的机遇,我们也需要认识到随之而来的隐患。首先,在互联网社交平台上,如微博,匿名化的保护色让不法分子有机可乘。由于互

---

① [美] 约书亚·梅洛维茨:《消失的地域:电子媒介对社会行为的影响》,肖志军译,清华大学出版社2002年版。

联网信息传播的相关法律尚在修订,导致许多用户不再恪守现实生活中的道德准则与世俗伦理,在网络中发表的不合适、不恰当的言论可能会导致社会的混乱。其次,"意见领袖"和"把关人"的淡化某种程度上加大了人们搜索客观信息和权威解读的难度,毕竟传播节点不再像过去一样受过专门的培训与锻炼,而这也是目前网络舆情不断反转的原因之一。如何解决这些问题都是未来值得继续研究的领域。每一样事物的诞生都有优劣,学会如何扬长避短、优胜劣汰才是长久发展之道。

思 考 题

1. 结合网络人际传播的利弊,谈谈你对网络人际传播的看法。
2. 根据你对网络人际传播的理解,谈谈对网络暴民和网络暴力事件的看法。
3. 结合手机人际传播的利弊,谈谈你对手机人际传播的看法。
4. 结合手机人际传播与人的异化的相关知识,思考网络人际传播与人的异化之间的关系。
5. 谈谈你对网络语言创新的原因及不当取向的认知。
6. 你认为,手机和互联网还会以怎样的新形式介入未来的人际传播过程?

第九章
人际传播场景差异

学习目标

学习完本章,你应该能够:
1. 了解不同公共场合的人际传播技巧;
2. 了解不同公务场合的人际传播技巧;
3. 了解私密场合如何与亲朋好友沟通相处。

基本概念

公共场合　私密场合　面试技巧　访谈技巧

第一节　公共及公务场合的人际传播

公共场合,一般是指人员聚集,可以供所有公众或特定人群进行活动的场合。在公共场合中,我们通常会进行各类社交活动,如宴会、舞会、音乐会、聚会等。身处不同的公共场合,人际传播亦呈现出不同的特点及需要关注的方面,本节将对其作详细的介绍。

公务场合,指的是人们置身于工作地点或上班的场合。人们由于共同的职业和事业结合成一种人际关系,如同事关系、上级与下属的关系、宾客关系等。社会学研究表明,良好的公务关系不仅能使人们消除对人际环境、工作环境的陌生感,而且能使人工作顺心、生活愉快,保持心情舒畅和心理健康,同时能增进团结、加强友谊、促进集体事业的发展。公务场合人际传播总的要求是正规、讲究。

一、宴会

宴会，通常是指以用餐为形式的社交聚会，一般是由机关、团体、组织或个人出于一定的目的出面组织的。宴会是开展社交活动的有效手段，宴会上宾主欢聚一堂，品尝美酒佳肴，畅叙友谊，表达情感，沟通情感，增进了解。

宴会按照性质、场所、规模大小、重要程度、正规程度等，可以分为正式宴会和非正式宴会两种。正式宴会是指那种按一定的规格正经摆设的筵席，如国宴、公务商务宴会及婚宴、寿宴等均属于正式宴会。非正式宴会就是通常所说的便宴，适用于人们的日常友好交往，例如老朋友之间和同事之间的聚会，其形式可以自由简便、随意，并且不局限于固定的程序。例如，家宴就是非正式宴会的一种，是在家中宴请客人的便宴，一般适用于关系较为亲近的人。

在当今这个社交活动频繁的社会，许多人际交往、生意洽谈、事务交涉等，常通过餐饮宴会来促成。因此，一个人无论身份地位如何，都有参加宴会的机会。现代餐饮文化的发展表明，宴会的主要目的不限于吃东西，更主要的是文化、情感和信息的交流。不管是参加正式宴会还是非正式宴会，要想成为一个受人欢迎、受人尊敬的客人，除了要注意仪表、准时赴会等基本礼仪之外，还应注意在宴会上的言谈举止。

孔子说："食不语，寝不言。"尽管近年来我们不像以前那样严格遵守"食不语"的规矩，但是餐桌上的谈话仍有不少禁忌。例如，口中含着食物时不可以说话，必须等食物咽干净了再开口。谈话的内容也不可掉以轻心，应慎重地选择话题，免得说过之后让同桌的人食不下咽，倒尽胃口。宴会用餐的举止要保持自然，姿势高雅。入座后，不要双肘撑在桌面上，如此既不雅观又妨碍他人进食。脚应该平踏在自己的椅子前面，以免踢到别人。使用餐具和咀嚼时不宜出声，入口的食物也不可吐出来。当进餐遇到特殊情况时，宜妥善地处理，切勿惹人注意。

二、茶话会

以茶待客是我国传统的习惯和礼节。由于它方式简便，所以庆祝会、招待会、座谈会、纪念会等多种聚会都采用这种"茶话"的形式。举办茶话会，按照国际惯例，最佳时间段是下午四时左右。在实际操作过程中，主办方往往会根据与会者的方便与否和当地人的生活习惯来进行调整，也可以安排在上午十点左右或多数与会者方便的时段。茶话会的与会者名单一经确定，应立即以请柬的形式向对方提出正式邀请。按照惯例，茶话会的请柬应在半个月之前送达或寄达被邀请者手中，对方对此可以不必答复。茶话会一般开设于会议厅、私家客厅庭院或茶楼茶室等，需要注意的是，普通餐厅、歌厅、酒吧等场所均不宜用来举办茶话会。茶话会要设座位、茶几或桌子，除每人一杯茶外，还可适当备些糖果、糕点、瓜子等。

茶话会不排座次，宾主可以随意交谈、畅所欲言，不同于正式的场合，出席茶话会的宾客无需过于拘束。交谈的主要内容一般根据茶话会的不同主题而进行改变，或表示祝贺，或交流思想，或畅叙友谊。在交流过程中，应随时注意对方的反应，把话题引到双方都感兴趣的问题上来。也要专心诚意地听别人讲话，不要随便打断，或显露出烦躁和心不在焉，切忌对他人的言语妄加评论，或提一些难以回答的问题。言谈反映了一个人的修养和受教育的程度，要注意文明礼貌。茶话会在服饰方面没有什么严格规定或特殊要求，可根据喜好选择适合自己的服装[①]。

三、公司内的人际传播

（一）与上级的人际传播

上至国家领导，下至普通百姓，几乎人人都有自己的上级。下属与上级的交往是指由于资历、权力、地位等的不同，低层的人与较高层者的交往。通常而言，下属与上级的交往是一个实现自我价值并获得认可的过程，关系着个人的事业发展和前途。因此，作为下属，应该运用人际传播技巧，请上级站到自己这边来，与上级建立良好的人际关系，使双方都感到愉悦。成功地与上级相处，不仅对自己的事业前途大有益处，同时也是一块"试金石"，能锻炼思考和处理人生难题的能力。与上级进行沟通和交流的目的无非是让上级了解自己的才智，希望上级能够了解、欣赏和采纳自己的想法，并且给自己提供进一步发展的机会与空间。因此，与上级领导沟通时一定要注意虚心而有主见。对于上级好的指示要认真执行，而当自己有不同的想法，需要说服上级、让上级理解并同意自己的主张和看法时，要注意沟通技巧的使用。

1. 提议时机恰当

提议被通过与否与很多要素有关，时机是其中必不可缺的一个重要部分。刚上班时，上级往往需要处理许多堆积的事件而非常繁忙；快下班时，上级会因为忙碌一天而身心疲惫，无法集中精力听取提议细节。显然，这些都不是提议的好时机。要选在上级时间充分、心情舒畅的时候提出自己的建议，比如在上午茶歇时，或是午休结束后的半小时之内等。

2. 资讯和数据有说服力

准备极具说服力的资讯和数据，并且做好应对质疑的答案。对改进工作的建议，如果空口无凭，是难有很大说服力的。因此，事先应该收集整理好有关数据和资料，做成书面材料，借助数据可视化的方式来增强感官冲击，通过直观地展示资讯和数据增强说服力。在向上级汇报提案时要事先设想上级可能提出的问题和质疑，做好充分准备。在一些特定场景中，数据非常必要，但硬生生地陈述和复述具体数据，既不利于对方理解，也不利于记忆，这时候可以通过折算使数据更为形象化。以香飘飘奶茶广告为例，其中有一句众人皆知的广告

[①] 沙莜仪编著：《实用社交学》，科学技术文献出版社1992年版，第163页。

语:"一年卖出三亿多杯,杯子连起来可绕地球一圈。"如果直说三亿多杯,人们可能都没有概念,"可绕地球一圈"的表述立刻让数据鲜活了许多,增强受众理解的同时又加深了记忆。

3. 说话简洁

时间就是生命,是管理者最宝贵的财富。在与上级交谈时,要注意表述内容简明扼要、突出重点。简洁就是有所选择、直截了当,十分清晰地向上级报告其最关心的问题,重点突出、言简意赅。如果需要提交一份详细的报告,最好能在报告正文前附上内容摘要,使上级在较短的时间内,了解报告的全部内容。

4. 选择题比问答题更好

在工作中,时常会遇到一些需要向上级请示的问题,这个时候就要讲究提问请示的技巧。上级领导通常需要处理整个小组、部门的所有问题,没有充足的时间和精力对下属所提问题的背景、细节、数据等信息进行足够全面的了解。下属如果直接向上级抛出一个问答题,就像是给了上级一个空泛的大问题。如果能采用详细的选择题的形式,则相当于向上级提供了一些方案以供其选择或修改,此时,上级会更容易了解情况并作出决断,提高沟通和工作的整体效率。

使用选择题提问的下属,对问题已经做了初步的解决方案设计,会让上级认为该下属对这个问题是经过思考后才向自己请示方案的,此时,上级会认可该下属的工作态度。选择题的选项质量越高、内容越细致或富有创意,上级对于下属的认可程度便越强烈。反之,如果下属对问题不加思考就直接丢给上级,上级可能会对下属产生不勤于思考的负面印象。

5. 尊敬上级

无论提议方案的可行性分析或实施计划有多么完美无缺,都不能强迫上级接受。因为上级统管全局,需要考虑和协调更多的事物,往往会从更多的角度来看待问题,发现下属个人无法察觉的不足之处。因此,应在阐述完意见之后礼貌地告辞,给上级一段思考和决策的时间。即使上级不愿意采纳,也应感谢上级的聆听并询问意见与建议,通过后续的反复修改与完善来体现工作积极性。当上级明显理亏时,则要给上级"留个台阶下"。上级并不总是正确的,下属没必要凡事都与上级争个孰是孰非,更不要当众纠正上级的错误,削弱上级在整个部门中的权威性。私下寻找合适的时间与上级单独商讨是比较合适的选择。

综上,与上级谈话时必须维持自己的独立思想,同时要以上级的谈话为主题,倾听时不要插嘴,应该全神贯注并认真记录。发言时,应紧扣主题,突出要点,回答问题恰当,态度轻松自然、坦白明朗即可。

(二)与下属的人际传播

上级对下属的交往是一个发现人才、管理人才、调动人才积极性的问题。作为一个部门主管,除了要为部门的经营策略、业务数量、客户关系等问题殚精竭虑,还要关注如何处理与下属的关系。能否建立一个关系融洽、积极进取的团队,创造一个开放、自由、受尊重的工作环境,很大程度上取决于主管是否善于运用人际传播技巧与下属进行沟通,以提升下属执行工作命令的意愿。

1. 态度和善,用词礼貌

上级在日常的工作中时常要给下属提出工作的要求和指令,但并不是对其呼来唤去,而应当使用必要的礼貌用语。"小李,进来一下"、"小张,把文件送去复印一下"等这些命令式用语会给下属一种被呼来唤去的感觉,缺少对他们的基本尊重。因此,改善和下属的关系的第一步,是使他们感觉自己受到尊重。上级不妨使用一些礼貌用语,加上"请"、"麻烦"、"谢谢"等词语。一位受人尊敬的上级,首先应该是一位懂得尊重别人的上级。

2. 评价下属的工作行为

在下达任务之后,上级可以通过告知下属这件工作的重要性,来激发下属的成就感,让他理解并感受到"领导很信任我,把这样重要的工作交给了我,我一定要努力,不负众望"。在任务完成之后,也要对下属的工作行为作出评价,检查下属是否按自己的要求去执行和完成任务,效果又如何。上级的评价体现了上级对下属的责任感,通过提供反馈信息及时让下属了解自己在工作过程中的情况。绝不能等到最后和下属"算总账",这样不仅难以保证公司的正常运转,也对上下级关系百害而无一利。上级在下达任务时,最好明确上交期限,尽可能地量化此项任务目标,这样有利于让下属有一个明确的任务完成计划,也能提高其工作积极性。

3. 给下属更大的自主权

俗话说:疑人不用,用人不疑。一旦决定让下属负责某项工作,就应该尽可能地给他更大的自主权,让他取得必要的信息,激励他更好地发挥创造力。战场上说"将在外,君命有所不受",职场虽不同于战场,但也应该给予下属一定的根据形势的变化和工作的需求灵活作决断的自主权。领导者如果善于授权,能使下属的能力得到充分发挥,自己也能集中精力处理其他事务,人力资源得到更充分的优化配置。

4. 正确奖赏或惩罚下属

在下属完成工作任务后除了给出必要的反馈意见外,还要及时地给予不同形式的奖励或惩罚,通过科学的调节薪酬,提高员工的工作积极性,形成良性的竞争机制。评价和赏罚可以起到行为筛选的作用,即保留那些符合要求的行为,淘汰那些不符合要求的行为。批评时要讲究方法,最好采用三明治式的方法:先说明谈话的主要原因,然后引导员工自己认识到错误,接着引导其自己找到解决方案,最后以鼓励员工改进收场。没有明确细致的工作要求,评价和赏罚就没有依据;而如果没有评价和赏罚,工作要求就很可能落空。

5. 鼓励下属积极提意见、建议

在《邹忌讽齐王纳谏》的故事中,邹忌在拜见齐威王的时候打了个比方,说自己不比城北的徐公俊美,但妻子偏爱他、小妾惧怕他、宾客对他有所求,所以都说他比徐公美,而大臣和百姓对齐威王也是如此。于是,齐威王下令鼓励大臣和百姓进言,并且能因此得到奖赏,最终齐国不用兵就战胜了他国。这个故事说明吸纳意见和建议对于一个组织来说十分重要。一个领导如果不听取谏言,必然会被许多表面事物蒙蔽。同时,鼓励员工提出建设性意见还有利于创新。海尔集团就非常鼓励员工提出合理化建议。公司有一条规定,一年提出十条合理化建议,只要被采纳七条,不仅有物质奖励,还可以从合格员工上升为优秀员工。赫茨伯格的双因素理论指出,工资属于保健因素,职位提升、工作成就、自我实现则属于激励因素,这样的措施很好地在激励方面满足了员工。

综上,在与下属沟通时,切忌趾高气扬,应该庄重有礼,避免用高高在上的态度同下属谈话。对于下属在工作中的成绩应该加以肯定和赞美,对于过错也要进行合理的引导并鼓励其改进。通过合理的赏罚,营造民主的工作氛围并鼓励下属进言。通过沟通技巧提升下属接受命令、执行命令的意愿,营造一个融洽的工作环境。

(三)与同事的人际传播

大多数人的一生中有三分之一的时间是和同事度过的,而人的一些不经意的言行举止很可能会损坏与同事的人际关系。在我们的工作环境里,建立良好的人际关系并得到大家的尊重,无疑对自己的职业生存和发展有着极大的帮助。一个愉快的工作环境,也可以使我们忘记工作的单调和疲倦,使我们对生活有一个美好的心态。一个有修养、集体感强的个体,要愿意以自己的情绪、语言、得体的举止和善意的态度,去感染、吸引或帮助周围的同事,使人与人之间的交涉更融洽。

1. 寒暄、招呼作用大

与同事在一起,工作上要默契配合,生活上要相互帮助,要从多方面培养感情,制造和谐融洽的气氛,而同事之间的寒暄是营造这种气氛的第一步。一句"早上好"、"再见"等对培养和营造同事之间亲善友好的气氛大有裨益。此外,无论是因公还是因私需要在工作时间离开岗位,也最好与同事打声招呼,拜托对方在有人找寻时能有个照应,并且协助处理一些紧急事务。寒暄和招呼看似微不足道,但实际上是一个体现同事之间相互尊重、礼貌、友好的重要环节。

2. 注意对方的性别

相同性别的同事之间谈话要随便些,与异性谈话应当更为小心谨慎,注意男女有别。同在一个公司或办公室,融洽的同事间关系非常重要,不但有利于更好地完成工作,也有利于自己的身心健康。导致同事关系不够融洽,甚至紧张的原因,除了重大问题上的矛盾和直接利害冲突外,平时不注意自己的言行细节也是一个重要原因。因此,这就要求人们在与同事进行人际沟通的时候注意自己的一言一行,考虑它们给同事带来的影响。

3. 注意对方的年龄

对年长的同事,要以谦虚求教为主。年长的同事往往是高一辈的,经验更为丰富,与他们谈话时切不可嘲笑其老生常谈,而应持尊重态度。即使自己不认为正确也要注意聆听,然后再提出自己的意见。对年长的同事,最好不要轻易地问他的年龄,侧重于称赞他做的事情,如此会更温暖他的心。对于年龄相仿的同事,态度可以较为随意,但也应注意分寸,不可出言不逊,伤人自尊。在与自己年龄相仿的异性同事说话时,尤其注意不宜乱开玩笑、态度暧昧,以免引起一些不必要的猜疑和误会。对于年纪比自己小的同事,也要注意拿捏分寸,保持慎重、深沉的态度。年纪较小的同事,有些思想可能太冒进,或知识经验不及自己,在谈话时切记不可夸夸其谈、卖弄经验,在自己的知识范围外还信口开河,也不要与他们辩论,执意坚持自己的意见。要保持开放包容的心态,多听取新的想法和新的意见。

4. 适度地赞美对方

俗话说:"礼多人不怪。"在人际交往中,赞美是一种沟通中的"礼",人们是不会讨厌的。从社会心理学的角度来说,赞美能够有效地缩短人与人之间的心理距离。在工作场合,合时宜、合事宜的赞美往往可以让同事心情愉悦。当然,赞美也要有真实的情感体验,要适度。如果赞美太过夸张,甚至失实,则会有阿谀奉承之嫌,还会让人觉得你非常虚伪。

在一个公司里,每个人都有自己的个性、爱好、追求和生活方式,因环境、教养、文化水平和生活经历等不同,不可能要求每个人处处都与他所处的群体合拍。但是任何一项事业的成功,都不可能仅靠一个人的力量,必须依靠合作才能完成。因此,与同事友好共事、和睦相处,对一个人工作是否顺心如意、团队凝聚力的强弱有着举足轻重的作用。

研读专栏

沟通方式之一——暗示的作用[①]

暗示是用含蓄、间接的方式对人的心理和行为产生影响,使其主动地接受一定的观点或信念的方法。如何有意识地、科学地运用暗示进行沟通,以促进企业管理呢?下面是暗示在企业管理中运用的实例。

1. 宣传材料表达的信息——把什么样的"家底"交给职工

两个同处一地的困难企业,产品品种、产量、质量、市场定位都相差无几,在扭亏脱困工作中,两家企业都将"家底"向职工敞开。此后,A厂群情振奋,上下一心,生产逐步走向良性循环;而B厂却人心涣散,生产经营江河日下,最终"关门大吉"。

为什么处境相同的企业会得到如此不同的结局呢?答案有很多,我们仅从两家企业发给职工的宣传材料中便可觅得一些端倪。A厂的材料以数据的形式将企业的设备、产品、财务等情况客观地向职工公开,以大量篇幅介绍了产品市场前景、设备能力、企业合作意向等,并且着重介绍了企业近期规划,使职工在了解企业困难情况的同时,看到企业为摆脱困境采取的积极措施,增强了战胜困难的信心。B厂的宣传材料却连篇累牍地充斥着诸如"负担过重、设备老化、工艺落后……"、"虽然……但企业已到破产的边缘"等丧气话,无意中透露出这样的信息:我们已尽最大的努力,但企业实在是不行了。形成文字的东西尚且如此,领导在大会小会上的即兴发言就更难以把握了。在频繁接受这样的暗示后,职工的思想情绪怎能不受影响?长此以往,企业若不破产才是怪事。

[①] 节选自朱祝霞、赵立颖编:《沟通其实很容易》,中国纺织出版社2002年版,第385—388页。

2. 皮格马利翁效应——你希望员工和部下成为怎样的人

古希腊神话中有这样一则故事：有位叫皮格马利翁的国王，把自己全部的热情和希望投注于自己雕刻的美丽少女雕像上，对其产生了爱恋之情。日复一日，为他的真情所感，雕像居然活了，皮格马利翁如愿以偿，与之结成伉俪。

神话传说当然不足为信，但以这位国王名字命名的"皮格马利翁效应"向我们揭示了一个有趣的心理现象：暗示者有意无意地通过各种态度、表情与行动，把暗含的期望微妙地传递给被暗示者，一旦对方出现与期望相同的行为，便会强化暗示者的期望，刺激进一步的期望行为，使被暗示者向暗示目标逐步接近。如此反复循环，形成正向反馈，最终会使被暗示者达到或超越期望目标。

老李奉命调任电机维护班班长，这个班是车间有名的后进班组，纪律松弛，工作效率低下，人员关系紧张。老李到任后欣喜地发现，班组成员虽有这样那样的毛病，但都有一个共同的优点：头脑灵活。从这一点入手，他带着大伙儿搞技改、挖潜力，对工作出色的职工给予奖励并要求车间通报表扬。慢慢地，这个班的设备运转率、完好率开始直线上升，车间上下逐渐对这个班组改变了看法。在厂里开展的合理化建议活动中，他们又夺得六项大奖，成为全厂之最，厂工会、职工读书自学领导小组及车间都给予他们嘉奖。荣誉纷至沓来，班组成员再也不愿继续散漫下去，主动遵守各项规章制度。大家都在一门心思搞工作，人际关系也自然缓和起来。终于，这个昔日落后的班组一跃成为全厂闻名的模范班组。

3.《厂长令》带来的恶果——如何引导职工正确对待工作

某厂新开发的产品存在两个问题：一是外观设计不合理，难以吸引消费者；二是产品内在设计尚不完善，影响产品的功能扩展。

在分析产品滞销的原因后，厂长认为，内在设计虽有问题，但不影响基本功能，而且解决这一问题的难度较大。因此，为了尽快打开销路，决定先对外观设计进行改造。技术开发部的孙工程师却认为，改进外观确能暂时打开销路，但紧接着用户便会因产品无法进行功能扩展而恼火，势必影响以后的销售。在据理力争未果的情况下，他未经领导许可，开始对产品功能扩展的问题进行攻关。经过一段时间的奋战，这一问题终于得到圆满解决。

然而，孙工程师却犯了一个致命的错误——擅自下达改进产品的生产计划书。此举造成企业原材料部分报废，厂长大为光火，一纸《厂长令》将孙工程师调至生产线做操作工，全厂为之哗然。从那以后，只要有人琢磨着要改进什么，便会有人提醒"是不是想当第二个老孙？"孙工程师身上确实存在一些问题，他打乱了企业管理的程序，超越了自身的职责范围，给企业造成了一定的经济损失……所有这些都是应当受到严厉批评的。但他急企业之所急的出发点、勤奋扎实的工作作风却是值得肯定的，而且改进后的产品在功能上上了一个档次，对于企业的长远发展无疑是极有意义的。然而，厂长不问青红皂白的《厂长令》向职工透露了这样一条错误的消息：领导没有交代的事情千万做不得，否则"吃不了兜着走"！如此一来，谁还敢思考如何改进工作呢？

研读小结

案例1说明，正确与有效的正面暗示并不表示应向职工隐瞒实情，更不是要欺骗、愚弄职工。关键是，企业应当清楚，要向职工传达一种什么样的信息。对于有利于企业发展的，要说深说透、重点强调；而对于那些不利于企业发展的事实，则应进行适当的技术处理，以淡化负面暗示。同时，还应当针对企业现状积极开展工作，以激发员工和部下的生产积极性。这将大大有助于增强企业的凝聚力，为企业最终脱困打下坚实的基础。

案例2说明，员工和部下表现得如何，在很大程度上取决于领导者对他们的期望，这也是一种沟通。如果一个部门领导希望自己的员工和部下个个出类拔萃，那么就要多关注他们的闪光点，多给他们一些关爱，这样一定会如愿以偿。

案例3就如何引导职工正确对待工作列出了一个例子，这个例子是人们工作过程中经常会遇到的典型的人际传播场景。当自己的意见与领导的意见有冲突和差异时，应考虑用什么样的方法说服领导思考自己的建议，而不是强迫领导接受自己建议，或者暗地里私自行动。领导或部门主管积极地听取下属的建设性意见，对于改善自己的工作有百益而无一害，因此，要注意沟通时的技巧和方法。了解这些人际传播与交流中的技巧和方法，对于提高人际传播的效果具有十分重要的意义。

四、访谈及面试中的人际传播

身处大学校园中的学子，无论是课程要求还是社会实践，总需要与他人进行沟通，从而获取自己需要的信息，这个过程即为访谈。访谈并非是闲聊，而是带有一定目的性地通过线下人际交往或线上人际互动等方式获取特定的信息，因而在此过程中就需要运用一定的人际沟通技巧。

工作是日常生活的重要部分，找工作是我们每个人都要碰到的事情。当我们找工作时，面谈显得极为重要。在面谈过程中，不管是主试者还是应试者，都必须懂得和运用有效的人际沟通技巧，包括准确解释信息、避免障碍、建立信任、避免防卫、运用听和反馈技巧、发送明确的信息。

（一）访谈中的人际沟通技巧

1. 访谈如同表演

每件事和每个人在访谈的舞台上都应该服务于同一个目标：使访谈按照既定的目标逐步推进。与任何舞台作品一样，访谈中的对话、道具、服饰等都可以经过精心的安排以达到特定的目标。对于访谈而言，访谈者充当了导演的角色。"编写剧本"是很重要的，优秀的访谈者会在访谈进行前，根据访谈的性质（结构化访谈或半结构化访谈）拟定访谈的提纲及具体问题，并且在访谈过程中视具体的情况做细微调整。语言能力是访谈者的重要工具。在访谈进行前，访谈者需要悉数了解这一访谈主题中可能涉及的所有专业词汇和术语，并且尽可能多地了解背景信息以使访谈顺利进行。

对于任何成功的舞台表演，排练都是很重要的，访谈亦是如此。见面打招呼、座位的安排、突发事件的处置等都需要提前演练，要运用自己的感官和判断力来预判访谈过程的气氛，并且准备缓解紧张、受访者不愿透露信息、受访者隐瞒真相等情况的对应方法。在头脑中预想自己与受访者进行约谈时的情景，在心中预演访谈策略，规划和排练得越多，访谈成功的可能性便越大。没有任何方法和技巧能够保证访谈一定成功，但缺乏适当的规划必然会导致访谈的失败。

2. 时间和地点的选择

访谈者需要对受访者的特点、访谈的主题和重要程度进行评估，最终得出最佳的访谈时间与地点。就访谈时间选择而言，通常人在上午都会较为机警灵敏，更注重细节，因而定于上午的访谈能为访谈者提供足够的时间进行深入询问，或请受访者进行回忆。临近傍晚时分人往往会较为放松，可以在一定程度上缓解紧张的气氛，然而下午由于交通、上下班通勤等原因可能会给访谈造成时间限制，受访者可能会想要按时回家就餐而急于结束访谈，最终使访谈无法达到预想的结果。晚间通常是人们身心疲惫的时段，根据访谈的目标和性质，约定于晚间访谈可能会更利于受访者说出心中的真实想法。

访谈场所会给受访者传递某些信息，访谈者应明智地选择一个符合访谈目标的环境。合适的环境使得访谈者更易于控制时间和把握访谈的节奏。出于对受访者的尊重，受访者的学校或单位通常是一个普遍的选择，然而这一地点会使访谈者陷入较为被动的局面，将对于地点的控制权交到受访者手中。但从另一个角度来说，身处熟悉的环境，受访者会感到安全和舒适，因而更配合访谈。如果选择访谈者的学校或单位，虽然地点和环境的控制权掌握在访谈者手中，但陌生的环境有可能造成受访者的机警与紧张，不利于访谈的进行。餐厅是另一个较为普遍的选择。这类公共场所对于访谈双方来说都是较为轻松和自由的环境，访谈者也可以保持一定的访谈控制权。但是需要注意的是，在餐厅营业的繁忙时段，背景的杂音、噪声是否严重等需要提前进行考察，以免影响访谈录音的有效性。

3. 关系融洽可以事半功倍

融洽的关系可以在访谈双方之间构建一座信任的桥梁。没有融洽的关系，受访者很难向访谈者说出自己内心的真实所想。融洽关系的建立贯穿于访谈的全过程，访谈者要通过对受访者的穿着打扮、所带的物品饰品等进行观察，从而对受访者的性格、心理状态进行一定的评估与判断。了解受访者的性格特征，才能更好地建立双方的融洽关系，确保访谈顺利进行。微笑是最常见的面部表情，它表达了一个人的自信、愉悦和热情。最重要的是，微笑向受访者传递出认可的信号，使受访者在见面之初、开始访谈前便拥有一个好的心情和心理状态。

在访谈过程中，要掌握合适的肢体语言以表示对于受访者所述的内容的认同和激励。在访谈期间，点头表达着赞同、持续的注意力，鼓励对方继续进行。谈话时频繁地点头，可以使受访者透露的信息比正常情况下多出三至四倍。重复对方的话是表达感情和态度的又一个重要方式，也是建立融洽关系强有力的工具。访谈者通过倾听受访者的话语，捕捉其语言中的隐藏含义，然后将其概括地说出，作为对于受访者的反馈，如此可以使受访者感受到访谈者的倾听与理解,从而拉近双方的关系,使对方说出更多的细节,从而充实访谈的内容[1]。

(二)面试中的人际沟通技巧

1. 主试者技巧

在面试开场时,介绍自己和其他各位主试者;说明面试的目的、此次面试的主要步骤和程序;检验应试者是否了解应聘的工作;创造轻松的谈话氛围,使应试者自由地敞开心扉等,都是主试者在面试过程中应该完成的程序。

在面试期间,主试者应尽可能地提出发散性的问题,以此获得更多信息。例如,"从简历上看,你能不能谈谈这方面的情况?你觉得……怎么样?"然后提一些客观性的问题加深了解。要协调主观问题和客观问题的比重,主观问题过多,容易使面试显得不连贯、紧凑;客观问题过多,又会使面试显得像审讯。在提问过程中,应避免提带有提问者本人倾向的问题,例如以"你一定……"或"你没……"开头。这样的问题都容易引向主试者期望的答案。同时,要注意承上启下地开始新的话题:"这样说来,你认为……"不时地采用概括总结,特别是在面试的后半部分,给应试者提供纠正或补充的机会,以便正确理解事实真相。面试时也要懂得聆听的重要性,主试者的聆听可以安慰应试者,并且给主试者提供思考的时间。

在结束面试时,应请应试者补充并提问,对应试者的到来表示感谢,决定何时以何种方式通知录用,以及何时开始工作等。

主试者在面试的过程中会遇到各种各样的应试者。作为面试中较为主动的一方,主试者要尝试处理不同的应试者,营造一个轻松的面试环境[2]。

对于精神极度紧张的应试者,主试者要做的是使应试者精神放松,让其不必拘于常规,可以让应试者谈论自己擅长的工作作为面试开端,更多地提供一些可供自由发挥的问题并安慰他们。

对于处于被动状态的应试者,主试者也要多提出一些可供自由发挥的问题并鼓励其多发言。也许他们对面试这种形式怀有抵触情绪,要确保他们能正确理解面试的意图和在工作或事业发展中的积极作用。

对于滔滔不绝的应试者,尽管面试主要是聆听应试者,但有时主试者发现自己面对的是一位话多且容易偏离问题轨迹的应试者。此时,主试者要掌握主动权,最好的办法是提一些具体问题,并且随时准备态度温和而又坚决地打断应试者偏离主题的谈话,使面试正式化并保持镇静。

2. 应试者技巧

作为应试者,在面试之前要做好准备,仔细了解公司的背景及业务,进行预演,模拟场景,进行换位思考,预测考官会提什么样的问题、自己该怎么回答,通过录音调整好自己的语

---

[1] [美]乔·纳瓦罗、约翰·谢弗尔:《别对我说谎——FBI教你破解语言密码》,万弟娟译,中华工商联合出版社2011年版,第8页。
[2] 朱祝霞、赵立颖编:《沟通其实很容易》,中国纺织出版社2002年版,第159—165页。

音语调。研究显示,针对潜在的雇主做预先准备工作的申请者,在面试期间能提出更好的问题并更有自信。同时,要调整好心态,充满信心,镇静自如。做好形象设计是留下好的第一印象的关键。一般面试应穿正装或较为正式的服装,以整洁大方为基础,奇装异服、不洁净、皱巴巴的衣服在面试中是绝对禁止的。女性的妆容应清淡精致,切忌浓妆艳抹。

在面试过程中,首先要对自己想得到的那份工作表现出特别的兴趣,但期望不要过高。这意味着自己要了解一般受聘机会,尤其要了解自己应聘的那家公司。要将自己与这份工作相关的情况、经历和技能联系起来,使其成为自己专业方向和人生目标的一部分。其次,要表现出热情、礼貌、进取、诚实、合作精神。有的招聘者并不一定看重学历和具体才能,而注重整体素养。再次,要从容不迫地应答,表现出良好的交际能力。交际能力和语言、副语言的表达能力等不仅对于顺利通过求职面试至关重要,也是现代企业对于职工的普遍要求。同时,不要企图掩饰自己的不足。事实证明,在提供有关背景和细节的时候,有些性格侧面会暴露给招聘者,与其欲盖弥彰,不如以坦率而巧妙的方式自己讲出不足和缺陷。有的招聘人员甚至觉得过分完美的印象是不可靠的,从而影响录用。最后,要意识到应试者在面试期间可以使用一定的权力。应试者可以提出自己的问题,决定简明扼要地回答哪些问题、较为详细地回答哪些问题;为了对某些问题做出反应,应试者可以要求主试者详细阐述某一问题;应试者可以且应该拒绝回答某些问题,假如应试者是一名女性,遇到主试者的问题带有歧视性,可以拒绝回答;应试者可以询问有关工作期待的问题等。一个好的提问能够在面试中给应试者加分。

在面试后,应试者可以准备一封简明扼要的追踪信,显示出自己对这个组织的兴趣,并且使雇主记住自己的名字。在标准的追踪信五步骤格式中,应该包含:感谢雇主的接见,陈述对面试中讨论的职位或公司的一个或两个具体方面的兴趣,提供在面试期间被问的任何附加信息,表达出对这个职位的持续兴趣,感谢主试者的面试。

第二节 私密场合的人际传播

这里的私密场合主要是指除了公共场合及公务场合之外,具有私下和隐秘性质的场合。例如,我们与家庭中其他成员、与亲戚朋友之间的关系,以及在较为隐私的场合或新兴的网络环境中与一些陌生人建立的关系。相比公务、商务及社交关系,这些关系属于较为私密的人际关系。私密场合的人际关系为我们的生存提供了环境和意义,人们随着这些关系的发展而不断改变与成长。

一、家庭中的人际传播

人的一生中大部分时间都是在家庭中度过的。家庭关系的好坏,对人们的思想情绪、生活、工作影响很大。处理好家庭人际关系,不仅有利于家庭成员心情愉快地生活、工作和学习,而且有利于社会主义新型人际关系的建立和发展。一般而言,家庭是指由婚姻关系、血缘关系或收养关系组成的社会生活的基本单位。家庭对于我们绝大多数人来说,是最熟悉的组织传播情境,是最初的社会组织。家庭是社会的细胞,因此,家庭人际关系也是人类社会中最普遍的一种人际关系。

斯文·瓦尔鲁斯(Sven Wehlroos)在《家庭传播》中说:"生活中最大的幸福和最深的满足,最强烈的感情和极度的内心平静,全都来自作为互亲互爱的家庭成员。"反之亦然,某些最大的痛苦也可能来自家庭关系。我们可以选择自己的朋友,但无法选择自己的家庭和家人;我们可以同大多数人增进或解除关系,但是与家庭成员往往难以做到这一点。在家庭关系中,我们的选择和自由受到很多限制。在人际传播中,家庭关系有其特殊的问题,家庭内部成员之间丰富多彩的交往也会因此影响社会交往。家庭是人们情感生活的源泉,是体现真情实意的人际关系的世界。这一情感世界主要由以下几种形式构成。

(一)夫妻关系

夫妻关系,即男女双方以爱情为基础,依照法律程序建立起来的婚姻家庭关系。在所有人际关系中,夫妻关系带来的牵连最多。夫妻关系是家庭里的核心关系,直接制约家庭交往的气氛和思想道德水平。美国传播心理学家约翰·戈特曼(John Gottman)说,夫妻进行情感互动时,通常不会注意处理一些不明显的分歧,或者不注意处理冲突时的交流方式[①]。

夫妻之间的最大威胁是缺乏交流。具备谈论自己所感受的、喜欢的和憎恶的能力很重要。夫妻需要向配偶说出使自己沮丧的和失望的事情,以及自己的愿望是什么。对夫妻关系来说,无忧无虑地表达自己的观点比让压力不断积累要更有益处。

夫妻之间的沟通是一门艺术。夫妻相处时应该注意:以良好的沟通交流共建归属感,对可能造成的误会要尽可能及时地向对方解释清楚,要力求做到相互信任;当自己做错事情时,应该主动承认自己的过错,虚心接受批评;双方因小事发生争执时,一方应主动撤离;生活中应该有精神寄托和共同的兴趣爱好,要会互相欣赏,经常向对方提出积极的建议,共同攀登新的目标;一起承担家务劳动,共同教育子女,支配好业余时间;家庭事务应该采取民主协商的形式,共同商议,不要独断专行;当一方因为工作、事业而不顺心的时候,应该把它说出来,另一方则要耐心地开导,促进情感交流。

(二)亲子关系

亲子关系主要是指由家庭婚姻关系派生出来的一种血缘关系。在亲子关系中,人们首先想到的就是母子关系。母亲对子女的爱是无私、无畏、无怨、无悔的,也是充满柔情、温情、热情和激情的。只要儿女生活得幸福,母亲甘愿放弃一切,几乎每个母亲都把自己的全部奉献给了孩子。除了母子关系之外,家庭里还有父子关系。父亲与子女的关系不同于母子关

[①] William Wilmot, *Relational Communication*, New York: McGraw-Hill, 1995, p.4.

系。婴儿在出生后初期,主要是由母亲照顾,父亲的作用是不明显的。当孩子逐渐长大时,父亲才开始显出他的重要性。他开始有计划、有目的地让孩子认识世界,让孩子有自己的思想,指导孩子东闯西走地去拼搏、去冒险。母亲是儿女的养育者,父亲则是儿女的重要教育者,是儿女走向社会的导师。作为父母,除了工作与社会交际之外,应在家庭中对孩子有足够的重视,努力创造一个和谐温馨的家庭环境。

首先,父母切莫过于投入工作以致劳累过度,多花一些时间与孩子谈心或聊天是非常重要的。应当适时地了解孩子的喜怒哀乐,并且同孩子简单地谈谈自己的工作,使孩子对父母的工作情况与环境有所了解。如此,孩子能明白诸如职责、挫折、纪律和计划等问题,有利于培养孩子良好的品质和毅力。如果父母长时间加班或出差,孩子独自度过的时间会显得很长,可能因此产生孤独和茫然感,对日后的身心发展非常不利,严重的甚至会形成心理问题。

其次,父母应避免将工作、事业上的不满情绪带回家并迁怒于孩子,不要把孩子当成"出气筒",因为孩子是需要安慰和爱抚的。假如父母只顾自己的感受,工作不顺心就迁怒于孩子,为了微不足道的事情滥加训斥,孩子会产生无人可亲近的感觉,不利于孩子健康成长。

此外,不要对孩子滥加指责。父母不应该说出让孩子丢脸的话,对孩子的言行要适当肯定,称赞其优点,不要全盘否定,以建立其自尊心。如果孩子犯错应该受罚,也应该在私下或采取无损其尊严的方式。

正确认识和处理亲子关系,对于促进家庭和睦,使两代人能够团结协作、心情舒畅地生活具有重要意义。为了避免代际关系的紧张状态,合理、有效地处理好亲子关系的人际矛盾,就要正确认识两代人之间的不同心理特点,相互了解、相互体谅。对待两代人的不同看法、意见分歧,双方都应互相包容,求大同、存小异,尽力避免伤害对方的自尊心。在对待未成年子女的教育上,特别应注意不能用棍棒来解决两代人之间的人际矛盾。

(三) 兄弟姐妹关系

兄弟姐妹关系是由夫妻关系派生出来的同辈子女之间的一种家庭人际关系,是同辈人的一种横向血缘关系。兄弟姐妹之间的情谊是珍贵的,建立在相互关心、相互照料、相互帮助基础上的兄弟姐妹情谊更为宝贵。兄弟姐妹生于同一个家庭之中,有着密切的血缘关系,彼此的年龄、出生环境、生活条件、家庭和社会影响等均具有相似性。但他们在人生的旅途中遇到的问题往往有所不同:有的成长比较顺利,有的则充满了曲折和磨难;有的知礼懂事,有的觉悟很低、修养很差等。为了能共同进步,除父母的培养教育之外,加强兄弟姐妹之间的情谊也是十分重要的。一般来说,兄弟姐妹间互相谦让、互相支持是处好兄弟姐妹关系的先决条件。

兄弟姐妹生活在一起,联系比较密切,发生矛盾的机会也较多,磕磕碰碰闹别扭在所难免。只要能处理妥当,不但不会影响兄弟姐妹的关系,反而会使彼此间的情谊日益深厚。如果兄弟姐妹间产生摩擦和矛盾,就要从团结的愿望出发,重情义、说道理,要注意互相谦让、互相帮助、互相谅解。兄弟姐妹长大成人以后,应该共同尊敬、赡养、扶助好双亲,切忌在赡养老人方面互相推托,更不应由此引起兄弟姐妹不和。父母把子女抚养成人,付出了艰辛的劳动，花费了巨大的心血，为社会、为子孙后代尽了自己的责任。他们的劳动理应受到社会，特别是其子女的认可与尊重。他们也理应在子女的陪伴下愉快地安度晚年。不尊重、不赡养老人的行为是不人道的，不仅会受到舆论的谴责，也会受到法律的制裁。

（四）家庭中的传播障碍

在现实意义上，家庭堪称是一个微型社会，受到许多与社会压力相同的压力的支配。家庭有效沟通的障碍包括很多类似我们在人际关系中遇到的问题。在家庭沟通中的防卫和干扰，也像在其他情境中的干扰一样发生。然而，家庭中的人际传播产生的一些特殊问题还远不止这些。

1. 家庭角色的固定

家庭角色对我们的生活持续产生着微妙的影响，即家庭成员把一个人仅看作一种角色，既不增加也不改变。例如，孩子长到一定年龄时，父母仍未认同其地位变化，他们不断拒绝接受成长中孩子地位的变化，从而产生沟通障碍。在现实生活中，母亲经常会把已经离开学校或已成年并完全独立的子女，依然看作害羞且具有依赖性的小孩；兄长则会把已经在职业道路上小有成就的妹妹，依然看作需要呵护的家庭成员。家庭角色的固化不仅限制了家庭成员改变自己的可能性，还可能导致信息传播的中断，导致错觉及不真实的假定。

2. 暧昧的期待

家庭问题的频繁发生，可能因为家庭成员并不对其他人陈述自己的角色期待，但又以为其他人都了解并同意自己未明确陈述的期待；或者是认为不论自己说什么，家庭中的其他成员都会了解。例如，妹妹和姐姐达成协议，不管什么时候要穿姐姐的衣服，都要预先跟姐姐打招呼。妹妹穿了姐姐的衣服，姐姐责备妹妹违反协议，而妹妹却认为自己打开姐姐的衣柜就告诉了姐姐自己的意图。即使是在同一个家庭里，成员的意图也并不像我们想象的那样显而易见。瓦尔鲁斯指出："（在家庭里）失和的主要原因……只不过是所意识到的爱和家庭成员所怀的良好意图，没有以使他人能够意识到的方式传递。"

3. 双重标准

当父母期望其孩子循规蹈矩或履行仪式化的行为规范而自己却不照办时，双重标准就出现了。父母常遵循一种"按我说的而不是照我做的那样去做"的思想。父母常常看不到存在于家庭习惯和角色中的双重标准，孩子们则会很快注意到要求他们遵从的许多家规并非总是适用于自己的父母。例如，父母要求孩子不要随意打断别人讲话，自己却任意打断孩子的讲话。父母自己的所作所为与他们对自己孩子的要求之间常存在明显的差距。在别的家庭成员之间，也可能存在双重标准问题。例如，哥哥姐姐会要求或期望在规矩与仪式上与弟弟妹妹有所不同，男孩与女孩享有的差异也可能产生双重标准问题。对某个家庭成员来说，被认为是正确的东西，对另一个成员就可能被认为是不适宜的。

4. 限制自由

限制自由就是在任何时候都极少有机会按自己的意愿行事。家庭生活可以摆脱孤独，但也在一定程度上限制了家庭成员的自由。同别人一起生活可能会影响学习、饮食、睡眠等，这些细小自由的限制，常常是构成人与人之间关系紧张的根源。例如，一个家庭成员下班后可能已经筋疲力尽，但回到家后发现一大串新问题呈现在眼前：负责家人的晚餐，帮助孩子完成家庭作业，许诺朋友的邀请等。这些要求与责任是家庭成员职责的一部分，但它们也可能引起关系紧张。

家庭中还有许多其他问题，比如积攒情绪以致情绪负担逐渐膨胀的行为、占有行为、防卫态度等，都可能引起家庭中的传播障碍。家庭成员在进行沟通与交流时，一定要注意避免以上传播障碍的发生，从而改善家庭成员之间的关系，建立一个团结友好的家庭环境。

数字代沟和数字反哺：新媒体使用与亲子关系的实证研究①

一、数字代沟和数字反哺

何谓数字代沟？在2006年之前，对于"数字代沟"一词的使用都是模糊不清的，直到靳辉首次对"数字代沟"这一概念进行厘清。他将这种存在于两代人之间的既存在数字鸿沟和数字障碍特征，又出现在代际问题中的新概念，定义为一种新的复合社会问题和社会现象——数字代沟②。数字代沟一方面可以看作数字鸿沟在家庭层面和年代维度上的呈现，另一方面也可视为代沟在网络时代和新媒体时代的延伸。

数字反哺表示年老一代与年青一代在数字技术和新媒体使用上的反哺现象，即文化反哺在数字技术和新媒体使用上的体现。

二、中国家庭中新媒体使用与亲子关系发展现状

1. 数字代沟方面

数字代沟是代沟在网络和新媒体时代的呈现。数字代沟最大的体现是，在新媒体使用上，子代比亲代"厉害"得多。子代表现得得心应手，亲代则相去甚远——使用范围较狭隘，使用频率较低，使用熟练程度较低，在诸如电子设备的基础设置和基础功能使用方面、打字方面、网络信息安全方面，以及网络账户密码设置和使用方面等领域存在诸多困难。数字代沟存在的原因主要有：亲代对新鲜事物的兴趣降低，亲代文化程度的局限，以及思想文化和科学技术的剧变，特别是信息技术和电子技术剧烈的更新迭变。

2. 数字反哺方面

在新媒体使用上，家庭中存在普遍的反哺现象，近几年呈现在智能手机使用上的数字反

---

① 节选自王倩：《数字代沟和数字反哺：新媒体使用与亲子关系的实证研究》，重庆大学新闻与传播专业硕士学位论文，2017年，第9—10、41—43页。
② 靳辉：《互联网上的数字代沟》，《互联网天地》2006年第8期。

哺现象尤其明显。数字反哺现象是家庭亲子关系的投射。不同家庭的数字反哺现象呈现出差异：在数字反哺上，青少年期子代偏向于指点，成年期子代则偏向于帮父母搞定；在亲代文化程度较高的家庭中，反哺现象多出现在新媒体的第一次使用上；亲代作为反哺对象可分为四种类型——一学就会型、依赖型、自食其力型和第一次需要反哺型。向内分析，数字反哺的内核是亲子关系，实质是文化反哺，内涵是家庭中亲代对子代的包容和谦让，未来走向是回归到文化反哺上。数字反哺是暂时的，文化反哺是永恒的。

3. 新媒体使用和亲子关系方面

数字代沟衍生的数字反哺是亲子关系的一种投射。新媒体使用在对亲子关系起着积极的促进作用的同时也存在着问题，但伴随数字代沟产生的数字反哺行为对亲子关系的促进作用毋庸置疑。家庭本身的家庭形式和家庭环境是数字代沟与数字反哺的基础和根本，同时，互联网使用、手机使用和以微信为代表的社交媒体使用在家庭共处空间占据重要位置，促进亲子两代沟通和交流。另外，网络和以智能手机为代表的电子设备的使用给家庭及亲子关系带来了问题，比如交流不够真实、关于孩子教育问题的争议。

三、数字代沟和数字反哺对亲子关系的影响

从数字代沟和数字反哺出发，关于当下中国家庭中新媒体使用与亲子关系之间的关系，其结构性特点及情感和价值在代际互动过程中的角色，还有以下几点需要强调和说明。

第一，数字反哺是家庭代际互动的一个具体情境。在一定意义上，数字反哺是网络和新媒体时代这个特殊社会情境的产物，是中国家庭充满结构性张力和矛盾集中体现的新场域。这种仅此一次的数字反哺现象有趣地反映了中国家庭代际关系在新时代的独特性。数字反哺是日常生活中的一种代际互动，主要有工具性支持、情感支持和价值观念支持三个层次的反哺。在代际数字反哺实践中，两代人表现出理性化和情感化的取向，即工具性支持和情感支持。具体而言，子代通过数字反哺使得亲代获得新媒体使用上的进步，以及亲子两代从反哺过程中获得与对方亲密共处的时刻和情感融合的体验。在这个反哺过程中，工具性支持、情感支持和价值观念支持不是相互隔离的，而是相互内嵌、交叉并共同发挥作用的。对于中国家庭代际关系的观察也表明，工具性支持与情感并不是二元对立和两分的关系[①]。

第二，情感是数字反哺过程中最重要的维度。在中国的家庭研究中，情感结构是一个"被忽略而极其重要的研究对象"[②]。家庭的亲子关系如何影响家庭成员在各种形式上的代际差异，代际互动中对公平、正义的诉求，是值得持续探讨的问题。家庭中特定的亲子关系与数字反哺现象之间有着密切的关联。中国家庭的亲子关系是充满矛盾和挣扎的，从数字反哺实践中便可窥见大概。

从亲代角度来讲，数字反哺是情感与权力之间的协调。既有研究指出，亲代会为了维

[①] 钟晓慧、何式凝：《协商式亲密关系：独生子女父母对家庭关系和孝道的期待》，《开放时代》2014年第1期。
[②] 费孝通：《乡土中国——生育制度》，北京大学出版社1998年版。

持与子女的代际互助和亲密关系而主动让渡自己的权利①。例如,和谐的数字反哺行为在很大程度上依赖亲代为获得与子代的亲密共处、维系亲密的亲子关系而进行的"容忍"和"放权"。

从子代角度来讲,数字反哺是情感与个体化的协调。在个体主义文化观念的影响上,家庭的子代逐渐在进行个体化方向的蜕变。在这个特殊个体化社会背景下,数字反哺展现了家庭的结构张力和子代的内心意愿撕扯。在个体化过程中,子代寻求自由与实现自我价值的理想更加普遍和强烈,亲代期待亲密相处和稳定生活的态度依旧,亲子关系中固有的冲突和世代间的隔膜便更加激烈。两代人之间的代际差异太大,我们默认了两个事实。一个是孩子不顾一切离开家,以各种借口远离父母。另一个是,在有限相处的时间里,孩子对父母的无限容忍。

第三,新媒体使用是一个矛盾意向的存在。矛盾意向指积极情感和消极情感同时存在和相混合的状态。社会学意义上的矛盾意向主要指无法兼容的角色(地位)规则或期望引发的情感、态度、信仰及行为,以及结构性的资源限制与实际需求引发的矛盾②。新媒体使用在促进亲子关系的同时,伴随而生的诸多问题也不容忽视。一方面,新媒体使用促进亲子关系,当亲子两代在物理世界中不能靠近时,会用更多的短信、电话和视频通话来增进情感。另一方面,新媒体的不当使用和过度依赖使得问题层出不穷,比如通过新媒体进行沟通的有效性问题、青少年新媒体使用的管控问题。

第四,数字反哺为亲子关系的缓和提供了空间。大部分父母和子女的关系是残酷的,因为孩子看不到父母曾经的辉煌和深远的睿智,只看到父母对旧观念的固守、对形势的手足无措,以及体力、智力的衰退。父母被孩子远远地甩在后面。数字反哺带来了更多的代际协商和博弈空间。在这个互动和博弈的过程中,网络越来越发达,亲代的状态应该是兼听则明,而不是越来越傲慢封闭,沉溺在自己的小世界里自我麻痹,与周遭的世界越来越割裂。对子代而言,最好的孝敬是带上父母跟上这个时代,让他们不要离自己的航道太远。

研读小结

亲子关系是家庭关系中的一个重要部分,家庭中的亲子沟通对于整个家庭的和谐具有重要意义。随着互联网的发展,两代人对互联网使用存在着明显的差异。青少年对互联网的使用时间较长、程度较深,父母则对使用互联网的态度褒贬不一,这对亲子沟通产生了影响。如果父母更倾向于向青少年学习,两代人之间的隔阂一般会少一些;如果父母强烈阻止或坚决反对子女使用互联网,容易带来不良的亲子关系。子代给父母数字反哺和文化反哺,需要子代的爱心和耐心,就像母亲给孩子喂奶,喂一口,得拍拍背,顺一顺,免得孩子吐出

---

① 肖索未:《"严母慈祖":儿童抚育中的代际合作与权力关系》,《社会学研究》2014年第6期。
② Connidis, I. A., "Exploring Ambivalence in Family Ties: Progress and Prospects", *Journal of Marriage and Family*, 2015, 77(1).

来。两代人都应摆正心态,互相分享体验,积极沟通,营造良好的家庭氛围,使亲子关系成为能够让人觉得舒适而不是束缚的情感关系,能相互成长、互相成就。

二、朋友间的人际传播

在漫长的人生旅程中,所有生活经历中最耐人寻味的是人与人之间的关系,其中最广泛的关系要数朋友关系。友谊是人与人之间的一种重要的情感依恋关系。培根曾说过,得不到友谊的人将是终身可怜的孤独者。多一个朋友,等于增加了一种信息源,多了一个保护层,多了一条生活之路、事业之路、快乐之路。

(一) 朋友的概念

"朋友"是个难下定义的概念,常指广泛的亲密关系。亲密关系是表现为非常密切的交往、接触或联系的一种关系。"亲密的"这个词源于拉丁语,意思是"获得了解"和"最里面的"[1]。朋友关系不像父母叔伯、兄弟姐妹、亲属的血缘关系,各有其清晰的脉线、鲜明的印记。朋友多些含混的意味。古人云:"人生得一知己足矣。"可见朋友的重要性。纯真的友谊不仅能使人获得上进的勇气,还能使人感到生活的快乐。朋友是我们人生中不可缺少的伙伴。在朋友面前,我们渴望被认识、被寻找、被视为知己,共同分享真实的自我体验。

(二) 朋友之间的沟通方式

人们寻求友谊出于许多原因,这些原因可能是单一的,也可能是多种原因的综合,其中有许多重叠部分。我们寻求友谊有五个基本的原因或需要:爱、自尊、安全、自由、平等。在与朋友的交往过程中,许多人都不善于进行建设性的交谈,以及通过交谈有效地交流信息和增进情感。相关研究显示,朋友交谈方面的问题主要在于三个方面:一是谈话不符合对方的兴趣或不能有效地促使对方参与交谈;二是过早地、过多地发表评论;三是不能做一个好的听众。正是因为人们在寻求友谊时某些需求难以被满足,以及交谈时问题的存在,所以我们在与朋友进行沟通时需要注意以下几个方面。

1. 寻找共同的话题

交朋友讲究的是志同道合。如果毫无共同语言,毫无共同目标,那就很难成为知心朋友。因此,与朋友交谈时一定要寻找共同话题,尽量契合双方的兴趣。如果在与朋友交谈时,不管对方的兴趣,只管自顾自地长篇大论,这样的交谈就变成了一方的独白,无法起到沟通信息、交流感情和增进友谊的作用,还会降低朋友间的相互吸引力,淡化友谊。

要避免过多地评论朋友的谈话。心理学家的研究发现,与友人谈话时最佳的反馈方式

---

[1] [美]理查德·L.威瓦尔:《交际技巧与方法》,赵微、叶小刚等译,学苑出版社1989年版,第318页。

是作描述性的回答，或以简洁的语句复述对方的谈话，而不是评论①。评论会成为一种压力，使对方不能按照自己的真实想法继续谈话。一般情况下，一个人不可能使自己所有的评论都符合对方的实际情况，并且与对方的理解相吻合。过多的评论会伤害对方的情感，特别是否定性的评论，其结果常常是使对方感到别人正借此显示其高明。显然，这对友谊是有害无益的。

还要给予朋友更多积极的反馈，多赞美朋友。在与朋友交谈的过程中，要全身心地聆听朋友谈话，有明确的目标定向，不断地获取信息，积极地倾听，并且作出判断和反馈。善于发现朋友细小的长处，对这些长处进行真诚的赞美，给予朋友较多的正面反馈。真诚地从小处赞美别人，不仅可以使朋友的优点发扬光大，还可以使自己获得更多的友情。

2. 相互信任

信任是友谊的桥梁。友谊既需要共同的志趣、爱好，更不可缺少相互信任。现在的人们，尤其是年轻人，有了困难和心事，往往不愿告诉家人，更愿意向一两个知己好友倾诉，一吐为快。这时，朋友们也往往给他以安慰，帮他出主意、想办法。在这种信任之中，友谊日益牢固。若不信任朋友，满腹的心事无处倾诉，只会给自己造成巨大的心理压力，影响工作、学习和生活。同时，对于朋友的信任不可辜负；否则，将失去朋友的信任，继而失去朋友。

3. 互帮互助，增进友情

"路遥知马力，日久见人心。"平时可能人人都有很多朋友，但真正的朋友往往在关键时刻才显露出来。在与朋友的交往中，比金钱更有价值的东西就是雨中送伞、雪中送炭的及时帮助。一个人可以身无分文，但不能没有朋友。一个人可以承受孤独，但不能远离友情。每个人的一生不可能任何事情都一帆风顺。一个人可能突然遭受巨大的变故，或是事业上的挫折，或是生活中的打击。此时，朋友的关心和热情的帮助，会让人感到无限温暖。朋友在互帮互助中，友情也会日益加深。

4. 礼尚往来，情意更浓

适当的互赠礼物可以增加朋友之间的联系，巩固加深友谊。例如，一件小小的纪念品、一个小礼物、一张贺卡或一条短信就可使朋友感受到自己的惦记与关怀。朋友间的这些联系，不在于礼物的轻重，而在于所包含的深意。只要在恰当的时机，一件小小的礼物就会使朋友之间心心相印。当然，作为朋友，在收到对方的礼物后，一定不要忘记回赠礼物，注意礼尚往来。

在交友中还要注意一些细节。小事往往反映一个人对友谊的真实想法，注意小事有助于获得更牢固的友谊。与朋友相处时，不可因为对方是朋友就放纵自己，说话办事随心所欲，不顾及对方；也不可言而无信，过河拆桥，亲疏分级，斤斤计较，自命不凡，因为这样迟早会损害友谊。

良好的社会交往，应当是既能放开最大的人际网络，又能结交亲密的知心朋友。只重视

---

① 刘晓新、毕爱萍主编：《人际交往心理学》，首都师范大学出版社2003年版，第132页。

小范围的亲密交往,或只忙于泛泛的一般交往,并非理想的交往结构。

三、拜访时的人际交往

在私密场合的人际交往中,我们免不了由于各种各样的原因去主动拜访他人,或与他人会面。拜访与我们常说的串门不同。串门指街坊好友之间的往来,想来就来,想谈就谈,比较随意。拜访比串门更为正式,其对象大多数是新结识或熟悉的朋友、德高望重的长辈或有利益相关的人士等。拜访往往是前往对方家里或欢迎对方来到自己家里,与宴会、茶话会等在公共场合会面有所不同。拜访也是生活和工作中不可缺少的日常活动,是社会交往的重要组成部分。因此,了解日常必不可少的生活和工作拜访礼仪是社会交往成功的第一步。

(一) 拜访的时间

在拜访之前,要与对方约定好见面时间,然后再去拜访,不要做不速之客。在西方人看来,对于没有预约的来客,拒之门外并不是失礼的行为。提前约定好拜访时间,便于双方都做好必要的准备,安排好日程。一般情况下,私人拜访尽量避开用餐时间和晚间或午间休息时间。虽然拜访者是主动的一方,但预约拜访时间的主动权应该交给被访者,让对方决定时间,一是方便受访者的安排,二是此举更显得尊重对方。在与受访者约定拜访日期时,可以用"您哪天有空"、"您什么时间方便一些"这一类的方式邀约。如果因事不得不取消拜访,应尽早通知对方并解释理由,以求得对方的谅解。

约定拜访的具体日期和时间后,要注意整个拜访的时长也应适宜,以20分钟到一个小时为限。宁愿和对方在兴趣甚浓时分手,也不要拖沓整个拜访至彼此都没有兴趣时不欢而散。如果发现对方有重要的事情,或家中有客人到访,或受访者情绪不佳时,应主动提出告辞或改日再访。

(二) 拜访的言语

拜访的主要目的是发展友谊和维系人际关系,因此,在言语和态度上要小心谨慎,不要伤害对方的自尊心。若有意见冲突之处,也要加以保留,有机会再谈论。更忌讳的是暴躁、粗鲁、口出恶言,那就完全违背了拜访的初衷。

登门拜访时,我们应运用各种方法拉近与对方的感情距离。为了拉近双方的心理距离,可以采用与对方攀亲拉故的技巧。在一定场合和情景下,攀亲拉故可以使双方由陌生变得熟悉,由疏远变得亲近,由冷淡变得亲热,由拒绝变成接纳,由阻挠变成支持。善于攀亲拉故的人,容易与人产生共鸣,找到双方的共同语言,也更容易得到帮助和支持,与互话家常一样能有效、快速地缩短双方的心理距离。同时,拜访对方时要懂得利用寒暄。寒暄是人们之间,尤其是陌生人见面的必要中介,能消除拜访双方的隔阂。

拜访的地点往往是受访者的住所等私密场所,因而气氛比公共场所要更为融洽,双方在一种无拘无束的环境里畅所欲言。这样的环境和氛围比较容易接触到彼此的生活，给双方的友谊发展做良好的准备。但也应注意不能亲切失度、过分随意，对于对方的私生活、经济问题等一些个人隐私，不应随便提及。

思 考 题

1. 在公务场合的人际传播应当注意什么问题？
2. 拜访时有哪些注意点？
3. 如何处理家庭中的人际关系？

第十章 >>>
人际传播的技巧

学习目标

学习完本章,你应该能够:
1. 掌握说的技巧;
2. 掌握有效书面沟通的技巧;
3. 掌握倾听的技巧;
4. 掌握反馈的技巧。

基本概念

说话五要素　　口语型文字　　书面型文字　　有效倾听　　反馈的技巧

第一节 说 的 技 巧

孔子曰:"不知言,无以知人也。"古今中外,杰出的交谈艺术人才,总是备受称赞,即使是交谈敌手,也会在各种场合露出赞叹之词。交谈艺术博大精深:对敌手,能辩词锋利,唇枪舌剑,有坚定的原则性;对友人,能春风和煦,情真意切,有强烈的感召力;对己,能做到谈吐自如,风趣幽默,有一种无形的感染力。交谈还必须做到博古通今,随机应变,审时度势,分寸得体。该严肃时做到声色俱厉,该祥和时又能顷刻笑容可掬……这里讲的都是说话的高度重要性及其魅力。

说话包括两个方面的含义,最基本的是指具有说话的能力,用嘴巴说;同时,"说"是一门科学,也是一门艺术,有技巧可言,我们都感受得到说话艺术具有巨大的美的魅力,它是一个人的聪睿、智慧、哲思的有效载体,是一个人展示才华的窗口,是一个人有希望成为杰出人才的最有效工具。因此,一个人不仅要能说,而且要会说,具备一定的说话与表达技巧。具体来说,就是能准确传递讯息,在与他人沟通时,说话的内容正确、条理清楚、逻辑严密、准确得体、巧妙有趣,真正使说话成为一种扣人心弦的力量。说话技巧是自我与他人沟通的最基本、最常用的,也因此是最重要的技巧。是否具有说话技巧,对于人际传播的建立和发展至关重要。说话技巧就像一种润滑剂,不仅能保证人际关系之轮正常运转,而且能使其朝着优化的方向快速地运转。

说话是直接的语言交往,双方面对面,还要受到周围环境的种种限制,包括自然环境、社会环境、心理环境、语言环境等,可以说,一个人说话是以整个社会生活为背景的。讲求说话的技巧和艺术,就要考虑到说话方式、说话时机、话题内容、说话对象和说话场合五个方面的因素。

一、如何说(How)

人们每天都和人说话,话讲得好或不好,效果大不一样。要处理好人际关系,创造良好的、和谐的人际传播环境,选择恰当说话方式非常重要。人际传播既有面对面的直接传播方式,也包括通过书信、电话、传真、录音带、录影带、互联网等媒介进行的间接传播方式。不同的表达方式可以给人以不同的感觉,或是温文尔雅,或是冷酷无情。不同的传播方式通过话语或文字体现不同的表达方式,对人际传播产生重要的影响。

在人际传播过程中,如何用恰当的方式去"说",一方面关系到信息的传递,另一方面关系到别人由此对一个人的评价。当我们处理与他人关系的时候,我们该如何说常常取决于:他们能理解我们到何等程度,我们能向对方叙述到何等程度,我们能在多大程度上影响对方。周向军在著作《人际关系学(修订本)》一书中就介绍了在人际传播中说话要注意的很多方面,本书参考了其部分内容。

(一)集中连贯

集中和连贯是说好话的基本要求。集中是指说话前要有一个明确的说话目的和说话中心,始终围绕这个目的和中心说话。连贯是指围绕着中心,思维清晰,说话有逻辑,表达有条理。说话的集中性和连贯性都与说话的逻辑分不开。集中和连贯主要是指说话的思路问题,思路就是逻辑线索。要做到集中连贯,必须与提高逻辑性同时进行。

具有说话技巧的人,总是特别注意说话的集中性。不会说话的人,则总是忽视或无视这一点,在谈话时胸无全局,想一点说一点,想到哪里说到哪里。若按照这样的方式说话,要么断断续续,说得后语不搭前言;要么漫无边际,兴之所至,任意粘连。结果是尽管滔滔不绝,却是废话连篇,不仅浪费听者的时间,也难以达到说话的目的。

实现说话集中性的要求,从宏观的角度讲,应注意使说话切合传播目的的需要。在说话时,为了达到目的,有时可以直抒胸臆,有时要靠旁敲侧击,有时需要迂回,有时要用激将,有时欲擒故纵,有时步步诱导。总之,手段可以千变万化,但目的要时时牢记。从微观角度说,应注意说话的一字一句都要紧紧扣住想要表达的主要思想的需要。为此,在说话时,要始终围绕中心,不应离题太远,也不宜提出太多的话题,随便转移话题中心,更不应喋喋不休、唠唠叨叨。孔子曾赞扬他的学生闵子骞:"夫人不言,言必有中。"意思是说,他虽然平时不太说话,但是一说就说到要点上。

要做到说话连贯,事先就应该考虑到说话的开头、结尾和中间该如何说;哪些地方需要交代,哪些地方需要呼应,哪些地方详说,哪些地方略说;哪些地方用哪些材料,前后如何衔接,是先讲原因还是先讲结果;等等。

毛泽东在《反对党八股》一文中说:"一篇文章或一篇演说,如果是重要的带指导性质的,总得要提出一个什么问题,接着加以分析,然后综合起来,指明问题的性质,给以解决的办法。"提出问题、分析问题、解决问题,是说话内容发展和表达说话主题的几个环节,这对提高说话的连贯性很有指导意义。

(二)情真意切

人的交往,贵在交心。在与他人沟通的过程中,说话情真意切,也是基本的要求。唯有真诚的心力与情感,才能生出磁石般的影响,唤起他人的热忱。俗话说:"巧舌加真诚,一发可牵象。"现实生活中,许多人以真诚的说话使事业得以成功,还能获得众多朋友,因为大家都喜欢诚实的说话者,精诚所至,金石为开。说话真诚,还能化干戈为玉帛,使本来的矛盾得以消解。

白居易在《与元九书》中写道:"感人心者,莫先乎情。"刘勰说:"繁采寡情,味之必厌。"情动于衷而形于言,写文章如此,说话也不例外。一次成功的说话,它的语言总是伴随着真挚的感情去传递信息,与对方交流思想,达到彼此心灵的沟通。这里的"情",主要是指人的感情,而这种感情,与说话者的情真意切是分不开的。

说话要有感情色彩,而感情色彩的浓淡,往往决定真诚的程度。只有饱含炽热的情感、情真意切,说话才会使"快者掀髯,愤者扼腕,悲者掩泣,羡者色飞"。一个说话者如果感情不真切,是逃不过听众眼睛的。林肯曾说:"你能在所有的时候欺骗某些人,也能在某些时候欺骗所有人,但不能在所有的时候欺骗所有的人。"只有真情,才能拨动听者的心弦,发出会心的共鸣。这里的真情,包括诚心诚意。

温家宝在十一届全国人大五次会议后的记者见面会上,饱含真情地说:"这是我在两会之后最后一次同大家见面了。今年可能是最困难的一年,但也可能是最有希望的一年。人民需要政府的冷静、果敢和诚信;政府需要人民的信任、支持和帮助。我将在最后一年守职而不废,处义而不回,永远和人民在一起。"他的语气中透出对人民的牵挂和深深的忧国忧民之情,感动了许多人。

做成功的说话者,就必须注意说话情真意切,应该用真挚的情感、竭诚的态度叩响听话者的心门,对真善美热情讴歌,对假恶丑无情鞭笞,让喜怒哀乐溢于言表,使黑白褒贬泾渭分明。用自己的心去弹拨他人的心,用自己的灵魂去感染他人的灵魂,使对方闻其声见其心,达到感情上的融合,使话语犹如春风化雨,润物无声,熏陶感染,潜移默化,发生强烈的共振效应。

（三）以理服人

以情动人和以理服人是说话的两个方面，二者有机统一、互相交融，可以使说话取得良好的效果。要使听话者乐于接受和信服自己的说话内容，最好是有充分的理由，要摆事实，讲道理。托尔斯泰曾说："用语言表达出来的真理，是人们生活中的巨大力量。"确凿的事例正是说话的力量所在。

我们要懂理，也要讲理。道理是明智的、理智的，能让我们的言行有一个合理的范围。要想以理服人，首先，材料和事实要准确可靠。俗话说："事实胜于雄辩。"事实是说话的基础。其次，说理要充分透彻，有的放矢。利用已有材料进行分析说理，抓住事物的本质，一切问题都可迎刃而解。

1955年在印度尼西亚万隆召开的亚非会议上，一些不怀好意的人把矛头指向中国，气氛曾一度相当紧张。周恩来总理对此坦率而又郑重地指出："中国代表团是来求团结而不是来吵架的"，"是来求同而不是来立异的"。接着，他分析了中国与亚非各国之间求同的基础，阐述了中国政府有关的内外政策，使得别有用心的人无隙可钻。最后，他呼吁"亚非国家团结起来，为亚非会议的成功而努力"。周总理坚持以理服人，赢得了代表们的普遍赞誉，就连在会上攻击过中国的代表也说"这个演讲是出色的"。

"铁嘴外交官"李肇星担任中国驻美大使期间，在俄亥俄州立大学演讲时，一位美国老妇人问他："你们为什么'侵略'西藏？"李肇星并没有当即发作，而是问这位美国老太太："请问您是哪里人？"老太太回答自己是得克萨斯人。李肇星亲切地说："得克萨斯州1848年加入美国，而西藏在13世纪中叶就已经是中国不可分割的一部分。您看，您的胳膊本就是您身体的一部分，能说是您的身体侵略了您的胳膊吗？"李肇星以巧妙的方式摆事实讲道理，以理服人，推己及人，让这位美国老妇人认识到事实真相，最后心服口服。话要是说得令人信服、有理有据，自然而言会对听众产生影响。

（四）委婉含蓄

委婉是指说话婉转、含蓄，不直来直去。一般人爱听委婉含蓄的话。培根曾说："交谈时的含蓄和得体，比口若悬河更可贵。"委婉往往使用商量祈使的口气，有启发性，是社会生活中被广泛且频繁使用的交流技巧。不论在日常生活中还是在政治生活中，都可能遇到各种各样的委婉言语。这些言语使人们在表达相同的意思时更含蓄、更动听，尤其在谈到激动和敏感的事情，以及拒绝对方时，更能让对方接受。说话委婉可以给人以文明和高雅的感觉，在人际交往中巧用委婉用语可以反映一个人的文化素养，是说话人高雅、有修养、智慧的表现。同时，说话委婉含蓄也是对听话人的一种尊重，能让对方在再三回味中不断增加对说话人的好感。反之，如果谈吐十分平淡，势必味同嚼蜡。

说话要做到委婉含蓄，可以运用各种修辞法，比喻、双关、暗示、反语等都可以委婉含蓄地表达说话的内容。例如，在《红楼梦》第七十四回的大搜查中，有这么一段对话。

凤姐：因丢了一件东西，连日访察不出人来，恐怕旁人赖这些女孩子们，所以索性大家搜一搜，使人去疑，倒是洗净她们的好法子。

探春：我们的丫头自然都是些贼，我就是头一个窝主。既如此，先来搜我的箱柜，她们所有偷了来的都交给我藏着呢。

探春这番话当然是言不由衷的，是出于对凤姐淫威的不满而用反语来发泄心中的愤懑。

为了说话留有余地，或不便直接说，需要婉言的时候，还可以借助模糊语言或躲闪回避的方法。据说王安石的小儿子从小伶牙俐齿，智慧超凡。有一次，有人想考他，便指着一个关着一只獐和一只鹿的笼子问他哪个是獐、哪个是鹿。这孩子根本不认识这两种动物，但片刻便答道："獐旁边的是鹿，鹿旁边的是獐。"尽管他不认识獐和鹿，但他的回答也不能算错，使他摆脱困境，博得满堂喝彩。

说话委婉是一种很恰当的方式，同样的内容，如果能够委婉地去说，对方就能够从理智上和情感上愉快地接受，同时，对方也能对说话者有一个好的印象。生活中有许多事情是不能直接说出口的，否则会使人想起一些不美好的事物，产生不愉快的感觉。利用一些委婉、含蓄的语言可以帮助人们消除这种感觉，使交谈仍保留在较高尚、美好的层面。例如，提到"厕所"一词，人们都认为有点不雅，在生活中，人们常用"方便一下"、"去洗手间"等代替，避免了一些尴尬的情境。又如，对人说话时，用"丰满"、"福相"来描述对方的"胖"，用"苗条"来描述对方的"瘦"，也能让人心理上觉得舒服一些。中国的语言文字博大精深，有许多委婉的表达方式。有人研究发现，《红楼梦》中关于"死亡"的委婉语就有不少，如"出了事"、"停床"、"回去"、"去了"、"仙逝"、"瞑目"、"闭了眼"、"没了"、"逝世"、"身登清净"、"伤了性命"、"伸腿去了"、"捐馆"、"丧命"、"玉山倾倒"、"气绝"等多种说法。[①]

(五) 幽默风趣

幽默是一个人思想、学识、智慧和灵感在语言表达方面集中运用的结晶，是衡量一个人知识水平、个人素质和修养程度高低的综合标志。说话幽默风趣很重要。奥·弗洛伊德曾说："并不是每个人都能具有幽默态度。它是一种难能可贵的天赋，许多人甚至没有能力享受人们向他们呈现的快乐。"

在交往中，幽默具有许多妙不可言的功能，它能活跃交往的气氛，使人欢快、轻松，从而得到精神上的享受。高尚的幽默是精神的消毒剂，是人们用来适应环境的工具。幽默能使人面对光明，使人紧张的精神放松，释放被压抑的情绪，避免刺激和干扰，化解交往冲突和窘困的场面，消除身心的某些痛苦，保持和增进心理健康。有人形容，幽默在人类社会中可以起到缓解人际关系紧张的安全阀的作用。它可以解除误会，稀释责难，缓和气氛，减轻焦躁；可以使陌生人相识，怀疑者消除疑虑，戒备者抛弃戒心，是人际关系的一种

---

① 尹婧、李向农：《〈红楼梦〉中"死亡"的委婉语及文化解读》，《宁夏大学学报（人文社会科学版）》2009年第5期。

良好润滑剂。

日常生活中,在与朋友交谈时可以使用一些幽默风趣的语言。

首先,当一件事情本身就有趣,或有可利用之处,就可以使用幽默的语言。朱镕基在访问美国时,不停地被问及人权问题。他在纽约时曾幽默地说:"纽约抗议人多,这倒不在乎,但晚上12点钟用高音喇叭对着我喊,口号声一直持续到凌晨,使我疲惫又无法入睡。如果要解决人权,怎么不考虑我的人权?怎么不让我睡个觉呢?怎么侵犯我的人权呢?"

其次,有意识地发挥,用巧妙的夸张、想象或自嘲,把本来无趣的事情表达得妙趣横生,从而使气氛融洽。有一次,李肇星在柏林会见欧盟委员会对外关系委员彭定康。会见结束后,彭定康把一位来自希腊的欧盟官员介绍给李肇星,说他是欧盟主管中国事务的处长。李肇星和他握手。彭定康想起希腊首都雅典将举办奥运会,便问李肇星:"你会来雅典参加今年的奥运会吗?"李肇星不假思索地说:"奥运会的比赛项目,我哪个都不行,没资格参加。"大家你看看我,我看看你,会意地笑了。中国外交部长一般不会去观摩奥运会,李肇星的回答非常巧妙地把这个信息传递过去。

再次,可以运用双关语、反语、谐音、衬垫跌落、假戏真做等方法,来产生幽默风趣的效果。有一次,世界著名生物学家达尔文应邀参加一个宴会,被安排与一位年轻貌美的女士坐在一起。这位女士知道达尔文的进化论,但是对此不赞同,便用戏谑的口吻问达尔文:"达尔文先生,听说您断言人类都是由猴子变来的,那我也属于你的论断之列吗?"达尔文漫不经心地回答:"那是当然!不过你不是由普通猴子变来的,而是由长得非常迷人的猴子变来的。"达尔文并未用科学的道理回答那位女士,而是以戏言反驳戏谑,因为女士的提问属于偷换概念的诡辩。他巧妙地运用幽默的回答,让那位女士自讨没趣。如果达尔文先生用科学的大道理在那讲一番,不但那位女士会鄙视他,甚至连其他客人也不愿意在这样欢庆的场合来听这些大道理。达尔文抓住女士的短处,用幽默机智的话语反驳她,不但维护了自己理论的正确性,也没有使那位女士难堪,同时恭维了她,说她长得漂亮[①]。

幽默感是随着人们对生活的不断认识而逐渐形成的,其获得和形成需要三个要素:必备的知识修养、对生活的乐观态度和各种能力的综合培养。在人际交往活动中,运用幽默风趣的语言,需要敏锐的观察力和丰富的想象力,思维迅速,随机应变。要情趣高雅,豁达大度,还要注意适可而止,不可过头,更不能刻意。幽默是交谈的调味剂,能增加沟通的情趣,而刻意地讲笑话可能破坏交谈氛围,甚至带来反效果,导致冷场。

(六)使用礼貌用语

说话是运用语言的过程。在说话中,运用什么样的语言,对于说话产生的效果是大不一样的。语言有多种多样,从不同的角度可以做出不同的划分。就其合理性来说,可以分为礼貌性语言和非礼貌性语言两类。在人际交往中,毫无疑问,应当使用礼貌性语言,即要做到言之有"礼"。

---

① 庞晓东编著:《心理学是什么玩意儿:让你获悉心理学的所有奥妙》,华中科技大学出版社2012年版,第76页。

中国素有"礼仪之邦"之称，懂礼知礼的人更容易得到别人的认可和尊重。言之有"礼"是人际关系成功的重要条件。因为礼貌语言在人际交往中具有不可忽视的作用，所以不少国家都十分注意运用礼貌语言的训练。许多国家的服务员、营业员、售票员等，都要接受专门的礼仪训练，其中最突出的是运用礼貌语言的训练，不会说礼貌语言的人不能应聘工作。

使用礼貌语言，要注意文雅。要学会日常生活中的问候语、请求语、感谢语、称呼语、抱歉语、道别语等，诸如"您好"、"上午好"、"晚上好"、"请坐"、"请稍候"、"谢谢"、"请原谅"、"请多包涵"、"真对不起"、"再见"之类的语言。我们将集中讨论如何使用称呼语。

与人说话，称呼语是必不可少的。有人把交际语言喻为浩浩荡荡的大军，称呼语则是这支大军的先行官。因为，在交际中，人们对称呼语恰当与否的问题，十分敏感。尤其在初交时，往往会影响交际的成败。在使用称呼语时，一定要慎重，力求恰如其分。具体来说，至少要注意以下几个方面。

一是称呼有尊称和鄙称之分。在人际交往中，一定要用尊称，不用鄙称。尊称使人容易接受、心情舒畅，使用尊称显得说话人有修养，重视对方。鄙称则让人难以接受，甚至产生反感心理。

二是要看称呼对象的职业、年龄、性质诸类条件。见到工人、出租车司机尊称"师傅"，见到比自己稍微年长的人可称"大哥"、"大姐"。

三是要注意人们的语言习惯。知识分子与工人、农民的语言习惯肯定有所不同。

四是要注意场合。例如，在平时口语中，称"爸爸"、"妈妈"自然亲切，但在庄重的文书中，则称"父亲"、"母亲"为宜。

五是要注意主次关系。例如，同时称呼多人时，以先长后幼、先上后下或先疏后亲为宜。1972年2月21日，周恩来总理在一次招待会上称呼："总统先生，尼克松夫人，女士们，先生们，同志们，朋友们！"这样就做到出言有序。

使用礼貌语言，注意文雅用语，克服、避免粗鄙之语。粗野与文雅是相对立的。在人际交往中，我们要彻底铲除讲粗话、脏话的恶习。

在使用礼貌语言的时候，还要注意合时宜。例如，顾客光顾商店，临走前，售货员可以说"慢走，欢迎再来"，然而，患者到医院里看病，医护人员就不宜对临走的患者说"欢迎再来"，可以说"路上小心"、"早日康复"之类。

对于语言的运用还有其他很多技巧，比如生动形象、通俗易懂、恰当贴切、简洁精炼、灵活变通，以及使用适当的副语言因素等，这里不再详细介绍。

二、何时说（When）

孔子在《论语·季氏篇》里说："言未及之而言谓之躁，言及之而不言谓之隐，未见颜色而言谓之瞽。"这句话是说，不该说话的时候说话是急躁，应该说话的时候不说话是隐瞒，不察言观色乱说话则是瞎说。要想把话说得恰到好处，最重要的一点就是说话要适时，要把握住时机,切不可坐失良机。人际沟通大师卡耐基也谈到选择说话时机的重要性,指出应该避免在什么时候和对方谈话。"什么时候不该说话呢?对方正在紧张工作的时候,你不要去说话;对方正焦急的时候,你不要去说话;对方正在盛怒的时候,你不要去说话;对方正在放浪形骸的时候,你不要去说话;对方正在悲伤的时候,你不要去说话。上述几种情形,有一于此,你去说话,一定碰一鼻子的灰,不但说话的目的不会达到,反而遭冷淡、受申斥,这是意料中的事。"[1]

销售人员在与客户沟通的过程中,何时约见客户、何时发出致谢函、何时发催款函,甚至面谈的时候何时发送何种信息,即什么时候交流思想和情感,什么时候仅仅是传达信息,以及各占多长时间等,都要有讲究。

（一）切入话题的时机

我们在与别人交往的过程中,往往会遇到这样的情况:有些人口若悬河、滔滔不绝,从日常琐事到工作学习上的问候,都讲得头头是道;有些人则找不到话题,无从插话,或者有话不知道什么时候说。这就是一个关于切入话题时机的问题。

当感到情感或反应产生时,要尽量及时地将其表达出来,并且双方必须明白某一特定的反应是由什么行为导致的。父母常会发现,在小孩子做错事时,及时责备他们,比一小时之后再说,效果要好得多。对于成人也是一样,即使是令人不快的反应,也应当及时说出来。如果将情感渐渐积累起来,在某一时间集中向对方爆发出来,便会有碍于健康的自我表露。

（二）控制说话的时机

说话的时机隐藏在说话时的情境里,控制说话时机主要是指控制说话的次数、频率及时间;注意信息的反馈,及时调整说话内容,采用相应的表达方式;考虑怎样将一个老生常谈的事情换个说法说出来,令人耳目一新。

控制说话的时机,要充分考虑对方的情绪,只有选择双方都能接受的时间,才能收到预期的效果。有些人属于早睡早起的百灵鸟型,另一些属于晚睡晚起的猫头鹰型,这些都影响到在一天中特定时刻发生的传播的内容和形式。一些人在一周的头几天中传播效果好,另一些人则不管在哪天传播都不受影响。若能配合对方的喜好选择适当的气氛,必然有助于洽谈的顺畅。在他人情绪不佳的时候,应避免谈论一些会使得对方更加烦躁的事情。

控制说话的时机,还要考虑到对方的性格特点。如果对方是内向者,可以选择他们能够从容、有机会独立思考的时候,因为与人会谈、接触对他们而言是一件相当费力的事情。因此,当内向者处于头脑清醒的状态时,就是与他们交谈的最好时机。与外向者进行交流则可以选择任何时刻,因为外向者往往把与人讨论视为一种享受。

---

[1] 华铭玮主编:《卡耐基口才与交际艺术》,中国纺织出版社2003年版,第205页。

（三）充分利用说话时机

对于说话人而言，要想达到预期的目的，取得好的效果，说话不仅要符合时代背景，与彼时彼地的情景相适应，还要巧妙地利用说话时机，灵活把握时间因素。

1979年1月，邓小平应美国时任总统卡特邀请正式访问美国时，在多次讲话中，就充分利用了时间因素，取得了很好的效果。在卡特举行的欢迎国宴上，邓小平说："我们来到美国的时候，正是中国的春节，是中国人民自古以来作为'一元复始，万象更新'而欢庆的节日。此时此刻，我们同在座的美国朋友有一个共同的感觉：中美关系史上一个新的时代开始了。"

邓小平巧妙地把30年来中国国家领导人第一次以建交国家领导人身份正式访问美国的重要历史时刻，同中国的传统佳节联系起来，利用时间上的特殊条件，表达了双方对中美关系新时代开始的美好愿望[①]。

三、说什么（What）

在同别人沟通的时候，说什么话是很重要的，而且只有加入相应的肢体语言，所要传递的信息内容才会更加确切。因此，在选择具体内容的时候，我们一定要确定要说哪些话，用什么样的语气、什么样的动作去说，这在沟通中非常重要。

（一）说共同话题

俗话说："酒逢知己千杯少，话不投机半句多。"欲使谈话达到双方津津乐道、喜笑颜开的效果，就要选择谈话双方共同感兴趣的话题，要激发别人的兴奋点，而不要矫情，哪壶不开提哪壶。要知道，我们所需要的并不等于别人也需要，我们感兴趣的不一定是别人喜欢的，大家都只对自己所要的感兴趣。

卡耐基有个经典的"钓鱼理论"，即"想他人之所想，予他人之所需"，站在他人的角度想问题。卡耐基认为，影响别人最好的方法就是谈论他所要的，并且教他怎样去得到。钓鱼的人都知道什么鱼用什么饵，即鱼所要的，鱼钩上的饵不是草莓，不是鸡肉，它只是单纯的鱼饵。当"钓"别人的时候，也应该使用这个简单的道理：给他所要的。

试想这样一种情境：两个人在交流，其中一人侃侃而谈，另一个人却昏昏欲睡。这一定是听话的一方对交流的话题没有兴致所致。我们与他人的谈话当然不是为了催人入睡，那么选择对方感兴趣的话题，避免只在那些自己关心的事情上喋喋不休，这是永远正确的沟通方式。与人交谈时，积极主动地围绕对方的兴趣所在，是对他人的尊重和关心，能够这么做的人常常会使对方感觉遇到了知音，从而在对方的心里形成对你的良好印象。同时，多听别人谈论自己关心的话题可以增加自己对别人的了解。

[①] 甘华鸣、李湘华：《沟通（上）》，中国国际广播出版社2001年版，第205页。

（二）尽量不说废话

"山不在高，有仙则名；水不在深，有龙则灵。"说话亦是如此，话不在于多，而在于说得恰到好处，说得准确，说得有的放矢。在日常生活中，当我们与别人谈话时，可能很快就会注意到别人说话时的一些小毛病，尽管这些小毛病对所讲内容不具有实质意义，也不会对双方的沟通起决定作用，但如果说话者不加注意，听之任之，就会影响沟通的效果。例如，有些领导干部在开会、讲话时经常喜欢用"八股腔"、"官腔"，开起会来拖沓冗长，言之无物，又不着边际，假大虚空，导致下面的与会者不是听了上句就能猜到下句，就是听了下句就忘了上句，传播效果奇差无比。关于尽量不说废话，下面提供几点原则。

一是不说多余的套话。有些人在交谈中喜欢使用一些不必要的套话或口头禅，比如"对不对"、"那个"、"这个"、"你知道"、"他说"、"我说"、"你想一想"、"说实话"等，说者自身可能难以察觉这些套话或口头禅，但听者很容易听出来。要克服这类毛病，最好的办法就是请朋友提醒自己。

二是不语带杂音。在一句话的开头或结尾处出现一些无意义的杂音，类似鼻子的哼哼或喉咙的轻咳，说者可能没有意识到，但是会给听者很不舒服的感受。

三是谚语等不应引用过多。谚语原是诙谐幽默且有说服力的，但只有用在恰当的地方才生动有效，若是日常交流中使用过多，往往会让人觉得油腔滑调、哗众取宠或者装腔作势，反而不利于沟通的顺利进行。

四是讲话忌琐碎。讲故事或亲身经历很容易使内容生动、精彩，但若一味地不分主次，平铺直叙，反而使听者如坠云里雾里，茫然无绪。因而要抓住重点，重要环节尽可能详细，其他地方宁可一句带过。

五是不应过分夸张。夸张的手法的确有引人注意之效，但若使用过分，效果反而不好。现实生活中的交谈，不可能每次传递的信息都"非常重要"、"最可笑"、"最最逗人"等，因此，不要到处都强调"非常"、"十分"、"最"、"最最"、"超级"等字眼。

在进行人际传播的过程中，一定要考虑好说话的内容，哪些是重点可以详说，哪些是废话不必说，要做到心中有数。否则，可能会漫无目的，不断偏离主题，甚至无话可说。

四、对谁说（Whom）

苏轼在《上神宗皇帝书》中提到"交浅言深，君子所戒"。言谈失了分寸，有时候是对说话对象没有正确的认识。说话要了解自己说话的对象，因人而异地选择交谈的内容和方式。俗话说，上什么山唱什么歌，见什么人说什么话。不管交流对象是同伴或上级，还是父母或孩子，都影响着传播。同样一句话，对甲说，甲全神贯注；对乙说，乙却顾左右而言他。这就是说话对象生活或性格的不同造成的。因此，对于婉转的人，应采用巧妙迂回的表达方式；对于坦诚直率的人，应采用单刀直入、开门见山的方式；对于有学问的人，应采用哲理的方式；对于邻居家眷，应采用浅近的方式……总而言之，只有说话方式符合说话对象的特征，才能收到预期的效果。

说话有技巧,要考虑到听话者的地位和身份、需求层次、类型、个性和情绪心境等因素。

(一) 了解听话者的需求

追求需要的满足是人一切行为的最大动机。根据马斯洛的需求理论,人的需求是有层次的。因此,在准备说话前,有必要了解听话者基本的、可预测的需求,不妨挖掘听话者心中的"需求黑箱"(见图10-1),这对说话者有极大的帮助。

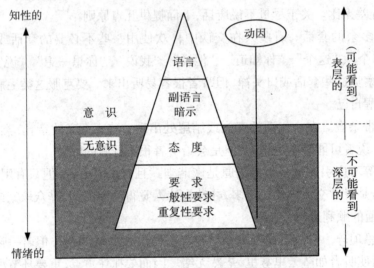

图10-1 听话者的"需求黑箱"

(资料来源:甘华鸣、李湘华,《沟通(上)》,中国国际广播出版社2001年版,第175页)

(二) 把握听话者的特征

东汉末年有个叫牟融的人,对佛学很有研究。他在给儒家学者讲授佛家学说时,总是用儒家经典之作《尚书》、《论语》等来解说。儒家学者对此表示不能理解。他说:"正是因为你们都熟知儒家经典,我才用儒家的故事向你们阐明道理,而对于佛经你们是陌生的,如果我引用佛经来解说,不等于白讲了吗?"说话是一种传播,将信息传递给对方时要充分考虑对方的特征,才能保证传播的质量。

把握听话者的特征主要包括以下几个方面。

一是要对不同性别的人说不同的话。男性和女性由于性别的心理差异的影响,在言语反应上是不同的。因此,对不同性别的人说话要注意有所区别,有些可以对男性说的话,未必就可以对女性说,反之亦然。例如,女性大多怕听到"老"字,说一个大龄女子老了常会刺痛她的心;男性大多不怕别人说他老,而怕人说他不成熟。

二是要对不同年龄的人说不同的话。年龄不同会导致听话者对话题反应的程度不同。对小孩子说话不同于对成年人说话,小孩子一般不喜欢别人指责他们。对成年人也应有所区别。成年人分青年人、中年人和老年人。这三个年龄层的人经历不同，志趣各异，需求也有区别。例如，老人一般最忌讳别人提及"死"字。因此，跟不同的人说话，要从不同人的心理状态出发。

三是要对不同文化程度的人说不同的话。与不同层次的听话者说话时，必须用与他所拥有的文化水平相匹配的说话方式。一般来说，与文化程度低的人说话应用家常口语，说大白话，否则有时难以听懂。文化程度越高，越喜欢用一些典雅的言辞。山药蛋派作家赵树理的创作多以农村题材小说为主，他常常将刚创作的小说读给不认识字的农民听，因此他的作品才让更多弱势群体拥有属于他们的文学作品。

四是要对不同民族的人说不同的话。语言和文化相互依存，每个民族的文化必然在其语言中有所体现，因而可以从语言窥探不同民族在文化上的差异。人们对某种语言的理解，往往是以弄清楚说这种语言的民族的文化背景为依据。文化背景不同，听话者对同一句话的理解迥然不同。例如，中国人见面喜欢问一声："吃了没有？"外国人则不会把这理解成问候语，而可能会误以为你是想邀请他一起吃饭。因此，说话时要根据听话者文化背景的不同，选择合适的言语，让对方充分理解其中的含义。

（三）了解听话者的类型

根据注意力水平的高低不同，可以将听话者分为漫听型、浅听型、技术型和积极型。

漫听型听话者很少注意听别人讲，甚至经常开小差，往往还多嘴多舌，打断别人说话。因此，应不停地与这种听话者保持目光接触，使其专注于你的说话，并且不断提一些问题，讲些他感兴趣的话题。

浅听型听话者失之浅表，他们只听到声音和词句，很少顾及它们的含义和弦外之音，对问题和实质无法深入下去。在对他们说话时，要简明扼要地表述，清楚地阐述观点和想法，不要长篇累牍，也不要含义晦涩，可以说："我的意思是……"

技术型听话者会很努力地听别人说话，但他们倾向于做逻辑型听众，较多关注内容而较少顾及感受。对他们讲话时，要尽量多提供事实和统计数据，把自己的感受直接描述给这类听话者，多做一些明显的暗示，让他们积极进行反馈，可以说："你认为我所说的……"

积极型听话者在智力和情感方面都会作出努力，注重思想和感受，既听言辞，也听言外之意。对于这类听话者，应选择其感兴趣的话题，运用说话表达技巧，与听话者多进行互动反馈。例如，"我是这样想的，你认为如何？""你觉得什么时候……"

（四）考虑听话者的心境

同样一句话，在某个时候对对方说，他可能乐于接受，如果换个时候，他却觉得不耐烦，这就关系到听话者当时的心境。朱柏庐在《治家格言》中说："莫对失意人，而谈得意事。"这就是说要对心境不同的人说不同的话，尽量不要在别人面前说些他忌讳的话，提起令他痛苦的事。

诉苦应该找同病相怜的人，可以得到精神上的安慰，可以稍舒胸中不平之气。要谈得意事应该找得意的人去谈,大家志同道合,趣味相投。与失意人谈自己的得意事,不但是不知趣,简直是挖苦他、讥讽他,他对你的感情,只会更坏,不会变好。与得意人谈自己的失意事,他至多表面上虚与委蛇,绝不会表示真实的同情,有时也许会引起误会,以为要请他帮助,他会预先防备,使你们无法久谈。

要了解对方的心理需求,才能使得谈话达到良好的效果。韩非子在《说难》中指出:"凡说之难,在知所说之心","所说出于为名高者也,而说之以厚利,则见下节而遇卑贱,心弃远矣"。这是说,大凡游说的难处,在于如何了解游说对象的心理。如果游说对象是追求名节的,用厚利去说服他,则会显得节操低下而被卑贱地对待,必然被疏远和抛弃。因此,交谈从对方的心理需求出发,对方能够有更良好的回应,谈话才会有很好的互动性。

(五)了解听话者的个性

俗话说"见什么人说什么话",就其积极意义而言,就是想要与他人说话,必要时要事先把握对方的个性,随机应变地采用不同的说话方法。

孔子的学生子路问孔子:"听到了是不是马上见诸行动?"孔子回答说:"有父亲、哥哥在,怎么能不向他们请示就贸然行事呢?"冉有也问孔子同样的问题。孔子回答说:"听到了当然要马上行动!"公西华对此十分迷惑,不明白为什么同一个问题老师却有不同的回答。孔子解释道:"冉有办事畏缩、犹豫,所以我鼓励他办事果断点,叫他看准了马上就去办;而子路好勇过人、性子急躁,所以我得约束他一下,叫他凡事三思而行,征求父兄的意见。"公西华听了孔子的回答,顿时恍然大悟。

孔子了解子路和冉有的不同性格,子路是强硬型,冉有是随和型,从而顺其自然选择说不同的话。听话者是属于乐天派、理论主义者还是悲观主义者等,要求说话者相应地采用微妙的说话方法。只有找出适合说话对象的个性的说话方式,沟通成功的概率才会大幅度提高。

五、在哪说(Where)

说话总是在一定的场合下进行,并且受场合的影响和制约。场合不同,谈话的效果很不一样。人们的心理和情绪往往会随场合发生变化,从而影响说话者对思想感情的表达,以及听话者对话语意义的理解。谈话地点的不同,在一定程度上影响着信息传播的内容和形式。人们经常会听到"说话不注意场合"的指责,是很有道理的。因此,要使说话得体,一定要注意场合,要看场合说话。例如,与非恋爱关系的异性交谈,宜在公开场合;与恋人交谈,宜在僻静场合;与领导交谈,选在食堂饭桌上就很自然;与朋友交谈,宜在家中并设便饭等。我们不会愿意在拥挤的电梯里向朋友公开自己的私人情感,这种话还是留待周围没人时谈论为好。

无论是话题的选择、内容的安排,还是言语形式的采用,都应该根据特定场合的表达需要来决定取舍,做到灵活自如。

第一,要区分庄重场合和随便场合。在庄重场合,说话要认真、严肃;在随便的场合,说话则可以随便、活泼些。

据报道,某国有个地区水中含铝超标,致使多人脑部受伤,医治无效而先后死亡,医院里还有同样状况的患者处于危险状态。政府决定彻底查清原因,采取防治措施。为此,环境部、卫生部的负责人、专家们和有关医生们在某大学举行讨论会。会间休息时,环境部长指着医生对大家开玩笑说:"你们知道医生和这个地区最近死去的那些人有什么关系吗?他们将那些人弄到金属回收厂,从那些人的肾脏中回收铝。"

这样的玩笑没考虑到场合的庄重性。后来,这位环境部长声明道歉,并且引咎辞职。在不幸的令人焦灼不安的时刻和场合,拿人的生命开这样的玩笑,实在是不应该。

第二,要区分内场合和外场合。内场合是指在自己人的范围内,包括家里人、亲戚或较亲密的朋友,在这样的场合对自己人可以无话不谈,"关起门来说话",甚至说些放肆、出格的话。外场合是指当有外边人在场,与对方互相较为陌生、不太熟悉时,说话需谨慎小心,"逢人只说三分话,未可全抛一片心",办起事来,也一般是公事公办。

第三,要区分喜庆场合和悲痛场合。说话应该与场合中的气氛协调。在喜庆场合,说话应有助于加浓欢快气氛,切忌说丧气话。在悲痛场合,说话则应沉重,不说惹人发笑的话。在现实生活中,有些人往往不注意这两种不同的场合,随便说些与场合中气氛不协调的话,结果弄得大家都不愉快。

第四,要区分平常场合和非常场合。在平常场合,大家不很忙,时间也不是太紧,说话多点少点、快点慢点,关系都不大。但是在非常场合,正常秩序被打破,大家处于一片忙乱之中,这时说话就应注意轻重缓急。

第五,要区分当事人在场和当事人不在场的场合,在这两种场合说话应有所不同。例如,要批评某人,如果当事人在场,当面的批评要考虑到对方的面子,说话要委婉含蓄些。这不是说做人要当面一套、背后一套,而是要考虑并照顾到当事人的自尊。

在人际交往中,"发送与接收讯息是所有人际传播的本质之所在","讯息的能力"被置于传播能力的重要位置。但是,由于发送和接收信息的能力有限,以及词语存在有限性、隐晦性等,人们往往难以顺利传播与互动。因此,要消除人与人之间的传播障碍,说话的人必须给出清楚而准确的讯息,注意说话的五要素——时间、地点、对象、内容和方式,以提高说话与表达的技巧,使对方在理解话语方面不至于产生困难,从而提高传播的效率和质量,实现良好的沟通与互动。

慎 言 集 训[①]

明代人敖英曾经编过一本《慎言集训》,提出说话的戒律和值得提倡的语言方式,颇值

---

① 段易良:《中庸不平庸》,当代世界出版社2008年版,第49页。

得我们参考。

他说,说话容易犯的毛病一共有20种,如果经常检查自己是否犯了这些毛病之一,并且注意改正,就可以提高说话水平,给人留下良好的印象。这20种毛病如下。

(1) 多言:说话太多。本来意思已经表达清楚,还要啰啰唆唆说上一大堆,或者净说些无关紧要的杂事,开口千言,离题万里。

(2) 轻言:遇事不经过认真考虑,就轻率地开口讲话,甚至话一出口,自己马上就后悔,给人以轻浮的印象。

(3) 狂言:不知轻重,胡侃乱说。满嘴跑火车,由着自己的性子,把话说痛快了为止,不知道把握说话的分寸。

(4) 杂言:说话杂乱无章,言不及义,抓不住重点,别人听得一头雾水,说着说着自己也不知所云。

(5) 戏言:太随意地开玩笑,自己说的是戏言,也许别人就会当真,这样的语言容易引起纠纷,招来祸害。

(6) 直言:不顾后果,直言不讳,有什么说什么,怎么想就怎么说,这样很容易引起别人的反感。

(7) 尽言:说话不留余地,说光说尽,一点也不保留。不管关系亲疏远近,见人就掏心窝子,这样不但容易被人厌烦,而且容易上当受骗。

(8) 漏言:心里不藏事,该说的、不该说的都说,该对方知道的、不该对方知道的都告诉,甚至泄露机密,这样的人没人敢信任。

(9) 恶言:无礼中伤,恶语伤人,只求自己痛快,不考虑他人感受,什么话难听说什么,什么话伤人说什么,这样的人不会有朋友。

(10) 巧言:见人说人话,见鬼说鬼话,说得比唱得还好听,花言巧语,大话欺人,仿佛别人都是傻子。

(11) 矜言:骄傲自满,自以为是,总觉得自己说得对,听不进反对意见,言语之中流露出自得的情绪。

(12) 谗言:热衷于搬弄是非,飞短流长,喜欢背后说别人的坏话,更喜欢来回挑拨。

(13) 讦言:攻人短处,揭人疮疤,把别人的缺点和失败挂在自己的嘴上,借以衬托自己的高明。

(14) 轻诺之言:拍胸脯,乱许愿,轻易地就许下种种承诺,其实大都难以兑现,久而久之就会丧失信用。

(15) 强聒之言:唠唠叨叨,别人不愿听也说个不停,不看别人脸色,只顾自己说自己的,这样最容易讨人厌烦。

(16) 讥评之言:语言刻薄,到处挖苦、讥讽别人,谁都看不上,而且把话说得很难听,这样的人对自己往往很宽松。

(17) 出位之言:说话不符合自己的身份地位,弄不清哪些话自己能说,哪些话尽管很对自己也不能说。

(18) 狎下之言：对下属说话过分亲密，不分彼此，这样容易丧失自己的权威，造成有令不行、有禁不止。

(19) 谄谀之言：喜欢吹捧奉承，善于迎合别人心理，对谁都不得罪，见谁都说好，这是人品卑微的表现。

(20) 卑屈之言：低三下四，奴颜婢膝，说话显得自己低人一等，靠贬低自己来赢得对方的好感。

以上20种说话方式都是"取怨之言、招祸之语"。说话的方式不当，容易引来怨恨、招来祸害，因此，在语言上一定要慎之又慎。

《慎言集训》还提出10种应该提倡的说话方式。

(1) 言贵简："言多必失"，说话简约可以避免许多失误。说话简练，同时还要把意思表达清楚，把道理说明白，就可以提高沟通的效率，最适用于工作语言。

(2) 言贵诚实：说话以诚实为原则，不能脱离实际地乱说。说话心要诚，要出于善心，为双方着想。说话还要实，本着实事求是的精神，有一说一，有二说二。

(3) 言贵和平：说话要心平气和，不必疾言厉色。口气要平等，语气要平易，不要以话压人，语速的快慢、声音的高低也要适度。

(4) 言贵婉：说话要委婉，用别人容易接受的方式谈论事情，用曲折婉转的语言表达否定或者负面的意思，不能不顾及别人的感受直来直去。

(5) 言贵逊：说话要谦逊，心态要谦虚，不要试图在语言上表现自己、压倒别人，那样做只会让人觉得自己没有涵养。

(6) 言贵当理：说话不能随便说，说出来就要合情合理。

(7) 言贵时：说话要合乎时宜，该说的时候一定要说，不该说话的时候坚决沉默。有时候，沉默是一种更强有力的语言。

(8) 言贵养心：说话要有利于修养身心。话不但是说给别人听的，也是说给自己听的，不要被自己的语言激怒，要懂得自己抚慰自己。

(9) 言贵养气：说话要心平气和，说话之前一定沉下心来，冷静镇定，应该让理性的思考左右自己的语言，不能让情绪主宰说话的方式和内容。

(10) 言贵有用：最重要的，说话要有用。说出一句话，就要起到一句话的作用，不能整天说些废话、傻话、没有意思的话。

研读小结

这些说话的戒律虽然是古人制定的，但对于现代人同样具有借鉴的价值。我们在日常生活、学习工作等各种场合，都要借鉴这些规律，注意如何说、何时说、说什么、对谁说、在哪儿说，训练自己善于说话的能力，达到好的传播效果。

当然，尽管说话有规律可循，但也必须根据场合、时机和说话对象灵活调整，切不可胶柱鼓瑟，死搬教条。

第二节 写 的 技 巧

随着媒介的发展,在互联网十分发达的今天,人际传播中越来越多地用到写的方式进行沟通。书面的人际传播是人们交流思想、处理事务的常用的沟通方式之一,最早以手工书写为主,电脑、手机、互联网的出现进一步丰富了书面传播的方式。

书面的人际传播是指以文字为载体,以纸笔、互联网和电子终端为媒介进行的人与人之间的信息传递,比如写信、写公文、发手机短信、写电子邮件,聊QQ或MSN,发表帖子或留言、评论等。

一、写的特点

相对于说而言,书面的人际传播属于非同步沟通,信息的发出一方和接收一方接触信息的时间可以不同,有一定的延时性,传者可以从容地表达自己的意思,受者的反馈同样可以有一定的延时,在传播的过程中,不像口头传播那样直面对方。这在发生冲突时,就有了一个缓冲的时间,相对于口语传播而言,不容易产生正面的、直接的冲突或者尴尬。

读写受时空的限制比口头的人际传播要少,只要承载这些文字信息符号的媒介能保存,它就可以从一个地方移送到另一个地方,并且可以长久地保存下来。

写不像口头传播那样转瞬即逝,写下来的东西要稳定得多,便于反复阅读、斟酌。对于不容易理解的事物,以写的方式传达给对方,对方有机会重复接收传播的信息,有助于理解和记忆。写下来的东西在法律上要比口头语言的权威性强。

二、写的类型

(一)口语型

口语型的文字沟通约等于说,只是将说的话以写字或打字的方式传播。这种传播交流尽管是以文字为媒介,但内容依然是口头用语。

口语型的文字沟通相对于口语沟通而言,少了一些面部表情、手势、语速、音量等副语言信息。为了弥补这些副语言行为的缺失,由字符组成的图释(图案)应运而生。例如,通常用一个":)"符号来代替现实生活中的"笑容"。这种由字符组成的图释,是由电脑键盘敲击出来的符号,来代替那些原本由副语言信息表达的细微意思。正是由于缺乏能够清楚地表达信息的副语言渠道,例如用微笑或眨眼来表达嘲讽或者幽默,这才使得用电脑键盘打出来的符号对信息的交流帮助极大。下面是在用电脑进行交谈时常用到的比较流行的一些图释。

:-)	微笑,我是开玩笑的
:-(	皱眉,我很伤心,这让我很难过
*	亲吻
:-	男性
>-	女性
{}	拥抱
{{{***}}}	亲吻+拥抱
;-)	诡秘的笑
这很重要	下划线,强调
这很重要	星号强调
全部大写	吼,强调
〈G〉或〈grin〉	咧嘴笑

这些符号并不是全球通用的。例如,在日本,人们认为女人笑的时候露出牙齿是不礼貌的,因此,表示女人的微笑的图释是(^.^),图释中的点代表的是闭着的嘴,表示男人的微笑是(^_^)。还有很多图释在日本很流行,但是欧洲和美国却并不使用,例如,(^ ^)表示"冷汗",(^o^)表示高兴[①]。

在互联网中,部分标点符号的不寻常使用可以起到与以往表达情绪不同的作用。例如,在与人聊天时,使用"?？？？",表达更强烈的疑惑情绪;使用"?！！！"问号与感叹号结合的标点符号,表达强烈的震惊情绪;使用"。。。。。。"多个句号,表达自己的无语情绪等。

此外,由于互联网的勃兴,在口语型的网络传播中,网民还创造了许多网络热词。这些词语由于传播速度快、传播范围广,也渐渐进入人们的语言使用范围。下面是一些网络上常用的热词。

你是魔鬼吗:一般指别人说的话非常犀利、非常扎心等。

扎心了老铁:一般指对方做的事或说的话过于真实而内心受到极大的摧残和刺激。

996:指许多互联网企业程序员的工作状态——从早上9点工作到晚上9点,每周工作6天,最早来自程序员圈子的自嘲。

我酸了:是从流行语"柠檬精"、"柠檬人"衍生出的新说法。柠檬最大的特点是酸。在流行语中,"柠檬"是指心里酸溜溜的,略带嘲讽、羡慕、嫉妒的意味。表示对他人从外貌到内在、从物质生活到情感生活的多重羡慕,其语义类似于"我羡慕了"、"我嫉妒了"。

雨女无瓜:"与你无关"的谐音,是一种普通话不标准、带有方言腔的表达。

上头:原指喝酒以后引起的头晕、头疼等症状。2019年7月,当红演员李现在微博发了两张自己手拿扇子的图片,扇子上写的均是"太上头了",从而使得这句话成为热门的调侃用语,用来表达某一事物让人产生冲动、惊讶、激动等情绪。

[①] [美] 约瑟夫·A.德维托:《人际传播教程(第十二版)》,余瑞祥等译,中国人民大学出版社2011年版,第115—116页。

囧：原意是光明，因为字体形状如同一张郁闷的人脸，被赋予郁闷、无奈的意思。

槑：原意同"梅"字，因为字形由两个"呆"字组成，被赋予比呆还要呆的意思，指呆得天真可爱。

卖萌：萌形容很可爱、很单纯，使人感到愉快，卖萌则是展现自己的可爱的意思。

山寨：原指模仿成名品牌的假冒、伪造行为，现在则指向更宽泛的假冒、模仿行为。

鸭梨山大：鸭梨为"压力"的谐音，指压力很大。

HOLD住：保持住某种状态。

拼爹：比拼父母的经济能力、社会地位等，带有嘲讽意味。

翻墙：通过特殊软件浏览境外网页。

吐槽：指故意当面揭穿场面话或假话，相当于"拆台"，有戏谑和玩笑的意味。

坑爹：原来是用于善意地嘲笑或讽刺填得极慢或弃填的帖子，现多已误传为被欺骗、被坑的意思，用于发泄不满情绪。

闹太套：英文"not at all"的变形，带有调侃意味。

宅男、宅女：指经常待在家里沉迷于网络，很少出门，很少与人交往的男女。

在互联网中还流行着仅使用每个汉字的拼音声母来表示汉字本身的输入潮流。例如，"pljj"意指"漂亮姐姐"，"sqgg"意指"帅气哥哥"，"yysy"意指"有一说一"，"xswl"意指"笑死我了"等。

这些网络热词受到许多网民，尤其是年轻网民的追捧，在口语型的网络传播中使用率非常高。但这类词汇毕竟未进入传统语言系统，在正式的书面传播中还应尽量避免出现。

（二）书面型

主要指以应用文为主的沟通交流。这类沟通交流更适合传播一些不易理解的事实、需要记忆的知识、有必要保存的证据、较深刻的感情或思想等。在工作中，需要以书面的形式作为沟通。例如，企业内部的部门之间互相协调与支持需要通过公文的沟通，企业和供应商、客户等外部部门之间的洽谈与合作需要通过商务函电、合同的沟通等。

在生活中，有些时候口语沟通并不适合人们之间的人际交往，需要通过写信、发邮件等方式联络感情，交流思想。

三、写的技巧

非书面型的文字沟通与日常说话方式比较类似，这其实是人们利用纸笔、互联网和电子终端进行的口头传播的文字化，因此，可以参考本章第一节"说的技巧"。但如何将书面型文字写得好，写得准确，还应注意以下几点。

1. 确定目的，表达精确

下笔前确定好要表达的目的，才能够使表达更加准确精密地满足对方的需要，也避免在写的过程中一再涂改与修正的情况。例如，求职信和辞职信的内容在表达上就有很大不同，写给友人的信件与写给家人的信件也会有很大差别。

2. 确定对象，表达精准

下笔前还应确定好要传达的对象，选择合适的行文风格。例如，对象是上级、领导，应用较为尊敬的语气；对象是客户，应该在互相尊重的基础上体现出专业的风格；对象是晚辈，可以以亲切的文字贯穿全文。在书写公文时，要注意语言文字的规范性，还应注意一些特定的惯例用法，并且用好谦辞敬语。

3. 用字简单，表达简明

用字应该尽量简单，不要用重复的同义字。美国作家海明威经常站着写作，就是为了使自己处于一种紧张状态，才能尽可能地用简短的语句表达他的思想。他的小说篇幅虽然短小，但用词准确、凝练，打动了许多人。精简且准确的表达往往比繁复的叙述能够达到更好的传播效果。要想写得简洁明了，除了在写的时候注意炼词炼句外，写完之后还应反复修改，将多余的字、词、句剔除干净。

当然，用字简单必须以能够准确表达为前提。一些对方不熟悉的缩写，就不能随意使用。例如，FA 这个缩写，有 french airline、financial assistance、finished artwork 等多个义项。再如，某些行业（如航空公司）通用的一些英文简写 ATTND——attendant、CHG——change、CLSD——closed、CONT——control、PASS——passenger 等，对于不同行业或者不同生活背景的人来说，会有不同的理解。这里又涉及前文提到的"确定对象，表达精准"的内容，可以进行参考。

4. 页面工整，拼写无误

在书面沟通中，文字是表情达意的符号，既关系到内容的表述，又关系到情感的表达。文字上的沟通形式有两种，一种是手写，一种是打字。

对于手写的文字，俗话说"见字如见人"，一个人无论是否写得一手好字，都应该将字写得工整，让人看了心情愉悦舒畅，给对方留下良好的印象。还应避免出现错别字和语法错误，页面应清晰，使得文字更加易读。

电脑打字同样应该注意以上几点，尤其是许多输入法软件中具有联想功能，常常容易打出同音词组，如果打字者不注意，常会打出错误的词组。

5. 格式规范，标点得当

应正确使用标点符号，应使用规范的标点符号并用在正确的位置，尤其在正式的公文中，不应出现不规范的标点符号。对于不同类型的公文，还应使用不同的规范格式。

第三节　倾听的技巧

假如你刚刚花了五分钟时间，详细地告诉你的朋友一个生日宴会的时间和地点，而当你正要走的时候，他却问道："嗨，那么我们是在什么时间、什么地点碰头呢？"你便明白，他根本没听。你知道了别人把你的话当成耳旁风是什么滋味。

一、倾听的重要性与程序

当我们设想自己处于传播情境中时,常常更多地考虑将自己的意思传达给他人,而较少想到接受他人的看法,这不足为怪。我们以为"传播"一词更多指由我们发出信息的过程,而非接收信息的过程。但是,这里所说的传播包括的内容远远超出与人交谈一项。它包括交换各自的想法,尽可能完整地相互交流信息。在大多数人际传播中,我们用于倾听和应答的时间与用于讲话的时间一样多。统观我们在普通的一天中的全部传播活动——谈话、倾听、阅读、书写,我们花费在倾听上的平均时间多于其他任何一项。在我们的日常生活中,倾听是对语言传播做出回应的最主要的方式(见图10-2)。

图10-2展示了言语传播活动中各种成分的比例表,你也许从未认识到倾听是如此重要的一项技巧。

由于我们每天花费很多时间去倾听,可能会认为倾听本身并不费吹灰之力,然而并非如此。倾听不等于一般的听。听,只要有耳朵(除非听觉有缺陷)就能进行。实际上,我们每时每刻都在听。我们的体内没有一种可以像闭上眼睛一样关闭听觉的装置。倾听需要大脑和耳朵共同来完成。如果我们想改善倾听的状况,就需要检查自己的倾听习惯,然后主动加以改进。如果我们诚心希望改掉不良习惯,很重要的一点是进行适宜的练习。

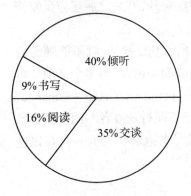

图10-2 倾听的重要性
(资料来源:熊源伟、余明阳主编,
《人际传播学》,中山大学出版社
1991年版,第103页)

我们在此重点讨论的这种倾听是人际传播中最重要的一项。我们不可能也没必要一天到晚保持深入地倾听每个人的话,例如与我们只有少数语言往来的加油站工人或银行出纳员的话。深入的倾听——这正是本书论及的人际传播技巧之一——仅适用于某些场合。简单的信息交换和短暂交谈同样有其用武之地,但是深入的倾听与之有很大区别。

深入的倾听在努力获取与理解信息的过程中包括肌体、感情和智力整体的投入。它是主动的而非被动的过程。我们不能仅满足于保证自己在洗耳恭听,而对其余器官任其自然。

深入的倾听包括感情和智力的共同投入,它不可能自发地发生,我们必须人为地促使其发生,而这并非易事,它需要主观努力和客观条件的保证。我们的不利因素很多,许多影响因素综合起来使我们不能成为善于倾听者。

我们把神入式倾听与评议式倾听作一比较,可能会更易于理解神入式倾听的本质和功能。如果我们要下定义的话,评议式倾听意指听取信息,加以解析,然后回过头来整体理解并从中归纳出结论。这是大多数人的倾听方式,因为这正是我们被训练养成的习惯。这种方式的倾听适用于以讲授为主的教育系统之内的听众,在这个系统中,首先考虑的是批评地解析说话者所讲述的内容。

神入式倾听的目的也是理解，但其考虑的重点有所不同，因为深入的倾听是融会消化式的，听者首先考虑的是理解讲话者——对方那个人。神入式倾听意指倾听那个人的整体——格式塔（完形）。我们倾听对方的面部表情、语音语调、姿势体态及形体动作都说了些什么，而正是这些各具功用的单元的集合体——它们的综合——告知我们想要了解的东西。我们寻求最大限度地理解传者从他或她的角度出发所作的阐述。评议式的倾听者已经走到批评、归纳、总结，以及表示赞同或不赞同这条路上去了。作为深入的倾听者，我们绝不能仅把注意力集中在语言上，那样会受到限制和妨碍。它限制了我们获取信息的数量，并且妨碍我们的行为，因为我们的行为将以不充足的信息作为依据。这就是为什么神入式倾听意味着对格式塔——对方的整体做出反应的自因所在。

神入式倾听能够使我们通过更多的渠道接收信息，有更多的机会获得那些使传播清晰化的暗示；能够使我们的回答更为恰当，因为我们有了仔细斟酌的时间，并且我们所接触的对方更活生生，而不是基于某种成见；能够使我们得到对他人观点的更完整印象，作为对方言论的参照框架。因此，神入式倾听是最有效的倾听方式，它能够有效地改善人际传播。

倾听的程序与感觉相同。第一步是接收。我们大都认为在听的活动中，耳朵是接收信息最主要的器官。而实际上，我们是用整个身心去倾听他人的整体表现（格式塔）。尽管我们以为自己仅仅在进行"听"这样一个动作，但当我们针对刺激做出反应的时候，促成我们行动的却往往是各种各样因素的综合，而不单单是听到的内容。假如我听到有人说"滚开"，我若同时看到这话出自一个彪形大汉之口，而他正举着拳头向我扑将过来，这就足以促使我飞快地逃开。

当我们在听的过程中注意到特殊的刺激时，就涉及选择——有选择地倾听。我们甚至需要很努力地集中精力去选择那些我们需要或希望得到的线索。想象一下，在聚会中，当站在你身后的一群人开始议论你最好的朋友时，你的听觉会何等灵敏地作出选择。

我们一旦受到信息的刺激并加以选择之后，就要组织这些信息。为此，我们必须得出我们收到的信息的含义。这时，我们的大脑能动地进行着一系列活动，识别、记录、分析得到的资料。正是在这段时间内，我们对接收到与选择出来的信息加以扩大、缩略和集中。这就是几乎在瞬间完成的处理资料过程的全部工作。

与感觉过程一样，倾听的最后一步是解释信息。我们把经过接收、选择和组织的信息与过去的经验或未来的期望联系起来。为了能够作出回答以显示倾听的结果，我们必须解释获得的信息。哪怕我们对其并不理解，也可以把它解释为"含义不明"，而促使我们这样回答："你那样说是什么意思？"或"你能解释一下吗？"

由于这些步骤都是本能的（只要我们想听），并且以惊人的速度完成的，所以它们常常是相互重叠或颠倒次序进行的。例如，你也许曾经奇怪人们怎么能在尚不理解的情况下组织那些资料。这些过程无疑是密切相关的，正如信息的接收、选择、组织和解释的相互作用一样。耳朵本身提供了一种信息输入，其余四种感官输入另外四种信息。如此说来，"听"仅是整个感知过程中的一个部分。

二、影响倾听的因素

知晓影响倾听的因素，不仅有助于提高倾听的技巧，而且能使我们更加体谅那些听我们讲话的人。了解这些因素的作用将增进对整个传播过程的理解，并且有助于解释为何有时会出现失败和误会。

1. 生理差异

由于倾听是感知活动的一部分，它的效能受到听觉器官的限制——要想对听觉刺激信号加以选择，首先必须能够听到它们。每个人在生理上不同，器官、组织和细胞的结构及反应能力不同。如果我们听力不佳就会影响倾听效果，这仅仅是由于我们无法获得与听力好的人所得到的同样多的信息，以供我们选择、组织和解释。同时，男女的生理差异也造成不同性别对于听觉刺激信号的感知不同。相比较而言，女性更耐心且容易以语言来反馈自己的倾听，而男性对于倾听诉说的耐心则小一些。

2. 理解词句的速度快于讲述词句的速度

人们平均每分钟讲125—150个词，而倾听者每分钟可以轻而易举地处理500个词。虽然我们的大脑能够神速消化词汇，但在日常的倾听活动中，我们很少需要以最高效率去处理词汇。即使是最老练的讲演者，也会偶尔停顿或结巴；即使是精心锤炼的演说词，也包含着无关紧要的词汇。这些磕磕绊绊和多余成分延长了在传播信息过程中所花费的宝贵时间。

3. 被动性倾听

如果我们认为倾听是被动的过程，在此期间，我们仅仅是跟踪所听内容而已，就可能误解信息或遗漏重要的暗示。我们会只听到我们想听的或引起我们注意的东西。建设性的倾听需要切实的努力，需要感情和智力的投入。看电视的习惯可能助长了我们被动倾听的倾向。例如，许多时候，我们只是把电视作为背景音响而心思却在别处。在广告节目期间尤其如此，我们不必对那些广告做出回应，只是随它去。然而，在人际传播中，如果我们三心二意地被动地去听，就只能得到其中一部分信息而遗漏掉大部分信息，甚至是其中重要的和关键的信息。

4. 那些隐藏着的信息

有效的倾听意味着用第三只耳朵去听，这句话的意思是，努力听出言外之意而不仅仅是字面的意思。词语用何种方式讲出——音量大小、速度快慢、理直气壮还是犹豫不决——是非常重要的。围绕着词语的种种暗示中隐藏着信息。假如一位母亲用温柔的声音说："马上进来。"这意味着孩子们还有几分钟好玩。假如她说："马上进来！"命令的意味是毋庸置疑的。为了能有效地倾听，我们必须注意对方的面部表情、目光接触、姿势、形体动作、体态、着装，以及音质音色、遣词用字、节奏速度、语调和音量。这些副语言暗示是任何传播不可或缺的成分。用第三只耳朵倾听有助于我们理解信息的整体。

引申出真实含义的能力——听出话外之音——使我们能够真正洞察他人。寻求帮助和同情的人携带有两种信息，一种是他们所说的话，还有一种则隐藏在表象之下。我们需透视他们的话才能帮助他们。你也许认识这样的人,大家在遇到难事时都去找他,向他咨询,或者仅仅向他诉说自己的思想。这个人可能就是一个有效的倾听者,是那种用第三只耳朵去听的人。

三、不能入神倾听的原因

前文说过,深入的倾听是最有效的倾听方式,能够有效改善人际传播。既然它如此重要,为什么多数人却不能深入地倾听呢?这里,存在三个相互联系的原因。

第一,深入的倾听并非易事,它比单纯地理解口头表达的言辞并作答要困难得多。

第二,深入的倾听要求我们尽量与对方在思想、精神和感情上合二而一,从而超脱自我。我们并非总是乐而为之。在交流中,我们为自我所累,沉浸在自己的思绪和烦恼之中。当你下一次置身于人际交往之中时,请注意一下,如果你脑子里预先思考着你下面要发表的评论,要想聚精会神地倾听他人的话是何等的困难。你是否在对方刚有止住话头的可能之前,就已经开始准备自己要说的话了?你可能发现自己并没有在倾听,而是在盘算着如何使对方重视你下面要作的评论。

使我们不能深入地倾听的第三个原因,是与生俱来的不良的倾听习惯。按照习惯,我们也许过于注重言辞或过分注重判断,我们会习惯地认为传播更倾向于以谈为媒介,而非以听为媒介。

倾听自我测试五级量表

1=总是,2=经常,3=有时,4=偶尔,5=没有
1.认真倾听发言者,同时,理解他的感受。
2.我进行客观的倾听,我关注话题的逻辑性而不是感受信息传递的情感。
3.只听,不评论。
4.我用批判的方式倾听,我评价说话者及他的说话内容。
5.我只听字面意思,不太关注隐含的信息。
6.我透过语言和副语言线索寻找隐藏的信息。
7.积极倾听,对说话者的内容表示赞同,进一步启发说话者去表达他的观点。
8.我不主动参与,我只是倾听,我一般保持沉默,只是倾听对方说的内容。

(资料来源:[美]约瑟夫·A.德维托:《人际传播教程(第十二版)》,余瑞祥等译,中国人民大学出版社2011年版,第101页)

四、有效倾听的结果

兴致勃勃、态度合作、反响积极的倾听者对交谈者会有所帮助,因为这些反应会产生立

立见影的效果。它们影响着对方下面将要说的内容。由此导致的交流状况的改善，将会使倾听者从中受益（见图10-3）。

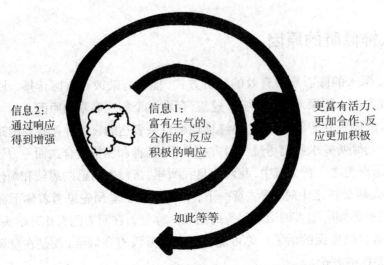

图10-3　通过有效的倾听而得到加强的传播的循环

（资料来源：熊源伟、余明阳主编，《人际传播学》，中山大学出版社1991年版，第112页）

具体来说，有效倾听得到的报偿是什么呢？

第一，我们会获得更多的令人感兴趣和意味深长的信息——对方会下意识地对信息进行特别调整以适应我们的知识和背景。我们听得越仔细，并且表现出自己是否理解，就越有可能获得含义清楚的信息，也就越有可能记住听到的内容。通过改进倾听习惯，我们将能记忆所听到的50%以上的信息。

举例来说，假如你以部分或完全沉默来回应一位朋友关于最近一次旅行的描述，你的朋友可能会缩短他的叙述。但是，如果你提些问题，诸如："你去哪儿了？""有些什么活动？""有意思吗？""看到些什么？"他将更有兴趣向你讲述细节。这样，你对这位朋友旅行经历的了解会全面得多。当然，我们也可以做出没兴趣或厌烦的表示，以此有意识地缩短交谈。但是，我们有可能会错过令人感兴趣和意味深长的信息。

第二，提高了我们自己的传播技巧。通过更密切地注意他人的传播行为和观察他们的传播方式，我们能够更彻底地剖析自己的做法。

例如，我们可能注意到一个朋友在每句话的结尾总要说"你知道"，如果它干扰了我们的倾听，我们就会更加警惕自己用得过多的某些词句。我们一旦注意到这些毛病是多么分散别人的注意力，就会更乐于请朋友们指出自己意识不到的痼癖。

第三，扩大了朋友圈子。善于倾听的人是供不应求的。人们有一种被人倾听的感情需求，肯花时间倾听的人是别人竞相寻觅的对象。

第四，使人际关系更有意义。在成为有效的倾听者的同时，我们也往往成为更为坦率、投入感更强的人。有效的倾听是人类相互影响所需的最重要的传播方式之一。

五、提高倾听的技巧

如前所述,提高倾听的技巧需花费时间和精力。下面的建议可能看起来只是些常识,有些也许是显而易见的。即使如此,大多数最普通的常识往往并没有被付诸实践。如果你仅仅阅读这些建议而不将其投入你日常的倾听行为中去,它们将失去效用。这些建议或许可以启发你设想出其他可用于你的倾听实践的方法。

1. 做好倾听的准备

在许多情况下,由于你没有做好肌体和精神的准备,因此不能很好地倾听。你的注意力的转移与你的肌体的精神状况直接相关,因为倾听是包含肌体、感情和智力因素的综合活动。想想你在情绪低落或身体倦怠时烦躁不安的样子。你为准备考试熬了个通宵,身心俱疲。此时,你的听力状态极差,便难以听进去任何人说的话。

同声传译是一种对听有很高要求的职业。同声传译人员通常在做任务的前一天,甚至前几天,就要对翻译的任务做准备,了解任务的主题,讨论内容的专业知识及专业词汇,以保证执行任务时能更有效地听懂发言。对于日常的沟通也是同样的道理,准备越是充分,倾听的效果就越好,获得的信息也就越精准。

2. 控制或避免精力分散

对你将要开始倾听的环境预先布置一番,有利于你做好倾听的准备。你能做到的、可以改善环境的事情有:关上电视机,关好门,请求对方大声点讲话,或换个干扰因素较少的场所等,把阻碍精准聆听的影响因素降到最低。假如你不能排除分散注意力的因素,就必须竭力集中精力,倾听时最好不要在头脑中考虑其他事情,以免分神。生活中,我们常常可以看到这样的情景,丈夫正在看球赛,妻子在旁边与他说话,尽管丈夫嘴里能够发出"嗯啊"、"哦"、"好的"、"是吗"之类简单的回答词汇,但根本没有听进去,因为在这个时候,球赛画面是最大的干扰因素。如果有重要的事情要商量,则不应选择在类似的场景下。

3. 预先考虑题目

如有可能,事先考虑一下可能要讨论的题目或主旨。你对题目的内容越熟悉,就越有可能掌握它,对它的兴趣也越大。同时,事先的考虑将促使我们提出问题。在这样充分的准备之下,我们对题目的了解程度更深,聆听的效果也会更好。

4. 预先了解讲话者

事先了解讲话者,意味着使自己进一步适应(或做好准备去适应)对方。你无法控制讲话者的形象或谈吐,但是你可以事先做到心中有数。这样,你的主要精力就不至于被讲话者惹人注目的外表或语言表达中的错误牵制。你的目标应当是努力辨明对方在说些什么。你应竭力使自己不受对方的习惯性动作或怪癖的打扰。如果你随时做好自我调整的准备,当你必须进行自我调整时,就会发现这已成为你行为之中一个自然的组成部分了。

5. 增强听的需求

我们对某些人不像对其他人那样喜欢听他们讲话,对于有些题目,我们也不像听其他话题那样专心。我们常常事先就料到自己在某些情形下,不会尽力去倾听。在这种情况下,要想集中精力,就得使自己成为"自私的倾听者"。因为对他人或某一话题产生兴趣的关键在于,使其与自己发生关联或对自己有益。试想一下,讲话者能给你什么帮助呢?这个信息能否使你个人获益?它能否使你获得个人的满足?是否激发了你新的兴趣或新的发现?恰恰是那些使不善倾听的人感到枯燥乏味或厌烦的人和话题,善于倾听者却能从中找到乐趣。

假如讲话的人或内容不能满足你的需求,你应自问:"我来此原因何在?"努力回忆促使你来此的原因,看看这个动机是否依然成立。你还应当尽量发现这一传播带来的报偿——使传播内容立即得到应用的某种方法,此法将会使传播成为对个人有益的活动。

6. 监测你的倾听方式

即使做好充分的准备且有倾听的需求,你的倾听也不一定是有效的。你需要不时检验以确认自己并非心猿意马,而是全神贯注于对方的信息。讲与听的速率不同,对于因此产生的剩余时间,你需巧妙地加以利用。

第一,专注于信息。要想保持精力集中地接收信息,应尽量回想讲话者已说过的话,以使你能保持信息的完整性并记住它们。注意倾听中心思想,尽力揣摩言外之意。要用第三只耳朵去听,注意听那些可能有双关含义的词汇。如有可能,搞清楚对方是如何运用这些词汇的。尝试猜测讲话者下面将要说的话,并且将其与他实际说出的话相比较。这些做法可使你的思想始终专注于对方的信息。把精力集中在信息上,而不要集中在对方的眼睛或服饰上。

第二,暂缓判断。有些词汇、短语或看法会引起一种本能的反应。你也许会对不规范的语法、种族歧视的口气或粗言鄙语产生过激反应。这时,你必须学会在听取全部内容之前,先不要因某些词语而过分激动。在你彻底理解讲话者的出发点之前,先暂缓判断。

想想引起你强烈反应的那些词语,它们为何会使你如此反应?将你与他人的反应加以比较,常常有助于你看清自己的反应完全是个人主观造成的。要说服自己,这些反应是过激的、不必要的,那些词语不值得我们做出如此反应,以此来减轻反应的激烈程度。当某些词语触及我们内心深处的偏见或根深蒂固的价值观时,我们的倾听总会受到影响。认识到产生这种反应的可能性,是克服它的第一步。

第三,设身处地。尽量从对方的角度出发,理解他的意思。如果张三告诉你,他为什么生他兄弟的气,要尽量搞清楚他为何这样说,以及他是如何说的。注意听取他的理由、观点和所作的辩解。你不必附和他,张三的兄弟可能也是你的朋友,但仅仅由于张三的感觉与你不同,并不说明这种感觉是不正确的。既然你与张三的看法的差异是你们的不同体验造成的,就要探寻他要传达的真实含义,找出他可能遗漏的因素。他的证据基础何在?看法是如何产生的?是通过个人体验?他人的议论?还是猜测?你应尽可能通过张三的眼睛看这个问题。

7. 重视肢体语言

彼得·德鲁克曾说,人无法只靠一句话来沟通,总是得靠整个人来沟通。倾听虽然必须通过耳朵来进行,但并不是仅有耳朵专注就足够了,眼睛也应跟上。肢体语言能体现出说话人的思想、感情，甚至是想要隐瞒的想法。美国联邦调查局认为，肢体语言比任何话语更加诚实。

首先，说话人说相同的语言，表现出不同的肢体语言则会表达不同的意思。例如，女孩子与男朋友吵架时，女孩子怒目圆瞪地说出的"你真讨厌"的确是出于对对方的厌恶，但撒娇时女孩子满脸甜蜜地说的"你真讨厌"表达的是完全相反的意思。

其次，不同的肢体语言在不同的环境中表达不同的意思。例如，在不同的国家，同样是点头，有的表达的是YES的意思，有的则是NO的意思。在中国，竖起大拇指，弯曲其他四个指头表示夸赞的意思，而英国人则将这个作为拦截出租车的标示，在日本这又是老爷子的意思。

第四节 反馈的技巧

一、反馈的重要性

20世纪50年代起，传播模式的研究开始以控制论为指导思想。控制论对于之前的传播模式研究最重要的进步就是加入"反馈"的机制，强调传播是一种双向的运动。

人际传播自然也不例外，我们回报给讲话者的那些暗示，使对方明白我们接收信息的情况，促使他按照我们的需要调整自己的信息。只有这时，以上所说的良好倾听的益处才能实现。这个重要的过程就是反馈。反馈不是简单的一步就可以完成的过程。它包括：第一，监测我们发出的信息在对方身上产生的作用和影响，这个监测活动包括对这些情况的分析；第二，估计产生这种反应或回答的原因；第三，调整或修正我们将要发出的信息，这体现了传播过程中程序控制的本质，也显示出在传播这一循环中接受者的作用。反馈若能表明传播对象是否明确、接受和理解传者的信息，就会给传播者提供极大的帮助。

反馈活动的核心是调整或修正作用。反馈可以是语言（"是的，我明白了"）或肌体发出的信息（微笑），或者其他一些为了向对方表明我们的确在分享他发出的信息而做出的那些反应。反馈也可以表明我们是否不明白或不同意。我们根据得到的回答了解对方是否在倾听，对方也和我们一样。我们通过反馈得知共同的理解是否产生。一种能促使产生诚实反馈的气氛是理解与被理解必不可少的条件。

在一项划时代的研究中，学者们研究了反馈数量的不同如何影响信息传播的状况。在每一种情况下，学生们都要根据教师的指导画出几何图形。第一种情况，研究者不让教师与学生之间产生反馈。第二种情况，教师与学生可相互看到对方，但不许提问。第三种情况，学生可以对教师的提问回答"是"或"不"。第四种情况，学生可以提出任何问题并得到解答——一种自由反馈的情境。研究者发现，随着被允许作出的反馈数量的增加，学生们完成作业花费的时间越来越长，但他们画出的几何图形更趋精确。在自由反馈的条件下，学生们对于自己所画图形的正确性感到自信。由此可得出结论：在人际传播中，反馈需花费额外时间，但是它可以使信息更为准确地传达并在信息传送过程中增强受者的自信心。我们需要明确的一个要点是，反馈使得沟通如同打乒乓球一样，有人发球，有人接球，形成回环往复，具有互动性。反馈的最终目的是使得沟通更有效。

二、反馈的过程

在任一传播活动中，每个人既是信息的发出者，又是信息的接受者。这意味着我们每时每刻都在做出回应和接收回应。每当人与人之间相互产生影响时，都有反馈存在——每个人既是原因，又是结果。正如我们不可能不进行传播一样，我们也不可能不作出某种反馈。即使在无言时，我们也传送着信息。

1. 接收反馈

设想有那么一会儿时间，你仅仅是信息的发送者，你发出的任何信息都得不到反馈。你向人问好，没有回应。你问："你干得如何？"得不到回答。你说："天气真不错。"没有人附和或做出听到你的话的表示。你无从得知别人是否听到或听懂你的话，你无法估计你的话产生的效果。不难理解，在上述假设的单向传播情境中，有些人会变得灰心丧气，感到自己遭到别人的排斥和厌恶。如果没人回答，交谈还有何用？接收反馈是我们据以修正自己行为的最好方式之一。我们用来确定自己意欲传达的信息是否已被尽可能贴切地接受的方法就是监测反馈。

想想你喜欢与之交谈的那些人，在你讲话的时候，他们提供给你诚实的反馈了吗？他们的反馈不仅影响着你们的交流状况，也决定你表达自我、对待他们的方式和态度。我们接受的暗示可致使我们或继续交谈，或重述看法，或沉默不语，或出现口误、口吃，或匆匆中止交谈。在任何情况下，我们都需要通过反馈来洞察自己的传播状况，帮助我们理解他人的传播行为。

2. 作出反馈

正如我们需要接收反馈一样，我们也需要作出反馈。用心倾听并作出适当反馈，表明我们自己正试图成功地适应所处情境。我们是生活积极的参与者，而非消极的观望者。我们可以对具体的刺激采取直截了当的反应。我们对别人作出的反馈，会使他们感到自己得到重视，加强他们的良好感觉——这也是反馈的重要作用对我们自己的报偿。

当交流变为单向时，传播就不会持久了。一个得不到任何反馈的人，他的想法得不到鼓励和加强，会四下张望寻求支持。有效的传播表现为信息的双向流动。

3. 反馈的形式

船川淳志提出，在人际沟通中，需要"接受、共鸣"，它强调的是沟通中双方必须具有主动的合作性和互信性，这是良好沟通的基础；还需要"探讨、验证"，是指在人际沟通中，反馈、思考也是非常重要的。单纯地说或者单纯地听都不能构成一次良好的完整意义上的沟通，沟通需要反馈。因此，强调人与人之间互动力量的"接受·共鸣"模式和重视思考力的

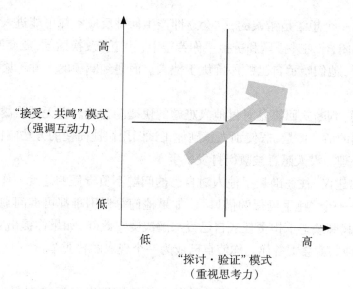

图 10-4　"接受·共鸣"模式和"探讨·验证"模式

（资料来源：[日]船川淳志，《为什么听不懂，为什么说不清》，赵韵毅译，中国人民大学出版社2009年版，第105页）

"探讨·验证"模式两者都是必要的。

托马斯·戈尔顿（Thomas Gordon）在《父母能力训练》一书中提出作出反馈的12种回答方式。其他作者仅列举了5种。我们提供了6种方式，即回避、判断、解析、提问、安抚和意译。

（1）回避

回避式回答仅仅试图使对方绕开这个难题。"把它忘了吧"或"先别谈这件事吧"就是这种方式常见的回答。回避式回答也可以采取分散注意力的方式。当你的朋友向你谈起和一位教授的摩擦时，你可以问她："噢，你的男朋友好吗？最近怎么没听到他的消息？"假如这样显得过于露骨的话，你可以不动声色地用与之相关的话题或问题来分散她的注意力。"你说的就是上星期你还赞不绝口的那位教授吗？"

回避式回答是软弱无力的，因为它们没有触及矛盾。尽管这种回答会给对方以思考的时间，但是在大多数情况下，对方来找你的目的是要得到某种答案。同时，就回答者而言，回避表现出缺乏倾听的兴趣。与其他许多可供选择的方式相比，这不算是成功的人际交流的积极方法。

（2）判断

判断式回答是我们试图帮助他人时最常用的回答方式之一。我们向他人提出劝告或作出判断，却没有意识到自己正在作出评价、指正和建议。通过告知人们他们的想法或行为好或不好、适当或不适当、有效或无效、对或错，我们暗示他们本来应以何种方法解决问题，或将来应当如何去做。判断式回答常常这样开始："我要是你的话，我就……""你瞧你应该……"或"你应考虑去做的是……"

判断式回答可能妨碍相互交流的原因之一是，它会显得盛气凌人。当有人告诉你，你做的某件事或你的一个想法是错误的,你会立即产生何种反应?你可能进入防卫状态。防卫心理导致心灵的闭合、对外排斥和抗拒。你希望中止讨论,改换话题,放弃或回避这个问题。当人们作判断时,他们暗示自己的评价优于他人。而遇到麻烦的人并不愿感到自己不如别人高明。

更进一步说,判断式回答是对付他人难题的快捷的方法。它无需表露真诚的关心——如果你不愿表露的话。但是,假使别人感到你正试图用快捷简便的方法应付他们时,往往会随即产生拒斥心理。没人愿意被敷衍打发了事。

一旦你提出建议,往往助长了他人对自己的问题不负责任的态度。你提供了一条逃避责任的捷径——一个"唾手可得的借口"。如果他们每遇困难都可询问别人得到解决的办法,为何还要自找麻烦地承担责任或自己设法解决呢?此外,如果你提出劝告,当你的估价或建议失灵时,他们就会责备你。你使自己成为一个现成的替罪羊。

(3)解析

如果你改变上述回答的措辞,使它对对方的行为作出解释或剖析,这就是解析式回答——而情形也不会有多大改观。"你知道,你的烦恼是由于……"或"你的情况只不过是……"引出的往往是解析式回答。在这种情况下,你放弃了指导他人或指出其问题实质的努力。这种回答方式就好像你扮演的是个精神病医生的角色,"你的问题表明(或说明)……"判断式与解析式回答的区别甚微。当解析他人难题时,我们暗示他们应考虑些什么。我们为他们的行为提供动机、理由或合理性——与前一种回答相同,我们为他们提供了现成的出路。

解析式回答的弊病也类似于判断式回答。解析他人的行为会使他们产生防卫心理,从而更无可能表达自己的思想和感情——以此防止别人进一步解释、分析自己。尽管解析比判断花的时间要长,但它看起来仍然像是把人打发了事,因为我们凭孤立的分析就可以解释他人的行为。它可能鼓励对方不对自己遇到的困难承担责任,我们的分析所提供的答案妨碍了他们深入的思考和自己克服困难的努力。同时,这种回答表现出一种优越感:"我比你自己更清楚你的动机。"

(4)提问

提问式回答可将对方引向某一话题。提问式反馈的目的在于引起同对方的讨论。提问式回答还是个良好的开端,因为它给我们带来关于问题实质的信息。它提供了我们赖以行动的更可靠的基础,同时,给对方以感情宣泄的机会。这种回答采取下列提问方式:"这种使你如此烦恼的情形是怎么造成的?""你认为这件事的原因是什么?"一个含有暗示的提问可能是这样的:"……而你希望这种情形变得更坏而不是更好……"

当提问时,我们不希望给人造成被逼问或责难的感觉。提问的措辞不谨慎会造成我们无法解决的麻烦。例如,我们不应问:"你怎么会搞得这样一塌糊涂?"因为这样就对一个事件作了评价和判断,而使提问式回答变成了判断式回答。诸如"你知道那是错误的吗?"或"你确实没想到,是不是?"这些提问也都是判断,而我们并不想暗示他人本来应当怎样做或今后应当怎样做。

运用提问式回答时，传播者应避免使用以"为什么"开头的问题。"为什么"的问题会引起防卫心理。当人问"你为什么那样做"时，我们立即产生自我防卫的心理冲动。这种提问自然而然地具有不赞成的意味："你本不应当那样做。"作出评判和提出建议倾向于强迫。以"什么"、"哪里"、"什么时候"、"如何"或"谁"提出的问题更利于使他人敞开心扉。这些问题促使对方的谈话更具体、更确切、更开诚布公。

（5）安抚

如果一位朋友来向我们诉说烦恼，我们可能希望给他以安慰，告诉他事情并非那么糟糕，指出他可能还没有想到的解决方法，这就是安抚式回答。我们的回答应当是平静的，以减轻朋友的紧张情绪。我们的安慰再没有比看上一眼、抚摸一下，或表示"有我和你在一起"更为具体的了。安抚式回答可以表示赞同。一旦使朋友明白我们对他的遭遇感同身受，就可以讨论解决这一难题应采取的行动。

要安抚他人，先应减轻其紧张情绪。像评论"这是个很严重的问题，我能理解你为什么烦恼……"是个很好的开端。安抚意味着理解对方的过激情绪，虽然对此不必表示赞同，但我们也不希望与之争辩或指出这些情绪不够恰当。

虽然安抚式回答可能比前面提到的许多种回答有力一些，但它也可能走向反面。假如我们以声调和措辞暗示对方不应按他那种方式去感受事物，我们就又一次将自己的回答变为判断式，而判断式回答的缺陷也就随之而来。

（6）意译

我们对朋友首先作出的评论可以是："我明白这个问题使你很烦恼，它对你来说关系重大。"通过意译对方的话，我们表明自己对他的理解。因此，意译可以表示我们希望正确地理解朋友所处的状况。当我们以非言语暗示——目光接触、诚恳的面部表情、抚摸、音调——来强调我们所说的话时，这种回答是很富鼓舞性的。

你也许要问，为什么要意译？为什么要把别人刚说过的内容，用自己的话重述一遍？第一，意译有助于确定你是否理解他人的话，从某种意义上说，它给了你第二次机会来确定你对话语的理解。第二，它可以是一个澄清意义过程的开端——引出他人的叙述，获得更多的信息，对事物作更广泛深入的探讨。这些谈话及因此延续的时间都提供了更明确的理解传播者及其思想、感情实质的机会。第三，意译可以成为概括的过程——更简明扼要地抓住事情的要点，或随着对方的回顾和重温，尽量使情况得到补充。第四，意译使对方确信你的确听到了他的话，你听力集中，反应敏捷，全神贯注于他的信息。第五，意译向他人表明你在力图理解他的思想和感情，它有助于证明你是个关怀他人、富于同情心的人。

应用积极的回答方式，要避免对他人及其处境作出判断。我们的有意传播，如言词的选择，不如无意传播，即那些体现我们为理解他人的困境及情感而付出的真诚努力的非言语暗示那样重要。这是说，要把对他人的理解和信任表现出来。当这些感情又折射到我们身上时，一种相互尊重、支持和信任的气氛就形成了。我们的人际关系将会变得更加亲密融洽。

三、提高反馈的技巧

卓有成效的反馈与良好的倾听同等重要。作为倾听者,我们负有作出回答、完成传播循环过程的责任。即使是一言不发,也不免要作出某种反馈。

1. 做好反馈的准备

反馈可以是言语的、非言语的或两者兼而有之的。非言语反馈通常比单纯的言语反馈更能表达你的诚意。你的言语反馈若是辅之以适当的姿势、目光接触和肢体接触(可能的话),往往会更令人信服。要确定你与对方的距离是否足够贴近(可能的话最好是面对面),近到你的反馈能被对方察觉的程度。

虽然你必须做好反馈的准备,但并不是说应抱着成见进入传播情境。反馈的即兴性很重要。最好的反馈是作为当时发生的具体刺激的产物而自然生发出来的。做好反馈的准备,并不是取消这种即兴性,它只是意味着你要对反馈需求保持警觉和敏感,并且随时准备作出反馈。

2. 及时作出反馈

你给予对方的回答应及时。信息与反馈之间拖延得越久,就越有可能使对方迷惑不解。

3. 反馈要准确

准确的意思是使反馈针对某一个信息而发,并非泛指整个交谈。反馈与原始信息的结合越紧密,就越少产生歧义。有这么一种人,他们在你谈话的全过程中,不断地点头、微笑。这除了分散我们的注意力之外,还显得毫无诚意。对此,你不禁要问:"那么,你到底同意哪一点呢?你若是不同意,我如何得知呢?"请尽量只提供必要的反馈。

4. 反馈应针对信息而不是人

若你牢记,直接针对信息而不要针对传播者个人作出反馈,那么你反馈的准确性将会提高。个人的因素不仅分散注意力,还可能引起传播过程中双方的敌意,造成传播的中断或失败。

另外,如果你的回答措辞温和,不带个人色彩,那么你作出的评论性或批评性反馈就更易于被接受。例如,你想夸奖某人的钢琴奏鸣曲弹得不错,说道:"我从来没听过有人把这段曲子弹得这样动听,我真感到耳目一新。"这可能要比下面这种回答使演奏者更自在:"你弹得确实不错,我没想到你能弹得那么好。"又如,当你想表达"这很不错"的意思时,针对个人的评论会很微妙地暗示:"为了让你高兴,我才说不错。"有效的反馈是以信任与否为转移。

5. 监测自己的反馈状况

如果对方没能按你的意图理解反馈,反馈就失去作用了。检查一下你作出的反馈,你可能有必要重复或澄清某个回答的含义。假如张三说:"我总是想不出和李四说些什么。"而你回答:"我明白。"它可能有两种含义:"我明白,我注意到你们从来都没什么话好说。"或者"我明白,李四是个很难交谈的人。"你一定要监测你的反馈,确定别人是否理解你的反馈。

和任何信息一样,反馈也可能受到阻障或曲解。

6. 专注于信息交换

如果双方都能保证坦诚地交流信息,你的反馈将能更准确地发出,并且使对方更准确地接收。要考虑一下如何协助对方更有效地表达思想。你若是从增进传播的真诚愿望出发,就更有可能提供建设性的反馈。

人际传播无处不在、无时不在,要想消除人与人之间的误会,建立良好的人际关系圈,与人进行良性的交往互动,一定要充分学习人际传播技巧,了解作为基本传播行为的听、说、反馈各自的特点和策略。注意自己的听说方式是否正确,表达和接收的信息有何含义,什么样的表达方式更易于让人接受,该给对方什么样的反馈以增强彼此之间的互动等。

本章通过对人际传播中人们听、说、写、反馈行为不同现象及其方式的研究,从一些司空见惯的现象中悟出道理,了解并学习听、说、写、反馈等方面的人际传播技巧,实现与他人的良好交流与沟通,最终改善人际关系。

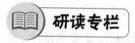研读专栏

著名的帕金森定律[①]

著名学者帕金森研究出与他人沟通最有效的10个方法,人们称之为帕金森定律。

(1) 与人沟通永远不嫌迟。不要因为害怕对方可能的反应,以致迟迟不敢沟通。要知道,因为未能沟通而造成的真空,将很快充满谣言、误解、废话,甚至仇恨。

(2) 在沟通过程中,知识不一定永远是智慧,仁慈不一定永远是正确,同情不一定永远是了解。

(3) 负起沟通成功的全部责任。作为聆听者,你要负起全部责任,听听其他人说些什么;作为说话者,你更要负起全部责任,以确定他们能够了解你在说些什么。绝对不能用一半的心意来对待与你有关的人,一定要有百分之百的诚心。

(4) 用别人的观点来分析你自己。把你想象成你的父母、你的配偶、你的孩子和你的属下。想象你走进一间办公室时,陌生人会对你产生什么印象?为什么?

(5) 听取真理,说出真理。不要让那些闲言碎语使你成为受害者之一。当你看到或听到你喜欢听的,要多听事实。记住,你向外沟通的都是你的意见,也都是你根据有限资料来源得到的印象。你要不停地从可靠的来源那儿扩大你的资料库。

(6) 对你听到的每件事,要以开放的心态加以验证。不要存有偏见,要有充分的分析能力,对真相进行研究与检验。

(7) 对每个问题,都要考虑到它的积极面与消极面,追求积极的一面。

(8) 检讨一下自己,看看是否能够轻易地和正确地改变你扮演的角色:从严肃的生意

---

① 楚庭南编著:《百分百沟通秘诀》,中国纺织出版社2002年版,第427—428页。

人,变成彬彬有礼的朋友、父母,变成知己、情人或老师。

（9）暂时退出你的生活圈子,考虑一下,究竟是哪种人吸引你?你又要吸引什么样的人?他们是不是属同一类型?你是否吸引胜利者?你所吸引的人是否比你更为成功?为什么?

（10）发展你神奇的轻抚。今天、今晚就对你心爱的人伸手轻抚,在明天,在今后的每一天,都要这样做。

研读小结

希望读者们在读过本部分内容之后,不再因为沟通的障碍而耽误自己享受美好的人生。正是"有你,有我,这世界才永远充满欢乐"。

思考题

1. 在进行人际传播时,具有说话的技巧有什么作用?能达到什么效果?日常生活中,在与人们进行沟通时,我们常运用哪些说话的技巧?

2. 在人际传播中,写和说有什么异同?有哪些可以提高书面人际传播的技巧?

3. 在人际传播中,倾听的含义是什么?倾听的重要性体现在哪些方面?在自己进行人际传播时,有没有很好地运用倾听的技巧以达到良好的沟通效果?

4. 反馈在人际传播中能起到什么作用?自己在日常生活中通常选择什么样的方式给对方以反馈?如何提高自己的反馈技巧?

5. 试想在以下情况中,你将会如何应对?

（1）你的上司希望你提醒一位上班喜欢偷懒的新员工注意工作效率。

（2）你和同事在洗手间相遇,她开始对你讲对于另一位同事不好的评价。

（3）你的好朋友刚刚失恋,她总是对你抱怨、哭诉,几乎每天晚上都给你打电话到深夜,影响了你正常的作息。

（4）在聚会中,你介绍你的两位互不相识的朋友认识,但他们中的一个人看起来似乎并不喜欢对方,总是话中带刺。

参考文献

一、图书

1. 阿兰·罗伊·麦克格尼斯. 人际交往技巧[M]. 李泽田, 李龙泉, 译. 北京: 外文出版社, 1990.
2. 埃姆·格里芬. 初识传播学[M]. 展江, 译. 北京: 北京联合出版公司, 2016.
3. 爱德华·萨丕尔. 语言论[M]. 陆卓元, 译. 上海: 商务印书馆, 1985.
4. 安德鲁·弗拉瑞·阿克兰德. 完美的人际关系[M]. 管士光, 高红, 译. 长沙: 湖南人民出版社, 2000.
5. 巴雷特. 赛伯族状态: 因特网的文化、政治和经济[M]. 李新玲, 译. 保定: 河北大学出版社, 1998.
6. 毕继万. 跨文化非语言交际[M]. 北京: 外语教学与研究出版社, 1999.
7. 边一民. 公共关系案例评析[M]. 杭州: 浙江大学出版社, 2004.
8. 曹立安等编著. 现代人际心理学[M]. 北京: 中国广播电视出版社, 1990.
9. 曹明逸. 体验西方礼仪[M]. 上海: 上海社会科学院出版社, 2003.
10. 查尔斯·霍顿·库利. 人类本性与社会秩序[M]. 包凡一, 等译. 北京: 华夏出版社, 1999.
11. 常建坤主编. 现代礼仪教程[M]. 天津: 天津科学技术出版社, 2001.
12. 陈国明. 跨文化交际学(第2版)[M]. 上海: 华东师范大学出版社, 2009.
13. 陈敏, 罗会棣. 分布式协同虚拟学习环境的交互技术[C]//黄荣怀主编. 第六届全球华人计算机教育应用大会论文集. 北京: 中央广播电视大学出版社, 2002.
14. 楚庭南编著. 百分百沟通秘诀[M]. 北京: 中国纺织出版社, 2002.
15. 楚庭南编著. 百分百社交艺术[M]. 北京: 中国纺织出版社, 2002.
16. 船川淳志. 为什么听不懂, 为什么说不清[M]. 赵韵毅, 译. 北京: 中国人民大学出版社, 2009.
17. 崔佳颖. 360度高效沟通技巧: 经理人沟通必备[M]. 北京: 机械工业出版社, 2009.
18. C.L.克莱恩科. 人际交往和理解[M]. 殷达, 译. 北京: 科学技术文献出版社, 1989.
19. 戴维·迈尔斯. 社会心理学(第11版)[M]. 侯玉波, 等译. 北京: 人民邮电出版社,

2016.

20. 戴维·迈尔斯. 社会心理学(第8版)[M]. 张智勇, 乐国安, 侯玉波, 等译. 北京: 人民邮电出版社, 2010.

21. 戴元光, 金冠军编著. 传播学通论[M]. 上海: 上海交通大学出版社, 2000.

22. 戴元光, 邵培仁. 传播学原理与应用[M]. 兰州: 兰州大学出版社, 1988.

23. 丹尼斯·麦奎尔, 斯文·温德尔. 大众传播模式论[M]. 祝建华, 武伟, 译. 上海: 上海译文出版社, 1990.

24. 德斯蒙德·莫里斯. 肢体行为——人体动作与姿势面面观[M]. 刘文荣, 译. 上海: 文汇出版社, 2012.

25. 迪克·赫伯迪格. 亚文化: 风格的意义[M]. 陆道夫, 等译. 北京: 北京大学出版社, 2009.

26. 董天策. 传播学导论[M]. 成都: 四川大学出版社, 1995.

27. 董耀鹏. 人的主体性初探[M]. 北京: 北京图书馆出版社, 1996.

28. 杜方智, 唐朝阔. 礼仪教程[M]. 长沙: 湖南大学出版社, 2000.

29. 杜加克斯, 赖茨曼. 八十年代社会心理学[M]. 矫佩民, 等译. 北京: 生活·读书·新知三联书店, 1988.

30. 段京肃, 罗锐. 基础传播学[M]. 兰州: 兰州大学出版社, 1996.

31. 恩斯特·卡西尔. 人论[M]. 甘阳, 译. 上海: 上海译文出版社, 1985.

32. E.M.罗杰斯. 传播学史[M]. 殷晓蓉, 译, 上海: 上海译文出版社, 2005.

33. 方兴东, 王俊秀. 博客: E时代的盗火者[M]. 北京: 中国方正出版社, 2003.

34. 方洲主编. 社交语言现用现查[M]. 北京: 中国青年出版社, 2000.

35. 菲利普·科特勒, 凯文·莱恩·凯勒, 卢泰宏. 营销管理13版·中国版[M]. 卢泰宏, 高辉, 译. 北京: 中国人民大学出版社, 2009.

36. 费尔迪南·德·索绪尔. 普通语言学教程[M]. 岑麒祥, 叶蜚声, 高名凯, 译. 北京: 商务印书馆, 1982.

37. 费孝通. 乡土中国——生育制度[M]. 北京: 北京大学出版社, 2002.

38. 冯景国. 人际、公共关系成功的逻辑艺术[M]. 北京: 北京师范大学出版社, 1990.

39. 甘华鸣, 李湘华. 沟通(上)[M]. 北京: 中国国际广播出版社, 2001.

40. 高玉祥, 王仁欣, 刘玉玲主编. 人际交往心理学[M]. 北京: 中国社会科学出版社, 1990.

41. 葛本仪. 语言学概论[M]. 济南: 山东大学出版社, 1999.

42. 谷敏, 高云升. 社交礼仪[M]. 北京: 中国农业出版社, 1994.

43. 顾嘉祖, 陆昇主编. 语言与文化[M]. 上海: 上海外语教育出版社, 2002.

44. 关世杰. 跨文化交流学: 提高涉外交流能力的学问[M]. 北京: 北京大学出版社, 1995.

45. 郭民良编著. 社会主义人际关系指要[M]. 北京: 红旗出版社, 1993.

46. 郭庆光. 传播学教程[M]. 北京：中国人民大学出版社，2002.
47. 韩英主编. 现代社交礼仪[M]. 青岛：青岛出版社，2005.
48. 何苏六等. 网络媒体的策划与编辑[M]. 北京：北京广播学院出版社，2001.
49. 贺淑曼，聂振伟、金树湘等编著. 人际交往与人才发展[M]. 北京：世界图书出版公司，1999.
50. 弘韬主编. 你来我往有技巧[M]. 北京：中国工人出版社，1992.
51. 侯均生主编. 西方社会学理论教程[M]. 天津：南开大学出版社，2006.
52. 胡春阳编著. 人际传播学：理论与能力[M]. 北京：北京师范大学出版社，2016.
53. 胡文仲主编. 文化与交际[M]. 北京：外语教学与研究出版社，1994.
54. 胡正荣. 传播学概论[M]. 北京：高等教育出版社，2017.
55. 胡正荣. 传播学总论[M]. 北京：北京广播学院出版社，1997.
56. 胡壮麟主编. 语言学教程（修订版中译本）[M]. 北京：北京大学出版社，2002.
57. 华铭伟. 卡耐基口才与交际艺术[M]. 北京：中国纺织出版社，2003.
58. 黄荣怀编著. 信息技术与教育[M]. 北京：北京师范大学出版社，2002.
59. 黄少华，陈文江主编. 重塑自我的游戏——网络空间的人际交往[M]. 兰州：兰州大学出版社，2002.
60. 黄晓钟等编著. 传播学关键术语释读[M]. 成都：四川大学出版社，2005.
61. 贾启艾编著. 人际沟通[M]. 南京：东南大学出版社，2000.
62. 姜红，侯新冬主编. 商务礼仪[M]. 上海：复旦大学出版社，2009.
63. 杰弗里·N. 利奇. 语义学[M]. 李瑞华，王彤福，杨自俭，等译. 上海：上海外语教育出版社，1987.
64. 金盛华，杨志芳，赵凯编著. 沟通人生——心理交往学[M]. 济南：山东教育出版社，1992.
65. 金正昆编著. 大学生礼仪[M]. 北京：高等教育出版社，2000.
66. 居延安. 信息·沟通·传播[M]. 上海：上海人民出版社，1986.
67. 凯文·凯利. 必然[M]. 周峰，董理，金阳，译. 北京：电子工业出版社，2016.
68. 孔汪周等. 社会心理学新编[M]. 沈阳：辽宁人民出版社，1987.
69. 乐国安等编. 社会心理学理论[M]. 兰州：兰州大学出版社，1997.
70. 乐国安主编. 当前中国人际关系研究[M]. 天津：南开大学出版社，2002.
71. 李保东，王新华编著. 关系突破[M]. 北京：中国经济出版社，2005.
72. 李彬. 传播学引论[M]. 北京：新华出版社，2003.
73. 李帛主编. 礼仪教程[M]. 北京：中国财政经济出版社，2001.
74. 李春苗编著. 人际关系协调与冲突解决[M]. 广州：广东经济出版社，2001.
75. 李家龙等编著. 人际沟通与谈判[M]. 上海：立信会计出版社，2005.
76. 李杰群主编. 非言语交际概论[M]. 北京：北京大学出版社，2002.
77. 李莉主编. 实用礼仪教程[M]. 北京：中国人民大学出版社，2002.

78. 李素霞. 交往手段革命与交往方式变迁[M]. 北京：人民出版社，2005.
79. 李翔昊. SNS浪潮——拥抱社会化网络的新变革[M]. 北京：人民邮电出版社，2010.
80. 李中行、张利宾编. 非言语交流——人际交流的艺术[M]. 上海：同济大学出版社，1991.
81. 理查德·L. 威瓦尔. 交际技巧与方法[M]. 赵薇，叶小刚，等译. 北京：学苑出版社，1989.
82. 理查德·韦斯特，林恩·H. 特纳. 传播理论导引：分析与应用（第二版）[M]. 刘海龙，译. 北京：中国人民大学出版社，2007.
83. 联合国贸易网络上海中心编. 如何与外国人打交道——海外商务文化礼仪习俗指南[M]. 北京：中国出版集团公司，世界图书出版公司，2009.
84. 林秉贤. 社会心理学[M]. 北京：群众出版社，1985.
85. 林进. 传播论[M]. 东京：有斐阁，1994.
86. 林晓娴编著. 规范礼仪必读[M]. 北京：中国商业出版社，2001.
87. 林语堂. 说话的艺术[M]. 西安：陕西师范大学出版社，2009.
88. 刘海龙. 大众传播理论：范式与流派[M]. 北京：中国人民大学出版社，2008.
89. 刘焕辉主编. 言语交际学[M]. 南昌：江西教育出版社，1988.
90. 刘津. 博客传播[M]. 北京：清华大学出版社，2008.
91. 刘文富. 网络政治——网络社会与国家治理[M]. 上海：商务印书馆，2002.
92. 刘晓新，毕爱萍主编. 人际交往心理学[M]. 北京：首都师范大学出版社，2003.
93. 刘瑜，张泉灵等. 成长，请带上这封信[M]. 北京：人民文学出版社，2014.
94. 罗伯特·博尔顿博士. 交互式听说训练[M]. 葛雪蕾，朱丽，译. 北京：新华出版社，2004.
95. 罗纳德·沃德华. 社会语言学引论[M]. 雷红波，译. 上海：复旦大学出版社，2009.
96. 洛克. 人类理解论（下册）[M]. 关文运，译. 北京：商务印书馆，1983.
97. 马科斯·弗里德里. 在线游戏互动性理论[M]. 陈宗斌，译. 北京：清华大学出版社，2006.
98. 马克·L. 耐普，约翰·A. 戴利. 人际传播研究手册（第四版）[M]. 胡春阳，等译. 上海：复旦大学出版社，2015.
99. 马克思恩格斯全集（第三卷）[M]. 北京：人民出版社，1960.
100. 马丽主编. 沟通的艺术[M]. 北京：中国协和医科大学出版社，2004.
101. 马玉龙编著. 礼仪纵览[M]. 北京：华文出版社，2001.
102. 马中红，陈霖. 无法忽视的另一种力量：新媒介与青年亚文化研究[M]. 北京：清华大学出版社，2015.
103. 玛格丽特·米德. 文化与承诺——一项有关代沟问题的研究[M]. 周晓虹，等译. 石家庄：河北人民出版社，1987.

104. 迈克尔·E. 罗洛夫. 人际传播——社会交换论[M]. 王江龙,译. 上海:上海译文出版社,1991.

105. 米尔顿·赖特. 倾听和让人倾听:人际交往中的有效沟通心理学[M]. 周智文,译. 北京:新世界出版社,2009.

106. 明山编著. 卡耐基社交训练大全[M]. 北京:华龄出版社,1998.

107. 牛静编著. 现代金融业服务礼仪[M]. 北京:中信出版社,2011.

108. 欧文·戈夫曼. 日常生活中的自我呈现[M]. 冯钢,译. 北京:北京大学出版社,2008.

109. 彭凯平,王伊兰. 跨文化沟通心理学[M]. 北京:北京师范大学出版社,2009.

110. 彭兰. 新媒体导论[M]. 北京:高等教育出版社,2016.

111. 钱伟量. 语言与实践:实践唯物主义的语言哲学导论[M]. 北京:社会科学文献出版社,2003.

112. 乔·纳瓦罗,约翰·谢弗尔. 别对我说谎——FBI教你破解语言密码[M]. 万弟娟,译. 北京:中华工商联合出版社,2011.

113. 乔治·H. 米德. 心灵、自我与社会[M]. 赵月瑟,译. 上海:上海译文出版社,1992.

114. 桑德拉·黑贝尔斯,理查德·威沃尔二世. 有效沟通(第7版)[M]. 李业昆,译. 北京:华夏出版社,2005.

115. 沙夫. 语义学引论[M]. 罗兰,周易,译. 上海:商务印书馆,1979.

116. 沙莚仪编著. 实用社交学[M]. 北京:科学技术文献出版社,1992.

117. 商达编著. 购销人际交往[M]. 北京:中国经济出版社,1989.

118. 邵培仁. 传播学导论[M]. 杭州:浙江大学出版社,1997.

119. 佘丽琳编著. 人际交往心理学[M]. 北京:光明日报出版社,1989.

120. 申凡,戚海龙. 当代传播学[M]. 武汉:华中科技大学出版社,2000.

121. 沈荟编著. 人际传播——学会与别人相处[M]. 上海:上海交通大学出版社,2003.

122. 石庆生. 传播学原理[M]. 合肥:安徽大学出版社,2001.

123. 时代光华图书编辑部. 有效沟通技巧[M]. 北京:中国社会科学出版社,2003.

124. 时蓉华. 社会心理学[M]. 杭州:浙江教育出版社,1998.

125. 时蓉华编著. 现代社会心理学[M]. 上海:华东师范大学出版社,1989.

126. 史克学,张喜琴. 沟通人生——现代人际交往艺术[M]. 北京:中国国际广播出版社,2003.

127. 世安编著. 人际交往[M]. 北京:中国电影出版社,2003.

128. 斯蒂芬·李特约翰. 人类传播理论(第七版)[M]. 史安斌,译. 北京:清华大学出版社,2004.

129. 孙海芳. 社交礼仪中的心理学[M]. 北京:机械工业出版社,2010.

130. 孙晔等编. 社会心理学[M]. 北京:科学出版社,1988.

131. S. E. Taylor, L. A. Peplau, D. O. Sears. 社会心理学(第十版)[M]. 谢晓非,等译. 北

京：北京大学出版社，2004．

132. S.皮特·科德．应用语言学导论［M］．上海：上海外语教育出版社，1983．

133. 泰勒等．人际传播新论［M］．朱进冬，等译．南京：南京大学出版社，1992．

134. 谭敏，唐苓编著．国际社交礼仪［M］．北京：中信出版社，1990．

135. 唐·库什曼，杜·卡恩．人际沟通论［M］．宋晓亮，译．北京：知识出版社，1989．

136. 唐·舒尔茨，海蒂·舒尔茨．整合营销传播——创造企业价值的五大关键步骤［M］．王茁，顾洁，译．北京：中国财政经济出版社，2005．

137. 唐千齐编著．谈判艺术与礼仪［M］．北京：民主与建设出版社，1998．

138. 特伦斯·霍克斯．结构主义和符号学［M］．瞿铁鹏，译．上海：上海译文出版社，1987．

139. 王滨有，赵宗英主编．简明人际关系学［M］．北京：人民邮电出版社，1990．

140. 王承璐．人际心理学［M］．上海：上海人民出版社，1987．

141. 王刚编著．交往中说与听的技巧［M］．北京：中国三峡出版社，2004．

142. 王家贵主编．现代商务礼仪简明教程［M］．广州：暨南大学出版社，2009．

143. 王健刚编著．人生的交际艺术［M］．上海：上海社会科学院出版社，1993．

144. 王怡红．人与人的相遇——人际传播论［M］．北京：人民出版社，2003．

145. 王政挺．传播文化与理解［M］．北京：人民出版社，1998．

146. 温泉信．角色：人的行为选择［M］．北京：军事译文出版社，1992．

147. 沃纳·赛佛林，小詹姆斯·坦卡德．传播理论：起源、方法与应用［M］．郭镇之，等译．北京：华夏出版社，2000．

148. 沃纳丁·赛弗林，小詹姆斯·W.坦卡特．传播学的起源、研究与应用［M］．陈韵昭，译．福州：福建人民出版社，1985．

149. 吴格言．文化传播学［M］．北京：中国物资出版社，2004．

150. 吴健民主编．交流学十四讲［M］．杭州：浙江人民出版社，2004．

151. 吴薇，许秀清，李桂艳主编．公关与社交礼仪［M］．长春：吉林科学技术出版社，2001．

152. 吴正平，邹统钎．现代饭店人际关系学［M］．广州：广东旅游出版社，1996．

153. 奚洁人，陈莹编著．简明人际关系学［M］．上海：华东师范大学出版社，1991．

154. 熊源伟，余明阳．人际传播学［M］．广州：中山大学出版社，1991．

155. 严明．跨文化交际理论研究［M］．哈尔滨：黑龙江大学出版社，2009．

156. 杨丹．人际关系学［M］．武汉：武汉大学出版社，2010．

157. 杨海廷．世界文化地理［M］．长春：长春出版社，2008．

158. 姚纪纲．交往的世界——当代交往理论探索［M］．北京：人民出版社，2002．

159. 姚平．人际关系学概论［M］．西安：陕西人民出版社，1987．

160. 伊丽莎白·波斯特．西方礼仪集萃［M］．北京：生活·读书·新知三联书店，1991．

161. 易锦海，李晓玲主编．交际心理学［M］．武汉：华中理工大学出版社，1997．

162. 余世维．有效沟通：管理者的沟通艺术［M］．北京：机械工业出版社，2006．

163. 约瑟夫·A. 德维托. 人际传播教程（第十二版）[M]. 余瑞详, 汪潇, 程国静, 等译. 北京: 中国人民大学出版社, 2011.

164. 约书亚·梅洛维茨. 消失的地域: 电子媒介对社会行为的影响[M]. 肖志军, 译. 北京: 清华大学出版社, 2002.

165. 云贵彬. 非语言交际与文化[M]. 北京: 中国传媒大学出版社, 2007.

166. 曾仕强, 刘君政. 人际关系与沟通[M]. 北京: 清华大学出版社, 2004.

167. 张放. 虚幻与真实[M]. 北京: 中国社会科学出版社, 2010.

168. 张国良主编. 传播学原理[M]. 上海: 复旦大学出版社, 1995.

169. 张海鹰编著. 网络传播概论新编[M]. 上海: 复旦大学出版社, 2008.

170. 张迈曾编著. 传播学引论[M]. 西安: 西安交通大学出版社, 2002.

171. 张先亮. 交际文化学[M]. 上海: 上海文艺出版社, 2003.

172. 张向东编著. 人际交往与社交新观念[M]. 天津: 南开大学出版社, 1991.

173. 张治库. 人的存在与发展[M]. 北京: 中央编译出版社, 2005.

174. 章志光主编. 社会心理学[M]. 北京: 人民教育出版社, 1996.

175. 赵国祥, 赵俊峰主编. 社会心理学原理与应用[M]. 郑州: 河南大学出版社, 1990.

176. 郑全全, 俞国良. 人际关系心理学[M]. 北京: 人民教育出版社, 2002.

177. 郑永廷. 人际关系学[M]. 北京: 中国青年出版社, 1988.

178. 钟文, 余明阳. 大众传播学[M]. 长沙: 湖南文艺出版社, 1990.

179. 周庆山. 传播学概论[M]. 北京: 北京大学出版社, 2004.

180. 周向军. 人际关系学（修订本）[M]. 昆明: 云南人民出版社, 2002.

181. 周晓虹. 现代社会心理学——多维视野中的社会行为研究[M]. 上海: 上海人民出版社, 1997.

182. 周晓明. 人类交流与传播[M]. 上海: 上海文艺出版社, 1990.

183. 周裕新主编. 公关礼仪艺术[M]. 上海: 同济大学出版社, 2004.

184. 朱迪思·鲍曼. 商务新礼仪: 职场精英的必备礼仪[M]. 杨建锋, 译. 成都: 四川人民出版社, 2009.

185. 朱启臻, 姚裕群, 刘涛. 打交道的学问——现代人际交往心理学[M]. 北京: 科学普及出版社, 1992.

186. 朱祝霞, 赵立颖编. 沟通其实很容易[M]. 北京: 中国纺织出版社, 2002.

二、期刊

1. 蔡骐, 黄瑶瑛. SNS网络社区中的亚文化传播——以豆瓣网为例进行分析[J]. 当代传播, 2011(1).

2. 蔡月亮. QQ人际传播探析[J]. 东南传播, 2006(1).

3. 常江.“成年的消逝”：中国原生互联网文化形态的变迁［J］.学习与探索，2017（7）.
4. 陈力丹.试论人际传播［J］.西南民族大学学报（人文社科版），2006（10）.
5. 陈力丹.试论人际关系与人际传播［J］.国际新闻界，2005（3）.
6. 陈一，曹圣琪，王彤.透视弹幕网站与弹幕族：一个青年亚文化的视角［J］.青年探索，2013（6）.
7. 寸红彬.人际距离行为的文化差异——近体学初探［J］.昆明理工大学学报（社会科学版），2004（2）.
8. 董滨，庄贵军.跨组织合作任务与网络交互策略的选择——基于媒介丰富度理论［J］.现代财经（天津财经大学学报），2019，39（10）.
9. 董天策.传播的划分与传播学分支学科建设［J］.川东学刊（综合版），1998（4）.
10. 郭莲.文化的定义与综述［J］.中共中央党校学报，2002（1）.
11. 胡百精.互联网与集体记忆构建［J］.中国高校社会科学，2014（3）.
12. 胡春阳.超人际传播：人际关系发展的未来形态［J］.人民论坛·学术前沿，2017（23）.
13. 胡春阳.人际传播：学科与概念［J］.国际新闻界，2009（7）.
14. 胡河宁.组织中的人际传播：权力游戏与政治知觉［J］.新闻与传播研究，2008（3）.
15. 黄卓越.“文化”的第三种定义［J］.中国政法大学学报，2012（1）.
16. 纪莉.反抗与消解：战后英国青年亚文化的兴衰［J］.江西社会科学，2015（10）.
17. 贾富.今天你"短信"了吗？［J］.互联网天地，2011（7）.
18. 蒋晓丽，梁旭艳.场景：移动互联时代的新生力量——场景传播的符号学解读［J］.现代传播（中国传媒大学学报），2016（3）.
19. 靳辉.互联网上的数字代沟［J］.互联网天地，2006（8）.
20. 李洁麟.传播学视野下的汉语国际传播［J］.新闻爱好者，2013（2）.
21. 李勤德.中国区域文化简论［J］.宁波大学学报（人文科学版），1995（1）.
22. 李岩，林丽.人际传播的媒介化研究——基于一个新类型框架的探索［J］.编辑之友，2019（4）.
23. 刘磊，陈红，温潇.场景盛行下的新媒体人际传播［J］.当代传播，2016（5）.
24. 刘磊，程洁.颠覆与融合：论广告业的"互联网+"［J］.当代传播，2015（6）.
25. 刘蒙之.美国的人际传播研究及代表性理论［J］.国际新闻界，2009（3）.
26. 刘涛.理论谱系与本土探索：新中国传播学理论研究70年（1949—2019）［J］.新闻与传播研究，2019，26（10）.
27. 刘肖岑，桑标，张文新.自利和自谦归因影响大学生人际交往的实验研究［J］.心理科学，2007（5）.
28. 马中红.国内网络青年亚文化研究现状及反思［J］.青年探索，2011（4）.
29. 马中红.亚文化符号：网络语言［J］.江淮法制，2015（4）.
30. 毛春蕾，袁勤俭.社会临场感理论及其在信息系统领域的应用与展望［J］.情报杂志，2018，37（8）.

31. 茅丽娜.从传统人际传播角度观瞻CMC人际传播[J].国际新闻界,2000(3).

32. 梅琼林,陈蕾,邹鸣.大众传播向人际传播的复归——哈贝马斯交往行为理论的重新发现[J].中国广播电视学刊,2017(12).

33. 孟伟.网络传播中语言符号的变异[J].现代传播(中国传媒大学学报),2002(4).

34. 彭兰.场景:移动时代媒体的新要素[J].新闻记者,2015(3).

35. 邵培仁.论库利在传播研究史上的学术地位[J].杭州师范学院学报(人文社会科学版),2001(3).

36. 沈荟,王学成.新媒体人际传播的议题、理论与方法选择——以美国三大传播学期刊为样本的分析[J].新闻与传播研究,2015,22(12).

37. 舒安娜.当代社会人际关系的新特点及其协调对策[J].郑州大学学报(哲学社会科学版),1998(2).

38. 陶建杰.农民工人际传播网络的微观结构研究——以整体网为视角[J].国际新闻界,2015,37(8).

39. 腾艳杨.社会临场感研究综述[J].现代教育技术,2013,23(3).

40. 童清艳,迟金宝.微信实时传播的社会临场感影响因子研究——以上海交通大学学生微信使用为例[J].上海交通大学学报(哲学社会科学版),2016,24(2).

41. 王衡,刘晓戈.试析互联网中的人际传播[J].现代情报,2002(11).

42. 王晓鑫.新媒体环境下"抖音"短视频的传播内容分析[J].新媒体研究,2018(12).

43. 王秀丽.网络社区意见领袖影响机制研究——以社会化问答社区"知乎"为例[J].国际新闻界,2014(9).

44. 王燕星.试论人际传播视阈中的手机媒体[J].西昌学院学报(社会科学版),2011(3).

45. 王依玲.网络人际交往与网络社区归属感——对沿海发达城市网民的实证研究[J].新闻大学,2011(1).

46. 王怡红.当代人际传播研究与对话问题[J].学习与实践,2006(11).

47. 王怡红.论中国社会人际传播的价值选择[J].现代传播(北京广播学院学报),1996(5).

48. 王怡红.通向理解传播的林中之路[J].新闻与传播研究,1998(2).

49. 王怡红.西方人际传播定义辨析[J].新闻与传播研究,1996(4).

50. 王怡红.西方人际传播研究的人文关心[J].国际新闻界,1996(6).

51. 王怡红.中国大陆人际传播研究与问题探讨(1978—2008)[J].新闻与传播研究,2008(5).

52. 项国雄,黄晓慧,张芬芳.新媒体与人际传播[J].传媒观察,2006(4).

53. 肖索未."严母慈祖":儿童抚育中的代际合作与权力关系[J].社会学研究,2014,29(6).

54. 肖伟胜,王书林.论网络语言的青年亚文化特性[J].青年研究,2008(6).

55. 谢越. 谣言中的人际传播与大众传播——以"谣盐"事件实证研究为例[J]. 新闻爱好者,2012(1).

56. 熊仁芳. 关于人际距离的中日对比研究——以中日两国大学生为对象的调查报告[J]. 北京第二外国语学院学报,2006(10).

57. 徐志刚. 走进BBS[J]. 微电脑世界,2000(12).

58. 薛可,陈晞,梁海. 微博 VS. 茶馆：对人际传播的回归与延伸[J]. 当代传播,2011(6).

59. 严小芳. 移动短视频的传播特性和媒体机遇[J]. 东南传播,2016(2).

60. 杨芳勇,孔令强. 走向市场经济时期的人际关系省察[J]. 开放时代,1994(4).

61. 杨晓茹. 传播学视域中的微博研究[J]. 当代传播,2010(2).

62. 姚劲松. 新媒体中人际传播的回归与超越——以即时通讯工具QQ为例[J]. 当代传播,2006(6).

63. 殷晓蓉. 空间、城市空间与人际交往——人际传播学的涉入和流变[J]. 当代传播,2014(3).

64. 殷晓蓉,忻剑飞. 当代美国人际传播学的发展与趋势[J]. 杭州师范大学学报(社会科学版),2008(2).

65. 殷晓蓉. 芝加哥学派的城市交往思想——现代城市人际传播研究的开端[J]. 杭州师范大学学报(社会科学版),2012,34(4).

66. 岳山,李梦婷. 表演与互动：网络运动场上的人际传播——以微信朋友圈"运动打卡"实践为例[J]. 新媒体研究,2018,4(12).

67. 曾剑平,陈安如. 空间语与文化[J]. 南昌航空工业学院学报(社会科学版),2000(2).

68. 詹恂,严星. 微信使用对人际传播的影响研究[J]. 现代传播(中国传媒大学学报),2013,35(12).

69. 张放. 网络人际传播效果研究的基本框架、主导范式与多学科传统[J]. 四川大学学报(哲学社会科学版),2010(2).

70. 张琪. 媒介丰富理论研究综述[J]. 传播力研究,2017,1(9).

71. 张志坚. 社会转型期的基本特征及人际关系的负面变化[J]. 新东方,1997(2).

72. 赵高辉. 圈子、想象与语境消解：微博人际传播探析[J]. 新闻记者,2013(5).

73. 赵雅妮,刘海. 青年文化的变奏：从"青春的反叛"到"青春审美"的文化消费[J]. 北京青年政治学院学报,2012(1).

74. 钟晓慧,何式凝. 协商式亲密关系：独生子女父母对家庭关系和孝道的期待[J]. 开放时代,2014(1).

75. 周葆华. 城市新移民的媒体使用与人际交往——以"新上海人"抽样调查为例[J]. 新闻记者,2010(4).

76. 周军荣. 互联网上的电子公告牌[J]. 电脑,1997(4).

77. 周子云,邓林. 社交媒体人际传播的三个特点[J]. 青年记者,2018(21).

78. 朱梦茜,颜祥林,袁勤俭. MIS领域应用媒介丰富度理论研究的文献述评[J]. 现代情报,2018,38(9).

79. Charles Watkins. An Analytic Model of Conflict[J]. Speech Monographs, 1974(41): 1-5.

80. Connidis, I. A. . Exploring Ambivalence in Family Ties: Progress and Prospects[J]. Journal of Marriage and Family, 2015,77(1): 77-95.

81. J. L. Crystal & J. T. Hancock. Absence Makes the Communication Grow Fonder: Geographic Separation, Interpersonal Media, and Intimacy in Dating Relationships[J]. Journal of Communication, 2013, 63(3).

82. Malcolm R. Parks. Boundary Conditions for the Application of Three Theories of Computer-Mediated Communication to MySpace[J]. Journal of Communication, 2011, 61(4): 557-574.

83. Namkee Park & Seungyoon Lee. College Students' Motivations for Facebook Use and Psychological Outcomes[J]. Journal of Broadcasting & Electronic Media, 2014(58): 601-620.

图书在版编目(CIP)数据

人际传播学概论:第四版:新1版/薛可,余明阳主编. —上海:复旦大学出版社,2021.3
ISBN 978-7-309-15396-5

Ⅰ.①人… Ⅱ.①薛… ②余… Ⅲ.①传播学 Ⅳ.①G206

中国版本图书馆 CIP 数据核字(2021)第 044538 号

人际传播学概论(第四版)
薛 可 余明阳 主编
责任编辑/朱安奇

复旦大学出版社有限公司出版发行
上海市国权路 579 号 邮编:200433
网址:fupnet@fudanpress.com http://www.fudanpress.com
门市零售:86-21-65102580 团体订购:86-21-65104505
外埠邮购:86-21-65642846 出版部电话:86-21-65642845
上海华业装潢印刷厂有限公司

开本 787×1092 1/16 印张 34 字数 763 千
2021 年 3 月第 1 版第 1 次印刷

ISBN 978-7-309-15396-5/G·2182
定价:98.00 元

如有印装质量问题,请向复旦大学出版社有限公司出版部调换。
版权所有 侵权必究